高 等 学 校 教 材

精细化学品配方设计

熊远钦 编

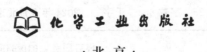

化学工业出版社

·北京·

本书系统介绍了复配型精细化学品的复配原理及一般方法，主要内容包括精细化学品的剂型设计、精细化学品配方的基础理论，并对人们日常生活和工业生产中最常用的液体洗涤剂、化妆品、黏合剂、涂料四类精细化学品的配方设计进行了较为详细的叙述，最后以复配型精细化学品配方的优化实例为例，对计算机在辅助配方设计和试验结果优化方面的应用给予了介绍。可培养学生从事精细化学品开发的技能。

　　本书可作为精细化工、化学工程等相关专业的教材，也可供从事复配型精细化学品生产和研究的专业技术人员参考。

图书在版编目（CIP）数据

精细化学品配方设计/熊远钦编 . —北京：化学工业出版社，2011.8（2024.8重印）
高等学校教材
ISBN 978-7-122-11829-5

Ⅰ. 精⋯　Ⅱ. 熊⋯　Ⅲ. 化工产品-配方　Ⅳ. TQ072

中国版本图书馆 CIP 数据核字（2011）第 139097 号

责任编辑：杨　菁　　　　　　　　文字编辑：孙凤英
责任校对：宋　夏　　　　　　　　装帧设计：刘丽华

出版发行　化学工业出版社（北京市东城区青年湖南街 13 号　邮政编码 100011）
印　　装　涿州市般润文化传播有限公司
787mm×1092mm　1/16　印张 25　字数 653　千字　　2024 年 8 月北京第 1 版第 7 次印刷

购书咨询：010-64518888　　　　　　售后服务：010-64518899
网　址：http://www.cip.com.cn
凡购买本书，如有缺损质量问题，本社销售中心负责调换。

定　　价：69.00 元

序

精细化工是当今化学工业中最具活力的新兴领域之一，是新材料的重要组成部分。精细化工产品种类多、附加值高、用途广、产业关联度大，直接服务于国民经济的诸多行业和高新技术产业的各个领域。精细化工与人们的日常生活紧密联系在一起，它与粮食生产地位一样重要，关系到国家的安全。因此精细化工是我国的支柱产业之一。精细化工生产的多为技术新、品种替换快、技术专一性强、垄断性强、工艺精细、分离提纯精密、技术密集度高、相对生产数量小、附加值高并具有功能性、专用性的化学品。精细化工率（精细化工产值占化工总产值的比例）的高低已经成为衡量一个国家或地区化学工业发达程度和化工科技水平高低的重要标志。

精细化工产品的范围十分广泛，品种繁多，发达国家化工产品数量与商品数量之比为1∶20，我国目前仅为1∶1.5，不仅品种数量少，而且质量差。其中增效复配技术落后是重要原因之一，因此大力加强配方以及复配技术的研究就成为精细化工产品好坏的关键因素。

精细化工市场已成为当今世界化工市场的竞争热点。行业的进步，企业的发展，需要优秀的专业人才作支撑。这就给我们的学生提供了施展才华的场所。由于社会上精细化工企业极多，精细化工企业的经济效益普遍较好，精细化工产品出口和国内市场潜力巨大，精细化工产品开发前景广阔，所以精细化工专业毕业生的社会容量很大。然而，在我国的化工高等教育课程设置中，复配型精细化学品化学及其配方技术没有得到应有的重视，很多学校没有对化学化工专业学生开设相关的课程。该书编者依据多年从事精细化工领域研究与教学的经验，面向湖南大学的化学、化工以及应用化学专业的学生开设了《精细化学品配方设计》选修课，并一直受到学生们的喜爱，自愿选修的学生比例高达50%以上。为了保障教学的科学性和系统性，使选修的学生能够有书可循，编者在繁忙的教学工作中挤出时间将其多年的讲义文案整理成书稿公开出版，这是一件令人欣慰的好事。

目前市场上的精细化学品种类繁多，型号各异，其配方知识与技能不是一两本教材所能包容的。本书以精细化学品的剂型设计、配方的基础理论入手介绍精细化学品配方设计基本原理与方法，并重点对人们日常生活和生产中最常用到的液体洗涤剂、化妆品、黏合剂、涂料四类精细化学品的配方技术进行了较为详细的叙述，最后以其自身的科研成果为例，对计算机在辅助配方设计和试验结果优化方面的应用给予了介绍。从教材编写的篇章结构来说，这样安排是很合理恰当的，既注重了基础理论的阐述，配方选料的原理，也以案例方式介绍了实际产品的开发过程，对培养学生的配方开发技能有很好的系统性指导作用。因此，该书是一部在精细化工方面很有特色的专著。可以作为大专院校的教材或参考书，也可以作为在化学、化工及材料等相关领域从事技术开发与生产人员的参考书。

教育部高分子材料与工程专业教学指导分委员会委员

湖南大学教授　徐伟箭

前 言

随着科学技术的进步和人类社会生活多样化、个性化的发展，精细化学品在国民经济中的地位越来越重要，社会也急需具有从事精细化学品研究开发技能的人才。在我国以往的高等教育化学化工类专业及其课程设置中，复配型精细化学品化学及其配方技术没有得到应有的重视，除了少数几所原来行业针对性很强的学校开设了各自领域的特色课程，如表面活性剂化学、合成洗涤剂、纺织印染助剂、皮革助剂等专业课程外，在综合大学的化学与/或化工专业里基本上没有开设这门课程，学生普遍缺乏这方面的知识和技能。为此，我们对化学化工类的大三学生开设了这门选修课。然而，精细化学品的产品大类有三四十种之多，规格型号成千上万，涉及的知识面广，配方组成复杂，应用要求更是千差万别。在有限的授课时间（建议不少于 32 学时）内不可能对每类产品都仔细讲解，因此必须对其中的知识点进行分类归纳，重点讲授那些具有共同性、通用性的理论，如各类精细化学品的剂型设计、精细化学品配方的基本理论、表面活性剂的性能与应用技术、各种功能性原料的应用性能与技术指标等知识。在此基础上选择人们日常生活和工业生产中最常用的液体洗涤剂、化妆品、黏合剂、涂料四类产品作为实例开展教学。缘于此，我们将本书分 8 章，前三章重点介绍精细化学品的特点、种类及其在国民经济中的地位，进行精细化学品配方研究的重要意义，精细化学品各种剂型的应用、配方要点、制作工艺及其设备简介，配制各类精细化学品时所涉及的溶解、分散、混合等的基础理论，阐述它们的性质、设计、制造及应用的基本原理和方法，并介绍了目前它们的发展概况和方向，以引起学生们深入学习和研究的兴趣。接下来的四章分别对洗涤剂、化妆品、黏合剂、涂料四类产品作了简单概述，分析了它们所使用的各类组分的作用和功能，介绍了其中各种常用原料的性能和特点，继而指出四类产品的组成配方结构（各类组分的用量范围）、配制工艺、主要质量指标、产品标准和性能检测知识。最后一章结合编者以往的工作介绍了计算机辅助设计技术在复配型精细化学品配方的模型化优化方面的应用。本课程的教学重点应放在开拓学生从事精细化学品研究开发的思路，建立科学性、系统性的配方设计思维意识上，达到培养学生掌握精细化学品开发的基本技能的目的。

精细化学品配方的设计技术非一门课程、一本书所能包容的。本书编写过程中参阅了很多专家、学者的论文与论著，在许多章节还可能直接引用了其精华论点，让本书编者获益匪浅，谨在此表示衷心的感谢。这些论文、论著都以参考文献的形式附注在书末，以便读者阅读和深入理解。

特别感谢湖南大学化学化工学院的博士生导师徐伟箭教授为本书稿的编写提供多方面的指导，并在百忙之中热诚为本书作序。

由于精细化学品的生产涉及多门学科的专业知识，发展极其迅速，加之本人水平有限，时间仓促，本书可能很多错误或欠妥之处，敬请各位师生、读者批评指正。

编者 2011.4

目　　录

第1章 概 论

精细化学品是一类与人们的生产、生活密切相关的产品，应用到人们生产、生活的各个方面，如牙膏、洗涤剂、化妆品等日常用品，涂料、油漆等建筑装饰材料，催化剂、印染助剂、塑料助剂、橡胶助剂、水处理剂、油品添加剂等工业生产中使用的各种助剂，医药、农药、染料、颜料等。

精细化学品这个词，沿用已久，原指产量小、纯度高、价格贵的化工产品，如医药、染料、试剂和高纯品、胶黏剂、催化剂等。但这些含义没有充分揭示精细化学品的本质。近年来，各国专家对精细化学品的定义有了一些新的见解，欧美一些国家把产量小、按不同化学结构进行生产和销售的化学物质，称为精细化学品（fine chemicals）；而把产量小、经过加工配制、具有专门功能或最终使用性能的产品，称为专用化学品（specialty chemicals）。中国、日本等则把这两类产品统称为精细化学品。

1.1 精细化学品的定义与分类

1.1.1 精细化学品的几种定义

关于精细化学品的定义，至今还没有一个公认的、比较严格的说法。对于精细化学品的释义，国际上有三种说法。Ⅰ. 传统的含义指的是纯度高、产量小、具有特定功能的化工产品。Ⅱ. 欧美各国的释义包括两部分：①精细化学品，是指小量生产的无差别化学品，例如医疗用原药、原料农药、原料染料等；②专用化学品，是指小量生产的差别化学品，与①相对应，指的是医药制剂、农药制剂、商品染料等。细致地说，无差别化学品是具有固定熔点或沸点，能以确切的分子式或结构式表示其结构的化学品，而不具备上述特征的则称为差别化学品。Ⅲ. 日本的释义则为具有高附加值、技术密集型、设备投资少、品种多、生产批量小的化学品，即将欧美所指的精细化学品和专用化学品统称为精细化学品。我国原则上采用日本的释义，得到我国化工界多数人认同的精细化学品的定义是：能增进或赋予一种（类）产品以特定功能、或本身具有特定功能的批量小、利润高和应用需要专门技术的化学品。

不管精细化学品的释义怎样，从其生产角度来说，精细化学品应包括两类，一是通过采用精细化学合成与分离技术得到的、在化合物分子水平上具有特定功能的高纯度化学品，如高纯试剂、催化剂、医药原药、农药原药、提高各种工艺过程效率的助剂等；二是在合成化

1

合物基础上，运用复配技术制备得到的具有专属使用功能的化学品，如化妆品、洗涤剂、涂料、黏合剂、香精等。

1.1.2 精细化学品的分类

精细化学品中除医药、化妆品等少数几类被直接应用外，大多数产品是用于工农业生产和发展科学技术的辅助原材料或助剂。它参与到生产过程中，可以改进工艺、提高生产效率和保证产品质量；有些精细化学品直接用于产品之中，借助于它自身的特定功能和专门的性质而赋予产品特殊的性能、解决生产和技术难题。因此，精细化学品是国民经济发展中不可缺少的物质基础。

纵观世界主要工业国家关于精细化学品的范围划分可以看出，虽然形式上有所不同，但本质差别不大，只是划分范围的宽窄不同。随着科学技术的不断发展，新的精细化学品品种也在不断出现，其分类必然会越来越细。例如：在日本 1984 年版《精细化工年鉴》中将精细化工行业分为 35 个类别，到 1985 年则发展为 51 个类别，包括医药、农药、合成染料、有机颜料、涂料、胶黏剂、香料、化妆品、盥洗卫生用品、表面活性剂、合成洗涤剂、肥皂、印刷用油墨、塑料增塑剂、其他塑料添加剂、橡胶添加剂、成像材料、电子用化学品与电子材料、饲料添加剂与兽药、催化剂、合成沸石、试剂、燃料油添加剂、润滑剂、润滑油添加剂、保健食品、金属表面处理剂、食品添加剂、混凝土外加剂、水处理剂、高分子絮凝剂、工业杀菌防霉剂、芳香除臭剂、造纸用化学品、纤维用化学品、溶剂与中间体、皮革用化学品、油田用化学品、汽车用化学品、炭黑、脂肪酸及其衍生物、稀有气体、稀有金属、精细陶瓷、无机纤维、贮氢合金、非晶态合金、火药与推进剂、酶、功能高分子材料等。

1986 年，我国原化学工业部"关于精细化工产品分类的暂行规定和有关事项的通知"中明确规定我国精细化工产品包括 11 大类，即农药、染料、涂料（包括油漆和油墨）及颜料、试剂和高纯品、信息用化学品（包括感光材料、磁性材料等能接收电磁波的化学品）、食品和饲料添加剂、胶黏剂、催化剂和各种助剂、化学药品和日用化学品、功能高分子材料（包括功能膜、偏光材料等）。其中催化剂和各种助剂的内容最为丰富，如助剂又细分为印染助剂、塑料助剂、橡胶助剂、水处理剂、纤维抽丝用油剂、有机抽提剂、高分子聚合物添加剂、表面活性剂、农药用助剂、混凝土添加剂、机械及冶金用助剂、油品添加剂、炭黑（橡胶制品的补强剂）、吸附剂、电子用化学品、造纸用化学品及其他助剂等 19 个小类。各类助剂按用途又分为不同的品种，如：催化剂分为炼油用、石油化工用、有机化工用、合成氨用、硫酸用、环保用和其他用途的；印染助剂包含柔软剂、匀染剂、分散剂、抗静电剂、纤维用阻燃剂等；塑料助剂有增塑剂、稳定剂、发泡剂、阻燃剂等品种；橡胶助剂则细分为促进剂、防老剂、塑解剂、再生胶活化剂等；水处理剂包含水质稳定剂、缓蚀剂、软水剂、杀菌灭藻剂、絮凝剂等；纤维抽丝用油剂分为涤纶长丝用、涤纶短丝用、锦纶用、腈纶用、丙纶用、玻璃丝用油剂等；有机抽提剂按主要组成分为吡咯烷酮系列、脂肪烃系列、乙腈系列、糠醛系列等；高分子聚合工艺用添加剂包括引发剂、阻聚剂、终止剂、调节剂、活化剂等；表面活性剂中除家用洗涤剂以外，还有阳离子型、阴离子型、非离子型和两性表面活性剂，皮革助剂中有合成鞣剂、涂饰剂、加脂剂、光亮剂等；农药用助剂有乳化剂、增效剂等；油田用化学品包括破乳剂、钻井防塌剂、泥浆用助剂等；混凝土施工用添加剂有减水剂、防水剂、脱模剂、泡沫剂（加气混凝土用）、嵌缝油剂；机械、冶金用助剂有防锈剂、清洗剂、电镀用助剂、各种焊接用助剂、渗碳剂、机动车用防冻剂等；油品用添加剂包含防水、增黏、耐高温等各类添加剂，汽油抗震、液压传动、变压器油、刹车油添加剂等；炭黑

（橡胶制品的补强剂）分为高耐磨、半补强、色素炭黑，乙炔炭黑等；吸附剂有稀土分子筛系列、氧化铝系列、天然沸石系列、二氧化硅系列、活性白土系列等；电子工业专用化学品有含氟化物、助焊剂、石墨乳等；纸张用添加剂包含增白剂、补强剂、防水剂、填充剂等；其他助剂如玻璃防霉剂、乳胶凝固剂等。

需要指出的是，精细化学品涵盖的范围很广，上述 11 个分类主要是按原化学工业部的管辖范围所作之规定，并不能包含精细化学品的全部内容，如生物技术产品、医药制剂、酶、精细陶瓷等也属于精细化学品的范畴。

综合上述几种分类情况可以看出，精细化学品的生产除了运用一些基本的化工生产技术以外，还有其自身的专用技术：①复配增效技术；②剂型加工与改造技术；③性能检测与表征技术。所以，如果从生产技术的角度对精细化学品进行分类，则可划归分为两大类产品：一类是体现在化合物分子水平的精细上，主要以合成、分离提纯技术为主，同时结合少量复配增效技术得到的有特定功能的合成型精细化学品，如医药、兽药、农药、染料、颜料、功能高分子材料、试剂、高纯物、催化剂、生化酶、无机精细化学品、感光材料、合成材料助剂等；另一类则是以剂型加工技术（能影响产品使用方式）和配方技术（能左右产品最终使用功能）所得到的、具有特定功能的复配型化学品，如洗涤剂、涂料、化妆品、香料、胶黏剂等。本书主要讨论的是复配型精细化学品的生产（复配）原理与配方设计技术。

1.2 精细化学品及精细化工的特点

1.2.1 精细化学品的属性

由上述的精细化学品释义和分类可以看出，精细化学品在质与量上的基本特征是小批量、多品种、具有特定功能和专用性，它们是为了解决用户的某些专门需求而生产的。精细化学品不同于通用型化学品，其生产过程是由原料的合成、复配增效、剂型加工、商品化四个步骤组成。在每一步生产过程中又包含各种化学的、物理的、生理的、技术的以及经济的要求，这些因素必然导致精细化学品在生产、经营和应用等方面具有不同于通用化学品的特征，因而精细化工必然是技术密集型的产业。

归纳起来，精细化学品的特点是生产量不大，制造技术高，应用需要专门的知识，产品的市场寿命短、更新快，而且附加值高。精细化学品生产所用的原料与其它有机合成所用的原料一样，主要以煤、石油、天然气和农副产品为主。

1.2.2 精细化学品的特点

精细化学品的生产通常流程较长、工序多，加上型号多、批量小和品种更换频繁，因而其生产企业多为中小型工厂，以间歇方式组织生产。其中原料药的合成、复配物加工以及商品化开发既可以在一个工厂里实施，也可以在不同的单位完成。它与通用化学品的生产有以下四方面的区别：①产品品种多、批量小、注重相同系列化配套；②生产装置非连续式操作、小容量和多品种通用；③技术密集化程度高；④劳动密集度高，强商品性、强市场性。

20 世纪 80 年代以来，世界各国都在大力发展精细化工。工业发达国家的精细化学品在化学工业中的增长趋势日益明显，其中，以日本最为显著；德国由于具有良好的化学工业基础，近年来也在加速精细化学品的开发和生产；美国的石油资源比较丰富，并有强大的科技实力，因而发展精细化工的能力巨大。

由于化学工业的精细化率越来越高，配方技术已成为开发精细化学品的关键。目前大多数精细化学品都是通过复配技术得到的，许多高技术含量的精细化学品，其关键技术就是配方，对配方技术能决定产品最终使用性能的精细化学品，如涂料、液体洗涤剂、化妆品、黏合剂等尤其如此。

1.2.2.1 生产特性

（1）小批量、多品种、多剂型 精细化学品的专用性强，有特定的应用范围，但用量不大，多数品种是以克、毫克、甚至 10^{-6} 计。医药在制成成药后，其剂型有片剂、颗粒剂、丸剂、粉剂、溶液或针剂等，给患者的每次服用量都以毫克计；香精在加香制品中的用量一般也只有千分之几；染料在纺织品上的用量也不过是织物重量的 $3\%\sim5\%$；造纸化学品和皮革化学品的用量一般为 $1\%\sim4\%$ 等等。再者由于产品更新换代快、市场寿命短，因此其生产批量较小。对某一个具体品种而言，年产量少则几百公斤到几吨，多的也只有上千吨。当然，这里的小批量概念是相对于通用化学品而言的。也有一些例外，如十二烷基苯磺酸，它是各种洗涤剂中的主要成分，所以用量非常大。

精细化学品多品种的特点是与其批量小及特定功能的特征相联系的，是与满足应用对象对产品性能的多种需要而对应的。例如：对于染料来说，不仅要求花色齐全，能对多种纤维着色，而且还希望能在塑料、木材、金属等多种材料上上染，以满足正在开发的其他功能性产品的需要。即使是同一种颜色，各类染料又有不同的应用性能，染色工艺必然各不相同。由此导致染料的品种和型号数目必然庞大，而且每年都有新的品种不断出现。又如食品添加剂，可分为食用色素、食用香精、甜味剂、营养强化剂、防腐抗氧保鲜剂、乳化增稠品质改良剂、发酵制品等七大类，目前就有约一千余个品种。

精细化学品不同于通用化学品的一个突出特点是，更强调产品的最终使用功能和多种用途，且与应用对象关系密切。为了满足各种专门用途的需要，不仅需要多组分复配，而且要求制成多种剂型。经过多组分复配和剂型加工所生产的商品数目，远远超过由合成而得到的单一产品数目。例如，家用洗涤剂有块状（如肥皂）、粉状（如洗衣粉）以及液体洗涤剂等。

随着精细化学品应用领域的不断扩大和商品的创新，除了通用型精细化学品外，专用品种会愈来愈多，因此不断地开发新品种、新剂型及提高开发新品种的能力是当前国际上精细化工发展的总趋势。这些都说明多品种、多剂型不仅是精细化工生产的一个特征，也是精细化工综合水平的体现。

（2）采用间歇式、多流程和多功能生产装置 精细化学品的多品种、小批量，在生产上表现为经常更换和更新品种，由此决定了精细化学品的生产应以间歇式为主。虽然精细化学品品种繁多，但从主要功能成分合成这一过程来说，其合成所采用的化学反应不外乎十几种，尤其是一些同系列产品，其合成所采用的生产过程和设备有很多相似之处。在组方复配和剂型加工过程中，同样也离不开计量、混合（包括溶解、分散、悬浮等）、热交换、成型、分装等这些单元操作，它们所用的操作设备是具有通用性的，同类剂型的精细化学品更是如此。因此以单元反应和单元操作为基础，若干种反应器或若干个单元操作设备组合起来可以生产不同的精细化学产品。因而建立一套多功能的生产装置和多品种的综合生产线，可以进行多种品种和牌号精细化学品的生产，生产装置具有相当大的适应性。

（3）高技术密集度 精细化工是综合性较强的技术密集型工业。首先，精细化学品的生产工艺流程长、涉及的单元反应多、原料复杂、中间过程控制要求严格等，其中可能包含化学合成、分离提纯、分析测试、性能考察、复配筛选、剂型加工、商品化、应用开发及技术服务等多个环节。其次，高技术密集度还体现在新产品研究开发的时间长、费用高、成功率低。据报道，美国、德国的医药和农药新品种的开发成功率为 1/10000～1/30000，其他如表面活性剂、功能树脂、电子材料等新品种的技术开发，成功率都很低。因为产品的升级换代快，市场寿命短，技术专利性强等，技术密集也表现在情报信息密集、更新快，如对大量的基础研究所得到的各种新化合物信息进行贮存、分类及功能检索，以达到快速筛选和利用的目的。因为精细化学品是根据具体应用对象而设计的，而应用对象的使用要求会经常发生变化，一旦有新的要求提出，就必须按照新要求来重新设计产品结构或对原有的化学结构进行改进，或者调整配方和剂型，以便更好地满足应用对象的要求。为了应对激烈的市场竞争，在指导用户使用好新产品、充分发挥新产品的功能方面，要求产品销售和技术服务人员必须掌握相应的应用技术，对使用过程中可能出现的技术问题能够及时解决或提供指导。

各种行业及产品的技术密集度和资本密集度的比较见图1-1。

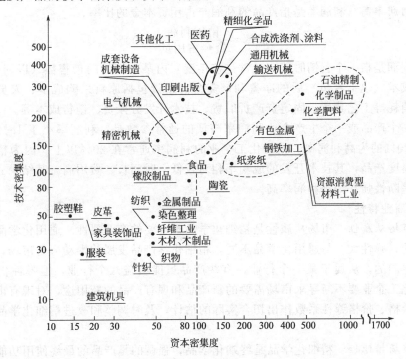

图 1-1　各种行业及产品的技术密集度和资本密集度比较

必须注意，生产精细化学品的两种技术的着眼点是有所不同的，在化合物分子水平上的精细合成与分离技术注重的是原料的转化率或收率、产品的纯度（含量），而精细化学品复配技术注重的是各种原料组分的配比、配制工艺、产品的稳定性和综合功能。

1.2.2.2　经济特性

（1）投资效率高　投资率是指产品的附加价值与固定资产的比率。

$$投资率 = \frac{附加价值}{固定资产} \times 100\%$$

如前所述，精细化学品的产量一般都比较小，装置规模也不大，多数采用间歇生产方式，与连续化生产的大装置相比，具有投资少、返本期短的特点，即精细化工的投资效率高。精细化学品的生产设备投资仅为石油化工生产设备投资平均指数的 30%～50%、化肥工业的 20%～30%，因而返本期短，一般投产五年即可收回全部设备投资，有些产品还可以更短些。还有，用于精细化学品的生产装置可以适应多种用途，一机多用和分时段交替生产可以大大节约设备投资。另外，精细化工的资本密集度仅为石油化学工业平均指数的 0.3～0.5、是化肥工业的 0.2～0.3，资金占用量小，周转快。

（2）**附加价值高** 附加价值是指在产品产值中扣去原材料、税金、设备和厂房的折旧费后剩余部分的价值，也就是某个产品从原材料采购开始至销售货款回笼整个营销过程中实际增加的价值，它包括利润、人员工资及管理费、动力消耗以及技术开发费等。附加价值高直接反映出产品加工过程中所需劳动、技术利用情况以及利润的高低等。在化学工业中，精细化学品的附加价值率（附加价值率是附加价值与产值的比率）最高。

$$附加价值率 = \frac{附加价值}{产值} \times 100\%$$

初级化工产品随着加工深度的不断延伸，精细化程度越高，附加价值不断提高。精细化工的附加价值率保持在 50% 左右，远远高于其他化工产品的平均附加价值率（35.5%）。

（3）**利润率高** 利润率是指产品的利润与占用资本金的比率。

$$利润率 = \frac{销售利润}{资金占用量} \times 100\%$$

销售利润是指一个营销时段（通常是按年度）内某个产品的销售额（以回笼金额为准）减去所有成本（包括税负）后的净盈利；资金占用量包括原料采购成本、人员工资及管理费、动力消耗等工艺费用、固定资产折旧费、技术开发分摊费、销售成本等。

评价一个产品或一个生产企业利润率高低的通常参数是：利润率小于 15% 的为低利润率，高于 20% 的为高利润率。精细化工企业的利润率通常在 20% 以上。因为精细化学品是高技术密集度产品，其技术开发的成功率相对较低、时间长、费用高，其结果必然导致其技术和市场垄断性强，销售利润率高。

1.2.2.3 商业特性

（1）**市场从属性** 市场从属性是精细化学品最主要的商业属性。通用化学品面向的市场是全方位的，弹性大；与通用化学品不同，精细化学产品发展的推动力是市场，它的应用市场很多是单向的，从属于某一个行业，有些产品虽能覆盖几个行业，但弹性仍然很小。因此，精细化工企业要不断寻求市场需要的新产品和现有产品的新用途，对现有市场和潜在市场规模、价格、价格弹性系数作出切合实际的估计，及时调整和改进精细化学品的生产技术和工艺。

（2）**市场排他性** 精细化学品是终端化学品，强调的是产品的最终使用功能，直接与应用对象接触，商品性很强，用户的选择性也大，还会经常对商品提出许多新的更适用的要求，因此市场竞争异常激烈。精细化学品的市场寿命不仅取决于它的质量和性能，而且还取决于它对市场需求变化的适应性，取决于产品的应用技术和技术服务。精细化学品很多是复配加工的产品，配方技术和加工技术具有很高保密性、独占性、排他性。因此，企业要注意培养自己的技术人才，依靠自身的力量去开发，同时对已开发的技术和市场应注意保密。美国可口可乐饮料的市场营销之道就是很好的佐证，其分装销售网遍布世界各地，但配方仅为总部极少数人掌握，严格控制，排斥他人，从而保证其独家经营，独占市场，并不断扩大生产，获得更多的利润。

（3）**技术服务和商品信誉支撑性** 应用技术和商品信誉是精细化学品占领市场的重要手段。完成精细化学品的商品化后投放市场试销，应用技术及为用户服务是关系到能否争取到用户、占领市场、扩大销路、进而扩大生产规模和获取更大的利润的重要环节。因此，应抽调相当数量的素质好、富于实践经验的人员担任销售及技术服务工作。一般地说，精细化工企业在职员岗位的数量分布上，研究、生产、销售和技术服务人员各占的比例为 35%:30%:35%，由此可见应用技术和售后服务是极为重要的。如瑞士 Ciba-Geigy 公司从事塑料添加剂合成研究的有 25 人，而搞应用研究的为 67 人。应用研究有以下四方面的任务。

① 进行加工技术的研究，提出最佳配方和工艺条件，开拓应用领域。

② 进行技术服务，指导用户正确使用，并把使用中出现的问题反馈回来，不断进行改进。

③ 培训用户掌握加工应用技术。

④ 编制各种应用技术资料。

目前，工业发达国家的化学合成产品数量与精细化学品商品数量之比为1：20，我国目前仅为1：1.5。所以，我国今后应大力加强精细化学品的商品化和市场化，注重应用研究。这样，生产单位就能根据用户需要，不断开发新产品，开拓应用新领域，产品也更趋专用化，真正做到"量体裁衣"。

商品信誉是稳定市场的保证，市场信誉决定于产品质量和优良的服务。精细化工企业应该拥有自己的商标，创立品牌应该成为全体企业人员共同努力的目标。

1.2.3 精细化学品在国民经济中的作用

精细化学品已成为工农业生产和日常生活物质资料的重要组成部分，有的参与生产过程，有的参与应用过程。精细化工行业是国民经济中不可缺少的组成部分，其生产和发展总是与人们的生活、生产活动紧密相连的。随着科学技术的进步、人们生活水平的提高，一些新兴精细化工行业正不断出现、发展，并向更深的领域渗透，而一些原有的精细化工行业也继续充实新内容。发达国家正在对化学工业进行战略改造，将重点转移到精细化工行业上。

目前发达国家的大型化工企业大量采用高新技术在节能、技改、降低成本的同时调整产品结构，向下游深度加工，向产品精细化、功能化、综合生产的方向发展，走高附加值的生产路线来发展精细化工产品。其发展趋势是调整化学工业的行业结构、产品结构，逐渐向高技术化、精细化、专用化方向发展。发展精细化工产品已成为发达国家生产经营发展战略重心。今后世界精细化工的发展速度将高于一般化工产品，精细化工率将不断提高。

首先，精细化工不仅提供了质优的半导体材料、磁性材料等，而且还提供了大量用于集成电路加工的超纯化学试剂和超纯电子气体。

其次，精细化工对国防建设和空间技术的发展起着特别重要的作用。

再次，开发精细化工产品，可以降低能源消耗和节省资源。

此外，开发精细化工产品，可使原来的低档产品变为高档产品，显著提高经济效益，进而提高产品在国际市场上的竞争能力，并增加外汇收入，实现国民经济的良性循环。

精细化工在工农业生产和日常生活中所发挥的作用是广泛的、明显的、不可缺少的，由其生产的精细化学品有如下一些作用。

① 直接用作最终产品或它们的主要成分。如医药、染料、香料等。

② 增进或赋予各种材料以特性。如通常环境下的结构材料，如桥梁、船舶、汽车、飞机、发电机、水坝、建筑材料需要精细化学品，对特殊条件下使用的结构材料，如海洋构筑物、原子反应堆、高温气体、宇宙火箭、特殊化工装置等，也离不开精细化学品的辅助作用。增进和赋予一种（类）产品以特定功能的性能涉及很多方面，如机械加工方面的硬度、耐磨性、尺寸稳定性等；电、磁制品方面的绝缘性、超导性、半导性、光导性、光电变换性、离子导电性、电子放射性、强磁和弱磁性等；光学器具方面的集光性、荧光性、透光性、偏光性、导光性等；化学上的催化性、选择性、表面活性、耐蚀性、物质沉降性等等。这许许多多方面都需要借助某些精细化学品来实现。

③ 增加和保障农、林、牧、渔业的丰产丰收。如选种、浸种、育秧、病虫害防治、土

壤化学、水质改良、果品早熟和保鲜等都需要借助特定的精细化学品的作用来完成。

④ 保障和增进人类健康、提供优生优育、保护环境清洁卫生，以及为人们生活提供丰富多彩的衣食住行用等方面的享受产品等，都需要添加精细化学品来发挥其特定功能。

不仅如此，精细化工所具有的投资效率高、附加价值高、利润率高的特点，已经影响到国家的技术经济政策。不断提高化学工业内部结构中的精细化工产品的比重——精细化率（即精细化工总产值与化工总产值的比率）已成为世界各国共同的趋势。精细化率已成为衡量一个国家化学工业现代化程度的标准。发达国家的精细化率已达到 60％以上，而我国则只有 40％左右，我国的战略目标是到 2020 年精细化率提高至 60％。因此我们必须有紧迫感和危机感，加速发展精细化工，使我国在世界新科技发展中占有重要地位。

1.3 精细化学品配方研究的重要性

如上所述，精细化学品已成为工农业生产、国防、科学技术和日常生活中物质资料的重要组成部分，精细化学品的生产主要有两种技术，即精细的合成与分离技术和复配技术。在工业发达国家，化学合成产品数量与精细化学品商品数量之比为 1：20，我国目前仅为1：1.5。差别之大说明我国的精细化学品不仅品种、数量少，而且质量差，其中主要原因之一是复配增效技术落后，这也是我国精细化率低的主要原因之一。因此大力开展精细化学品复配技术的研究是目前我国精细化工发展必须给予足够重视的一个环节，加强这方面的应用基础研究及应用技术研究是当务之急。那么，何谓复配技术？复配技术能解决什么问题？研究精细化学品复配技术的重要性有哪些？

1.3.1 复配技术的定义与作用

对于精细化学品复配技术，目前还没有一个比较严格的定义。根据众多专家学者及资料的观点，精细化学品复配技术的释义可归纳如下：为了满足应用对象的多种需求，或适应各种专门用途的特殊要求，针对单一化合物难以解决这些要求和需要而提出的，研究精细化学品配方理论和制剂成型理论与技术的一门综合性应用技术（一般人们称之为"1+1＞2"的技术）。这样一门技术能解决哪些问题呢？

第一，复配技术可以解决采用单一化合物难以满足应用对象的特殊需要或多种要求的问题。由于应用对象的特殊性，很多情况下采用单一化合物难以满足应用对象的特殊需要或多种要求。例如，人们日常生活中使用的洗涤剂，由于使用者的特殊性（如手工洗涤、机器洗涤）、洗涤对象的多样性（如洗涤衣物、洗涤餐具，衣物中还包括丝绸面料、化纤面料、棉织物等）以及污垢的种类不同、洗涤介质不同等情况，很难选用一种洗涤去污成分来满足这些特殊情况的应用。因此，洗涤剂中除了洗涤去污成分表面活性物质之外，用于水体系时需加入磷酸盐类螯合剂，以螯合碱土金属离子、软化硬水、提高表面活性物的去污性，同时它本身也具有洗涤去污作用；加入碳酸钠可与污垢中的酸性物质反应成皂，提高去污力，使溶液 pH 值不会下降。洗涤衣物的洗涤剂中加入抗再沉积剂，可以通过分散、悬浮、胶溶、乳化等方式防止脱除的污垢重新返回到织物上；除此之外，还可加入胶溶悬浮剂、漂白剂、酶、荧光增白剂、香精等，以提高衣物洗涤剂的综合洗涤性能和商品性。而用于洗涤餐具的洗涤剂，除选用特殊的洗涤去污成分表面活性物（安全卫生、无毒无刺激性等）之外，还应加入护肤（手洗用品）成分、保护瓷器釉面成分等。再如，在化纤油剂中，要求纤维纺丝油剂应具有平滑、抗静电、有集束或抱合作用、热稳定性好、挥发性低、对金属无腐蚀、可洗性好等特性，而且合成纤维的形式及品种不同（如长丝或短丝），或加工的方式不同（如高速纺或低速纺），所用的油剂也不同。为了满足上述各种要求，化纤油剂一般都是多组分的复配型产品，其成分以润滑油及表面活性剂为主，配以抗静电剂等助剂，有时配方中会涉及十多种组分。又如金属清洗剂，组分中要求有溶剂、除锈剂、缓蚀剂等。有时为了使用方便及安全，也可将单一产品加工成复合组分商品，如液体染料就是为了使印染工业避免粉尘污染环境和便于自动化计量而提出的，它们的成分包括分散剂、防沉淀剂、防冻剂、防腐剂等。

第二，通过复配技术可使产品增效、改性和扩大应用范围。例如，许多农药本身不溶于水，可溶于有机溶剂，若加入合适的乳化剂则可制成稳定乳状液，如乳化剂调配适当可使该乳液在植物叶面上接触角等于零，乳液在叶面上容易完全润湿，杀虫效果好。聚氯乙烯及其共聚物用途十分广泛，从下水道、地板，一直到坐垫材料，但聚氯乙烯对热及光都不稳定，会分解放出氯化氢，当加入环氧大豆油后则可吸收自由基引发剂及分解出的氯化氢，这样就可使复配后的聚氯乙烯提高其应用性能。通常两种或两种以上主产品或主产品与助剂复配，应用时效果远优于单一主产品的性能。如表面活性剂与颗粒相互作用，改变了粒子表面电荷性能或空间隔离性，从而使物质颗粒的分散体系或乳液体系稳定。

第三，通过复配技术改变商品的性能和形式后，可赋予精细化学品更强的市场竞争力。例如，洗涤剂可以制成颗粒剂和液体制剂，它们各有特点和适用范围。颗粒剂（如洗衣粉）是传统的洗涤剂，它运输、贮存、使用方便，价格低廉，是发展中国家洗涤剂的主要品种。而液体洗涤剂与颗粒洗涤剂相比，在生产过程中节约能源、节省资源、避免粉尘和其他污染，同时配方易于调整，能很方便地得到不同品种的洗涤剂制品，而且生产过程简单，通常具有良好的水溶性，适用于冷水洗涤，使用方便，节省能源，溶解迅速，且产品外观及包装美观，对消费者有吸引力。液体洗涤剂是洗涤剂产品剂型发展的一种主要趋势。

第四，通过复配技术可以增加和扩大商品数目，提高经济效益。例如，润舒滴眼液是在原氯霉素滴眼液配方的基础上加入了玻璃酸钠、甘油等组分，产品的疗效与应用性能得到很大改进，使每天滴眼用药次数大大减少，可能导致的口腔味苦现象被有效地控制，因而润舒滴眼液的售价约为原氯霉素滴眼液的 10 倍，且受患者欢迎，所以生产商等获取了很高的经济效益。再如，香精可以制成真溶液型、乳状液型和微胶囊型。其中，香精绝大部分制成真溶液型；乳状液型的乳化香精可以通过乳化抑制香料挥发，大量用水可以降低香精成本，若用于果味饮料，可以增加浑浊度，提高加香产品的商品外观；微胶囊香精热稳定性高，保香期长，贮运方便，具有逐步释放香气的功能，因此常用于家庭日用品、纺织品、文化用品；化妆品等需要长期保持香气的制品中使用，但制造技术要求高，制造成本也较高。其他如化妆品，常用的脂肪醇只有很少几种，而由其复配衍生出来的商品，则是五花八门，难以做出确切的统计。农药、表面活性剂等门类的产品，情况也是如此。

1.3.2 精细化学品复配技术的研究内容与重要性

为了满足各种专门用途的需要，许多用化学合成得到的产品，常常必须加入多种其他原料进行复配和剂型加工。由于应用对象的特殊性，很难采用单一的化合物来满足要求，于是配方研究便成为决定性的因素。复配技术之所以被称为 $1+1>2$ 的技术，主要原因是因为采用两种或两种以上主原料或主原料与助剂复配，其应用效果远优于单一主产品的性能。为了满足专用化学品的特殊功能，便于使用以及考虑贮存的稳定性等，根据产品的性质，常常要将专用化学品制成适当的剂型。所谓剂型是指将精细化学品加工制成的物理形态或分散形式，如溶液、胶体溶液、乳状液、混悬液、半固体（膏体）、粉剂、颗粒、气（喷）雾剂、微胶囊、脂质体等。而剂型加工亦是复配技术的重要研究内容。在精细化工剂型加工中，有些专用化学品只能制成特定剂型，如牙膏、护肤化妆品、润滑脂等一般宜制成半固体（膏体）；饮料一般宜制成溶液类制剂。对于这类制品，除配方研究外，剂型加工技术的研究课题是运用物理的、化学的、生物的等技术，制成符合剂型要求的、稳定的、商品外观好的制剂。有些专用化学品则制成多种剂型，此时，除了需要研究制剂技术外，还要研究如何选用剂型、确定剂型，因为不同的剂型其适用对象、应用特点、制备成本是不同的。例如，洗涤剂可以制成颗粒剂、块状制剂及液体制剂，这些剂型的特点是不同的。综上所述，精细化学品复配技术的研究内容包括两大部分：其一是精细化学品的配方研究，包括（旧）配方的解析技术研究，新配方确定的方法和途径研究。在确定新配方的同时，需要将剂型加工的问题统筹考虑。其二为复配型精细化学品的制剂成型技术研究，包括剂型确定的目的和依据、各类剂型加工技术的研究等。

精细化学品复配技术研究的重要性体现在以下几个方面：

① 采用单一的化合物难以满足用户的应用要求；

② 经过复配得到的产品具有增效、改性和扩大应用范围的功能，往往超过单一化合物；

③ 有些化学合成产品要求被加工成各种不同的剂型；

④ 掌握复配技术，是使精细化工产品更具市场竞争力的极为重要的手段。

1.3.3 配方研究是精细化学品技术开发的中心工作

大量采用复配技术来提高和完善精细化学品整体性能也是精细化工产品的特点之一。

精细化学品复配技术是一门科学学科，具有显著的以物理、物理化学、胶体和界面化学、分析和相当重要的生产工艺学（制剂成型技术）为中心的交叉学科特性。现代商品形式和应用形式依赖于很多生产工艺学方法和先进的近代分析法。因此，复配型精细化学品的生产原理与生产技术已经发展成为以科学为载体的复配技术，尽管对于复杂体系而言，没有经验方法的运用暂时还不行，但正在逐渐用科学判据来代替经验方法，这便是本课程所要介绍的主要内容。

配方本身确有一定的科学性，但很大程度上也依赖于经验的积累。一个优秀的配方研究人员，不仅要有科学理论知识作指导，同时还必须对各种化学品的性能有足够的了解。此外，还要有一定的经验以及直觉。后者是指类似于艺术的感觉。例如，化妆品中香水的复配几乎就是一种艺术。配方研究人员的任务是根据一项具体的应用要求，以企业生产的某一种化工产品为开发对象，通过大量筛选式的复配试验，确定需要加入的助剂或添加剂的种类及数量、最佳应用工艺等。这时，除考虑确定最佳的应用配方以及应用工艺外，如何降低成本、如何推广应用技术也是十分重要的。

在国外的各类化学公司中，都设有大规模及设备非常先进的应用技术服务部，与该公司直接有关的产品的技术服务，通常可以免费。如果配方本身只涉及某一下游产品本身的应用推广，配方则是公开的。当然，这与化工产品本身的配方无关，但这类技术信息有时也是十分有价值的。

思考题与练习

1. 简述精细化学品的概念和特点。

2. 精细化学品的发展趋势是什么？

3. 何谓精细化学品？它可以分为哪几类？

4. 附加价值的含义是什么？

5. 精细化工的特点有哪些？

6. 精细化工的工艺过程有哪些？

第2章 精细化学品的剂型设计

根据产品自身的性质，应用对象的特点，目标客户的要求，使用、购买及贮运的便利性，配方型精细化学品需要加工成不同的物理形态和赋予不同的包装。这一点对洗涤剂、化妆品、医药品、农药等终端产品尤其显著。这些形态有固体颗粒、固体粉末、膏状、液态、水溶液、乳状液、气雾剂、气体、微胶囊等。要提高精细化学品的市场竞争力，必须做好产品的商品化加工，该过程一般被称为产品的剂型加工。

剂型加工对精细化学品开发的成败是至关重要的一个环节。获得广大用户认可、受市场欢迎的精细化学品必须同时具备优良的性能、消费者认可的外观状态以及使用方便。在精细化学品中，农药、医药、洗涤用品和化妆品的剂型加工最有代表性。

精细化学品常见的剂型有：固体剂（颗粒、片剂、粉剂、膜剂、微胶囊等），液体剂（水溶液、油剂、乳状液、悬浮剂、膏剂等），气体剂（气雾剂、烟熏剂）。

2.1 精细化学品的剂型概述

2.1.1 精细化学品剂型加工的目的和作用

（1）方便使用。如农药的喷雾剂、喷粉剂，洗涤剂的液体剂、块状剂型，医药品的气雾剂、膏状剂型等的剂型就是为了使用时的方便。

（2）充分发挥主要成分和产品的功能。在许多精细化学品的配方中，有些主要成分占的分量很小，如杀虫剂、农药、香水等产品中主要成分使用量极少，但作用很大。为了使其均匀地分布到应用对象的表面和空间，就必须赋予其一定的分散形式，使其充分发挥功能。

（3）提高有效组分的稳定性并延长有效期。对易挥发、易分解的某些组分，让其与剂型加工中的某些助剂发生作用，形成比较稳定的形式，可有效延长贮存期。如香料可以附着在粉剂产品固体表面的空隙中，适当延缓其释放速度而延长使用有效期。

（4）避免有毒（刺激）成分集中，保障使用安全。如果配方中某些组分的毒性较高，使用时又不容易分散均匀，则可能对应用对象产生局部伤害。如果将有效组分通过剂型加工变成分散均匀且不易再聚集的形态，其使用安全性就能得到大大提高。

（5）便于包装、贮运和销售。一般来说，液体和气体剂型商品存在跑冒滴漏的隐患，贮运的安全性较低，且占有的空间体积较大，运输和仓贮效率也低。相比之下，固体的运输、贮运和销售就方便得多。但固体产品有时也会给消费者带来使用上的麻烦，如洗衣粉使用时需要进行溶解，肥皂使用时需要用力涂抹。

（6）美化商品外观，提高市场竞争力。精细化学品通常都设计成让消费者方便使用和乐于接受的商品形式，其包装外观比通用和大宗化学品要精致得多。小包装的容量一般按用户的一次使用剂量设置，或配备有简单的计量勺匙，省去用户使用时需要配比计量的麻烦。

现以农药为例，简述剂型加工在促进精细化学品销售和应用中的作用。一般来说，化学合成得到的农药原药的浓度较高，不宜直接施用。因为：①使用浓度过大会导致对植物体形成局部药害；②很多原药成分不易溶于一般溶剂，或者其物理形态不适合直接施用（如某些固体药剂）；③有些原药成分在植物的叶、茎等部位不能很好地附着和铺展，严重影响药物的防治时间和效果。其次，制剂中添加的某些助剂可以通过不同方式提高药效（即提高农药利用率），或者通过制剂加工可进行不同药剂的复配（几种药剂混合加工），从而提高防治效果或扩大防治范围。再者，经过制剂加工有利于农药的贮存和运输，可以使得某些药剂在贮存或运输中更安全，或者可以降低对非靶向动、植物的毒害。

2.1.2　精细化学品剂型的发展

早期的精细化学品剂型都较单调，多以固体粉末或水溶液形式应用。从 20 世纪开始，随着表面活性剂的合成和应用技术的发展以及剂型加工设备的更新改进，带动了精细化学品剂型的不断发展。以农药商品的剂型为例，20 世纪 40 年代至 60 年代应用的多是粉剂，后来逐渐发展为乳油和可湿性粉剂，到了 60 年代后期出现了颗粒剂。这些构成了当今农药的四大剂型。70 年代以来，在高效新农药大量出现、施药技术的不断发展以及环境生态保护的要求越来越严格的情况下，农药剂型的发展亦趋于精细化，从而出现了许多新剂型，如悬浮剂、微胶囊、超低容量剂等，复方制剂也越来越多。

洗涤用品的剂型早期也是以固体粉末和固体块剂为主，现在同样发展到几十种，如块剂、粉末剂、颗粒剂、薄片剂、膜片剂、棒剂、饼状剂、膏剂、微胶囊等。化妆品的剂型也是丰富多彩。涂料、黏合剂也出现了许多新剂型，如粉末涂料、微胶囊黏合剂等等。随着精细化学工业的发展、环境保护要求的日益提高以及其他工业部门的不断发展，新的剂型还会不断涌现出来。

精细化学品的剂型一般可分为以下类型。

（1）固态剂型：有块剂、片剂、粉末剂、颗粒剂、微胶囊、膜片剂、棒状剂等。

（2）半固态剂型：有膏剂和胶状剂型等。

（3）液态剂型：包括溶液、悬浮剂、乳胶、胶体状等。

（4）气体剂型：气雾剂、熏蒸剂、烟熏剂等。

2.2　精细化学品的常见剂型及常用的助剂

精细化学品的剂型繁多，并各有特点，随着新材料和新工艺的不断出现，精细化学品新剂型不断涌现。本节只介绍几种常用剂型的特点及性能，便于读者在设计和选择精细化学品的商品中能很好地应用和把握。

固体制剂是指以固体形式表达的制剂产品，其产品种类及数量在复配型精细化学品制剂中占有相当的比例，如化妆品中的香粉、爽身粉、胭脂粉、粉饼，农药制剂中的粉剂、可湿性粉剂、可溶性粉剂、颗粒剂、片剂、烟（雾）剂，衣物的防虫防蛀剂，以及在纺织、卷烟、食品、制药、农用化学品、香精香料、饲料、照相材料和日用化妆品等工业领域中应用的微胶囊等剂型产品均为固体制剂的范畴。

根据配方组成可将固体制剂分为两类。一类组成组分均为有效组分，由能满足该产品使用目的的多种成分构成；另一类固体制剂的组成成分大致包括两大组分：有效组分和助剂。其中，有效组分由能满足该产品使用目的的多种成分构成，助剂则因添加的目的不同而不同，如稀释剂（填充剂）、润湿剂、分散剂、润滑剂、崩解剂、黏结剂、稳定剂等。在固体制剂的产品中，大部分产品均是由有效组分和各类助剂所构成的，且各类助剂对多种固体剂型产品的形成、有效组分发挥作用以及最终产品的质量影响极大。

2.2.1 精细化学品的常用剂型

2.2.1.1 溶液剂

溶液剂包括水溶液、醇溶液以及其他溶剂配制的溶液剂型。它们是利用有效成分以及其他助剂在水和其他溶剂中的溶解性，选择合适的浓度和制作程序得到的。有效成分和助剂在溶液剂型中以分子形式的微粒高度分散，有效成分的功能发挥最完全，贮存稳定也最好。是使用最早、应用最多的精细化学品剂型。

2.2.1.2 粉剂

粉剂是将有效组分和适量的填充剂如碳酸钙、滑石粉、陶土粉等，混合研细形成粉剂，该剂型一般有效组分的含量较低。粉剂加工的目的是使有效成分能充分稀释和均匀分散在填充剂的小颗粒上，填充剂在使用中起着分散和携带有效组分的作用。精细化学品中，该剂型的商品很多，如香粉、爽身粉、洗衣粉等等。

2.2.1.3 块剂

对于某些溶解度不大、贮存稳定性不够好的精细化学品，为了减少商品的体积和贮运成本，往往通过混配后的压块、干燥过程除去溶剂，把它们制作成固态的块剂。肥皂、香皂、唇膏就是常见的块剂商品。

2.2.1.4 乳液剂

依据乳化体外相和内相的不同，乳液剂可分为油包水（W/O）和水包油（O/W）以及它们的多重包裹剂型；按照分散相（内相）颗粒的大小，乳液剂又可分为普通乳液和微乳液等剂型。这些产品的配方中都含有有效成分、有机溶剂、水、乳化剂（表面活性剂）等。该剂型加工中的主要问题是产品乳化形态的稳定性。配制技术的关键是选择适当的溶剂和乳化剂，使有机溶剂、乳化剂与主要成分的亲水亲油平衡值相符合。这种剂型一般为高浓制剂，加水稀释后使用效果好。

微乳液剂型是指分散相乳胶粒的粒径在 $1\mu m$ 以下的产品形态。制作时必须选择合适的复合乳化剂，经过细致的（甚至高强度的）乳化分散，可制作成近似透明的状态。鉴于该类乳状液的分散相粒径小，故被称为微乳剂。微乳剂的乳胶粒微细，比普通乳液的小，其特征是以水为分散介质，运输、贮存方便，在使用对象的表面上很容易分布均匀。

2.2.1.5 膏剂

膏剂是按照配方比例将各种液体和固体组分混合配制成的一种均匀、稳定、黏稠的分散型的半固体，它们不会因贮运条件和气温的变化而发生分层、沉淀、结块、渗液或变为流体等现象。制作膏剂时，不需要高含量的固体物，无需压块、加热干燥过程，节省燃料和动力消耗，制造设备简单，投资少，生产环境好。该剂型设计的关键是选择合适的乳化剂和稳定剂。

2.2.1.6 悬浮剂

将不溶于水的固体组分、助剂和水按配方比例进行混合，再在砂磨机上进行湿法研磨，制成粒度很细的悬浮液制剂，其中分散相颗粒的粒径为 $0.5\sim5\mu m$。悬浮剂制备的关键是选择适当的助剂来调整介质的黏度和密度，阻止分散悬浮的固体组分聚集下沉（或上浮），以保持悬浮状态的稳定性。通常的悬浮剂都以水为介质，也有用乳液或油类为介质的。其优点是避免粉剂使用中的微尘飞扬现象，相对密度大，包装体积小，粒径微细，便于使用。

2.2.1.7 可湿性粉剂

通常是将有效成分与填充剂、湿润剂、分散剂（表面活性剂）一起混合并粉碎到很细的粒度，一般要求过 200 目筛。进行可湿化处理时，把混合的粉料在硬水中湿润 1min 左右，其悬浮浓度为 80％以上。因此，这类制剂一般为高浓品，加水后使用。该种剂型一般以农药商品为多。

2.2.1.8 颗粒剂

该制剂是一种颗粒较大的粉剂，粒径为 $250\sim590\mu m$（30~60 目）。在配制颗粒剂产品时，通常会使用某些多孔物质作填充剂，以使被吸附的功能组分慢慢地释放。造粒工艺主要有三种。一是浸渍法，将合适的粒状载体与溶有有效成分的液体混合均匀，使有效成分吸附在颗粒上。二是包衣法，以非吸收性粒状载体为核心，借包衣和黏合剂的作用将原药成分包覆在载体表面。三是捏合法，按配方比例将原药、助剂和粉状载体混合均匀，用适量的水润湿并捏合，再通过挤出造粒机制成一定粒度的颗粒，经干燥、筛分得到球状或柱状的颗粒剂。

2.2.1.9 微胶囊剂

将液态的有效组分包裹在囊壁物质中，形成粒径为 $25\sim50\mu m$ 的球状制剂被称作微胶囊剂。为了在水介质中形成微胶囊保护膜，一般要求微胶囊剂里的有效组分是不溶于水的。在制作微胶囊的过程中，先将有效组分在水介质中分散成微粒，再通过高分子在其表面的界面聚合作用形成一层薄膜，利用高分子膜的形态和强度形成具有保护和稳定作用的微胶囊颗粒，然后过滤、分离除去水分。其特点是可以将液体有效组分变为固体形式，控制功能成分的释放时机和速度，延长了商品的有效期。还能缓解某些功能组分快速释放时的毒副作用，减少有效组分的无为挥发。

2.2.1.10 气雾剂

从物质形态学的角度而言，液体以极细的小滴分散在空气中的形态叫雾。我们可以把精细化学品中喷发胶、杀虫剂、杀菌剂、空气清新剂等功能成分通过适当的工艺和程序均匀地分散在空气中或牢固地吸附在使用对象上，这种产品形式就叫气雾剂。其制备方法是将有效组分按配方比例与低沸点的溶剂（一般称为抛射剂，如丁烷、二氟二氯甲烷等）一起压入耐压容器中，一旦容器的出口阀打开，溶液便会喷射出来，溶剂很快挥发，功能组分即成为气雾。因为溶剂的沸点在室温以下，容器内一直具有一定的压力，直至与大气压力相等时，气雾剂便不能被喷出使用。

2.2.1.11 烟熏剂

烟熏剂一般是将固态的有效组分与粉状燃料（碳粉、淀粉、硫脲粉等）、助燃剂（硝酸钾、氯酸钾等）、灭火焰剂（氯化铵等）混配在一起、通过压片形成的片状制剂。使用时以点火燃烧的方式使有效组分变成烟气挥发，发挥其功效。由于组分中配有灭火焰剂，烟熏剂点燃后并不起明显火焰（或者强制其呈无焰隐燃），隐燃的高温能促使有效组分挥发。

还有一种叫蒸熏剂，它是利用液态功能组分的易挥发性，使用时加热至其气化温度，挥发成为气体或蒸气来发挥其效能。这种剂型多用于杀虫剂、杀菌剂、空气清新剂等。

表 2-1 列示的是近几年美国农药产品的剂型分布情况，表 2-2 列示的是近几年国内外主要农药剂型的份额比较。

表 2-1　美国农药产品的剂型分布

剂　型	数　量	百分比/%	剂　型	数　量	百分比/%
尘剂	534	8	乳油	1850	28
粒剂	1726	26	悬乳剂	344	5
锭剂/片剂	545	8	水溶袋装	100	1
可湿粉/尘剂	593	9	可溶性固体	91	1
微胶囊	55	1	其他	501	7
水分散粒剂	382	6			

表 2-2　近几年国内外主要农药剂型的份额

剂　型	国外/%	国内/%	剂　型	国外/%	国内/%
乳油	26	45	悬浮剂	16	10
可湿性粉剂	10	17	水分散性粒剂	12	2
水乳剂、微乳剂	5	2	其他	12	16
水剂	19	8			

2.2.2　剂型加工中常用的助剂

剂型加工助剂是指在精细化学品生产加工过程中所添加的具有某种特定功能的辅助物料。在精细化学品的使用过程中它们一般不会呈现明显的生物活性，但在配伍、剂型加工和发挥主要成分的功效时具有重要作用，因而在精细化学品生产加工过程中也是不可或缺的。每种加工助剂都有其特定的功能，其目的在于提高精细化学品的外观性能和贮存稳定性，最大限度地发挥功能成分的使用效果，或者是有助于安全有效地使用。

剂型加工助剂的功能各异，种类繁多，其技术的发展是随着剂型种类以及用户的使用要求的不断更新而发展的。早期的无机类精细化学品中很少使用助剂，自从有机类化学助剂发展以后，各种剂型加工助剂被迅速投入应用。为了满足剂型的多样化和性能提高的需要，剂型加工助剂也向多品种、系列化逐步发展，并出现了与之相关联的专门的配方加工技术。

剂型加工中常用的助剂有以下几种。

2.2.2.1　填充剂

剂型加工中用的填充剂主要用于粉剂、可湿性粉剂、颗粒剂、块剂、棒剂、片剂等精细化学品，其目的一方面是使功能成分更好地分散，另一方面是调节制剂的视密度，使其具有合适的形状和密度，有时候还起到降低生产成本的作用。这类填充剂通常是无机矿物质，如轻质（或重质）碳酸钙、滑石粉、白炭黑、高岭土（黏土）、硅藻土、膨润土、陶土、粒状硅砂等。

2.2.2.2 表面活性剂

表面活性剂是一种两亲性（既亲水又亲油）物质，能富集在油/水或液/固两相的界面上而改变表面的性能，使液珠容易分散、固体容易被润湿、液体容易在固体表面铺展，在精细化学品加工中通常用作乳化剂、润湿剂和展着剂。

表面活性剂是有机化合物，在其分子结构里同时含有亲油性的长链烃基和亲水性的极性基团，其表面活性即降低相界面张力的能力用亲水亲油平衡值（Hydrophile-Lipophile Balance，HLB）来定量表示，HLB值的大小取决于这两类基团的种类、数目的多少和在分子结构上的相对位置。按极性基团在水中的离解性分为阴离子型、阳离子型、两性离子型以及非离子型四大类，其应用事项详见后续的第3章及其余各章。

2.2.2.3 溶剂

在配制液体剂、悬浮剂、膏剂时，需要把固体原料先配制成溶液，有时液体组分也需要加入另外的溶剂来改变其特性或调整其浓度，因此，溶剂也是精细化学品剂型加工中最常用的助剂。常用的溶剂有水、乙醇、异丙醇、溶剂汽油、石油醚、酯类、苯类、$C_4 \sim C_6$ 烷类等。选择溶剂的原则是溶解力强，闪点高，毒性小，对有效组分无不良影响。

2.2.2.4 增效剂

有些物质本身无作用，或作用不大，但加入到配方中会提高产品的性能和作用，如除虫菊酯与芝麻素组配、DDT与3,4-亚甲氧基苯基苯磺酸酯组配、液洗剂中阴离子表面活性剂与防污垢再沉淀剂组配，后者对前者都有增加效能的作用。精细化学品剂型加工中增效剂的筛选主要依据物质间的相互作用和实验结果，对不同的功能组分具有增效作用的成分各不相同。

2.3 精细化学品常见剂型的加工

2.3.1 液体剂

液体剂是最常见的精细化学品的制剂形式，指将具有溶解性的功能组分以及加工助剂用合适的溶剂溶解，形成外观和组成均一的液体剂。

液体剂的配制技术主要是根据功能成分和加工助剂选择合适的溶剂，所遵循的基本理论有物质间的溶解、氢键的存在、溶剂化作用、溶解度参数等。只要溶解透彻，不超过各自的溶解度发生结晶、沉淀现象，则产品的贮存稳定性是足够的，其加工和应用也最简单。

2.3.1.1 液体剂生产的一般工艺

生产液体剂产品时，首先根据各种配方原料的溶解性选择合适的溶剂，如水、乙醇、油脂等；按照它们各自的溶解速度和过程特点采取分别投料或者先后加入的形式投加到反应釜或混料锅中，开启搅拌与/或加热升温促进溶解；溶解完全后，一般还要进行过滤以除去不溶物、胶团等；然后冷却至40℃以下，取样检测；合格后出料进行灌装。

2.3.1.2 液体剂商品通常的技术参数

①外观形态；②有效物含量（或固含量）；③pH值；④功能性特征指标。

2.3.1.3 液体剂常用的制作设备简介

液体类产品的常用制作设备（图2-1）主要有反应釜、混料锅，甚至可以用搪瓷桶、不锈钢桶、铝桶等就可以配制。加热措施一般是将热媒介通入夹套中通过热传导加热。

| (a) 反应釜 | (b) 混料锅 | (c) 配料桶 |

图 2-1 液体剂生产设备

2.3.2 粉剂的加工（包括可湿性粉剂）

粉剂是精细化学品商品形式中应用最多的一种剂型，如洗涤用品中的洗衣粉，化妆品中的痱子粉、爽身粉、香粉以及农药中的粉剂等，然而，粉剂的成型工艺要求也限制了表面活性剂等一些液体组分的使用。

粉剂的基本组成包括有效组分和填充剂，时常还添加一些助剂（如农药粉剂中的抗飘移剂、分散剂、黏结剂等）。对于化妆品粉剂而言，粉剂不仅包含各种各样的活性物质，还需要配加能干燥和凉爽皮肤、保护皮肤的成分，如胶体二氧化硅、碳酸镁和淀粉用于增加干燥效果，硬脂酸盐能起到凉爽效果；为了对人体皮肤附着良好，也需要加入某些能起润滑作用的含脂肪组分，同时增加它们的滑爽性能。最重要的粉剂助剂成分有硅酸盐（高岭土、气相二氧化硅、滑石）、碳酸盐（碳酸镁、碳酸钙）、氧化物（氧化锌、二氧化钛）、硬脂酸盐（硬脂酸锌、硬脂酸镁、硬脂酸铝）、淀粉和蛋白质分解产物。

2.3.2.1 粉剂生产的一般工艺

生产粉剂产品时，需要将湿的物料干燥。干燥的方法根据工艺和设备的不同分为喷雾干燥和烘箱干燥两大类。使用喷雾干燥的物料，一般在干燥前先将湿物料与各种助剂调配到商品化的标准再进行干燥，最后研细。使用烘箱干燥工艺的粉剂加工，在生产时，一般先将液状有效成分喷洒在填充剂上，再根据商品化的标准将各种组分混合到一起粉碎，得到细而均匀的粉剂产品。

2.3.2.2 粉剂商品通常的主要技术参数

①粉体粒子大小及其分布；②粉子的形态；③微粉的比表面积；④微粉的密度和比容；⑤微粉的流动性；⑥微粉的吸湿性；⑦其他功能性特征指标。

2.3.2.3 粉剂的制造方法及常用设备简介

（1）简单吸收法 即将液体活性物组分吸附在无机盐上。

该法是先将干燥的固体无机盐组分加到混合器内，开启搅拌，同时通过喷嘴将活性组分液体物料慢慢地泵入或注入，使其喷到粉末上。对液料加入速率的调节，以液体达到粉状物料表面时即被吸收为宜，不能在粉料表面堆积成滴。如果液体组分的含量大于 5%，则需要一个老化过程（时间 12～24h），也就是使物料冷却，并形成必要的结晶。如果使用高效混合设备，则老化和粉碎过程可以省略。

简单吸收法的优点是设备简单，可用普通的叶片或混合机，如带式混合机、犁式混合机、螺旋混合机和掺混机（见图 2-2～图 2-7）。表 2-3 对几种常见的粉碎机械的功能进行了比较。

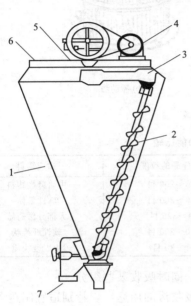

图 2-2 锥形螺旋混合机

1—锥形筒体；2—螺旋桨；3—摆动臂；4—马达；
5—减速器；6—加料口；7—出料口

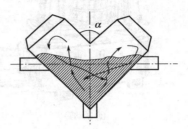

图 2-3 V 形混合机

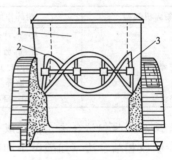

图 2-4 槽式混合机

1—混合槽；2—搅拌桨；3—固定轴

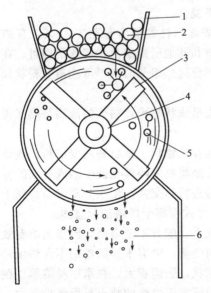

图 2-5 锤击式粉碎机

1—料斗；2—原料；3—锤头；4—旋转轴；
5—未过筛颗粒；6—过筛颗粒

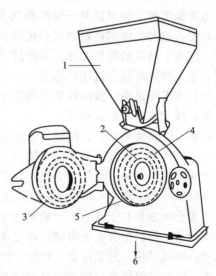

图 2-6 冲击式粉碎机

1—料斗；2—转盘；3—固定盘；4—冲击柱；
5—筛圈；6—出料

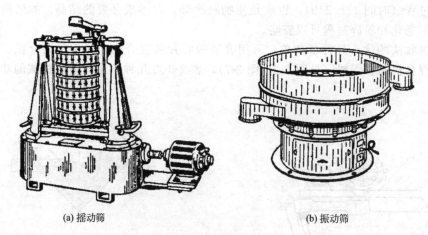

(a) 摇动筛   (b) 振动筛

图 2-7 粉剂筛分设备

表 2-3 各种粉碎机械的功能比较

粉碎机类型	粉碎作用	粉碎品的粒度	适应物料
球磨机	磨碎，冲击	20～200 目	可研磨性物料
滚压机	压缩，剪切	20～200 目	软性粉体
冲击式粉碎机	冲击力	4～325 目	大部分医药品
胶体磨	磨碎	20～200 目	软性纤维状
气流粉碎机	撞击，研磨	1～30 目	中度硬物质

（2）反应吸收相结合法 活性成分之间发生反应，同时吸收某些组分。

反应吸收相结合法（如酸碱中和吸收法）比简单吸收法的用途广，特别适宜制造含有溶剂的粉状洗涤剂。其加工过程是先将固体粉末物料投入混合器内，启动混合机，在混合机运转时慢慢加入一种反应性组分，另一种组分则通过反应来吸收所加入的组分，并形成盐类等固态物质。此法所需的设备与简单吸收法相同。

（3）粉剂的干混法 原来已干燥的各种组分干燥混合。

浓缩型喷雾干燥或转鼓干燥的粉状洗涤剂中，表面活性物的含量至少 40%，有的高达 60% 以上，这种洗涤剂在粉剂混合机或干燥混合机中和其他所需组分一起掺混即可。在该方法中，配方中所有的物料大部分是经过干燥的，故混合这些组分时应尽可能避免粉状颗粒的受损，用立方形的混合机比较适宜。

（4）喷雾干燥法 液体料浆经喷雾干燥塔的喷头呈线状喷出，料浆的液滴与热气流进行热交换，挥发水分干燥成粉剂。

喷雾干燥是将溶液、乳浊液、悬浊液或含水分的膏状物料、浆状物料变成粉状或颗粒状产品的工艺过程，它包括喷雾和干燥两个方面。喷雾是将料液经雾化器喷洒成极细的雾状液滴；干燥是由热载体（空气、烟气）与雾滴直接接触进行热交换，使水分蒸发而得到干燥的粉状或粒状产品。图 2-8 和图 2-9 分别为逆流式和顺流式喷雾干燥塔的示意图。

喷雾干燥法相对于其他生产粉剂的方法有以下优点：配方不受限制，能掺入的有效组分含量比较高，粉剂中含水量视密度均可在一定范围内变动。喷雾干燥的粉剂不含粉尘，可自由流动，不易结块，外观悦目，较轻，颗粒呈空心球状，表面积大，在水中易溶解。在一定范围内，热敏性原料也可以在喷雾干燥器内处理。但喷雾干燥法的缺点是设备投资大，需要耗费大量的能（热）量。

喷雾干燥的特点如下。①干燥速度快，料液经喷雾后成为几十微米的液滴，所以，单位

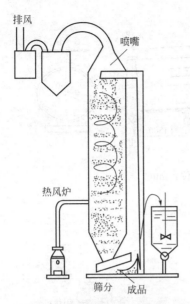

图 2-8　逆流式喷雾干燥塔

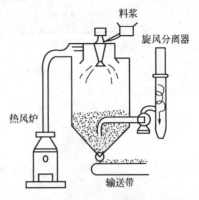

图 2-9　顺流式喷雾干燥塔

质量的有效表面积很大，每公斤料液干燥面积可达 300m²，干燥时间一般只有几秒至几十秒。②干燥过程温度低，在逆流喷粉塔中，塔底进风温度一般为 280～350℃，但干燥塔内的温度则不会太高，因塔内的液滴中仍含有水分，塔顶的温度一般在 80～100℃，这样能防止物料在塔内温度过高而导致产品质量下降。③所得产品近似球形，具有良好的流动性、疏松性、分散性和迅速溶解性。④产品的纯度高，环境污染少。⑤易于控制产品质量，如颗粒的大小、粒度的分布、水分的含量、堆密度。⑥工艺流程短，而且容易实现自动控制。

在逆流式喷雾塔中，料浆从塔顶喷下，热风从塔底送入，即干燥的热气流由下而上，液态物料由上而下逆向流动且直接相接触。在塔的顶部，液滴与温度较低的热风接触，表面蒸发速度慢，内部的水分不断向外扩散。随着液滴的下落，所接触的载热气流的温度逐渐升高，下落液滴表面得到干燥，颗粒的壳层不断加厚。颗粒内部的水分一经与热风入口处的高温空气接触，水分气化膨胀，会把颗粒的干燥表皮冲破，使颗粒形成空心拳头形。

而在顺流式喷雾塔中，料浆和干燥的热气流同向并流由上而下，含水量最高时的雾滴接触最热的空气，水分蒸发迅速，特别适用于热敏性物料如抗生素、酶制剂、染料等的干燥。

（5）**转鼓干燥法**　将润湿的物料置于转筒的内壁（或外壁），通过与筒内流过的载热体进行热量交换而将料浆干燥。

如果湿物料是置于转鼓筒内干燥，则转筒体内壁设置有很多条与其轴心平行的挡板，整个筒体通常是倾斜安装着。湿物料从筒体的上口加入，干燥好的物料从下口出料；载热气流从下口鼓入，上口导出。当转筒以轴心做回转时，湿物料借助挡板的抄举作用在筒体内的上方被扬撒落下，下落过程中与载热气流充分接触进行热量与物质（水分）的交换，得到干燥。由于筒体是倾斜安装的，固态物料下落时沿筒体做向下的位移输送。如图 2-10 及图 2-11。

如果黏稠的湿物料是附着在转鼓的外壁上干燥，则筒体外壁被做成很光滑的圆柱面。载热流体（热水、热油或热蒸汽等）在封闭的筒体内流过，与湿物料通过筒体壁的导热间接进行热交换。转鼓按轴线水平安装，约 1/6～1/4 的筒体表面浸在待干燥的物料里，物料借助其黏附性在筒体的外表面形成一层液膜，转鼓转动一周，物料得到干燥，在再次回转浸入液料前用一片紧贴筒体圆柱面的刮刀刮下，成片状或粉状取出。图 2-12 所示即为转鼓刮板干燥机。

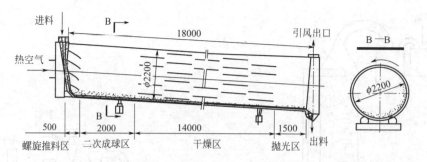

图 2-10　转筒干燥机　单位：mm

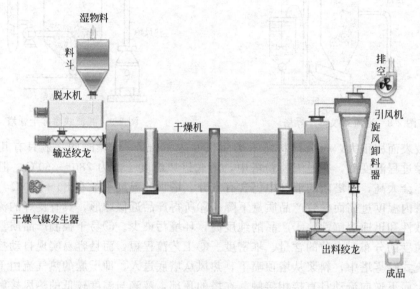

图 2-11　转筒干燥系统

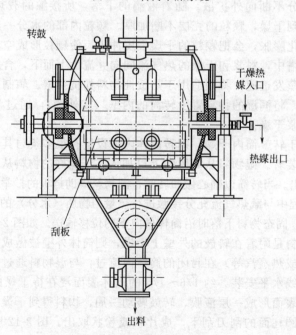

图 2-12　转鼓刮板干燥机

2.3.3 块剂（包括颗粒剂、烟熏剂）

块剂也是精细化学品剂型中的一种常见剂型。如洗衣皂、香皂，医药中的各种药丸、药片，化妆品中的粉饼，衣物的防虫防蛀剂、灭蚊片等。

2.3.3.1 块剂生产的一般工艺

块剂的加工一般是将有效组分与各种赋形剂先行混合，与/或使用合适的溶剂进行润湿，再通过压片机械对润湿料或干的粉末料进行压片成型。

湿颗粒法压片应用最多，它是将主要组分经粉碎过筛后，根据需要加入其他一些辅料，如稀释剂、湿润剂或黏合剂等，充分混合成为润湿的颗粒，经压片机压制成一定形状和重量的片剂，湿片剂一般在50～80℃下干燥，制得含水量为1％～3％干颗粒。粉末直接压片是将粉末状的配方组分混合均匀后直接经压片机压制出片剂产品。

用于制作片剂的物料和各种辅料必须具有流动性和可压缩性。若流动性差，物料在压片时不能顺利流过模孔，会导致压出的片剂重量不一致。若物料不具有可压缩，当冲头压力移去后，片剂内部被压缩的空气膨胀，使片剂松裂不能成型。片剂加工中除了要求物料具有流动性和可压缩性外，还需有一定的黏结性，但又不能太大，以免压片过程中粘接冲头和冲模。所以，当配方物料不具备这些性能、不符合上述要求时，需要加入一些辅料（又称赋形剂）。常用的赋形剂有稀释剂、吸收剂（淀粉、糊精、碳酸钙）、润湿剂、黏合剂（水、乙醇、羧甲基纤维素、淀粉浆）和润滑剂（硬脂酸镁、滑石粉、液体石蜡）。

固体剂型的制备工艺如图2-13。

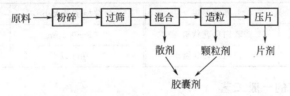

图 2-13　块剂制作的工艺流程

2.3.3.2 块剂商品通常的技术参数

①外观形态；②有效物含量（或固含量）；③粒径；④功能性特征指标。

2.3.3.3 块剂常用的制作设备简介

块剂类产品的常用制作设备主要有粉料混合机（见图2-2～图2-4）和压片机（图2-14）。

图 2-14　旋转式压片机

旋转式压片机可以将各种粉状原料压制成圆片及异形片，是适合批量生产的设备。其结构为双压式，有两套加料装置和两套转轮。转盘上可装 33 副冲模，旋转一周即可压制 66 片。压片时转盘的速度、物料的充填深度、压片厚度可调节。机上的机械缓冲装置可避免因过载而引起的机件损坏。机内配有吸粉箱，通过吸嘴可吸取机器运转时所产生的粉尘，避免黏结堵塞，并可回收原料重新使用。旋转式压片机的工作区域外围罩体为全封闭式，材料采用不锈钢，转台表面经过特殊处理，能保持表面光泽和防止交叉污染。透明有机玻璃的门窗能够清楚观察压片的状态，并且能全部打开，方便易于内部清理和保养。压片室采用全密封形式，并具有开启保护功能。

2.3.4　乳液剂

乳状液是一类多相分散体系，其中至少有一种液体以液珠的形式均匀地分散于一个不与它混溶的液体之中。按分散相（内相）和连续相（外相）的溶解性差异，乳状液一般可以分为两种：一是油分散在水中，形成水包油型乳状液，如牛乳、豆浆等，通常以 O/W 来表示；二是水分散在油中形成的油包水型乳状液，如原油、人造奶油等通常以 W/O 来表示。其中分散相液珠的直径一般大于 $0.1\mu m$，常见的乳状液外观呈乳白色，是一种不透明的体系。乳状液的外观与其中分散相质点的大小密切相关，如表 2-4 所示。

表 2-4　乳状液分散相质点大小与外观的关系

分散相质点大小	外观形貌	分散相质点大小	外观形貌
$>1\mu m$	乳白色乳状液	$0.05\sim0.1\mu m$	灰白色半透明液体
$0.1\sim1\mu m$	蓝白色乳状液	$0.05\mu m$ 以下	透明液体

2.3.4.1　乳液剂生产的一般工艺

生产乳液剂产品时，应根据配方原料的溶解性选择合适的溶剂，如水、乙醇、油脂等；再将它们按油相和水相分别投入到两个混料锅中，开启搅拌与/或加热升温促进溶解。在配制乳液剂时，必不可少地要使用到乳化剂。乳化剂是依据所配体系的乳化类型（O/W 或 W/O）预先加入到水相或者油相中。两个混料锅中的水相和油相混合时，应使两相物料的温度接近，一般是把内相慢慢地加入到外相中，边加料边搅拌。当然，也可以采用相反转乳化法进行混合，即把外相物料慢慢地加入到内相中。更详细的生产工艺参见第 5 章的相关内容。

2.3.4.2　乳液剂商品的技术参数

①外观形态（包括乳化类型）；②有效物含量（或固含量）；③冷、热稳定性，离心稳定性；④其他功能性特征指标。

2.3.4.3　乳液剂生产中常用设备简介

乳液型产品的常用制作设备与液体剂的制作设备基本相同，有时还用到胶体磨或其他组合式分散乳化装置（见图 2-15 和图 2-16）来强化分散和提高稳定性。

胶体磨是一种小型的乳化设备，适合用于制造采用冷配工艺的乳液类产品。胶体磨的基本工作原理是剪切、研磨及高速搅拌作用。磨碎依靠两个齿形面的相对运动，其中一个高速旋转，另一个静止，使通过齿面之间的物料受到极大的剪切力及摩擦力，同时又在高频震动，高速旋涡等复杂力的作用下使物料实现有效的分散、乳化、粉碎、均质。

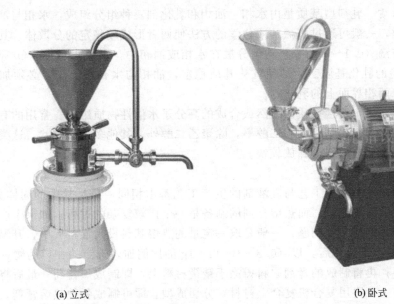

(a) 立式   (b) 卧式

图 2-15 胶体磨

图 2-16 间歇式与管线式组合分散乳化装置

2.3.5 膏剂

膏剂是将配方中的有效组分加入到适宜的基质中，配制得到的一种易于涂布或填充的半固体制剂。它是按照配方将各种液体和固体组分混合制成的一种均匀、稳定、黏稠的分散体。制造膏状洗涤剂不需要干燥，不需要高含量的固体物，设备简单，投资少，无污染。膏剂的基质分为三类：油脂性基质、乳剂型基质和水溶性基质。

（1）油脂性基质　油脂性基质有烃类、脂类及动物、植物的油脂等，如凡士林、固体石蜡、液体石蜡、硅酮（聚硅氧烷，下同）、羊毛脂、蜂蜡、豚脂和植物油（花生油和菜籽油）。这类基质的共同特点是润滑、无刺激性、成膜性好、不易变质，但不易与水性液体混合，也不易被水洗，油腻性大。

（2）乳剂型基质　乳剂型基质是由水相、油相和乳化剂三种组分组成，水相与油相为不相混溶的两类物质，一般可通过机械的或化学的方法使两者形成较稳定的分散体。其中油相或水相以很小的液滴（0.1～0.2μm）均匀分散在水相或油相中，形成水包油（O/W）型或油包水（W/O）型的乳化基质。为了使乳化基质稳定，油相与水相不分层，必须加入能够稳定吸附于油与水两相界面上的乳化剂。

（3）水溶性基质　水溶性基质由天然或合成的高分子水溶性物质组成。常用的有甘油明胶、淀粉甘油、纤维素衍生物、聚乙二醇等，除聚乙二醇外，其他多呈凝胶状。这类基质的特点是易于与水混合，有效组分释放较快。

2.3.5.1　膏剂生产的一般工艺

普通黏稠型的膏剂的生产工艺与乳液剂的生产工艺基本相同，只是其中的固体分更高，油水两相物料的分散需更充分。而热熔膏剂的制备是一个比较复杂的过程，如果生产过程中控制不好，往往容易产生一些问题；一般是取一定量的热熔基料投入混料罐中，升温至40～170℃，待热熔基全部熔化后，以（0.3～100)g：1g 的比例加入选定的相应药物，搅拌均匀，制成膏剂原料；再将制成的膏剂原料摊涂于裱褙材料上，即制成黑膏药；最后将制成的膏剂原料涂布于布上，再用复合机复合上衬材，分切成型，即可制成各种热熔膏剂。

2.3.5.2　膏剂商品通常的主要技术参数

一般在膏体制成之后，还应从外观、pH 值、耐热耐寒、微生物、香气等几个方面做考察，以检查产品是否合格，贮存稳定性能否达到要求。

2.3.5.3　膏剂制造的常用设备

膏剂产品的生产设备与乳液剂的制作设备类同，由于产品更黏稠，在灌装设备上有所不同。热熔膏剂的生产还要用到涂布设备，见图 2-17。

(a) 电加热型　　　　　　　　　　　(b) 蒸汽加热型

图 2-17　热熔膏剂的涂布设备

2.3.6　悬浮剂

悬浮剂是指将不溶于水的固态原料以极细小的微粒高度分散在水中形成的分散体，配方中的功能组分在分散剂的帮助下仍以固体状态分布于水中。影响悬浮体稳定的因素有：①配方中各组分本身的分子结构；②研磨加工后颗粒的大小；③分散剂；④保护胶体的性质等。其中主要取决于微粒的直径大小，当微粒的半径小于 0.1μm 时，分散体是足够稳定的。

在实际生产中，只靠机械研磨是无法得到如此细小微粒的，经测定一般机械研磨后的粒子平均直径大于 1μm。为了使配方中的各种组分能够形成足够稳定的分散体，研磨的同时加入适量的分散剂、扩散剂和胶体保护剂，从而使粒径大于 1μm 的颗粒也能稳定地分散在水中。

分散体一般包含溶液剂、悬浮剂、散剂、颗粒剂、胶囊剂、片剂和丸剂等。各种分散体的表面积排序：溶液剂＞悬浮剂＞散剂＞颗粒剂＞胶囊剂＞片剂＞丸剂。

2.3.6.1　悬浮剂生产的一般工艺

生产悬浮剂产品时，需要先将固体物料粉碎（分散）到 μm 级，再在强力搅拌和分散剂及助分散剂的作用下分散在水中。分散剂和搅拌强度是影响和控制悬浮剂体系分散相粒径的两个重要因素，分散相颗粒的形态则取决于分散剂的种类和与水与固体物料的配比。分散剂主要有两大类，一是能吸附在固体粒子表面并形成一层保护膜的水溶性高分子物质；二是能吸附在固体粉末表面起到机械隔离作用的不溶于水的无机物。

从立体几何学的计算，我们知道在相同体积的所有几何体中具有最小表面积的几何体是球体。而按照球体紧密堆积原理（亦叫开普勒猜想），不管球体粒径的大小如何，球体间空隙的体积与球体自身体积之比的极限值是 22.695 ：77.305。依此，如果把悬浮剂的内相颗粒都视作球形，分散介质（水相）全部充满颗粒间的空间，则在设计悬浮剂配方时必须把分散的固体原料的用量控制在 77.305%（体积分数）以内，而水相的体积应大于 22.695%；同样道理，分散剂的用量必须保障其所形成的保护膜的面积大于分散相颗粒的总表面积，一般取分散相重量的 5% 左右。

2.3.6.2　悬浮剂商品通常的主要技术参数

①外观形态（包括分散相颗粒大小）；②有效物含量（或固含量）；③冷、热稳定性，离心稳定性；④其他功能性特征指标。

2.3.6.3　悬浮剂生产的常用设备简介

悬浮剂型产品生产的常用设备与乳液剂的制作设备基本相同，有时还要用到球磨机与/或三辊机来强化分散和提高悬浮体的稳定性，见图 2-18～图 2-20。

(a) 卧式　　　　　　　　　(b) 立式

图 2-18　球磨机

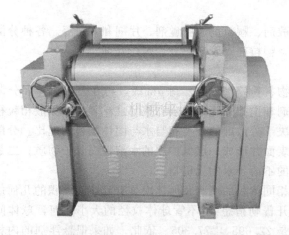

图 2-19 三辊研磨机

(a) 立式   (b) 篮式

图 2-20 砂磨机

  球磨机又称砂磨机，主要用于悬浮型分散性产品的湿式研磨，是一种广泛应用于油漆涂料、化妆品、食品、日化、染料、油墨、药品、磁记录材料、铁氧体、感光胶片等工业领域的高效研磨分散设备。可分为立式砂磨机、卧式砂磨机、篮式砂磨机、棒式砂磨机等。主要由机体、磨筒、分散器、底阀、电机和送料泵组成，进料的快慢由阀门控制。该设备的研磨介质一般分为玻璃珠、氧化锆玻璃珠、氧化锆珠等。输料泵一般采用齿轮泵、隔膜泵以及其他厚浆输料泵。

2.3.7 微胶囊剂

  微胶囊剂是指利用天然的或合成的高分子材料将固体或液体药物包裹而成的直径 $1 \sim 500\mu m$ 的微小胶囊，其外形取决于囊心物质的性质和囊材凝聚的方式，它常用于增加药物的稳定性、掩盖药物的不良气味、改良和延缓药物的释放等等。它可以弥补其他剂型的不足，使液体药物实现固体剂型化。一般胶囊膜壁厚度为 $1 \sim 30\mu m$，化妆品中用的多为 $32\mu m$ 和 $180\mu m$。国外微胶囊已用于复写纸用墨、防伪商标印刷墨、遮盖霜、保湿剂、口红、眼影、香水、浴皂、香粉等中。

2.3.7.1　微胶囊剂生产的一般工艺

目前微胶囊的制备方法有化学法（界面聚合法、原地聚合法、溶液中硬化被覆法等）、物理化学法（水溶液相分离法、有机溶剂相分离法、液体中干燥法等）、机械法（气流中悬浮被覆法、喷雾干燥法、真空蒸发被覆法、静电聚合法）等等。

以气流式锐孔-凝固工艺为例（图2-21），它是通过气流式双流体喷嘴把要包覆的物料乳化液用高速 N_2 气流进行微粒化，微粒化的物料进入收集器内的凝固浴中固化形成微胶囊。通过控制 N_2 气流的压力和乳化液通过喷嘴的推进力来控制产品的颗粒大小和造粒速度。

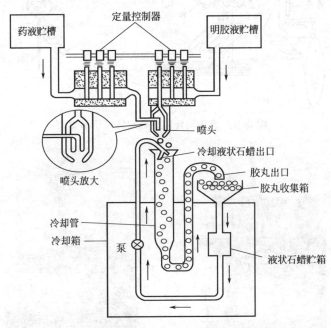

图 2-21　软胶囊（胶丸）滴制法生产过程示意

微胶囊剂产品的贮存期和功能效果的发挥取决于成囊材料的性质及其膜厚、膜层结构等。常用囊材与载体材料包括天然高分子（如明胶、阿拉伯胶、海藻酸盐、蛋白类、淀粉等），半合成高分子——纤维素衍生物（如羧甲基纤维素、邻苯二甲酸纤维素、甲基纤维素、乙基纤维素、羟丙甲纤维素、丁酸醋酸纤维素、琥珀酸醋酸纤维素等），合成高分子（如聚碳酯、聚氨基酸、聚乳酸、聚丙烯酸树脂、聚甲基丙烯酸甲酯、聚甲基丙烯酸羟乙酯、聚氰基丙烯酸烷酯等）。

2.3.7.2　微胶囊剂商品通常的主要技术参数

①微胶囊的粒度及其分布；②微囊中药物的溶出速度；③有效物含量；④其他功能性特征指标。

2.3.7.3　微胶囊剂的生产设备简介

见图2-22、图2-23。

2.3.8　气雾剂

气雾剂是指将含有有效组分的溶液、乳液或混悬液和抛射剂一同封装在带有阀门的耐压容器中，使用时借助抛射剂（液化气体或压缩气体）的压力，能够定量或者非定量地将内容物以雾状、糊状、泡沫或粉末状的形式喷出的制剂。气雾剂制品一般由四部分组成：耐压罐（铁罐或铝罐）、阀门系统、抛射剂和制剂。其中抛射剂与制剂一同装入耐压罐中，将气雾剂的阀门打开，耐压罐中的压力使抛射剂带着制剂成气雾状喷出。见图2-24。

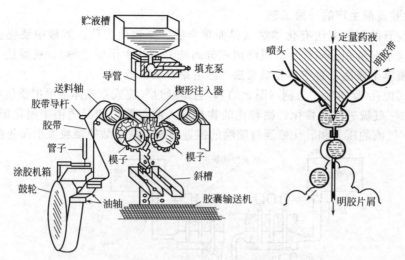

图 2-22　自动旋转轧囊机旋转模压示意

图 2-23　微胶囊灌装机

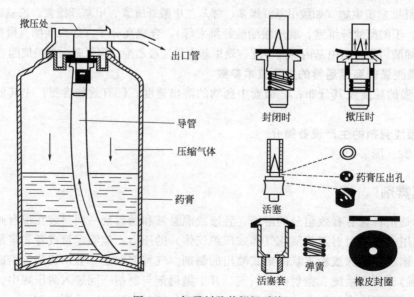

图 2-24　气雾剂及其阀门系统

30

按照气雾剂释放其功效成分的方式进行分类,可以将气雾剂分成:①空间类气雾剂;②表面类气雾剂;③泡沫类气雾剂;④粉末类气雾剂四大类。常见的品种有空间杀虫气雾剂、空间消毒气雾剂、室内除臭气雾剂、空气清新气雾剂和空间药物免疫吸入气雾剂;表面杀虫气雾剂、防蛀气雾剂、喷发胶、医用气雾剂;洗发用气雾剂、护发摩丝、牙膏气雾剂、洗手消毒气雾剂和某些泡沫类医用气雾剂;药用粉末气雾剂、止血粉气雾剂、爽身粉类气雾剂、粉末干洗气雾剂等。

2.3.8.1 气雾剂生产的一般工艺

气雾剂的生产主要包括主要组分的配比、抛射剂的选择和配比、溶剂和添加剂的混合等步骤。气雾剂的充装方法有压灌法、冷灌法和杯下压灌法三种,一般生产过程如图 2-25 所示。

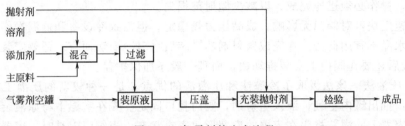

图 2-25 气雾剂的生产流程

(1) 抛射剂的选择和配比 在气雾剂产品的生产中,不能将通常的液体剂或粉末剂的配方直接加上抛射剂装罐制成,而要根据现成的配方特性以及对气雾剂产品的使用要求综合考虑进行修订。如果制剂的成分能溶于抛射剂中,配制时就比较简单,只要采用直接溶解法就可获得澄清透明的溶液。但很多制剂成分在抛射剂中是不溶解的。所以,应该首先解决不溶解的问题,通常是将药物粉碎或球磨至极细,使其很好地悬浮在抛射剂中制成悬混液状气雾剂。粉末的大小不能超过喷头小孔的直径,否则,会堵住喷头小孔,使药粉喷不出来。还有由于粒子之间聚结作用造成的沉淀问题,可采取加入一定量的助悬剂(分散剂)和选用具有适宜的相对密度抛射剂混合物。总而言之,在设计气雾剂产品的配方时应考虑以下因素:使用时药液的喷雾状态、泡沫状态、温度、稳定性,药液成分在抛射剂中的溶解度,药液对罐体的腐蚀作用,药液是否变色、香气是否协调、低温下是否会发生结晶或增稠等等。

从以上介绍可以看出,在气雾剂产品的配方设计中抛射剂的选择是相当重要的。抛射剂通常是一些能液化的气体,它既是气雾剂功能原料的溶剂和稀释剂,更是气雾剂喷射原液的直接驱动力,同时还直接影响到雾滴的干湿、粒径的大小和泡沫的多少。气雾剂用抛射剂应具备以下条件:①常压下的沸点必须低于 40.6℃,常温下其蒸气压要大于大气压(蒸气压低于大气压者不能单独使用,必须与其他抛射剂合用);②无毒、无刺激性;③非易燃易爆;④化学性能稳定,无色、无臭、无味;⑤来源广,价格低。

常用的抛射剂品种有:氟氯烷烃类、压缩气体、碳烃类、醚类等等。

(2) 将阀门系统的各种零件分别处理与装配

① 将橡胶制品在 75% 乙醇中浸泡 24h,以除去色泽并消毒,干燥备用;

② 塑料、尼龙零件洗净再浸在 95% 乙醇中备用;

③ 不锈钢弹簧在 1%～3% 碱液中煮沸 10～30min,用水洗涤数次,然后用蒸馏水洗两三次,直至无油腻为止,浸泡在 95% 乙醇中备用;

④ 最后将上述已处理好的零件,按照阀门的组装结构进行装配。

(3) 抛射剂的填充

① 压灌法 先将配好的药液(一般为药物的乙醇溶液或水溶液)在室温下灌入容器内,

31

再将阀门装上并轧紧，然后通过压装机压入定量的抛射剂（最好先将容器内空气抽去）。液化抛射剂经砂棒过滤后进入压装机。操作压力以 68.65～105.975kPa 为宜。当容器上顶时，灌装针头伸入阀杆内，压装机与容器的阀门同时打开，液化的抛射剂即以自身膨胀压入容器内。

压灌法的设备简单，不需要低温操作，抛射剂损耗较少，目前我国多用此法生产。但生产速度较慢，且在使用过程中压力的变化幅度较大。国外气雾剂的生产主要采用高速旋转压装抛射剂的工艺，产品质量稳定，生产效率大为提高。

② 冷灌法　药液借助冷却装置冷却至−20℃左右，抛射剂冷却至其沸点以下至少 5℃。先将冷却的药液灌入容器中，随后加入已冷却的抛射剂（也可两者同时加入），立即将阀门装上并扎紧，操作必须迅速完成，以减少抛射剂损失。

冷灌法速度快，对阀门无影响，成品压力较稳定。但需致冷设备和低温操作，抛射剂损失较多，含水品不宜用此法。在完成抛射剂的罐装后（对冷灌法而言，还要安装阀门并用封帽扎紧），最后还要在阀门上安装推动钮，而且一般还加保护盖。

③ 杯下压灌法　该法汲取了冷灌法和压灌法的优点，是一种较新的压灌工艺。主要包含三项操作：抽出罐内空气，灌入抛射剂，阀门扎口固定。先在室温下将原液装入罐内，再将阀门放于容器上，灌装机头在容器的肩部形成密封状态，当阀门上举时，容器内的空气被抽尽，接着液化抛射剂从另一进液口进入并通过阀杯下面迅速定量地灌入容器内，最后轧口密封。

2.3.8.2　气雾剂商品通常的主要技术参数

在耐压容器中的为白色混悬液体，揿压阀门，药液即呈雾粒喷出。

①药液在耐压容器中的性状、颜色、臭味；②有效成分的含量、用法与用量；③每瓶总揿次；④泄漏率；⑤每揿一次喷出主药含量；⑥其他功能性特征指标。

2.3.8.3　气雾剂生产的常用设备简介

气雾剂生产中，配制药液用的设备与生产其他液体制剂的设备相同，气雾剂空罐多是由专业制罐企业定制供应，因而生产气雾剂的企业也不存在添置和使用相关的设备。因此，气雾剂生产的常用设备主要是抛射剂的灌装设备，现选择某些代表性的设备展示如下（图2-26～图2-29）。

图 2-26　混悬型气雾剂混料装置

图 2-27　半自动抛射剂灌装机

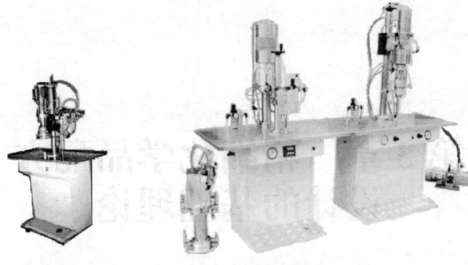

图 2-28　二元包装气雾剂灌装机

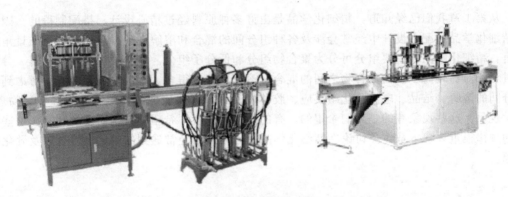

图 2-29　全自动气雾剂灌装机及流水线装置

思考题与练习

1. 简要叙述剂型加工在精细化学品生产和使用中的意义。

2. 试列举 5 种以上常见的复配型精细化学品的剂型，各有什么优缺点？

3. 剂型加工中常常用到哪几类加工助剂？

4. 简述微胶囊剂的特点。

5. 常见的粉剂加工方法有哪几种？采用它们进行生产时各要注意哪些问题？

6. 气雾剂的灌装方法有几种？各自的特点是什么？

7. 列举粉剂产品常见的技术参数。

8. 乳液剂产品常用的加工设备有哪些？

9. 比较球磨机（砂磨机）、三辊机、胶体磨对颗粒型物料分散原理的异同。

10. 粉体粒径与透过筛网号的关系是怎样的？

第3章 精细化学品配方设计的基础理论

从第1章我们已经知道，精细化学品是由许多种原料经过精心设计、搭配制得的。因而在精细化学品的配方设计中经常会涉及各种组分间的混合和溶解现象。从相对分子质量角度而言，精细化学品的主要组分可分为聚合物组分和低分子组分。低分子组分间的溶解、分散等过程相对比较简单，而聚合物之间的混合、溶解则复杂得多。在配方设计中必须考虑到各组分间的溶解、结晶、电离、化学反应、胶体的形成、固体表面的润湿、吸附等各种物理、化学现象。这些现象有的是人们希望的，有的则是人们所不希望的，因而了解和掌握这些现象和规律很重要。本章主要讨论在精细化学品配方设计中经常遇到的溶解、混合以及乳化等问题。

3.1 物质间的共混与溶解规律

3.1.1 界面现象与分子间作用力

精细化学品的剂型知识告诉我们，复配型精细化学品主要有固体剂型、液体剂型和气雾剂三种。固体剂的主要类型有：颗粒、片剂、粉剂、膜剂、微胶囊等；液体剂型又有水溶液、油剂、乳状液、悬浮剂、膏剂等之分。从配方中所用的原料类型来看，既有无机物、也有有机物、有些品种中还需要加入生物活性物质。这些原料的分子量，既有相对分子质量上万的聚合物、也有几十至几千不等的低分子物质。从物质形态上也包括气态、液态（凝胶态）和固态等。因此，复配型精细化学品的生产过程往往会涉及各种物质间的溶解、分散、悬浮、混合等作用过程。不同原料间的这些作用因物质本身的性质、物性状态、界面性质等不同而表现出不同的情况，笼统地说，相对分子质量较小的组分间的溶解、分散等过程比较简单，质量较大的组分之间的混合、溶解等过程则显得较复杂。在复配过程中必须考虑各类组分间的溶解、电离、化学反应、胶体的形成、结晶、固体表面的润湿、吸附等多种物理、化学现象，也就是说，在复配型精细化学品的制备生产过程中所涉及的物质之间溶解、分散等现象与物质分子间的作用力类型和大小有关，而分子间作用力又决定着物质的存在状态和界面性质。

3.1.1.1 物质的相与界面

(1) **物质的相与界面的含义、类型和特点** 一般把物质的聚集状态称为相，密切接触的两相间的边界过渡区称为界面。最常见的物质的聚集状态有气相、液相和固相；因而常见的界面有气-液界面、气-固界面、液-液界面、液-固界面和固-固界面5种类型（见图3-1）。通常将有一个接触相为气相时产生的界面称为表面，如气体-液体接触面、气体-固体接触面，表面是界面中的一种特殊类型。

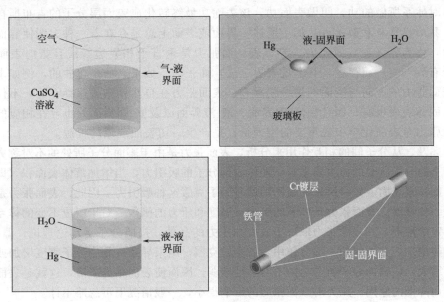

图 3-1 常见的几种物质的相界面

物质聚集状态的界面概念，不能等同于数学（图形学）中的边界面，它不是一个没有厚度的纯粹几何面，而是有一定厚度的两相之间的过渡区。它既可以是单分子层的，也可以是多分子层的，一般认为界面层具有几个分子厚度，它的结构和性质与跟它紧邻的两侧本体相是大不一样的，分布在相界面上的分子与分布在同侧相内部的分子的受力情况、能量状态和所处的环境都是不相同的。当聚集态体系的表面积不大、界面层上的分子数目相对于相内部的分子数目而言微不足道时，可以忽略表面性质对体系的影响；当物质形成高度分散状态时，如纳米尺度、乳状液、发泡液、悬浮液等，其体系有很大的表面积，界面层分子在整个体系中所占的比例较大，表面性质就显得十分突出。比如将大块固体碾成粉末或做成多孔性物质时，其吸附量便显著增加。粒子分割（或分散）得愈细，表面积愈大，呈现的表面效应愈强。

(2) **相内与界面上分子的物理性质** 界面上的分子与体相内部分子所处的状态不同，即表面分子与内部分子的受力情况不同。以液体为例，处于液体内部的任何一个分子受到四周邻近相同分子的作用力是对称的，各个方向的力彼此抵消，合力为零，液体分子可以在液相内部自由移动而不需要做功。而处于液相表面层的分子在水平方向上受到的都是液体分子间的力，前后、左右相互抵消；在垂直方向上，下方受到邻近液体分子的作用力，上方受到气体分子的作用力，由于气体分子间的作用力小于液体分子间的力，所以液相表面上的液体分子所受的作用力是不对称的，合力指向液体内部，因此液体都有自动收缩至表面积达到最小的趋势，把液体表面任意单位长度上的收缩力称为表面张力，单位为N/m。从能量上看，要将液体分子移到表面，需要克服内部分子对它的作用力而做功，所以表面分子比内部分子具有更高的能量。换言之，要使体系的表面积增加，就必须对体系做功。同理，固体物质界

35

面上的分子与内部分子的热力学状态也是不一样的，界面层上的分子受到剩余力场的作用，如果将一个分子从固体内部迁移到相界面，就必须克服体系内部分子间的引力而对体系做功，因此处在固体界面或表面层上的分子，其能量比相内分子的能量高。所有一切界面现象，如粉碎、分散、乳化、吸附、润湿、洗涤等都能导致界面分子与体系内部分子能量的不同，当外界对体系做功，增加体系的界面或表面积时，相当于把更多的分子从内部迁移到表面层上来，体系的能量增加。在温度、压力和组成恒定时，可逆地增加体系的单位表面积时，外界对体系所做的功，叫做表面功，该表面功最终转化成表面层分子的吉布斯自由能。

（3）界面现象与表面张力 如上所述，界面或表面上总是存在着一种力图使界面或表面收缩的力，称为界（表）面张力。界（表）面张力是垂直于相界边缘线且指向表面中心的力；只要有界（表）面存在，其上就有界（表）面张力。如果表面是弯曲的，例如水珠的表面，则表面张力的方向与液面的切线相垂直。表面张力在自然界是普遍存在的，不仅在液体表面有，固体表面也有，而且在液-固界面、液-液界面以及固-固界面处也存在相应的界面张力。表面张力是表面化学中最重要的物理量，是产生一切表面现象的根源。

上已述及，从分子间的相互作用来分析，表面张力是由于表面分子所处的不对称力场造成的，表面上的分子所受的力主要来自于液体内部分子的吸引力，当增加液体表面积（即将分子由液体内部移至表面上）时所做的表面功就是为了克服这种吸引力。因此，表面张力是分子间作用力的一种量度。表面张力是体系的组成、温度和压力的函数。对于组成不变的体系，例如纯水、指定溶液等，其表面张力取决于温度和压力的高低。按照分子运动论理论，温度升高，分子的动能增加，分子间的一部分作用力就会被克服，结果导致气相中分子密度增加或液相中分子间距增大，使表面分子所受力的不对称性减弱，因而使表面张力下降，这就是表面张力随温度升高而降低的原因。压力对表面张力的影响很小，一般情况下可忽略不计。

依据能量最低化原理，体系总是自发地使表面能达到最低。液体自发地使表面积降到最小，因而液体间断流出时的液滴总是保持圆球形。纯液体中只有一种分子，在一定温度和压力下，其表面张力 γ 是一定的。对于一定的温度和压力下的溶液，其表面张力 γ 随溶质类型和浓度的不同而不同。无机盐类的水溶液，其表面张力 γ 随着溶质浓度的增大而升高；大部分极性有机物的水溶液，其表面张力 γ 随着溶质浓度的增大而降低，浓度低时降低得快一些，浓度高时降低得慢一些；含 8 个碳原子以上的有机酸盐、有机胺盐、磺酸盐、苯磺酸盐等的水溶液，其表面张力 γ 随着溶质浓度的增大而急剧下降，但达到一定浓度后却几乎不再变化。我们把这后一类能够显著（急剧）降低水的表面张力的物质叫做表面活性剂。

固体表面与液体表面一样，具有不均匀力场，且固体表面的这种不均匀程度远远大于液体，因而具有更高的表面能。因此，当固体特别是高能表面固体与周围的介质接触时，将自发地发生某些界面现象而降低其表面自由能。当液体与固体接触时，由于液体和固体表面性质及液-固界面性质的不同，液体对固体的润湿情况也各不相同。任何润湿过程都是固体与液体相互接触的过程，即原来的固体表面和液体表面消失，表面层的气相被排出，形成固-液界面，结果使体系的吉布斯自由能降低。表面吉布斯自由能降低得越多，则润湿程度越大。能被液体所润湿的固体，称为亲液性的固体；不能被液体所润湿的固体，则称为憎液性的固体。固体表面的润湿性能与其结构有关。常见的液体是水，所有极性固体皆为亲水性，而非极性固体大多为憎水性。常见的亲水性固体有石英、硫酸盐等，憎水性固体有石蜡、某些植物的叶等。在考察相界面的形成过程时还必须注意到，固体的表面现象与液体有所不同，液体可以通过自动地缩小表面积来降低表面吉布斯自由能，同时溶液表面还能对溶液内相中的溶质分子产生表面富集（吸附），以进一步降低液相的表面吉布斯自由能；而固体表面上的原子和分子几乎是不能移动的，它们所在的位置就是在表面形成时它们所处的位置，无论经过多么精心磨光的固体表面，显微观察都是凹凸不平的，也就是说由于固体表面的不均匀性，其表面上可能没有两个原子或分子所处的力场是完全一样的。为了降低表面张力，固体表面虽然不能像溶液表面那样从体相内部吸附溶质，却能够从表面外部空间中吸附气体分子；当气体分子碰撞到固体表面时，就有可能被吸附在固体表面上；固体表面吸附气体分子以后，表面上力场的不均匀性就会减弱，从而使其表面张力降低。

3.1.1.2 分子间作用力

(1) 分子间作用力及其来源　无论是在物质相的表面或者是相内部，组成该相态的分子（或原子）间都存在分子间的作用力。分子间作用力的存在最早是由荷兰物理学家范德华（vander Waals）在 1873 年注意到的，并进行了卓有成效的研究，因而人们称分子间作用力为范德华力，它是指分子与分子之间存在的某种相互吸引或排斥的作用力，如气体在一定条件下凝聚成液体，甚至凝结成固体，就是由于分子间力存在的缘故。

分子间的作用力相当弱，其大小一般只有几个或几十 kJ/mol，比化学键的键能小 1～2 个数量级（通常共价键键能为 150～500kJ/mol），然而分子间这种微弱的作用力对物质的熔点、沸点、表面张力、稳定性等都有相当大的影响。

(2) 分子间作用力的类型及特点　分子间作用力的类型因分子的极性不同而不同，而分子的极性又与分子的组成及其空间结构有关。分子间作用力的常见类型有：①色散力；②诱导力；③取向力；④氢键力。

分子间的作用力主要由前三种力组成。①当极性分子相互接近时，它们的固有偶极将发生同极相斥、异极相吸的定向排列，产生分子间的作用力，这种力叫做取向力。它的大小与分子的极性和温度有关；分子的偶极矩愈大，取向力愈大；温度愈高，取向力愈小。②当极性分子与非极性分子相互接近时，非极性分子在极性分子的固有偶极的作用下会发生极化，产生诱导偶极，然后诱导偶极与固有偶极相互吸引而产生分子间的作用力，叫做诱导力，它的大小与分子的极性和变形性等有关。同理，在极性分子之间也存在诱导力。③在非极性分子之间，由于组成分子的正、负微粒不断运动，会在某些瞬间产生正、负电荷重心的不重合而出现瞬时偶极，这种瞬时偶极之间的相互作用力叫做色散力。色散力的大小与分子的变形性等因素有关；一般地说，分子量愈大，分子内所含的电子数愈多，分子的变形性愈大，色散力亦愈大。当然在极性分子与非极性分子之间或极性分子之间也存在着色散力。

慕尼黑大学的物理学家伦敦教授（Fritz London）于 1930 年应用量子力学的原理阐明了以上三种作用力均为电性引力，它们既没有方向性也没有饱和性，作用范围在几百个皮米之间。它对物质的沸点、熔点、气化热、熔化热、溶解度、表面张力、黏度等物理化学性质有决定性的影响，其大小分别为色散力 0.05～40kJ/mol，诱导力 2～10kJ/mol，取向力 5～25kJ/mol。在极性分子间存在色散力、诱导力和取向力，在极性分子与非极性分子间存在色散力和诱导力，在非极性分子间则只有色散力。实验证明，对大多数分子来说，色散力是主要的；只有偶极矩很大的分子（如水），取向力才是主要的；而诱导力通常是很小的。

氢键力则不同于以上三种分子间的力。当氢原子与电负性很大而半径很小的原子（例如 F、O、N）形成共价型氢化物时，由于原子间共用电子对的强烈偏移，氢原子几乎呈质子状态，这个氢原子还可以和另一个电负性大且含有孤对电子的原子产生静电吸引作用，这种引力被称为氢键力，它有饱和性和方向性。氢键的饱和性是由于氢原子半径比 X 或 Y 的原子半径小得多，当 X—H 分子中的 H 与 Y 形成氢键后，已被电子云所包围，这时若有另一个 Y 靠近时必被排斥，所以每一个 X—H 只能和一个 Y 相吸引而形成氢键。氢键的方向性是由于 Y 吸引 X—H 形成氢键时是沿 X—H 键轴的方向，即 X—H……Y 在一条直线上。这样的方位使 X 与 Y 电子云之间的斥力最小，可以稳定地形成氢键。氢键除了能在分子间形成外，也可以在分子内形成。氢键的存在十分普遍，许多重要的化合物如水、醇、酚、酸、氨基酸、蛋白质、酸式盐、碱式盐以及结晶水合物等都存在氢键，生物体中腺嘌呤和胸腺嘧啶的结合都依赖于氢键。

（3）分子间力对物质性质的影响　分子间力对物质性质的影响是多方面的。液态物质分子间力愈大，汽化热就愈大，沸点愈高；固态物质分子间力愈大，熔化热就愈大，熔点也就愈高。一般而言，结构相似的同系物相对分子质量愈大，分子变形性也就愈大，分子间力愈强，物质的沸点、熔点也就愈高。例如稀有气体、卤素等，其沸点和熔点随着相对分子质量的增大而升高。分子间力对液体的互溶性以及固、气态非电解质在液体中的溶解度也有一定影响。溶质和溶剂间的分子间力愈大，则溶质在溶剂中的溶解度也愈大。

另外，分子间力对分子型物质的硬度也有一定的影响。极性小的聚乙烯、聚异丁烯等物质，分子间力较小，因而硬度不大；含有极性基团的有机玻璃等物质，分子间力较大，具有一定的硬度。

氢键的形成对物质的性质有重大影响，可以从以下三个方面进行分析理解。

① 对熔点、沸点的影响　HF 在卤化氢中，相对分子质量最小，熔点、沸点理应最低，但事实却反常得高，这是由于 HF 能形成氢键，而 HCl、HBr、HI 却不能。当液态 HF 汽化时，必须破坏氢键，需要克服较多的能量，所以沸点较高，而其他三种卤化氢由于只需克服分子间力，因此熔点、沸点较低。氧族氢化物、氮族氢化物的熔点、沸点变化趋势与卤化氢相同，也是因为 H_2O 和 NH_3 都能形成氢键的结果。另外，碳族氢化物由于 CH_4 没有条件形成氢键，所以 CH_4 分子间主要以分子间力聚集在一起，因而 CH_4 的熔点、沸点在同族元素的氢化物中是最低的。

② 对溶解度的影响　如果溶质分子与溶剂分子间能形成氢键，将有利于溶质分子的溶解。例如乙醇和乙醚都是有机化合物，前者能溶于水，而后者则不溶，主要是乙醇分子中羟基（—OH）和水分子形成分子间氢键，而在乙醚分子中却不具有形成氢键的条件。同样道理，NH_3 易溶于水也是其分子间形成氢键的缘故。

③ 对生物体的影响　氢键对生物体的影响极为重要，最典型的是生物体内的蛋白质和脱氧核糖核酸（DNA）。

蛋白质分子是由 α-氨基酸通过酰胺键（—CO—NH）连接成的长链组成的，这种酰胺键称为肽键，由若干个氨基酸通过肽键构成的多肽称为多肽链。脱氧核糖核酸（DNA）分子是两条反平行的多聚脱氧核苷酸链绕同一中心轴盘旋而形成的右手双螺旋结构；每条主链由磷酸和脱氧核糖相间连接而成，位于螺旋外侧，碱基位于螺旋内侧；两链间的碱基以氢键互相配对，腺嘌呤（A）与胸腺嘧啶（T）配对，有两个氢键，鸟嘌呤（G）与胞嘧啶（C）配，有三个氢键；两主链间以大量的氢键连接组成螺旋状的立体构型。在生物体的 DNA 中，根据两根主链氢键匹配的原则可复制出相同的 DNA 分子。肽链主链上的亚氨基与羰基氧原子间形成的氢键是维系蛋白质分子二级结构最重要的化学键；侧链基团之间或侧链基团与主链基团间形成的氢键，对维系蛋白质分子三级结构有一定作用。因此，氢键对蛋白质维持一定的空间构型起重要作用，正是由于氢键的存在，才使 DNA 的克隆得以实现，保持物种的繁衍。

3.1.2　物质间的溶解、分散与悬浮

3.1.2.1　物质间的溶解

物质间的溶解是指一种或一种以上的物质（溶质）以分子或离子状态分散在另一种物质

（溶剂）中形成均匀分散体系的过程。由溶解过程形成的分散体系称为溶液。物质间的溶解过程是溶质和溶剂的分子或离子相互作用的过程，其中包括溶剂分子之间、溶质分子之间以及溶质与溶剂分子间的相互作用。这些相互作用的力主要是范德华力、氢键力和偶极力。物质间的溶解，从本质上说就是溶质的溶剂化过程，当溶质与溶剂分子间的作用力大于溶质与溶质分子间的作用力时，溶质分子间的吸引力被克服，溶质分子从溶质晶格上脱离进入溶剂分子之间，继而发生扩散，最终实现溶解。当溶质分子之间的引力大于溶剂对溶质分子的引力时，因溶质分子间的吸引力不能被克服而不能自发溶解，往往需要加热、搅拌或者其他形式对体系做功，克服溶质间的吸引力才能实现溶剂对溶质的溶解。从微观上而言，溶解过程的终极状态是溶质在溶剂中达到溶解平衡，即溶质的溶解速度与其凝聚、结晶速度相等。

（1）分子间作用力与物质间的溶解

① 物质的化学键类型与分子的极性　物质的化学键类型与分子的极性直接影响物质的溶解性。物质间互溶的一般规律是"相似相溶"，即具有晶格结构的离子型无机化合物易溶于强极性溶剂；极性强的有机化合物易溶于强极性溶剂；弱极性或非极性的有机化合物则易溶于弱极性或非极性的溶剂。这一规律的本质就是极性结构相似的不同物质分子之间的作用力比结构上完全不同或差异较大的不同物质分子之间的作用力强，因而有较好的互溶性。例如，氯化钠是离子晶格的无机化合物，可溶于强极性的溶剂水中，而不能溶于非极性的溶剂汽油中。这是因为水分子的正负电中心不重合，产生偶极，故可通过偶极取向在氯化钠的 Na^+ 和 Cl^- 周围对离子施加相反电性的吸引力，帮助 Na^+ 和 Cl^- 克服离子间的电性吸引力离开晶格实现溶解。而汽油是非极性分子，不具有拆开离子晶格的能力。石蜡和汽油都是非极性的烃类有机物，都是非极性分子，二者之间的作用力相似，所以石蜡分子之间的作用力可被汽油与石蜡之间的作用力代替，从而使石蜡分子分散于汽油中。

② 氢键的存在　氢键的存在对物质的溶解性也有很重要的影响。当物质的分子中含有能与水形成氢键的基团时，通常都有较大的水溶性。如硫醇与醇相比，由于硫的电负性比氧弱得多，故硫醇中与硫相连的氢不能与水分子生成氢键，因而与相应的醇相比在水中的溶解度要低得多。乙醇可与水以任意比例混溶，而乙硫醇在 100g 水中仅能溶解 1.5g。再如有机胺中的伯胺、仲胺，因与氮原子相连的氢可与水分子生成氢键，而叔胺的氮原子上没有氢原子，不能与水通过氢键而结合，故叔胺比异构体的伯胺、仲胺在水中的溶解度低。同理，由于羧酸酯不能与水分子生成氢键，故相对于同种羧酸，酯在水中的溶解度要低得多。而醇酸则由于分子上同时含有羟基和羧基两种极性基团，它们均能与水形成氢键，所以在水中的溶解度比相应的羧酸还大。如丁酸在 100g 水中仅溶 5.62g，羟基丁二酸（苹果酸）的 D-及 L-苹果酸却可与水互溶。

表 3-1 列出了溶剂按生成氢键倾向的分类。

表 3-1　溶剂生成氢键的倾向

弱氢键类	中等氢键类	强氢键类	弱氢键类	中等氢键类	强氢键类
庚烷	碳酸亚乙基酯		苯	四氢呋喃	正丙醇
硝基甲烷	乙丙酯		甲苯	环己酮	异丙醇
四氯乙烷	二甲基甲酰胺	乙二醇	对二甲苯	甲乙酮	间甲酚
氯苯	乙腈	甲醇	四氯化碳	乙酸乙酯	
十氢化萘	二甲基乙酰胺	乙醇	环己烷	乙醚	
三氯甲烷	丙酮	甲酸			

③ 溶剂化作用　所谓溶剂化是指当溶质或其所含的极性官能团能电离时，由于离子的电性可吸引水的异性偶极，溶质被水分子包围，即被溶剂化。溶剂化作用减少了溶质分子无规则热运动产生的分子碰撞而发生的凝聚，因而有利于溶解过程的进行。

④ 溶质的相对分子质量及所含的活性基团的种类和数量　当分子中含有足够数量的亲水基团时，就有很好的水溶性；若含有足够的憎水基团，则在非极性溶剂中有较好的溶解性。例如分子结构为 $CH_3—(CH_2)_n—O—(CH_2CH_2O)_mH$ 的脂肪醇聚氧乙烯醚（一类非离子型表面活性剂），随着其亲水基团—(OCH_2CH_2) 数目的增多，产品水溶性增大。$m>n$ 时，产品水溶性大；$m=n/3\sim n$ 时，产品在水和油中都有适度的溶解；而当 $m<n$ 时，产品是不溶于水的，但有很好的油溶性。含有极性亲水基团的有机物，如醇、酸、醛、酮等，在水中的溶解度随着相对分子质量的增大，其水溶性也随之下降。这是因为其分子中亲水基团数目与碳原子数的比值逐渐降低，极性亲水基团的影响逐渐减少的缘故。

⑤ 物质的酸碱性“相似相溶”是判断物质互溶性最常用的经验规则，但在实际中也有许多例外，如结构并不相同的环己酮、苯胺、硝基乙烷之间却有很好的互溶性。1923 年，美国加利福尼亚大学伯克利分校的 G. N. 路易斯教授提出了所谓路易斯酸碱电子理论，他倾向于用电子结构的观点为酸碱下定义：“碱是具有孤对电子的物质，这对电子可以用来使别的原子形成稳定的电子层结构；酸则是能接受电子对的物质，它利用碱所具有的孤对电子使其本身的原子达到稳定的电子层结构。”由此，有关物质酸碱性的“Lewis 电子理论”成为判断物质溶解性的又一规则，此规则把物质的溶解看作是溶质和溶剂之间的酸碱作用。

⑥ 其他因素　影响物质溶解性的其他因素有温度、搅拌等外部条件。大多数物质随温度的升高溶解度增大，但也有一些物质的溶解度与温度的变化关系很小，如氯化钠；还有些物质随温度升高，其溶解度下降，如聚氧乙烯醚型非离子表面活性剂，它们在水中的溶解是借助分子中的亲水基团—OCH_2CH_2 及—OH 中的氧原子与水分子通过氢键结合而显示出水溶性；当温度升高时，氢键断裂，水分子脱落，水溶性减弱，直至变成不溶于水。

(2) 高分子物质的溶解及溶解度参数　前面已说到，许多复配型精细化学品，如合成胶黏剂、各种涂料、印刷油墨等经常要涉及高分子物质的溶解。高分子物质在溶剂中的溶解与小分子物质的溶解不同，由于其相对分子质量大，一般不可能呈分子或离子状态溶解的真溶液状态。

① 高分子物质的溶解性　高分子物质的溶解过程比较复杂，影响因素很多，目前尚无成熟的理论作指导。溶剂对高分子物质的溶解能力，也遵循“相似相溶”经验规则，即分子结构相似、极性相同或相近的高分子材料与溶剂间有良好的相溶性。因此，当高分子化合物中含有羧基（—COOH）、氨基（—NH_2）、羟基（—OH）、酰胺基（—CO—NH_2）、羰基（—C＝O）等极性亲水基团且在分子内占优势时，就容易在水介质中分散成高分子溶液；若仅含有烷基或芳基等较大的非极性基团时，则只能在非极性溶剂中分散。此外，对于同类型高分子物质，相对分子质量低的比相对分子质量高的较易溶解。高分子物质的溶解常需经历一个溶胀过程，即高分子物质与溶剂分子互相钻入对方分子中间的空隙中，溶剂更容易钻入高分子物质的空隙中，使高分子物质的分子间几乎全部被溶剂分子所充满，此时即产生溶胀现象。随着溶胀的继续深化，一开始会形成稀溶液和稠溶液两相。高分子物质在两相中的浓度相差较大，在低于某一温度时，两相甚至会达到平衡而出现分层现象，这一温度叫做临界溶解温度。温度升高，分子运动加剧，两相间分子扩散加快，最后成为浓度均一的单相溶液。一种溶剂对高分子物质溶解力的强弱，也可以通过观察其溶液的形成速度及其黏度来判断，溶解力越强，溶解速度越快，溶液的黏度越低。还可以通过测试高分子对溶剂的容纳量来判断，溶解性好，可容纳的稀释剂量越多。考察所形成的溶液的稳定性或对温度变化的适

应能力也能判断两者的相溶性。相溶性越好，贮存时不会分层或出现不溶物，受温度变化的影响也小。

除上述的"相似相溶"经验规则和实验观察溶剂的溶解力外，还可由"溶解度参数"来判断溶剂与高分子物质的相溶性，溶剂与高分子物质的溶解度参数越接近，其相溶性越好。

② 溶解度参数 溶解度参数是衡量液体间及高分子物质与溶剂间相互溶解性的一个特性值。物质依靠分子间的作用能使其聚集在一起，这种作用能称为内聚能，单位体积的内聚能称为内聚能密度（CED），内聚能密度的平方根定义为溶解度参数 δ。溶解度参数 δ 值取决于物质的内聚强度，而内聚强度是由分子间的作用力产生的。因而，溶解度参数 δ 相近，液体间或溶剂与高分子物质的互溶性越好。溶解度参数可作为非极性或极性不是很强的物质选择溶剂的参考指标，当某物质与某一溶剂的溶解度参数相等或相差不超过 ±1.5 时，该物质便可溶于此溶剂中，否则不溶。

聚合物和溶剂的溶解度参数可以测定或计算出来。

高分子化合物的内聚能密度是分子键中各基团的内聚能密度之和，故亦可由有机化合物基团的内聚能值求得。常见有机基团的内聚能值见表 3-2。

表 3-2　有机基团的内聚能值

基　团	内聚能值	基　团	内聚能值	基　团	内聚能值
—CH	7.45	—CHO	19.56	—Br	18.00
=CH₂	7.45	—COOH	37.56	—I	21.10
—CH₂—	4.14	—COOCH₃	23.45	—NO₂	30.14
＼CH—	1.59	—COOC₂H₅	26.08	—SH	17.79
＼O	6.82	—NH₂	14.78	—CONH₂	55.27
—OH	30.35	—Cl	14.24	—CONH—	68.08
＼C=O	17.88	—F	8.62		

常见聚合物以及溶剂的溶解度参数见表 3-3 及表 3-4。

表 3-3　常见聚合物的溶解度参数 δ

聚合物	δ	聚合物	δ	聚合物	δ
聚四氟乙烯	6.2	聚苯醚	9.8	聚甲基丙烯酸甲酯	9.3
氯磺化聚乙烯	8.9	天然橡胶	7.9～8.35	聚甲基丙烯酸丁酯	9.3
聚异丁烯	8.05	乙丙橡胶	7.9～8.0	聚-α-氰基丙烯酸甲酯	14.0
聚氯乙烯	9.5～9.7	丁腈橡胶-26	9.30	聚对苯二甲酸乙二酯	10.7
聚苯乙烯	8.5～9.1	丁腈橡胶-40	9.90	聚苯基甲基硅氧烷	9.0
乙基纤维素	10.3	丁苯橡胶	8.48	聚二甲基硅氧烷	7.3～7.6
环氧树脂	9.7～10.9	氯丁橡胶	9.2～9.4	三聚氰胺树脂	9.6～10.1
酚醛树脂	11.5	氯化橡胶	9.4	硝酸纤维素	10.6～11.5
脲醛树脂	9.5～12.7	顺丁橡胶	8.33～8.6	聚乙酸乙烯酯	9.4
尼龙-66	13.6	聚硫橡胶	9.0～9.4	聚乙烯醇	23.4
聚丙烯腈	25.4	丁腈橡胶-18	8.93	低密度聚乙烯	8.0
聚丙烯	7.9～8.1	聚氨酯	9.5～10.5	高密度聚乙烯	8.2

表 3-4 常用溶剂的溶解度参数

溶 剂	沸点/℃	δ	溶 剂	沸点/℃	δ	溶 剂	沸点/℃	δ
水	100	23.4	正庚烷	98.4	7.41	1,2-二氯乙烷	83.5	9.8
苯	80.1	9.2	正辛烷	125.8	7.8	三氯乙烯	87.2	9.3
乙醚	34.5	7.45	正丙醇	97.4	11.9	三氯甲烷	61.7	9.3
甲醇	65	14.5	正丁醇	117.3	11.4	四氯化碳	76.5	8.6
乙醇	78.3	12.7	正辛醇	194	10.3	四氢呋喃	64	9.9
丙酮	56.1	10.0	环己烷	80.7	8.2	对二甲苯	138.4	8.75
丁酮	79.6	9.3	环己酮	155.8	9.9	间二甲苯	139.1	8.8
甲苯	110.6	8.9	丙三醇	290.1	16.5	间苯二酚	280	15.9
苯胺	184.1	10.8	丙烯腈	77.4	10.45	乙酸乙烯酯	72.9	8.7
苯酚	181.8	14.5	异丙醇	82.3	11.5	二甲基亚砜	189	12.9
氯苯	125.9	9.5	苯乙烯	143.8	8.66	二甲基甲酰胺	153	12.1
吡啶	115.3	10.7	松节油		8.1	二甲基乙酰胺	165	11.1
乙二醇	198	15.7	乙酸乙酯	77.1	9.1	癸二酸二丁酯	314	8.9
二噁烷	101.3	10.0	乙酸丁酯	126.5	8.55	甲基丙烯酸甲酯	102	8.7
三乙胺	89.7	7.3	二氯乙烯	60.25	9.7	甲基丙烯酸丁酯	160	0.2
正戊烷	36.1	7.05	二氯甲烷	39.7	9.78	邻苯二甲酸二丁酯	325	0.4
正己烷	69.0	7.3	二硫化碳	46.3	0.0			

3.1.2.2 物质间的分散或悬浮

在精细化学品的复配生产过程中，各种原料之间除了溶解和乳化外，有时还存在相互分散的情况，如一些不溶于水（或溶剂）的固体物质如尘土、烟灰、污垢、颜料、固体或结晶性原料等，其颗粒密度比水（或溶剂）大，在水（或溶剂）中容易下沉。当向水（或溶剂）中加入表面活性剂后，就能将固体颗粒分散成极细小的微粒悬浮在水（或溶剂）中，这种促使固体颗粒分割成小颗粒，并使之均匀地分散于液体中的作用称为分散作用，能促进固体粒子在液体中悬浮并具有适当稳定性的物质称为分散剂。

分散（或悬浮）的基本原理与乳化相同，本质上也都是一种物质在另一种物质中的分散，其主要区别是乳化的界面是液-液界面，分散（或悬浮）的界面是固-液界面。分散作用的机理是表面活性剂的疏水的碳氢链（亲油基）容易吸附在疏水的固体粒子表面，而亲水基团则伸入水中，从而在固体的表面形成一层吸附膜，降低固-液之间的界面张力，使液体容易浸润固体的表面，并渗入固体粒子的孔道内。随着表面活性剂的不断渗入，最终使粒子胀破成微小的颗粒分散在液体中。此时，每个细微颗粒外面都有一层离子表面活性剂的吸附膜，该膜的所有亲水基团指向水相，存在于水中的电性相反的反离子与之形成双电层，由于每个固体微小颗粒都带相同的电荷，因而不易聚集到一起，促进了固体颗粒的分散和悬浮。若所用的是非离子表面活性剂，细小颗粒外缘虽无电荷的聚集而形成双电层，但非离子表面活性剂在颗粒外面形成的较厚的水化层也能使细小微粒稳定地悬浮在水中。

工业上最常见的是固体微粒分散在水中的分散体系。为了阻止微粒的聚集，人们更多是使用离子型表面活性剂。例如，当分散的固体是非极性的时，可加入各种离子型表面活性剂，离子型表面活性剂吸附在不带电荷的固体微粒表面会使其带有同种电荷，从而产生相互排斥，阻止粒子的聚集；同时由于表面活性剂分子在固体粒子表面的定向排列（非极性基团指向非极性粒子的表面，极性基团指向水相），这就降低了固-液界面的界面张力，也更有利于固体粒子在水相中地分散。这种吸附效率是随着憎水基团碳链的增长而增加，即长碳链的离子型表面活性剂比短碳链的更有效。然而，对于已带有电荷的固体微粒分散体系一般不用离子型表面活性剂，因为如果使用的是与固体微粒带相反电荷的表面活性剂，则在微粒所带的电荷被完全中和前，可能已发生絮凝而不能有效地分散；如果使用与固体微粒带相同电荷的表面活性剂，由于表面活性剂的极性基团只能指向带相同电荷的固体微粒表面外，即指向水相，这种吸附状况的固体微粒，由于静电斥力而阻止微粒之间的吸附，从而达到分散的效果。这时只有当水相中的离子型表面活性剂的浓度比较高时才有较强的吸附作用，使分散体稳定，这样一来，分散成本就增加了。因此，对带电荷的固体微粒的分散，一般使用带有较多极性基团的聚电解质（常称离子型高分子表面活性剂），它们分子中所带的相同电荷数越多，电离能也越大。除了电荷层的屏蔽作用可以使固体微粒分散体系趋于稳定外，空间障碍也可以阻止粒子间的相互吸引和紧密靠近。在很多场合下，非离子型表面活性剂对固体微粒有很好的分散作用，其机理是产生了很大的空间障碍。

固体物质以细小的微粒分散在液体中形成的体系称为悬浮液。悬浮液中固体粒子的直径在 $10^{-7} \sim 10^{-5}$ m 的范围。悬浮液属于粗分散体系，悬浮在液体中的固体粒子会发生沉降。固体粉碎后由于具有较高的表面能而有一种集合的倾向，固体物质的颗粒越小，微粒数越多，总表面积越大，表面能也越大。一般地说，悬浮过程所形成的分散体系在热力学和动力学上是不稳定体系。在精细化学品的复配过程中，为保持悬浮液的稳定需要加入润湿剂、分散剂、助悬剂等。润湿剂的作用是增加固体粒子的亲水性，分散剂的作用主要是防止已经分散的粒子再凝聚，在分散介质中防止粒子凝聚而沉降，保持悬浮液状态的稳定。

3.1.3　物质间的溶解规律

3.1.3.1　极性相似相溶原则

一般来说，化学结构相类似的物质彼此容易相互溶解，即溶质和溶剂的极性越接近，它们越易互溶，这个规律对小分子物质的溶解非常适用。例如，水、甲醇和乙醇彼此之间可以互溶；苯、甲苯和乙醚之间也容易互溶，但水与苯、甲醇与苯则不能自由混溶。而且在水或甲醇中易溶的物质难溶于苯或乙醚；反之，在苯或乙醚中易溶的物质却难溶于水或甲醇。这些现象可以用分子的极性或者分子缔合程度大小进行判断。这一规律在一定程度上也适用于高聚物的溶解，依照经验，聚合物与溶剂的化学结构和极性相似时，两者是互相溶解的，如含有—COOH、—NH₂、—OH、—CONH₂、—CO—等极性亲水基团且在分子内占有优势的高分子化合物，容易在水介质中分散形成高分子溶液；反之，若仅含有烷基或芳基等较大的非极性基团的高分子化合物就容易在非极性溶剂中分散。例如弱极性的聚苯乙烯溶于苯或甲苯中，强极性的丙烯腈可溶解于二甲基甲酰胺，聚乙烯醇溶于水或乙醇等，中等极性的聚甲基丙烯酸甲酯可溶解于氯仿、丙酮中，这种溶解规律的主要判据是化合物在结构上的相似程度。

此外，纤维素衍生物易溶于酮、有机酸、酯、醚类等溶剂，这是由于分子中的活性基团与这类溶剂中氧原子相互作用的结果。有的纤维素衍生物在纯溶剂中不溶，但可溶于混合溶剂。例如硝化纤维素能溶于醇、醚混合溶剂，三乙酸纤维素溶于二氯乙烷、甲醇混合溶剂。这可能是由于在溶剂之间，溶质与溶剂之间生成分子复合物，或者发生溶剂化作用的结果。天然橡胶、丁苯橡胶等非极性的高聚物能溶于苯、石油醚、己烷等碳氢化合物中，非极性的聚苯乙烯能溶于苯或乙苯，也能溶于弱极性的丁酮等溶剂中。极性的聚甲基丙烯酸酯不易溶于苯而能很好地溶于丙酮中。当然相似者相溶还包括其他性能，如结构、功能团等。由于各种物质的极性程度不同，则在另一种极性物质中溶解的多少也不同。

3.1.3.2 溶解度参数相近相溶原则

前已述及，溶解度参数是表征物质间相互溶解性的一个特性值。溶解度参数常常被用作非极性或极性不是很强的物质选择溶剂时的参考指标，在判断溶剂对聚合物的溶解性方面有很大的参考价值。

必须注意，在某些场合下即使溶解度参数相近或相似仍不能保证其溶解性或混溶性。溶解度参数除用于判断物质的溶解性外，在其他方面也有实际意义。如在颜料的混合配方中，必须选择溶解度参数接近的颜料。在多组分体系中的树脂也应按溶解度参数的原则去选择才能保证最佳的混溶性。此外，在多组分基料体系中要混入颜料，必须使颜料在与其溶解度参数相匹配的部分基料中研磨，才能使颜料获得良好的分散性。

3.1.3.3 溶剂化原则

溶剂化作用是指溶剂-溶质间作用力大于溶质-溶质间作用力时，溶质分子彼此分离而溶于溶剂中。当高分子物质与溶剂分子所含的极性基团分别为亲电子基团和亲核基团时，就能产生强烈的溶剂化作用而互溶。一般来说，含有亲电子基团（酸性基）的高分子易和含有亲核基（给电子基或碱性基）的溶剂相互作用而发生溶解。

某些基团的亲电子性强弱次序如下：

$$—SO_3H>—COOH>—C_6H_4OH>—CHCN>—CHNO_2>—CH_2Cl>=CHCl$$

某些基团的亲核性强弱次序如下：

$$—CH_2NH_2>—C_6H_4NH_2>—CON(CH_3)_2>—CONH—>$$
$$—CH_2COCH_2—>—CH_2OCOCH_2—>—CH_2OCH_2—$$

如果高分子中含有上述序列中的前几个基团时，由于这些基团的亲电子性或亲核性很强，要溶解这类高聚物，应该选择相反系列中含有最前几个基团的液体作为溶剂。例如硝酸纤维素含有亲电子基团—ONO_2，可溶于有亲核基团的丙酮中，尼龙-66含有强的给电子基团—$CONH$—，可溶于含有强的亲电子基团的甲酸中；聚氯乙烯含有亲电子性很弱的—$CHCl$基团，可溶于环己酮、四氢呋喃中，也可溶于硝基苯中；含有酰胺基的尼龙-6和尼龙-66的溶剂就是含强亲核基团的甲酸、浓硫酸、间甲酚；含亲电子基团—$CHCN$的聚丙烯腈，则要用含亲核基团—$CON(CH_3)_2$的二甲基甲酰胺作溶剂。

3.1.3.4 混合溶剂原则

在实际的溶解操作中，除了使用单一溶剂外，还可使用混合溶剂。也就是说，两种溶剂单独都不能溶解某一聚合物，但将两种溶剂按一定比例混合起来，却能使该聚合物发生溶解。在这种情况下，溶解度参数也可作为选择混合溶剂的依据：如果两种溶剂按一定的比例配成混合溶剂，其溶解度参数与某一高聚物的溶解度参数接近，就可能溶解该高聚物。这时，混合溶剂具有溶解协同效应和综合效果，比用单一溶剂好（见表3-5），甚至两种非溶剂的混合物也会对某种高聚物具有很好的溶解能力，这种混合溶剂原则可作为选择溶剂的一种方法。

混合溶剂溶解度参数可按组成混合溶剂的各种溶剂的体积加权和来计算。当混合溶剂溶解度参数接近聚合物的溶解度参数时，再由配制溶解实验验证确定。例如氯乙烯与乙酸乙烯酯的共聚物的溶解度参数为21.2，溶剂乙醚的溶解度参数δ_1为15.2，乙腈的溶解度参数δ_2为24.2，二者单独均不能溶解这种共聚物，但当用33%乙醚和67%乙腈（体积）的混合物

（该混合溶剂的溶解度参数 $\delta_{混}$ 为 21.23）则可溶解它。

表 3-5　某些混合溶剂的溶解能力

混合溶剂体系	溶解度参数	高聚物种类	高聚物的溶解度参数	溶解情况
己烷/丙酮	14.9/20.4	氯丁橡胶	18.9	溶解
戊烷/乙酸乙酯	14.4/18.5	丁苯橡胶	17.1	溶解
甲苯/邻苯二甲酸二甲酯	18.2/21	丁腈橡胶	19.1	溶解
碳酸-2,3-丁二酯（185℃时溶解）/丁二酰亚胺（约 220℃时溶解）	24.6/33.1	聚丙烯腈	31.4	150～160℃时溶解
丙酮/二硫化碳	20.4/20.4	聚氯乙烯	19.4	很易溶解

注：表中除了聚丙烯腈能在较高温度下溶解于组成混合溶剂的单一溶剂外，其他的高聚物都不能溶于所列的单一溶剂中。

3.1.3.5　酸碱电子理论和有机概念图理论

有关物质酸碱性的"Lewis 电子理论"成为判断物质溶解性的又一规则，此规则把物质的溶解看作是溶质和溶剂之间的酸碱作用。1963 年，美国化学家皮尔逊（R. G. Pearson）又把 Lewis 酸碱分成软硬两大类，即硬酸、软酸、硬碱、软碱，也就是把容易得到电子的定义为"硬酸"，对外层电子抓得紧、难失去电子的定义为"硬碱"，反之称为"软酸"、"软碱"。按酸碱电子理论判断物质溶解性时就有"硬（酸）溶硬（碱）、软（酸）溶软（碱）"的规则。

上述规则虽然能解释物质相容的许多现象并有一定的应用意义，但总觉得不是很细致，用于选择溶剂时显得有些笼统和粗糙。日本的藤田穆先生于 1930 年创立的"有机概念图"理论已在溶剂选择、界面化学、化学分析、材料防燃、环境化学、食品化学、染料及染色、农药、医药等方面获得广泛应用，对科研和生产有普遍的意义。

"有机概念图"理论是根据现代分子价键学说，认为无论在有机化合物还是在无机化合物中，纯粹共价键及离子键都是不存在的。例如，以前认为是纯粹离子键的氯化钠中也存在部分的共价键，认为是纯粹共价键的甲烷中也存在小部分离子（静电）键。一个化合物的性质决定于分子中共价键与离子键抗衡的结果。"有机概念图"将物质分子分成共价键（有机性 O）与离子键（无机性 I）两部分，根据两种键的相对多少来研究化合物的性质，而不管两种键如何连接，也不管化合物结构上是否有相似之处。在有机概念图上，每一个物质都有自己确定的位置，并与位置相近的化合物（同系物，或与化合物结构相近，或在某个位置有同种的无机基团或性质相近的无机基团的化合物）之间有好的溶解性；I/O 率相近的化合物易于互溶。

3.2　表面活性剂的性能及作用

表面活性剂具有亲水和亲油双重性质，能起乳化、分散、增溶、润湿、发泡、消泡、保湿、润滑、洗涤、杀菌、柔软、拒水、抗静电、防腐蚀等一系列作用。在精细化学品的配伍和加工中，常利用这些性质对某些组分进行乳化、分散、润湿、发泡、洗涤等处理。所以，掌握表面活性剂的特性和作用以及表面活性剂与其他组分间的作用和复配规律，对配方研究人员是必需的。有关表面活性剂的更详细全面的论述可参考有关专著，这里只作简要的介绍。

3.2.1　表面活性剂的定义、结构与分类

3.2.1.1　表面活性剂的定义

不同的物质溶解于溶剂中，其溶液的表面张力会随加入物质的浓度变化而变化。各种物质水溶液的表面张力与其浓度的关系可归结为三类（见图 3-2）。第一类：在稀浓度时，溶液的表面张力随浓度升高急剧下降（曲线 1），即某些物质的加入量很少时，就可使水的表面张力显著下降；第二类：表面张力随浓度逐渐下降（曲线 2）；第三类：表面张力随浓度稍有上升（曲线 3）。除第三类物质能使水的表面张力增加外，第一、二类物质都有一个共同的特点，即能降低水的表面张力。我们将能降低溶剂表面张力的性质称为表面活性，而具有表面活性的物质称为

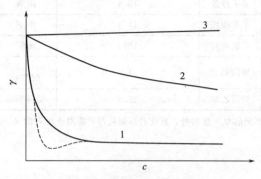

图 3-2　各种物质水溶液的表面张力与其浓度的关系

表面活性物质。因此，第三类物质为非表面活性物质，没有表面活性；而第一、二类物质为表面活性物质，具有表面活性。

第一、二类物质又有所区别：后者在水溶液中分子不发生缔合或缔合程度很小，而前者则能缔合且形成胶束等缔合体，除具有较高的表面活性以外，同时还具有润湿、乳化、起泡、洗涤等作用，因此又把这一类的表面活性物质称为表面活性剂。

日常生活中使用的洗衣粉、肥皂等物质，取少量加入水中就能使水的表面化学性质发生明显改变，例如降低水的表面张力，增加润湿性能、洗涤性能、乳化性能以及起泡性能等等，而像食盐、糖之类的物质却无此功能。如果一种物质（甲）能降低另一种物质（乙）的表面张力，就说甲物质（溶质）对乙物质（溶剂）有表面活性，若甲物质不能使乙物质的表面张力降低，那么甲物质对乙物质则无表面活性。因此，表面活性剂是这样一类物质，加入很少量时即能大大降低溶剂（一般为水）的表面张力（气-液）或界面张力（液-液），改变界面状态，使界面呈活化状态，从而产生润湿、乳化、增溶、发泡、净洗等一系列作用。由于水是常用的溶剂，因此表面活性剂常常是对水而言的。以很低的浓度就能显著降低溶剂的表面张力的物质叫表面活性剂。

表面活性剂的英文是 surfactant，它来自于短语 surface active agent 的缩合，从词义上显示表面活性剂具有两种特性：①活跃于表（界）面；②能显著改变表（界）面张力。

3.2.1.2　表面活性剂的结构

表面活性剂是一大类具有特殊结构和性质的有机化合物，它们的性质极具特色，能明显地改变两相间的界面张力或液体（一般为水）的表面张力，具有润湿、起泡、乳化、洗涤等性能，应用极为灵活、广泛，有很大的实用价值和理论意义。实际应用的表面活性剂品种很多，就结构而言，表面活性剂都有一个共同的特点，即其分子中含有两种不同性质的基团，一端是长链非极性基团，能溶于油而不溶于水，亦即所谓的疏水基团或憎水基，这种憎水基一般都是长链的碳氢化合物，有时也为有机氟、有机硅、有机磷、有机锡链等；另一端则是水溶性的基团，即亲水基团或亲水基，亲水基团必须有足够的亲水性，以保证整个表面活性剂能溶于水，并有必要的溶解度。此亲水基团可以是离子，也可以是不电离的基团。由于表面活性剂含有亲水基和疏水基，因而它们至少能溶于液相中的某一相。表面活性剂的这种既亲水又亲油的性质称为两亲性（amphiphiline）。因此表面活性剂分子中既存在亲水基团（一

个或一个以上），又存在亲油基团，是一种两亲分子，这样的分子结构使其一部分溶于水而另一部分易自水中逃离而具有双重性质。尽管表面活性剂有各种各样的性能和用途，但就它们的分子结构而言都是由亲水基和疏水基两部分组成。

3.2.1.3 表面活性剂的分类

表面活性剂是一种既有疏水基团又有亲水基团的两亲性分子。由于亲水基和疏水基种类很多，以致由它们组合的表面活性剂数量也相当多，为了了解它们的结构、性质、用途和合成，必须按照不同的要求进行分类。

（1）按离子类型分类 表面活性剂的疏水基团一般是由长的碳氢链构成，如直链烷基 $C_8 \sim C_{20}$，支链烷基 $C_8 \sim C_{10}$，烷基苯基（烷基碳原子数为 8～16）等。疏水基团的差别主要是在碳氢链的结构变化上，差别较小，而亲水基团的种类则较多，所以表面活性剂的性质除与疏水基团的大小、形状有关外，主要还与亲水基团有关。亲水基团的结构变化较疏水基团大，因而表面活性剂的分类一般以亲水基团的结构为依据。这种分类是以亲水基团是否是离子型为主，将其分为阴离子型、阳离子型、非离子型、两性离子型和其他特殊类型的表面活性剂。

表面活性剂溶于水时，凡能电离生成离子的叫离子型表面活性剂，不能电离的叫非离子型表面活性剂。阴离子表面活性剂是溶于水后极性基带负电，主要有羧酸盐、磺酸盐、硫酸酯盐及磷酸盐等。阳离子表面活性剂是溶于水后极性基带正电，主要有季铵盐、胺盐等。两性表面活性剂分子溶于水后极性基团既有带正电的，也有带负电的，主要有甜菜碱型、氨基酸型等。这种分类方法有许多优点，因为每种离子的表面活性剂各有其特性，所以只要弄清楚表面活性剂的离子类型，就可以初步判定其应用范围。

按离子类型分类的表面活性剂的结构式见表 3-6。

表 3-6 表面活性剂的分类

分类	名称	化 学 式	分类	名称	化 学 式
非离子型表面活性剂	聚氧乙烯型	R—$(C_2H_4O)_n$H	阴离子型	高级脂肪酸盐	RCOOM
	脂肪醇聚氧乙烯醚	RO$(C_2H_4O)_n$H		烷基磺酸盐	RSO$_3$M
	烷基酚聚氧乙烯醚	RC$_6$H$_5$O$(C_2H_4O)_n$H		烷基苯磺酸盐	RC$_6$H$_5$SO$_3$M
	脂肪酸聚氧乙烯酯	RCOO$(C_2H_4O)_n$H		硫酸酯盐	
	聚氧乙烯烷基胺	RNHC$_2$H$_4$$(C_2H_4O)_n$OH		磷酸酯盐	ROPO$_3$M$_2$ 或 (RO)$_2$PO$_2$M
	聚氧乙烯烷基醇酰胺	RCONC$_2$H$_4$$(C_2H_4O)_n$OH		脂肪酰-肽缩合物	R^{1}CONHR^{2}COOM
	多元醇型		阳离子型	胺盐型	RNH$_2^+$，R$_2$NH$^+$，R$_3$N$^+$
	甘油脂肪酸酯	RCOOCH$_2$CHOHCH$_2$OH		高级胺盐型	烷链碳原子数大于 8
	季戊四醇脂肪酸酯	RCOOCH$_2$C(CH$_2$OH)$_3$		低级胺盐型	烷链碳原子数小于 8
	山梨醇脂肪酸酯	RCOOCH$_2$—C$_5$H$_6$O—(OH)$_3$		季铵盐型	R^{1}R^{2}N$^+$R^{3}R^4
	失水山梨醇脂肪酸酯	(结构式见图)		高级季铵盐型	其中一个烷链的碳原子数大于 8
				低级季铵盐型	烷链碳原子数小于 8
	蔗糖脂肪酸酯	RCOOC$_{12}$H$_{21}$C$_{10}$	两性离子型	甜菜碱型	R(CH$_3$)$_2$N$^+$CH$_2$COO$^-$
	烷基醇酰胺	RCON(CH$_2$CH$_2$OH)$_2$		氨基酸型	RN$^+$H$_2$CH$_2$CH$_2$COO$^-$
				咪唑啉型	(结构式见图)

注：R 为烃基；M 为金属离子或铵离子。

（2）按相对分子质量分类

① 低分子表面活性剂　相对分子质量在 200～1000，大部分表面活性剂都是低分子量的。

② 中分子表面活性剂　相对分子质量在 1000～10000，例如聚氧丙烯/聚氧乙烯醚共聚物等。

③ 高分子表面活性剂　相对分子质量在 10000 以上，例如某一些水溶性高分子也表现出较强的表面活性，同时具备有一定的起泡、乳化、增溶等应用性能，这些高分子统称为高分子表面活性剂，如海藻酸钠、果胶酸钠、羧甲基纤维素钠、甲基纤维素、聚乙烯醇、聚吡咯烷酮等。与低分子表面活性剂相比，高分子表面活性剂降低表面张力的能力较小，增溶力、渗透力弱，但乳化力强，常用作保护胶体。

（3）按工业用途分类　从工业实用出发，表面活性剂可分为精炼剂、渗透剂、润湿剂、乳化剂、发泡剂、消泡剂、净洗剂、防锈剂、杀菌剂、匀染剂、固色剂、平滑剂、抗静电剂等。

注意，以上分类没有包含油溶性表面活性剂如含氟型、有机金属型、高分子型、有机硅型及双分子表面活性剂。

3.2.2　表面活性剂表面活性的表征

表面活性剂的表面活性源于表面活性剂分子的两亲性结构，其作用原理是它在表面上富集和在溶液内部的自聚。①表面富集——"相似相亲规则"：亲水基团使分子在进入水的正方向，疏水基团使分子在逃逸水的正方向，两种趋向平衡的结果使得表面活性剂在表面富集。亲水基伸向水中，疏水基伸向空气，这种富集又称为吸附。吸附结果是水表面似被一层非极性的碳氢链覆盖，从而导致水的表面张力下降。②溶液内部自聚——当表面活性剂吸附达到平衡时，表面活性剂不能继续在表面富集，而疏水基的疏水作用仍竭力使其逃逸水环境，即表面活性剂在溶液内部自聚。疏水基向里靠在一起形成内核，远离水环境，而亲水性基团朝外与水接触。表面活性剂这种自聚形成"胶团"称为分子有序组合体，开始形成胶团时的浓度称为临界胶团浓度（Critical Micelle Concentration，CMC）。随着表面活性剂浓度的增加，表面吸附力逐渐增大，表面张力逐渐下降，当浓度超过 CMC 以上后，表面张力基本不再变化，γ-lg$c$ 曲线出现一平台。

表面活性剂表面活性的表征通常用加入表面活性剂后溶剂表面张力的降低及其形成的胶团的能力（胶团化能力）两个性质来表征。①表面活性剂的胶团能力用其临界胶团浓度（CMC）来表示，CMC 越小，表面活性剂越容易在溶液中自聚成为胶团。②表面张力降低的量度可以分为两种：一是降低溶剂表面张力至一定值时，所需表面活性剂的浓度。二是表面张力的降低所能达到的最大程度（即溶液表面张力所能达到的最低值，而不管表面活性剂浓度如何）。前一种量度称为表面活性剂表（界）面张力降低的成本，后一种量度则称为表面活性剂表（界）面张力降低的能力。

3.2.2.1　表面活性剂胶束及临界胶束浓度

（1）表面活性剂在水溶液中胶束的形成　表面活性剂分子是由难溶于水的疏水基和易溶于水的亲水基所组成。在水中，即使浓度很低，也能在界面（表面）发生富集，从而明显地降低界面张力或表面张力，并使界面（表面）呈现活化状态。图 3-3 为表面活性剂分子在溶液表面的附集状态。表面活性剂的稀溶液服从理想溶液所遵循的规律。表面活性剂在溶液表面的吸附量随溶液浓度增高而增多，当浓度达到或超过某值后，吸附量不再增加，这些过多

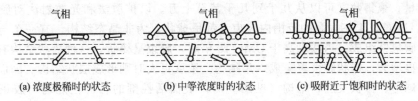

(a) 浓度极稀时的状态　　(b) 中等浓度时的状态　　(c) 吸附近于饱和时的状态

图 3-3　表面活性剂分子在溶液表面的附集状态

的表面活性剂分子在溶液内是杂乱无章的，抑或以某种有规律的方式存在。实践和理论均表明，它们在溶液内形成缔合体，这种缔合体称为胶束（micelle）。

表面活性剂在水溶液中形成胶束的过程见图 3-4。

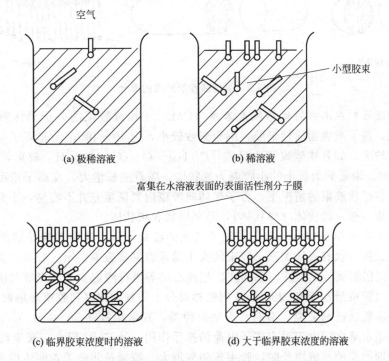

图 3-4　表面活性剂在水溶液中形成胶束的过程

图 3-4 中，随着表面活性剂浓度的逐渐升高，表面活性剂在水中先是形成稀溶液，直至达到图 3-4(c) 的浓度时，表面活性剂先是三三两两以疏水基互相靠拢，形成球形胶束的最初形式，剩余的表面活性剂分子毫无间隙地富集于液面上，形成单分子吸附膜，空气与水被完全隔离，水的表面张力急剧下降；当表面吸附达饱和后［图 3-4(d)］，表面张力降低到最低值，如果继续增加表面活性剂的浓度，溶液的表面张力几乎不再下降，只是溶液中的胶团数目增加。

图 3-5 所示为在 25℃下油酸钠的溶解引起的水的表面张力的变化情况。

胶束的大小可以用缔合成一个胶团粒子的表面活性剂分子或离子的平均数目，即聚

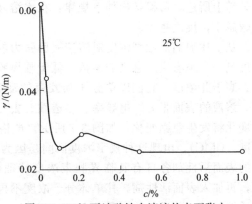

图 3-5　25℃下油酸钠水溶液的表面张力

49

集数 n 来衡量，聚集数 n 可以从几十到几千甚至上万。以扩散法和光散射法对胶束研究证实，浓度在 CMC 以上不太高的范围内胶束大都呈球状，为非晶态结构，有一个与液体相似的内核，由碳氢链组成。当浓度高于 CMC 10 倍时，胶束呈棒状，这种棒状结构有一定的柔顺性。浓度再增大，棒状胶束聚集成六角结构。浓度更大时则形成层状结构。因而，胶束的形状主要有球形、棒状及层状结构（见图 3-6）。表面活性剂的各种性能均与胶束有关，由于表面活性剂胶束的形成，使溶液的微环境发生了很大的变化，如降低表面张力和电离势、增溶、聚集、改变解离常数、分散产物或电荷、乳化等。正因为如此，表面活性剂才能在复配型精细化工产品中得到广泛的应用。

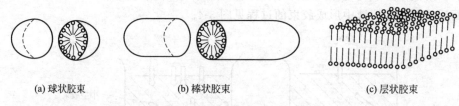

   (a) 球状胶束   (b) 棒状胶束   (c) 层状胶束

图 3-6 表面活性剂胶束的形状

（2）表面活性剂在水中的临界胶束浓度（CMC） 构成胶束的分子单体数目称为聚集数。一般来说，离子型表面活性剂胶束的聚集数较小，为 $10 \sim 100$；而非离子型表面活性剂胶束的聚集数较大，如月桂醇聚氧乙烯醚 $[C_{12}H_{25}-O-(C_2H_4O)_6H]$ 胶束，在 $25 \sim 50 \, ℃$ 时聚集数为 400。聚集数为数十的小胶束为球状体，随着链长增大，反离子浓度增高，导致聚集数增大。在球状胶束的情况下，分子单体向胶束内紧密填充并不容易，于是胶束发生非对称增长，形成（椭）圆状体（棒状体），乃至层状和块状体。

胶束的大小在 $0.005 \sim 0.01 \mu m$，小于可见光的波长，所以胶束溶液是清澈透明的。胶束的大小与胶束的形状有密切关系。胶束的大小通常以聚集数来表示。胶束的大小可采用光散射法、X 射线衍射法、扩散法、渗透法、超离心法等进行测定。如用光散射法测出胶束的相对分子质量（胶束量），除以表面活性剂的相对分子质量，即得到胶束聚集数。

对离子型表面活性剂来说，不论亲水基的种类，其聚集数在 $50 \sim 60$；对非离子表面活性剂来说，其亲水基之间由于没有离子电荷的排斥作用，其 CMC 很小，聚集数很大。

表面活性剂的亲油基链增长时，胶束聚集数增大。特别是非离子表面活性剂，其增加的趋势更大。其原因也是由于非离子表面活性剂没有离子电荷的排斥作用所致。非离子表面活性剂聚氧乙烯链长变化时，也会引起性质变化，如聚氧乙烯链长增大，而碳氢链不变时，则表面活性剂的胶束聚集数减小。

综上所述，可概括出如下规律：在水溶液中，表面活性剂与溶剂之间相似性越大，其聚集数越小，反之越大。

从上述表面活性剂浓度对溶液表面张力的影响情况可知，表面活性剂在水中的临界胶束浓度是一个很有应用意义的参数。低于临界胶束浓度，表面活性剂以单分子形式存在于溶液中；高于此浓度，它们以单分子和胶束的动态平衡状态存在于溶液中。在一定温度和压力下，溶液的表面张力、电导率、渗透性、去污力等一系列物理化学性质在其临界胶束浓度附近变化将发生急剧变化，如图 3-7 所示。严格地说，此狭窄浓度区间的适当值才是临界胶束浓度（CMC）。出现这种狭窄浓度区间是因为测定方法不同，临界胶束浓度也稍有不同。不同的表面活性剂各自有其临界胶束浓度特征值。当表面活性剂水溶液的浓度达到 CMC 值后，再加入表面活性剂，其单体分子浓度不再增加，而只能增加胶束的数量。因此，使用表面活性剂时，其添加浓度要求在 CMC 以上，否则，表面活性剂的功能不能充分发挥。

临界胶束浓度的测定方法有表面张力法、电导法、渗透压法、染料法等。

① 表面张力法　表面张力测定法适合于离子表面活性剂和非离子表面活性剂临界胶束浓度的测定，无机离子的存在也不影响测定结果。在表面活性剂浓度较低时，随着浓度的增加，溶液的表面张力急剧下降，当到达临界胶束浓度时，表面张力的下降则很缓慢或停止。以表面张力对表面活性剂浓度的对数作图，曲线转折点相对应的浓度即为 CMC。如果在表面活性剂中或溶液中含有少量长链醇、高级胺、脂肪酸等高表面活性的极性有机物时，溶液的表面张力-浓度对数曲线上的转折可能变得不明显，但会出现一个最低值，这也是用来鉴别表面活性剂纯度的方法之一。

② 电导法　本法仅适合于表面活性较强的离子表面活性剂 CMC 的测定，以表面活性剂溶液电导率（或摩尔电导率）对浓度（或浓度的平方根）作图，曲线的转折点即为 CMC。注意，如果溶液中含有无机离子时，该方法的灵敏度会大大降低。

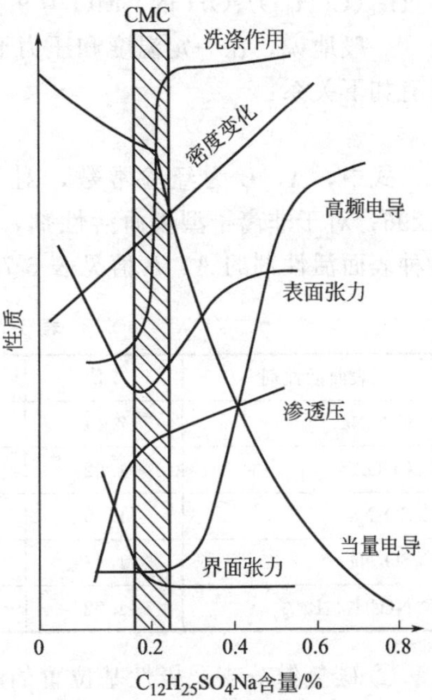

③ 光散射法　光线通过表面活性剂溶液时，如果溶液中有胶束粒子存在，则一部分光线将被胶束粒子所散射，因此测定散射光强度即浊度可反映溶液中表面活性剂胶束形成。以溶液浊度对表面活性剂浓度作图，在到达 CMC 时，浊度将急剧上升，因此曲线转折点即为 CMC。利用光散射法还可测定胶束大小（水合直径），推测其缔合数等。但测定时应注意环境的洁净，避免灰尘污染。

图 3-7　十二烷基硫酸钠水溶液的
一些理化性质与其浓度的关系

④ 染料法　一些有机染料在被表面活性剂胶团增溶时，其吸收光谱与未增溶时的吸收光谱相比会发生明显改变，例如频那氰醇溶液为紫红色，被表面活性剂增溶后成为蓝色。所以只要在大于 CMC 的表面活性剂溶液中加入少量染料，然后定量加水稀释至颜色改变即可判定 CMC 值。用滴定终点观察法或分光光度法均能进行此项测定。对于阴离子表面活性剂，常用的染料有频那氰醇、碱性蕊香红 G；阳离子表面活性剂可用曙红或荧光黄等进行测定；非离子表面活性剂可用频那氰醇、四碘荧光素、碘、苯并紫红 4B 等染料进行测定。用染料法测定 CMC 会因染料的加入影响测定的精确性，尤其对 CMC 较小的表面活性剂的影响更大。另外，当表面活性剂中含有无机盐及烷基醇时，测定结果也不甚准确。

目前，还有许多现代仪器方法测定 CMC，如荧光光度法、核磁共振法、导数光谱法等。

（3）影响表面活性剂临界胶束浓度的因素　影响表面活性剂临界胶束浓度的因素主要有表面活性剂的亲油基的类型、链长、亲油基链段的分支情况（包括其他取代基），以及亲水基团的类型、位置、数目，水中强电解质的浓度（与强电解质的种类和非电解质无关），温度等。离子型表面活性剂的 CMC 取决于亲油基（憎水基）的长短，一般碳原子数 n 越大，CMC 越小；但若在亲油基中引入双键或支链，则使 CMC 变大。非离子型表面活性剂的 CMC 主要由亲水基的种类决定，如聚氧乙烯链增长，CMC 变大。

① 表面活性剂的碳氢链长的影响　对于离子型表面活性剂，当碳原子数在 8～16 范围内，CMC 随碳原子数呈一定的规律，同系物中增加一个 CH_2，CMC 约下降一半。

对于非离子型表面活性剂，增加疏水基碳原子数引起 CMC 下降的程度更大，一般增加两个 CH_2，CMC 下降至原来的 1/10。如 $C_8H_{17}(C_2H_4O)_6OH$ 的 CMC 为 9.9×10^{-3} mol/L，

$C_{10}H_{21}(C_2H_4O)_6OH$ 的 CMC 为 9.9×10^{-4} mol/L。

一般地说，在一定温度和压力下，同系物表面活性剂水溶液的 CMC 与碳氢链中碳的数目有如下关系：

$$lg(CMC) = A - BN$$

式中，A、B 为经验常数，对于离子型表面活性剂，$A = 1.25 \sim 1.92$，$B = 0.265 \sim 0.296$；对于非离子型表面活性剂，$A = 1.81 \sim 3.3$，$B = 0.488 \sim 0.554$；N 为碳原子数目。各种表面活性剂的 A、B 值见表 3-7。

表 3-7　各种表面活性剂的 A、B 值

表面活性剂	A 值	B 值	表面活性剂	A 值	B 值
C_nCOONa	2.41	0.341	$C_nO(C_2H_4O)_3H$	2.32	0.551
C_nCOOK	1.92	0.290	$C_nO(C_2H_4O)_6H$	1.81	0.488
C_nSO_3Na	1.59	0.294	$C_nN(CH_3)_2O$	3.3	0.500
C_nSO_4Na	1.42	0.265	正烷基苯磺酸钠	—	0.292
$C_nN(CH_3)_3Br$	1.72	0.300			

② 碳氢链分支及极性基位置的影响　表面活性剂的亲水基位置（即支化度）对 CMC 亦有影响，一般地，亲水基在分子一端时影响最小，在分子中央时影响最大。碳氢链支化度越大，越难形成胶束。因此具有支链的表面活性剂的 CMC 高于具有相同碳数的直链表面活性剂的 CMC。如二正丁基琥珀酸酯磺酸钠的 CMC 为 0.20mol/L，直链的 $C_{10}H_{21}SO_3Na$ 的 CMC 则为 0.045mol/L。极性基越位于碳氢链中间者，其 CMC 越大。如 $C_{14}-SO_3Na$ 位于第一碳原子时，CMC 为 0.00240mol/L，连在第七碳原子上时，CMC 为 0.00970mol/L。

碳氢链中其他取代基的影响如下。

a. 苯基　碳氢链上有苯环的表面活性剂与具有相同碳数直链烷烃的表面活性剂比较，其 CMC 较高，这是因为苯环有大 π 键，其剩余键能较直链烷烃高，故与水的作用强，使 CMC 增高。例如，辛基苯磺酸钠的 CMC 为 1.5×10^{-2} mol/L，而十四烷基磺酸钠的 CMC 则为 2.5×10^{-3} mol/L。即一个苯基大约相当于 3.5 个 $-CH_2-$，其 CMC 约为 1.5×10^{-2} mol/L。

b. 与饱和化合物相比，碳氢链中有双键时，不饱和链较饱和链具有较多剩余键能，所以其溶解度较高，因此碳氢链上增加不饱和键时，CMC 相应增高，一般来说，每增加一个双键，CMC 增大 $3 \sim 4$ 倍。硬脂酸钾的 CMC 为 4.5×10^{-4} mol/L（55℃），油酸钾的 CMC 为 1.2×10^{-3} mol/L（50℃）。

c. 在憎水基中引入极性基（$-O-$，$-OH$），表面活性剂 CMC 显著增高。这是因为碳氢链的极性增大时，表面活性剂与水的作用增强，于是其溶解度亦增高。如 $C_{12}H_{25}C_6H_4SO_4Na$ 的 CMC 为 4.8×10^{-3} mol/L（55℃），而 $C_{14}H_{29}SO_4Na$ 的 CMC 为 2.4×10^{-3} mol/L（40℃）。

③ 碳氟化合物　碳链上的氢全部被氟取代了的全氟化合物是非常特殊的表面活性剂，与具有同碳数碳氢链的表面活性剂相比，其 CMC 低得多。如：$C_8H_{17}SO_4Na$ 的 CMC 是 91.6×10^{-1} mol/L（40℃），$C_8F_{17}SO_4Na$ 的 CMC 则为 0.0085mol/L（75℃）。

对于碳氢链中的氢被氟部分取代的表面活性剂来说，其 CMC 随被取代程度增大而减小。

特殊情况：仅仅只有末端碳原子上的氢被氟取代了的化合物，其 CMC 反而升高，例：

$CF_3(CH_2)_8CH_2N(CH_3)_3Br$ 的 CMC 为 $CH_3(CH_2)_8CH_2N(CH_3)_3Br$ 的 2 倍。

④ **亲水基团的影响** 具有相同碳氢链的离子型表面活性剂，它们的极性基不同，也导致 CMC 产生差异。对于硫酸基、磺酸基和羧酸基来说，它们按硫酸基＜磺酸基＜羧酸基顺序使表面活性剂的 CMC 增大。亲水基在末端位置时影响较小，在链中影响较大；支链长且多时，CMC 高；离子型表面活性剂中的亲水基团的变化对 CMC 影响不大；但非离子表面活性剂亲水基团的变化对 CMC 有影响，CMC 随乙氧基数增加而增加。

应当指出：在水溶液中，离子型表面活性剂 CMC 远比非离子的大，憎水基团相同，离子型表面活性剂的 CMC 大约为非离子表面活性剂（聚氧乙烯基为亲水基者）的 100 倍。这是因为离子表面活性剂的亲水基团的水化作用较强，易溶于水，而非离子表面活性剂的亲水基团亲水能力较低。

两性表面活性剂的 CMC 则与相同碳原子数憎水基的离子型表面活性剂相似。

⑤ **溶液中反离子的影响** 在表面活性剂水溶液中添加盐，使 CMC 下降。在实际应用中通常都要向表面活性剂水溶液中加盐，因此必须了解盐对 CMC 的影响。

表面活性剂的 CMC 与添加盐的浓度有如下的关系：

$$\lg(CMC) = a - b\lg c_i$$

式中，a、b 为与表面活性剂有关的经验常数；c_i 为盐物质的总浓度（即表面活性剂与盐的总和）。

显然这是因为反离子吸附于胶束中的表面活性剂的极性基团上，从而使同电荷极性基团之间排斥力减小，易于形成胶束导致的。所以，表面活性剂的 CMC 通常都是随盐的添加量增大而减小的。

一般地说，二价金属盐离子（Cu^{2+}、Zn^{2+}、Mg^{2+} 等）较一价金属离子（K^+、Na^+、Cs^+）降低 CMC 的效应要大。不同的一价金属离子对 CMC 的影响大致相同，但一价非金属阴离子对 CMC 的影响却不相同。例如，I^-、Br^-、Cl^- 使 CMC 降低的顺序为：$I^- > Br^- > Cl^-$。

⑥ **醇类的影响** 醇对表面活性剂的 CMC 的影响较复杂，但一般地说，随醇加入量增大而减小，其减小的程度与醇的结构有关，对于脂肪醇来说，其减小表面活性剂 CMC 的能力随碳氢链增加而增大。这可做如下解释：醇分子能穿入胶束形成混合胶束，减小表面活性剂离子间的排斥力，同时由于醇分子的加入使体系的熵值增大，所以胶束易于形成和增大，使 CMC 降低。

各类表面活性剂溶于水后的结构如图 3-8。

(4) **常用表面活性剂的临界胶束浓度** 一些常用表面活性剂的临界胶束浓度见表 3-8。

3.2.2.2 表面活性剂的 HLB 值

(1) **表面活性剂 HLB 值的概念** 表面活性剂要吸附于界面从而表现出特有的界面活性，必须使疏水基团和亲水基团之间处于某种平衡状态。对表面活性剂这种平衡程度的定量描述最早由美国 Atlas 研究机构的 Griffin 于 1949 年提出，称为亲疏平衡值，即 HLB 值 (Hydrophile-Lipophile Balance)，用于表示表面活性剂的亲水基团和亲油基团具有的亲水亲油平衡值。HLB 值是指表面活性剂分子中亲水基团和亲油基团这两类相反能力的相对大小，它是表面活性剂应用性能的一种实用性量度，与其分子结构有关，HLB 值大，表示分子的亲水性强，亲油性弱；反之亲油性强，亲水性弱，它对正确选择、使用表面活性剂有很大的指导意义。HLB 值可以通过适宜的公式计算或由实验测试得到。

(2) **HLB 值的计算** 表面活性剂的 HLB 值一般可根据水溶法和计算法来确定。所谓水溶法是在常温下将表面活性剂加入水中，依据其在水中的溶解性能和分散状态来估计其大致

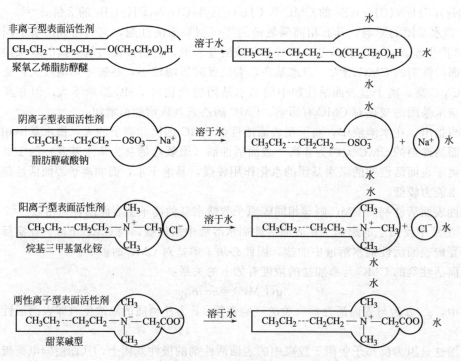

图 3-8 各类表面活性剂溶于水后的结构示意图

表 3-8 一些常用表面活性剂的临界胶束浓度

名 称	测定温度/℃	CMC/(mol/L)	名 称	测定温度/℃	CMC/(mol/L)
氯化十六烷基三甲基铵	25	1.60×10^{-2}	月桂醇聚氧乙烯(6)醚	25	8.7×10^{-5}
溴化十六烷基三甲基铵		9.12×10^{-5}	月桂醇聚氧乙烯(9)醚	25	1.0×10^{-4}
溴化十二烷基三甲基铵		1.60×10^{-2}	月桂醇聚氧乙烯(12)醚	25	1.4×10^{-4}
溴化十二烷基代吡啶		1.23×10^{-2}	十四醇聚氧乙烯(6)醚	25	1.0×10^{-5}
辛烷基磺酸钠	25	1.50×10^{-1}	丁二酸二辛基磺酸钠	25	1.24×10^{-2}
辛烷基硫酸钠	40	1.36×10^{-1}	氯化十二烷基胺	25	1.6×10^{-2}
十二烷基硫酸钠	40	8.60×10^{-3}	对十二烷基苯磺酸钠	25	1.4×10^{-2}
十四烷基硫酸钠	40	2.40×10^{-3}	月桂酸蔗糖酯		2.38×10^{-6}
十六烷基硫酸钠	40	5.80×10^{-4}	棕榈酸蔗糖酯		9.5×10^{-5}
十八烷基硫酸钠	40	1.70×10^{-4}	硬脂酸蔗糖酯		6.6×10^{-5}
$C_{10}H_{21}SO_3Na$		0.045	吐温 20	25	6×10^{-2}g/L
$(C_8H_{17})_2N(CH_3)_2Cl$		0.0266	吐温 40	25	3.1×10^{-2}g/L
$C_{16}H_{33}N(CH_3)_3Cl$		0.0014	吐温 60	25	2.8×10^{-2}g/L
硬脂酸钾	50	4.5×10^{-4}	吐温 65	25	5.0×10^{-2}g/L
油酸钾	50	1.2×10^{-3}	吐温 80	25	1.4×10^{-2}g/L
月桂酸钾	25	1.25×10^{-2}	吐温 85	25	2.3×10^{-2}g/L
十二烷基磺酸钠	25	9.0×10^{-3}			

的 HLB 范围,因此水溶法很粗略,随意性也较大,但操作简便、快捷,在确定大致的 HLB 范围时仍不失为一种有效的方法。计算法又有 Griffin 法、基值法、基团数法和 MeGowan 法。

① 非离子表面活性剂 HLB 值的计算——Griffin 法 Griffin 法是根据结构与性能之间的关系而建立的经验或半经验的方法,仅适用于不含其他元素如 N、P、S 的非离子表面活性剂。

a. 乙二醇类和多元醇类非离子表面活性剂的 HLB 值可以用下式计算。

$$HLB = \frac{亲水基相对分子质量}{表面活性剂的相对分子质量} \times \frac{100}{5}$$

b. 多元醇型脂肪酸酯非离子表面活性剂的 HLB 值一般按下式计算。

$$HLB = 20 \times \left(1 - \frac{S}{A}\right)$$

式中，S 为多元醇酯的皂化值，mgKOH/g；A 为相应脂肪酸的酸值，mgKOH/g。

c. 对于皂化值难以测定的表面活性剂如松节油、羊毛脂等环氧乙烷的加成物，其 HLB 值可以用下式计算。

$$HLB = \frac{w_E + w_P}{5}$$

式中，w_E 为环氧乙烷的质量分数；w_P 为脂肪醇的质量分数。

d. 对于含环氧丙烷、氮、硫、磷等基团或原子的非离子表面活性剂，以上公式均不适用，需要通过实验测定。

② 离子型表面活性剂 HLB 值的计算——基值法和基团数法　对于阴离子和阳离子表面活性剂也不能用上述两个公式来计算 HLB 值，因为阴离子和阳离子的亲水性，按单位质量计要比非离子表面活性剂的亲水基大得多，而且由于亲水基的种类不同，单位质量的亲水性的大小也各不相同。因此阴离子和阳离子表面活性剂的 HLB 值大多是通过基值法和基团数法计算的。

a. 基值法　日本小田良平提出利用有机化合物的疏水性基（有机性基）和亲水性基（无机性基）数值比来计算 HLB 值。

$$HLB = \frac{\sum 无机性基值}{\sum 有机性基值} \times 10$$

有机化合物的有机性基值和无机性基值可以通过查表 3-9 和表 3-10 得到。

表 3-9　无机性基团的无机性基值

无机性基团	无机性基值	无机性基团	无机性基值
轻金属盐	>500	—OH	100
重金属盐、胺、铵盐	>400	$\searrow$Hg(共价键结合)	95
—AsO₃H₂、$\searrow$AsO₂H	300	—NH—NH—、—O—CO—O—	80
—SO₃NHCO—、—N＝N—NH₂	260	P＝O,P→O	80
$\searrow$N⁺—OH、—NH—SO—NH—、—SO₃H、CO—NH—CO—NH—CO—	250	糖环中的—O—	75
		—NH₂、—NHR、—NR₂	70
—SO₂NH—、$\searrow$S—OH、—CO—NH—CO—NH—	240	$\searrow$CO	65
—CONHCO—、—CS—NH—	230	—COOR、萘核、喹啉核	60
$\searrow$N—OH、—NH—CO—NH—	220	P＝S,P→S	60
＝N—NH—、—CO—NH—NH₂	210	$\searrow$C＝NH	50
—CONH—	200	—O—O—	40
—CSSH	180	—N＝N—	30
$\searrow$N→O	170	并环	30
—CSOH、—COSH	160	—O—	20
蒽、菲	155	苯核(芳烃单环)	15
—COOH	150	环(非芳烃单环)	10
内酯环	120	炔键	3
—CO—O—CO—	110	烯键	2
蒽核、菲核	105		

55

表 3-10　兼有有机性和无机性的基值

基团	无机性基值	有机性基值	基团	无机性基值	有机性基值
C 原子		20	—P〈	70	20
R_4Bi—OH	250	80	—O—[CH_2CH_2—O—]$_n$—CH_3	60	30
R_4Sb—OH	250	60	—CSSR	50	130
R_4As—OH	250	40	—COSR、—CSOR	50	80
R_4P—OH	250	20	—NO	50	50
—OSO_3H	250	20	—ONO_2	40	60
〉SO_2	170	40	—NC	40	40
〉SO	140	40	Sb＝Sb—	30	90
—CSSH	80	100	As＝As—	30	60
—SCN	80	90	P＝P—、—NCO	30	30
—CSOH、—COSH	80	80	ONO、—SH、—S—	20	40
—NCS	75	90	—I	10	80
—Bi〈	70	80	—Br	10	60
—NO_2	70	70	—Cl	10	40
—Sb〈	70	60	＝S	10	50
—As〈、—CN	70	40	—F	5	5
			端叔支链	0	—10
			端季支链	0	—20

b. 基团数法　Davies 于 1963 年提出将 HLB 值作为结构因子的总和来处理，认为表面活性剂的 HLB 值为各结构性基团 HLB 值的总和。由已知的实验数据计算得到各种基团的 HLB 值，称为 HLB 基团数。一些基团的 HLB 数列于表 3-11 中。计算方法见下式。

$$HLB=7+\sum(\text{新水的基团数})-\sum(\text{亲油的基团数})$$

表 3-11　一些基团的 HLB 数值

亲水基团	HLB 数值	亲油基团	HLB 数值
—COOK	21.1	—(CH_2CH_2O)	0.33
—COONa	19.1	〉CH—	0.475
—OSO_3Na	11		
—N(叔胺)	9.4	CH_2—	0.475
酯(失水山梨醇环)	6.8	—CH	0.475
酯(游离)	2.4	—CH—	0.475
—COOH	2.1	—CF_2—	0.87
—OH(游离)	1.9	—CF_3	0.87
—O—	1.3	—($CH_2CH_2CH_2O$)	0.15
—OH(失水山梨醇环)	0.5		

③ MeGowan 法　MeGowan 法主要是根据分子的大小及其水溶性来确定 HLB 值：

$$HLB=7+\frac{1.5n_{H_2O}-0.337\times10^5V_0}{C}$$

式中，n_{H_2O} 表示每一个表面活性剂分子水化的分子数目；V_0 为表面活性剂分子在绝对零度时的体积；C 为常数，对于离子和非离子表面活性剂，其值分别为 2 和 1。

④ 混合表面活性剂的 HLB 值计算　一般认为 HLB 值具有加和性，因而可以预测一种混合表面活性剂的 HLB 值，虽然并不很严密，但大多数表面活性剂的 HLB 值数据表明偏差较小，因此加和性仍可应用。混合表面活性剂的 HLB 值的计算如式如下：

$$HLB=\frac{W_A(HLB)_A+W_B(HLB)_B}{W_A+W_B}$$

式中，W_A 和 W_B 为混合表面活性剂中 A 和 B 的质量；$(HLB)_A$ 和 $(HLB)_B$ 为 A 和 B 表面活性剂单独使用时的 HLB 值。

在复配型产品的配方中，当配制各种剂型和产品时，因产品的性质不同及目的要求和用途不同，对表面活性剂的 HLB 值的需要和运用情况也就各异。总的来说，为保证配成剂型的稳定和性能优良，表面活性剂的 HLB 值必须符合一定要求。例如制备各种乳剂时，必须了解各成分所需的 HLB 值（如表 3-12），从中选择最适当 HLB 值的表面活性剂作为乳化剂。像液体石蜡要配成 O/W 型乳剂，乳化时所需乳化剂的 HLB 值为 10～12。而棉籽油 W70 型乳剂所需乳化剂的 HLB 值为 7.5，蜂蜡制成 W/O 型乳剂所需乳化剂的 HLB 值为 5，而制 O/W 型则所需乳化剂的 HLB 值为 10～16。HLB 和表面活性剂的性质有着密切的关系，可通过查找或计算 HLB 来选择表面活性剂。

表 3-12　乳化各种油相所需的 HLB 值

原料名称	W/O	O/W	原料名称	O/W	原料名称	O/W
羊毛脂	8	12	油酸	17	十醇	14
松油	5	16	硬脂酸	17	十二醇	14
矿物油(轻)	4	10	蓖麻油酸	16	十三醇	15
矿物油(重)	4	10.5	亚油酸	16	十六醇	16
石蜡	4	10	苯	16	亚油酸羊毛脂	8
凡士林	4	10.5	月桂酸	16	乙酰化羊毛醇	8
蜂蜡	4～5	9～16	煤油	14	羊毛酸异丙酯	9
矿蜡	5	9	四氯化碳	14	乙酰化羊毛脂	10
矿脂	4	7～8	蓖麻油	14	棕榈酸异丙酯	11.5
			小树蜡	13～15	棉籽油	7.5
			鲸蜡醇	13	氯化石蜡	8
			巴西棕榈蜡	12	硬化油	9
			硅油	10.5	微晶蜡	9.5

（3）一些表面活性剂商品的 HLB 值　一些商品表面活性剂的 HLB 值见表 3-13。

（4）表面活性剂的 HLB 值的应用　见表 3-14。

必须注意，HLB 值是个相对值，没有绝对值，故在制定 HLB 值体系时，规定高度亲油的油酸的 HLB=1（或者无亲水性的石蜡的 HLB 值为 0），而高度亲水的十二烷基硫酸钠的 HLB=40。因此表面活性剂的 HLB 值一般在 1～40 范围以内。通常来说，HLB 值小于 10 的乳化剂为亲油性的，而大于 10 的乳化剂则是亲水性的。因此，由亲油性到亲水性的转折

表 3-13　一些商品表面活性剂的 HLB 值

表面活性剂	离子类型	HLB 值
油酸	阴	1
失水山梨醇油酸酯(Span-85)	非	1.8
失水山梨醇油酸酯(Span-65)	非	2.1
失水山梨醇单油酸酯(Span-80)	非	4.3
失水山梨醇单硬脂酸酯(Span-60)	非	4.7
失水山梨醇单月桂酸酯(Span-40)	非	6.7
失水山梨醇单棕榈酸酯(Span-20)	非	8.6
聚氧乙烯失水山梨醇倍半硬脂酸酯(Tween-61)	非	9.6
聚氧乙烯失水山梨醇倍半油酸酯(Tween-81)	非	10.0
聚氧乙烯失水山梨醇三硬脂酸酯(Tween-65)	非	10.5
聚氧乙烯失水山梨醇三油酸酯(Tween-85)	非	11.0
聚氧乙烯失水山梨醇倍半月桂酸酯(Tween-21)	非	13.3
聚氧乙烯失水山梨醇单硬脂酸酯(Tween-60)	非	14.9
聚氧乙烯失水山梨醇单油酸酯(Tween-80)	非	15
聚氧乙烯失水山梨醇单棕榈酸酯(Tween-40)	非	15.6
聚氧乙烯失水山梨醇单月桂酸酯(Tween-20)	非	16.7
聚氧乙烯烷基酚(IgelolCA-630)	非	12.8
聚氧乙烯月桂醚(PEG400)	非	13.1
聚氧乙烯蓖麻油(乳化剂 EL)	非	13.3
烷基芳基磺酸盐	阴	11.7
三乙醇胺油酸盐	阴	12.0
油酸钠	阴	18
油酸钾	阴	20
N-十六烷基-N-乙基吗啉基乙基硫酸盐	阳	25~30
十二烷基硫酸钠	阴	约 40
金合欢胶		8.0
明胶	水溶性高分子	9.8
CMC		10.5
黄耆胶		13.2

表 3-14　表面活性剂的 HLB 值范围及其应用

HLB 值范围	应用	HLB 值范围	应用
1.5~3.0	消泡	8~18	O/W 型乳化
3.5~6.0	W/O 型乳化	13~15	洗涤
7~9	润湿、渗透	15~18	增溶

点约为 10,适合于作油包水型乳化剂的表面活性剂的 HLB 值为 3.5~6,而水包油型乳化剂

的 HLB 值为 8～18。

3.2.2.3 表面活性剂的 Krafft 点、浊点和相转变温度（PIT）

在实际应用表面活性剂时，通常还用表面活性剂的 Krafft 点、浊点和相转变温度（PIT）参数来指导和确定表面活性剂的使用温度。

（1）离子型表面活性剂的 Krafft 点 离子型表面活性剂在水中的溶解度随温度的变化，类似于其物理化学性质随浓度的变化情况。在温度较低时，离子型表面活性剂的溶解度一般很小；随着温度的升高，溶解度逐渐增加；当温度升高至某一点时，表面活性剂的溶解度突然增大，该温度称为 Krafft 点。Krafft 点是离子型表面活性剂的特征值，它表示表面活性剂应用时的温度下限，只有当温度高于 Krafft 点时，表面活性剂才能更大程度地发挥作用。离子型表面活性剂在克拉夫特点的溶解度突然增大，是由于形成胶束所致，实际上，在克拉夫特点的溶解度即为 CMC。离子型表面活性剂在 Krafft 点以上的温度下不再以单个的离子存在，而是若干个离子形成胶团。当表面活性剂溶液为过饱和状态时，临界溶解温度应是离子型表面活性剂单体、若干个离子形成的胶团、未溶解的表面活性剂固体共存的三相点。

影响离子型表面活性剂的 Krafft 点的因素有：①同系物表面活性剂的 Krafft 点因疏水基链长的增加而上升，奇碳数和偶碳数同系物 Krafft 点变化有所不同，奇数略高；②在阴离子表面活性剂中引入乙氧基可显著降低 Krafft 点；③加入电解质，Krafft 点增加；④烃链支化或不饱和程度增加，Krafft 点下降；⑤增加醇可以降低 Krafft 点。

Krafft 点的测定可以通过对表面活性剂的稀溶液（一般取 1%，质量分数）逐渐升温，溶液由浑浊突然变得晶莹透亮时的温度即为表面活性剂的 Krafft 点。注意，测定时表面活性剂的浓度越大，Krafft 点数值越有可能偏高。

（2）非离子型表面活性剂的浊点 非离子型表面活性剂，特别是含有聚氧乙烯链的非离子型表面活性剂，其水溶性的情况正好与离子型表面活性剂的情况相反。非离子型表面活性剂一般在低温时易与水混溶，升至某一温度后，溶液会变得浑浊，即有表面活性剂析出，一经冷却又恢复成清澈透亮。此温度称为该表面活性剂的浊点（cloud point）。浊点可用来衡量非离子表面活性剂的水溶性。非离子表面活性剂的溶解是由于聚氧乙烯链中的氧原子与水分子之间形成氢键所致，温度升高时这种氢键易被破坏，于是发生表面活性剂析出、溶液变浊的现象。产生这种现象的原因是因为在乙氧基型表面活性剂溶液中，水分子借助氢键能与亲水性乙氧基上的醚氧松弛结合，从而使表面活性剂溶于水成为氧鎓化合物。

影响非离子型表面活性剂浊点的因素有以下几个。①表面活性剂的结构，对一特定疏水基来说，乙氧基在表面活性剂分子中所占比例愈大，则浊点愈高。②如果 EO 含量固定，促使浊点下降的因素有：表面活性剂相对分子质量大；疏水基支链化；乙氧基移向表面活性剂分子链中间。③电解质的影响，加入电解质，浊点降低，且随着电解质浓度增加量而呈线形下降（水合能力强的电解质下降幅度大）。④有机添加剂的影响：加入低分子烃，浊点下降；加入高分子烃，浊点升高；加入低分子醇，浊点升高；加入低分子醇，浊点下降；加入阴离子表面活性剂，浊点升高。⑤浓度的影响，浊点是体现分子亲水与疏水比率的一个指标，一般用 1% 浓度的溶液进行测定。大多数非离子型表面活性剂的浊点随着浓度的增加而增加，也有个别例外。

浊点是聚氧乙烯型非离子表面活性剂的一个特征值，当聚氧乙烯链相同时，碳氢链越长，浊点越低；在碳氢链相同时，聚氧乙烯链越长则浊点越高。如 Tween-20 为 90℃，Tween-60 为 76℃，Tween-80 为 93℃，此类表面活性剂的浊点大多在 70～100℃，但也有一些聚氧乙烯类非离子表面活性剂在常压下观察不到浊点，如波洛沙姆-108（Poloxamer，系聚氧乙烯聚氧丙烯醚的嵌段共聚物，商品名为普流尼克 Pluronic）和波洛沙姆-188 等。

（3）表面活性剂的相转变温度（PIT）　大量实验已证明，表面活性剂的溶解度、表面活性和 HLB 值是随温度而显著地变化的。Shinoda 等人系统地研究了表面活性剂-油-水体系的性质与温度的关系，发现温度变化对表面活性剂亲水性有较大的影响，特别是对于一般的非离子表面活性剂。温度增加，将使其亲水基（大多是聚氧乙烯，即 POE）的水合程度减少，从而降低了表面活性剂的亲水性。因此，用某种表面活性剂在较低温时能制得 O/W 乳状液，当温度升高时可能转变成为 W/O 型乳状液；反之亦然。对于某一特定的表面活性剂（如含聚氧乙烯的非离子表面活性剂）-油-水的体系，存在着一较窄的温度范围，在该温度以上，表面活性剂溶于油相，而在该温度以下溶于水相，当温度逐渐升高时，体系由 O/W 型乳状液转变为 W/O 乳状液，发生转相的温度称为相转变温度（PIT），PIT 是该体系的特性。PIT 亦称为 HLB 温度。在特定体系中，相转变温度是表面活性剂的亲水、亲油性质在界面上达到平衡的温度。在研究相转变温度时，使用"亲水-亲油呈平衡的表面活性剂"作为参考状态，即在特定体系中，如果表面活性剂处于该状态，其亲水、亲油性达到适当的平衡，表现出一些特有的性质，如乳状液在 PIT 时，有强的增溶能力、超低的界面张力等。这些现象是由于在过渡温度范围附近形成所谓表面活性剂相。在 PIT 处，形成表面活性剂相所需的表面活性剂量为最低值。在 PIT 附近，存在表面活性剂、油和水相组成平衡的相区。

与一般液体的临界现象相似，油或水在表面活性剂相有最大的增溶作用或超低的界面张力等，这与第三相（表面活性剂相）的出现有关。在某一恒定的温度区下，三相共存相区是由表面活性剂-油相、表面活性剂-水相、水相-油相三个互溶相交替地重叠而构成的。因而，对于非离子型表面活性剂体系，三相区的下限（或上限）温度相应于表面活性剂-水相（或表面活性剂-油相）临界溶解温度下限（或上限）。三相区是出现在油-表面活性剂和水-表面活性剂相的两个临界点之间。

影响 PIT 的因素有以下几个。①表面活性剂自身的 HLB 值，PIT 与 HLB 近似线性正比关系，PIT 随 HLB 的增加而升高，HLB 值高表示聚氧乙烯部分比例大，水化程度高，脱水所需温度就高。②油相极性降低时，PIT 增加。③在乳化体系中，固定乳化剂的浓度，油相与水相的比值越大，PIT 越高；当固定乳化剂与油相的比例时，即使改变油-水的比例，PIT 亦不再改变；而乳化剂与油相的比例越大，PIT 越低。④聚氧乙烯的链长分布越宽，PIT 越高，热稳定性越好。⑤PIT 随油相极性变化而变化，如果油相是非极性的，则 PIT 较大；油相极性增加，PIT 则降低。

相转变温度的测定：用 3%～5% 的非离子型表面活性剂乳化等体积的油和水，加热至不同的温度并同时进行搅拌，不断观察乳状液是否转相，通过测定乳状液电导率的突跃来确定相转变温度。在实际选择乳状液的乳化剂时，开始可以用 HLB 值确定，然后用 PIT 法进行检验。

3.2.3　表面活性剂在复配型精细化学品中的作用及应用

表面活性剂最基本的功能有两个：第一，在表（界）面上吸附，形成吸附膜（一般为单分子膜）；第二，在液相内部自聚，形成多种类型的分子有序组合体。由基本功能衍生出的应用功能有吸附、增溶、乳化、分散、洗涤、润湿、渗透等一系列作用，派生的性质有柔软性、抗静电性、杀菌性和防腐性。

3.2.3.1　吸附作用

（1）表面活性剂在溶液表面的吸附　表面活性剂溶解在水中时，由于表面活性剂分子的极性基团和非极性基团的两亲性，在水-空气界面产生定向排列，亲水基团朝向水而亲油基团朝向空气。在浓度较稀时，表面活性剂几乎都集中在表面上形成单分子层，表面层的浓度与本体溶液中的浓度明显不同，并将溶液的表面张力降低到纯水的表面张力以下，这种现象称为正吸附。表面活性剂降低表面张力的能力，即表面活性可以用吉布斯（Gibbs）吸附等温式定量描述：

$$\Gamma = \frac{C}{RT}\left(\frac{\partial \gamma}{\partial C}\right)$$

式中，Γ 为溶质（这里为表面活性剂）的表面过剩浓度或称吸附量，mol/cm^2；C 为本体溶液浓度 mol/cm^3；γ 为溶液的表面张力，N/cm；R 为气体常数，一般取 $R=8.31J/(mol \cdot K)$；T 为热力学温度，K。该式适合于非离子表面活性剂的吸附行为，对于离子表面活性剂，因为解离的两种离子对表面张力均有影响，故上式可写为：

$$\Gamma = \frac{C}{nRT}\left(\frac{\partial \gamma}{\partial C}\right)$$

式中，n 与离子表面活性剂的类型有关，大多数常用离子表面活性剂为 1-1 型电解质，故 $n=2$。

根据表面活性剂的吸附量可以计算出每个表面活性剂分子在表面上所占据面积的大小 A，并估计表面活性剂在溶液表面上的排列状态和紧密程度：

$$A = \frac{10^{16}}{N\Gamma}$$

式中，N 为阿伏加德罗常数，一般取 $N=6.022\times10^{23}mol^{-1}$。

表面活性剂在溶液表面产生的正吸附，改变了溶液表面的性质，溶液最外层呈现出碳氢链膜的性质，表现出较低的表面张力，相应的润湿性、乳化性、起泡性等均表现出更好的状态。

（2）表面活性剂在固体表面的吸附　固体表面与表面活性剂溶液接触时，表面活性剂分子很容易在固体表面发生吸附。这种吸附可以使固体的表面状态和性质发生很大的变化，这一点在药剂制备中有重要的应用价值。例如，固体疏水性药物粉末表面吸附亲水性表面活性剂有利于药物的润湿和溶解。

固体粒子的极性不同，对表面活性剂的吸附也表现出不同的特点。极性固体物质对离子表面活性剂的吸附在低浓度下其吸附曲线为 S 形，形成单分子层吸附，表面活性剂分子的疏水链伸向空气。当表面活性剂的浓度达到其临界胶束浓度 CMC 时，表面活性剂在固体表面的吸附达到饱和，此时的吸附会形成两层吸附，上层表面活性剂分子的吸附方向与第一层相反，亲水基团指向空气。提高溶液温度，吸附量将随之减小。对于非极性固体，一般只发生单分子层吸附，疏水基团吸附在固体表面而亲水基团指向空气，当表面活性剂浓度达到其临界胶束浓度 CMC 以后再增加时，表面活性剂在固体表面的吸附量并不随之增加甚至有减少的趋势。

固体表面对非离子表面活性剂的吸附与对离子表面活性剂的吸附相似，但其吸附量随温度升高而增大，并且可从单分子层吸附向多分子层吸附转变。

（3）表面活性剂的化学结构对饱和吸附量以及吸附速度的影响　表面活性剂化学结构直接影响饱和吸附量，饱和吸附量是溶液表面吸附的主要特性之一。具有不同化学结构的表面活性剂在溶液表面吸附状态会有所差异，从而影响它在溶液表面的饱和吸附量。直链型表面活性剂比支化型链的横截面积小，有利于疏水基相互作用，从而能完全呈直立取向，排列紧密，其饱和吸附量也大；而具支链疏水基的同类表面活性剂，由于支链基团的位阻会使表面活性剂分子按一定角度取向，其疏水基在吸附层上占的空间位置较大，不可能排列紧密，其饱和吸附量也小。具有相同疏水基而亲水基不同的表面活性剂，亲水基大的表面活性剂饱和吸附小，如高级脂肪酸盐的饱和吸附量大于具有相同烷基的硫酸盐、磺酸盐、季铵盐等表面活性剂；聚氧乙烯型非离子表面活性剂的饱和吸附量大小则随聚氧乙烯链增长而变小。

离子型表面活性剂由于其亲水基离子之间的同性排斥作用，它吸附在溶液表面的最小面积总是要大于亲水基大小相近的非离子表面活性剂。在离子型表面活性剂水溶液中添加盐类会使离子型表面活性剂反离子进入吸附层，减小了吸附离子之间的排斥作用，由此其饱和吸附量会增大。而盐对非离子表面活性剂的吸附量影响较小。

离子型表面活性剂在液/固界面上的吸附量，随温度升高而降低。温度高时离子型表面活性剂在水中的溶解度增加，表面活性剂分子吸附于固体上的趋势相对减小，所以吸附量降低。非离子表面活性剂则随温度增加，其在固体表面上吸附量增大。非离子表面活性剂在温度低时与水完全混溶，当温度上升至浊点时则析出。另外，离子表面活性剂在铝、二氧化钛、钛铁矿以及羊毛、尼龙纤维等上的吸附量还与溶液的 pH 值有关。由于 pH 值变化引起固体表面吸附电位的变化，当 pH 值较高时，阳离子表面活性剂吸附性较强，阴离子表面活性剂则较弱。

饱和吸附量大小对表面活性剂的应用具有很大意义。饱和吸附量大的表面活性剂，其分子在吸附层上的排列必然紧密，所形成的吸附层膜的强度增大，用这类表面活性剂作为乳化剂形成乳液或作为起泡剂所形成的泡沫，其稳定性都会增加，这是因为膜的强度大而不易破裂的缘故；反之，以支化链基、氟烷基、有机硅为疏水基的表面活性剂则更适合用作破乳剂或消泡剂。

只有表面活性剂在溶液表面达到饱和吸附时，溶液的表面张力才能降到最低值。表面活性剂在溶液表面达到饱和吸附量需要一定时间，这就意味着其溶液的表面张力在未达到表面饱和吸附之前，也是随时间而变化的。表面活性剂在溶液表面吸附过程决定其分子从溶液内部向表面扩散的速度，表面活性剂在表面达到饱和吸附的快慢决定表面张力下降达到平衡的快慢。很明显，这种快慢对实际应用很重要，如泡沫和乳状液形成过程中，新的表面（或界面）不断形成，同时发生表面活性剂在表面或界面上的吸附。如果吸附速度很慢，在要求的时间内不能形成一定表面浓度的吸附层，则一般不容易得到稳定的泡沫和乳状液。在润湿过程中，液体在固体表面上铺开，如果吸附速度很慢，则在润湿、铺展的时间内不能达到应有的（即平衡的）吸附量，相应地也不能达到应降低的表面张力，因而对固体表面润湿、铺展作用也较差。所以衡量表面活性剂溶液对固体的润湿能力，不能仅从平衡的表面张力出发，还要考虑达到平衡表面张力所需的时间。

一般认为，表面活性剂分子从溶液内部扩散到表面的速度（在无搅拌情况下）和排列取向的速度愈快，表面活性剂在溶液表面达到饱和吸附的速度就愈快。然而表面活性剂从溶液中向表面扩散速度以及分子取向排列速度也是取决于其分子的化学结构和介质的性质。溶液浓度越大，则表面张力随时间增加而下降的幅度也越大，而且到达平衡的时间越短。通常表面活性剂的碳氢链越长，则时间效应越大，越短，则时间效应越小。另外，溶液中无机盐的存在可以大大减小表面张力的时间效应，但这种情况主要出现在离子表面活性剂溶液体系，对非离子表面活性剂溶液，无机盐（量不是很大时）对表面张力的时间效应影响不大。

表面活性剂在固体表面吸附的实用意义主要体现在以下几点：①增加固体物质在分散介质中的分散稳定性；②改变固体表面的润湿性；③提高对固体污垢的洗涤能力；④改善纺织物印染过程中染料的匀染效果。

3.2.3.2 增溶作用

（1）增溶作用与增溶量　表面活性剂在水溶液中形成胶束后能使不溶或微溶于水的有机

物的溶解度显著增大，且此时溶液呈透明状，胶束的这种作用称为增溶。能产生增溶作用的表面活性剂叫做增溶剂，被增溶的有机物称为被增溶物。表面活性剂在水溶液中达到临界胶束浓度后，一些水不溶性或微溶性物质在胶束溶液中的溶解度可显著增加并形成各向同性的透明胶体溶液，这就是表面活性剂的增溶作用。如果在已增溶的溶液中继续加入被增溶物，达到一定量后，溶液由透明状变为乳状，这种乳液即为乳状液，在此乳状液中再加入表面活性剂，溶液又变得透明无色。虽然这种变化是连续的，但乳化和增溶本质上是不同的，增溶作用可使被增溶物的化学势显著降低，使体系变得更稳定，即胶束增溶体系在热力学上是稳定的，只要外界条件不变，体系不随时间变化。但它也是一种可逆平衡体系。在临界胶束浓度以上，随着表面活性剂用量的增加，体系中的胶束数量增加，增溶量也相应增加。当表面活性剂用量固定和增溶达平衡时，增溶质的饱和浓度称为最大增溶浓度（Maximum Additive Concentration，MAC）。继续加入增溶质，增溶体系将向热力学不稳定体系转变。若增溶质为液体，体系将转变成乳浊液；若增溶质为固体，则溶液中将有沉淀析出。而乳化在热力学上是不稳定的。

有些增溶质在胶束溶液中的增溶与表面活性剂的浓度有关，随着表面活性剂浓度的增加，增溶量一般呈线性增大，而且斜率越大，增溶能力越强，溶液的紫外吸收光谱可因增溶量的改变发生变化。如苯在聚乙二醇单乙醚（PEG1000）溶液中的紫外最大吸收波长随表面活性剂浓度的增加而变化，在0.1%表面活性剂溶液中，最大吸收波长在254nm处，与在水中相似，当在8%表面活性剂溶液中时，则最大吸收波长在255nm处，与在正己烷中相似。

增溶作用特征有：①增溶作用只能在CMC以上的浓度发生，胶束的存在是发生增溶作用的必要条件；②增溶作用与乳化作用不同，它是热力学自发过程，增溶后的系统是更为稳定的热力学平衡系统；③增溶不同于一般的溶解作用，通常的溶解过程会使系统的依数性改变，而微溶物增溶后对系统依数性的影响很小，据此可以认为，溶质在增溶过程中并未分散成分子状态，而是整体进入胶束。

（2）表面活性剂化学结构对增溶量的影响　被增溶物的增溶量与增溶剂和被增溶物的分子结构及性质有关，与胶束的量即表面活性剂的CMC有关。

① 碳氢链链长　在同系列的表面活性剂中，碳氢链越长，分子的憎水性增大，因而表面活性剂聚集成胶束的趋势增高，胶束的数目增多，临界胶束浓度降低，在较低的表面活性剂浓度下就能发生增溶作用，增溶能力随碳氢链增长而增加。对于同系列的离子表面活性剂，碳氢链每增加1个碳原子，临界胶束浓度大约下降1/2；对于同系列的非离子表面活性剂，由于其亲水基团极性相对较弱，碳原子数量增加的影响更加明显，每增加2个碳原子，临界胶束浓度可能会下降到原来的1/10。在聚氧乙烯型非离子表面活性剂中，聚氧乙烯链长对增溶的影响可能比碳氢链更大。例如聚氧乙烯（6）辛醇醚、聚氧乙烯（6）癸醇醚和聚氧乙烯（6）十二醇醚的临界胶束浓度分别为 9.9×10^{-3} mol/L，9.0×10^{-4} mol/L 和 8.7×10^{-5} mol/L。

对于极性有机物如长链醇、硫醇等在离子型胶束中的增溶来说，因极性物质并不溶于胶束内部，仅插入胶束表面，处于表面活性剂的极性或离子端的同一平面上，所以被增溶物分子旋转、卷曲受到很大的阻碍。因此，增溶作用主要受被增溶物分子的碳氢链长所制约，当被增溶物的碳氢链长与表面活性剂的碳氢链长接近时，增溶作用能力小，当被增溶物的碳氢链长大于增溶剂的链长时，穿透胶束"栅栏"相当困难，增溶作用非常小。

当增溶剂为聚氧乙烯型非离子表面活性剂时，由于这种表面活性剂的增溶是靠聚氧乙烯链起主要作用，所以必须同时考虑增溶剂的碳氢链长和聚氧乙烯链长。一般聚氧乙烯链长对增溶的影响较碳氢链大得多。被增溶物在聚氧乙烯型非离子表面活性剂胶束溶液中的增溶量，一般是用被增溶物使溶液达浊点时的量来表示。被增溶物对于这种类型表面活性剂水溶液的浊点有各种不同的影响。主要有以下几点：a. 当被增溶物对浊点影响较大时，以浊度法测定的增溶量通常为表观值；b. 具有相同聚氧乙烯链的非离子表面活性剂，其碳氢链越长，增溶能力越大，反之具有相同碳氢链的非离子表面活性剂，其聚氧乙烯链越长，增溶能力越弱；c. 以浊点测定增溶量时，表面活性剂水溶液的浊点同时受其本身的碳氢链长和聚氧乙烯链长的影响，故具有相近浊点的非离子表面活性剂才能比较它们对某一物质的增溶量；d. 极性被增溶物在聚氧乙烯型非离子表面活性剂水溶液中的增溶量随聚氧乙烯链增长而增大。

当表面活性剂分子中含有双键时，增溶能力下降。具有不饱和链的表面活性剂，如油酸对直链烷烃和环烷烃的增溶能力较差，但被增溶物为芳香族或极性化合物时，增溶能力却较大。这可能是由于相似相溶原则引起的。

② 碳氢链的链结构　由于支链的空间位阻较大，妨碍表面活性剂分子的缔合，在含有相同碳原子个数的同系列表面活性剂中，有支链的临界胶束浓度高于直链的表面活性剂，即表面活性剂的碳氢链具有分支时，由于 CMC 值较高且聚集数 n 较小，因而增溶作用差。而且，表面活性剂的亲水基团越接近于碳氢链的中间位置，则其临界胶束浓度越大。在碳氢结构中苯环、双键等一些易极化结构的存在将减小碳氢链的疏水性，故此类表面活性剂的临界胶束浓度往往要比不含此类结构者高。如油酸钾的临界胶束浓度为 $1.2\times10^{-3}\,mol/L$，而月桂酸钾则为 $4.5\times10^{-4}\,mol/L$。同样，辛基苯磺酸钠的临界胶束浓度（$1.5\times10^{-2}\,mol/L$）也高于十二烷基磺酸钠（$4.5\times10^{-3}\,mol/L$）。经验表明，1 个苯环产生的影响约相当于 3.5 个直链碳原子。亲油基具有分支的表面活性剂，其增溶能力较直链的小，这是因为支链亲油基阻碍被增溶物分子穿入胶束的缘故。

③ 亲水基团　表面活性剂的类型对增溶作用有影响，但亲水基团对增溶的影响远不如疏水基团。一般而言，亲水性强者临界胶束浓度较高，比较离子表面活性剂和非离子表面活性剂的增溶能力即可看出这一规律性。聚氧乙烯型非离子表面活性剂的增溶作用主要发生在由聚氧乙烯构成的外壳之中，因此必须同时考虑碳氢链长和聚氧乙烯链的长度这两个因素。通常聚氧乙烯链长对增溶的影响较碳氢链更大。对于具有相同聚氧乙烯链的非离子表面活性剂，其碳氢链越长，增溶非极性有机物能力越强；反之，在非离子表面活性剂的碳氢相同的条件下，其聚氧乙烯链越长，增溶能力越差。在碳原子的数量相同时，前者的临界胶束浓度是后者的 100 倍。阳离子表面活性剂的增溶能力大于具有相同碳氢链的阴离子表面活性剂，这是因为前者形成较疏松结构的胶束。对于相同碳氢链的离子表面活性剂，二价离子型（如 SO_4^{2-}）的临界胶束浓度大于一价离子型（如 Cl^-）。

表面活性剂的类型不同，对烃类和极性有机物的增溶作用的顺序是：非离子表面活性剂＞阳离子表面活性剂＞阴离子表面活性剂。其主要原因是大多数非离子表面活性剂的亲水性比离子型表面活性剂差，CMC 小，易形成胶团，因此在浓度很低时就能产生增溶作用，所以增溶作用强。而阳离子型表面活性剂因形成的胶团较疏松的缘故，增溶作用比阴离子表面活性剂的强。

④ 反离子　对于离子表面活性剂，反离子对增溶的影响取决于这些离子与表面活性剂离子的结合能力，结合能力越强或解离度越低，则增溶能力越强，例如 $I^->Br^->Cl^->R_3N^+$。若反离子本身就是表面活性的离子或是包含有较大非极性基团的有机离子，则临界胶束浓度可能显著下降，尤其在正、负离子的碳氢链长相等时，降低最为显著，如 $C_{12}H_{25}N(CH_3)_3Br$ 的临界胶束浓度为 $0.016\,mol/L$，$C_{12}H_{25}N(CH_3)_3\cdot C_{12}H_{25}SO_4$ 的临界胶束浓度仅为 $0.00004\,mol/L$。原因是反离子参与胶束的形成，正、负表面活性离子之间的库仑引

力使胶束更易形成，当正、负离子的碳氢链长比例接近于1：1时，胶束的有效电荷近于零，相互排斥作用极小。

(3) 增溶质对增溶量的影响　被增溶物不论以何种方式增溶，其增溶量均与该物质的分子结构和性质（碳氢链链长、支链、取代基极性、电负性、摩尔体积及被增溶物的物理状态等）有关。

① 增溶质的分子结构　脂肪烃和烷基芳烃的增溶量随链长增加而减小，在分子结构中若含有不饱和键，则增溶量较相应的饱和烃大，支链的存在对增溶量影响不大，环烷烃的增溶量高于直链烷烃，但多环化合物的增溶量反而减小，甚至还小于分子量相等的直链化合物，这是因为增溶质的分子体积增加，不易进入胶束。例如萘的增溶量小于正癸烷和正丁苯，其原因可能是增溶多环化合物的胶束体积需远远大于增溶简单的碳氢化合物的胶束。另外，胶束内层由于受胶束弯曲界面产生的压力的影响，越大的增溶质分子进入胶束越困难，碳氢化合物的增溶量与其本身的摩尔体积近似地成反比，摩尔体积越大，增溶量越小。表3-15表明了这些结构因素对增溶量的影响。

表 3-15　增溶质的结构因素对增溶量的影响

增溶质名称	碳原子数	增溶量/(mol/mol)	增溶质名称	碳原子数	增溶量/(mol/mol)
正戊烷	5	0.247	正辛烷	8	0.105
正己烷	6	0.178	乙苯		0.280
己三烯		0.425	苯乙烯		0.322
环己烷		0.430	萘	多环	0.042
苯		0.533	菲		0.0085
正庚烷	7	0.125	蒽		0.00108
甲苯		0.403			

② 增溶质的极性　被增溶物的增溶量随本身极性增大而增高，极性越小，碳氢链越长，其增溶量越小。对于极性增溶质而言，其极性的大小决定了它们在胶束中的位置，当增溶质极性很小即碳氢链较长时，增溶位置主要在胶束的烃核内，由于位阻的关系，增溶质分子深入胶束内部较困难，增溶量较小。极性较大而分子量及体积近似的增溶质，其增溶主要发生于栅状层，故增溶量相对较大。例如，正庚烷的1个氢原子被1个羟基取代后，即正庚醇的增溶量增加1倍。又如乙酸戊酯、甲基叔丁基醚、甲基异丁基酮等，它们的增溶量约为相对分子质量和体积小于它们的相应烃的2倍以上。

(4) 有机添加物以及电解质对增溶量的影响　表面活性剂的胶团在增溶了极性的烃类有机化合物之后，会使胶团胀大，有利于极性有机化合物插入胶团的"栅栏"中，使极性有机物的增溶量增加。非极性的烃类有机物的增溶量随极性有机化合物碳氢链增加、极性减弱而增加。因此在碳氢链相同的条件下硫醇、胺和醇的增溶能力为 RSH＞RNH$_2$＞ROH。此外，表面活性剂胶团在增溶了一种极性有机物后，会使胶团"栅栏"处可增溶的空位减少，而使后增溶的极性有机物的增量减少。

在离子表面活性剂溶液中加入无机盐可增加烃类的增溶量，减小极性有机物的增溶量。加入无机盐可使表面活性剂的 CMC 下降，由于 CMC 降低，胶束的数量增多，所以增溶能力增大。另一方面，由于加入无机盐会使胶束中"栅栏"分子间的电斥力减小，于是分子排列得更紧密，减少了极性化合物可被增溶的位置，因此极性有机物被增溶的能力降低。加入盐的种类不同，对增溶能力的影响也不同，钠盐的影响比钾盐大。加入相同阳离子而不同阴离子的盐，对增溶能力的影响亦不同，例如钾盐对橙 OT 在十二酸钾溶液中增溶的影响，氢氧化钾大于硫氰酸钾，硫氰酸钾又大于氯化钾。在非离子表面活性剂溶液中加入无机盐，其浊点降低，增溶量增高，并且随加入盐的浓度增大而增高。电解质对聚氧乙烯类非离子表面活性剂增溶能力的影响比对离子表面活性剂增溶能力小，这种影响程度阴离子比阳离子影响大得多。电解质的影响主要是因盐析作用，破坏聚氧乙烯链的醚氧原子与水形成的氢键。

（5）**温度对增溶量的影响** 温度对增溶量有三个方面的影响：①影响胶束的形成性质；②影响增溶质的溶解性质；③影响表面活性剂的溶解度。对于离子表面活性剂，第①种影响不很明显，主要是增加增溶质在胶束中的溶解度以及表面活性剂的溶解度。图 3-9 为十二烷基硫酸钠在水中的溶解度随温度变化曲线。可以看出，随温度升高，离子表面活性剂的溶解度在某一温度急剧升高，转折点相对应的温度称为 Krafft 点，而此点对应的溶解度即为该离子表面活性剂的临界胶束浓度（图中虚线）。当溶液中表面活性剂的浓度未超过溶解度时（区域Ⅰ），溶液为真溶液；当继续加入表面活性剂时，则有过量表面活性剂析出（区域Ⅱ）；而此时升高温度，体系又成为澄清溶液（区域Ⅲ），但与Ⅰ相不同，Ⅲ相是表面活性剂的胶束溶液。所以 Krafft 点实际上是表面活性剂真溶液相、胶束相和固相共存的温度。

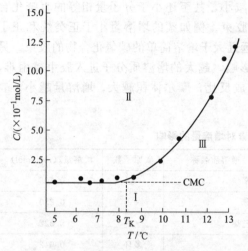

图 3-9 十二烷基硫酸钠在水中的溶解度与温度的关系

对于每一种离子表面活性剂，Krafft 点是其特征值，Krafft 点越高，临界胶束浓度越小。在 Krafft 点以上，随温度进一步升高，分子热运动加剧，形成的胶束可能发生离散而使临界胶束浓度升高。可以说，Krafft 点是表面活性剂使用温度的下限，或者说，只有在温度高于 Krafft 点时表面活性剂才能最大限度地发挥效能。例如十二烷基硫酸钠的 Krafft 点为 8℃ 左右，而十二烷基磺酸钠的 Krafft 点约为 70℃，很显然，后者在室温的表面活性不够理想。

与离子表面活性剂相反，对于聚氧乙烯型非离子表面活性剂，随温度升高，导致聚氧乙烯链与水之间的氢键断裂，水合能力下降，胶束易于形成，胶束数量增加，临界胶束浓度降低，对增溶质的增溶量增大。但当温度上升到一定程度时，聚氧乙烯链脱水发生强烈收缩，使增溶空间减小，增溶能力下降，溶解度急剧下降，表面活性剂会从溶液中析出，溶液出现混浊，该温度即为非离子表面活性剂的浊点。

对于极性被增溶物来说，其增溶位置是在胶束"栅栏"的界面区域，在温度上升起始阶段，由于表面活性剂分子热运动增强，胶束的聚集数多，所以增溶能力随温度升高而增大；继续升高温度，聚氧乙烯加速脱水而易于卷缩，使胶束"栅栏"界面区域起增溶的空间减小，于是增溶能力下降，所以温度对增溶能力的曲线出现一个最大值。对于碳氢链较短的极性化合物来说，在接近表面活性剂溶液的浊点时，其被增溶能力更为显著。此外对于某些醇，如正辛醇，其增溶量随温度升高而下降。

（6）**表面活性剂的复混对增溶量的影响** 以等物质的量混合的两种同电性的离子表面活性剂的混合液，其增溶能力处于此两种表活性剂单独溶液的增溶能力之间。阴离子表面活性剂和阳离子表面活性剂的混合液，其增溶能力较两者任一单独的增溶能力大。阴离子型与非离子型表面活性剂混合使用对增溶作用的影响比较复杂。如 $C_8H_{17}C_6H_4SO_3Na$ 与 $C_{12}H_{25}$

$(OC_2H_4)_8OH$ 混合时可使染料黄 OB 增溶量增大；而 $C_{10}H_{21}C_6H_4SO_3Na$ 与 $C_{12}H_{25}$ $(OC_2H_4)_8OH$ 混合时却使染料黄 OB 的增溶量减小。有人认为这种差异是因阴离子表面活性剂碳链中引入的芳环与聚氧乙烯链相互作用所致。

溶剂的性质和相对分子质量对水的增溶也有影响。溶剂极性增大，反胶团聚集数减小，并对表面活性剂极性基团有竞争作用，这些都不利于水的增溶。以烷烃为溶剂时，随其相对分子质量增大常在某一碳链长度水的增溶量有极大值。水在非离子表面活性剂反胶团中的增溶量随表面活性剂浓度、聚氧乙烯链长、温度的增加而增加。不同类型表面活性剂在非水溶剂中对水增溶能力的大小依次为：阴离子型表面活性剂＞非离子型表面活性剂＞阳离子型表面活性剂。

(7) 表面活性剂增溶作用的应用　表面活性剂增溶作用的应用十分广泛，在化妆品、洗涤、纺织印染、农药、乳液聚合、环境保护、三次采油、药物以及生物过程等方面都起重要作用。

① 增溶相图　表面活性剂增溶体系是水、表面活性剂和增溶质组成的三元体系，在一定的温度和压力下，为了制得澄清透明溶液以及在使用稀释时仍保持澄清透明，需选择适宜的配比。通过增溶相图的描绘，可以确定配比的范围并结合实际应用作出最佳选择。

制作增溶相图一般的方法是，按不同比例称取表面活性剂和增溶质混合均匀，分别滴水直至在规定时间内保持浑浊（因真正到达平衡需要较长时间），记录消耗水量，继续滴加水并观察有无从浑浊转为澄明、再由清变浊的现象，记录消耗水量。计算所有浑浊点处三组分的质量（或容量）分数，在三角坐标图中描点连线即得到增溶相图。图 3-10 是薄荷油-Tween20-水的三元相图，在Ⅱ、Ⅳ两相区内的任一比例，均不能制得澄清透明溶液；在Ⅰ、Ⅲ两相区内任一比例均可制得澄清透明溶液，但只有在沿曲线的切线 AW

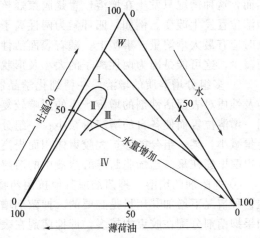

图 3-10　薄荷油-Tween20-水的三元相图（20℃）

上方区域内的任意配比，如 A 点（代表 7.5％薄荷油，42.5％吐温 20 和 50％水），再加水稀释时才不会出现浑浊。

不同组分的增溶体系其增溶相图均不相同，在不同温度和压力条件下所得的相图也不会完全相同，表面活性剂的增溶能力可因三组分的加入次序不同而出现差别，一般认为，将增溶质与表面活性剂先行混合要比表面活性剂先与溶剂混合的效果好。

另外，在增溶药物时，平衡温度及时间的选择也很重要，在某些情况下，达到这种平衡往往需要几天、几星期甚至数月。对于固体药物的增溶，这种平衡常需要较长的时间，而且在固体药物增溶时，过量固体药物的存在会吸附一部分表面活性剂。

如果在制剂生产或使用中并不需要进一步稀释，则可以直接在已知浓度的表面活性剂溶液中加入不同量增溶质至饱和（产生浑浊或沉淀），简单地采用二元相图选择适宜配比。

② 解离药物的增溶　前述增溶质结构与表面活性剂增溶的关系同样适合于各种不解离的极性药物和非极性药物，而解离药物除与前述结构因素有关外，还有其特殊性。a. 对于解离药物与带有相反电荷的表面活性剂体系，由于体系中存在两种带有相反电荷的分子，在不同配比下可能出现增溶、形成可溶性复合物或不溶性复合物等复杂情况，如图 3-11 所示。实验观察到在阳离子表面活性剂氯化苯甲烃铵水溶液中，阴离子药物的增溶行为随表面活性

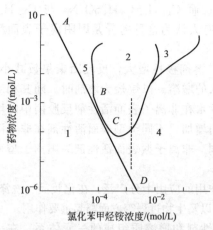

图 3-11 氯化苯甲烃铵对药物的增溶相图

剂浓度变化出现不同变化。图中第 1 区为无复合物形成的澄清透明区，直线 AD 代表了复合物溶度积；第 2、3 两区为形成不溶性复合物并可部分或全部被表面活性剂增溶；而在药物浓度减小和表面活性剂浓度增加至 CMC 以上时，即在第 4 区药物被增溶而出现澄清透明，在第 5 区内则能生成可溶性复合物。研究表明，表面活性剂的烃链越长，即疏水性越强，在这类增溶中出现不溶性复合物的可能性越大。

b. 对于解离药物与非离子表面活性剂体系，它们两者间的配伍很少形成不溶性复合物，但体系的 pH 条件对解离药物的增溶量有可能产生影响。对于弱酸性药物而言，在偏酸性环境中有较大程度增溶；对于弱碱性药物，则在偏碱性条件下有更多的增溶。然而，这种情况只发生在增溶位置是胶束烃核时，当增溶量与上述规律相反时，则有可能是增溶位置发生改变。例如，四环素为两性离子，在 pH 为 5.6 时呈现最大脂溶性，即在等电点时应有最大增溶量。事实上，随着表面活性剂溶液从 pH＝2 提高到 pH＝5.6，增溶量反而减少，这可能是因为两性离子的大小及形状因素阻止了其进入胶束烃核。

③ 多组分增溶质的增溶　在精细化学品制剂中常有多种组分存在，这些组分的化学结构及性质对表面活性剂的增溶产生的影响较复杂。例如具有相同结构的增溶质可能相互竞争同一增溶位置而使各自的增溶量减小；一组分吸附或结合表面活性剂分子造成另一组分的增溶量减小；某一组分能够扩大胶束体积而提高对另一组分的增溶等。如苯甲酸可提高对羟基苯甲酸甲酯在聚氧乙烯脂肪醇醚溶液中的溶解度，相反地，二氯酚则是降低其溶解度。

④ 抑菌剂的增溶　抑菌剂或其他抗菌药物在表面活性剂溶液中往往被增溶而降低活性，在这种情况下增加其用量是必要的。抑菌剂增加量的多少与其被增溶的量有关，也就是说，如果抑菌剂分配在胶束中越多，即抑菌剂在表面活性剂溶液中的溶解度越高，则其抑菌效力受到的影响越大，为了达到同样的抑菌效果，抑菌剂的使用浓度就要越大。例如，对羟基苯甲酸丙酯和丁酯在水溶液中的抑菌浓度比其甲酯或乙酯低得多，但是，在表面活性剂溶液中，却需要高得多的浓度才能达到相同的抑菌效果，这就是因为其丙酯和丁酯具有更强的疏水性而使之更容易在胶束中增溶的缘故。

⑤ 在乳液聚合中的应用　乳液聚合是使单体原料分散于水中形成乳状液，在催化剂的作用下进行聚合。原料单体在表面活性剂水溶液中有 3 种状态：a. 在乳状液液滴中（包括了大部分单体）；b. 溶于水相中成为"真溶液"；c. 增溶于胶束中。使用水溶性聚合引发剂时，反应主要发生于水相的胶束中，水溶性的引发剂在水相中引发反应，聚合反应在胶束中进行，分散于水相中的乳状液胶滴仅作为提供单体原料的仓库。随着聚合反应的进行，乳状液液滴不断减少，以致最后消失，而胶束中的单体逐渐聚合为所期望的高分子物质，脱离胶束形成新的、分散于水相中的高聚物液滴。待聚合全部完成时，即成为固体小球；表面活性剂则作为稳定剂吸附于其表面。乳液聚合过程中，由于高聚物不断生成，吸附更多的表面活性剂，直到最后胶束完全消失。仅仅使用非离子型表面活性剂作为乳化剂时往往不能得到好的聚合产物。

⑥ 在石油生产中的应用　借助于增溶作用可提高石油的采收率，其有效办法是将黏附在岩层砂石上的油"驱赶"出来，即所谓的"驱油"。为此利用表面活性剂在溶液中形成胶束的性质，如将表面活性剂、助剂、醇类等起到促进胶束形成的作用，和油混合在一起，搅

动使之形成均匀的"胶束溶液"。这种复配品溶液能溶解原油且有足够的黏度，能很好地润湿岩层，遇水不分层，当流过石岩层时能有效地洗下黏附于砂石上的原油，从而达到提高石油采收的目的。

⑦ 在动物生理过程中的应用　在动物生理过程中，某些具有两亲性的生物物质的增溶作用有着重要作用。有些两亲性有机分子与蛋白质的相互作用可引起多种变化（如变性、沉淀、钝化等），在这种相互作用中两亲性分子的胶团结构和性质有重要意义。如在一定浓度下一些脂肪酸阴离子表面活性剂可使天然蛋白质沉淀，而在更高浓度下却又使沉淀溶解，并且这类作用还与介质 pH 值和离子强度有关。许多研究证实，胆盐及脂肪酸盐对一些水不溶性物质的乳化和增溶起重要作用，从而有助于这些物质的消化与吸收。

实践证明，表面活性剂的浓度在其 CMC 以下被增溶物的溶解度几乎不变，达到 CMC 以后则显著增高，这表明起增溶作用的内因是胶束。如果在已增溶的溶液中继续加入被增溶物，当达到一定量后，溶液呈白浊色，这种白浊液即为乳状液，在白色乳状液中再加入表面活性剂，溶液又变得透明无色，这种乳化和增溶过程是连续的。但乳化和增溶本质上是有差异的，增溶作用可使被增溶物的化学势显著降低，使体系更加稳定，即增溶在热力学上是稳定的，而乳化在热力学上是不稳定的。随着对两亲性分子有序组合体认识的深入，增溶作用的研究已不限于通常意义上的胶团中发生的现象，在囊泡、脂质体、双层吸附等各种形式的有序组合体中的增溶作用引起了人们的广泛兴趣。

（8）增溶时应注意的问题

① 非离子表面活性剂的浊点　前已述及，非离子表面活性剂有其特征参数——浊点。不同的非离子表面活性剂增溶剂有不同的浊点，有的表面活性剂还有二重浊点。药剂中使用非离子型表面活性剂作为注射液或滴眼液的增溶剂时，要求增溶效果具有一定的稳定性，必须选择浊点在 85℃ 以上的，这样在高温灭菌时才不致分层。

② 增溶剂的加入方法　增溶剂加入的方法不同，增溶量有所差异。例如在维生素 A 棕榈酸酯的增溶中，如果先将增溶剂与被增溶物混合，再不断加水，结果增溶量较大。而如果先将增溶剂与水混合，再逐渐加入被增溶物，则增溶量较小。因此为了能最大限度地增溶药物，最好先将被增溶物与增溶剂混合，再缓慢加水。

③ 增溶剂的用量　增溶时所用的溶剂（水）、表面活性剂和被增溶物三者的用量比例适当，便可得到澄清的水溶液，加水稀释仍保持澄清。若三者的比例不适当，配成溶液后，加水稀释容易出现浑浊。

3.2.3.3　乳化作用

所谓乳化，是指一种液体以微细液滴的形式均匀分散于另一不相混溶的液体中，形成较稳定的乳状液体的过程。

（1）乳状液及其形成条件　两种互不溶的液体，一种以微粒（液滴或液晶）分散于另一种中形成的体系称为乳状液。形成乳状液时由于两液体的界面积增大，所以这种体系在热力学上是不稳定的，为使乳状液稳定需要加入第三组分——乳化剂以降低体系的界面能。乳状液是指一种液体以液珠的形式均匀地分散于另一种与它不相混溶的液体之中，形成的"明显稳定"的悬浊液，液珠的直径一般大于 0.1μm，它是一种非均一的、不稳定的多相体系。我们把这种能使不相溶的油水两相发生乳化而形成稳定乳状液的物质叫做乳化剂，它们是具有两亲结构的表面活性剂。通常，把乳状液中以液珠形式存在的一相称为分散相（内相或不连续相），另一相称为分散介质（外相或连续相）。

仅仅只有两种互不相溶的液体，无论进行怎样强烈的机械搅拌，它们绝不会形成稳定的乳状液，因为这两种液体彼此强烈地排斥。要形成明显稳定的乳状液，必须满足下述三个条件，缺一不可。

① 存在着互不相溶的两相，通常为水相和油相。

② 存在有一种乳化剂（通常是表面活性剂），其作用是降低体系的界面张力，在其微珠的表面上形成薄膜或双电层以阻止微液珠的相互聚结，增加乳状液的稳定性。

③ 通过强烈地搅拌，体系获得使内相均匀分散的能量。

注意，乳状液的类型（内相和外相的性质）并不是取决于油相及水相各自体积相对量的大小，而是取决于所用乳化剂的性质（即其 HLB 值）。在没有乳化剂存在时，一般是体积大的一相容易形成连续相。有乳化剂存在时，亲水强的乳化剂易形成 O/W 型，亲油性强的易形成 W/O 型乳液。根据立体几何中的最紧密堆积原理，等径圆球以六方堆积形式堆积时的空隙率最低，为 25.98%。因此，如果乳化液中的分散相的微粒都是圆球状，对于单一结构的 W/O 或 O/W 乳状液，外相（连续相）的体积分数不能低于 25.98%，内相（分散相）的体积分数不能高于 74.02%。当水、油体积比相当时，即如果水相或者油相的体积占总体积的 26%~74% 时，也有可能形成多重乳化。

乳化作用对乳化剂的要求：a. 乳化剂必须能吸附或富集在两相的界面上，使界面力降低；b. 乳化剂必须赋予粒子以电荷，使粒子间产生静电排斥力，或在粒子周围形成一层稳定的、黏度特别高的保护膜。所以，用作乳化剂的物质必须具有两亲基团才能起乳化作用，表面活性剂能满足这种要求。各种类型的表面活性剂都可以用作乳化剂，但以非离子型表面活性剂和阴离子表面活性剂用得更普遍些。

（2）乳状液类型的鉴别方法　根据油包水（W/O）和水包油（O/W）乳状液的不同特点，可以鉴别乳状液的类型。但是，有时一种方法往往不能得出可靠的结论，可以多种方法并用。常用的方法有以下几种。

① 稀释法　乳状液能与其外相（分散介质）液体相混溶，故能与乳状液混合的液体应与其外相的性质相同。具体方法是：将两滴乳状液放在一块玻璃板上的两处，于其中一滴中加一滴水，另一滴中加一滴油，轻轻搅拌，若加水滴的能很好混合则为 O/W 型，反之则为 W/O 型。如牛奶可用水稀释而不能用植物油稀释，所以牛奶是 O/W 型乳状液。

② 染色法　当乳状液外相被染色时整个乳状液都会显色，而内相染色时只有分散的液滴显色。将少量油溶性染料（如苏丹Ⅲ）加入乳状液中，若乳状液整体带色，则为 W/O 型；若只是液珠带色，则为 O/W 型。用水溶性染料（如甲基蓝、甲基蓝亮蓝 FCF 等）进行试验，则情形相反。

③ 电导法　一般而言，油类的导电性差，而水的导电性好，故对乳状液进行电导率测量，与水导电性相近的即为 O/W 型，与油类的导电性相近的为 W/O 型。但有的 W/O 型乳状液，内相（水）的比例很大，或油相中离子性乳化剂含量较多时也会有很好的导电性，因此，用电导法鉴别乳状液的类型不一定很可靠。

④ 荧光法　荧光染料一般都是油溶性的，在紫外线照射下会产生颜色。在荧光显微镜下观察一滴加有荧光染料的乳状液可以鉴别乳状液的类型。倘若整个乳状液皆发荧光，为 W/O 型；若只有一部分发荧光，为 O/W 型。

⑤ 滤纸润湿法　此法的鉴别原理是依据水在滤纸上有很好的润湿铺展性能。将一滴乳状液放在滤纸上，若液滴快速铺开，在中心留下一小滴油，则是 O/W 型，若不铺开，则为 W/O 型。此法对于重油和水的乳状液特别适用，因为二者对滤纸的润湿性不同。

⑥ 黏度法　乳状液中加入分散相后，其黏度一般都是上升的。利用这一特点也可以鉴别乳状液的类型。如果向乳状液中加入水，比较其前后黏度变化，黏度上升的是 W/O 型乳状液，黏度下降的为 O/W 型。

⑦ 折射率法　使用光学显微镜观察测定乳状液的折射情况，利用油相和水相折射率的差异也可以判断乳状液的类型。实验方法是，令光从一侧射入乳状液，乳状液粒子起透镜作用，若为 O/W 型乳状液，则粒子起集光作用，用显微镜观察只能看到粒子的左侧轮廓；若为 W/O 型乳状液，则与上述情况相反，只能看到粒子的右侧轮廓。

（3）影响乳状液类型的因素　乳状液是一个复杂的多分散体系，影响其类型的因素很多，早期的理论有："相体积"理论、聚结速率理论、"定向锲"理论和 Bancroft 规则。

① "相体积"理论　1910 年，德国科学家 F. W. Ostwald 根据立体几何的观点提出"相体积"理论。若分散相液滴是均匀的球形，根据立体几何原理可知，在最密集堆积时，液滴的最大体积只能占总体积的 74.02%，其余 25.98% 为分散介质。图 3-12 表示一个在理想情况下的均匀乳状液，其液珠占了 74.02% 的体积。图 3-13(a) 表示在普通情况下的不均匀乳状液，图 3-13(b) 表示为极端情况下的乳状液示意图，其液珠被挤成大小形状皆不相同的多面体。若分散相体积大于 74.02%，乳状液就发生破坏或变形。如果水相体积占总体积的 26%～74% 时，两种乳状液均可形成；若水相体积<26%，则只形成 W/O 型，若水相体积>74%，则只能形成 O/W 型。

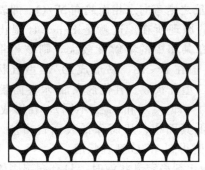

图 3-12　乳状液均匀液珠的紧密堆积示意图

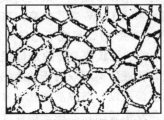 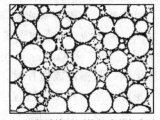

(a) 普通情况(不均匀非球形液珠)　　　　(b) 极端情况(不均匀球形液珠)

图 3-13　乳状液不均匀液珠的紧密堆积示意图

② 乳化剂分子构型　Harkins 在 1929 年提出"定向楔"理论，他认为乳化剂分子在油-水界面上的密度最大，发生单分子层吸附时，极性端伸向水相，非极性端则伸入油相。若将乳化剂比成两头大小不同的"楔子"（如肥皂分子，其极性部分的横切面比非极性部分的横切面大），那么截面小的一头总是指向分散相，截面大的一头总是伸向分散介质。经验表明：Na^+、K^+、Cs^+ 等一价金属离子的脂肪酸盐作为乳化剂时，容易形成 O/W 型乳状液，因为这些金属皂的亲水性是很强的，较大的极性基被拉入水相而将油滴包住，见图 3-14(a)。而 Ca^{2+}、Mg^{2+}、Al^{3+}、Zn^{2+} 等高价金属皂则易生成 W/O 型乳状液，因为这些金属皂的亲水性比 K^+、Na^+ 等脂肪酸盐弱。此外，这些活性剂分子的非极性基（共有两个碳链）大于极性基，分子大部分进入油相将水滴包住，因而形成了水分散于油的 W/O 型的乳状液。见图 3-14(b)。

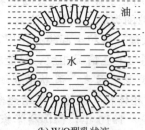

(a) O/W型乳状液　　　　　　　　(b) W/O型乳状液

图 3-14　乳化剂分子的定向楔示意图

由图 3-14 可以看出，只有定向楔排列才能是最紧密堆积，故一价金属皂得 O/W 型，而用高价金属皂则得 W/O 型乳状液。但也有例外，如 Ag 皂应为 O/W 型，实际上却得到的是 W/O 型。

③ 乳化剂的亲水性　当表面活性剂亲水基的亲水程度大于亲油基的亲油程度时，那就是亲水基水合后的有效体积大于亲油基的情况。这样，界面膜为了消除由此形成的两侧应力而弯向油相，而趋向 O/W，反之则弯向水相而趋向 W/O，即表面活性剂在油和水中的分配比（k_p）将决定乳化液类型的原理所在。这就是 Bancroft 提出的乳化剂溶解度经验规则，即 Bancroft 规则。若乳化剂在某相中的溶解度较大，则该相将易于成为外相。一般来说，亲水性强的乳化剂，其 HLB 值在 8～18，易形成 O/W 型乳状液；而亲油性强的乳化剂，HLB 值在 3～6，易形成 W/O 型乳状液。乳化剂在油-水界面膜上发生吸附与取向，可能使界面两边产生不同的界面张力（即 $\gamma_{膜-水}$ 和 $\gamma_{膜-油}$ 不同），在形成乳状液时，界面会倾向于向界面张力高的一边弯曲以降低其面积，从而降低表面自由能。因而，$\gamma_{膜-油} > \gamma_{膜-水}$ 时得到 O/W 型乳状液，$\gamma_{膜-油} < \gamma_{膜-水}$ 时得到 W/O 型乳状液。

对于固体粉末作为乳化稳定剂稳定乳状液时，只有润湿固体的液体大部分在外相时，才能形成较为稳定的乳状液，即润湿固体粉末较多的一相在形成乳状液是构成外相。所以，当接触角 $\theta < 90°$ 时，固体粉末大部分被水润湿，则易形成 O/W 型乳状液；当 $\theta > 90°$ 时，固体粉末大部分被油润湿，则形成 W/O 型乳状液；当 $\theta = 90°$ 时，形成不稳定的乳状液。

④ 聚结速率理论　1957 年 Davies 提出了一个关于乳状液类型的定量理论。这一理论认为，当油、水和乳化剂一起振荡或搅拌时，形成乳状液的类型取决于油滴的聚结和水滴的聚结两种竞争过程的相对速度。在搅拌过程中油和水都可以分散成液滴状，并且乳化剂吸附在这些液滴的界面上，搅拌停止后，油滴和水滴都会发生聚结，其中聚结速度快的相将形成连续相，聚结速度慢的相被分散。因此，如果水滴的聚结速度远大于油滴的聚结速度，则形成 O/W 型乳状液，反之形成 W/O 型乳状液。如果两相聚结速度相近，则体积分数大的相将构成外相。

（4）乳状液的稳定性及其影响因素　乳状液是一种多相分散体系，液珠与连续相之间存在着很大的相界面，体系的界面能很大，属于热力学不稳定体系。乳状液的稳定性是指反抗粒子聚集而导致相分离的能力。因此所谓乳状液的稳定性实际上是指体系达到平衡状态所需要的时间，即体系中一种液体发生分离所需要的时间。为增长体系达到平衡状态所需要的时间，应尽量降低水-油界面张力，最有效的办法是加入表面活性剂。加入表面活性剂的油较不加表面活性剂的易于以微滴分散于水中，并且形成乳状液后，液珠再聚集也相对困难些。所谓乳状液的稳定，是指所配制的乳状液在一定条件下，不破坏、不改变类型。根据乳化剂的性质和作用，乳状液稳定的原因可归纳为以下几个方面：界面张力的降低；界面膜的形成；扩散双电层的建立；固体的润湿吸附作用等。

① 低界面张力　乳状液是多相粗分散物系，界面总面积及界面能是很大的，是热力学不稳定体系，在互不相溶的两相体系中加入乳化剂（一般为表面活性剂）可以降低其界面张力，能够促使乳状液的形成和稳定。例如，煤油与水的界面张力一般为49mN/m，加入适当的乳化剂（如聚氧乙烯聚氧丙烯嵌段聚醚类表面活性剂）后，其界面张力可降至1mN/m以下，此时可形成比较稳定的乳状液。但是，油水界面间仍然还有界面能，还是不稳定的。因此，仅靠降低界面张力和界面能还不足以维持乳状液的稳定。

并非任何一种表面活性剂都能促进形成稳定的乳状液。乳化剂对稳定乳状液有一定的选择性，最常用的选择方法是根据乳化某种体系所需要的HLB值（见表3-13）来选择表面活性剂或者多种表面活性剂的组合。

② 界面膜的性质　根据Gibbs吸附定理，在油-水体系中加入表面活性剂后，表面活性剂在降低界面张力的同时，必然在界面发生吸附，形成界面膜，膜的强度和紧密程度是乳状液稳定的决定因素。若界面膜中吸附分子排列紧密，不易脱附，则膜具有一定的强度和黏弹性，对分散相液珠起保护作用，使其在相互碰撞时不易聚结，从而形成稳定的乳状液。吸附于液珠和水界面上的表面活性剂形成具有一定强度的界面膜，对液珠起保护作用，液珠在布朗运动下碰撞时不易聚结。表面活性剂的浓度大小对形成界面膜的强度有直接影响。浓度小，界面上吸附的表面活性剂分子数少，形成的界面膜不致密，强度小；浓度大，界面上吸附的表面活性剂分子数多，形成的界面膜致密，强度大。不同的表面活性剂（乳化剂）的乳化效果不同，达到最佳乳化效果所需的量也不同。一般地说，形成界面膜的乳化剂分子，作用力越大，膜强度越高，乳状液越稳定；反之作用力越小，膜强度越低，乳状液越不稳定。此外，当界面膜中有脂肪醇、脂肪酸和脂肪胺等极性有机物分子时，膜强度显著增高。这是因为，在界面吸附层中乳化剂分子与醇、酸和胺等极性分子发生作用形成"复合物"，使界面膜强度增高的缘故。例如，油珠表面吸附十六烷基硫酸钠和胆甾醇时，较仅吸附十六烷基硫酸钠所形成的O/W型乳状液要稳定得多。

界面膜与不溶性膜相似，当表面活性剂浓度较低时，界面上富集的表面活性剂分子较少，界面膜中表面活性剂分子排列松散，膜的强度差，则形成的乳状液不稳定。当表面活性剂的浓度增加到能在界面上形成紧密排列的界面膜时（大于其临界胶束浓度CMC），膜的强度增加到足以阻碍液珠的聚结，从而使得形成的乳状液稳定。形成界面膜的乳化剂结构与性质对界面膜的性质影响很大，例如同一类型的乳化剂中，直链结构的比带有支链结构所形成的膜更稳定。研究表明，乳化剂分子结构和外相黏度对界面膜的黏度有重要的影响，它们能影响到液滴在外力作用下界面膜发生变形和恢复原状的能力。另一方面，如果乳化剂能增加分散介质的黏度，可以有效地阻止液滴凝聚，从而稳定乳状液。乳化剂分子在界面的吸附形式（是直立式还是平卧式）、吸附在界面上链节的多少以及受温度和电解质影响的大小对乳状液的稳定性都有很重要的作用。

乳状液分散介质的黏度对乳状液的稳定性有一定影响。一般的，分散介质的黏度越大，乳状液的稳定性越高。这是因为分散介质的黏度大，对液珠的布朗运动阻碍作用强，减缓了液珠之间的碰撞，使体系保持稳定。通常能溶于乳状液的高分子物质均能增高体系的黏度，使乳状液的稳定性增高。此外高分子还能形成坚固的界面膜，使乳状液体系更加稳定。

由两种以上表面活性剂组成的乳化剂称为混合乳化剂。混合乳化剂吸附在水-油界面上，分子间发生作用可形成配合物［如聚氧乙烯（20）失水山梨醇单棕榈酸酯（吐温40）与失水山梨醇单油酸酯（吐温80）］。由于分子间强烈作用，界面张力显著降低，乳化剂在界面上吸附量显著增多，形成的界面膜密度增大，强度增高。实践中人们还发现，混合乳化剂形成的复合膜具有相当高的强度，不易破裂，所形成的乳状液很稳定，这是因为混合乳化剂在油水界面上形成了混合膜，吸附的表面活性剂分子在膜中能紧密排列。例如，将含有胆甾醇的液体石蜡分散在十六烷基硫酸钠水溶液中，可得到稳定的 O/W 型乳状液，而只用胆甾醇或只用十六烷基硫酸钠，生成的是不稳定的 O/W 型乳状液。又如，在甲苯-十二烷基硫酸钠（0.01mol/L）溶液中加入十六醇，界面张力可降低至零的程度，这有利于乳化。界面张力降低导致界面吸附量增大，而且乳化剂分子与极性有机物分子间的相互作用使得界面膜分子的排列更加紧密，膜的强度增加。对于离子型表面活性剂，界面吸附量的增加还能使界面上电荷增加，从而液滴间的排斥更大。这些都有利于乳状液的稳定。

③ 扩散双电层　液珠的电荷对乳状液的稳定性有明显的影响。稳定的乳状液，其液珠一般都带有电荷。当使用离子型乳化剂时，吸附在界面上的乳化剂离子其亲油基插入油相，亲水基处于水相，从而使液珠带电。由于乳状液的液珠带同种电荷，它们之间相互排斥，不易聚结，使稳定性增高。可见，液珠上吸附的乳化剂离子越多，其带电量越大，防止液珠聚结能力也越大，乳状液体系就越稳定。液珠质点上的电荷可以有三个来源，即电离、吸附和摩擦接触。在乳状液中，电离和吸附是同时发生的，二者的区别常常很不明显。对于离子型表面活性剂（如阴离子型的 RCOONa）在 O/W 型的乳状液中，可设想伸入水相的羧基"头"有一部分电离，则组成液珠界面的基团是—COO—，使液珠带负电，正电离子（Na^+）部分在其周围，形成双电层。同理，用阳离子活性剂稳定的乳状液，液珠表面带正电。

在用非离子型表面活性剂或其他非离子物质所稳定的乳状液中，特别是在 W/O 型乳状液中，液珠带电是由于液珠与介质摩擦而产生的，犹如玻璃棒与毛皮摩擦而生电一样。带电符号用 Coehn 规则判断：即两个物体接触时，介电常数较高的物质带正电荷。在乳状液中水的介电常数远比常遇到的其他液相高，故 O/W 型乳状液中的油珠多半是带负电的，而 W/O 型乳状液中的水珠则是带正电的。液珠的双电层有排斥作用，故可防止乳状液由于液珠相互碰撞聚结而遭破坏。乳状液因液珠带电而表现出电泳现象。

④ 固体粉末的稳定作用　在某些情况下加入固体粉末也能使乳状液趋于稳定。固体粉末只有存在于油-水界面上时才能起到乳化稳定剂的作用，固体粉末是否处于水、油中或界面上，取决于油、水对固体粉末的润湿能力，若固体粉末完全为水润湿，又能被油润湿，才会滞留于水油界面上。固体粉末使乳状液稳定的原因在于，聚集于界面的粉末增强了界面膜，这与界面吸附乳化剂分子相似，故固体粉末粒子在界面上排列得越紧密，乳状液越稳定。

润湿的理论规律可以用 Young 方程来表达。

$$\gamma_{so} - \gamma_{sw} = \gamma_{wo}\cos\theta$$

式中，γ_{so} 为固-油界面张力；γ_{sw} 为固-水界面张力；γ_{wo} 为水-油界面张力；θ 为接触角。

若 $\gamma_{so} > \gamma_{wo} + \gamma_{sw}$，固体存在于水中；

若 $\gamma_{sw} > \gamma_{wo} + \gamma_{so}$，固体存在于油中；

若 $\gamma_{wo} > \gamma_{sw} + \gamma_{so}$，或三个张力中没有一个张力大于其他二者之和，则固体存在于水-油界面。若属于后一种情况时，我们就可以引用 Young 方程。

若 $\gamma_{sw} < \gamma_{so}$，则 $\cos\theta$ 为正，$\theta < 90°$，说明水能润湿固体，固体大部分在水中。同样，若 $\gamma_{so} < \gamma_{sw}$，则 $\cos\theta$ 为负，$\theta > 90°$，油能润湿固体，固体大部分在油中。当 $\theta = 90°$ 时，固体在水中和油中各占一半。

形成乳状液时油-水界面面积越小越好。显然只有固体粉末主要处于外相（分散介质）时才能满足这个要求。固体粉末的稳定作用还在于它在界面形成了稳定坚固的界面膜和具有一定的 ξ 电位。对于油水体系，Cu、Zn、Al 等水湿固体是形成 O/W 型乳状液的乳化剂，而炭黑、煤烟粉、松香等油湿固体是形成 W/O 型乳状液的乳化剂。

要想得到在较长时间内比较稳定的乳状液，除了选择乳化能力比较强的表面活性剂和确定最合适的乳化体系配比外，下列措施也有助于促进乳液稳定：a. 减小不连续相液滴离子的直径；b. 缩小两相的密度差；c. 提高连续相的黏度；d. 降低两液相间的界面张力；e. 多种表面活性剂复配使用；f. 调节 pH，使得液滴表面上带有更多的电荷；g. 添加一些有效的乳化稳定剂；常用的乳化稳定剂有天然植物胶、淀粉、蛋白质以及合成的高聚物（如 PVA、CMC 等），还有胶状硅酸等；h. 尽量避免温度突变、振动、摩擦、蒸发、浓缩或稀释等情况的发生。

（5）乳化作用的应用　乳化作用是表面活性剂促进两种互不相溶的液体形成乳状液的作用，它是表面活性剂应用最为广泛的特性之一。在大多数精细化学品的配制和应用过程中乳化作用都起着重要的作用，化妆品、奶油、冰淇淋、金属切削液、抛光液、涂料、乳化型农药和医药品、纤维处理油剂等复配剂型都是以乳状液形式应用的工业产品。

例如，护肤乳液是一种颇受人喜爱的化妆品，涂于皮肤上能铺展成一层极薄而均匀的油脂膜，不仅能滋润皮肤，还能起到保持皮肤的水分、防止蒸发的作用。其主要成分包括高级醇、脂肪酸，水相为低级醇、多元醇、水溶性高分子和蒸馏水等，乳化剂主要为阴离子表面活性剂、非离子表面活性剂。从乳化相的结构来看，护肤乳液也可分水包油和油包水型两种形态。在金属切削加工过程中，刀具与工件之间不断摩擦产生切削温度，严重地影响了刀具的寿命、切削效率及工件的质量。常用的降低切削温度的方法是使用合适的冷却液，一般可以降低切削温度 100~150℃，提高加工光洁度 1~2 级，减少切削力 15%~30%，成倍地提高刀具的使用寿命并能带走切削物。使用最广泛的切削冷却液是水包油型的乳化复配品。在对金属板材和工件进行涂油封存时常常使用水包油型的乳化防锈油，一般是在油相中加入油溶性缓蚀剂如石油磺酸钡、十八胺等，乳化剂多采用水溶性好又有缓蚀作用的羧酸盐类，如二烯基丁二酸钠盐、磺化羊毛脂钠盐等。在田间使用的农药，一般要求经过简单搅拌而且在较短时间内就能制成喷洒液，因而农药制剂应用最广的一种体系就是水溶性乳状液，通常由亲水性大的原药配制成所谓可溶解性乳油复配品，如敌百虫、敌敌畏、乐果、氧化乐果、甲胺磷等乳油，在田间兑水即可施用。在这里，乳化剂的主要功能是使原药成分分散和赋予乳状液展着、润湿和渗透性能。

3.2.3.4　分散作用

在复配型精细化学品中，固体粉末均匀地分散在某一种液体中的现象称为分散。粉碎好的固体粉末混入液体后往往会聚结而下沉，但加入某些表面活性剂后，往往能使颗粒较稳定地悬浮在溶液之中，这种作用称为表面活性剂的分散作用。例如洗涤剂能使固体污垢分散在水中，表面活性剂能使颜料分散在树脂溶液中成为复配型的精细化学品——涂料。

（1）固体在液体中的分散过程　G. D. Parfitt 将固体在液体中的分散过程分为三个阶段。

① 润湿　润湿是固体粒子分散在液体中的最基本条件，使固体微粒润湿，就是将附着在粉体表面的空气以液体介质取代。首先液体必须能充分润湿每一固体微粒或粒子团，并且要在最后阶段实现铺展润湿，使空气能完全被润湿介质从微粒表面取代。表面活性剂作为润湿剂时，在固体微粒表面形成吸附层，降低了固-气界面或固-液界面的界面张力和接触角，由此增加了固体微粒在液体介质中的分散能力。若液体是水时，由于水的表面张力较大，加入表面活性剂能增加固体微粒在水中的分散能力，使固体粒子团聚体破碎和分散，阻止已分散的粒子再聚集。

② 粒子团的分散或碎裂　粒子或粒子团一旦被液体润湿，粒子就会在液体介质中逐渐分散开来。离子型表面活性剂可以通过在粒子（或粒子团）的表面吸附使粒子带有相同的电

荷，从而使它们相互排斥而加速分散，也可以吸附在粒子团的缝隙（或者是由于粒子晶体应力作用所造成的微隙）中，产生排斥力以降低固体粒子或粒子团碎裂所需要的机械功，从而使粒子（或粒子团）碎裂成更小的晶体并逐步分散在液体介质中。在此过程中主要涉及粒子团内部的固-固界面分离问题。

表面活性剂的类型不同，在粒子团的分散或碎裂过程中所起的作用有所不同。

通常以水为分散介质的固体表面往往带负电荷。对于阴离子表面活性剂虽然也带负电荷，但在固体表面电势不是很强的条件下阴离子表面活性剂可通过范德华相吸力克服静电排斥力或通过镶嵌方式而被吸附在缝隙的表面，使表面带同种电荷使排斥力增强，以及水的渗透产生渗透压共同作用使微粒间的绞结强度降低，减少了固体粒子或粒子团碎裂所需的机械功，从而使粒子团被碎裂或使粒子碎裂成更小的晶体，并逐步分散在液体介质中。

非离子表面活性剂也是通过范德华力被吸附于缝隙壁上，非离子表面活性剂存在不能使之产生电排斥力但能产生熵斥力及渗透水化力使粒子团中微裂缝间的绞结强度下降而有利于粒子团碎裂。

阳离子表面活性剂可以通过静电相吸力吸附于缝隙壁上，但吸附状态不同于阴离子表面活性剂和非离子表面活性剂。阳离子是以季铵阳离子吸附于缝隙壁带负电荷的位置上而以疏水基伸入水相，使缝隙壁的亲水性下降，接触角 θ 增大甚至 $\theta > 90°$，导致毛细管力为负，阻止液体的渗透，所以阳离子表面活性剂不宜用于固体粒子的分散。

③ 阻止固体微粒重新聚集　当固体微粒分散在液体中形成一个均匀的分散体系后，该状态稳定与否则要取决于各已分散的固体微粒能否重新聚集形成凝聚物。由于表面活性剂吸附在固体微粒的表面，从而阻止微粒的重新聚集，所加的表面活性剂降低了固-液界面的界面张力，也增加了分散体系的热力学稳定性。

表面活性剂在分散过程中的作用体现在分散过程的各个阶段。

一般来说，固体微粒分散在水为介质的分散体系中是最为常见的。为了阻止微粒聚集，大多数应用的是离子型表面活性剂。当这些表面活性剂吸附在不带电荷的固体微粒表面时，会使其带有同种电荷而相互排斥，从而形成阻止粒子聚集的屏障，同时由于表面活性剂分子在固体粒子表面的定向作用——非极性基团指向非极性粒子的表面，极性基团指向水相，从而降低了固-液界面张力，更有利于固体粒子在水相中的分散。这种吸附效率是随着憎水基团碳链的增长而增加的，因此可以推测，在这种情况下，长碳链的离子型表面活性剂比短碳链的更有效。

但是对于已带有电荷的固体微粒的分散，则较少使用离子型表面活性剂。因为若使用的是与固体微粒带相反电荷的表面活性剂，则在微粒所带的电荷被完全中和前可能已发生絮凝而不能有效地分散，这样一来，只有当粒子的表面电荷完全被中和后再吸附第二层表面活性剂离子，固体微粒才能重新带电荷，重新分散；如果使用与固体微粒有相同电荷的表面活性剂时，由于表面活性剂的极性基团只能指向带相同电荷的微粒表面外，即指向水相，具有这种吸附状况的固体微粒借助静电斥力而阻止微粒之间的吸附，从而达到分散的效果。因此只有当水相中离子型表面活性剂的浓度比较高时，才有强的吸附作用，使分散体微粒的分散所使用的一般是结构中带有较多极性基团的聚电解质（常称离子型高分子表面活性剂）。它们分子中所带相同电荷数越多，电离能也越大。

使固体微粒分散体系趋于稳定的电能屏障作用，并非是使体系稳定的唯一因素，空间障碍也可以阻止粒子间的相互吸引和紧密靠近。因此，在很多场合下，非离子型表面活性剂对固体微粒有很好的分散作用，其缘由可能是产生了很大的空间障碍。

（2）表面活性剂在分散过程中的作用

① 降低液体介质的表面张力、固-液界面张力和液体在固体上的接触角，提高其润湿性和降低体系的界面能，同时提高液体向固体粒子孔隙中的渗透速度，以利于表面活性剂在固体界面的吸附，并产生其他有利于固体粒子聚集体粉碎、分散的作用。

② 离子型表面活性剂在某些固体粒子上的吸附可增加粒子表面电势，提高粒子间的静电排斥作用，有利于分散体系的稳定。

③ 在固体粒子表面上亲液基团朝向液相的表面活性剂定向吸附层的形成，有利于提高疏液分散体系粒子的亲液性，有时也可以形成吸附溶剂化层。

④ 长链表面活性剂和聚合物大分子在粒子表面吸附形成厚吸附层起到空间障碍作用。

⑤ 表面活性剂在固体表面结构缺陷上的吸附不仅可降低界面能，而且能在表面上形成机械屏障，有利于固体研磨分散。

对疏水性较强的非极性固体粒子，应用离子型表面活性剂和非离子型表面活性剂均可提高其润湿、分散性能；对带有某种电荷的极性固体粒子，带电符号由各物质的等电点和介质pH值决定。①当表面活性剂离子与粒子表面带电符号相反时，吸附易于进行。但若恰好发生电性中和，没有了粒子间的静电排斥作用，可能会导致粒子聚集。②当表面活性剂离子与粒子带电符号相同时，在表面活性剂浓度低时因电性相斥作用吸附难以进行，吸附量小；浓度高时，也可因已吸附的极少量表面活性剂的疏水基与溶液中的表面活性剂发生疏水作用形成表面胶团，提高粒子表面的亲水性和静电排斥作用，使体系得以稳定。

非离子表面活性剂对各种表面性质的粒子均有较好分散、稳定作用。很可能是因为长的聚乙烯链以卷曲状伸到水相中，对粒子间的碰撞可起到空间阻碍作用而且厚的聚乙烯链水化层与水相性质接近，使有效Hamaker常数大大降低，从而也减小了粒子的范德华力。

对于非水介质而言，其介电常数一般较小，粒子间静电排斥不是体系稳定的主要原因。在这种情况下表面活性剂的作用表现如下。①空间稳定作用，吸附在粒子上的表面活性剂以其疏水基伸向液相阻碍粒子的接近。②熵效应，吸附有长链表面活性剂分子的粒子靠近时使长链的活动自由度减少，体系熵减小，同时吸附分子伸向液相的是亲液基团，粒子间的吸附势能也就降低了。对于介电常数大的有机介质，还需考虑表面电性质对分散稳定性的影响。

（3）不同表面性能物质的分散　一般来说，固体粒子要被分散在液体介质中，固体粒子被液体润湿是必要的条件，但还不是充分条件，其充分条件是固体微粒之间必须存在一个足够高的能垒，这样才能使固体粒子间不产生絮凝现象而均匀地分散于介质中。因此，凡是能使固体微粒表面迅速润湿，又能使固体质点间的能垒上升到足够高的表面活性剂才称为分散剂。对于分散来说，先润湿而后分散，才能达到粒子均匀分散和稳定悬浮于液体中的目的。

① 低能表面物质的分散　一些有机颜料和染料等具有低表面能，呈疏水性，不易被水所润湿，很难在水等极性介质中分散。如果加入适当的表面活性剂降低固-液界面张力，使表面活性剂水溶液易润湿固体粒子表面并渗透到固体粒子的孔道里，促使粒子破裂成微小质点而分散于水中。这时被分散的微粒外面也都包有一层表面活性剂分子吸附膜，疏水基朝向固体微粒，亲水基在水相中。如果所用表面活性剂为离子型时，其无机反离子在周围形成双电层，提高了固-液界面上的电位。在该体系中，固体微粒带同种电荷，互相排斥，不易凝聚在一起。此外，还可从溶剂化角度考虑，固体微粒外面包有一层亲水性的吸附膜，由于溶剂化作用生成水化层的屏蔽作用也是不易凝聚的因素；当微粒相互接近时，水化层被挤压变形而具有弹性，它成为微粒接近时的阻力，从而防止聚集沉降。非离子表面活性剂虽然没有电荷，但有较厚的水化层，亦能使固体微粒保持悬浮状态。

② 高能表面无机物质的分散　具有高能表面的无机颜料、填料等，易于分散在极性介

质中，但由于其极性或它强烈吸附氧或水，很难被非极性的有机溶剂或大多数有机高分子物质润湿。如用这些物质制作涂料、油墨、黏合剂时就很难分散，给生产、贮存也带来很多麻烦。因此，通常应用表面活性剂使它们变为低能表面物质，其道理正如前述。

（4）提高固/液分散体系稳定性的方法　由于分子的布朗运动，分散在介质中的颜料、填料等固体微粒在反复碰撞中会发生凝聚，还因为固、液物质存在密度差，固体微粒（无机物）有自然沉降趋势。两方面原因使很多分散体系的产品（如涂料）在贮藏、运输过程中引起质量的变化，所以研究固/液分散体系的稳定性有实际意义。综合前述表面活性剂对分散作用的影响，对固/液分散体系的稳定办法可以归纳如下几条。

① 加入表面活性剂使粒子形成具有相互排斥作用的双电层。

② 在粒子表面吸附非离子型高分子或其他活性剂形成具有一定厚度的吸附层，可使粒子保持一定距离，不易接近。

③ 缩小固-液之间质量差，也是防止沉降的一种办法。

④ 提高分散介质的黏度也是一种办法。

实际工作中常常是把以上四种办法综合在一起应用。

（5）分散作用的应用　在许多生产工艺中，常常需要固体微粒均匀和稳定地分散在液体介质中，例如油漆、药物、染料、颜料等。近来在工业水处理中和油田开发过程中，使固体微粒均匀稳定地分散在水介质中显得更为重要，甚至可以认为是能否使工艺成功的关键所在。在复配型精细化学品中，分散作用的应用非常广泛，例如，在颜料生产中，钛酸酯作为颜料的分散剂已有应用且环保。在颜料表面吸附的低相对分子质量的钛酸酯在水存在下可很快水解，形成亲水表面，分散在水中的颜料又可与脂肪酸或脂肪胺反应形成亲油表面，可用于油基性涂料和印刷油墨制造。分散作用在药物混悬剂中的应用也很普遍，混悬液型药剂是不溶性药物粉末微粒与分散媒介构成的不均匀分散体系的液体制剂，分散剂在混悬剂中作助悬剂，其主要作用是降低分散相与分散媒介的界面张力，有助于疏水性药物的润湿与分散。外用的混悬剂常加入肥皂、月桂醇硫酸钠与二丁基琥珀酰磺酸钠等；内服的混悬剂则多用吐温类及司盘类；注射用混悬剂中常加入海藻酸钠、羧甲基纤维素钠及硬脂酸铝等。

3.2.3.5　洗涤作用

与乳化作用一样，洗涤作用是表面活性剂应用最为广泛的性能之一。洗涤作用就是将某种固体材料被某种介质（常用的是水）润湿后，介质（包括其中的表面活性剂）对其表面污垢的分离作用。在洗涤过程中，加入表面活性剂以减弱污垢对固体表面的黏附作用，借助于机械力搅动、水的冲力将污垢与固体表面分离而悬浮于介质中，最后将污垢冲洗干净。由于污垢的多样性和表面活性剂的多功能性（润湿、分散、乳化、增溶等作用），从而构成了洗涤作用的复杂性。习惯上，人们往往认为一种洗涤液的好坏决定于其起泡作用，实际上这是一种误解。很多经验告诉我们，起泡与洗涤两者之间没有直接关系。有时采用低泡型的表面活性剂水溶液进行洗涤，其效果也很好。但在某些场合下，泡沫还是有助于去除油污的。例如，洗涤液形成的泡沫可以把从玻璃表面洗下来的油滴带走；擦洗地毯时，泡沫有助于带走尘土污垢。此外，泡沫有时的确可以作为洗涤液是否还有效的标志，因为脂肪性油污对洗涤剂的起泡力往往有抑制作用。可以将整个洗涤过程概括为如下关系式：

$$物品·污垢＋洗涤剂 \Longleftrightarrow 物品·洗涤剂＋污垢·洗涤剂$$

该关系式是可逆的，根据该关系式可以认为一种好的洗涤剂首先应该是它能作用于污垢，能将其从被洗物体表面分离开来；其次，分离下来的污垢要很好地分散，并悬浮于水中，而不再重新沉积在被洗物体上。

（1）**不同污垢的洗涤过程**

① **液体油污的洗涤** 对液体污垢（油脂）而言，洗涤作用的第一步是使洗涤液能对油污表面润湿，通常表面活性剂水溶液的表面张力低于一般纤维等物质和在其上覆盖的油污的临界表面张力，所以含表面活性剂的洗涤液可以润湿纤维表面及其上的油污；第二步是油污的去除，即润湿了表面的洗涤液把油污顶替下来。液体油污原来是以铺展的油膜存在于被洗物表面，在表面张力作用下逐渐蜷缩成为油珠，最后在机械力的作用下被水冲洗以致离开表面。

② **固体污垢的洗涤** 洗涤液中表面活性剂吸附于固体污垢及固体表面，使污垢与物体表面的黏附力降低，同时也可能增加质点与固体表面的表面电势，从而使质点更易自表面除去。固体污垢和纤维表面在水中通常带负电荷，加入不同表面活性剂有不同的影响，加入阴离子表面活性剂往往提高质点与固体表面的界面电势，从而减弱它们之间的黏附力，有利于质点自表面除去；同时也使分离的污垢不易再沉积于表面。非离子表面活性剂不能明显地改变界面电势，去除表面黏附质点的能力将比离子表面活性剂差。但吸附了非离子表面活性剂的污垢其表面上形成较好的空间障碍，对防止污垢质点的再沉积有利。因此，非离子表面活性剂洗涤作用的总效果是不差的。所以人们在配制洗涤剂时总要加一些非离子表面活性剂。

（2）**表面活性剂在洗涤过程中对污垢的分散过程** 见图3-15。

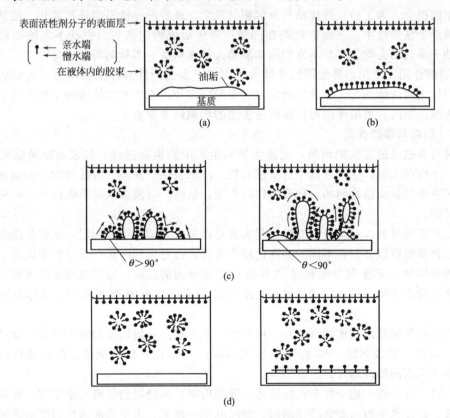

图 3-15　表面活性剂在洗涤过程中对污垢的分散过程

（3）**影响洗涤效率的因素** 洗涤过程的洗涤效率取决于以下因素：固体与污垢的黏附强度，固体表面与洗涤剂的黏附强度以及洗涤剂与污垢间的黏附强度。固体表面与洗涤剂间的黏附作用强，有利于污垢从固体表面去除，而洗涤剂与污垢的黏附作用强，有利于阻止污垢的再沉积，另外，不同性质的表面与不同性质的污垢之间有不同性质的结合力，因此三者间有不同的黏附强度。在水介质中，非极性污垢由于其疏水性不易被水洗净。在非极性表面的非极性污垢，由于可通过范德华力吸附于非极性物品表面上，三者间有较高的黏附强度，因此比在亲水的物品表面难于去除。极性的污垢在疏水的非极性表面上比在极性强的亲水表面上容易去除。

（4）表面活性剂的洗涤作用　由于洗涤体系的复杂性，表面活性剂在洗涤中所起的作用是十分复杂的。

① 降低表（界）面张力　表面活性剂是洗涤剂的主要成分，表面活性剂能使洗涤液具有较低的表面张力，这有利于洗涤液产生润湿作用，同时有利于液体油污的悬浮乳化，防止油污的再沉积。

② 在界面的吸附作用　表面活性剂在界面上的吸附使界面及表面的各种性质均发生变化，如体系的能量、电性质、化学性质及力学性能都会发生变化。表面活性剂在油-水界面上的吸附主要导致界面张力的降低，从而有利于液体污垢乳化、防止油污再沉积于洗涤物表面。表面活性剂在固-固界面的吸附降低了黏附能，有利于固体污垢的去除。所以说表面活性剂在界面上的吸附是洗涤的最基本动力，没有吸附就不会有表面活性剂的洗涤功能。

③ 乳化与起泡作用　乳化作用在洗涤过程中占有相当重要的地位，因为液体油污经"卷缩"成油珠，从固体表面脱离进入洗涤液后，还存在与被洗物品表面接触而再黏附于物品表面上的机会。为了防止液体油污再沉积的发生，最好的办法是将油污乳化，使其能稳定地分散悬浮于洗涤液中。表面活性剂在洗涤过程中形成的泡沫可以把洗下来的油粒上浮带走，有助于油污的去除。另外丰富的泡沫能给人带来润滑、柔软的舒适感觉。

④ 增溶作用　使用临界胶团浓度较大的阴离子表面活性剂作洗涤剂时，表面活性剂胶团的增溶作用对液体油污去除的影响不是主要的，当使用临界胶团浓度较小的非离子表面活性剂作为洗涤剂时，增溶作用对液体油污去除的影响则非常重要。

3.2.3.6　润湿与渗透作用

润湿与渗透是最常见的现象，也是生活和生产中的重要过程，如水对动植物机体的润湿，水对土壤的润湿，生产过程中的机械润湿，注水采油、洗涤、焊接等均与润湿有关。润湿作用可看作是表面活性剂的一种界面定向作用，是将一种流体从基质表面把另一种流体取代掉的过程。

（1）润湿过程的三种类型　润湿过程大致可以分成三类：铺展润湿、沾附润湿和浸入润湿。这三种润湿可以分别在不同的实际过程中出现，也可以同时在一个过程中出现。沾附指液体与固体接触，变液-气界面和固-气界面为固-液界面的过程；浸湿指固体浸入液体中的过程，洗涤过程即为浸湿过程；铺展过程是指以固-液界面代替固-气界面时，液体在固体表面扩展开。

用液滴的接触角来描述润湿过程，可得到润湿方程。一般用接触角来判定润湿过程的类型：$\theta \leqslant 180°$时，沾湿润湿；$\theta \leqslant 90°$时，浸入润湿；$\theta = 0°$时，铺展润湿。即接触角越小，溶液对固体的表面润湿性越好。

（2）润湿与渗透　把一种多孔性固体（譬如棉絮）未经脱脂就浸入水中时，棉絮不容易很快浸透，如在水中加入表面活性剂后，情况就不一样了。由于表面活性剂能够明显减小液体的表面张力，水与棉纤维表面的接触角降低了，水就在棉纤维表面上铺展，马上渗透到棉絮内部。对纺织品而言，由于纤维是一种多孔性物质，有着巨大的表面积，使溶液沿着纤维迅速扩展，渗入纤维的空隙，把空气取代出去，将空气-纤维表面（气-固表面）的接触代之以液体-纤维（液-固界面）表面的接触，这个过程叫润湿。纤维物由无数纤维组成，可以想象纤维之间构成了无数毛细管，如果液体润湿了毛细管壁，则液体能够在毛细管内上升至一定高度，从而使高出的液柱产生静压强，促使溶液渗透到纤维内部，此即为渗透。纺织物在染整加工过程中，不但要润湿织物表面，还需要使溶液渗透到纤维空隙中去。所以凡是能够促使液体表面润湿的物质也就能够使溶液在织物内部渗透，渗透作用实际上是润湿作用的一个应用，在这种意义来说，润湿剂也就是渗透剂。

（3）**表面活性剂的润湿作用**　润湿作用总是涉及三个相，其中至少两相是流体（液体或气体）。在我们日常生活中常见到的是气、液、固三相相接触。所以通常只将润湿看成是液相取代固体表面空气的过程，这里涉及一个气相和两个互不相溶的液相。

对于理想固体平面，用接触角判断表面能否被润湿及其好坏不失为一种好方法，但由于实际的固体表面通常是粗糙不平的，具有多孔性、化学组成不均匀、或多或少地被污染过等疵点，直接测定其接触角会有很多困难和不便。因此，对表面活性剂润湿能力的表征实用中多以润湿时间来衡量，测定润湿力的方法通常用沙袋沉降法或帆布沉降法。

根据表面自由能观点，一般液体易在干净的金属、金属氧化物和高熔点的无机固体等高能表面上铺展。但大量实验发现，如果液体是极性有机物或液体中含有表面活性剂等极性有机物，则这些液体不能在高能表面上铺展。这是因为表面活性剂、极性有机液体可在高能表面形成"极性基转向高能表面而非极性基暴露在外面"的定向单分子层，此时表面已转变为低能表面。由于润湿性只决定于吸附单分子层的最外层基团的润湿性，如果液体的表面张力比定向单分子层最外层基团的临界表面张力高，则液体在其自身的单分子层表面上也不铺展。具有此种性质的液体常称自憎液体。液体能否在某固体表面铺展决定于液体的 γ_{LG} 与其在固体表面形成的单分子层的 γ_C；当 $\gamma_{LG} > \gamma_C$，则液体不铺展；若当 $\gamma_{LG} < \gamma_C$，则能够铺展。大量实验证明单分子层的 γ_C 只决定于表面基团的性质和这些基团在表面排列的紧密程度，而与单分子层下面固体的性质无关。

水的表面张力较高，所以不能在低能表面上自动铺展，但如果在水中加入表面活性剂（润湿剂）降低水的表面张力，水就能使低能固体表面润湿。例如，聚乙烯和聚四氟乙烯的 γ_C 分别为 3118mN/m 和 18mN/m，水的表面张力为 71.97mN/m（25℃下），故纯水在这两种高分子表面均不能铺展，若加入一般表面活性剂，最多也只能使水的表面张力降至 26～27mN/m。按上述观点，聚乙烯有可能被表面活性剂的水溶液润湿，而聚四氟乙烯则不可能，实验结果的确如此。如果要使液体在聚四氟乙烯上铺展，则要应用含氟的表面活性剂。总之，不同表面活性剂在润湿性能上的差别取决于它们在水表面上的吸附层的碳氢部分排列的紧密程度，排列越紧，水的表面张力越小，其润湿性越好。

（4）**润湿作用的应用实例**

① 在复配型农药中的应用　许多植物和害虫、杂草不易被水和药液润湿，不易黏附、持留，这是因为它们表面覆盖着一层疏水蜡质层，这一层疏水蜡质层是低能表面，水和药剂在上面会形成接触角大于 90°的液滴。加上疏水蜡质层表面的粗糙会使接触角 θ 更进一步增大，使得药液对蜡质层的润湿性不好。另一方面是药液的渗透问题，由于植物、杂草和害虫的表面有很多气孔，因此我们可以把药液在植物、杂草和害虫表面的润湿问题看成是药液在多孔型固体上的渗透问题。在农药制剂中加入润湿剂后，润湿剂会以疏水的碳氢链通过色散力吸附在蜡质层的表面，而亲水基则伸入药液中形成定向吸附膜取代疏水的蜡质层。由于亲水基与药液间有很好的相容性，所以液-固表面张力下降。润湿剂在药液表面的定向吸附也使得药液表面张力下降，接触角减小，这样药液润湿性会得到改善，随着润湿剂在固-液和气-液界面吸附量的增加，接触角会由大于 90°变到小于 90°甚至为 0°，使药液完全在其上铺展。

② 在采油中的应用　合理、科学、高效地开发低渗透油田是我国石油工业在今后相当长时期内的一个重要战略目标和任务，寻找适合于渗透能力本来就很弱的低渗透油田的开发技术迫在眉睫。油藏岩石的润湿性影响油水在多孔介质中的分布、流动状态和驱油效率，不同开采方式对润湿性的敏感程度不同，相应的最有利润湿性类型也不同，可以通过物理方法或化学处理改变油层润湿性，提高原油采收率。在化学驱过程中，可以通过控制化学试剂如表面活性剂和聚合物等吸附或沉淀的数量及吸附方式来改变油藏润湿性，使其在开采过程中保持在一个相对稳定的、适宜的范围，可以使油层取得更好的驱油效果。但将油层改变为强水湿或者强油湿相对容易外，要将其改变为弱润湿程度或者中间润湿性，并达到大规模工业化应用水平，还必须对各润湿改变剂的性能及其适用范围进行更深入的研究。由于低渗透油层开发的特殊性和复杂性，润湿性在很大程度上影响驱油效率，而且不同的采油方法获得最佳驱油效率和采收率所对应的最有利润湿性类型也不同，改变油气层润湿性是目前提高原油采收率的一个发展趋势。岩石的润湿程度对基质吸渗速度有显著影响，一般亲水性越强，吸渗排油速度越快，适宜于采用较大的采油速度开采。基质渗透率同样影响吸渗速度，其值越高，吸渗排油越快；如果基质渗透率较低，因其吸渗排油速度低，不宜采用较高的采油速度。

在原油开采中，为了提高油层采收率，通常使用各种驱油剂。由于水的价格低廉，目前采油中使用最普遍的驱油剂是水。为了提高水驱油的效率，常常采用溶有表面活性剂的水等配制混合制剂，称之为活性水。活性水中添加的表面活性剂主要是润湿剂，它具有较强的降低油-水界面张力和使润湿反转的能力。复合驱提高采收率幅度随润湿性由强亲油到强亲水变化而逐渐提高，强亲水时比水驱平均提高采收率 10％。实验表明水相润湿角与复合驱提高采收率平均值之间呈直线关系。常用的润湿剂有：支链的壬基酚聚氧乙烯醚、支链的十二烷基磺酸钠、烷基硫酸钠、聚氧 乙烯聚氧丙烯二醇醚等。

③ 润湿在泡沫浮选中的应用　许多重要的金属（如钼、铜）在粗矿中的含量很低，冶炼前必须设法提高其品位，为此，通常采用泡沫浮选的方法。矿物浮选是借气泡浮力来浮游矿石的一种物质分离和分选矿物技术，它使用的浮选剂是由捕集剂、起泡剂、pH 调节剂、抑制剂和活化剂等成分按需要适当地配制的。其中的主成分必有捕集剂和起泡剂，捕集剂是将亲水的矿物表面变为疏水的表面，以利于矿物黏附于气泡上的药剂。起泡剂是浮游选矿过程中必不可少的药剂，为了使有用矿物有效地富集在空气与水的界面上，首先是采用能产生大量气泡的表面活性剂——起泡剂产生大量的界面。

在浮选时加入起泡剂，还能够防止气泡的并聚，也能延长气泡在矿浆表面存在的时间。浮选过程对起泡剂的要求是具有良好的起泡性和选择性且来源广、价格低。主要的起泡剂有：松油、甲氧基甲基苯酚、异丁基甲氧苄醇、聚乙二醇类、三乙氧基丁烷、烷基苯磺酸钠、二聚乙二醇甲基叔丁基醚及三聚丙二醇甲醚等。

矿物浮选是借气泡浮力浮游矿石来实现矿石和脉石的分离方法，浮选矿物务必在浮选器中产生大量气泡，因此浮游液中需添加起泡剂。一般采用 $C_6 \sim C_{10}$ 左右的表面活性剂（例如含萜品醇 $C_{10}H_{17}OH$ 的松油或含桉树脑的樟脑油），它能使浮选器中产生的大量气泡稳定地存在而增加气-液表面，从而达到尽可能多地浮游欲浮选的矿物，又可使离开浮选器的泡沫迅速地消失以免矿石流走，它涉及气、液、固三相。先将原矿磨成粉（0.01～0.1mm），再加入盛有水的大池中，由于矿粉通常能被水润湿，所以沉于池底。若加入一些促集剂（如表面活性剂有机黄原酸盐 ROCSSNa、硫代磷酸盐等），这些化合物易为矿物所吸附，使矿物表面变得更憎水些（即 θ 增大）。当在水中通入空气或由于水的搅动引起空气进入水中时，表面活性剂的疏水端在气-液界面向气泡的空气一方定向，亲水端仍在溶液内，形成气泡，矿末即沾在气泡上浮到水面，将泡沫刮下，即得富集的矿物成分。另一种起捕集作用的表面活性剂（一般都是阳离子表面活性剂，也包括脂肪胺）吸附在固体矿粉的表面。这种吸附随矿物性质的不同而有一定的选择性。通常促集剂并不被矿渣强烈吸附，因此矿渣表面仍是亲水的，故仍留在池底。时常加入起泡剂。例如，粗甲氧基甲基苯酚。为了得到满意的浮游，要求界面接触角 θ 不小于 $50°\sim70°$，通常只要表面覆盖度达到 5％，即可满足此要求，因此促集剂的用量相当小。一般含硫捕集剂适用于硫化物矿石的浮选，其他的长链烃捕集剂可用于浮选氧化物矿石、碳酸盐或硫酸盐矿石等。

捕集剂黏附于矿石表面的机理大致有两类：一类是矿石颗粒表面和捕集剂离子间有某种键合作用，例如，浮选硫化矿石所用的黄原酸盐和浮选钙盐矿石或赤铁矿石等所用的油酸；另一类是捕集剂离子与矿石颗粒表面具有相反电荷时，依靠静电的相互作用而使捕集剂吸附在矿石表面上。例如，浮选氧化矿和硅酸盐矿所用的胺类或烷基硫酸盐等。因为表面活性剂易被硫化矿物（钼、铜等在矿脉中常为硫化物）吸附，致使矿物表面成为亲油性的，鼓入空气后矿粉则附在气泡上并和气泡一起浮出水面并被捕收，而不含硫化物的矿渣则仍留桶底。这样可将有用的矿物与无用的矿渣分开。若矿粉中含有多种金属，则可以用不同的促集剂和其他助剂使各种矿物分别浮起而被捕收。促集剂的作用是改变矿粉的表面性质，其极性基团吸附在矿物表面上，而非极性基团朝向水中，由于矿粉表面由亲水变为亲油，当不断加入促集剂时，矿物固体表面上即形成一个亲油性很强的薄膜，促进了矿物的浮选。见图 3-16。

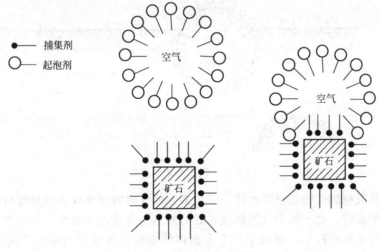

图 3-16　浮选过程示意图

对于矿物成分而言，基本原理是利用其晶体表面的晶格缺陷，向外的疏水端部分地插入气泡内，这样在浮选过程中气泡就可能把指定的矿物成分带走，达到选矿的目的。

渗透作用还广泛应用于印染和纺织工业中。染料溶液或染料分散液中必须使用渗透剂以使染料均匀地渗透到织物中；纺织品在树脂整理液中处理时浸渍时间很短，如果未被树脂液渗透，会造成整理不匀和外部树脂偏多的现象，为改善此种情况，采用渗透剂最为合适；织物在漂白时，由于漂白工艺连续化，漂白速度快，次氯酸漂白液若不能均匀渗透被漂织物，则达不到预期的漂白效果，故漂白时也使用非离子表面活性剂作为渗透剂。

3.2.3.7　起泡与消泡作用

（1）泡沫　泡沫是人们日常生活和工农业生产中经常见到的一种现象，它是气体分散于液体或固体中所形成的多分散体系，气体为分散相，液体或固体为分散介质，前者称为液体泡沫，而后者称为固体泡沫，如泡沫塑料、泡沫玻璃、泡沫水泥等。由于气液两相密度相差大，液相中的气泡通常会很快上升到液面，如果液面上存在一层较稳定的液膜，就会形成泡沫。因此，泡沫可以看成是一种由液膜隔开的气泡聚集物。人们有时喜欢泡沫并予以利用（如洗涤等），有时讨厌泡沫要予以消除（如发酵过程）。

泡沫在形态上具有两个显著的特点：其一是作为分散相的气泡常常是呈多面体形状，这是因为在气泡的相交处，有一种液膜变薄的趋势使气泡成为多面体，当液膜变薄到一定程度，则导致气泡破裂；其二是纯净液不能形成稳定的泡沫，能形成泡沫的液体，至少是两个以上的组分。表面活性剂的水溶液是典型的易产生泡沫的体系，其生成泡沫的能力与其他性能也有一定的关系。

泡沫与乳状液一样，也是热力学不稳定体系。大家熟知，当气体通入水等一些黏度低的纯液体时并不能得到稳定而持久的泡沫。当水中有表面活性剂存在时，即可得到稳定性较好的泡沫（图 3-17），这就是表面活性剂的起泡作用。

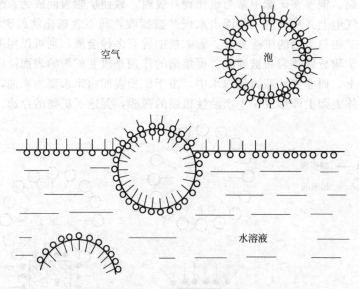

图 3-17　泡沫的形成过程

泡沫作为分散相的气泡常呈多面体。三个多面体气泡的交界处界面是弯曲的，而两个气泡的交界处是平直的。由于两个气泡的交界处的曲率半径接近无穷大，三个多面体气泡的交界处液面的负曲率半径较小。液膜中三个多面体气泡的交界处压力应小于两个气泡的交界处，所以液膜中液体在表面张力和重力影响下，液体有从两个气泡的交界处流向三个多面体气泡的交界处的趋势，结果液体不断从泡壁向三个多面体气泡的边界流动，使气泡壁不断变薄，这就是所谓的泡沫排液过程。液膜变薄至一定程度，导致膜的破裂，泡沫破坏（图 3-18）。因此，人们认为表面张力与重力的作用引起的液膜排液是泡沫破坏的重要原因之一。

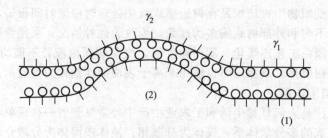

图 3-18　气泡液膜局部变薄引起表面张力变化和泡沫破灭

泡沫中气体有透过液膜扩散的趋势和能力,气体透过所导致的气泡兼并是泡沫破坏的另一重要原因。在形成泡沫时,气泡的大小不会均一,小气泡中的压力比大气泡中大,因此气体容易从高压的小泡液膜扩散至低压的大泡中,小泡变小直至消失,而大泡逐渐变大,液膜变薄直至破裂。

在表面张力作用下,气泡壁可能自动"修复",其结果会导致泡沫稳定。当泡沫的液膜受到外力冲击时,也会发生局部变薄的现象。

(2) 泡沫的稳定性 泡沫形成的难易与泡沫能否持久(稳定性)是两个不同的概念。当表面活性剂加入体系,流体表面张力降低,可以使液-气界面的形成所需功减少,有利于泡沫形成,但不一定保证泡沫有较好的稳定性。影响泡沫稳定性因素很多,但以形成液-气界面膜的强度为最重要的因素。当表面活性剂疏水基分支较多或存在双键时,界面膜分子间排列不可能紧密,分子间作用力也较直链疏水基的表面活性剂差,因而泡沫稳定性差。此外,排列紧密的表面分子还能减少气体的渗透性,从而也能增加泡沫的稳定性。例如,在月桂酸钠或十二烷基硫酸钠水溶液中,加入少量月桂醇或月桂酰异丙醇胺,表面膜的强度增大。因为月桂醇或月桂酰异丙醇胺减少了极性基负电荷之间相斥力,增加了烷基的总密度,同时还可能形成氢键增加两种分子间的作用。

泡沫是一种热力学不稳定体系,自发的趋势是破泡之后体系内液体的总表面积减小,自由能降低。消泡过程就是隔开气体的液膜由厚变薄,直至破裂的过程。因此,泡沫的稳定程度主要是由排液快慢和液膜的强度决定的。其影响因素还有以下几种。

① 表面张力 从能量观点考虑,低表面张力对于泡沫的形成比较有利,但不能保证泡沫稳定。表面张力低,压差小,排液速度变慢,液膜变薄较慢,有利于泡沫的稳定。

② 液膜表面黏度 决定泡沫稳定性的关键因素在于液膜强度,而液膜强度主要决定于表面吸附膜的坚固性,以表面黏度为其量度。实验证明,表面黏度较大的溶液所生成的泡沫寿命较长,这是因为表面吸附分子间的相互作用导致膜强度增大,从而提高泡沫的寿命。

③ 溶液黏度 当液体本身的黏度增大时,液膜中的液体不易排出,液膜厚度变薄的速度较慢,延缓了液膜破裂的时间,增加了泡沫的稳定性。但黏度并非起稳定作用的主要因素,有些黏度并不大的表面膜却能形成稳定泡沫,而有些黏度高的单分子层膜却不产生稳定泡沫。

④ 表面张力的"修复"作用 表面活性剂吸附于表面的液膜,有反抗液膜表面扩张或收缩的能力,我们将这一能力称为修复作用。这是因为有表面活性剂在表面上吸附的液膜,扩张其表面积将降低表面吸附分子的浓度,增大表面张力。进一步扩大表面将需要做更大的功。反之表面积收缩将增加表面吸附分子的浓度,即减小表面张力,不利于进一步地收缩。

⑤ 气体通过液膜的扩散 由于毛细压力的存在,泡沫中小泡的压力要比大泡压力高,会造成小泡中的气体透过液膜扩散到低压的大泡中,造成小泡变小,大泡变大,最终泡沫破裂的现象。如果加入表面活性剂,发泡时则可使泡沫均匀细密,不易消泡。由于表面活性剂紧密排列在液膜上,透气困难,而使泡沫更加稳定。

⑥ 表面电荷的影响 如果泡沫液膜带有相同符号的电荷,液膜两个表面将互相排斥,防止了液膜变薄乃至破坏。离子型表面活性剂可起这种稳定作用。阳、阴离子表面活性剂之间强烈的相互作用,也会导致高的气泡寿命。此种相互作用,除一般碳氢键间的疏水作用之外,还存在着正、负电荷间强烈的库仑引力。例如,在 0.0075mol 的 $C_8H_{17}SO_4Na$ 以及 $C_8H_{17}N(CH_3)_3Br$ 溶液表面上的气泡寿命(25℃时)分别为 19s 及 18s;而 0.0075mol 的 $C_8H_{17}N(CH_3)_3Br/C_8H_{17}SO_4Na$(1:1)混合溶液表面上的气泡则长达 26~100s。离子型

表面活性剂吸附于液膜表面形成表面双电层也会防止液膜进一步变薄而导致破裂。

综上所述，液膜强度是决定泡沫稳定性的关键因素。作为起泡剂和稳泡剂的表面活性剂，其表面吸附分子排列的紧密性和牢固性是最重要的因素。表面吸附分子相互作用强时，吸附分子排列结构紧密，这不仅使表面膜本身具有较高的强度，而且因表面黏度较高使邻近表面膜的溶液不易流动，液膜排液相对困难，液膜的厚度易于维持。此外，排列紧密的表面分子还能减低气体分子的透过性从而也可增加泡沫的稳定性。

（3）泡沫的消除　在生产和生活中，泡沫有时会给我们带来极大的不便，如在制糖、印染、炼油以及化工等工业中，泡沫的存在会造成工艺操作上的困难，有时还影响到产品的质量，在这些情况下，如何防止泡沫的生成或消除已生成的泡沫是常常需要考虑的问题。

消泡与破乳类似，破坏泡沫的基本原则就是改变产生泡沫的条件或消除泡沫的稳定因素，也有物理方法和物理化学方法两类。所谓物理消泡法就是在维持泡沫溶液的化学成分不变的情况下改变泡沫产生的条件，如外力的扰动、高速离心、改变温度或压力以及超声处理等击碎泡沫的方法以降低液体黏度或增加泡沫内气体压力，加快液体蒸发等导致泡沫破裂，但这些物理方法在实际工作中很难实施。目前应用的消泡方法还是以物理化学方法为主。消泡过程包括两种类型：泡沫破坏剂的作用在于摧毁已存在的泡沫；防泡剂则防止泡沫产生。这两种类型消泡剂混合使用时有加和性。几种消泡剂混合使用也常起协同作用，可使消泡效率增加。消泡剂的种类多种多样，但基本上都为非离子表面活性剂。非离子表面活性剂在其浊点附近或浊点以上时具有防泡性能，常用作消泡剂。醇类、特别是有分支结构的醇、脂肪酸及脂肪酸酯、多酰胺、磷酸酯、硅油等也是常用的优良消泡剂。不溶于水或亲水性差的消泡剂可加润湿剂或乳化剂，使其很好地分散在水中，或者先溶于有机溶剂再溶于水溶液中。有些消泡剂使用惰性载体如 SiO_2，可起到增加消泡效率的作用。

① 加入某种化学试剂与起泡剂或稳定剂发生化学反应，从而破坏泡沫。例如，用脂肪酸皂类作起泡剂产生的泡沫，加入无机酸及钙、镁盐后，因产生不溶于水的脂肪酸或难溶盐使泡沫破坏。其缺点是有腐蚀或堵塞管道等问题。

② 加入表面活性大其本身不能形成坚固膜的活性物质。这类物质能在体系中顶替掉原来的起泡剂分子，结果使泡沫破坏。消泡剂能在液面上迅速铺展，带走表面下的薄层液体，使液膜变薄到破裂。例如，碳链不长的醇或醚，表面活性高，能起顶替作用，但由于它们碳链不长，不能形成坚固的膜。又如 $n\text{-}C_3F_7CH_2OH$ 能在十二烷基硫酸钠溶液表面很快铺展，带走次表面层液体使液膜变薄，直至破裂。

③ 消泡剂降低液膜表面黏度，使排液加快，导致泡沫破裂。例如，以磷酸三丁酯为消泡剂时，因它的截面积大，渗入液膜后插入起泡剂分子之间，使其相互作用力减弱，液膜表面黏度下降，泡沫变得不稳定而易被破坏。

④ 加入电解质降低液膜表面双电层的斥力。这类消泡剂对表面双电层相斥为主要稳定因素的泡沫有效，因为增加电解质浓度以压缩双电层有利于消泡。

⑤ 加入的消泡剂能使液膜失去表面弹性或表面"修复"能力。例如，聚氧乙烯-聚氧丙烯共聚物不能形成坚固的表面膜，但扩散及吸附到界面却很快，使液膜变薄处难以"修复"而降低泡沫的稳定性。又如长链脂肪酸的钙盐形成没有弹性的易碎固态膜，当它们部分或全部取代液膜内的十二烷基苯磺酸钠等分子时，就使膜失去弹性。当然，如果钙皂可与起泡剂产生紧密混合膜的就没有消泡作用。在起泡剂浓度大于 CMC 时，消泡剂有可能被增溶而削弱其消泡作用。

（4）影响表面活性剂起泡力的因素　表面活性剂的种类是决定起泡力的主要因素，其他如温度、水的硬度、添加剂和溶液的 pH 值等也对起泡力有很大的影响。

阴离子表面活性剂的起泡力一般都比较大。其中肥皂是一类起泡力强的表面活性剂，它的起泡力和生成泡的稳定性与亲油基碳链的长度有关。

聚氧乙烯醚类非离子表面活性剂的起泡力随环氧乙烷加成数的不同而异。环氧乙烷加成数较小时，溶解性差，起泡力小。随着环氧乙烷加成数的增加，起泡力逐渐增加。

（5）消泡剂的种类　实际应用的消泡剂种类很多，常用的有醇类、有机硅类、有机极性化合物等。

醇类消泡剂常为有分支结构的醇。如二乙基己醇、异辛醇、异戊醇、二异丁基甲醇等，它们常用于制糖、造纸、印染工业中。

有机硅类（主要是烷基硅油）消泡剂具有良好的消泡能力和抑泡能力，其表面张力很低，容易吸附于表面，在液面上易铺展且形成的表面膜强度不高。硅油不仅用于水溶液体系，对于非水体系也有效，而且用量较少。这类消泡剂广泛用于纤维、涂料、发酵等各工业部门，但其价格较高。

泡沫作用的重要工业应用——矿物浮选已在上一节中介绍了，洗涤过程中泡沫的作用也是显而易见的，此处不再赘述。

3.2.3.8　抗静电与润滑作用

为制备效果相对耐久的表面活性剂添加型抗静电纤维，可采用将表面活性剂添加到纺丝液中进行共混纺丝的方法，利用表面活性剂从内向外地不断迁移扩散，使纤维表面长期含有表面活性剂，或者将纤维制品浸渍在含有抗静电剂（某些表面活性剂）的溶液中吸附后整理得到。具有比较大的疏水基团和比较强的亲水基团的表面活性剂在纤维界面吸附时，疏水基朝向纤维，亲水基朝向空气，使纤维的离子导电性能和吸湿导电性能增加，即产生了放电现象，使纤维的表面电阻降低，防止了纤维表面静电的积累，这就是表面活性剂的抗静电作用。当选用表面活性剂作为纤维的抗静电剂时，一般要求其结构上有比较大的疏水基和比较强的亲水基团。纤维表面的电阻值可以粗约衡量纤维抗静电性能的优劣，Wilson 建议以纤维的表面电阻值 $R_S > 10^{13} \Omega$ 时，抗静电性能为劣等，$10^{12} \sim 10^{13} \Omega$ 者为合格，$10^{11} \sim 10^{12} \Omega$ 者为良好，$10^{10} \sim 10^{11} \Omega$ 者为优等，R_S 小于 $10^{10} \Omega$ 者为特优等。纤维的抗静电性有暂时性和耐久性之分，暂时抗静电剂主要利用表面活性剂对纤维的吸附而产生抗静电性能。常用的暂时抗静电剂中，有各种阳离子表面活性剂和阴离子表面活性剂，以及各种性能优异的两性表面活性剂。表面活性剂的柔软效果与纤维种类的关系见图 3-19。

表面活性剂能使纤维具有平滑柔软性的原因之一是降低了纤维间的静摩擦系数。当纤维吸附了表面活性剂后，表面活性剂的疏水基团朝向纤维表面外侧，纤维与纤维之间形成一层润滑剂膜，降低了纤维的静摩擦系数，纤维的平滑柔软性增加。然而这种吸附型的平滑柔软过程，并不是永久性的，一旦经多次水洗，表面活性剂离开了纤维表面，这种平滑柔软性能也随之消失。而永久性的柔软剂，是利用一种带有长碳链疏水基的物质与纤维的羟基或其他基团发生化学反应，把一些疏水基接在纤维的表面，永久在纤维间降低其静摩擦力，从而获得

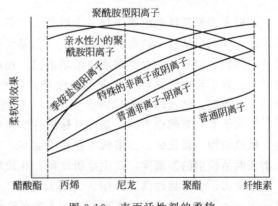

图 3-19　表面活性剂的柔软
效果与纤维种类的关系

永久的柔软平滑性能。目前在纤维织品上作柔软剂使用的表面活性剂，仍以阳离子或阴离子表面活性剂为主，非离子表面活性剂也较多，但阳离子表面活性剂会和直接染料以及荧光增白剂等发生相互作用而降低增白程度或变色，因此在使用上受到一定限制，人们已开始大量使用两性表面活性剂来作纤维的柔软剂使用。例如十二烷基二甲基甜菜碱，在较宽的 pH 范围内显示出优异的柔软效果，特别对羊毛和亚麻织品既有良好的柔软效果，又有有效的洗净作用。目前在对有些纤维的柔软整理上，已经大量使用了。另外，咪唑啉两性表面活性剂和 N-烷基-β-氨基丙酸等，都在不少场合中作柔软剂使用。

以上介绍的表面活性剂基本性质在精细化学品配方设计与实施工艺中都会遇到，正确地掌握和运用这些性质对精细化学品配方的研究和设计尤为重要。

3.3 表面活性剂的复配原理

表面活性剂相互间或与其他化合物的配合使用称为复配。例如，在表面活性剂的增溶应用中，如果能够选择适宜的配伍，可以大大增加增溶能力，减少表面活性剂用量，使表面活性剂混合体系具有优于单一表面活性剂溶液更好的特性。例如，高纯度的十二烷基磺酸钠水溶液的增溶、乳化及起泡能力都低于其与十二醇的混合体系。另一方面，在复配型精细化学品制剂中，表面活性剂也常需与其他成分或辅料配伍，所以了解复配中可能产生的影响，对于合理利用表面活性剂是非常必要的。

表面活性剂的相互作用一般是指在结晶中或在溶液中表面活性剂之间的相互作用。这种相互作用在表面活性剂结构与性能关系的研究以及实际应用时的复配组方上有重要价值。因为实际应用中极少使用纯的表面活性剂，绝大多数场合都是以其混合物形式使用。使用加入各种添加剂的表面活性剂配方带来成本的大幅度降低，而更重要的原因是，经过复配的表面活性剂具有比单一表面活性剂更好的使用效果。例如在一般洗涤剂配方中，表面活性剂只占总成分的 20%～30%，其余大部分是无机物及少量有机物，而所用的表面活性剂也不是纯品，往往是一系列同系物混合物。因此，应弄清楚表面活性剂的复配基本规律，以寻求各种符合实际用途的高效复配配方。

3.3.1 与中性无机盐的作用

在离子表面活性剂溶液中加入无机盐，主要是反离子的影响，即压缩离子雾和扩散双电层厚度。反离子结合率越高，浓度越大，临界胶束浓度就越低，从而增加了胶束数量，增加烃核总体积，增加了对烃类增溶质的增溶量。相反，由于无机盐使胶束栅状层分子间的电斥力减小，分子排列更紧密，减少了极性增溶质的有效增溶空间。故对极性物质的增溶量降低。一般而言，钠盐的影响比钾盐更大，一价离子比二价离子有更大影响。在阳离子相同时，阴离子不同影响也不同，如在月桂酸钾溶液中，钾盐对橙 OT 增溶的影响顺序为氢氧化钾＞硫氰酸钾＞氯化钾。当溶液中存在大量 Ca^{2+}、Mg^{2+} 等多价反离子时，则可能减低阴离子型表面活性剂的溶解度，产生盐析现象，导致增溶量下降。

在非离子表面活性剂溶液中，无机盐的影响较小，但在高浓度时（＞0.1mol/L）也能显示出一定影响。大多数无机离子的加入均可破坏表面活性剂聚氧乙烯等亲水基团与水分子的结合，使浊点降低，临界胶束浓度下降，增溶量增加。但多价离子及 H^+、Ag^+、Li^+ 和

I$^-$、SCN$^-$等则升高浊点，这是因为聚氧乙烯基上的氧可与这些电性较强的阳离子结合而使之带正电性，与水分子仍有牢固结合。

表面活性剂的复配配方中，加入大量的无机电解质可以使溶液的表面活性提高。这种协同作用主要表现在离子型表面活性剂与无机盐混合溶液中。对于离子型表面活性剂，在其溶液中加入与表面活性剂有相同离子的无机盐（如在RSO_3Na溶液中加入$NaCl$），表面活性即可提高，临界胶束浓度降低。在一定的浓度范围内，CMC与加入的盐的浓度成反比。加到表面活性剂溶液中的无机盐，在降低CMC的同时，也使其表面张力大大下降，达到全面增效作用。不同NaCl浓度对十二烷基硫酸钠溶液的表面张力影响不同，增加盐的浓度可降低同浓度十二烷基硫酸钠溶液的表面张力和CMC（见表3-16），而且使溶液的最低表面张力降低得更多。无机盐对离子型表面活性剂主要是通过离子间的电性能作用，压缩表面活性剂离子头的离子雾厚度，减少其排斥作用，使其易形成胶团。

表 3-16　NaCl 浓度对十二烷基硫酸钠溶液 CMC 的影响

NaCl 浓度/(mol/L)	CMC/(mol/L)	NaCl 浓度/(mol/L)	CMC/(mol/L)
0	0.0081	0.2	0.00083
0.02	0.0038	0.4	0.00052

除了反离子的浓度，反离子的价数的影响也很大，高价离子比一价离子有更大的降低表面活性剂溶液表面张力的能力（若高价离子使表面活性剂形成沉淀则例外）。

无机盐对非离子型表面活性剂主要是对其疏水基团的盐析或盐溶作用，而不是对亲水基的作用，降低其CMC。但该影响较小，当盐浓度较小时，非离子型表面活性剂溶液的表面张力几乎不发生变化，因此，盐与非离子表面活性剂的配伍效应不大。无机盐能明显促进离子型表面活性剂的缔合而对非离子表面活性剂影响较小。电解质的盐析作用可以降低非离子表面活性剂的浊点，它与降低CMC、增加胶束聚集数相应，使得表面活性剂易缔合成更大的胶团，到一定程度即分离出新相，溶液出现浑浊。图3-20显示出不同盐类及不同浓度与非离子表面活性剂浊点的关系。金属离子的价数不是决定因素，酸根离子则有最大影响。

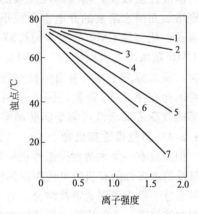

图 3-20　不同电解质对辛基苯聚氧乙烯醚-9 浊点的影响

1—$AlCl_3$；2—$CaCl_2$, LiCl；3—NaCl；
4—KCl；5—Li_2SO_4；6—K_2SO_4；
7—Na_2SO_4

虽然无机盐电解质对非离子表面活性剂溶液性质的影响主要是"盐析作用"，但也不能完全忽略电性相互作用。对于聚氧乙烯链为极性头的非离子表面活性剂，链中的氧原子可以通过氢键与H_2O及H_3O^+结合，从而使这种非离子表面活性剂分子带一些正电性。从这个角度来讲，无机盐对聚氧乙烯型非离子表面活性剂表面活性的影响与离子型表面活性剂的有些相似，只不过由于聚氧乙烯型非离子表面活性剂极性基的正电性远低于离子型表面活性剂，无机盐的影响也小很多。

总之，盐效应是阴、阳离子作用的总和。在降低非离子表面活性剂CMC的效率上阳离子作用大小的次序是：$NH_4^+ > K^+ > Na^+ > Li^+ > Ca^{2+}$。阴离子的顺序是：$SO_4^{2-} > F^- > Cl^- > Br^- > NO_3^-$。

3.3.2 与极性有机物的作用

众所周知，少量有机物的存在，能增加表面活性剂在水溶液中的表面活性，使 CMC 发生很大变化，并使溶液表面张力降低更多。一般的表面活性剂工业产品中几乎不可避免地含有少量未被分离出去的极性有机物，这些杂质对表面活性剂产品性质将产生极大影响，如十二烷基硫酸钠中含有少量月桂醇时将提高产品的表面活性。因此，在洗涤产品配方设计时，有意加入一些极性有机物作添加剂，它们可以作为增泡剂、助洗剂、稳泡剂、乳化剂存在。

3.3.2.1 脂肪醇

脂肪醇的存在对表面活性剂溶液的表面张力、CMC 以及其他性质（如起泡性、泡沫稳定性、乳化性能及增溶作用等）都有显著影响。脂肪醇对表面活性剂增溶的影响与其碳链长度及浓度有关。脂肪醇与表面活性剂分子形成的混合胶束体积增大，对碳氢化合物的增溶量增加。脂肪醇碳链越长，极性极小，增溶效果越大，但在使用时一般以碳原子数在 12 以下的长链为宜，因为更长链的醇受溶解度的限制进入胶束的量减少。与之相反，一些短链醇不仅不能与表面活性剂形成混合胶束，还可能破坏胶束的形成，在使用浓度较高时使临界胶束浓度升高，如 $C_1 \sim C_6$ 的醇和环己醇等均出现这类效果。少量非极性烷烃的加入有类似于长链脂肪醇的影响，但主要增加对极性化合物的增溶量。在长链醇的溶解度范围内，表面活性剂的 CMC 随醇浓度增加而下降。长链脂肪醇可降低表面活性剂溶液的 CMC，这种作用的大小随脂肪醇碳氢链的加长而增大。但浓度高时，则 CMC 随浓度变大而增加。由于浓度增加，溶液性质改变，使未形成胶束的表面活性剂分子的溶解度变大，CMC 提高；或是由于浓度增加而使水溶液的介电常数减小，于是胶束的离子头之间的排斥作用增加，不利于胶束的形成，从而使 CMC 变大。短链醇在浓度小时可使表面活性剂的 CMC 降低；在浓度高时，则 CMC 随浓度变大而增加。原因是在醇浓度较小时，醇分子本身的碳氢链周围有"冰山"结构，所以醇分子参与表面活性剂胶团形成的过程是容易自发进行的自由能降低过程，溶液中醇的存在使 CMC 降低，因此这两种效应综合的结果，导致醇浓度高时，CMC 升高。脂肪醇能改变表面活性可能是脂肪醇参与了胶束的形成，与表面活性剂混杂在一起形成胶束。

3.3.2.2 其他极性有机物

但是也有一类水溶性强极性也强的有机添加剂能使表面活性剂的 CMC 上升而不下降。但强极性的水溶性的有机物可使表面活性剂在溶液中的溶解度大为降低。一方面这些有机极性分子与水分子发生强烈竞争性结合，另一方面这些物质也是表面活性剂的助溶剂，增加了表面活性剂的溶解度，这些均使表面活性剂浊点升高并影响胶束形成，例如尿素可使十二醇聚氧乙烯（6）醚的临界胶束浓度升高 10 倍之多。一些多元醇如果糖、木糖、山梨醇可使非离子表面活性剂临界胶束浓度下降，它们的强亲水性及强极性使表面活性剂的疏水基团在水中的稳定性降低，从而易于形成胶束并使胶束体积增大。强极性水溶性有机物对表面活性剂水溶液的作用形式与其结构有关，某些添加物能使 CMC 上升而不下降，如：尿素、N-甲基乙酰胺、乙二醇、二噁烷等；而另一些则使 CMC 降低，如：果糖、木糖、山梨醇、环己六醇等。

某些表面活性剂在水中溶解度太小，对应用不利，需要在配方中加入增加溶解度的添加剂，即助溶剂。常用做助溶剂的是二甲苯磺酸钠一类化合物。适当的助溶剂应该是在增加表面活性剂溶解性的同时，一般不显著降低表面活性剂的表面活性。使用时常常将不同的助溶剂混合使用，以增强助溶效果。

3.3.3 与水溶性高分子的作用

水溶性高分子化合物在实际使用时，往往与表面活性剂复配使用。在乳状液中常将一些高分子化合物如明胶、羧甲基纤维素、聚乙烯醇、聚乙二醇、聚乙烯吡咯烷酮、阿拉伯树胶等和表面活性剂一起使用，使乳状液稳定性提高。这主要由于水溶性高分子化合物可对表面活性剂分子产生吸附作用，高分子浓度越大，吸附量越多，因而表面活性剂的临界胶束浓度也随之升高，导致乳状液的黏度增加。但在含有高分子的溶液中，只要有胶束形成，其增溶效果就会显著增强，这可能是由于高分子与表面活性剂分子的疏水链之间的相互结合使胶束烃核增大。高分子对于离子表面活性剂除碳氢链间的相互作用外尚有一定的电性效应，如聚乙二醇的结构中醚氧原子上有未成键孤对电子存在，它们与水中的 H^+ 结合而带有正电荷，易与阴离子表面活性剂结合。这种现象在一些聚电解质加入时更为明显，在大量电荷存在时，由于强烈的结合可形成不溶性的复合物，但随着表面活性剂用量的增加，不溶性复合物又可重新溶解。

水溶性高分子与表面活性剂之间的作用一般有三种：①电性作用；②疏水作用；③色散力作用。在水溶液中，水分子与水分子之间的色散力作用和水分子与碳氢链之间的色散力作用差别不大，一般在相同的数量级内，但水所具有的特殊结构而引起的碳氢链之间的疏水作用较强。因此，对于中性的非电解质水溶性高分子，它与表面活性剂之间的相互作用主要是烃链间的疏水结合，几乎所有的研究工作都表明，高分子物质的疏水性越强，越容易与表面活性剂相互作用生成"复合物"。影响这种相互作用的主要因素是：①高分子的疏水性越强，相互作用越大；②表面活性剂的碳链越长，相互作用越大；③两者的电负性差异越大，相互作用越大。大分子的疏水性越强，电性差异越大则有越强的相互作用。一些中性水溶性大分子与阴离子表面活性剂的作用强弱次序为：聚乙烯吡咯烷酮＞甲基纤维素＞聚乙二醇＞聚乙烯醇；与阳离子表面活性剂作用强弱次序则为：甲基纤维素＞聚乙烯醇＞聚乙二醇＞聚乙烯吡咯烷酮。水溶性高分子物质与阳离子表面活性剂以及与非离子表面活性剂间的作用则较弱。

3.3.4 表面活性剂混合体系

M. J. Rosen 等人认为，在表面活性剂两元混合物水溶液体系中，当总的混合表面活性剂浓度低于这两种表面活性剂在混合物中所需要的浓度且能获得给定的表面张力（降低）时，则在该表面活性剂两元混合物之间存在着协同效应。他们测定了三个方面的协同效应条件：①表面张力降低效率；②形成混合胶束；③表面张力降低效能。

3.3.4.1 同系物混合体系

同系物表面活性剂的混合溶液，无论是离子型还是非离子型的，若以二元混合物为例，其表面张力随混合物配比的变化始终介于两个表面活性剂之间，存在一定的规律性。混合物的 CMC 也有类似的规律。对于离子表面活性剂，两同系物等量混合时的临界胶束浓度可用以下关系式表示：

$$\frac{1}{C_{12}(1+K_0)}=\frac{X_1}{C_1(1+K_0)}+\frac{X_2}{C_2(1+K_0)}$$

式中，C_{12} 为混合体系的临界胶束浓度；C_1 和 C_2 为两组分的临界胶束浓度；K_0 为与胶束反离子结合度有关的常数；X_1 和 X_2 为两组分的摩尔分数。从式中可以看出，混合体系的临界胶束浓度与各组分摩尔分数不呈直线关系，也不等于简单加和平均值，临界胶束浓度较小组分有更大的影响。

对于非离子表面活性剂，式中 $K_0=0$，故上式可简写为：

$$\frac{1}{C_{12}}=\frac{X_1}{C_1}+\frac{X_2}{C_2}$$

事实上，许多市售的表面活性剂都是同系物的混合物，像硬脂酸钠、棕榈酸钠或月桂酸钠等常是不同链长同系物的混合物。两个同系物混合物的表面活性介于各自表面活性之间而且趋于活性较高的组分（即碳氢链更长的同系物）。对两种不同阴离子表面活性剂直链烷基苯磺酸盐（AS）与烷基醚硫酸盐（AES）混合物的研究表明：混合物界面张力会出现最小值。最小值的位置及数值取决于烷基醚硫酸盐中环氧乙烷的加成数。如在测定聚酯-聚酯表面上的润湿能、接触角所得的测定值都在与界面张力最小值相应的混合比例处出现一固定的极值点，这些结果对实际配方工作非常重要。

3.3.4.2 非离子表面活性剂与离子表面活性剂混合体系

非离子表面活性剂与离子表面活性剂的复配已有广泛的应用，如非离子表面活性剂（特别是聚氧乙烯基作为亲水基）加到一般肥皂中，量少时起钙皂分散作用（防硬水作用），量多时就是低泡洗涤剂配方。有关非离子表面活性剂与离子表面活性剂复配规律可总结如下。

（1）在离子表面活性剂中加入非离子表面活性剂，将使表面活性提高。

在非离子表面活性剂加入量很少时，就会使表面张力显著降低。如在十二烷基磺酸钠（SDS）中加入 $C_{12}E_5$（十二烷基聚乙二醇醚-6）后，在 $C_{12}E_5$ 的浓度很小时可使 CMC 及表面张力大大降低，当 SDS 的浓度增加到其 CMC 附近时，溶液的表面张力出现了低值，此时的 $C_{12}E_5$ 在混合溶液中的摩尔分数仅是 0.001。

（2）在非离子表面活性剂中加入离子表面活性剂，溶液的表面活性增加。

（3）在非离子表面活性剂中加入离子表面活性剂，将使浊点升高。但这种混合物的浊点不清楚，界限不够分明，实际上常有一段较宽的温度范围。

（4）许多研究表明，阴离子表面活性剂与非离子表面活性剂的相互作用强于阳离子表面活性剂与非离子表面活性剂的，这可能是由于非离子表面活性剂（如聚氧乙烯链中的氧原子）通过氢键与 H_2O 及 H_3O^+ 结合，使这种非离子表面活性剂分子带有一些正电性。因此阴离子表面活性剂与此类非离子表面活性剂的相互作用中还有类似于异电性表面活性剂之间的电性作用。

在该混合体系中两类表面活性剂形成混合胶束，原来带有同种电荷的离子型表面活性剂极性基之间插有非离子型表面活性剂，从而减弱了离子型表面活性剂离子头之间的电性斥力，非离子表面活性剂因诱导偶极作用产生的分子正负电荷中心对离子表面活性剂产生定向静电吸引，增加了分子间的相互作用，更易形成胶束，结果使混合物溶液的 CMC 下降，表面张力降低。几乎在全部浓度区域内，混合物的 CMC 均低于单一表面活性剂的 CMC 值（能够使临界胶束浓度低于任一表面活性剂临界胶束浓度的协同作用与两组分的种类及其配比有关），因而具有比单一表面活性剂更为优良的洗涤、润湿等性质，可以提高乳液的稳定性。

一般而言，当非离子表面活性剂中聚氧乙烯数增加时，可能有更强的协同作用，但电解质的加入可使协同作用减弱。对于具有相同疏水基的聚氧乙烯型非离子表面活性剂，与阴离子表面活性剂配伍的协同作用强于与阳离子配伍的协同作用。

3.3.4.3 阴离子表面活性剂与阳离子表面活性剂的混合体系

长期以来，在表面活性剂复配应用过程中把阳离子型表面活性剂与阴离子型表面活性剂的复配视为禁忌，一般认为两者在水溶液中相互作用会产生沉淀或絮状配合物，从而产生负效应甚至使表面活性剂失去表面活性。有人研究发现，在一定条件下阴、阳离子表面活性剂复配体系具有很高的表面活性，显示出极大的增效作用，这样的复配体系已成功地用于实际。实践证明，在水溶液中，阴离子表面活性剂与阳离子表面活性剂之间有强烈的相互作用，形成一种复合物（分子间化合物）时表现出较高的表面活性，使溶液的表面活性大大降低，同时具有润湿、增溶、起泡、杀菌作用等。如在等摩尔量混合时，两种相反电荷的强烈吸引导致最强的表面活性，而且此时加入无机盐对其表面活性不再产生影响。例如辛烷基磺酸钠（$C_8H_{17}SO_3Na$）在一定浓度下，其溶液表面张力为 $3.8\times10^{-4}N/cm$，与辛基三甲基溴化铵季铵盐 $[C_8H_{17}N^+(CH_3)_3Br^-]$ 在相同浓度下，其溶液表面张力为 $4.1\times10^{-4}N/cm$，它俩以 1:1 配伍时，混合溶液的表面张力仅为 $2.3\times10^{-4}N/cm$，临界胶束浓度为 $7.5\times10^{-3}mol/L$，仅相当于两种表面活性剂临界胶束浓度的 1/20~1/35。由此可见混合后，复合物降低表面张力的能力比任何一个单一组分的表面活性剂要大得多。如果两种离子表面活性剂具有相等长度的碳氢链，增效作用最大，且碳链越长，增效作用也越强。如果两者的碳链长度不等，则混合体系的临界胶束浓度取决于两者碳原子数总和，碳原子数越多，临界胶束浓度也越小。但如果两种表面活性剂分子的碳氢链长度相差较大，一种表面活性剂的疏水链碳原子数低于6，则增效作用大大下降。

值得一提的是，通过复配，还可使一些本来表面活性很差的"边缘"表面活性剂也具有很高的表面活性。阴、阳离子表面活性剂混合体系的协同作用来源于阴、阳离子间的强吸引力，这种相互作用包括异性离子间的静电吸引作用以及烃基间的憎水相互作用，使溶液内部的表面活性剂分子更易聚集形成胶团，表面吸附层中的表面活性剂分子的排列更为紧密，表面能更低。阴、阳离子表面活性剂复配后会导致每一组分吸附量增加。阴、阳离子表面活性剂在吸附层呈等比组成时达到最大电性吸引，表面吸附分子排列更加紧密而使表面吸附增加。与复合物表现出的高表面活性相关的是阴、阳离子表面活性剂混合后，所表现出的较好的润湿性能、每一组分吸附量增加、溶液的起泡性或泡沫稳定性也会发生很大的变化。实验证明等物质量的阴、阳离子表面活性剂混合液所产生的泡沫寿命，或在水-油体系中液滴的寿命，都比单一表面活性剂溶液所产生的泡沫寿命或液滴寿命要长得多。$[C_8H_{17}N(CH_3)_3]^+Br^-$ 和 $C_8H_{17}SO_4Na$ 的混合液，在水-庚烷体系中所维持液滴的寿命分别比单一的阳离子表面活性剂和单一的阴离子表面活性剂所维持的液滴寿命要高 1400 倍和 70 倍。再如，同样的混合液所形成的泡沫的平均寿命为 2.6×10^4s，而单一的阳离子表面活性剂溶液所形成的泡沫的平均寿命仅为 18s，单一的阴离子表面活性剂溶液所形成的泡沫的平均寿命仅为 19s。可见混合液维持气泡或液滴的寿命要长得多，特别是在浓度接近 1:1 比例的临界胶束浓度时，会高得更多。这说明混合后的溶液所形成气泡的表面膜或液滴的界面膜的强度是相当大的，比单一表面活性剂所形成的要高得多。

必须指出，上述复合型离子化合物并不是在任何场合以任何方式都可以形成的，特别是阴离子表面活性剂和阳离子表面活性剂之间形成的分子间化合物，一般是很难制备的，必须严格地按照一定的物质的量比例，并遵循一定的混合式才行。否则不仅得不到有相互作用并显著提高它们表面活性的分子间化合物，反而得到性质彼此抵消的离子化合物，并从水溶液中沉淀析出。例如，十六烷基三甲基季铵盐与十二烷基苯磺酸钠混合后，便形成沉淀。这种分子间因静电作用而形成的离子化合物，使阳离子表面活性剂失去了对纺织品的柔软和抗静电作用，又使阴离子表面活性剂失去了洗涤能力。

3.3.4.4　阴离子表面活性剂与两性表面活性剂的混合体系

同样，无论阴离子表面活性剂还是阳离子表面活性剂都能和两性表面活性剂发生强烈的相互作用，提高表面活性以及改变各种性能。例如，在针对硬水体系的洗涤剂配方中，通常会添加一定量的两性表面活性剂来提高直链烷基苯磺酸盐的洗净力，同时降低污染。

固定溶液中总表面活性剂的浓度不变，改变阴离子表面活性剂和两性表面活性剂的比率，测定表面张力，会发现随着两性表面活性剂比率的增大，混合体系表面张力逐渐减小，达最低值后又逐渐增大；混合体系的临界胶束浓度也逐渐减小，达到最低值后保持以稳定水平。阴离子表面活性剂和两性表面活性剂的混合体系之所以会出现协同增效作用与阴离子表面活性剂和两性表面活性剂在水溶液中的相互作用特性有着密切的关系。由于两性表面活性剂分子中有正电荷存在，溶液中阴离子表面活性剂和两性表面活性剂之间存在着相互作用。两性表面活性剂极性基团所带的正电荷对阴离子表面活性剂的阴离子基团存在静电吸引作用，而且阴离子表面活性剂和两性表面活性剂的碳氢链还存在一定的疏水相互作用，因而在液-气界面表面活性剂分子排列得更致密，吸附量更大，复配后表面活性更高。溶液中阴离子表面活性剂和两性表面活性剂之间形成了某种复合物或称为分子间化合物，由于这种分子间化合物的形成，自然改变了许多和表面活性有关的性质以及其他物理性质。可以通过 pH 值测定法、表面张力测定法和示踪原子测试法等来研究这种相互作用，也可以准确测出分子间化合物的组成比例。这种复合物的生成在一定程度上可提高界面活性的性质，在实用上往往可以在阴离子表面活性剂中加入一定比例的两性表面活性剂，从而使阴离子表面活性剂的洗净能力提高许多。特别在较硬的水中进行洗涤，这种效果更为明显。例如，在烷基苯磺酸钠皂（LAS）中加入一定量的两性表面活性剂可以提高 LAS 的洗净能力，降低污染。

图 3-21 中可清楚地看出这种倾向，即复合物的洗净力比任何一个组分物的洗净力都高。

3.3.4.5　阳离子表面活性剂与两性表面活性剂的混合体系

两性表面活性剂与阳离子表面活性剂之间同样存在强烈的相互作用，主要表现在引起水溶液的黏度、泡沫量等发生变化。例如，两性表面活性剂 $C_{12}H_{25}NHCH_2CH_2COOH$（DBA）和阳离子表面活性剂 $C_{16}H_{33}N^+(CH_3)_3Br^-$（CTAB）在溶液中存在着强烈的相互作用，摩尔分数在 $0.4\sim0.6$ 之间时，初期气泡的体积显著降低，在摩尔分数近于 0.6 左右时，出现了气泡体积的极小值，如图 3-22 所示。

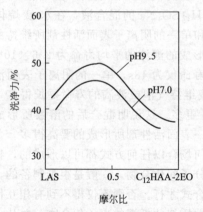

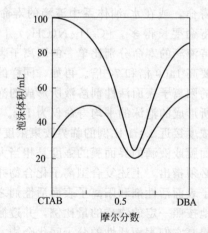

图 3-21　洗净力与复合表面活性剂组成的关系
$C_{12}HAA$-2EO 指十二烷基-N-二乙二醇乙酰基甜菜碱

图 3-22　复合表面活性剂组成对泡沫量的影响

两性表面活性剂与阳离子表面活性剂混合体的水溶液的黏度，在 pH 大于 7 时会随 pH 值的提高而增加，当 pH=9.4 时，黏度达到最大值，随后随 pH 值的提高而迅速下降。在碱性条件下，它们混合后的溶液黏度在开始阶段随 pH 值的增加而增加，在 pH 值达到 9.4 时，黏度也达到最大值，pH 值再增加，黏度下降。在 pH 值达到 9.4 时，溶液黏度不仅出现最大值，同时溶液也可能出现浑浊或沉淀。Kolp 等人认为产生的这种沉淀，是 DBA 和 CTAB 相互作用，形成了不溶性的配合物（即复合物或称分子间化合物），而且更进一步形成了裸露离子（ion-bare）的结果。

目前对阴、阳离子表面活性剂的相互作用，以及两性表面活性剂与阴离子表面活性剂或与阳离子表面活性剂的相互作用，只能定性地解释一些实验现象，还不能从理论上加以定量地讨论。

3.3.4.6 表面活性剂在溶液中的协同效应

在实际应用中，纯粹的十二烷基硫酸钠在降低表面张力、发泡、乳化以及洗涤等方面的性能均不及含有少量十二醇的产品。因此，人们已不单纯追求研制纯净的高效能表面活性剂，而是研制含有各种添加剂的表面活性剂配方。复合表面活性剂常显示出单一表面活性剂难以达到的表面特性，比如复合表面活性剂的 γ_{CMC} 有时可显著低于单一表面活性剂溶液，可能出现超低表面张力等。复合表面活性剂在溶液表面（界面）饱和吸附量可能出现两种情况，其一是混合表面活性剂在表面（界面）的饱和吸附量和 γ_{CMC} 值介于两单一表面活性剂中间，其中各组分在混合溶液饱和吸附时的吸附量均低于单一溶液中的数值。另一类复合体系的总饱和吸附量大于各单组分溶液的饱和吸附量，而 γ_{CMC} 又明显低于各组分溶液的值，这种复合体系能使表面活性增加，称之为"增效作用"。

以 $C_8H_{17}N(CH_3)_3Br$ 和 $C_8H_{17}SO_4Na$ 体系为例：在阴离子表面活性剂中加入少量季铵盐，或在阳离子表面活性剂中加入少量硫酸酯，表面张力都会显著下降。这是因为正、负电荷的相互吸引，导致两种表面活性离子在表面上的吸附相互促进，使表面张力降低的效率及能力都有极大提高。在此种表面活性剂形成的表面吸附层中，两种表面活性离子的电荷相互自行中和，表面双电层不复存在；表面活性离子之间不但没有一般表面活性剂那样的电斥力，反而存在静电引力。因此，亲油基的排列更加紧密，表现出非常优良的降低表面张力的能力。如 1:1 的 $C_8H_{17}N(CH_3)_3Br/C_8H_{17}SO_4Na$ 混合物其水溶液的表面张力可降至 $23 \times 10^{-3} N/cm$；庚烷/水溶液界面张力约可降至 $2 \times 10^{-4} N/cm$，这也是一般表面活性剂所没有的。

在阴离子表面活性剂水溶液中加入少量阳离子表面活性剂将使阴离子表面活性剂的吸附明显增加。在阳离子表面活性剂水溶液中加入阴离子表面活性剂，也同样有促进吸附的作用。

3.3.4.7 表面活性剂的复配变化及禁忌

一般来说，离子类型相同的表面活性剂可以互相复配使用，不会引起稳定性问题。例如阴离子表面活性剂脂肪醇聚氧乙烯醚硫酸钠经常与脂肪醇硫酸盐等同时配合使用，两者性能互补、泡沫丰富，长期存放不会发生化学变化；非离子表面活性剂的兼容性也非常好，可以方便地与其他离子类型的表面活性剂同时配合使用。

（1）阴离子表面活性剂的配伍变化及禁忌 阴离子表面活性剂多为有机酸盐，pH 值 7 以上活性大，pH 值 5 以下活性低。

① 肥皂类 钾、钠皂碱性强，能被无机酸水解为脂肪酸而失效。另外，制成乳剂时，加少量电解质可使乳剂稳定，加入大量电解质则会引起盐析而导致乳剂破坏。二价或三价金属离子（Ca^{2+}、Mg^{2+}、Zn^{2+}、Pb^{2+}、Hg^{2+}、Al^{3+} 等）可使由肥皂形成的乳剂破坏或发生转相。金属皂的碱性较弱，对酸敏感，如弱酸（硼酸、水杨酸等）也能引起相分离。有机胺皂的碱性最弱，pH=8 时，界面活性最强。遇酸和金属离子较一般肥皂稳定。但酸的浓度较大时，可使三乙醇胺的脂肪酸酯水解，与金属离子相遇，可沉淀变成相应的金属皂类而发生相分离或转化。

② 硫酸或磺酸化物 可溶于水和油，对酸性物质稳定，抗碱土金属的能力决定于极性基的性质。通常磺酸化物较硫酸化物性质稳定。月桂醇硫酸钠（SLS）和三乙醇胺月桂酸硫酸酯、十八醇硫酸酯钠等制成的乳剂，与碱或醋酸铅、碘、2%氧化汞和高浓度的水杨酸配伍时要分层，与 2%浓度以上的阳离子型染料如吖啶黄、普鲁黄、雷佛奴尔配伍时可使乳剂

破坏，同时染料的杀菌力亦降低。而 SLS 与 10％浓度以下的硫酸钠配伍时表面活性可增强。与氧化锌、鱼石蜡、黄氧化汞、樟脑、酚类、磺胺类、硫磺、次硝酸铋等配伍，不发生变化。

二辛基琥珀酰磺酸钠（AOT）溶于水、油、脂肪、烃类，能形成 O/W 或 W/O 乳剂，与 Ca^{2+}、Mg^{2+} 等离子无禁忌。在酸性介质中稳定，在碱性条件下（pH＞9）很快分解，当含电解质超过 10％时，可使其乳剂破坏。

硫酸化油的钙盐可溶于水，与无机钙盐配合，对低浓度的酸或电解质也较稳定，常用硫酸化蓖麻油及氢化蓖麻油，后者更稳定，不易酸败或变化。

C_{12}～C_{18} 的硫酸化脂肪醇去垢作用最好，硫酸化脂肪醇类的性质与肥皂相似，但对酸并不如肥皂那样敏感，pH 值在 5 以上，表面活性作用最强，本类活性剂特点是在有适量的无机盐存在时，能增加它的活化作用。

（2）阳离子表面活性剂的配伍变化及禁忌 阳离子表面活性剂可溶于酸性溶液，在酸性环境中稳定，对光及热均稳定，不挥发。阳离子表面活性剂在配方中与碘、碘化物、高锰酸钾、硼酸等复配时，可产生不溶性沉淀。与红汞、黄氧化汞、氧化锌、硝酸银、过氧化物、白陶土、酒石酸和酚类等均属禁忌。

硫酸锌、硼酸溶液加季铵盐有浑浊物生成，影响透明度。

（3）非离子表面活性剂的配伍变化及禁忌 非离子表面活性剂不解离，遇电解质、酸、碱均稳定，pH 值可在较大范围内变动。水溶液在低温时稳定，加热到较高温度时可出现浑浊，冷后又恢复。与酚类、羟基酸类化合物及鞣质有禁忌。

在以阳离子表面活性剂作防腐剂的配方中，加非离子表面活性剂往往会降低阳离子表面活性剂的防腐效力。

3.4 乳化理论与技术

在精细化学品的生产中，经常会遇到需要将一种固体或液体以极细小的微粒或液滴形式均匀分散在另一种互不相溶的液体中形成一种多相分散体系，一般将这种分散体称为乳状液。乳状液中，以极细小的液滴分散的不连续相称为内相，另一相为连续相称为外相。

3.4.1 乳化的概念

乳状液是化妆品中最广泛的剂型，从水样的流体到黏稠的膏霜等。因此，对乳状液形成的理论与技术进行讨论对复配型精细化学品的研究、生产、保存和使用有着极其重要的意义。乳化是液-液界面现象，两种不相溶的液体，如油与水，在容器中分成两层，密度小的油在上层，密度大的水在下层。若加入适当的表面活性剂在强烈的搅拌下，油被分散在水中，形成乳状液，该过程叫乳化。乳状液（或称乳化体）是一种（或几种）液体以液珠形式分散在另一不相混溶的液体之中所构成的分散体系。

乳状液的分散相液珠直径在 $0.1～10\mu m$，故乳状液是粗分散体系的胶体。因此，稳定性较差和分散度低是乳状液的两个特征。两个不相混溶的纯液体不能形成稳定的乳状液，必须要加入第三组分（起稳定作用），才能形成乳状液。在制备乳状液时，是将分散相以细小的液滴分散于连续相中，这两个互不相溶的液相所形成的乳状液是不稳定的，而通过加入少量的乳化剂则能得到稳定的乳状液。

3.4.2 乳状液的形成与稳定理论

关于乳化过程的本质，有许多不同的解释，例如定向楔理论、界面张力理论、界面膜稳定理论、电效应稳定理论、固体微粒稳定理论等。下面择其主要的介绍几种。

3.4.2.1 定向楔理论

这是 1929 年哈金斯（Harkins）早期提出的乳状液形成与稳定理论。他认为在界面上乳化剂的密度最大，乳化剂分子以横截面较大的一端定向地指向分散介质，即总是以"大头朝外，小头朝里"的方式在小液滴的外面形成保护膜，从几何空间结构观点来看这是合理的，从能量角度来说是符合能量最低原则的，因而形成的乳状液相对稳定。并以此可解释乳化剂为一价金属皂液及二价金属皂液时，形成稳定的乳状液的机理。

乳化剂为一价金属皂在油-水界面上作定向排列时，以具有较大极性头基团伸向水相；非极性的碳氢链伸入油相，这时不仅降低了界面张力，而且也形成了一层保护膜，由于一价金属皂的极性部分之横界面比非极性碳氢链的横界面大，于是横界面大的一端排在外圈，这样外相水就把内相油完全包围起来，形成稳定的 O/W 型的乳状液。而乳化剂为二价金属皂液时，由于非极性碳氢链的横界面比极性基团的横界面大，于是极性基团（亲水的）伸向内相，所以内相是水，而非极性碳氢链（大头）伸向外相，外相是油相，这样就形成了稳定的 W/O 型乳状液。这种形成乳状液的方式，乳化剂分子在界面上的排列就像木楔插入内相一样，故称为"定向楔"理论。

此理论虽能定性地解释许多形成不同类型乳状液的原因，但常有不能用它解释的实例。理论上不足之处在于它只是从几何结构来考虑乳状液的稳定性，实际影响乳状液稳定的因素是多方面的。何况从几何上看，乳状液液滴的大小比乳化剂的分子要大得多，故液滴的曲表面对于其上的定向分子而言，实际近于平面，故乳化剂分子两端的大小就不是重要的，无所谓楔形插入了。

3.4.2.2 界面张力理论

这种理论认为界面张力是影响乳状液稳定性的一个主要因素。因为乳状液的形成必然使体系界面积大大增加，也就是对体系要做功，从而增加了体系的界面能，这就是体系不稳定的来源。因此，为了增加体系的稳定性，就必须减少其界面张力，使总的界面能下降。凡能降低界面张力的添加物都有利于乳状液的形成及稳定，由于表面活性剂能够降低界面张力，因此是良好的乳化剂。

在研究一系列的同族脂肪酸作乳化剂的效应时也说明了这一点。随着碳链的增长，界面张力的降低逐渐增大，乳化效应也逐渐增强，形成较高稳定性的乳状液。但是，低的界面张力并不是决定乳状液稳定性的唯一因素。有些低碳醇（如戊醇）能将油-水界面张力降至很低，但却不能形成稳定的乳状液。有些大分子（如明胶）的表面活性并不高，但却是很好的乳化剂。固体粉末作为乳化剂形成相当稳定的乳状液，则是更极端的例子。因此，降低界面张力虽使乳状液易于形成，但单靠界面张力的降低还不足以保证乳状液的稳定性。总之，界面张力的高低主要表明了乳状液形成之难易，并非为乳状液稳定性的必然的衡量标志。

3.4.2.3 界面膜的稳定理论

在体系中加入乳化剂后，在降低界面张力的同时，表面活性剂必然在界面发生吸附，形成一层界面膜。界面膜对分散相液滴具有保护作用，使其在布朗运动中的相互碰撞的液滴不易聚结，而液滴的聚结（破坏稳定性）是以界面膜的破裂为前提，因此，界面膜的机械强度是决定乳状液稳定的主要因素之一。

与表面吸附膜的情形相似，当乳化剂浓度较低时，界面上吸附的分子较少，界面膜的强度较差，形成的乳状液不稳定。乳化剂浓度增高至一定程度后，界面膜则由比较紧密排列的定向吸附的分子组成，这样形成的界面膜强度高，大大提高了乳状液的稳定性。大量事实说明，要有足够量的乳化剂才能有良好的乳化效果，而且，直链结构的乳化剂的乳化效果一般优于支链结构的。

如果使用适当的混合乳化剂有可能形成更致密的"界面复合膜"，甚至形成带电膜，从而增加乳状液的稳定性。如在乳状液中加入一些水溶性的乳化剂，而油溶性的乳化剂又能与它在界面上发生作用，便形成更致密的界面复合膜。由此可以看出，使用混合乳化剂，以使能形成的界面膜有较大的强度，来提高乳化效率，增加乳状液的稳定性。在实践中，经常是使用混合乳化剂的乳状液比使用单一乳化剂的更稳定，混合表面活性剂的表面活性比单一表面活性剂往往要优越得多。因此，降低体系的界面张力，是使乳状液体系稳定的必要条件，而形成较牢固的界面膜是乳状液稳定的充分条件。

3.4.2.4 电效应的稳定理论

对乳状液来说，若乳化剂是离子型的表面活性剂，则在界面上主要由于电离还有吸附等作用，使得乳状液的液滴带有电荷，其电荷大小依电离强度而定；而对非离子表面活性剂，则主要由于吸附还有摩擦等作用，使得液滴带有电荷，其电荷大小与外相离子浓度及介电常数和摩擦常数有关。带电的液滴靠近时，产生排斥力，使得难以聚结，因而提高了乳状液的稳定性。乳状液的带电液滴在界面的两侧构成双电层结构，双电层的排斥作用，对乳状液的稳定有很大的意义。

3.4.2.5 固体微粒

许多固体微粒，如碳酸钙、黏土、炭黑、石英、金属的碱式硫酸盐、金属氧化物以及硫化物等，可以作为乳化剂起到稳定乳状液的作用。显然，固体微粒只有存在于油水界面上才能起到乳化剂的作用。固体微粒是存在于油相、水相还是在它们的界面上，取决于油、水对固体微粒润湿性的相对大小，若固体微粒完全被水润湿，则在水中悬浮，微粒完全被油润湿，则在油中悬浮，只有当固体微粒既能被水、也能被油所润湿，才会停留在油水界面上，形成牢固的界面层（膜）而起到稳定作用。这种膜愈牢固，乳状液愈稳定。

3.4.2.6 液晶与乳状液的稳定性

液晶是一种在结构和力学性质都处于液体和晶体之间的物态，它既有液体的流动性，也具有固体分子排列的规则性。1969 年，弗里伯格（Friberg）等第一次发现在油水体系中加入表面活性剂时，会析出第三相——即液晶相，此时乳状液的稳定性突然增加，这是由于液晶吸附在油水界面上形成一层稳定的保护层，阻碍液滴因碰撞而粗化。同时液晶吸附层的存在会大大减少液滴之间的长程范德华力，因而起到稳定作用。此外，生成的液晶由于形成网状结构而提高了黏度，这些都会使乳状液变得更稳定。由此可以说，乳状液的概念已从"不能相互混合的两种液体中的一种向另一种液体中分散"，变成液晶与两种液体混合存在的三相分散体系。

3.4.3 乳状液的性质

3.4.3.1 外观与质点大小

一般乳状液的外观常呈乳白色不透明液体，乳状液之名即由此而来。乳状液的这种外观，与乳状液中分散相质点的大小有密切的关系。一般乳状液的分散相直径范围在 $0.1 \sim 10 \mu m$。其实很少有乳状液的液珠直径小于 $0.25 \mu m$ 的。从乳状液的液珠直径范围可以看出，它大部分属于粗分散体系，一部分属于胶体，都是热力学不稳定的体系。根据经验，人们找到分散液珠大小与乳状液外观的关系，列于表 3-17。

表 3-17 乳状液的液珠大小与外观

液珠大小	外观	液珠大小	外观
大滴	可分辨出两相	$0.05\sim0.1\mu m$	灰色半透明
$>1\mu m$	乳白色乳状液	$<0.05\mu m$	透明
$0.1\sim1\mu m$	蓝白色乳状液		

3.4.3.2 电性质——电导及电泳

乳状液有一定的导电能力，其导电能力的大小主要取决于乳状液连续相的性质。将两个位置固定的电极插入乳状液中，然后测定通过的电流。实验发现通过 O/W 乳状液的电流为 10～13mA，而通过 W/O 型乳状液的电流仅 0.1mA 或更少，这种性质常被用于辨别乳状液的类型。电导的研究主要以石油乳状液为对象，因为在分离这类乳状液的时候，常常用的是电破乳的方法。

当乳状液的液珠带有电荷时，在电场中带电液珠和水相中的反离子会发生向电位相反的电极方向运动的电泳现象。带电液珠的移动速度是正比于 ξ 电位的。ξ 电位越高，油滴之间的静电斥力越大，电泳时发生碰撞而凝聚的可能性越小，有利于乳状液的稳定。而在乳状液中加入电解质会有更多的与油滴表面电荷相反的离子进入吸附层使双电层的厚度变薄，ξ 电位下降，如果外加电解质带有与油滴表面相反电荷的离子，其价数高或吸附能力特别强，进入到吸附层还可能使 ξ 电位改变符号，使乳状液变得不稳定，容易发生凝聚。

3.4.3.3 流变性——黏度、触变性及黏弹性

多数乳状液属非牛顿流体，其黏度 η 是剪切速率的函数。影响乳状液黏度主要有五个因素：外相的黏度 η_0；内相的黏度 η_i；分散相的体积分数 ϕ；乳化剂及其在界面沉淀的膜的性质；分散相的颗粒大小及其分布。

对于某些非牛顿流体的乳状液而言，其表观黏度表现出强烈的时间依赖关系，即它们的黏度在恒定的剪切力（或剪切速率）作用下会随时间而变，其变化趋势有两种情况：一类黏度随时间而逐渐减少，称为触变性流体；另一类黏度随时间而逐渐增加，称为流凝性流体。流体的这种在恒定的外界应力作用下流体黏度随时间而下降的性质叫触变性，通常认为流体在剪切力作用下的运动中，它的内部结构逐渐被破坏导致黏度降低，而当外界应力解除之后，它的内部结构又可逐渐恢复导致黏度又逐渐增加，因此表现出触变性。

具有黏度是液体的典型性质，对于黏度大的液体，需要施加较大的外力才能克服分子间的吸引力使液体发生流动。弹性是橡胶、弹簧这类固体的特有性质，即在外加应力的作用下这些固体可以发生形变，同时内部产生反抗外力的弹性，这种反抗形变的弹力与形变大小成正比，当外加应力消失后，在弹力作用下物体就恢复原状，形变消失。有些乳状液也具有黏弹性，它的变化规律既不完全符合弹性固体的变化规律（形变越大、弹力也越大，外力作用消失后在弹力作用下形变恢复），又不像理想流体那样在外应力作用下发生流动变形，不可能恢复原状，而是表现为在外界应力作用的最初瞬间，发生微小形变时符合变形越大，弹性也正比加大，外力消失可恢复原状，但形变加大到一定程度后就不遵循上述规律，外力消失后形变也会逐渐变小，有时会恢复原状，但有时也可能残留下永久变形。

3.4.4 乳状液配方设计的步骤

① 决定乳状液的类型：O/W 型或者 W/O 型。

② 确定油相或被分散物质的种类，并查出或计算出乳化该物质所需的 HLB 值。

③ 根据油相所需要的 HLB 值，选择习惯上使用的"乳化剂对"。

例如制备 O/W 乳状液时，可选用 HLB 大于 6 的乳化剂为主，HLB 小于 6 的乳化剂为辅；在制备 W/O 时，则选用 HLB 小于 6 的乳化剂为主，HLB 大于 6 的乳化剂为辅。常用的 O/W 乳液用"乳化剂对"有：a. 硬脂酸三乙醇胺-单硬脂酸甘油酯；b. 硬脂酸钙皂-单硬脂酸甘油酯；c. 十六醇硫酸钠-十六醇；d. 十六醇硫酸钠-胆甾醇；e. Span-Tween；f. Span-蔗糖单脂肪酸酯；g. Span-蔗糖双脂肪酸酯；h. 葡萄糖苷甲醚-聚氧乙烯葡萄糖苷甲醚。常用的 W/O 乳液用"乳化剂对"有：a. 蜂蜡硼砂皂-双硬脂酸铝；b. 硬脂酸钙皂-双硬脂酸铝；c. 蜂蜡钙皂-羊毛醇；d. 硬脂酸钙皂-丙二醇硬脂酸酯；e. 三聚甘油异硬脂酸酯-蜂蜡硼酸皂。

④ 实验调试配方，如果配制的乳状液不理想，则更换"乳化剂对"，或者调整各乳化剂的用量。

3.4.5 乳状液的制备

在确定乳化液合理的配方后，乳化配制技术也是相当重要的。乳状液的制备主要是混合技术，虽然混合技术比较单纯，但每一种精细化学品都有多种功能和质量要求，因此要制备出质优和稳定的乳状液并不是一件简单的事。

3.4.5.1 油、水混合法

乳状液是由水相和油相组成的，乳状液的制备一般是先分别制备出水相和油相，然后再将它们混合而得到乳状液。通常此法是水、油两相分别在两个容器内进行，将亲油的乳化剂溶于油相，将亲水的乳化剂溶于水相，而乳化在第三容器内（或在流水作业线之内）进行。每一相以少量而交替地加于乳化容器中，直至其中某一相已加完，另一相剩余部分以细流加入。如使用流水作业系统，则水、油两相按其正确比例连续投入系统中。制备水相的温度，在很大程度上取决于油相中各成分的物理性质，水相的温度应接近油相的温度，如低于油相的温度，则不宜超过 10℃。在制备乳状液时，乳化剂的加入方式有多种，将乳化剂加入水中构成水相，然后在激烈搅拌下加入油相，形成乳状液的方法，常叫做乳化剂在水中的乳化方法。如果油相成分中有高熔点的蜡、脂肪酸、醇等，则需要先将它们加热熔化，使呈液体状态。另若油相溶液在冷却时，趋于凝固或冻结，则这时应使油相的温度保持在凝固温度以上至少 10℃，以使油相保持液体状态，便于与水相进行乳化。当乳化剂使用非离子型表面活剂时，常是将亲水或亲油乳化剂溶于油相中。用这种方法制备乳状液，叫做乳化剂在油中法。若乳状液配方中使用到脂肪酸，则将脂肪酸溶于油相中，而将碱溶于水中，两相混合，即在界面形成皂得到稳定的乳状液。这种制备乳状液的方法叫做初生皂法，是一种较传统的制备乳状液的方法。

3.4.5.2 转相化法

在一个较大容器中先制备好内相，乳化就在此容器中进行（如若要制取 O/W 型乳状液，就在乳化容器中制备油相）。将已制备好的另一相（外相）按细流形式加入，刚开始时形成的是 W/O 型乳状液，水相继续增加，乳状液逐渐增稠，但在水相加至 66% 以后，乳状液就突然变稀，并转变成 O/W 型乳状液，继续将余下的水相以较快的速度加完就可得到 O/W 型乳状液。由此法得到的乳状液其颗粒分散得很细很均匀。以类似过程可制得 W/O 型乳状液。

3.4.5.3 低能乳化法（简记为 LEE）

通常的乳化方法大都是将内、外相加热到 80℃（75～90℃）左右进行搅拌、乳化、冷却，这些过程需要消耗大量的能量。真正消耗于乳化的能量只是乳状液的分散和由表面活性剂引起的表面张力的降低，乳化并不需要消耗这么多的能量，由此说明通常的乳化方法存在着大量的能量浪费。因此，J.J.Lin（林约瑟夫）提出了低能乳化法。其方法原理是，在进行乳化时，外相不全部加热，而是将外相分成两部分，只是对其中的一部分进行加热，由内相与其进行乳化，制成浓缩乳状液，然后用常温的外相的另一部分进行稀释，最终得到乳状液。这种方法不仅节约了能源和冷却水的使用量，而且可以大大缩短冷却过程的时间，提高乳化产品的效率，但它主要适用于制备 O/W 型乳状液。

3.4.6 影响乳化过程的因素

3.4.6.1 乳化剂的选择

乳化剂的选择原则有：①选用憎水基与被乳化物质相似的乳化剂；②选择几种乳化剂混合；③选择易溶解的乳化剂；④选择亲水较好的乳化剂和亲油较好的乳化剂混合使用；⑤使用同一憎水基原料制成的不同亲水的同系复合乳化剂；⑥制备 O/W 乳状液以水溶乳化剂为主，其余各乳化剂用量按 HLB 顺序在主乳化剂两侧成倍递减；⑦复合乳化剂的 HLB 值应与乳化的油相物质的 HLB 值大体相同。当被乳化的油相极性较强时，则要求用亲水性较强的表面活性剂作乳化剂，才能得到较稳定的乳状液。相反，若被乳化的油相极性较弱或无极性时，则要求用亲油性较强的表面活性剂作乳化剂。

（1）以 HLB 值选择乳化剂　由乳化和分散原理可知，在乳状液的制备中乳化剂的作用主要有三点：其一是降低界面张力的作用；其二是通过在分散粒子或液滴表面形成吸附膜起机械保护作用；其三使分散颗粒表面带有一定的电荷，在颗粒间产生相互排斥作用以保持乳状液的稳定。在选择乳化剂时，常用到亲水亲油平衡值（HLB），当配方中的乳化剂的 HLB 值与被乳化的油相所需要的 HLB 值相近时，会产生较好的乳化效果。

（2）以 PIT 法选择非离子乳化剂　HLB 没有考虑温度对乳化剂的影响，而温度对非离子表面活性剂的影响却相当显著，即在低温下亲水性强，高温下亲油性强。当温度升高时，亲水基的水化程度减小，在低温时形成的 O/W 乳状液在高温下有可能转变成 W/O 乳状液。反之亦然。所以，在一特定的体系中，此转变温度就是该体系中乳化剂的亲水和亲油性质达到适当平衡时的温度，即相转变温度（PIT）。HLB 法用于各类表面活性剂，PIT 法则是对 HLB 法的补充，只适用于非离子型表面活性剂。实际上，选择乳状液的乳化剂开始可以用 HLB 值方法确定，然后用 PIT 法进行检验。另外选择乳化剂时还应考虑乳化剂与分散相的亲和性，乳化剂的配伍作用，乳化剂体系的特殊要求，乳化剂的制造工艺等。

总之，乳化剂的选择通则可归结为：①有良好的表面活性和降低表面张力的能力，这就使乳化剂能在界面上吸附，而不完全溶解于任意一相；②乳化剂分子或其他添加物在界面上能形成紧密排列的凝聚膜，在膜中分子间的侧向相互作用强烈；③乳化剂的乳化性能与其和油相或水相的亲和力有关，油溶性乳化剂易得 W/O 型乳状液，水溶性乳化剂易得 O/W 型乳状液；④适当的外相黏度可以减少液滴的聚集速度；⑤乳化剂与被乳化物 HLB 值应相等或相近；⑥在有特殊用途时（如食品乳状液）要选择无毒的乳化剂。良好的乳化剂应具备下面几个条件：可乳化多种液体；制得的乳状液分散度大，对酸、碱、盐均稳定，耐热、耐寒；不受微生物的分解与破坏；无害而价廉；分散相浓度大时不转相。

3.4.6.2 乳化设备

制备乳状液的机械设备主要是乳化机，它是一种使油、水两相分散均匀的乳化设备。目前乳化机的类型主要有三种：乳化搅拌机、胶体磨和均质器。乳化机的类型及结构、性能等与乳状液微粒的大小（分散）及乳状液的质量（稳定）有很大的关系。搅拌式乳化机所制得的乳状液分散性较差，微粒大且粗糙，稳定性也较差，并且容易产生污染；但其制造简单，价格便宜，只要注意选择合理结构，使用得当，也能生产出符合质量要求的精细化学品。胶体磨和均质器是比较好的乳化设备。

3.4.6.3　乳化温度

乳化温度对乳化好坏有很大的影响，但对温度并无严格的限制，如果油、水皆为液体时，则可在室温下借助搅拌达到乳化。乳化温度取决于油水两相中所含高熔点物质的熔点，还要考虑乳化剂种类及油相与水相的溶解度等因素。此外，两相物料的温度需保持接近或者相同，尤其是对含有较高熔点（70℃以上）的蜡、脂油成分进行乳化时，不能将低温的水相直接加入，以免蜡、脂被冷却结晶析出。一般来说在进行乳化时，油、水两相的温度皆可控制在75～85℃。另外在乳化过程中如果体系黏度增加很大，影响搅拌，则可适当提高乳化温度。再若使用的乳化剂具有一定的转相温度，则乳化温度最好选在转相温度左右。乳化温度对乳状液微粒大小有时亦有影响，例如一般用脂肪酸皂类离子型乳化剂，用初生皂法进行乳化时，乳化温度控制在80℃时，乳状液微粒大小为1.8～2.0μm；若在60℃进行乳化，这时微粒大小约为6μm；但是用非离子化剂进行乳化时，微粒大小受乳化温度的影响较弱。

3.4.6.4　乳化时间

乳化时间显然对乳状液的质量有影响，而乳化时间的确定，是要根据油相水相的容积比、两相的黏度、生成乳状液的黏度、乳化剂的类型及用量，还有乳化温度。但乳化时间的长短是为了使体系进行充分的乳化，是与乳化设备的效率紧密相连的，如用均质器以3000r/min的速度进行乳化时，仅需用3～10min。

3.4.6.5　搅拌速度

乳化设备对乳化有很大影响，其实质是搅拌速度对乳化的影响。搅拌速度适中是使油相与水相充分地混合，搅拌速度过低，显然达不到充分混合的目的，但搅拌速度过高，会将气泡带入体系，使之成为三相体系，反而会使乳状液不稳定。

一个乳化体系配制好后，其贮存稳定性与以下因素密切相关：①油水两相的体积比；②乳化剂的配比和用量；③乳化体系的黏度；④乳化器器壁的极性；⑤乳化体系的酸碱度；⑥乳化体系的温度。因此，在乳状液剂型产品的保存、运输和使用过程中都必须注意维持适宜的条件，以免发生破乳、浮油和分层现象。

乳化理论与技术在精细化学品的配方和剂型加工及使用中都有着非常重要的意义，配方研究人员对乳化技术应有足够的掌握，更深入的了解请参阅这方面的专著。

3.5　精细化学品配方研究的一般方法

3.5.1　精细化学品的一般生产方法

按照精细化学品的习惯划分范围，精细化学品的生产方法应包括两方面的内容，一方面是精细化学品的合成分离技术，另一方面则是以满足性能要求的合成化学品为原料，运用复配增效技术，加入适当的助剂，制成满足用户要求的各种功能性化学品，即精细化学品配方技术。一般精细化学品的生产过程可用图3-23表示。

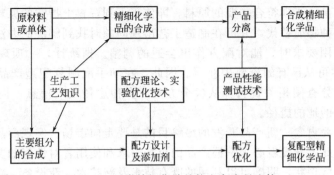

图 3-23　两类精细化学品的生产流程比较

3.5.2　复配型精细化学品的开发过程

综前所述，复配型精细化学品是通过一定的配方设计并赋予合适的剂型后才能满足某一特定对象的性能要求。因此，为了满足不同对象及其不同的性能要求，市场上的精细化学品（或称专用化学品）的品种、牌号、剂型成千上万，并且随时都在不断更新发展。复配型精细化学品的研究开发主要包括配方研究和应用技术研究两个方面。也可以说，配方与其应用技术的研究是复配型精细化学品满足使用者要求、走向实际应用的必经之路。

现代精细化工产业的发展表明，复配技术（配方与剂型配制技术）的创造力是令人惊叹的：同一主成分原料，当它与不同的助剂复配时便可制造出一系列适宜于不同对象、功能迥异的产品。例如，以农用杀菌剂二硫氰基甲烷为例，当其与不同的物质复配时可以生产出适用于松木、橡胶木、纤维板、竹纤维板、竹制品、涂料、青壳纸、橡胶跑道等材料的防霉剂，适用于工业冷却水、造纸用水等的水处理剂，以及防治剑麻斑马纹病、胡椒瘟病等的农用杀菌剂等不同系列的众多产品。也就是说，围绕一个主成分开发系列专用化学品，实现一物多用，并创造良好的社会效益及经济效益的例子，在复配型精细化学品中是不胜枚举的。可以毫不夸张地说，配方出效能，配方左右产品性能。

精细化学品复配技术的研究内容包括两大部分：一是精细化学品的配方研究，包括对已有产品的配方解析、主次成分的筛选与搭配、新配方的创拟和确定；二是制剂成型技术研究，包括剂型确定、各类剂型加工技术、产品使用方法与注意事项等。必须注意到，这里的配方创拟及剂型加工技术研究有着一套与化学合成研究不同的方法。如何掌握复配技术，提高开发复配型精细化学品新品种的创新能力，是当前我国精细化工发展面临的一个重大问题，是发展精细化工的关键。

3.5.2.1　复配型精细化学品开发的前期调研

有许多人以为，复配型产品只不过是几种物质的简单混合，只要清楚配方，买到原料，谁都可以配制出来。于是就有一些不懂化工或对化工知之甚少的人，找到某一配方资料之后，就想"照方抓药"制造产品，发财致富。结果，除个别侥幸者外，绝大多数均以劳民伤财而收场。究其原因，是因为这些人忽视了复配型产品所具有的技术高度保密性。试想，如果真的一配就成，那岂不是一日就可造出许多新产品来？通常公开的配方，大部分都是隐瞒了某些技术诀窍的。这些诀窍，或许出现在配制过程中，或许出现在原材料的质量规格上，也许包含在没有显示的组分里，也许包含在应用条件中。因此，复配型产品的开发过程一般均带有研究性质。一个优秀的复配型产品设计者，既要有本行业坚实的基础知识、丰富的实践经验，还应对产品的应用领域十分了解。只有这样才能具有分析问题的能力，敏锐地发现问题的直觉，懂得利用一切技术手段（例如配方剖析等）去揭开其中的秘密，从而真正理解配方资料给出的信息，买到符合需要的原料，即使买不到资料上指定的原料或嫌指定原料太贵时，也懂得以何种物质替代，并可在制造工艺出现问题时找到解决的办法，在产品性能的某些方面不符合使用要求时，能对配方作出合适的调整。据统计，一项现代新发现或新技术，其内容的90％可从已有的资料中获得。因此，在动手配制复配型产品之前，首先应进行学习及调查，充分查阅相关资料，从各个方面、多种途径获取信息，提高自己的专业素养，这才是通向目的地的捷径。

（1）调研的主要内容 新产品开发的最终目的是要走向市场、实现商品化，创造社会效益与经济效益。因此，开发者必须掌握产品的市场需求和使用者对性能的要求，了解同期同类产品的技术及经济现状，明确可以利用的既有技术及新技术、新设备、新工艺，这样才能使产品开发时少走弯路，缩短开发周期，并保障所开发的产品在未来竞争中处于优势。调查研究是达到上述目的的唯一途径。

调研的主要内容包括技术调研及市场调研两个方面。

① 技术调研 相关技术内容的调研通常可通过对文献、资料的查阅而获得信息。其内容范围包括：a. 实现产品性能的主要成分；b. 功能相似产品的现有品种；c. 产品配方的基本构成、配制工艺的技术、设备与流程；d. 产品的技术水平现状与发展趋势；e. 产品质量的检测方法及所需条件；f. 在产品性能、开发与应用技术方面亟待解决的难题；g. 有关原材料性能、价格、货源与质量、原料代用品的情况；h. 与产品相关的国家及地方政策、法规、标准等。

通过详细的技术调研，可以正确定位待开发产品应达到的性能及技术水平，尽可能多地吸取前人相关产品开发的经验，可以熟悉新技术、新观点、新工艺的状况，进而为新产品的开发制定合理的技术路线、原料路线，为产品检测方法的拟定及产品应用范围的界定等各环节积累相关资料、信息，从而避免开发工作在低水平上的重复，提高产品的开发速度。此外，通过充分的技术调研也能使产品开发者根据获得的信息，分析开发工作的难度，确定主攻点及作出有无能力开发的判断。

② 市场调研 市场调研的主要内容包括：a. 市场（用户）对产品性能的要求；b. 市场现用产品的牌号、来源、性能、价格；c. 用户（消费者）对现用产品的评价及有无进一步改进的要求；d. 市售（含进口）或试制中的同类产品的品种、性能特点、价格，各品种的销售走势、竞争现状；e. 相关行业的现状（生产企业数、相关产品产量、效益等）、发展趋向、对产品的总需求；f. 与产品有关的原料及设备的生产现状，以及其产量、质量及价格走向等。

通过市场调研所获得的信息，可以帮助从经济角度上分析新产品开发的可行性，为新产品开发提出关于成本、价格等经济目标，并对产品可达到的生产规模、产品销售方向、营销策略等提供决策依据。

（2）调研的基本方法 按调查对象及信息渠道的不同，调研可分为文献调研和市场调研。两种调研方式均可获得与产品有关的技术信息和市场信息，因而其任务是一致的，但其调研方法却各不相同。文献调研的基本方法同科技文献的检索方式，这里不再赘述，在此只介绍市场调研的基本方法。

市场调研通常是通过走访用户、生产与经营单位，参加产销会，或收集情报资料中透露的商业信息、国家的指导性政策等，从而掌握与产品有关的商业经济情报。如用户现用的产品牌号、来源，用户对产品性能的评价、提出的新要求，现用产品的用法、需求量，现用产品的销售走势，同类产品在市场上的竞争情况，相关行业的现状及发展趋势等。

调查用户时，调查对象应为典型性企业或有代表性的个人消费群体，调查方式可采用当面咨询、信函调查，亦可委托有调研能力的单位或个人作专题调查。调查重点应以省内、国内为主，同时兼顾国外有关产品的情况，包括已在国外市场出售的新产品、试制中的新产品、在我国市场试销产品的情况等，因为这些产品或迟或早都可能进入我国市场，并影响拟开发产品的前途，因全球经济一体化后外国企业已纷纷打入我国市场，再加上经济发达国家的精细化工技术水平比我们先进。亦可通过走访外贸部门、商检部门，收集商业广告、产品样本、说明书、商品标签，考察国内外市场等渠道获得相关信息。

（3）综合分析与决策　对调查所获得的资料做出综合整理、分析之后，即可对相关产品能否开发、产品开发的目标、技术路线等作出决策。在作综合分析时，应对以下几点给予足够的重视。

① 国家有关政策和法规　产品开发必须符合国家的发展政策，例如国家对有污染的产品采取了严格限制的政策。凡涉及可能污染环境的有毒原料、溶剂等产品，如涂料、油墨、农药、杀菌剂、气雾剂产品、金属清洗剂等，必须走低毒或无毒、无污染路线，否则终将被淘汰。

② 同类产品在发达国家的走势　随着现代化的进程，人民对生活质量及环境保护要求的提高，产品亦随之更新换代，因而同类产品在发达国家的发展走势常可作为借鉴。以洗衣粉为例，以磷酸盐作为助洗剂的含磷洗衣粉，在发达国家长时间使用后，引起水域过肥，因而在发达国家已受到限制。以此为借鉴，在开发洗衣粉产品时就应着力于低磷或无磷的配方产品。

③ 用户心态　产品能否占领市场，性能及合理的价格固然重要，但用户心态亦是产品能否被接受的重要条件。在民用精细化工产品市场尤其如此。以家用餐具消毒剂为例，用此产品浸泡餐具可起消毒作用，实不失为一种简便的消毒方法。但当消毒碗柜问世后，多数居民接受后者而拒绝前者，这是因为高温可消毒的观点日久年深、深入人心，另外对化学物质的毒性，居民普遍有一种戒备心理。又如在化妆品市场，具有漂亮包装、新颖造型、优雅香气的名牌化妆品，其价格与价值相差甚远，但顾客信赖高档产品，故呈热销走势。因此，在决定开发项目、开发目标和营销策略时，用户心理状态是不能忽视的。

④ 风险和效益的预测　市场需求量，通常是以应用产品的行业产量（吨）对开发产品的需求量的乘积，并辅以企业的市场占有率进行估算的，再以此估算出企业的效益。但市场往往是变幻无常的。可靠的预测必须建立在对风险及产生风险的可能性有足够估计的基础上。只有对风险有足够认识的预测，才是科学的。

3.5.2.2　复配型精细化学品研究和开发的基本过程

复配型精细化学品的研究和开发，是研究工作者以某一具体应用对象提出的性能要求作为研究开发目标，从熟悉的基本理论、掌握的技术信息资料及具备的以往经验出发，进行配方设计、实验探索，直至最后确定复配型产品的最佳配方组成、配制技术、应用技术、产品鉴定和推广的全过程。

3.5.3　精细化学品配方设计的前提和原则

复配型精细化学品配方设计的目的就是寻找各种组分间的最佳组合和配比，从而使产品性能、产品成本、生产工艺可行性三方面达到最优的综合平衡。

目前，配方设计仍以科学理论与实践经验相结合的办法来进行，也就是说，依据科学理论，借鉴前人或国外的技术经验，应用现代测试手段，仍然是今天配方设计与研究的基本方法，所以配方研究可以说是一种科学与艺术的结合产物。随着计算机在各科研、生产领域内的应用，计算机辅助配方设计将会大大推动配方研究的发展，使配方技术的理论和应用进一步实现科学化和理想化。

3.5.3.1 配方设计的前提

一种新精细化学品的开发，在配方设计之前，必须对构成产品的原材料、产品要求达到的功能和生产工艺的现实性等有充分的了解和掌握，这样才能使产品的性能、成本、工艺达到最优的综合平衡。

(1) 对产品性能要求的了解

① 充分了解产品规格规定的各项性能指标。

② 了解产品的使用环境及其使用中可能会出现的问题。

③ 了解市场信息，了解消费者的兴趣、爱好、趋势，从而引导消费。

(2) 对原材料特征的了解

① 原材料的作用与性质。

② 原材料之间的近似性、相容性、协同作用等，使其达到最佳增效效果。

③ 原材料的质量及其检验。

④ 原材料的用量与产品性能、工艺间的联系。

⑤ 原材料的价格，在不影响产品质量的前提下，争取使成本降低。

(3) 对生产工艺与条件的掌握

① 工艺的可行性。

② 生产设备的性能，操作的现实性。

③ 生产工艺的可行性与可操作性等。

3.5.3.2 配方设计的基本原则

复配型精细化学品品种繁多，性能千差万别，其配方原理、结构、组成更是各不相同。但作为一类专用性很强的化工商品来说，其配方设计的指导思想，或配方设计的基本原则却是相同的，概括起来，配方设计的基本原则，主要包括以下几个方面。

(1) 配方生产工艺的可行性 配方设计应有明确的产品功能要求和质量目标，配方中各组分间的配伍性和协同性要好，不能使其主要组分或高成本原料的性能削弱。配方应符合系统工程的思想，应适应产品的统一功能、质量目标，从而使各组分间达到最佳组合，使产品总体功能最佳。

任何一个配方都要具体进行工艺实施，生产工艺的实施条件、生产设备的水平与运用等都是非常关键的，所以配方设计中就应考虑其工艺可行性，在工艺上力求简单、可行、高效、节能、稳定，又能满足工艺的最优化。一个产品最终应以走向市场为目标，因而其原料必须易得，且质量稳定，这一点也是必须考虑的。

(2) 配方产品的性能 复配型精细化学品是为特定目的及各种专门用途而开发的化工产品。因此，进行配方组成设计时，必须以特定应用对象和特定目的所要求的特定功能为目标。

一个复配型产品的功能，一般都包含基本功能与特定功能两个方面。前者是由使用对象的性质及作为商品必须具备的基本使用性能、产品外观、气味、货架寿命等构成；后者则往往是在具备基本功能的基础上，附加的特异新功能。以餐具洗涤剂为例，当确定洗涤方式为：手洗，污垢主要为动植物油污，被清洗物为餐具、灶具、果蔬等作为应用目标时，其基本功能的要求是：保证产品对人体安全无害，能较好地清除动植物油垢，不损伤餐具、灶具，不影响果蔬风味，产品贮存稳定性好。而其特定功能则是在基本功能基础上，进一步赋予产品某一特定功能而言，如护肤润手功能、杀菌消毒功能、消除餐具洗涤剂在餐具上形成的斑纹功能、保护餐具釉面功能等，或同时兼备多种特定功能。这些都是在具备基本功能以外，为特定要求而开发的新功能。所开发的特定功能则是复配型产品配方设计的主要目标，但绝不能忘记产品的基本功能。这是产品性能设计时的基本原则。

产品的基本功能，通常已体现在以往产品中，其理化性能已具体化为物理化学指标，并已通过各类标准对其指标及检测方法进行了规范化管理。因此，进行产品性能设计时，除全新的产品配方组成设计外，其理化指标均应以已有的有关标准作为参考，并在此基础上创新、发展。

(3) 配方的安全性　复配型精细化学品多为终端产品，其安全性更为重要。在其配方组成设计时，有关安全性的考虑，应包括生产的安全性、使用的安全性、包装贮运的安全性，以及对环境的影响等。

生产的不安全因素，常来自化工原料的毒性与腐蚀性、易燃易爆性以及生产设备和操作过程。设计时应尽量选用低毒、安全的原料，并应对生产设备及工艺的探讨给予足够的注意。

使用的安全性，主要是指使用对象的安全性。使用对象可以是人及其器官、牲畜、工业设备等，如各种洗涤剂、化妆品、食品添加剂、卫生杀虫剂、空气清新剂等均与人体直接接触，或被人体经口或呼吸系统直接摄入。对这些产品，在其性能设计时常把对人体的安全性放在第一位。为确保安全，国家经常制定了产品标准及卫生法规等进行管理。这些法规是进行配方设计时必须遵循的。对饲料添加剂等也是如此，而对于水处理剂、锅炉清洗剂、工业清洗剂等以工业设备为主要对象的产品，在操作者按章操作时可保证安全的前提下，其安全性主要是确保对设备无腐蚀、无污染。

对环境的不安全性，主要指在产品制造和使用过程造成的环境污染。如涂料、农药、油墨的生产与使用过程中溶剂的臭味及对大气的污染，含磷洗涤剂对水域造成过肥，生产过程排放的污水造成的污染，生产过程的粉尘污染等等。由于国际社会对环境保护十分注意，先进工业国及我国均已开发出许多无污染的换代产品，对某些易产生污染的原料采取了禁用或限制使用的政策，对生产过程污染物排放制定了标准等，这些都是产品设计时应考虑或必遵守的原则。

(4) 配方的经济性　任何一种产品能否在市场中站稳脚根，具备市场竞争力，受到用户的青睐，一方面应具备优良的产品性能和可靠性，另一方面则应有合理的价格定位。所以，配方研究和剂型加工应在保证性能和质量的前提下，采用低量高效的原则也是配方研究与设计的一项重要任务。在保证产品性能前提下，应以获得最大效益为指导原则。经济性指导思想，必须贯穿于配方组成设计的整个过程。从配方组成所用的原料来源、质量、价格，到寻找增效搭配辅料和填料、简化配制工艺与应用方法、合理包装等，均应围绕着降低成本、获得最大效能、最大效益这一经济原则。

经济实用，常是在竞争中取胜的砝码，对于以工业用途为对象的产品更是如此。以水质稳定剂为例，由于工业冷却水系统的水循环量极大（每小时以万吨计），因此每一个工厂的此类药剂费用每年动辄十几万至几百万，是一个工厂的一笔不小开支，所以水质稳定剂的配方设计，都十分注意选择高效、价廉、投药量少的药剂。对于价格昂贵的药剂，除非特别高效，且总使用成本有可比性，否则会被用户冷落，在竞争中被淘汰。

同时，经济性必须与科学性、长远性等观点相结合，才可获得最大效益。例如，以化妆品原料的选用为例，作为乳化稳定剂的十八醇，其分子蒸馏产品售价虽较贵，但由于其香气纯正，可减少配方中香精的用量，又可提高产品档次，故虽然采用此种较贵原料，使产品的单一原料成本提高，但售价却可因档次提高而大大提高。同样，同质量的化妆品产品，包装简易者成本低，包装讲究者成本高。但后者常因包装优而提高产品档次，比前者有更好的经济效益。再如，如果一种涂料的使用成本很低，但使用年限很短，而另一种涂料使用成本虽高，但具有很好的水洗去污性能，可在较长使用期内保持良好的外观性能，那么两种产品相比，消费者会选择后者而不是前者。因此，进行产品配方组成设计时，应从多角度综合考虑其经济性。

（5）**配方的地域性** 由于地理环境、经济发展水平、生活习俗的不同，对产品的性能要求也不相同，故进行产品配方组成设计时应考虑地域性原则。

例如，衣用洗涤剂配方设计时，就要考虑不同地区水质的差别（是硬水还是软水），衣物上污垢的差别（以动植物油污严重污染为主，还是轻度油污及灰尘为主）等等。水质稳定剂的配方则要考虑地域的水质。此外，各国因发展水平不同而对环保的认识程度也不同，一些化学物质在某些国家允许使用而在另一些国家被禁止使用，在一些国家可接受的使用方法（如用热水洗涤衣物以减少洗涤剂用量）在另一些能源缺乏的国家则不能接受，如此等等，甚至产品商标采用图案的设计也会在此国受欢迎而在彼国却视为忌讳。因此，地域性原则在产品配方设计时亦必须给予足够的注意。

3.5.4　精细化学品配方设计的步骤和内容

3.5.4.1　配方设计的实施步骤

（1）收集和分析相应的配方资料，包括原材料和各种助剂的性能、作用、使用情况，国内外的配方专利和实例，现有产品存在的问题，配方结构，生产工艺等信息。

（2）拟定与工艺相适应的基本配方和各组分的用量范围。

（3）采用系统实验方法对基本配方的主要组分进行配方优化，进行变量试验，采用优选法和正交试验法等科学实验手段，结合产品的最终性能检测结果，进行配方组分和用量的调整。

（4）参照试样的性能检测结果进行配方组分和用量调整。

（5）确定小试配方，对配方组分和用量进行再优化。

（6）中试考核，小批量生产，供样征求用户意见，固定配方。

3.5.4.2　配方设计的主要内容

复配型精细化学品的配方设计必须在充分遵循上述设计原则的基础上进行。配方设计的内容通常包括产品功能优化设计和生产工艺稳定性设计两部分。

产品配方是一个复杂体系，除了基本组分外，还有其他组分共处一个体系中，某些组分间的作用可能是协同增强的，而另一些组分间可能是互相削弱的。在配方设计中，必须进行科学的综合权衡，以求配方热力学上稳定、主功能最优、其他功能全面满足设计的要求。

（1）**产品的功能优化设计** 配方的功能优化设计系指主功能优化、其他功能满足要求的配方设计。其设计过程是，首先将主功能作为设计的目标函数，然后进行配方设计，按照化学反应、功能互补或酸碱作用原则来选择原料，最后进行配方优化设计，以主功能作为评价标准，进行配方试验、性能测试，确定最优配方。

复配型产品的性能指标设计，就是在充分了解市场现实要求或潜在要求的基础上，把市场的要求及研究者的创意具体化为物理的、化学的指标及一些可具体考察的性能要求，作为产品开发的目标。复配型产品的性能指标常常包括两个方面：产品外观性能及使用性能。目前，在复配型产品开发中，占相当比重的产品开发是仿制型产品或赶超型产品，因而仿制或赶超目标产品的性能指标即为开发产品的目标或参考目标。此时，可通过查找相关产品的标准（企业标准、国标或部标）及产品使用说明书，并以此为借鉴确定产品应达到的性能指标要求。对于新产品，包括在原有产品性能基础上赋予新性能的产品，其产品的性能设计则必须在兼顾同类产品必有的基本性能的基础上，提出对欲赋予的新性能以明确的、可具体衡量或检测的指标要求。以一种可通过颜色变化提示用户加药的水处理药剂为例，作为水处理剂必须对水中存在的主要细菌、真菌、藻类具有强力的杀灭和控制作用，同时还应具有对设备的防腐蚀性能。这是对冷却水处理剂的基本要求，而变色指示加药则是新性能。作为性能指标设计，应包含上述两个方面，即产品外观性能及使用性能。对于专门为某种产品的生产或应用过程的特定要求而开发的产品，其性能则只能根据具体情况进行设计。以磁带防霉剂为例，资料和市场调查显示，目前尚未有添加于磁带内具有长效防霉作用的磁带防霉剂，故性能指标只能根据产品和生产过程的特点以及用户要求进行设计。据用户介绍，磁带是由聚氨酯、三元树脂、大豆磷脂、磁粉等按一定比例，并与由丁酮、环己酮等组成的混合溶剂，在室温下混合并砂磨成磁浆后，再涂布在片基上并以 $100\sim120℃$ 烘干而成。磁带上的主要霉菌为木霉、杂色曲霉、黄曲霉、蜡叶芽枝霉、镰刀霉、黄青霉、宛氏拟青霉等。根据上述情况，在磁带防霉剂性能设计时提出了以下几点关键性要求：一是防霉剂的加入不得影响磁带的磁性能；二是防霉剂在 $110\sim120℃$ 生产条件下必须稳定，不得分解或升华、挥发；三是对磁带上的霉菌必须高效，防霉期不少于 3 年；四是防霉剂必须能溶于磁浆所用的溶剂中，或其粒径应小于磁粉经砂磨后的粒径。由于上述性能指标反映了用户的要求，体现了产品应用及生产过程的特点，故循此目标研制的产品可满足用户要求，因而作为产品性能设计的目的已达到。由此可见，产品的性能设计是要在透彻了解应用对象、应用条件的基础上进行的。有时，对象的情况用户自己也说不清，比如用户只知道产品发霉，但不知是什么菌，因此在设计前还需对霉菌进行分离确认。总之，通过实验去了解对象，再进行性能设计的情况是常有的。

另外，在进行产品性能设计时，还必须设计或收集有关性能测试的方法，以供复配型产品研制时进行性能测定，并判断目标是否已达到。

（2）生产工艺稳定性的设计　配方体系一般由基料、辅助成分及填料等多种材料构成。配方的组分、配比、剂型确定后，还要进行实验室配制试验，确定配方的配制工艺。若配制工艺不当，会造成组分间分层，出现沉淀或药剂组分间的物理变化、化学变化和生物活性变化，影响产品性能。通过实验确定配方各组分最佳的搭配方法，发挥其有效成分与辅助成分的配伍作用，使配方达到最佳性能，是配方生产工艺稳定性设计的目的。

在一定条件下，各组分之间互相扩散、互相溶解，从而获得良好的稳定性、优良的性能和较长的使用寿命。体系的稳定性设计，就是体系必须符合热力学条件。在复配型产品的配制过程中，若体系的自由能降低，则过程可以自发进行，所获得的体系必然是稳定的。

生产工艺稳定性的设计内容包括：①各组分加料顺序；②混合工艺条件，包括加料速度、温度、混合速度和方式等；③按照产品质量标准进行性能检测，要求对多批次、不同放大系数投料量的复配产品都能稳定达到合格。实践证明，透彻理解组分性能及有关的物理化学基本理论，对完成产品配制工艺的研究是至关重要的。

3.5.5　配方研究中常用的试验设计方法

配方设计的研究过程离不开实验，从主成分的初步确定，到辅助物质的品种、用量、质量规格，以及工艺路线、工艺条件、应用技术的确定，均需要进行实验。配方的实验研究过程以配方结构设计为基础，可固定配方的其他条件，只改变其中一个条件进行实验，如此逐一对各条件进行试验，并将不同条件下获得的配方产品进行性能测试，通过性能对比，找出较好组分、较好配比和较好的工艺。但因为此结果是在固定其他因素下取得的，故当几个因素同时改变时，很难说明上述结果一定为最好，因此在配方的实验室研究中，在按上述方法取得了较好的结果后，常以上述结果组成的配方为基础，再用优选法进行配方优化设计，以产品的性能为目标，通过优选试验及数据处理，确定哪些组分为影响产品性能的主要因素，哪些因素间有相互作用，最后再确定最佳配比和工艺条件，并通过验证实验后，实验工作即告完成。

配方实验研究中常用的优选法有单因素优选法、多因素变换优选法、正交试验法以及均匀试验法。其中正交试验法由于具有水平均匀性和搭配均匀性，被广大科研人员广泛采用，其特点是试验次数少，试验点具有典型性和代表性，实验安排符合正交性，是一种科学的试验设计方法。正交试验设计是当指标、因子、水平都确定后，再安排试验的一种数学方法。它主要解决以下三方面的问题：①分析因子（配方组分、工艺条件等）与指标的关系，即当因子变化时，指标怎样变化，找出规律，指导配方设计；②分析各因子影响指标的主次，即分析哪个因子是影响指标的主要因素，哪个是次要因素，找出主要因素是生产中的关键；③寻找好的配方组合或工艺条件，这是配方研究与设计中最需要的结果。限于本教材的课时和篇幅，有关配方研究中常用的实验设计方法请参阅优化试验设计与数据处理方面的专门书籍，下面只做粗略提示，点到为止（本书第 8 章有实施举例）。

3.5.5.1 单因子寻优实验法

3.5.5.2 多因素变换优选法

（1）正交试验法 正交试验法由于具有水平均匀性和搭配均匀性，被广大科研人员广泛采用，其特点是试验次数少，试验安排符合正交性，是一种科学的试验设计方法。正交试验设计是当指标、因子、水平都确定后，进行安排试验的一种数学方法。它主要解决以下三方面的问题。

① 分析各因子与产品性能指标的关系 分析因子（配方组分、工艺条件等）与指标的关系，即当因子变化时，指标怎样变化，找出规律，指导配方生产。

② 找出各因子影响指标的主次 分析因子影响指标的主次。即分析哪个因子是影响指标的主要因素、哪个是次要因素。找出主要因素是生产中的关键。

③ 确定优化的配方和工艺条件 寻找好的配方组合或工艺条件。这是配方研究与设计中最需要的结果。

正交试验设计法结果分析步骤如下。

a. 确定实验的基本配方，以及因素、水平变化范围、各因素之间是否有交互作用。

b. 选择合适的正交表，主要是根据因素与水平来确定，如果因素间有交互作用，可按另一个因素考虑，查正交交互作用表安排在相应的列中。

c. 按表上提供的因素、水平试验组合方案进行实验，正交试验的每一组数据都很关键，实验要尽量减少误差，要准确、全面。

d. 结果分析，正交试验的结果分析有直观分析和方差分析两种。

直观分析是通过计算各因子在不同水平上试验的指标的平均值，用图形表示出来，通过比较，确定最优方案，以及通过极差（最大指标对应的水平与最小指标对应的水平之差）来判断因素对结果指标影响的大小次序。直观分析虽然简单、直观、计算量小，但是，直观分析不能给出误差的大小，因此，也就不知道结果的精度。方差分析可以弥补直观分析的不足之处，方差可反映数据的波动值，表明数据变化的显著程度，又反映了因素对指标影响的大小。

（2）均匀设计试验法。

（3）单纯形设计试验法。

（4）数学模型拟合法。

3.5.5.3 逐步回归筛选因子法

3.5.5.4 序贯实验设计法

思考题与练习

1. 表面活性剂的化学结构和特点是什么？

2. 表面活性剂的一般作用有哪些？

3. 根据亲水基团的特点表面活性剂分哪几类？各举几个实例。

4. 表面活性剂的水溶液的特点是什么？

5. 何谓表面活性？

6. 试述直链烷基苯磺酸钠阴离子表面活性剂的结构、合成方法、主要性能和用途。

7. 试述烷烃和烯烃磺酸钠阴离子表面活性剂的结构、合成方法、主要性能和用途。

8. 试述脂肪醇硫酸盐和脂肪醇聚氧乙烯醚硫酸盐阴离子表面活性剂的结构、合成方法、主要性能和用途。

9. 写出渗透剂 T 和胰加漂 T 的结构式和合成方法。

10. 试述烷基聚氧乙烯醚磷酸酯盐的性能、主要用途和合成方法。

11. 试述聚醚羧酸盐的性能、主要用途和合成方法。

12. 什么是 HLB？如何计算？

13. 什么是浊点？浊点与非离子表面活性剂结构间有什么关系？

14. 试述脂肪醇聚氧乙烯醚非离子表面活性剂的结构、合成方法、主要性能和用途。

15. 试述烷基酚聚氧乙烯醚非离子表面活性剂的结构、合成方法、主要性能和用途。

16. 试述脂肪酸失水山梨醇酯和脂肪醇失水山梨醇聚氧乙烯醚的结构、主要用途和合成方法。

17. 试述 APG 的用途和合成方法。为什么说 APG 是绿色表面活性剂？

18. 试述脂肪醇酰胺非离子表面活性剂的结构、合成方法、主要性能和用途。

19. 阳离子表面活性剂有哪几类？主要用途是什么？

20. 试述咪唑啉系两性表面活性剂的结构和主要性能、合成方法。

21. 试述烷基甜菜碱两性表面活性剂的结构和合成方法。

22. 有机氟和有机硅表面活性剂有何特点？写出它们的主要用途。

23. 对未来表面活性剂发展趋势谈谈你的看法。

24. 表面活性剂在溶液表面上吸附点量的计算。

25. 请描述表面活性剂在固-液界面的吸附方式及影响吸附量的因素。

26. 何谓临界胶团浓度，如何对比胶团浓度的大小？

27. 请画出离子型表面活性剂及非离子型表面活性剂胶团的结构图。

28. 什么叫加溶作用？加溶作用有何特点？简述加溶作用的方式。

29. 简述离子型表面活性剂的 Krafft 点和非离子型表面活性剂的"浊点"，并解释它们产生的原因。

30. 什么是表面活性剂的 HLB 值？它有何用处？

31. 表面活性剂在固-液界面上的吸附有几种方式？

32. 用防水剂处理过的纤维为什么能防水？

33. 简述矿物泡沫浮选的原理。

34. 请举出几个润湿剂的应用实例。

35. 什么叫乳状液的"内相"、"外相"？

36. 乳状液有几种类型？如何鉴别乳状液的类型？

37. 如何利用 HLB 体系及 PIT 体系来选择乳化剂和配制乳状液？

38. 乳状液制备的化学法有几种？请简要描述。

39. 影响乳状液稳定性的主要因素是什么？是如何影响的？

40. 以原油（W/O体系）为例简述破乳剂破乳的过程。

41. 理想的破乳剂应具备何种条件？

42. 试列举两种互不混溶的纯液体不能形成乳状液的理由。

43. 影响界面膜与泡沫的稳定性的因素有哪些？为什么？

44. 纯水为什么不能形成稳定的泡沫？

45. 起泡剂与稳泡剂有什么不同？起泡与稳泡在概念上有何不同？

46. 简述消泡剂的消泡机理。

47. 请举例说明泡沫有何用处和害处。

48. 何为分散剂？何为絮凝剂？

49. 简要描述离子型表面活性剂对固体微粒的分散作用。

50. 非离子型表面活性剂在固体微粒分散过程中所起的作用是什么？

51. 简述凝聚和絮凝作用的要点。

52. 高分子絮凝剂是通过何种方式产生絮凝作用的？

53. 简述静电产生的原因。

54. 简述纤维抗静电剂的作用。

55. 什么是表面活性剂的主要性能参数？它们能表示体系的哪些性质？影响它们的最主要因素是什么？

56. 对于某油-水体系，60％的 Tween-60（HLB＝14.9）与 40％的 Span-60（HLB＝4.7）组成的混合乳化剂的乳化效果最好。若现在只有 Span-85（HLB＝1.8）与 Renex（HLB＝13.0），问二者应以何种比例混合？

57. 说明图 3-24 各体系中固-液-气三相交界处液体表面张力作用的方向。

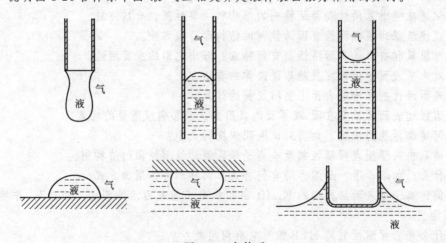

图 3-24　各体系

58. 将一上端弯曲的、可为水润湿的毛细管插入水中，若它露出水面的高度小于其毛细上升高度，问水能否从上口流出，为什么？

59. 有两大片平板玻璃平行而立，相距 0.1mm，下边与水接触，水在两板间最大上升高度有多少？如果两板不平行，(1) 底边相接，向上成 10°张角；(2) 左边相接，向右成 10°张角。说明若底边与水面接触，两板间的液面上升情况将如何？

60. 两平板玻璃间夹一层水时为何不易被拉开？若夹水银又当如何？20℃时，两大片玻璃间夹有 2mL 水，两板相距 x (mm)。求 x 为 0.1mm 和 1mm 时液相的压力。

61. 计算直径为 0.01mm 和 0.01μm 毛细管中水的蒸气压力，温度为 20℃。其结果说明什么？

62. 计算直径为 0.01mm 和 0.01μm 的水珠的蒸气压力，温度为 20℃。其结果说明什么？

63. 导出两平行板间的毛细上升公式（包括对弯月面以上液体重量校正，设接触角为 0°，边缘影响可以忽略）。

64. 在图 3-25 各体系中将活塞两边连通时各出现什么情况？为什么？若连通大气又如何？

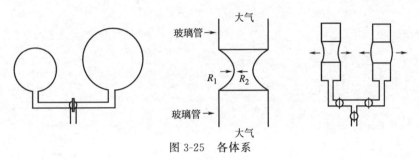

图 3-25　各体系

65. 今有形状各异的毛细管（图 3-26），除指定者外均系玻璃制成，毛细管部分的管径均匀一致。左端第一根毛细管中的弯月面是毛细上升的平衡结果，试绘出下述两种情况下其他各管中水的弯月面应在的平衡位置和形状：(1) 自动上升的结果；(2) 先将水吸至各管上端，然后再使弯月面自动下降的结果。

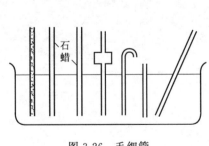

图 3-26　毛细管

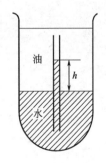

图 3-27　题 66 图

66. 设有半径为 0.1mm 的玻璃毛细管。在图 3-27 中，$h=4$cm，油的密度为 0.80g/cm^3，玻璃-水-油的接触角为 40°。试计算油水的界面张力。

67. 将一直径为 0.10cm 的毛细管插入一稀水溶液，管端伸入液面 10cm。为使管口吹出气泡，所需气泡最大压力 Δp 为 11.6cm H$_2$O（1mmH$_2$O = 9.80665Pa，下同）。试计算此溶液的表面张力（设溶液的密度与纯水的一样）。

68. 设在水面撒上一些细炭黑粉，再用一放大镜将阳光聚焦到水面上炭黑粉的中央。试问会发生什么现象，并讨论之。

69. 用毛细上升法测定某液体的表面张力。此液体的密度为 0.790g/mL，在半径为 0.0235cm 的玻璃毛细管中上升高度为 2.256cm。设此液体能很好润湿玻璃，试求此液体的表面张力。

70. 试导出液体 C 在液体 A 和 B 的界面上展开的条件。

71. 为什么正己醇不能在水面上铺展？为什么苯在水面上开始能展开，若放置一段时间后又不铺展了？

第4章　洗涤剂的配方设计

洗涤作为一个过程，总是以除去洗涤对象中的杂质或表面污垢为目的，使被洗涤物更加洁净。洗涤剂则是为了促进洗涤作用而加入的添加剂，它可以是一种单一的化学物质，但更多的时候是由许多组分按配伍设计组方且具有协同洗涤作用的多种化学物质的混合物。表面活性剂的洗涤作用是其最大日常用途的基本特性，它不仅涉及千家万户的日常生活，并且在各行各业、各种工业生产中得到越来越多的应用。洗涤作用可以这样来描述，将浸在某种介质（通常为水）中的固体表面的污垢去除的过程。实际进行的各种洗涤涤过程则要复杂得多，因为体系是复杂的多相分散体系，分散介质种类繁多，体系中涉及的表（界）面、污垢的种类及性质各异，用现有的表面科学和胶体科学的基本理论尚难对洗涤过程作出圆满的解释和分析。

4.1　洗涤剂与洗涤过程

4.1.1　洗涤剂的分类

洗涤剂按其剂型来分，有固体、液体和气体三大类，如洗衣皂、香皂、洗衣粉、金属清洗剂、洗头膏、洗发香波、洗洁精、厕所清洁剂、衣领净、一喷净等。按其应用领域可分为家用、人体用和工业用洗涤剂三大类。家用洗涤剂包括纺织品洗涤剂，洗衣用、厨房用、洗玻璃用、清洗地毯用、地板及墙面用洗涤剂，居室用洗涤剂和卫生间设备洗涤剂及其他（如冰箱、自行车、毛皮制品、运动用品等专用洗涤剂）。人体用洗涤剂分为发用、浴用、洗面用、卸妆用、剃须用洗涤剂等。工业洗涤剂主要包括食品工业用洗涤剂，车辆用洗涤剂，印刷工业用洗涤剂，机械电机用洗涤剂，电子仪器、精密仪器、光学器材用洗涤剂，锅炉垢清除剂以及其他洗涤剂（如建筑物、家用机械、集装箱、放射线沾污等不同工业领域专用洗涤剂）。不论家用还是工业用洗涤剂，品种不仅多，而且不少品种还有各样的剂型，如块、片、棒型和粉状的固体洗涤剂，浆状、膏状的清洗剂、水乳状、水溶液，溶剂型洗涤剂，气溶胶洗涤剂等。同一种剂型，除主体表面活性剂相同外，其他配料可能有很大差异，其原因在于不同用户使用目的、使用方法不同而有不同要求。

洗涤剂有时按其去除污垢的类型分为重垢型洗涤剂（多为固体型，如洗衣粉），它适合洗涤棉、麻制品，轻垢型适合于洗涤毛、丝等精细纺织品、洗涤蔬菜和水果等，中性洗涤剂也属此类，它们以液体剂型为主。按洗涤方式分，有溶剂型、乳液型、极性排异型、气溶胶型。从环境保护的角度出发，科学技术界有时把生物降解性好的洗涤剂称为软性洗涤剂，而生物降解性差的称为硬性洗涤剂。

洗涤剂通常是多种成分的复配物，除表面活性剂外，还有很多洗涤助剂和填料（或溶剂）。

4.1.2 洗涤过程

4.1.2.1 洗涤过程

广义地讲，洗涤是从被洗涤对象中除去不需要的成分并达到某种目的的过程。通常意义的洗涤是指从载体表面去除污垢的过程。在洗涤时，通过一些化学物质（如洗涤剂等）的作用以减弱或消除污垢与载体之间的相互作用，使污垢与载体的结合转变为污垢与洗涤剂的结合，最终使污垢与载体脱离。因被洗涤对象和要清除的污垢是多种多样的，因此洗涤是一个十分复杂的过程，洗涤作用的基本过程可用如下简单关系表示：

$$载体·污垢＋洗涤剂 \Longleftrightarrow 载体＋污垢·洗涤剂$$

洗涤过程通常可分为两个阶段：一是在洗涤剂的作用下，污垢与其载体分离；二是脱离的污垢被分散、悬浮于介质中。洗涤过程是一个可逆过程，分散、悬浮于介质中的污垢也有可能从介质中重新沉淀到被洗物上。因此，一种优良的洗涤剂除了具有使污垢脱离载体的能力外，还应有较好的分散和悬浮污垢、防止污垢再沉积的能力。

从清洗污垢的载体方面来看，有硬表面（如金属构件等）、纺织品、肌肤以及毛发等，进一步按照构成纺织品的纤维种类可以细分为以下品种。①天然纤维：包括棉纤维、麻纤维及其改性纤维，它们是由多糖分子构成的纤维素纤维，亲水性好，易被水溶液润湿和渗透，对污垢的吸附性好等。②蛋白质纤维：包含蚕丝和毛纤维，主要由角蛋白组成，它们能溶于盐酸、沸水、热皂液和碱性溶液中，遇水软化，在碱性溶液中易发生水解，因此只能用近中性洗涤剂进行洗涤。③化学合成纤维：表面较致密、光滑、耐水、耐磨性好是其共同特点。现在多是将合成纤维和天然纤维混纺制成织物，对混纺产品的洗涤，更适合使用以醇系表面活性剂为主的液体洗涤剂和低温洗涤工艺。

4.1.2.2 污垢的种类

即使是同一种物品，如果使用环境不同，则污垢的种类、成分和数量也会不同。油体污垢主要是一些动、植物油及矿物油（如原油、燃料油、煤焦油等），固体污垢主要是烟尘、灰土、铁锈、炭黑等。就衣服的污垢而言，有来自人体的污垢，如汗、皮脂、血等；来自食品的污垢，如水果渍、食用油渍、调味品渍、淀粉等；有化妆品带来的污垢，如唇膏、指甲油等；从大气中来的污垢，如烟尘、灰尘、泥土等；其他如墨水、茶水、涂料等。可以说形形色色，种类繁多。对污垢和载体的特性了解在洗涤剂的配方设计中是很重要的。

各种各样的污垢通常可分为固体污垢、液体污垢和特殊污垢三大类。

(1) 固体污垢　常见的固体污垢包括：煤烟、灰尘、泥土、沙、水泥、皮屑、石灰、铁锈和炭黑等颗粒。这些颗粒表面大多带有电荷，多数带负电，容易吸附在纤维物品上。一般固体污垢较难溶于水，但可被洗涤剂溶液分散、悬浮。质点较小的固体污垢，除去较为困难。

(2) 液体污垢　附着在载体上的污垢仍然以液体状态存在，如织物、餐具上的动植物油和矿物油等。液体污垢大都是油溶性的，包括动植物油、脂肪酸、脂肪醇、矿物油及其氧化物等。其中动植物油、脂肪酸类能与碱发生皂化作用，而脂肪醇、矿物油则不为碱所皂化，但能溶于醇、醚和烃类有机溶剂，并被洗涤剂水溶液乳化和分散。油溶性液体污垢一般与纤维物品具有较强的作用力，在纤维上吸附较为牢固。

液体污垢和固体污垢经常混合在一起形成混合污垢黏附于物品表面，往往是油污包住固体微粒，其粒径一般在 $10\sim20\mu m$。此种混合污垢与物品表面黏附的本质，基本上与液体油类污垢的情形相似。

(3) 特殊污垢　特殊污垢有蛋白质、淀粉、砂糖、食盐、食物碎屑、血液、人体分泌物如汗、皮脂、尿渍、粪便以及果汁、茶汁等。这类污垢在常温下大多能通过化学作用而较强地吸附在纤维物品上，故洗涤起来比较困难。

人体汗液的主要成分：

| 水分 | 98.4% | NaCl | 0.57% | 乳酸盐 | 0.5% |
| 脂肪物 | 0.40% | 尿素 | 0.08% |

成人每天通过皮脂腺分泌出 $1\sim2g$ 的皮脂，其中含：

游离脂肪酸	25%	脂肪	25%	蜡	20%
甘油的单酯和双酯	10%	角鲨烯	5%	甾醇酯	3%
烃类	2%	甾醇类	1.5%	其他	8.5%

液体污垢和固体污垢在物理性质和化学性质上存在较大差异，所以二者自表面上去除的机理也不相同。各种污垢很少单独存在，往往是混在一起共同吸附在物品上。污垢有时还会发生氧化、分解或腐败，从而产生新的污垢。

纤维织物上的主要污垢成分是油性污垢，它们大都是油溶性的液体或半固体，其中包括动植物油脂、脂肪酸、脂肪醇、胆固醇和矿物油（如原油、燃料油、煤焦油等）及其氧化物等。其中动植物油脂、脂肪酸类与碱可发生皂化作用而溶于水，而脂肪醇、胆固醇、矿物油则不会被碱所皂化，它们的疏水基与纤维表面有较强的范德华吸附力，可牢固地黏附在纤维上而不溶于水，但能溶于某些醚、醇和烃类有机溶剂，并被洗涤剂水溶液乳化和分散。

4.1.2.3　污垢的黏附作用

衣服、手等之所以能沾上污垢，是因为物体与污垢之间存在着某种相互作用。污垢在织物纤维上的微观结合力有静电力、诱导力和色散力。它们没有饱和性和方向性，都属于范德华力。污垢在物体上的黏附作用多种多样，但不外乎物理黏附和化学黏附两种。

(1) 物理黏附　烟灰、尘土、泥沙、炭黑等在衣物上的黏附属于物理黏附。一般来说，这种黏附的污垢与被沾污的物体之间的作用相对较弱，污垢的去除也比较容易。依作用力的不同，污垢的物理黏附又可进一步分为机械力黏附、分子间力黏附和静电力黏附。

① 机械力黏附　这一类黏附主要指的是一些固体污垢（如尘土、泥沙）的黏附现象。机械力黏附是污垢比较弱的一种黏附方式，几乎可以用单纯的机械方法如搅动和振动力将污垢去除掉，但当污垢的质点比较小时（<0.1μm）时去除起来比较困难。

② 分子间力黏附　被洗涤物品和污垢以分子间范德华力（包括氢键）结合，例如油污在各种非极性高分子板材上的黏附，油污的疏水基通过与板材间的范德华吸引力吸附于高分子板材的表面上，污垢与表面一般无氢键形成，如有形成，则污斑难以去除。天然纤维织品如棉、麻和丝织品与血渍的黏附，棉麻织物中的纤维上有大量羟基存在，丝织物的主要成分是蛋白质，含有大量的多肽，血渍可以通过氢键与织物黏附，这也是很难除去的。

③ 静电力黏附　静电力黏附是带电的污垢粒子在异性电荷物体上的黏附。纤维素或蛋白质纤维物品吸潮后带负电，很容易被某些带正电荷的污垢，如石灰类、氧化铁等所黏附。有些污垢尽管带负电荷，如水溶液中的炭黑粒子，但可以通过水中的正离子（如 Ca^{2+}、

Fe^{3+}、Al^{3+}、Mg^{2+} 等）所形成的离子桥（离子在多个异性电荷之间，与它们共同作用，起类似桥梁的作用）附着在纤维上。静电作用比简单的机械力作用要强，因而污垢去除相对困难些。

（2）化学黏附　化学黏附是指污垢通过化学键或氢键黏附到物体上的现象。如极性固体污垢、蛋白质、铁锈等在纤维物品上的黏附，纤维中含有羧基、羟基、酰胺等基团，这些基团和油性污垢的脂肪酸、脂肪醇容易形成氢键。化学作用力一般比较强，因而这类污垢在物体上结合得较为牢固，用通常的方法很难去除，需采用特殊的方法来处理。

污垢黏附的牢固程度与污垢本身的性质和被黏附物的性质有关。一般颗粒容易在纤维性物品上黏附。固体污垢质点越小，则黏附得越牢固。亲水性物体如棉花、玻璃等表面上的极性污垢要比非极性污垢黏附得更牢固，而非极性污垢的黏附强度比极性污垢如极性脂肪、灰尘、黏土等要大，更不容易清洗和去除。

4.1.2.4　污垢的去除机理

在一定温度的介质中（通常以水为介质），利用洗涤剂所产生的各种物理化学作用，减弱或消除污垢与被洗物品的作用力，在一定的机械力作用下（如手搓、洗衣机的搅动、水的冲击）使污垢与被洗物品脱离，达到去污的目的。

由于污垢多种多样，污垢的存在形式也多种多样，加之被洗对象结构的复杂性，因此对于污垢的去除应根据具体情况选择合适的洗涤剂，采取适宜的洗涤方法。

在洗涤过程中，洗涤剂是不可缺少的。洗涤剂是洗涤过程的主体，其作用一是去除物品表面污垢，二是对污垢的分散、悬浮，使之不易在物品上再沉积。实际上，表面活性剂的洗涤性体现了表面活性剂的润湿、渗透性、乳化性、分散性、增溶性和发泡性等全部基本特性。所以，洗涤性是表面活性剂综合性能的表现。由于一般纤维在水中均带负电荷，而固体污垢也带有电荷，所以，洗涤剂配方中加入阴离子表面活性剂可使两者界面电势明显增加，有利于洗脱和防止再沉淀。非离子表面活性剂增加电势效果较差，只是空间障碍作用对防止再沉淀有利，而阳离子表面活性剂的洗涤作用则甚微。

在洗涤过程中，洗涤效率取决于以下因素：固体与污垢的黏附强度，固体表面与洗涤剂的黏附强度以及洗涤剂与污垢间的黏附强度。固体表面与洗涤剂间的黏附作用强，有利于污垢从固体表面的去除，洗涤剂与污垢的黏附作用强，有利于阻止污垢的再沉积。此外，不同性质的表面与不同性质的污垢之间有不同性质的结合力，因此三者间有不同的黏附强度。在水介质中，非极性污垢由于其疏水性不易被水洗净。在非极性表面的非极性污垢，由于可通过范德华力吸附于非极性物品表面上，三者间有较高的黏附强度，因此比在亲水的物品表面难于去除。极性的污垢在疏水的非极性表面上比在极性强的亲水表面上容易去除。

（1）液体污垢的去除过程

① 润湿　液体污垢大多为油性污垢。油污能润湿大部分的纤维物品，在纤维材料的表面上或多或少扩散成一层油膜。洗涤作用的第一步是洗涤液润湿表面。在第 3 章表面活性剂的润湿与渗透作用章节里曾论述过，只有当液体的表面张力等于或低于固体的临界张力时，液体在固体表面的扩散才可以自发进行，才能彻底润湿。表 4-1 列出了一些纤维材料的临界表面张力。

从表中可以看出，除聚四氟乙烯、聚三氟乙烯、聚氟乙烯外，其他材料的临界表面张力均在 29×10^{-5} N/cm（20℃）以上，即使材料表面已经黏上了污垢，其临界表面张力也不会低于 30×10^{-5} N/cm，表面活性剂水溶液的表面张力一般都会低于常见纤维的临界表面张力，因此，洗涤剂溶液都能很好地润湿它们。此外，实际上的纤维物表面并非光滑表面，多

表 4-1　一些纤维材料的临界表面张力

纤 维 材 料	临界表面张力 $\gamma_C(20℃)/(10^{-5}N/cm)$	纤 维 材 料	临界表面张力 $\gamma_C(20℃)/(10^{-5}N/cm)$
聚四氟乙烯	18	聚氯乙烯	39
聚三氟乙烯	22	聚酯	43
聚氟乙烯	28	聚丙烯腈	44
聚丙烯	29	纤维素 C(再生)	44
聚苯乙烯	31	尼龙	46
聚乙烯	32	聚酰胺	46
聚乙烯醇	37		

为粗糙表面,因而更易于润湿。然而,纯粹的水对于一般天然纤维(棉、毛等)的润湿性能较好,但对合成纤维(如聚丙烯、聚酯等)的润湿性往往较差。

②油污的脱离　洗涤作用的第二步是油污的去除,液体污垢的去除是以卷缩的方式来实现的(图 4-1)。液体污垢原来是以铺展的油膜形式黏附于基材表面上,在洗涤液对基材表面优先润湿作用下逐渐卷缩成为油珠,被洗涤液中的表面活性剂胶束包覆起来,在一定外力作用下最终离开表面,如图 4-1 所示。在这个过程中,由于表面活性剂容易吸附在固体表面和油污膜面上,使固体-水以及油-水的界面张力降低。为了维持固-水-油三相界面上作用力的平衡,油污-固体界面上的接触角有变大的趋势,促使油污逐渐卷缩,达到一定程度后就能脱离固体表面。

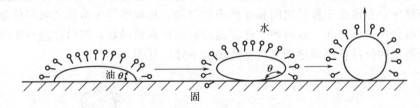

图 4-1　表面上的油膜在洗涤液作用下卷缩成"油珠"

实际上,油污多种多样,再加上不同性质的基体表面,油污在表面上的吸附强度大不相同,去除它们的难易程度也就不同。当液体油污与表面的接触角为 180°时,污垢可以自发地脱离载体表面;若它们之间的接触角在 90°～180°的范围,则污垢不能自发脱离表面,但可以被液流冲走(图 4-2);当接触角小于 90°时,液流只能冲走大部分的油污,仍有一小部分油污留在表面(图 4-3)。只有借助更大的机械力或者通过较浓的表面活性剂溶液的增溶作用才能将这一小部分残留油污除去。

图 4-2　油滴(θ>90°)的完全去除　　　图 4-3　油滴(θ<90°)的不完全去除

(2)固体污垢的去除过程　液体污垢的去除主要是通过洗涤液对污垢载体的优先润湿,对于固体污垢的去除则是洗涤液对污垢质点及其载体表面的直接润湿。由于表面活性剂在固体污垢及其载体表面的吸附,减小了污垢与载体之间的相互作用,也就是说降低了污垢质点在载体表面的黏附强度，因而固体污垢容易从载体表面上除去。

不仅如此，表面活性剂，尤其是离子型表面活性剂，在固体污垢及其载体表面上的吸附有可能增加固体污垢及其载体表面的表面电势，更有利于污垢的去除。固体或一般纤维表面在水介质中通常带负电，因此，在污垢质点或固体表面上能形成扩散双电层。由于同性电荷相斥，水中污垢质点在固体表面上的黏附强度会有所减弱。当洗涤剂的主要成分是阴离子表面活性剂时，它能同时提高污垢质点及固体表面的负表面电势，使它们之间的排斥力更大，黏附强度更加降低，污垢更易于除去。

非离子表面活性剂在带电的固体表面上能产生吸附，尽管它不能明显改变界面电势，但往往会在固体污垢表面上形成一定厚度的吸附层，有助于防止被洗脱下的污垢再沉积。

如果是阳离子表面活性剂，由于它们的吸附会使污垢质点及其载体表面的负表面电势降低或消除，使得污垢与表面之间的排斥力降低，因而不利于污垢的去除；同时，阳离子表面活性剂在固体表面吸附以后往往将固体表面变成疏水性的，因而不利于表面的润湿，也就不利于洗涤。

① 固体污垢分段去除过程中体系的能量变化　固体污垢分段去除过程中体系能量的变化可用 DLVO 理论的势能曲线作定性描述。DLVO 理论是关于胶体稳定性的理论。由前苏联学者德亚盖因（Derjaguin）和兰多（Landau）于 1941 年及荷兰学者弗韦（Verwey）和奥弗比克（Overbeek）于 1948 年分别独立提出在胶粒之间存在 van derWaals 吸力势能和双电层排斥势能，据此对溶胶的稳定性进行了定量处理，能比较完善地解释胶体稳定性和电解质的影响。因此，通常以四人名字的首写字母命名为 DLVO 理论，他们认为胶体质点之间存在着范德华引力，而质点在相互接近时又因为双电层的重叠而产生排斥作用，溶胶在一定条件下能否稳定存在取决于胶粒之间相互作用的位能，总位能等于范德华吸引位能和由双电层引起的静电排斥位能之和。这两种位能都是胶粒间距离的函数，吸引位能与距离的六次方成反比，而静电的排斥位能则随距离按指数函数下降，见图 4-4。

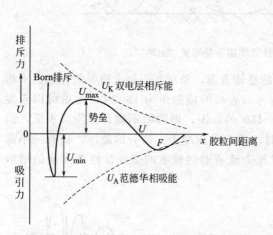

图 4-4　污垢胶粒间相斥能、相吸能及总势能曲线

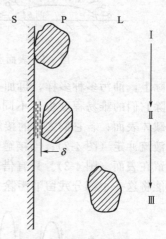

图 4-5　污垢粒子 P 从固体表面 S 到洗涤液 L 的分段去除

② 表面活性剂在固体污垢去除中的作用　固体污垢的去除机理可依据兰格（Lange）的分段去污过程来表示，如图 4-5 所示。Ⅰ段为固体污垢 P 直接黏附于固体表面 S 的状态。表面活性剂作为洗涤剂在去除固体污垢时的作用主要体现在去除过程中的Ⅱ段中，即洗涤液 L 在固体表面 S 与固体污垢 P 固-固界面上铺展过程中。

当洗涤液中的阴离子表面活性剂吸附于固体污垢与固体表面形成单分子吸附膜时，如图

4-6(b)，就会使固体污垢的固-液界面（P-L）和载体的固-液界面（S-L）同时带负电荷。使固体污垢和载体表面的表面电势增加，形成两个扩散双电层。带有同种电性的 ζ 电势，因此产生双电层斥力，表面电势越高，ζ 电势也越高，双电层就越厚，双电层的斥力也越大，电排斥能升高，当超过 $U_{max}+U_{min}$ 这一能垒时，固体污垢就完全去除了。

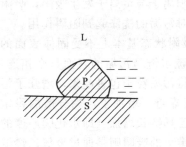 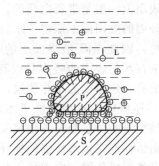 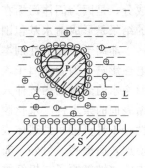

(a) 固体污垢直接黏附于固体表面　　(b) 表面活性剂水溶液(L)在固-固界面铺展　　(c) 固体污垢完全离去

图 4-6　表面活性剂在固体污垢去除中的作用

对于非离子表面活性剂，它吸附于固体污垢和载体表面时不能对其表面电势有所贡献，但非离子表面活性剂往往带有较长的聚氧乙烯链，聚氧乙烯链可以通过醚键与水分子形成氧氢键，因而在聚氧乙烯周围易形成一层溶剂化的水膜。当非离子表面活性剂吸附于固体污垢和固体表面时同样也能形成单分子吸附膜，当铺展于固体污垢与载体的固-固界面上的洗涤液的厚度小于两倍吸附层厚度即两倍聚氧乙烯链长时，会由于混合热效应和体积排斥效应而产生排斥作用。由于在重叠区域内聚氧乙烯浓度增加，渗透压也随之提高，加之聚氧乙烯链节的运动受到限制而产生熵斥力。于是可使固体污垢与固体间的排斥能升高，同样当其排斥能超过势能曲线上的 $U_{max}+U_{min}$ 这一能垒时，固体污垢就会完全被去除。

（3）特殊污垢的去除　蛋白质、淀粉、人体分泌物、果汁、茶汁等这类污垢用一般的表面活性剂难以除去，需采用特殊的处理方法。譬如奶油、鸡蛋、血液、牛奶、皮肤排泄物等蛋白质类的污垢容易在纤维上凝结变性，黏附较为牢固。对于蛋白质污垢，可以利用蛋白酶将其水解成水溶性氨基酸或低聚肽，提高洗涤效果。淀粉污垢则主要来自于食品屑、稀饭、汤汁、糊糊等，淀粉酶对淀粉类污垢的水解有催化作用，可加速淀粉分解成水溶性糖类。脂肪酶能催化分解动植物油脂、体肤分泌的皮脂、化妆品残渍等脂肪酸甘油酯类污垢，机理是促进脂肪酸甘油酯分解成水溶性的甘油和脂肪酸。

一些来自果汁、茶汁、墨水、唇膏等有颜色的污渍，即使反复洗涤也常常难以彻底清除。此类污渍可以通过一些像漂白粉之类的氧化剂或还原剂进行氧化还原反应，破坏生色基团或助色基团的结构，使之分解成无色的或者分子量较小的水溶性成分而除去。

4.2　影响洗涤剂洗涤作用的因素

由于洗涤体系的复杂性，影响洗涤效果的因素也是多种多样的，其中表面活性剂的结构与性能、表面活性剂在界面上的定向吸附以及表面（界面）张力的降低是影响污垢去除的主要因素，当然，即使是同一类洗涤剂，其洗涤效果还受到洗涤剂的浓度、温度、污垢的性质、纤维的种类、织物的组织结构等其他许多因素的影响。

4.2.1 表面活性剂的影响

4.2.1.1 表面活性剂的离子类型

阴离子表面活性剂的洗涤性能较全面，去污性能最好。阳离子表面活性剂不能用作去污成分，是因为固体污垢在水中其表面上一般是带负电荷的，阳离子与负离子发生吸附，吸附的结果是形成疏水基包围在污垢外面的胶团而不能溶于水，对污垢的洗涤起到阻碍作用。

非离子表面活性剂本身不带电，因此在固-液界面上的吸附状态基本上不受固体表面的电性影响，因为非离子表面活性剂在污垢表面的吸附是以其疏水链与污垢的表面紧密相连，而亲水的聚氧乙烯链伸入水中形成有一定厚度的水化膜层，将污垢粒子包裹起来，增强了污垢表面的亲水性。水化膜层的存在还可以防止污垢粒子相互靠近，增加了污垢分散的稳定性，不易再沉积到载体表面。固体粒子的分散稳定性随聚氧乙烯链长增加（即水化膜厚度的增加）而提高。另外，非离子表面活性剂在亲水性强的棉纤维上的吸附则是通过聚氧乙烯链中的醚键氧原子与棉纤维表面的羟基形成氢键而实现的，疏水链朝向水中，使得原来亲水的纤维素表面变得疏水。因此非离子表面活性剂不宜用于洗涤天然棉纤维。

两性离子表面活性剂对非极性强的固体表面可通过范德华力以疏水基吸附于非极性固体的表面、以亲水的阴离子头和季铵阳离子头伸进水相的形式发生吸附，使非极性疏水表面变为亲水表面而有利于污垢的去除。因分子结构中既含有阳离子基团又含有阴离子基团，所以无论污垢微粒的表面带何种电荷，两性离子表面活性剂都能吸附在其表面上，不会产生聚沉现象，有利于污垢在水中的分散与悬浮，不易再沉积，提高了洗涤效率。两性离子表面活性剂在硬水中有很好的抗钙皂能力，在含钙量为 $300mg/kg$ 的硬水中，其去污力显著高于烷基聚氧乙烯醚和烷基苯磺酸钠。

4.2.1.2 表面活性剂疏水链长度

表面活性剂疏水链的长度对洗涤效果有一定的影响，可以从图 4-7、图 4-8 和图 4-9 中看出。图 4-7 是在 55℃下烷基硫酸钠的洗涤曲线。从表面活性剂用量来看，C_{16} 和 C_{18} 在很低浓度下就有洗涤效果了，而 C_{12} 和 C_{10} 需在较高的浓度时才有洗涤效果，从洗涤布料的白度来看，C_{18} 的洗涤布料白度最高，C_{16} 次之，C_{10} 最差。因此可以得出这样的结论：在温度为 55℃时，烷基硫酸钠的洗涤效果随疏水链增长洗涤效果增加。

如图 4-8 所示，C_{16} 和 C_{18} 在极低的浓度下就开始有一定的洗涤效果，而 C_{14} 的起始有效洗涤浓度较 C_{16} 和 C_{18} 为高，C_{12} 最高。从洗涤布料的白度看，C_{16} 和 C_{18} 随浓度增加几乎无变化，而 C_{14} 和 C_{12} 变化较为明显，特别是 C_{12} 在较高浓度下才显现出较好的洗涤效果。总体来看，图 4-8 并未显示出与图 4-7 中烷基硫酸钠的洗涤效果随疏水链长增加而增加的规律。从

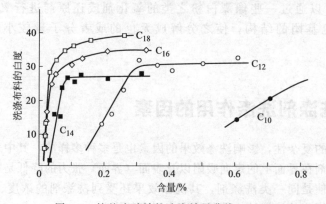

图 4-7　烷基硫酸钠的洗涤效果曲线（55℃）

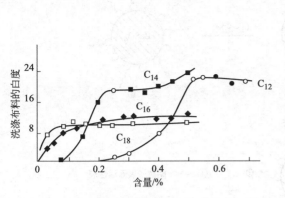

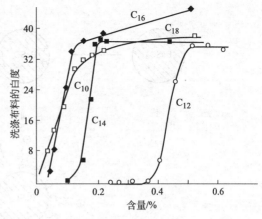

图 4-8　羧酸钠的洗涤效果曲线（38℃）　　　图 4-9　羧酸钠的洗涤效果曲线（55℃）

图 4-9 中可以看出，除 C_{18} 外，无论从洗涤液的浓度和洗涤布料的白度均随疏水链长度的增加洗涤效果也增加的规律。图 4-8 与图 4-9 中显示的洗涤效果随疏水链链长度变化规律不一致可以用溶解度规律来解释。图 4-8 中的规律是在洗涤温度为 38℃ 时显示出来的，而图 4-9 显示的规律则是在洗涤温度 55℃ 下的，这是因为羧酸钠的溶解度随疏水链长的增加而减少，在低温（38℃）下虽然看起来添加浓度（即添加量）增加，但实际上 C_{16} 和 C_{18} 羧酸钠的饱和溶解量比此添加浓度要低得多，由于 C_{12} 的饱和溶解度大，与添加浓度相差不大，所以疏水链短的 C_{12} 羧酸钠在 38℃ 下其浓度比链长的大，因此出现了图 4-8 中的规律。在图 4-9 中，当洗涤温度升高至 55℃ 时，由于 C_{16} 和 C_{18} 的溶解度增大，洗涤效果明显高于疏水链短的 C_{12} 和 C_{14}，若温度再升高，可以预料用羧酸钠作洗涤剂同样会出现疏水链从 C_{12} 增至 C_{18} 洗涤效果随之增加的规律。综上所述，在同系物中，在保证添加的浓度与真实浓度一致的条件下，洗涤效果随洗涤剂疏水链长度增长而增加。

4.2.1.3　表面活性剂在界面上的吸附状态

表面活性剂在界面上的吸附状态也是影响洗涤效率的重要因素。由于表面活性剂在界面上的吸附，使界面及表面的各种性质，如体系的能量、电性质、化学性质及力学性能都发生了变化。

表面活性剂在油-水和固-水界面上的吸附主要导致界面张力降低，从而有利液体油污的去除。表面活性剂在固-固界面的吸附降低了黏附能，有利于固体污垢的去除。油-水界面张力的降低有利于使液体污垢乳化，防止油污再沉积于洗涤物表面，提高了洗涤效率。因此表面活性剂在界面上的吸附是洗涤的最基本原因，没有吸附就不会有表面活性剂的洗涤功能。

表面活性剂在固-液界面的吸附态不仅与表面活性剂的类型有关，而且与固体粒子的电性质有关。阴离子表面活性剂在界面上的吸附状态，主要取决于固体表面的电性质。在水介质中，一般固体质点表面带负电，由于电性斥力不利于阴离子表面活性剂的吸附。若质点的非极性较强，则可通过质点与表面活性剂碳氢链间的范德华引力克服电斥力，从而以疏水链吸附于固体表面，离子头伸入水中的吸附态吸附于固-液界面上。

若固体粒子表面带正电荷，如 $BaSO_4$ 粒子从水中吸附了 Ba^{2+} 后表面带正电荷。如果用阴离子型表面活性剂 $C_{12}H_{25}SO_4Na$ 作洗涤剂时，随 $C_{12}H_{25}SO_4Na$ 浓度由低到高，$C_{12}H_{25}SO_4Na$ 在 $BaSO_4$ 粒子表面吸附状态会发生变化，见图 4-10。

4.2.1.4　表（界）面张力

大多数优良的去污剂溶液均有较低的表面张力和界面张力，这对于污垢的润湿和分离是

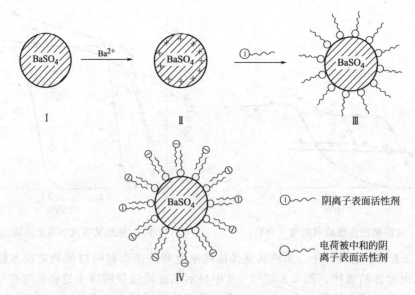

① ～～～ 阴离子表面活性剂

～～～● 电荷被中和的阴
离子表面活性剂

图 4-10 $C_{12}H_{25}SO_4Na$ 对 $BaSO_4$ 固体污垢的去除过程

I 为 $BaSO_4$ 固体粒子；II 为 $BaSO_4$ 在溶液中吸附 Ba^{2+} 后表面带正电荷；III 是在加入适量的 $C_{12}H_{25}SO_4Na$ 后，由于 $C_{12}H_{25}SO_4Na$ 在水中溶解、电离为 $C_{12}H_{25}SO_4^-$ 负离子，通过静电吸引以负离子头吸附于带正电的 $BaSO_4$ 粒子表面，并将其电荷中和使 ξ 电势下降，其疏水基包裹在 $BaSO_4$ 粒子外面，使其表面疏水，降低了 $BaSO_4$ 粒子在洗涤液中的分散稳定性，因此会沉积于固体表面成为固体污垢；IV 是加入过量 $C_{12}H_{25}SO_4Na$ 后，$C_{12}H_{25}SO_4^-$ 可通过疏水链间的范德华力吸附于第一层上形成双分子的吸附层，离子头伸入水相使 $BaSO_4$ 粒子重新带电，此时 $BaSO_4$ 粒的 ξ 电势由正变为负，有利于 $BaSO_4$ 固体污垢的去除

必要的，也有利于污垢的乳化分散，防止污垢的再沉积。因此，降低体系的表面张力是洗涤过程中的基本要求。降低体系的表（界）面张力是表面活性剂十分重要的表面性质，大多数性能优良的表面活性剂都具有显著降低体系表（界）面张力的能力。在去除液体污垢的"卷缩"过程中，表面活性剂能将 γ_{cw} 和 γ_{sw} 降得越低，油污就会被"卷缩"得越完全，被去除得越干净。在固体污垢的去除过程中，表面活性剂把洗涤液的表面张力降得越低，洗涤液就越能更好地渗入固体污垢与固体的固-固界面中，越有利于洗涤液在固-固界面的铺展，使固体污垢得以完全除去。

综上所述，表面活性剂在固-液界面上应取疏水基吸附于固体表面而极性头伸入水相这种吸附态才能提高固体表面的润湿性，有利于洗涤过程的进行。从表面活性剂的类型来看，阴离子表面活性剂的洗涤性能较全面，去污性能最好，非离子表面活性剂次之，而阳离子型表面活性剂不宜用作洗涤剂。近三十年才发展起来的两性离子表面活性剂借助于它的耐硬水性、对皮肤和眼睛的低刺激性、良好的生物降解性，以及具有抗静电和杀菌等优异性能，使它在洗涤市场具有较强的竞争力，已成为洗涤剂去污成分中的后起之秀，除了在其等电点外，以任何一种方式发生吸附均具有良好的润湿性、较高的洗涤效力。

4.2.2   洗涤剂浓度的影响

洗涤液中的表面活性剂胶束在洗涤过程中起到重要作用，当洗涤剂浓度达到表面活性剂的临界胶束浓度（CMC）时，洗涤效果急剧增加。因此洗涤剂的使用浓度应保障其中所用的表面活性剂浓度高于其 CMC 值，才能表现出良好的洗涤效果。但是当表面活性剂的浓度高于 CMC 值后，洗涤效果的递增效应就不明显了，从经济的角度来讲，过多地提高洗涤剂浓度是没有必要的。

借助增溶作用去除油污时，即使浓度在 CMC 值以上，增溶作用仍随表面活性剂浓度的提高而增加。这时就宜在局部集中使用洗涤剂，例如在衣服的袖口和衣领处污垢较多，洗涤时可先涂抹一层洗涤剂，以提高表面活性剂对油污的增溶效果。

4.2.3　洗涤温度的影响

温度对去污作用也有很重要的影响。总的来说，提高温度有利于污垢的去除，但有时温度过高也会引起不良效果。

温度提高有利于污垢的扩散，固体油垢在温度高于其熔点时易被熔化和乳化，纤维也因温度提高而增加其膨化程度，这些因素都有利于污垢的去除。但是对于紧密织物，纤维膨化后纤维之间的微隙减小了，这对污垢的去除是不利的。

温度变化还影响到表面活性剂的溶解度、CMC 值、胶束大小等，从而影响洗涤效果。长碳链的表面活性剂温度低时溶解度较小，有时溶解度甚至低于 CMC 值，此时就应适当提高洗涤温度。温度对 CMC 值及胶束量大小的影响，对于离子型和非离子型表面活性剂是不同的。对离子型表面活性剂，温度升高一般能使 CMC 值上升而胶束数量减小，这就意味着在洗涤溶液中要提高表面活性剂的浓度。对于非离子型表面活性剂，温度升高，导致其 CMC 值减小，而胶束量显著增加，可见适当提高温度，有助于非离子型表面活性剂发挥其表面活性作用。但温度不宜超过其浊点。

总之，最适宜的洗涤温度与洗涤剂的配方及被洗涤的对象有关。有些洗涤剂在室温下就有良好的洗涤效果，有些洗涤剂冷洗和热洗时的去污效果相差很大。

4.2.4　污垢性质的影响

有关污垢的种类、性质以及对载体的黏附作用，已在 4.1.2 节中做了讨论，它们的去污过程各有其特点，当然也影响到洗涤剂的洗涤效果，此处不再赘述。

4.2.5　纤维品种及纺织品特性的影响

除了纤维的化学结构影响污垢的黏附和去除外，纤维的外观形态以及纱线和织物的组织结构对污垢去除的难易也有影响。

羊毛纤维的鳞片和棉纤维弯曲的扁平带状结构比光滑的纤维更易积累污垢。例如，沾在纤维素膜（黏胶薄膜）上的炭黑容易去除，而沾在棉织物上的炭黑就难以洗去。又如聚酯的短纤维织物比长纤维织物容易积聚油污，短纤维织物上的油污也比长纤维织物上的油污难以去除。

紧捻的纱线和紧密织物，由于纤维之间的微隙较小，能抗拒污垢的侵入，但同样也能阻止洗涤液把内部污垢排除出去，故紧密织物开始时抗污性好，但一经沾污洗涤也很困难。

4.2.6　水的硬度及起泡力的影响

水中 Ca^{2+}、Mg^{2+} 等金属离子的浓度（通常称为水的硬度）对洗涤效果的影响很大，特别是阴离子表面活性剂遇到 Ca^{2+}、Mg^{2+}，与 Na^+、K^+ 交换后形成的钙、镁盐溶解性均较差，大大降低了它们的去污能力。在硬水中即使表面活性剂的浓度较高，其去污效果仍比在去离子水中要差得多。要使表面活性剂发挥最佳洗涤效果，水中 Ca^{2+} 浓度要降到 1×10^{-6}

mol/L（以 $CaCO_3$ 量换算要降到 0.1mg/L）以下，为此，常常在洗涤剂配方中加入各种软水剂。

以往人们习惯把发泡能力与洗涤效果混为一谈，认为发泡力强的洗涤剂洗涤效果就好。科学研究结果表明，洗涤效果与泡沫的多少并没有直接关系，泡沫量的多少并不表示洗涤效果的好坏（例如非离子表面活性剂的起泡性能远不如肥皂，但其去污力却比肥皂优异得多）。但在某些情况下，泡沫对去除污垢还是有帮助的。例如，手洗餐具时，洗涤液的泡沫可以将洗下来的油滴带走；擦洗地毯时，泡沫有助于带走尘土、粉末等固体污垢。另外，泡沫有时可以作为洗涤液是否有效的一个标志，因为脂肪性油污对洗涤液的泡沫有抑制作用，当油污过多、洗涤剂量少时，就不会有泡沫生成，或使原来的泡沫消失。泡沫有时还可以作为漂洗是否干净的标志，因为漂洗液的泡沫量一般随洗涤剂含量的减少而减少。发泡力对于洗发香波也是重要的，洗发或沐浴时液体产生的细密泡沫使人感到润滑舒适，这也是家用餐洗剂、地毯清洁剂、洗面乳及洗发液中常加泡沫稳定剂的原因。

4.3 洗涤剂的配方结构

在洗涤剂中，无论是固体剂、液体剂还是气雾剂型，粗略地说，它们都含有去污成分（即表面活性剂）、洗涤助剂和溶剂或填充剂。其中表面活性剂是起洗涤作用的主体成分，用量大，品种多；洗涤助剂在洗涤剂中用量不大，但对充分发挥表面活性剂的洗涤作用非常显著；溶剂或填充剂赋予洗涤剂使用上的方便性，减缓刺激性和降低生产成本。因而它们都是构成洗涤剂体系的不可或缺的组分。

4.3.1 设计洗涤剂配方时需考虑的因素

4.3.1.1 经济性

每一种洗涤剂产品的设计都是针对某一种污垢、某一类用户（或消费群体）或者某一个地区进行的。使用者有不同的洗涤功效要求，洗涤过程的条件也有差异，各自的经济承受能力亦不尽相同。当然，所设计的洗涤剂的去污效果也左右着用户的使用成本，因而可以说，洗涤剂产品的功能性和其经济性是相互制约的，因此需要产品的开发商和设计者综合权衡。注意，产品的不同包装形式也在某种程度上影响到洗涤剂的生产成本。

4.3.1.2 产品形式和功能要求

由于产品的剂型和使用功能的差别，对配方组分原料的要求是大不相同的。譬如说粉剂型洗涤剂的某些原料就不能在洗涤液里面使用；溶解度低、易结晶的原料不能配入到气雾剂产品中；加酶洗涤剂的 pH 值只能控制在 6.0～8.0，否则生物酶容易失活，不能发挥其分解污垢的功能；重垢清洗剂通常配制成酸性体系，因而不能用金属或纸质包装等。在设计洗涤剂配方时如果忽略了这些方面，产品的使用功能就会大打折扣，或者顾此失彼。

4.3.1.3 原料

原料的规格和性能不仅影响到产品的形式和功能，其售价的高低、来源的难易程度也决定着配方设计产品的生产可行性。有些配方，特别是来自于某些配方书籍的配方，从原理上分析觉得该产品性能一定不错，其中可能就有个别原料是市场上采购不到的，或者属于天价，在实验室小试研究尚有一定的意义，但据此进行规模化生产销售则可能导致血本无归；对于某些受国家或局部地区环境保护、产业发展政策控制的原料，在针对相应区域销售的产品配方中必须避免添加或使用具有类似功能的原料进行替代。如 20 世纪末期在我国太湖流域、滇湖周边对含磷洗涤剂就实行过禁售、禁用限制，以避免湖泊发生水生植物富营养化疯长、危及水生动物的生存和周边环境的协调。

4.3.1.4　制造工艺

制造工艺的繁简程度也关乎精细化学品市场开发的有效性，虽说洗涤剂在精细化学品中属于制作工艺相对简单的品种，但也不是任何企业都能顺利实施的。其中喷粉造粒、气雾剂灌装、香（肥）皂的挤出成型的固定资产投资就比较大，对从事其工艺管理和生产的工程技术人员、操作工人的技能要求较高。俗话说，没有金刚钻别揽瓷器活，在设计开发新的洗涤剂配方产品时，也必须考虑到企业的再投资能力、技术人才的引进计划，不要因为制作工艺上的难以满足而半途而废。

4.3.1.5　消费习惯

精细化工产品的消费习惯往往在地域性和使用者方面存在差异，大批量工业应用与小剂量使用也有不同。如喷淋洗涤、机洗和手洗的洗涤剂配方是绝对不一样的；欧美地区多采用加温洗涤衣物，我国则普遍采用室温洗涤；洗发由洗、护分次转向二合一、三合一，最近又回复到洗、护分开，这给洗发液的配方设计提出了新课题，当然新的洗、护分开的洗发液配方绝对不是套用三十年前的，它们的功能更丰富，原料档次也升级了。

还有一些其他方面的因素也需要设计洗涤剂配方时予以考虑，如市场细分、普通型与浓缩型、透明型与珠光型，等等。在此不一一列举了。

4.3.2　去污过程所涉及的表面活性剂的功能

表面活性剂是洗涤剂的主要活性物成分，没有表面活性剂就没有洗涤剂。洗涤去污过程也就是其中表面活性剂发挥其表面活性功能的过程。有关表面活性剂的性能和应用原理已在第 3 章中讨论过了，本节只简单介绍一下洗涤去污过程中所涉及的表面活性剂的几种主要功能。

4.3.2.1　吸附与润湿

表面活性剂在界面上的定向吸附是其最基本的功能，借助这种功能，可以改变液态或固态污垢的表面亲和性（通常是改善其亲水性），使污垢粒子表面变成亲水性的，因而得以被洗涤介质——水润湿，加快去污速度。

4.3.2.2　乳化与增溶

当表面活性剂在洗涤液中的浓度高于其临界胶束浓度（CMC）后，它就能形成定向排列的胶束。如果洗涤液中有污垢存在，表面活性剂就在污垢表面定向吸附形成具有一定强度和弹性的单分子膜层的胶束，使得"大块的"、"成片的"污垢被各个击破，逐一被"增溶"到洗涤液中，最终变成污垢粒子被"溶解"在水中的乳化体系。

4.3.2.3　分散（悬浮）与抗再沉积

上述"大块的"、"成片的"污垢被"增溶"到洗涤液中的过程就是污垢被分散的过程，这种污垢粒子上吸附的单分子层表面活性剂胶束外层带有相同性质的电荷，或者具有相同的亲和性，因此它们之间一般不会聚集、融合，彼此间保持相对独立。同时它们的亲和性也与污垢原载体（纤维或皮肤、毛发）的亲和性不同，因而也不容易再沉积到载体上。

在洗涤过程中，除了借助机械力、电荷排斥力以及热作用对污垢进行去除外，利用表面活性剂特性的去污机理主要有：①卷离作用去污；②乳化作用去污；③增溶作用去污；④分散作用去污；⑤化学反应去污。具体过程分析见本章 4.1.2 节内容。

4.3.3 去污效果的评价

对于各种类型洗涤剂去污效果的评价，目前还没有一个统一的指标，国内只有一个针对衣料用洗涤剂（包括粉状、液体及膏状产品）去污力及循环洗涤性能的测定标准——GB/T 13174—2008，它是代替 GB/T 13174—2003《衣料用洗涤剂去污力和抗污渍再沉积能力的测定》和 GB/T 15815—1995《衣料洗涤剂性能比较试验循环洗涤白棉对照布法》的。它规定了用人工污布进行去污试验来评价洗涤剂去污力，用棉白布对照循环洗涤的方式评价洗涤剂抗污渍再沉积能力的方法及程序。当需要对其它类型的洗涤剂进行去污力评价时，行业内通行的做法是参照此标准，协议其中的某些环节进行检测评价。本节仅对相关标准做一摘要介绍。

4.3.3.1 去污力

（1）去污力的测定方法概述　将比较试验用洗涤剂（试验样品及参比样品）用规定硬度的水配制成规定浓度的洗涤液，加入一定量的炭黑油污液，以规定的（负荷）液比对规定数目的白棉对照布试片，同系列连续进行规定次数（一般需 20 次以上）的循环洗涤。

经循环洗涤后的白棉对照布试片，感官评价其外观（粗糙度）、柔软性、感官白度并测定沉积灰分（灼烧法）及白度保持（由洗涤前后的白度计算）。比较这些判据来评价试验洗涤剂的性能优于或劣于参比洗涤剂。

（2）试剂和仪器

① 白棉对照布　采用去污试验用白布（不带荧光的），裁成约 100mm×100mm、重约 1g 的布片，在布片边角用不退色墨水写或色线绣字编号。为每一去污试验瓶准备 6 块布片。

② 人工炭黑油污液　按 GB/T 13174—91 中规定配制。

③ 标准洗涤剂　符合 GB/T 13174—91 规定。

④ 试验用水　自来水（水硬度相当于 250mg/kg）或按照 GB/T 13174—91 规定配制。

⑤ 去污试验机 Launder-O-meter 型或 Terg-O-Tometer 型。

⑥ 白度计（ZB/N33012）。

⑦ 搪瓷杯 2000mL。

⑧ 搪瓷盘。

⑨ 瓷坩埚 50mL，带盖。

⑩ 高温炉　能控制温度于（800±10）℃。

（3）操作步骤

① 循环洗涤　将待测衣料用洗涤剂和参比洗涤剂用试验用水配成为 0.2% 的洗涤溶液（若待测衣料洗涤剂是浓缩型的，则应配成为 0.1% 的洗涤溶液），然后加入 0.3% 人工炭黑油污液。同一样品用 3 至 4 个去污试验瓶，每一去污试验瓶内倒入 300mL 配好的洗涤溶液，置预热槽中预热到 43℃后，于每一瓶内放入已编好号且预先测好白度的 6 块白棉对照布，再将去污试验瓶装到去污试验机瓶架上，在 45℃ 水浴内运转洗涤 15min。然后将每一去污试验瓶中的 6 块布用镊子夹至盛于 2L 搪瓷罐内的 1000mL 硬水 250mg/kg 中，摆动 5 次冲掉附于布片上的泡沫，夹起来稍微沥干，再放入含有 300mL 已预热至 43℃ 的洁净硬水 250mg/kg 的去污试验瓶中，将去污瓶装于去污试验机瓶架上于 45℃ 运转漂洗 2min。取出布片拧干后平放在搪瓷盘中晾干，即为 1 次洗涤。依此，连续循环洗涤 20 次。

② 洗后布片测试

a. 白度测量与白度保持计算　在循环洗涤之前，应先对白棉对照布片测量白度，以后每 5 次循环洗涤完毕对干燥布片测其白度（取 6 块布白度的平均值）。其相应循环洗涤次数的白度保持按下式计算：

$$白度保持(n次)=\frac{n次循环洗涤后布片白度平均值}{布片洗前的白度平均值}\times100\%$$

$n=5，10，15，20$。

b. 沉积灰分量的测定　经 20 次循环洗涤后，将同系列试验中样品及参比洗涤剂的各平行去污试验瓶得到的布片，每瓶各取出 4 片作灰分沉积量的测定（其余 2 片留作感官评价用）。

预先将洁净的 50mL 坩埚标记，于 800℃ 高温炉中灼烧 2h 后，移入干燥器中冷却至室温后称量。

将同一去污试验瓶得到的 4 块布片作为一组，去掉布边上易脱落的纤维，放入 105℃ 烘箱内干燥 4h，再移入干燥器中冷却后取出，放入一个已知重量的小塑料袋内，称量（因干布片极易吸潮，不如此则难称准），照此重复干燥、冷却称量，取布片最低质量。

用洁净的玻璃棒夹住已称重的布片，在已称量的坩埚上方点燃炭化，使燃烧后的炭化物毫无损失地落入坩埚中，再将坩埚于 800℃ 高温炉中灼烧 6h 后，移入干燥器内冷却至室温，称量。沉积灰分质量分数按下式计算：

$$沉积灰分=\frac{灰分质量}{布片质量}\times100\%$$

c. 感官评判　由 5 名以上有经验的评判者，对每个去污试验瓶余留的另外 2 布片作目视、手摸比较，评判样品洗涤剂循环洗涤后的布片的白度（黑白）、外观（粗糙/平滑）及柔软性是优于或劣于已用参比洗涤剂洗涤同样次数后的布片。

（4）评判　从比较样品和参比洗涤剂循环洗涤后的白棉对照布的白度保持和沉积灰分测定值及感官评判，综合评判样品洗涤剂性能优于或劣于参比洗涤剂。

注：各类型洗衣粉应使用生物降解度不低于 90% 的表面活性剂，不得使用四聚丙烯烷基苯磺酸盐、烷基酚聚氧乙烯醚。

各类型洗衣粉的理化性能应符合表 4-2 的规定。

表 4-2　各类型洗衣粉的物理化学指标

项　　目	含磷洗衣粉（HL）		无磷洗衣粉（WL）	
	HL-A 型	HL-B 型	WL-A 型	WL-B 型
外观	白或白带色粒，染色粉染色均匀，不结团的粉状或粒状			
颗粒度	通过 1.25mm 筛的筛分率不低于 90%			
表观密度/(g/cm³)	≥0.60		≥0.60	
总活性物含量/%	≥10			
总活性物、聚磷酸盐、0.77 倍 4A 沸石之和含量/%	≥30	≥40	≥30	≥40
总五氧化二磷(P_2O_5）含量/%			≤1.12	
水溶性硅酸盐含量（以 SiO_2 计)/%	≤6			
pH 值(0.1% 溶液，25℃)	≤10.5	≤11.0	≤10.5	≤11.0

各类型洗衣粉的使用性能应符合表 4-3 的规定。

表 4-3　各类型洗衣粉使用性能指标

项　　目		指　　标
相对标准粉对油污布的去污力比值		≥1.0
循环洗涤性能	相对标准粉沉积灰分比值	≤3.0
	洗后织物外观损伤	不重于标准洗衣粉

(5) 标准污布的制备

① 浸轧黑色颜料　在 2000mL 烧杯内加入 100mL95％乙醇，置于磁力搅拌器上，在搅拌的情况下滴加 100g 碳素墨水，混匀后再加入 815mL95％乙醇，充分搅拌，直至混合均匀。以上述溶液按下述条件浸轧全毛女式呢。

| 工艺 | 二浸二轧 | 浸轧温度 | 20～25℃ |
| 轧液率 | 85％ | 车速 | 3m/min |

干燥条件　将浸轧过黑色颜料的全毛女式呢在室温下平摊于桌面上自然干燥，备浸轧油脂用。

② 浸轧油脂　在 1000mL 搪瓷杯中加入 20g 羊毛脂、20g 牛油和 500mL 乙二醇乙醚，于水浴上加热至 60℃，使之充分溶解，冷却至 30℃，用乙二醇乙醚稀释至 1000mL，将上述经过黑色颜料浸轧并干燥后的织物按下述条件再浸轧该油脂溶液。

| 工艺 | 二浸二轧 | 浸轧温度 | 50℃ |
| 轧液率 | 85％ | 车速 | 3m/min |

干燥条件　将浸轧过油脂溶液的全毛女式呢在室温下平摊于桌面上自然干燥，即为标准污布。用剪刀剪成直径为 5.4cm 的圆片，备用。

4.3.3.2　抗沉积性与抗结垢性

抗沉积与抗结垢性的评价已在上述去污力的测定条目内叙述过了，此不再重复。

4.3.3.3　发泡力

表面活性剂发泡力是按待测表面活性剂工作浓度或其产品标准中的规定的试验浓度配制溶液，用罗氏（Ross）泡沫仪（见图 4-11）测定初始泡沫量和静置 5min 时的泡沫量来表述的。其测定原理是：使规定浓度的表面活性剂水溶液自一定高度垂直向下流落，在刻度管中央产生泡沫，测量其初始时和 5min 后的泡沫高度。

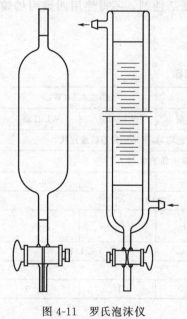

图 4-11　罗氏泡沫仪
（ROSS-Miles 法）

罗氏泡沫仪的外形见图 4-11，材质为 B40 玻璃，构件尺寸为：滴液管容量为 250mL，滴液管全长为 300mm，刻度管内径为 50mm，刻度管全长为 1100mm。

具体测量程序如下。

(1) 试液准备　按待测表面活性剂工作浓度或其产品标准中规定的试验浓度配制溶液，稀释用水可以用由鼓泡法被空气饱和的蒸馏水或用 3mol/L 钙离子硬水（按 GB/T 1325 的规定配制）。配制溶液时，先加少量水调成浆状，然后用预热至 50℃ 的规定水溶解。必须很缓慢地混合，以防止形成泡沫。不搅拌，保持溶液在 50℃±0.5℃ 直至试验进行。测量时溶液的时效在 30～120min 以内。

(2) 测量方法

① 打开恒温器，当恒温器达到一定温度时，使夹套水浴的温度稳定在 40℃±0.5℃。

② 用蒸馏水冲洗刻度管内壁，冲洗必须完全，然后用试液冲洗管壁，亦必须冲洗完全。

③ 关闭刻度管活塞，用另外的滴液管注入 50mL 试液至 50mL 刻度处，此试液预先加热至 40℃。

④ 将滴液管注满 200mL 试液，此试液预先加热至 41.5℃。

⑤ 将滴液管安置到事先预备好的管架上和刻度管的断面成垂直状，使溶液流到刻度管的中心，滴液管的出口应安置在 900mm 刻度线上。

⑥ 打开滴液管的活塞，使溶液流下，直到水平面降至 150mL 刻度线处，记录流出时间。流出时间与观测的流出时间算术平均值之差大于 5% 的所有测量应予忽略，异常的长时间表明在计量管或旋塞中有空气泡存在。在液流停止的即刻和 5min 时读取泡沫体积（仅仅泡沫）。

⑦ 如果泡沫的上面中心处有低洼，按中心与边缘之间的算术平均值记录读数。

⑧ 重复以上试验两到三次，每次试验之前必须将器壁洗净，且均需按试样溶液配制要求重新配制新鲜溶液，取得至少 3 次误差在允许范围的结果。

(3) 结果表示　以所形成的泡沫在液流停止的即刻和 5min 时的体积（mL）来表示结果。必要时可绘制响应的曲线。以重复测定结果的算术平均值作为最后结果。注意：重复测定结果之间的差值应不超过 15mL。

(4) 罗氏泡沫测定仪使用注意事项　a. 装置此项仪器必须全部垂直，否则液面不平读不准；b. 试液在放入滴液管前应预热到 41.5℃左右，注入以后正式操作时的温度适为 40℃±0.5℃，否则温度高低，对数据影响很大；c. 有些溶液的泡沫活动很不稳定，数分钟后泡沫表面破裂，成为高低不平的表面，此时高度读数只能取估计的平均数字。

对于肥皂、合成洗衣粉、洗衣皂粉、洗发水、洗发露、香波、洗洁精（餐洗精）、洗手液等其它洗涤剂泡沫量的测定，日化行业内也通行参照上述溶液降落法来测定。

4.3.4　洗涤剂的配方结构

虽说洗涤剂有成千上万种类型，但从配方组分在洗涤过程中所起的作用来看，配方原料可以概括为三个大类：表面活性剂、洗涤助剂、溶剂或填充剂。它们在各种洗涤剂配方中的用量范围通常为：表面活性剂 15%～30%（质量分数，以下均同）；洗涤助剂 5%～20%；溶剂或填充剂 50%～80%。

洗涤助剂的名目繁多，在各种剂型和洗涤功能的洗涤剂中添加与否差别很大，较之表面活性剂、溶剂和填充剂更为复杂，在此简略概要如下，各种助剂的性能和通常用量见后续的 4.5 内容。

4.3.4.1　螯合剂

洗涤剂用螯合剂的主要品种有三聚磷酸钠和多磷酸钠（STPP）、焦磷酸钠、羧甲基丙醇二酸钠（SCMT）、氮川三乙酸钠（NTA）（次氨基三乙酸钠，下同）、乙二胺四乙酸（钠）（EDTA）、葡萄糖酸钠等，在固体型洗涤剂中普遍使用，一般添加量为 5%～30%（根据原料含量的不同而定）。

4.3.4.2　抗污垢再沉淀剂

主要品种有羧甲基纤维素（CMC）、羟丙基甲基纤维素、乙基羟乙基纤维素、甲基羟乙基纤维素、聚乙烯醇、聚乙烯吡咯烷酮（PVP）、聚丙烯酸钠、马来酸-丙烯酸共聚物等，在固体剂和液体剂中都有用到，一般用量为 0.5%～1%。

4.3.4.3　pH 调节剂

常用的有盐酸、磷酸、柠檬酸、硼酸钠、磷酸二氢钠、硅酸钠、三乙醇胺等，固体剂和液体剂都要用到，用量以调节洗涤剂体系达到设计的 pH 值为限。

4.3.4.4　杀菌剂与防腐剂

常用的品种是对羟基苯甲酸酯（尼泊金酯）、季铵盐类表面活性剂、脱氢乙酸、苯甲酸及其盐、硼砂、杰马、布罗波尔、凯松等，在液体剂中使用得更普遍些，依据各个品种杀菌效力的不同，添加量的可调范围很大，从0.1%到1%不等。

4.3.4.5 发泡剂与稳泡剂

发泡剂与稳泡剂主要用来提高洗涤剂的发泡力，与主要去污成分协同增强去污效果。主要品种有十二烷基硫酸钠（K-12）、烷基醇酰胺（Ninol）、高碳醇、水溶性高分子等，一般用量为1%～4%。

4.3.4.6 钙皂分散剂

钙皂分散剂主要用在以肥皂或阴离子表面活性剂为主体去污成分的洗涤剂中，特别是针对山区、农村高硬度水的洗涤过程，增强洗涤剂的抗Ca^{2+}、Mg^{2+}等离子能力，提高去污效率。除了前述的螯合剂品种都可以起到钙皂分散剂的作用外，分子结构中有一较长的直链型疏水链、链的末端和附近有亲水基的双功能团极性基的阴离子表面活性剂，分子末端有一个极性较强的亲水基，而在其疏水链中有一个以上的酯基、酰胺基、磺基和醚基的阴离子型表面活性剂，聚氧乙烯醚为亲水基团的非离子表面活性剂，以及两性离子表面活性剂都能作为钙皂分散剂。通常的用量为1%左右。

4.3.4.7 漂白剂及活化剂

双氧水、过硼酸钠、过碳酸钠、过焦磷酸钠、过硫酸钠、氯胺-T、二氯异氰尿酸及其盐、次氯酸钠、漂白粉、四乙酰乙二胺（TAED）是洗涤剂用漂白剂及活化剂的典型代表，主要作用是帮助分解污垢，促进表面活性剂发挥去污功能，使织物洁白亮丽。在粉剂型产品中用得更普遍些，其添加量与各品种的有效物含量有关，一般控制在5%以下。

4.3.4.8 荧光增白剂

荧光增白剂的使用主要是针对浅色织物的洗涤，以二苯乙烯衍生物为最常见，主要代表品种有VBL、VBU、VBA、31#、33#、CBS等，在固体剂型和液体剂型中都有添加，一般添加量是0.1%～0.3%。

4.3.4.9 酶

从作用本质来讲，酶是一种生物催化剂，洗涤剂中常用它们来加速对蛋白类、脂肪类、淀粉类以及纤维屑污垢的水解作用，提高对这些特殊污垢的去除效果。目前使用到的只有蛋白酶、脂肪酶、淀粉酶、纤维素酶四个品种，加酶洗衣粉是最常见的使用方式，酶的一般用量为0.5%～2%。

4.3.4.10 柔软剂或抗静电剂

柔软剂是改善被洗织物手感，使之柔软舒适的助剂。对于地毯、化学纤维为主体的织物的洗涤，为了避免电荷的积累产生静电，摩擦或穿着过程中产生静电火花，一般要在其洗涤剂中添加抗静电剂。其主要品种有季铵盐型和两性离子表面活性剂、高级醇磷酸盐、聚季铵盐等。它们也能减轻洗涤剂中某些成分对人体皮肤的刺激，使接触者感到柔和舒适。通常的添加量是2%左右。

在不同使用功能要求的洗涤剂中，还有增稠剂（天然及合成树脂、聚乙二醇酯类、CMC、羟乙基纤维素、乙基羟乙基纤维素、甲基羟丙基纤维素），增溶剂（甲苯磺酸盐、低碳醇、乙二醇单丁醚、烷基磷酸盐、尿素），防头屑剂（六氯代苯羟基喹啉/聚乙烯吡咯烷酮碘、吡啶硫酮锌、十一碳烯酸衍生物），滋润剂（异三十烷、液体石蜡、橄榄油、乙氧基化羊毛脂、蛋白质水解物、毛发水解物），保湿剂（甘油、丙二醇、甲壳素水解物、植物提取物、聚乙二醇、乳酸钠），营养素（各种维生素及其衍生物、细胞激素、肾上腺皮质激素、各种氨基酸、动植物提取液）等功能性添加剂，在与人体、动物肌肤密切接触和有适量残留的洗涤剂中，经常要添加香精和色素以增加愉悦和视觉美感，同时还能掩盖某些原料的让人感到不愉快的臭味和颜色。这些功能性添加剂的使用量都不大，通常在 0.1%～3% 的范围内。

4.4　洗涤剂中的表面活性剂

前面已多次述及，表面活性剂是洗涤剂的主要功能成分，各种类型的表面活性剂在洗涤剂配方都有应用。其中，阴离子型表面活性剂是人们使用最早也最广泛的一种，目前的需求量在 50% 以上。在今后一段时间内，阴离子表面活性剂仍将占据主导地位。本节主要介绍洗涤剂中常用的表面活性剂的品种、性能及其用途。

4.4.1　洗涤剂用表面活性剂的选择

洗涤过程既与被洗涤物表面性质和污垢的类型有关，又涉及表面活性剂对污垢的润湿、分散、乳化、增溶作用。除此之外，还要注意到被洗涤下来的污垢在溶液内形成的分散体系是不稳定的，它有再沉积到被洗涤物表面的可能，因此表面活性剂的防污垢再沉积作用也是必要的。

液体污垢的去除过程主要服从增溶作用原理，能提高增溶空间结构的表面活性剂有利于除去油污。如果污垢的去除过程主要服从乳化机理，选择适宜 HLB 的表面活剂就显得重要。非离子表面活性剂在低浓度下，去除油污和防止油污再沉积能力高于具有类似结构的阴离子型表面活性剂；此外，还由于它与离子表面活性的协同作用有利于增溶和乳化作用。因此，在洗涤剂配制中常配入一些非离子表面活性剂。

洗涤过程中，表面活性剂发生定向排列时，只有亲水基朝向水相，才能除去污垢和防止再沉积。表面活性剂的洗涤行为与固体表面的极性及表面活性剂的离子性质有密切关系。聚酯、尼龙以及天然纤维纺织品都具有负电性的极性表面，它们和油污均能与阴离子和非离子表面活性剂形成亲水的定向吸附，这有利于油污乳化、增溶和防止再沉淀。但与此相反的阳离子型表面活性剂在这类纺织物上的定向排列是疏水基指向水中，形成憎水膜，不利于洗涤，所以不选用它作为洗涤剂。

由于表面活性剂分子在固体表面上吸附程度和定向排列方式对于洗涤行为影响非常大，因此，可以通过改变表面活性剂的结构来改善洗涤效力。碳氢链长的增大会提高表面活性剂的去污能力，但链长的增大存在一个限度，如果链长过大，表面活性剂的水溶性降低就不利于洗涤。具有支链或亲水基团处于碳链中间的表面活性剂，其洗涤能力较低。当亲水基从链中间向端基移动，表面活性剂的洗涤能力会得到提高。亲水基团处于链端基的表面活性剂表现最佳的洗涤能力，如果洗涤液中存在电解质和高价阳离子时，则会降低表面活性剂的溶解性，从而影响洗涤能力，如肥皂在硬水中不能发挥最佳洗涤效果，在这种情况下，亲水基团位于链内的表面活性剂，具有较高的洗涤能力。

聚氧乙烯链插入到疏水基和阴离子基团之间（如脂肪醇聚氧乙烯磺酸盐）的表面活性剂的洗涤特性优于没有嵌入聚氧乙烯链的磺酸盐。

综上所述，我们可以把选择表面活性剂的规律总结如下。

（1）阴离子和非离子表面活性剂适合作洗涤剂，而阳离子表面活性剂通常不宜作洗涤剂。

（2）使用能发挥协同增效作用的复合型表面活性剂（主要是阴离子型 SAA 与非离子型

SAA复合，也包括表面活性剂与其他活性物复合）比用单一表面活性剂好。

（3）在溶解度允许的限度内，表面活性剂的洗涤能力随疏水链增大而增高。

（4）疏水链的碳原子数相同时，直链的表面活性剂比支链者洗涤能力强。

（5）非离子表面活性剂浊点稍高于溶液的使用温度时达到最佳的洗涤效果。

（6）聚氧乙烯型非离子表面活性剂分子中聚氧乙烯链长度增大（只要达到足够的溶解度），常导致洗涤能力下降。

（7）两性表面活性剂和天然表面活性剂由于对皮肤刺激作用小，在自然界容易代谢，减少环境污染，因而作为洗涤剂的去污成分越来越受到重视。

4.4.2　洗涤剂用阴离子表面活性剂

4.4.2.1　直链烷基苯磺酸钠

（1）别名　LAS。

（2）性能　白色浆状物或固体。溶于水，几乎全部被电离，具有良好的去污、湿润、发泡、乳化、分散等性能，是很重要的阴离子表面活性剂。由于其亲水基团（磺酸基）与疏水基团（烷基苯）间的连接是 C—S 键，在酸、碱介质中，在较宽的 pH 值范围内稳定。耐水解，不易氧化或还原，耐电解质，但对酶的稳定性有负面影响。它的去污力好，在软水中烷基苯磺酸钠有很强的去污能力，但抗硬水性差，易与钙、镁离子生成沉淀而降低表面活性，当 Ca^{2+} 浓度超过 300mg/kg 时，洗净力明显下降。因此，LAS 常与适量的螯合剂配合使用。随着 LAS 碳链的变短，在硬水、电解质及低温下去污力增强。起泡力强，可借助稳泡剂稳泡，也易于用泡沫调节剂如肥皂等来抑制泡沫。相对分子质量越低，起泡力越强。LAS 还是良好的润湿剂，其相对分子质量越大，润湿力越强。LAS 对颗粒污垢、蛋白质污垢、油性污垢及尘埃污垢的去除能力较好，特别对天然纤维如棉织物的洗涤效果更好。即使在极低的浓度，其去尘埃污垢的能力仍优于非离子表面活性剂，所以在重垢洗涤剂中需加入一定量的 LAS。

LAS 的脱脂力较强，手洗时对手的刺激较大，洗后手感也较差。在洗衣粉里，常与脂肪醇聚氧乙烯醚（AEO）或烷基酚聚氧乙烯醚（TX）等非离子表面活性剂复配使用，以获得更好的洗涤效果。直链型烷基苯的价格低廉，洗涤力强且易生物降解，不会给环境和人类带来危害。因此到目前为止，还没有任何一种表面活性剂能在技术性能上和经济效益上与 LAS 相匹敌。十二烷基苯磺酸钠具有优良的洗涤效果，十八烷基苯磺酸钠在烷基苯磺酸钠系列中洗净力最强。

（3）用途　LAS 是洗涤剂中用量最大的表面活性剂，主要用途是制造洗衣粉，几乎所有的洗衣粉都以它为活性主成分。同时也广泛应用于餐具洗涤及其他重垢、轻垢液体洗涤剂。由于其良好的性能、便宜的价格，今后很长一段时间还将在洗涤中得到广泛应用。

4.4.2.2　高级脂肪酸皂

（1）别名　皂片、皂粉。

（2）性能　具有脂肪气味的白色或浅黄色蜡状固体。熔点 250～270℃，易吸潮。易溶于热水和热乙醇中，在冷乙醇中为浑浊状态，不溶于乙醚、轻汽油、丙酮及类似的有机溶剂中，也不溶于食盐和氢氧化钠等电解质溶液。在水中呈碱性，pH 值一般大于 8.5，对人体皮肤有较强的脱脂作用和一定的刺激性。有去污、发泡性能。与硬水的钙、镁离子产生皂垢，即不溶解的钙、镁盐，从而会降低它原有的表面活性。钠盐和钾盐在软水中具有丰富的泡沫和较高的去污力，但其水溶液的碱性较高，pH 为 10。胺皂的 pH 值在 8 左右时使用，因而有其特殊优点。

（3）用途　主要用于制造皂类洗涤剂。在块皂中既用作活性剂又作赋形剂，也用作化妆品及 O/W 型产品的乳化剂。其钾盐和铵盐可作液体皂类洗涤剂，具有低刺激和温和的洗涤效果，是液体皂和香波的主要成分。

4.4.2.3　月桂酸钾

（1）别名　十二酸钾。

（2）性能　淡黄色浆状物，熔点 240～244℃。易吸潮，易溶于水和乙醇，其水溶液有丰富的泡沫，在其它介质中的溶解性同于高级脂肪酸皂，水溶液 pH 值约 8.5，对人体皮肤有较强的脱脂作用和一定的刺激性。

（3）用途　主要用于制造人体清洁剂及作为化妆品的乳化剂，是液体皂和香波的主要成分。

4.4.2.4　烷基（脂肪醇）硫酸钠

（1）别名　AS，FAS。

（2）性能　碳链长为 12 的烷基硫酸钠称为 K-12（俗称发泡剂），为最常用的脂肪醇硫酸钠，其外观为白色或淡黄色粉末或液体，液体含量在 25%～40%（质量分数）之间，粉末产品活性物含量为 80%，堆积密度 0.25g/cm³，熔点 180～185℃（分解），1% 浓度的水溶液 pH 值为 7.5～9.5。粉状易吸潮结块，溶于水。具有强的去污、乳化和优异的发泡力。无毒，生物降解性好。20℃ 时的溶解度为 60g/L，Krafft 温度为 16℃，其 HLB 值为 40，CMC 为 6.8mmol/L，25℃ 下 0.1% 浓度水溶液的表面张力为 49mN/m。FAS 是最好的发泡剂，在低硬度水中起泡力很强，泡沫细腻、丰富、稳定、持久。具有较强的去污力，特别对固体污垢有极好的去污力，但其去污力受温度、离子强度、水硬度的影响较大，在低温、水硬度高时，推荐使用短链 FAS。它还是良好的通用型润湿剂。AS 的亲水基团是通过 C—O—S 键与憎水基团相连，因此它比含 C—S 键的磺酸盐易于水解，特别是在酸性介质中更敏感，其耐高温性也较差，但有一定的耐次氯酸盐能力。对碱不敏感。AS 的耐硬水性较差，对钙、镁离子较敏感，在高硬度水中，去污力显著下降，需加入螯合剂才能发挥其较好的使用效力。

（3）用途　可用于重垢织物洗涤剂、轻垢液体洗涤剂，用于易护理型的毛、丝织物的清洗，大量用于泡沫浴、洗发香波、化妆品、手洗餐洗剂、蔬菜用洗涤剂、家庭洗涤剂等。用作乳化剂、灭火剂、发泡剂及纺织助剂、电镀添加剂。也用作牙膏和膏状、粉状、洗发香波的发泡剂。

4.4.2.5　脂肪醇硫酸铵

（1）别名　NAS。

（2）性能　淡黄色液体，活性物含量为 35% 左右。具有润湿、去污、乳化、发泡、易生物降解等性能。对人体无毒，无刺激作用。

（3）用途　用作家庭清洁剂、起泡剂，对洗发、护发、去头屑、柔软光滑有特效，是高级香波基料。工业上作纺织助剂，有机化工聚用乳化剂等。

4.4.2.6　聚氧乙烯月桂醇醚硫酸钠

（1）别名　AES。

（2）性能　无色或浅白色半透明黏稠液体，有效物含量 70% 左右，加少量水时会变稠，含水量达 50% 时溶解成均匀透明液体，具有良好的生物降解性、泡沫力、去污力、润湿力和低的皮肤刺激性，是中高档香波的主要去污成分。水溶性比十二烷基硫酸盐更好，在低温下仍可保持透明。易溶于水。pH 值在 7～9 之间，是一种性能优良的阴离子表面活性剂，具有很好的去污、乳化、润湿和发泡性能。生物降解度 99%（质量分数），对皮肤和眼睛刺激性低微。环氧乙烷基团的引入，使 AES 在较高的钙、镁离子浓度下也不发生沉淀，有很好的钙皂分散力。AES 的水溶性好，易于配制液体产品，可在低温下洗涤。AES 有较强的润湿性、乳化性及增溶性，在水中的溶解度随着环氧乙烷量的增加而增大。其表面张力较低，临界胶束浓度较小。AES 的表面张力和润湿力受结合的环氧乙烷物质的量的影响，环氧乙烷物质的量增加，表面张力随之增大，润湿力随之增大，反之则下降，最佳碳链长度为 $C_{12}\sim C_{14}$，EO 数为 2。另外，AES 在溶液中的浓度增大，表面张力则下降，但达到临界胶束浓度后，表面张力不再下降。

在碱性介质中稳定，在酸性溶液中易水解，甚至在中性介质中由于自催化酸化作用也会发生水解。另外，在高温时，也可能发生水解作用，并使颜色变深。AES 溶液的泡沫细致而丰富，在冷水、硬水中或有肥皂、香料和油脂存在时，泡沫稳定性也较好。与烷醇酰胺或氧化胺配合使用，可使制品泡沫更稳定。

（3）用途　AES 在洗涤剂中的用量仅次于 LAS，由于它溶解性好、对硬水适应性强且对皮肤刺激性小，不仅广泛用于洗涤剂（如餐具洗涤剂、洗发香波、泡沫浴剂、洗手剂）中，也用于纺织工业润湿剂、助染剂、清洗剂等，最近也用于重垢型洗涤剂中。

在洗衣粉中，为适应无磷、低磷的发展趋势，AES 也开始用于洗衣粉及重垢液体洗涤剂中。用 AES 取代 LAS 不仅可少用磷酸盐或不用磷酸盐，而且由于它与非离子表面活性剂相似的结构、较低的临界胶束浓度，可减少总活性物用量，使产品在冷水或低温条件下具有高效去污、抗硬水性好、有适中的泡沫和透明度的优良性能。

在液体洗涤中，AES 与 LAS 有协同效应，大大改善产品的泡沫、黏度，并提高去污力，特别适合制造透明液体香波、易护理型或羊毛洗涤剂。去油污力强，可以用来生产去油污的洗涤剂，如餐具洗洁精；黏度高，在配方中还可起到增稠作用，有助于高浓度非离子表面活性剂的增溶，有助于荧光增白剂对织物的吸收，改进合成洗涤剂的泡沫特性和表观黏度特性，大量用于泡沫浴、洗发香波、化妆品、手洗餐洗剂、蔬菜用洗涤剂、家庭洗涤剂等。

AES 还可与季铵盐阳离子表面活性剂以特定的摩尔比进行复配，制得去污力强、刺激性小、具有特殊功能（如灭菌、抗静电、柔软）的洗涤剂。

4.4.2.7　月桂醇聚氧乙烯醚硫酸三乙醇胺盐

（1）别名　TA-40。

（2）性能　浅黄色透明液体。总固体物含量 $(40\pm0.5)\%$，pH 值 6～6.5（室温 3％水溶液），黏度 170mPa·s，表面张力 (30 ± 1)mN/m，钙皂分散力 $(74\pm1.5)\%$，是低刺激和低毒性的表面活性剂，泡沫丰富，去污力强，具有良好的润湿力和分散力。

（3）用途　用作高级洗涤剂、洗发香波、各种清洗剂的原料，也可作化纤油剂、纺织助剂的原料。

4.4.2.8　脂肪醇聚氧乙烯醚硫酸铵

（1）别名　NAES。

（2）性能　淡黄色液体，有效物含量 24％～35％，比 AES 稀，水溶性好，刺激性低，pH 值 6.0～7.0；无机盐≤3.0％。具有去污、分散、乳化性能，与 LAS 配合使用时可获得高泡体系。

（3）用途　用作液体洗涤剂的起泡剂、乳化剂。也用作高级洗发香波及餐具清洗剂的原料。用于洗发香波具有去头屑、使头发柔软、松散光滑等特效。

4.4.2.9　壬基酚聚氧乙烯醚硫酸钠

（1）性能　琥珀色透明液体，溶于水，泡沫丰富，有良好的去污去油性能，对皮肤刺激小。

(2) 用途　用作净洗剂和乳化剂，广泛用于液体洗净剂和硬表面洗涤剂。

4.4.2.10　单月桂酸甘油酯硫酸钠

(1) 性能　无臭无味，能溶于水且呈中性，对硬水稳定，其发泡性和乳化作用好，去污力强。

(2) 用途　适用于香波等高档液体洗涤剂。

4.4.2.11　十二烷基硫酸乙醇胺盐

(1) 别名　K12EA、乙醇胺十二醇硫酸盐、双鲸 ASEA。

(2) 性能　微黄色油状液体（25℃）。具有泡沫丰富、去污力强、对皮肤刺激性低等特点，对织物和头发有柔软效果。能与阳离子、非离子表面活性剂配伍。椰油基硫酸酯胺盐内含有单、二、三乙醇胺盐。

(3) 用途　用作配制高级透明香波和个人液体洗涤剂的主要原料，也用作泡沫印花、泡沫整理的发泡剂。

4.4.2.12　十二烷基硫酸二乙醇胺盐

(1) 别名　DLS。

(2) 性能　淡黄色液体，溶于水。渗透力、表面张力大。发泡力大、洗涤力强，对皮肤刺激小。

(3) 用途　用作香波基质、药物和化妆品的乳化剂、胶合剂、分散润滑剂、液体洗涤剂、纺织油剂等。

4.4.2.13　油酸三乙醇胺盐

(1) 性能　棕色黏稠液体，呈中性。溶于水，有脱脂作用。

(2) 用途　有良好的洗涤及防锈能力，在金属清洗剂中起洗涤和防锈作用。

4.4.2.14　脂肪醇硫酸三乙醇胺

(1) 别名　LST。

(2) 性能　淡黄色液体。

(3) 用途　广泛地应用于医药、化妆品和各种工业领域，用作洗涤剂、润湿剂、发泡剂、分散剂。

4.4.2.15　α-烯基磺酸盐

(1) 别名　AOS。

(2) 性能　黄色透明液体，耐酸、耐碱，对硬水不敏感，有较好的乳化力、去污力、发泡力和钙皂分散力，$C_{14} \sim C_{16}$ 的 AOS 的泡沫性和去污力皆优，对皮肤的刺激性小，一度广泛用于液体洗手剂。极易溶于水，但在质量分数＞40％时易成黏胶。溶解度随碳链增长而降低，表面活性随碳数增加而增强，去污力以 $C_{14} \sim C_{18}$ 最好，起泡性以 $C_{11} \sim C_{12}$ 最好，而润湿性能以 C_{12} 最强。与酶有较好的相容性，生物降解性良好，接近 100％。AOS 在无磷、含碳酸盐洗涤剂中有较好的低温去污垢性能，耐硬水性强、灰分沉积低，当 LAS 与 AOS 的配比为 4∶1 时有较好的协同性。AOS 是一种性能优良的洗涤活性物，最具发展前途。

AOS 是 α-烯烃经 SO_3 磺化制得。AOS 的主要成分有：烯基磺酸盐 64％～72％，羟基磺酸盐 21％～26％，二磺酸盐 7％～11％。α-烯基磺酸盐在硬水中去污力强，起泡性好。相对来说，R 为 C_{12} 以上的 AOS 均具有较好的去污力，$C_{15} \sim C_{18}$ 的 α 位烯基磺酸盐的去污力明显高于同碳数的非 α 位烯基磺酸盐。AOS 的去污力和起泡力受水硬度的影响很小，去污力仅次于 AES。当 R 为 C_{13} 时起泡力及润湿力极佳。生物降解性强于 LAS，对环境无污染。

(3) 用途　用于餐具洗涤剂、羊毛洗涤剂、重垢液体洗涤剂、洗手剂、香波、液体皂、工业清洗剂及油田助剂等。在日、美等国也用于配制洗衣粉。

4.4.2.16　仲烷基磺酸钠

（1）别名　SAS。

（2）性能　浅黄色液体或固体，工业产品一般有三种规格：30%时为液体、60%的为膏状、90%的为固体。仲烷基磺酸钠在较广泛的 pH 值范围内都很稳定，抗氧化能力强，与其他活性剂配伍性能好，对皮肤刺激性小，无毒，无味。其生物降解性大于99%，优于 LAS。吸湿性较大，易于潮解。易溶于水，在 0℃时溶解度可达 20%，耐硬水。在相当宽的温度范围内都具有良好的润湿能力，其润湿能力不但在中性介质中优良，在通常酸碱浓度下也很优良。在低浓度和低温下，SAS 的润湿能力更显著。临界胶束浓度（CMC）为 0.35g/L（20℃）。有良好的脱油脂能力，最适宜在碱性介质中去除污垢，助洗剂如碱性物和磷酸盐可增强 SAS 的洗涤能力，水硬度和温度对去污力的影响不大。泡沫力中等，具有良好的泡沫稳定性。水的硬度对其起泡能力受轻微影响，SAS 的泡沫性能可通过其他表面活性剂或助剂如肥皂、磷酸酯、非离子表面活性剂来调节。

（3）用途　广泛用于普通/浓缩洗涤剂、餐具洗涤剂、通用清洗剂、地板清洗剂、香波、泡沫浴剂、人体清洁用品等各种液体洗涤剂，也可用于配制洗衣粉。在工业上用于纺织工业清洗剂、选矿用浮选剂、农药乳化剂等。

4.4.2.17　磺基琥珀酸单月桂酯二钠

（1）别名　琥珀酸酯 201。

（2）性能　常温下为白色膏体，加热后为透明液体。该品泡沫丰富，去污力强，脱脂力适中。与其他表面活性剂配合性好，且有一定的调理性和乳化性。琥珀酸十六酯（十八酯）磺酸盐的表面活性高，去污力强，多用于超浓缩洗衣粉、液体洗涤剂及块状洗涤剂中。乳化力强，但脱脂力低，属温和型优良洗涤剂，对皮肤刺激性小，可用于护肤及护发品中。

（3）用途　用于各种乳化性香波、洗面奶、液体洗净剂。

4.4.2.18　脂肪酸甲酯磺酸钠

（1）别名　MES，α-磺基脂肪酸甲酯钠盐。

（2）性能　白色至微黄色膏状体，无毒，无刺激性异味。倾点约 60℃，闪点大于149℃，活性物含量在 30%～50%之间，pH 值为 7～9。溶解度随温度升高而增大，随烷基链增长而减小。25℃溶解度为 1%，室温下不溶于其他溶剂。MES 由天然可再生原料脂肪酸合成，生物降解性好，几乎近 100%。MES 具有磺酸基保护酯结构，稳定性较好，在 pH值为 3.5～9.0 之间，即使水温升至 80℃，水解程度也很低，在碱性溶液中不稳定，易发生水解。由于磺酸基与羧酸酯基的存在，MES 具有较强的抗硬水性。MES 具有较高的表面活性，其润湿性、起泡性和去污性能都很优越，其中 C_{14}～C_{16} 的泡沫性最好，MES 的去污力以 C_{16} 和 C_{18}（牛脂基）为最好。MES 在低硬度水中的表面活性与 LAS 相当，但硬度超过350mg/kg 时，则好于 LAS 和 AES，抗硬水能力以 C_{14} 的最好，特别是对水中的镁离子不敏感，使它对沸石有优异的配伍性。因此，在低磷、无磷洗衣粉中，MES 显示出良好的应用前景。缺点是耐碱性稍差。

（3）用途　MES 用于洗涤剂和洗衣粉的生产，也用于餐具洗涤剂，作为辅助表面活性剂用于重垢液体洗涤剂、硬表面清洁剂、多功能清洁剂等。也用于牙膏、皮革加工和矿石浮选等领域。

4.4.2.19　二辛基磺化琥珀酸钠

（1）性能　白色蜡状塑性固体，可溶于水、乙醇和甘油，硬水中稳定，无毒，对皮肤刺激性小。

（2）用途　用于高档产品如洗发香波、餐具清洗剂等。

4.4.2.20 油酸乙基酯磺酸钠

(1) 性能 去油垢力强，在中性溶液中对钙、镁离子稳定。

(2) 用途 适用于皂基液体洗涤剂配方，以及制备洗发香波。

4.4.2.21 琥珀酸二酯磺酸钠

(1) 别名 丁二酸酯磺酸钠，磺基琥珀酸酯钠盐。

(2) 性能 无色或浅黄色液体，活性物含量 70%～75%，相对密度 1.8，闪点（开杯）85℃，能溶于极性和非极性有机溶剂中。CMC 为 0.0025mol/L，表面张力为 26.0mN/m，pH 值为 5～10。有发泡、去污、润湿等表面活性，对皮肤刺激性小，对头发有良好的梳理性能。耐酸、碱性一般。

(3) 用途 用于纺织、橡胶、造纸、石油、金属、塑料工业润湿剂。在生产香波、泡沫浴、牙膏和干洗剂、工业清洗剂时作起泡组分。

4.4.2.22 脂肪醇聚氧乙烯醚琥珀酸酯磺酸钠

(1) 别名 脂肪醇聚环氧乙醚琥珀酸单酯磺酸盐，AESS，AESM。

(2) 性能 淡黄色至无色透明黏稠液体，活性物含量 30%～40%，1% 水溶液的 pH 值为 6～7。易溶于水、低级醇、醚、酮等亲水溶剂中。是一种对皮肤和眼睛刺激性极低的阴离子表面性剂，去污性适中，表面张力低，脱脂力弱，抗硬水性好。发泡力适中，泡沫柔软易破碎，易漂洗。柔软性、生物降解性好。对皮肤和眼睛刺激性低。AESS 的 HLB 值高，具有良好的增溶作用。有良好的黏度调节作用，可用乙二醇双硬脂酸酯调黏。在弱酸性溶液中稳定，在碱性与强酸性溶液中易水解。溶解度较小，质量分数大于 10% 的水溶液不透明，但与其他 SAA 配合时溶液会变得清澈透明。

(3) 用途 用于液体洗涤剂，可降低其他阴离子表面活性剂的刺激性。可配制透明香波、泡沫浴、洗手剂、儿童香波、轻垢洗涤剂、餐具洗涤剂、羽绒服洗涤剂等。AESS 能与 1631 或 1831 配成透明型的二合一香波。

4.4.2.23 脂肪醇聚氧乙烯醚羧酸钠

(1) 性能 浅黄色液体，呈糊或膏状。低温水溶性好，具有优良的抗硬水性和钙皂分散力。具有非离子和阴离子的性质，以酸式存在时呈非离子性，以盐存在呈阴离子性，水溶性好且抗硬水。有很好的发泡力、去污力、润湿性、渗透性，泡沫丰富。对皮肤及眼睛的刺激性极小，产品颜色浅，气味小。

(2) 用途 主要用于各种香波、浴剂、液体皂、化妆品及个人保护用品，特别适用于配制婴儿香波。也用于洗涤剂和工业净洗剂、乳化剂、发泡剂、润湿剂、石油输送和三次采油助剂等。

4.4.2.24 十一烷基磷酸酯钾盐

(1) 别名 PK，PL-1 型乳化剂。

(2) 性能 白色黏稠液体，具有抗静电、乳化、柔软等性能。烷基磷酸酯盐也是一类非常重要的无刺激性阴离子表面活性剂，可使配方产品具有乳化、消泡、抗静电和增稠作用。包括单酯、双酯、聚磷酸酯及少量三酯的钾盐、钠盐等，不同疏水基以及其中磷酸单酯盐、双酯盐含量不同时，产品性能有较大差别。

4.4.2.25 聚氧乙烯十二烷基醚磷酸酯盐

聚氧乙烯十二烷基醚磷酸酯盐是一种黏度很高、去油污力很强、适用于餐具洗涤剂的重要原料。特别是清洗垂直表面时，要求清洗剂有很高黏度，这样洗涤剂在表面上滞留时间长。由于这种由非离子表面活性剂衍生的阴离子表面活性剂兼有非离子表面活性剂的一些特点，因此其综合性能和配伍性能俱佳。

用作膏霜、奶液等化妆品及医药栓剂的乳化剂，也可用作抗静电调理香波的组分及化纤用油剂的组分。有较好的抗静电性能，可用于织物抗静电剂。十二烷基磷酸酯盐主要作抗静电剂，也用于具有调理作用的产品中。

4.4.2.26 烷基醇酰胺磷酸酯

（1）别名 净洗剂6503。

（2）性能 琥珀色黏稠液体，在硬水及盐类电解质溶液中有优良的去污、乳化、发泡和稳泡等特性。

（3）用途 作洗涤剂，在硬水中洗涤效果良好，特别适于清洗钢铁制品热处理后的盐类污垢，如氧化钡、氯化钠及氧化铬、硬脂酸、石蜡和二氧化钼等，并对金属有良好的短期防锈作用。

4.4.2.27 聚氧乙烯十二烷基醚磷酸酯盐

（1）别名 AMP，MOA3-PK，AEPS。

（2）性能 浅黄色液状或膏状，有良好的洗涤性、乳化性、起泡性、抗静电性和柔软性等。溶解性好，溶于水，也易溶于有机溶剂。增溶能力较强，可用在高碱性洗涤剂中。抗电解质及抗硬水性强，对硬表面的去污尤佳，泡沫低，易于生物降解。分散力强，对固体微粒悬浮性优良，对皮肤刺激性小，是一种黏度很高、去油污力很强的阴离子表面活性剂。

（3）用途 主要用于化纤行业作油剂与染色助剂。用于洗涤剂和化妆品工业，可配制刺激性低、洗涤性优良的浴洗剂、洗发液、洗面奶等产品。用于餐具洗涤剂，特别是适宜于要求有很高黏度、在表面上滞留时间长、垂直表面清洗的洗涤剂，也可用于配制带磨料的擦洗剂。用于干洗剂的活性成分、硬表面清洁剂及制造分解性能优良的洗衣粉和透明液状洗涤剂。纺织工业中利用其抗静电及柔软性能，作为织物抗静电剂，造纸工业中作脱墨剂、纸浆分散剂等。以多元醇酯类非离子表面活性剂衍生的磷酸酯盐，如单月桂酸甘油酯磷酸酯盐，也是综合性能较好的阴离子表面活性剂，用于餐具清洗剂和硬表面清洗剂。

4.4.2.28 脂肪醇聚氧乙烯醚磷酸三乙醇胺盐

（1）别名 PET。

（2）性能 与阴、非离子表面活性剂配伍性能好，是良好的乳化剂、清洗剂、金属防腐洗涤剂。刺激性低，具有抗静电性。由于引入了氧乙烯链，提高了去污、增溶、乳化和润湿能力。

（3）用途 用于洗发剂的主要表面活性剂或辅助表面活性剂，是高档膏霜类化妆品的良好乳化剂。还可配成抗静电防污型洗涤剂和金属清洗剂。

4.4.2.29 壬基酚磷酸单酯铵盐

（1）别名 酚醚磷酸单酯铵盐。

（2）性能 无色或淡黄色液体，具有优良的水溶性，丰富细腻的泡沫，优良的洗涤性、乳化性、抗静电性、柔软性、润滑性、抗硬水性等。

（3）用途 广泛用于洗涤剂和化妆品工业中，用于浴液、洗发、洗面等产品。在纺织工业中作抗静电剂，造纸工业中用作脱墨剂、纸张分散剂。

4.4.2.30 酚醚磷酸单酯

（1）别名 表面活性剂MAPP，表面活性剂MAP。

（2）性能 无色或淡黄色黏稠液体，对眼睛和皮肤的刺激性极低，安全。

（3）用途 广泛应用于洗涤剂和化妆品工业中，用于配制刺激性低，洗涤性能好，泡沫丰富的洗浴、洗发、洗面奶等多种洗涤产品。

4.4.2.31　醇醚磷酸单酯乙醇胺盐

（1）别名　脂肪醇聚氧乙烯醚磷酸单酯乙醇胺盐。

（2）性能　无色或淡黄色液体，水溶性好，无刺激性，对人安全，具有优良的洗涤、抗静电、防锈、乳化性能。

（3）用途　用作金属切削润滑剂、防锈剂、化纤和塑料工业抗静电剂、皮革加脂乳化剂、毛皮低温染色助剂。还用于高档溶液、护肤膏、霜等化妆品中。

4.4.2.32　3-油酰氨基-2-甲氧基苯磺酸钠

（1）别名　净洗剂 LS，净洗剂 MA。

（2）性能　米棕色粉末，易溶于水，pH 值为 7～8。耐硬水、耐酸、耐碱、耐一般电解质，耐煮沸，但不能用于次氯酸盐漂白液中，具有极优良的钙皂分散、洗涤、渗透及起泡等性能，乳化、匀染及柔软性良好，可获得良好的手感，是一种性能优良的净洗剂和钙皂分散剂。

（3）用途　是优良的净洗剂和钙皂分散剂，适用于高级毛织品和易缩绒制品的净洗以及活性和冰染染料印染织物的后处理，又可作为还原性及酸性等染料的匀染剂。

4.4.2.33　壬基酚聚氧乙烯醚磺基琥珀酸单酯二钠盐

（1）别名　磺基琥珀酸酯 4910。

（2）性能　无色透明黏稠液体或膏状，呈弱碱性，在 pH＝4～9 范围内稳定，与皮肤和黏膜有很好的相容性，有优良的洗涤、乳化、分散、润湿、增溶等性能，钙皂分散力特别强，优于 MES、AES、AOS、TX-10。

（3）用途　用作 TX-10 的替代品，适合配制液体复合皂、餐洗剂、复合皂粉、珠光柔软洗涤剂等。还可广泛适用于涂料，皮革、造纸、油墨、纺织等工业作乳化剂、柔软剂、分散剂、润湿剂、发泡剂等。

4.4.2.34　脂肪醇聚氧乙烯醚磺基琥珀酸单酯铵盐

（1）别名　JHZ-120 磺基琥珀酸盐，聚氧乙烯烷基醚磺基琥珀酸酯铵盐。

（2）性能　无色透明黏稠液体，发泡性好，生成的泡沫坚实而细密、稳定。生物降解性好，是性能温和、价格低廉的阴离子表面活性剂，能有效地降低配方产品中其他表面活性剂对皮肤的刺激性。

（3）用途　可取代 AES 等阴离子表面活性剂，是化妆品和洗涤剂的较好原料。

4.4.2.35　油酰甲胺乙磺酸钠

（1）性能　能溶于水，去污力和发泡性良好，对硬水稳定，对碱和氧化剂稳定，有较强的洗涤力。相类似的产品还有油酰甲胺乙磺酸钠、油酸乙基酯磺酸钠。它们的去油垢力强，在中性溶液中对钙、镁离子稳定。

（2）用途　适用于皂基液体洗涤剂配方，以及制备洗发香波。

4.4.3　洗涤剂用阳离子表面活性剂

阳离子表面活性剂在水中电离后，其亲水基团带有正电荷，对带负电荷的物品如纺织物、塑料、金属、玻璃或动物身体等有很强的吸附力，它们不具备去污力，不能直接与阴离子表面活性剂配伍应用。阳离子表面活性剂作为杀菌剂早已被应用，也被用于柔软、脱脂、破乳、分散、漂浮及抗静电等目的。在洗涤剂中阳离子表面活性剂的作用和特点如下：①水溶性随烷基链增长而下降，碳原子数超过 18 时其水溶性急剧下降；②润湿性比其他表面活性剂小；③部分阳离子表面活性剂具有良好的发泡性；④某些阳离子表面活性剂具有较好的乳化作用；⑤一般阳离子表面活性剂与阴离子表面活性剂复配则形成中性盐，不溶于水，只有其中一种活性物过量才会使该盐增溶，此时溶液转呈透明状；⑥季铵盐阳离子表面活性剂在酸性及碱性介质中都稳定，但其他铵盐在碱性溶液中会产生游离胺，因此，常用乳酸、柠檬酸或乙酸来调整产品的 pH 值，季铵盐在 100℃ 以内具有热稳定性；⑦季铵盐对洗涤具有负面作用，使污垢更牢固地固定在污垢载体上面，在洗涤剂中添加时会使阴离子表面活性剂的去污力下降；⑧季铵盐能吸附在一切有负电荷的固体表面，因此，用于洗发香波可以使受损头发形成膜式缔合，起到修复作用；又因在头发上形成液晶相，对头发有润滑作用。

4.4.3.1　十二烷基二甲基苄基氯化铵

（1）别名　1227，洁尔灭。

（2）性能　无色透明黏稠状液体或固体，具有良好的泡沫和化学稳定性，耐热、耐光，有杀菌、乳化、抗静电、柔软调理等多种性能。直接接触会对皮肤和眼睛产生严重刺激。熔点（程）44.9～46.8℃，表面张力 68.7mN/m，CMC 为 0.69mmol/L。25℃时溶解度 0.5g/mL。无毒无臭，对金属不腐蚀，在沸水中稳定且不挥发，对革兰阳性及阴性细菌都有杀灭作用。

（3）用途　季铵盐阳离子表面活性剂主要用作柔软剂、抗静电剂、杀菌剂、破乳剂等，用于餐馆、酿酒厂、食品加工厂设备等的消毒杀菌剂。用作游泳池的杀藻剂、杀菌剂、油田助剂、纺织工业的匀染剂、织物柔软和抗静电剂、石油化工装置的水质稳定剂等。

4.4.3.2　十六烷基三甲基氯化铵

（1）别名　1631。

（2）性能　浅黄色膏状物或固体，有醇类溶剂的气味，具有良好的抗静电和柔软性能以及乳化作用，并具有优良的杀菌防霉作用。易溶于醇类和热水中。与阳、非和两性离子表面活性剂有良好的配伍性，与阴离子 SAA 复配形成不溶于水的中性盐。负性洗涤作用，使污垢牢固地结合在载体上。可使头发形成膜式缔合，修复和润滑头发。

（3）用途　用作合成纤维、天然纤维和玻璃纤维的抗静电剂、柔软剂，也是天然、合成橡胶的乳化剂，皮革加脂剂，相转移催化剂，牲畜、蚕具、蚕室的杀菌消毒剂。

4.4.3.3　十八烷基三甲基氯化铵

（1）别名　1831。

（2）性能　白色固体，是一种季铵盐类阳离子表面活性剂。具有柔软、抗静电、消毒、杀菌、乳化等多种性能，溶于醇和热水中，25℃下的 CMC 0.34×10^{-3} mol/L。

（3）用途　是护发素的主要成分之一，为合成橡胶、硅油、沥青和其他油脂化学品的优良乳化剂。也可用作合成纤维的抗静电剂、杀菌剂和消毒剂。

4.4.3.4　椰油烷基三甲基氯化铵

（1）性能　浅黄色膏状物，具有乳化、润湿、分散、抗静电、柔软等优良的表面活性，稳定性好，可生物降解。对人体皮肤有刺激性，对眼睛有严重刺激。

（2）用途　用作杀菌剂、分散剂、纤维的抗静电剂、柔软剂、头发调理剂、水处理絮凝剂、颜料涂饰剂等。

4.4.3.5　双十六烷基二甲基氯化铵

（1）别名　DPDMAC。

（2）性能　白色或微黄色膏体或固体，易溶于极性溶剂，微溶于水。

（3）用途　主要用作抗静电剂、柔软剂。也可在沥青乳化、制糖、纺织印染、洗涤用品及化妆品等生产中用作乳化分散剂。

4.4.3.6　十六烷基三甲基溴化铵

（1）别名　1631-Br。

（2）性能　白色或微黄色膏体或固体，可溶于水，易溶于异丙醇水溶液，耐热、耐强酸、强碱，凝固点32℃，HLB值为15.8，稳定性良好，可生物降解。表面活性较强，其0.1％水溶液的表面张力为34mN/m，且与阳离子、非离子和两性表面活性剂有良好的配伍性。对革兰阳性及阴性菌的杀灭效率高，对菌藻也有很强的杀灭作用。

（3）用途　主要用于工农业杀菌剂和污水处理絮凝剂，也是常用的织物柔软剂、抗静电剂与匀染助剂。

4.4.3.7　双十八烷基二甲基氯化铵

（1）别名　D1821。

（2）性能　白色至淡黄色粉末或固体，不溶于水，溶于异丙醇、乙醇、氯仿、苯等溶剂中。与非离子、两性离子表面活性剂有良好的配伍性，无毒，性能稳定。在四氯乙烯中可对水增溶。

（3）用途　主要用作家用或工业用织物柔软剂、抗静电剂，也用于头发调理剂、杀菌剂、矿物浮选剂等。

4.4.3.8　十二烷基二甲基苄基溴化铵

（1）别名　新洁尔灭。

（2）性能　无色至淡黄色固体或液体。常用的是透明黏稠液体，有效物含量50％左右，折射率1.4412，相对密度0.98，黏度大于0.06Pa·s，易溶于水，1％水溶液的pH值为7。新洁尔灭对革兰阳性菌和革兰阴性菌经几分钟接触即可杀灭，也可杀灭菌藻。

（3）用途　主要用作医院的杀菌消毒剂和水处理剂的杀菌灭藻剂。也用于餐具消毒剂、柔软剂、抗静电剂等。

4.4.3.9　烷基咪唑啉阳离子表面活性剂

（1）别名　XCG SD-2。

（2）性能　XCG SD-2具有优良的抑制金属腐蚀、良好的软化纤维和消除静电性能。还有优良的乳化、分散、起泡、杀菌和高的生物降解等性能。

（3）用途　可用作高效有机缓蚀剂、柔软剂、润滑剂、乳化剂、杀菌剂、燃料添加剂和抗静电剂等。广泛用于石油开采与炼制、化纤纺织、造纸、家用及工业织物整理和燃料等工业。

4.4.3.10　十二烷基二甲基氧化胺

（1）别名　OA-12，十二烷基氧化胺，ADAO。

（2）性能　无色或淡黄色透明黏稠液体，20℃时密度为0.98g/mL。易溶于水和极性有机溶剂，微溶于非极性有机溶剂。视溶液的pH值在水溶液中显示非离子性和阳离子性，当pH值＞7时，主要以非离子形式存在；当pH＜7时，呈阳离子性。具有良好的吸湿性、起泡性和泡沫稳定性。氧化胺对皮肤温和，刺激性小。LD_{50}为2～6g/kg，属无毒或低毒物质，生物降解率＞90％。有一定的杀菌防霉功能。去污力一般。其稳定性较差，具有良好的钙皂分散能力。对皮肤温和，是优良的洗涤剂，增稠效果好，可产生稳定而丰富的泡沫。

（3）用途　用于洗发香波、浴剂、液体洗涤剂、建筑外墙喷洗剂和工业漂白剂，有增泡稳泡作用，赋予产品增稠、起泡、减少刺激和增效作用，可改善增稠剂的相容性和产品的整体稳定性。

4.4.3.11　月桂酰胺丙基氧化胺

（1）别名　LAO-30。

（2）性能　无色至淡黄色低黏度透明液体，活性物30％～40％，1％水溶液的pH值6～8。LAO-30性能优良，与阳、阴、非离子表面活性剂配伍能提高产品的综合洗涤性能。具有较好的调理、抗静电作用。一般用量对皮肤和头发非常温和，作为润肤剂时可赋予光滑舒适感。可降低其他表面活性剂的刺激性。能与其他原料复配产生稠密的奶油状泡沫，有增稠、稳泡作用。一般用量为0.5%～1.5%。

（3）用途　适于配制香波、浴剂、洗面奶、婴儿洗涤剂、餐具洗涤剂和硬表面清洗剂等。

4.4.3.12　十八烷基二甲基氧化胺

（1）别名　Ammonyl SO，十八叔胺氧化物，OA-18。

（2）性能　白色糊状物，在pH<3的酸性溶液中呈阳离子性，在pH>7的碱性溶液中呈非离子性；对皮肤无刺激性，手感温和，具有保温、杀菌、防霉作用。

（3）用途　广泛应用于洗涤剂、化妆品和纺织助剂中起乳化、分散、增稠、抗静电作用。

氧化胺可以在很宽的pH值范围内与其他表面活性剂相容。在中性和碱性溶液中，氧化胺主要显示非离子表面活性剂特性；在酸性介质中，则表现为弱阳离子特性。因此，也有人将氧化胺划为非离子表面活性剂系列。在洗发香波、沐浴液、高档餐具清洗剂中已广泛使用。氧化胺具有下列特性。

① 氧化胺能使香波产生稠密的奶油状泡沫，特别适于与醇醚硫酸盐复配。

② 配方中含有氧化胺的液体洗涤剂能显著地提高产品的综合洗涤性能。

③ 含有氧化胺的洗涤产品性能温和，在正常使用量下对皮肤低刺激或无刺激。

④ 在洗发香波中使用氧化胺可以改善头发的梳理性。

⑤ 在个人卫生洗涤用品中氧化胺可作为润肤剂。

4.4.3.13　烷基三甲基硫酸甲酯铵

（1）性能　具有抗静电和柔软性能。

（2）用途　用作头发调理剂、洗涤剂和漂清剂中的活性成分，以减少静电，改善梳理性和光泽性，还可作抗静电剂和阳离子乳化剂。

4.4.3.14　聚多元醇胺

（1）别名　P-551，黑马牌增稠剂。

（2）性能　外观为油状或膏状，pH值为5～8，固含量为75%，氮含量为2.0%（质量分数）。能与阴离子、非离子和两性表面活性剂相配伍，不仅具有卓越的增稠性，同时还有优异的抗静电性和调理性。

（3）用途　用于二合一香波，可以同时替代聚乙二醇双硬脂酸酯和阳离子纤维素，还可用于冻胶香波、冻胶沐浴剂及透明洗发膏等各种高黏度无流动性清洁用品，一般添加量为0.5%～1.0%。

4.4.3.15　阳离子聚合物

（1）别名　聚纤维素醚季铵盐，JR-400，SJR-400，GW-400，阳离子纤维素CHEC，阳离子瓜儿胶，氯化羟乙基纤维素季铵盐。

（2）性能　浅黄色粉末或固体，易溶于热水，无毒，无刺激性，无过敏。有增稠、柔软、抗静电和调理作用，可与各类表面活性剂配伍。

（3）用途　广泛用于洗发香波、液体香皂、洗面奶、剃须膏、润肤液、防晒霜、定型摩丝及护发素。使头发具有调理性，是配制多功能洗发液的重要原料。

4.4.3.16　聚氯化二甲基二烯丙基铵

（1）别名　Merguat 550，Merguat 100。

（2）性能　为透明黏性液体，气味柔和。固形物含量10%，阳离子密度1%，可与阴离子，非离子和两性离子表面活性剂配伍用，与阴离子SAA复配不会产生沉淀。增加香波的稠厚感，在头发表面成膜，柔顺、滑爽头发。

（3）用途　作调理剂，用于洗发剂、护发素、喷发胶、摩丝、香皂、凝胶、定型剂、润肤护肤剂、剃须用品，也用于去臭剂、防汗剂、润湿光洁剂。

4.4.3.17　氯化二甲基二烯丙基铵/丙烯酰胺共聚物

（1）别名　聚季铵盐3330，PDD-AM。

（2）性能　为透明黏稠液体，性能与Merguat 550相同，柔顺性比Merguat 550好。

（3）用途　同上述Merguat 550，是Merguat 550的替代品。

4.4.3.18　高分子阳离子表面活性剂

（1）别名　迪恩普，DNP。

（2）性能　具有优良的乳化、分散、抗静电、柔软等性能，具有明显的增稠效果，与阴离子表面活性剂有良好的配伍性。对皮肤无刺激，无毒性，对头发有显著的柔软效果，并能增加头发光泽，润滑。

（3）用途　用于日化各行业，特别适合于二合一洗发香波，取代JR-400，通常用量为3%左右。

4.4.3.19　N-甲基-N-牛脂酰胺基乙基-2-牛脂基咪唑啉硫酸甲酯盐

（1）别名　Accosoft 800，Acoosoft 808-90。

（2）性能　黏稠略显浑浊的液体，50℃左右变为透明液体。具有一般阳离子表面活性剂的通性和极好的织物柔软及抗静电作用，再润湿性好。

（3）用途　主要用于家庭及工业柔软洗涤剂及织物柔软剂。

4.4.3.20　吡啶卤化物

吡啶卤化物实际上也属于季铵盐类，它是咪唑啉的一种季铵化合物，如十二烷基吡啶氯化铵。其杀菌力很强，对伤寒杆菌和金黄色葡萄球菌有杀灭能力。在食品加工、餐厅、饲养场和游泳池等场合作为洗涤消毒剂使用。

4.4.4　洗涤剂用两性离子表面活性剂

两性表面活性剂在水中离解后，其活性基团既带正电荷、又带负电荷，是一种内盐结构的物质。根据水溶液pH值的不同，两性表面活性剂可表现阴离子或阳离子表面活性剂的性质。在酸性溶液中，显示阳离子型表面活性剂性质；在碱性溶液中，显示阴离子表面活性剂的性质；在中性溶液中则显示非离子型表面活性剂的性质。在阴离子性和阳离子性的平衡点（即等电点），氨基酸类表面活性剂可能产生沉淀，而甜菜碱类表面活性剂则不易产生沉淀。两性离子表面活性剂在相当宽的pH值范围内都具有良好的表面活性，与阳离子、阴离子、非离子型表面活性剂的相容性好。具有良好的泡沫、渗透、抗静电和织物柔软性能，对皮肤刺激性小，毒性极低。在香波、个人保护用品、织物柔软剂及许多工业领域有着独特和广泛的用途。一般两性离子表面活性剂都是与其他类型的表面活性剂配合使用。

洗涤剂中常用的两性离子表面活性剂有甜菜碱衍生物、咪唑啉衍生物等。

4.4.4.1　十二烷基二甲基甜菜碱

（1）别名　BS-12。

（2）性能　无色至浅黄色黏稠液体，易溶于水，活性物含量一般为30%左右，无机盐含量约7%，pH值为6～8，20℃时的相对密度为1.03。在酸性介质中呈阳离子性，在碱性介质中呈阴离子性，等电点pH值为5.6～6.14。能使毛发柔软，耐硬水性好，易生物降

145

解，有优良的去污、柔软、抗静电、发泡和润湿性能，酸碱稳定性良好，对皮肤温和，对眼睛刺激性小，手感好，易生物降解，毒性低，有良好的抗硬水性和对金属的缓蚀性。在等电点区域不沉淀，溶解度无明显降低，可保证在较宽 pH 值范围内具有优异的水溶性。可用水以任何比例稀释，不溶于非极性溶剂中。不耐 120℃ 以上长时间的高温，100℃ 以下稳定，耐酸、碱、耐硬水。BS-12 与阴离子表面活性剂复配可产生丰富、细腻的泡沫，同时降低阴离子活性剂对皮肤的刺激，对头发产生柔软易梳理功效，并同时有提高黏度的作用。利用 BS-12 优异的钙皂分散力，可与非离子、阴离子活性剂复配抗硬水的洗涤剂。

（3）用途　适用于制造无刺激性、对头发有调理性的香波、婴幼儿香波、泡沫浴和儿童用浴剂，也用作织物的柔软、抗静电剂、防羊毛缩绒剂、耐硬水洗涤剂、杀菌消毒剂、金属防蚀剂、乳化剂及橡胶工业的凝胶乳化剂等。

4.4.4.2　烷基二甲基甜菜碱

（1）性能　浅黄色液体，溶于水。与烷基硫酸钠和烷基醚硫酸钠共同使用可产生丰富的、稳定的奶油状泡沫，是有效的泡沫促进剂和稳定剂。在酸碱中稳定性良好，对皮肤温和，对眼睛刺激性小。

（2）用途　用于制备温和香波和洗浴剂，也可用作工业上的乳化剂、分散剂、润湿剂和杀菌剂。

4.4.4.3　椰油酰胺基丙基甜菜碱

（1）别名　CAB-30，烷基酰胺丙基甜菜碱。

（2）性能　浅黄色低黏度透明液体，活性物含量一般为 30%，溶于水。可与阴离子、阳离子、非离子和其它的两性表面活性剂配伍，在广泛 pH 值范围内稳定。对眼睛和皮肤的刺激性小。具有理想的洗涤、调理、抗静电和杀菌作用，柔软性好，泡沫丰富而稳定，并具有很好的黏度调节效果，在香波中与其他表面活性剂配伍产生协同效应，表现出明显的调理作用，而且还有协稠效果。

（3）用途　用于制备个人洗涤用品如香波、泡沫浴、洗面奶、婴儿洗涤用品等。作为柔和调理剂特别适于婴儿保护品。

4.4.4.4　烷基二羟乙基甜菜碱

（1）性能　浅黄色黏稠液体，易溶于水，无毒，对酸碱稳定，发泡力、去污力强，生物降解性好。

（2）用途　作去污剂、发泡剂、增稠剂。广泛用于高级洗涤剂和洗发液香波、护发素、浴液中。

4.4.4.5　羟丙基甜菜碱

（1）别名　HSB。

（2）性能　纯品为蜡状白色固体，工业品为淡黄色液体，水溶性好，泡沫丰富，在酸碱盐中稳定，表面活性高，性能温和，对皮肤的刺激性低，易生物降解。属新型含氮表面活性剂。羟丙基甜菜碱在硬水中的净洗力要比阴离子型的烷基苯磺酸钠（LAS）和聚氧乙烯烷基醚（AEO）等的优越得多。

（3）用途　用作塑料、化纤、羽绒制品的洗涤以及洗发液、液体洗涤剂的主活性剂。

4.4.4.6　2-烷基-N-羧甲基-N-羟乙基咪唑啉

（1）别名　羧酸盐型咪唑啉。

（2）性能　琥珀色黏稠透明液体，易溶于水和乙醇等极性溶剂，pH 值为 8～9，固含量一般在 40%～50%，其中氯化钠含量 6%～10%，等电点 pH＝7。它是一种无毒、无刺激、生物降解性好的两性表面活性剂。微生物分解率可达 97.5%，并可在 12h 内降解 90% 以上。

具有优良的抗硬水性和钙皂分散性，对重金属螯合作用强。具有优良的柔软、抗静电和发泡性能。与阴、阳、非离子表面活性剂有良好的配伍性，复配使用能有效减轻对皮肤和眼睛的刺激性。有杀菌作用，可杀死大肠杆菌、葡萄球菌和尾蚴。长链烷基有较好的柔软功能，作为织物柔软剂，可明显增强丝毛织物手感与抗静电效果。

（3）用途　用于洗涤剂、化妆品、合成纤维、塑料加工、纺织印染、医药卫生及防腐防锈等工业，作为优良的抗静电剂、柔软剂、发泡剂、洗涤剂、乳化剂、分散剂及杀菌消毒剂等。利用本品对皮肤的温和性及减轻其他表面活性剂刺激性的特点，可用于婴幼儿制品、洗发香波及洗手液。与非离子表面活性剂复配对合成纤维具有很强的除油效果，可用于各种除油剂和干洗剂的配制。

4.4.4.7　2-烷基-N-羟乙基-N-羟丙基磺基咪唑啉

（1）别名　磺酸盐型咪唑啉。

（2）性能　琥珀色液体，有良好的洗涤性、润湿性和发泡性能，钙皂分散力强。

（3）用途　用于无刺激香波、泡沫浴洗剂、纺织工业专用洗涤剂、柔软剂、润湿剂及金属硬表面清洗剂。

4.4.4.8　2-烷基-1-羟乙基-3-羟丙基咪唑啉磷酸钠

（1）别名　磷酸盐型咪唑啉。

（2）性能　具有良好的去污、起泡和乳化能力，耐硬水性好，毒性极低，对皮肤和眼睛无刺激性，有良好的生物降解性能。具有优异的抗静电、防腐杀菌等性能。洗涤调理性能优异。

（3）用途　广泛用于日用化学品领域，在配制香波中用量大，特别适合于复配儿童香波。

4.4.4.9　十二烷基羧甲基钠型咪唑啉醋酸盐

（1）别名　月桂基羧甲基钠型咪唑啉醋酸盐。

（2）性能　琥珀色水溶性透明液体，溶于水、乙醇等溶剂。pH 值为 8～9。在酸性溶液中呈阳离子性，在碱性溶液中呈阴离子性。pH 值 6～8 时呈两性。

（3）用途　是非刺激性婴儿香波、成人香波和皮肤清洗剂的理想原料。又是优良的家用及工业用洗涤剂、发泡剂、乳化剂和抗静电剂。

4.4.4.10　椰油基羧甲基钠咪唑啉

（1）别名　XCG-C0-2，XCG-CA-2。

（2）性能　琥珀色水溶性透明液体，溶于水、乙醇等溶剂。pH 值为 6～8 时呈两性。

（3）用途　用作非刺激性婴儿香波、成人香波和皮肤清洁剂的原料。也是优良的家用及工业用洗涤剂、消毒杀菌剂、乳化剂和抗静电剂。

4.4.4.11　椰油两性醋酸钠

（1）性能　无色至黄色液体，低黏度、低毒、低刺激性，对皮肤温和。具有良好的增泡、增稠效果及钙皂分散性、润湿性。

（2）用途　主要用于个人清洁用品，配制低刺激香波、温和洗面奶、泡沫浴、洗手皂、剃须膏等。

4.4.4.12　椰油两性二醋酸二钠

（1）别名　Mackam 2C。

（2）性能　无色至黄色液体，具有极低的皮肤刺激性，对碱稳定，有良好的润湿性能。

（3）用途　用于婴儿香波及碱性清洁剂。

4.4.4.13　N-十二烷基丙氨酸

（1）别名　N-月桂基丙氨酸。

（2）性能　水溶液为浅色或无色透明液体。易溶于水、乙醇。对硬水、热的稳定性优良，起泡力、润湿力优良。

（3）用途　用作洗涤剂、净洗调理剂、合成纤维的抗静电剂、柔软剂等，也可用于香波中。

4.4.4.14　椰油酰胺基丙基氧化胺

（1）别名　双鲸 CAO，氧化胺 CAO。

（2）性能　常温下为无色透明液体。易溶于水、醇类溶剂中。在酸、碱和硬水中稳定。无刺激。

（3）用途　高效发泡剂和稳定剂，适用于沐浴用品、香波和护发素，一般用量为 1%～2%。与 AES 共用时比烷基醇酰胺好。适用于牙膏、口香糖和漱口水。在纺织工业中应用于防水整理和柔软整理，兼有抗静电性能。

4.4.4.15　*N*-月桂酰基谷氨酸盐

（1）别名　AGA。

（2）性能　乳白或淡黄色粉末，泡沫适中，洗涤力强，耐硬水，对皮肤温和，无刺激性，具有优良的乳化性和润湿性，生物降解性好。钙皂分散性好，能提高肥皂的耐硬水性，同时还具有乳化起泡性。

（3）用途　作高效洗涤剂和化妆品中的表面活性剂，也可用作化纤油剂、柔软剂、染色助剂、金属防锈剂及矿物浮选、石油开采等工业添加剂。

4.4.4.16　油酰氨基酸钠

（1）别名　雷米邦 A，613 洗涤剂，油酰氨基（多肽）羧酸钠。

（2）性能　棕黄色黏稠液体，是一种在硬水或碱性溶液中很稳定的阴离子表面活性剂。低刺激性，低毒，有良好的去污力、乳化力和钙皂分散力，脱脂力弱，对皮肤温和，适于洗涤丝和毛等。

（3）用途　用于液体洗涤剂或洗发香波，也可供毛纺、印染、丝绸、皮革、农药等工业作为助剂应用。在纺织工业中用作净洗剂、乳化剂。因脱脂力差而适合于洗涤丝毛。

同系物品种还有 *N*-硬脂酰基谷氨酸单钠盐，具有优良的洗涤、乳化、发泡、润湿性和钙皂分散性。广泛用于洗涤剂及化妆品生产。

4.4.4.17　*N*-油酰基-*N*-甲基牛磺酸钠

（1）别名　209 洗涤剂，依捷邦 T（Igepon T），油酰甲胺乙磺酸钠。

（2）性能　微黄色黏稠液体。易溶于热水，在冷水中溶解较慢。具有优异的洗涤、匀染、渗透、润湿、乳化和柔软能力，泡沫丰富而稳定，与阴、非、两性离子表面活性剂有良好的配伍性，生物降解性好。在酸、碱性介质中，金属盐和氧化剂溶液中都比较稳定，耐硬水，电解质不影响去垢作用，对毛织物或化纤织物有柔软作用，洗后织物手感安好，并有光泽滑爽感。

（3）用途　有良好的除垢和浸润能力，用作毛纺和丝纺工业的精炼剂和净洗剂，羊毛、丝织物染色的匀染剂。也用作洗发香波、泡沫浴和清洗剂的原料。还是制皂工业中常用的钙皂分散剂。

4.4.4.18　*N*-脂肪酰基谷氨酸乙醇胺盐

（1）别名　AGEA。

（2）性能　黄色透明液体，具有良好的洗涤、防锈、乳化性能。与阴、非离子表面活性剂配伍性能好。

（3）用途　用于化妆品、牙膏及洗涤用品工业中。还可作金属防锈、金属加工、矿物浮选、石油开采等工业的添加剂。

4.4.4.19 烷基酰胺甜菜碱

以氨基酸为原料合成的两性表面活性剂，在弱酸性介质中（pH6～7）稳定，其碱金属盐有较好的去污力，对硬水稳定，对皮肤温和，不脱脂。产生泡沫多且稳定，刺激性小，可用于液体洗涤剂、婴儿洗发香波、口腔清洁剂等产品。常用的有月桂酰肌氨酸钠（有良好的去污力和护发效果，钙皂分散力强，可用于洗涤剂、化妆品、牙膏和食品中）、油酰甘酰替甘氨酸钠。

另外还有牛磺酸衍生物，其特点是性能温和，配伍性好，对皮肤有滋润作用。常在高档洗涤剂中使用。

4.4.5 洗涤剂用非离子型表面活性剂

非离子型表面活性剂在水溶液中不电离，稳定性高，不易受强电解质、酸、碱的影响，与其他类型的表面活性剂相容性好，在水和有机溶剂中皆有较好的溶解性能。其表面活性是由溶于水的极性基团及不溶于水的非极性基团共同提供的，亲水基团为含有能与水生成氢键的醚基、自由羟基等，而亲油基则是长链的烷基、醇基、脂肪胺等。基于亲水基中羟基的数量和聚氧乙烯链长度不同，可以合成从仅微溶于水到强亲水性的多种系列非离子表面活性剂。它们具有较高的表面活性，其表面张力、临界胶束浓度都较低，从而导致有很好的润湿、乳化、分散、渗透、抗硬水、脱脂及增溶能力。HLB 值不同，其溶解、润湿、浸透、乳化、增溶等特性也就不同。

与阴离子表面活性剂相比，非离子表面活性剂泡沫较低，大部分呈液态或浆状。在使用上，非离子表面活性剂的另一显著特点就是它有浊点。含有氧乙烯链的非离子表面活性剂浊点较低。

从亲水基的差异讲，非离子型表面活性剂可分为多元醇酯类、烷基醇酰胺类和环氧乙烷加成物三种类型。

4.4.5.1 脂肪醇聚氧乙烯（3）醚

（1）别名 AEO-3。

（2）性能 在 25℃为无色至浅黄色透明液体，易溶于油和非极性溶剂，不溶于水。其物性指数如下：HLB 值 7.9，pH 值 6.7～7.5，无毒。浊点（40±5）℃，生物降解性≥90％。具有乳化、匀染、渗透等性能，对矿物油和植物油的乳化能力强。

（3）用途 主要用作 W/O 型乳化剂，用于制备化妆品、聚合物乳液及洗涤剂用乳化液等，也用作纺织工业的匀染剂、润湿剂和各种油剂的组分。

4.4.5.2 脂肪醇聚氧乙烯（7）醚

（1）别名 AEO-7。

（2）性能 无色或浅黄色液体，溶于水。有良好的润湿力、发泡力、分散力、去污力和乳化力。有较高的去脂性能和降低水的表面张力及耐硬水性能。HLB 值 12，pH 值为 5～7。

（3）用途 用于制备各种洗涤剂、香波、金属清洗剂及纺织工业的助剂等。也用于餐具洗涤剂。

4.4.5.3 脂肪醇聚氧乙烯（9）醚

（1）别名 AEO-9。

（2）性能 白色至淡黄色膏状物，易溶于水。相关物性数据如下：1％水溶液的 pH 值 6.5～7.5，无毒，浊点（65±5）℃，生物降解性≥95％，HLB 值 13。具有较强的去污、脱脂能力和缩绒、润湿等性能，起泡能力也较强。

（3）用途　作洗涤剂的活性物及纺织工业的乳化剂、缩绒剂、脱脂剂。也用于印染工业的匀染剂和洗净剂，化妆品和软膏生产的乳化剂及金属清洗剂的活性成分等。

4.4.5.4　脂肪醇聚氧乙烯（10）醚

（1）别名　AEO-10。

（2）性能　乳白至浅黄色黏稠液体，溶于水。具有良好的润湿、乳化、去污、去脂和耐硬水性能力等，pH 值为 5～7，浊点 95℃，HLB 值 14.5。

（3）用途　用作洗涤剂的活性物，纺织工业的洗净剂、润湿剂和纺织油剂的组分，农药的乳化剂等。

4.4.5.5　脂肪醇聚氧乙烯（15）醚

（1）别名　平平加-15，AEO-15，OS-15。

（2）性能　乳白色膏状物，具有优良的乳化、分散、去污性能。相关物性数据如下：浊点≥90℃，HLB 值 14.5，pH 值 6～7。

（3）用途　纺织工业的匀染剂，金属加工的清洗剂，化妆品、农药、油墨的乳化剂。

4.4.5.6　脂肪醇聚氧乙烯（20）醚

（1）别名　平平加-20，AE0-20。

（2）性能　白色至微黄色膏状物，遇冷凝冻。易溶于水，10％水溶液透明，具有良好的乳化与分散能力。相关物性数据如下：1％水溶液的 pH 值 7.0～8.0，无毒，浊点≥75℃，生物降解性≥95％，HLB 值 15。

（3）用途　用于纺织工业中作各类染料的匀染剂、剥色剂及纺丝油剂组分，在乳胶工业和石油钻井液中是常用的乳化剂，对硬脂酸、石蜡、矿物油有独特的乳化性能。与 LAS 复配，可提高洗涤剂的去污效果，常用于工业清洗剂。

4.4.5.7　壬基酚聚氧乙烯（4）醚

（1）别名　TX-4，OP-4，APE，乳化剂 OP。

（2）性能　无色至浅黄色油状物质，易溶于油及有机溶剂。1％水溶液的 pH 值为 6～7，HLB 值为 8.8，在水中分散。具有乳化、润湿、破乳等作用。其最大特点是化学稳定性强，耐酸碱，耐高温，抗硬水能力强，可与阴、阳离子表面活性剂复配（注：源于日美合成技术的酚为壬基酚，前苏联技术的是辛基酚）。

（3）用途　用作洗涤剂、纺织工业助剂、金属加工清洗剂、乳化剂、石油工业润湿缓蚀剂等。可用于强酸、强碱介质中使用的洗涤剂，如在强酸介质中使用的废纸脱墨洗涤剂。

4.4.5.8　壬基酚聚氧乙烯（10）醚

（1）别名　OP-10，TX-10，NP-10。

（2）性能　淡黄色液体或黏稠状物质，易溶于水，1％水溶液的 pH 值为 6～7，HLB 值 14.0，浊点≥65℃。具有很好的润湿、乳化、分散、去污和抗静电性能，抗硬水性能也较好，有良好的钙皂分散力。可与各类表面活性剂混用，有一定的起泡力和泡沫稳定性，对酸碱稳定。

（3）用途　用作液体洗涤剂、金属清洗剂的活性物，纺织工业的匀染剂、洗净剂、化纤工业的油剂组分以及树脂聚合的乳化剂等。OP-10 对棉织品有较强的去污力，对羊毛类织物洗净效果也很好，常与 AEO-9、LAS 复配，用作超浓缩洗衣粉和重垢液体洗涤剂的活性成分。OP-10 生物降解性较差，近年来受到很大的限制，目前仅在金属洗涤、硬表面酸性清洗等方面有较多应用。

4.4.5.9　壬基酚聚氧乙烯（9）醚

（1）别名　NPE-9，TX-9。

（2）性能　无色透明液体，APHA 色泽≤80。活性物含量≥99％，浊点（58±3）℃。

1%水溶液的 pH 值为 6.0～7.5。具有良好的润湿、乳化、分散和匀染等性能。酚醚与醇醚（平平加）D 的性能高度相似，水溶性都是随环氧乙烷聚合度的增加而提高，具有良好的润湿、乳化、去污和耐硬水性，差异在于酚醚的生物降解性差，主要用于工业清洗剂中。

（3）用途　用作合成洗涤剂和工业助剂的主要原料，广泛用于纺织、造纸、石油、冶金等行业。

4.4.5.10　仲辛基酚聚氧乙烯醚

（1）别名　SOPE 系列。

（2）性能　SOPE-7 为茶黄色油状液体，水中呈分散，pH 值为 6～7，HLB 值为 12.0，浊点＜30℃，乳化净洗性好。SOPE-10 是茶黄色糊状物，易溶于水，pH 值为 6～7，HLB 值为 14.5，浊点≥65℃，匀染、乳化、润湿、扩散、抗静电性能好。

（3）用途　SOPE-7 是毛纺、合纤、金属加工、工业净洗剂、工业乳化剂、金属净洗剂的组分之一。SOPE-10 则是合成油剂单体、乳化沥青乳化剂、金属水基清洗剂的组分，也做农药、医药、橡胶工业的乳化剂。

4.4.5.11　C_8～C_{10} 烯烃基苯酚聚氧乙烯醚

（1）别名　C_8～C_{10} OPE 系列乳化剂，OPE-7。

（2）性能和用途　有不同牌号的产品，OPE-7 为黄色油状液体，溶于油及有机溶剂，可分散于水中，pH 值为 5～7，HLB 值为 11.7，具有乳化、分散、净洗性能，并且耐酸、碱及钙镁离子。用于纺织、金属工业用净洗剂，一般工业用乳化剂、润湿剂。

还有聚氧乙烯烷基胺和聚氧乙烯烷基醇胺两个系列，它们都同时具有非离子性和阳离子性，耐强酸，不耐碱，有一定的杀菌作用。随着环氧乙烷单体数量的增大，非离子性增强，耐碱性增强，在碱液中不析出。比烷基醇酰胺的水溶性强，可与阴离子表面活性剂配伍。这类产品主要用作发泡剂和稳泡剂。

4.4.5.12　脂肪酸烷醇酰胺

（1）性能　淡黄色或琥珀色黏稠液体。易溶于乙醇、丙酮、氯仿等有机溶剂，也易溶于表面活性剂水溶液。水溶性主要依靠过量的二乙醇胺。脂肪酸与二乙醇胺反应配比为 1∶1 摩尔比时，产品不溶于水，而 1∶2 产品则水溶性好。烷醇酰胺具有良好的发泡和稳泡性能。与其他阴离子表面活性剂如 LAS 复配后，能显著提高复配体系的起泡能力，使泡沫更加丰富、细腻，持久稳定，还有很好的增稠作用、显著的悬浮污垢作用，抗硬水能力好，防止污垢再沉积，具有良好的抗静电作用。对皮肤的刺激性较小。有一定的渗透力、去污力和缓蚀作用。对 pH 值和电解质十分敏感。产品不太稳定，其稳定区域的 pH 值为 8～10。与一般非离子表面活性剂不同，这类物质无浊点。

（2）用途　用于配制香波、液体洗涤剂、液体皂，也用于配制金属清洗剂，有防锈作用。可作纤维调理剂，使织物柔软，是合成纤维油剂组分之一。

4.4.5.13　椰子油脂肪酸二乙醇酰胺（1∶2）

（1）别名　6501，ninol（尼纳尔），704。

（2）性能　淡黄色透明膏状液体，可溶于水，具有很强的起泡力、浸透力、去污力、防锈力和较好的分散性能。对液体洗涤剂的稳泡、增黏、抗硬水有很大的作用。

（3）用途　广泛用于各种液体洗涤剂、香波、纤维整理剂、液体皂、金属清洗剂等。具有优良的去污洗涤能力，用于餐洗剂中提高去污力，稳泡，增稠。在洗手液、香波中也是常用的稳泡、增稠添加剂，同时还可降低对皮肤的刺激性。

4.4.5.14　椰子油脂肪酸二乙醇酰胺（1∶1）

（1）性能　白色或淡黄色透明黏液，可以任意比例分散于水中。可与其他非离子或阴离子表面活性剂混用，制得透明液体。有起泡和稳泡作用以及去污、分散、增黏特性。对皮肤温和。有防锈性能。增稠性与泡沫稳定性比1：2型要好。

（2）用途　用于各种液体洗涤剂、香波、餐具洗涤剂、金属清洗剂、防锈用洗净剂、涂料剥离剂。与LAS等表面活性剂配合可促进洗涤效果，同时，还有增稠、增溶作用。

4.4.5.15　1：1型十二酸二乙醇酰胺

（1）别名　1：1型月桂酸二乙醇酰胺。

（2）性能　白色至淡黄色固体。溶于乙醇、丙酮、氯仿等有机溶剂，难溶于水，当与其他表面活性剂调配时易溶于水，且透明度好。具有优异的起泡性、稳定性、增泡性、增黏增稠性、润湿性、洗净力。对钢铁有防锈作用。

（3）用途　适用于香波、轻垢洗涤剂、液体皂、餐洗剂、印染助剂中作洗涤剂、增稠剂、稳泡剂、缓蚀剂。

4.4.5.16　椰子油脂肪酸单乙醇胺

（1）性能　白色或淡黄色薄片状固体，不易溶于水，易溶于乙醇，pH值为9.5～11。与肥皂和其他表面活性剂混用时，可成为透明溶液。与其他表面活性剂相容性好，有良好的稳泡、增黏、润湿、去污和抗硬水能力。生物降解率达97.3%。

（2）用途　用于固体皂及皂粉、洗衣粉、乳化稳定剂及乳状香波等的配制。由于水溶性差，熔点较高，较少用于液体洗涤剂，多用于固体及粉状洗涤剂。用于香皂可以固香，增加光泽，防止腐败。

4.4.5.17　脂肪酸单乙醇酰胺聚乙二醇醚

（1）性能　浅黄色透明液体，具有很好的去污力和发泡性。对皮肤很温和，无毒性。同其他类型的表面活性剂的配伍性好，与无机助剂也有很好的相容性，钙皂分散力较强，生物降解性也好。

（2）用途　用于香波、浴剂和各种液体洗涤剂，在各种制剂中作为发泡和稳泡剂，也可作为脂肪和醚化油的增溶剂等。洗涤毛、呢织物有特殊功效，织物洗后柔软、手感好，故常用作洗呢剂、缩绒剂及羊毛洗涤剂。

4.4.5.18　脂肪酸聚氧乙烯（10）酯

（1）别名　乳化剂SE-10。

（2）性能　淡黄色膏状物，具有乳化、增稠、柔软和平滑性能，易分散于水中。HLB值为12。在酸、碱性溶液中易水解。该系列酯的通性：通常含1～8mol环氧乙烷的酯为油溶性，含10～15mol环氧乙烷的酯为水分散性，大于15mol环氧乙烷的酯为水溶性，不耐水解和氧化剂；脂肪酸聚氧乙烯酯的起泡性和黏度随环氧乙烷加成数增加而增加，总体来说泡沫低且稳定性差；其去污力与脂肪酸种类及环氧乙烷加成物关联度不大。

（3）用途　由于价格便宜，泡沫低，脂肪酸聚氧乙烯酯可用于重垢洗衣粉、机用餐具洗涤剂及地板和墙面清洗剂、金属清洗剂。也用作化妆品和鞋油等的乳化剂、化纤织物的抗静电剂和柔软剂等。

4.4.5.19　乙二醇单硬脂酸酯

（1）别名　EGMS。

（2）性能　白色至奶油色固体或薄片。可溶于乙醚、氯仿、丙酮、甲醇、乙醇、异丙醇、甲苯、豆油、矿物油中，不溶于水。皂化值180～188mgKOH/g，酸值＜4mgKOH/g，碘值＜0.5gI$_2$/100g，熔点56～58℃，HLB值2.4。

（3）用途　用作乳化、分散、增溶、润滑、柔软、消泡、抗静电、珠光剂。应用于金属、纤维加工以及化妆品、洗涤剂、药物生产中。

4.4.5.20 乙二醇单、双硬脂酸酯

(1) 别名 EGMS、EGDS。

(2) 性能 白色至奶油色固体或薄片。可溶于异丙醇、甲苯、豆油、矿物油。皂化值 194～204mgKOH/g，酸值≤10mgKOH/g，熔点 58～64℃，HLB 值 1.4。

(3) 用途 适用于金属加工、纤维加工以及洗涤剂和化妆品，日用化学品中作珠光剂、乳化剂、分散剂、增溶剂、润滑剂、柔软剂，也可作药物中间体。

4.4.5.21 失水山梨醇酯聚氧乙烯醚

(1) 别名 吐温（Tween）。

(2) 性能和用途 失水山梨醇脂肪酸酯［司盘（Span）20～85］加成 20mol 环氧乙烷后得到相应的吐温（Tween）20～85。产品主要用作乳化剂，并且往往是用对应的司盘和吐温配成"乳化剂对"使用。

4.4.5.22 甘油聚乙二醇椰油酸酯

(1) 别名 Tegosoft GC（德国 Th, Goldschmidt AG 公司商品名）。

(2) 性能 具有很好的泡沫性能，对油溶性组分有很好的增溶性。在 pH 值为 5～8 的范围内很稳定，可制得清澈透明的各种制剂。质量指标（德国 Th, Goldschmidt AG）：皂化值（DGF-C-V-3）90～105，碘值（DGF-C-V-lla）$<$5g I_2/100g，酸值（DGF-C-V-2）$<$5mgKOH/g，羟值（DGF-C-V-17a）175～195mgKOH/g，HLB 值（13±1）。

(3) 用途 主要用作香波和溶剂的加脂剂，液体香皂的加脂剂，护发与护肤产品的增溶剂。

4.4.5.23 聚乙二醇（400）双硬脂酸酯

(1) 别名 聚氧乙烯双硬脂酸酯，PEG（400）DS。

(2) 性能 白色固体。可溶于异丙醇、矿物油、硬脂酸丁酯、甘油、过氯乙烯、汽油类溶剂，分散于水。皂化值 116～125mgKOH/g，酸值$<$10mgKOH/g，碘值$<$1gI_2/100g，熔点（36±1）℃，HLB 值 8.1。

(3) 用途 在化妆品、洗涤剂工业中用作乳化剂、增稠剂，也可作各种树脂的增塑剂，研磨膏和抛光膏的去水组分，以及一般工业用作乳化剂。

4.4.5.24 聚乙二醇（6000）双硬脂酸酯

(1) 别名 聚氧乙烯双硬脂酸酯，PEG 6000DS，638。

(2) 性能 白色至微黄色固体或薄片。可溶于水、甲苯、丙三醇、异丙醇等。熔点（56±1）℃，pH 值为 5.5～7.5。

(3) 用途 工业上用作乳化剂，纺织印染的上浆剂。用作洗发香波、液体洗涤剂、透明牙膏、护发素的调理剂、增稠剂，以降低成本，提高质量。

4.4.5.25 聚乙二醇（6000）双月桂酸酯

(1) 别名 聚氧乙烯双月桂酸酯，PEG 6000DL，639。

(2) 性能 白色或淡黄色固体。溶于冷水，极易溶于热水。配伍性好，增稠、梳理性好。pH 值为 5.5～7.5，酸值≤5mgKOH/g，熔点 54～56℃。

(3) 用途 适用于洗发香波、液体洗涤剂、透明牙膏、护发素生产，作调理剂和增稠剂，在纺织印染中也用作上浆剂。

4.4.5.26 乙氧基化甘油单硬脂酸酯

(1) 别名 PMG，聚氧乙烯单硬脂酸甘油酯。

(2) 性能 白色至淡黄色膏状或蜡状物，溶于水，发泡力和浸透力强。

(3) 用途 配制洗面奶、奶液及高级雪花膏和净洗剂。

4.4.5.27 乙氧基化加氢羊毛脂

（1）别名　EHL-25，聚氧乙烯氢化羊毛脂。

（2）性能　淡黄白色固体，易溶于水，溶液透明。浊点（含 10% NaCl）82～92℃，羟值 40～50mgKOH/g，酸值<1mgKOH/g。具有较强的表面活性和一定的携污力，对皮肤、头发具有较好的柔软性和滋润性能。

（3）用途　用作膏霜类化妆品 O/W 乳化剂，洗发香波泡沫稳定剂和调理剂、香精增溶剂。有助于改善阳离子表面活性剂引起的头发蓬松现象。

4.4.5.28 聚氧乙烯聚氧丙烯丙二醇醚

（1）别名　丙二醇聚氧丙烯聚氧乙烯醚。

（2）性能　依牌号不同，有无色或淡黄色黏稠液体至膏状物或固体。

（3）用途　广泛用于配制高效低泡洗涤剂和洗衣粉，也用于制作纤维油剂、金属净洗剂和金属切削冷却液。

4.4.5.29 丙三醇硼酸酯脂肪酸酯

（1）别名　BS 系列（BS-20，BS-40，BS-60，BS-66，BS-80，BS-83，BS-160，BS-260 等）。

（2）性能　本系列产品均不溶于水，易溶于有机溶剂。

（3）用途　用作金属液压油防锈添加剂。还广泛用作纤维加工乳化剂、抗静电剂、柔软平滑剂、塑料溶解剂、染色助剂、颜料分散剂。用于化妆品、金属清洗、油墨分散剂、水泥分散剂、脱脂剂等。

4.4.5.30 聚氧乙烯丙三醇硼酸酯脂肪酸酯

（1）别名　BT 系列产品（T20，T40，T60，T66，T80，T83，T160）。

（2）性能　不同牌号的产品具有不同的性能。

（3）用途　用作农药的乳化剂、金属清洗剂、金属油剂用乳化剂、油墨颜料分散剂、水泥分散剂、水溶性切削油添加剂、极压添加剂等。

4.4.5.31 聚氧乙烯-N-单乙醇椰油酰胺

（1）别名　PMELA，椰子油单乙醇酰胺聚氧乙烯醚。

（2）性能　本品为系列产品，P（2）MELA 型产品为淡黄色胶状体，pH 值为 8～9。熔点 16.5～19.5℃。P（5）MELA 型产品为淡黄色液体，pH 值为 8～9，熔点 17℃。

（3）用途　用于重垢型液体洗涤剂。P（2）MELA 型用于粉状肥皂、化妆皂及复合皂等。P（5）MELA 型用于轻垢型、半重垢型和重垢型液体洗涤剂，以及香波、复合皂等。P（10）MELA 型用于半重垢型、轻垢型液体洗涤剂。

4.4.5.32 聚硅氧烷聚醚共聚物

（1）别名　聚二甲基硅氧烷聚多元醇醚。

（2）性能　本品为浅黄色液体，具有很强的浸润性和润滑性，可降低各种制剂的泡沫，有消泡作用。德国 ThGoldschmidtAG 公司 ABIL B8842 的质量规格如下：外观为淡黄色液体，活性物为 100%，4% 水溶液的浊点为（80±5）℃，FO/EO［%，（质量）］0/100，25℃时的泡沫高度 80mm。

（3）用途　用于作香波、浴剂等。

4.4.5.33 烷基聚葡糖苷

（1）别名　烷基苷，APG。

（2）性能　工业品为烷基苷的混合物，烷基为 C_{10}～C_{12} 时，适于作洗涤剂，浅黄色液体至膏状物，有固体析出，含量 50%～70%，pH 值为 5～8，APG 为非离子表面活性剂，兼有阴离子表面活性剂的特性。APG有较高的界面活性，不存在浊点，具有高温稳定性。具有优良的洗涤性、很强的泡沫力、润湿乳化性及分散稳定性。烷基苷易溶于水，不溶于普通的有机溶剂，水中溶解度随糖苷聚合度的增加、烷基链长的变短而增加。与无机助剂有良好的互溶性。其溶解性与稳定性不受环境pH值的影响，在强酸、强碱中也不变化。耐硬水性好，但不耐次氯酸钠。

烷基苷具有中等起泡性质，泡沫丰富细腻而稳定，但不如LAS、AES等阴离子表面活性剂起泡性强。在硬水中泡沫降低，如与阴离子、非离子表面活性剂配合，可提高起泡性能，并促使泡沫稳定、细密。APG无浊点，在广泛的温度范围保持良好的泡沫特性，水稀释时不胶凝。与阴离子表面活性剂配合，可提高体系黏度，有一定的增稠作用，但本身不能用电解质增稠。有较好的去污能力，去污力随醇分子量增加、葡萄糖聚合度减小而增加，不如脂肪醇聚氧乙烯醚。是良好的润湿剂，随烷基碳链的增长、葡萄糖聚合度减小，表面活性增强，润湿力提高。对皮肤刺激性极低，并能与其他阳离子、阴离子、两性离子及非离子表面活性剂复配，降低其他活性物的刺激性。无毒，生物降解迅速而彻底。还具有较强的广谱抗菌活性和提高酶活力的独特性能。

(3) 用途 APG的突出优点是它的毒性、对皮肤的刺激性、生物降解性等优于现有的任何一种其它表面活性剂。因此，它正受到洗涤业、化妆业、食品加工业以及制药业等众多领域的特殊青睐。由于它的无需漂洗、不留斑痕的特性，特别适宜于做各种碱性、酸性和中性的餐具洗涤剂，硬表面清洗剂，洗瓶剂等。其中的APG还具有阻止铁类金属被氧化和被酸浸蚀的功能。

烷基多苷综合性能较好，用APG制得的制品对皮肤温和无刺激，泡沫丰富细腻。洗发时还可起到抗静电的作用。制成的餐具洗涤剂泡沫性能好，又护肤温和，用后手感好，易漂洗并不留痕迹。APG用于洗衣剂具有优良的洗涤力，可用于各种织物（如棉、毛、聚酯等织品）的清洗，可有效地去除泥土和油污。同时具有柔软性能、抗静电性能以及防缩性能。在硬水中使用仍具有优良的洗涤力。APG多为液态物，但也可复配制成皂块。在各种工业和公共设施清洗剂、个人保护用品、化妆品以及农业等其他领域都有应用。

4.4.5.34 蔗糖脂肪酸酯

(1) 别名 蔗糖酯，SE。

(2) 性能 白色至黄褐色的粉末或无色至微黄色的黏稠液体。无气味或稍有特殊的气味。易溶于乙醇、丙酮、氯仿、吡啶等有机溶剂中。在水中的溶解性与酯的结构有关，单酯可溶于热水，但二酯和三酯难溶于水。商品蔗糖酯为单、双、三酯的混合物，单酯含量越高，水溶性越强；二酯和三酯含量越高，混合物亲油性越好。润湿能力强，残留少。蔗糖酯在体内可分解为蔗糖和脂肪酸而被吸收，对眼和皮肤的刺激性小，没有毒性，而且生物降解性好，是一种相当安全的食品添加剂。

(3) 用途 用于食品、医药、化妆品作乳化剂，并用作洗涤剂、纤维柔软加工剂等。在餐具洗涤剂中，含蔗糖酯类活性剂洗涤餐具后不留水渍，干燥快，洗涤蔬菜和水果有优异的去除残留农药的效果，本身残留少又无毒性，因而作为餐具、水果、蔬菜、奶瓶和食品加工机械专用洗涤剂的活性剂。

4.5 洗涤剂中的常用助剂

在各种洗涤剂配方中，除了作为主要去污成分的表面活性剂外，还含有大量的溶剂（大多数时是水）或者无机盐、少量的其它添加剂。这些物质在洗涤过程中各有其特殊作用，但均有助于提高洗涤效果的作用，即洗涤助剂是指洗涤剂中配入的与去污有关、能增加洗涤功能的辅助成分。

洗涤助剂的加入，不仅降低了洗涤剂成品成本，并能提高洗涤剂的去污能力，改善洗涤剂外观，使洗涤剂更利于使用。另外，通常还加入少量功能型辅助成分添加剂，提高洗涤剂的综合性能。

各种助洗剂的特殊作用概括起来有如下几类：①协同SAA，提高去污力；②络合洗涤液中的钙、镁等金属离子；③分散污垢，抗再沉积；④提供碱源，稳定洗涤液的pH值；⑤漂白，增白；⑥针对污垢的组成，加酶以提高去污效果等。日化洗涤行业一般将它们分为螯合剂、抗污垢再沉积剂、pH调节剂、溶剂或填充剂、杀菌剂与防腐剂、发泡剂与稳泡剂、钙皂分散剂、漂白剂、荧光增白剂、酶、抗静电剂等等。现分述如下。

4.5.1 螯合剂

一般洗涤用水都不是纯水，因而不同程度地含有各种金属离子。其中，构成硬度的Ca^{2+}、Mg^{2+}及Fe^{3+}、Mn^{2+}对洗涤作用将产生严重的影响。如使织物变黄、变灰、变黑，以及手感发硬等。重金属离子也影响荧光增白剂的使用。荧光增白剂都是阴离子化合物，能与重金属离子生成不溶性盐，使荧光增白剂失去增白作用；另外，重金属离子催化漂白剂分解，也可能造成荧光增白剂的损害。为了消除水中金属离子对洗涤过程的影响，一般都采用添加螯合剂（配位剂）或离子交换剂的方式，以螯合作用将金属离子配合保留在水溶液中，从而使洗涤有效进行。

螯合剂的使用，可以节省活性物，并避免在织物上留下沉积物，使被洗物色彩鲜艳。螯合剂主要有磷酸盐、含氮有机螯合剂及丙烯酸类聚合物。

4.5.1.1 磷酸盐类

磷酸盐不但有软化硬水的能力，还有助洗能力，它是无机盐中最重要的助洗剂。

（1）三聚磷酸钠

① 别名 磷酸五钠，五钠，STPP。

② 性能 白色颗粒或粉末，是链状缩合磷酸盐，有无水和六水合物两种类型，六水合物为立方柱体结晶物，在70℃以上脱水时即分解，生成正磷酸钠和焦磷酸钠。当温度大于620℃时，会分解成焦磷酸钠结晶体和49.5%（质量分数）的聚偏磷酸钠熔体。表观密度0.35～0.90g/cm³，颗粒状的三聚磷酸钠视密度为0.48～0.72g/cm³，熔点622℃，易溶于水，其水溶液在室温下稳定，其水解速度因温度、pH值等因素而异。通常条件下呈碱性，1%水溶液的pH值为9.7。三聚磷酸钠是洗涤剂配方中最重要的无机类助剂，在洗涤过程中能与钙、镁及其他重金属离子（铁、铜、锰等）起络合反应，生成溶于水的配合物，起到软化水的作用。与钙的结合量20℃时为158mgCaO/g，90℃时为113mgCaO/g。同时它也是一种pH值稳定剂，可以保证洗涤效果。三聚磷酸钠本身具有表面活性剂的一般特性，对固体微粒有很强的分散力和悬浮力，与洗涤剂配用可防止污垢再聚积，提高洗涤去污力。三聚磷酸钠还有乳化和稳定乳化的作用，在去除油垢方面有良好的效果，也是金属表面和其他硬表面清洗剂极好的原料。三聚磷酸盐由于自身有一定碱性，带有多磷酸根的负电荷，本身就有一定的洗涤作用及质点悬浮作用，即使无表面活性剂存在时，也有助于洗涤过程进行。磷酸钠盐容易吸附于质点及洗涤物表面，大大增加其表面荷电从而有利于质点悬浮，防止了质点发生再沉积，故对于洗涤有利。

另外，三聚磷酸钠还具有把吸附于纤维、污垢上的钙溶出，并将其螯合的作用。三聚磷酸钠对蛋白质具有膨润、增溶作用，从而起着解胶作用；对于脂肪类的物质，起着促进乳化的作用；对于固体粒子起着分散作用。三聚磷酸钠在水中呈碱性，能与油和脂肪酸污垢发生皂化作用，使其从水不溶性变成水溶性，达到去污目的。同时，有一定的 pH 缓冲能力，以维持洗液的 pH 值不降低。三聚磷酸钠在吸收水分后，形成稳定的六水合物，使粉状洗涤剂不易吸收水分和结成硬块，促进流动性。

③ 用途　主要用作合成洗涤剂的助剂。依据我国水的平均硬度情况，在以 LAS 为活性物、以 STPP 为主要助剂的合成洗衣粉中，加入 40%～50% 的 STPP 时去污效率最高，成本最合理。

磷酸盐是高效的洗涤助剂，既有螯合作用，又有去污作用，至今尚无可与之媲美的洗涤助剂。20 世纪 70 年代以来，一些发达国家的江河湖泊出现富营养化，给环境造成污染。经测定与磷含量有关。虽然此问题到目前还有争议，但是，许多国家已相继颁布限磷法规。随后一些国家进行了三聚磷酸钠代用品的研究。

（2）焦磷酸钠

① 别名　磷酸四钠，低聚合度聚磷酸盐。

② 性能　白色细粉或结晶，易溶于水和甘油，不溶于乙醇，20℃时的溶解度为 6.2g/100mL。有无水物与十水化合物两种。无水物相对密度 2.45，熔点 880℃。其十水合物是具有光泽的无色单斜晶系结晶，相对密度 1.815，熔点 94℃（失水），在水中溶解度为 11%，随水温升高而增溶，1% 水溶液的 pH 值为 10～10.2。焦磷酸钠能与金属离子配位，螯合镁的能力较其他焦磷酸盐强，每 100g 焦磷酸钠能配位 8.3g 镁离子，与钙的结合量 20℃时为 114mgCaO/g，90℃时为 28mgCaO/g。具有较强的 pH 缓冲能力，有吸湿性。焦磷酸钠水溶液稳定，使含氧漂白剂稳定，但对皮肤有刺激，对金属有腐蚀作用。

③ 用途　用作合成洗涤剂的碱性助剂。在合成洗涤剂中与三聚磷酸钠或六偏磷酸钠混合使用，可促进去污力的提高。

（3）焦磷酸钾

① 别名　焦酸四钾。

② 性能　白色粉末或块状。相对密度 2.534，熔点 1109℃，溶于水，不溶于乙醇。水溶液呈碱性。1% 水溶液的 pH 值为 10.2。25℃时在水中的溶解度为 190g/100mL，有潮解性。焦磷酸钾的一水合物与三水合物在 300℃时会失去全部结晶水，其性质与焦磷酸钠相似。

③ 用途　主要在重垢型液体洗涤剂中以提高洗涤效能。焦磷酸钾也是双氧水优良的稳定剂。

（4）六偏磷酸钠

① 性能　无色透明玻璃块或片状物，相对密度 2.181，熔点 640℃，易溶于水，不溶于有机溶剂，吸湿性很强，在空气中能吸水而呈黏胶状。水溶液呈中性，对皮肤刺激作用小，有较好的配位钙、镁、铁的能力，随着溶液 pH 值增加，其作用减弱。在浓度大时有抑制腐蚀作用。

② 用途　主要用作食品品质改良剂、pH 值调节剂、金属离子螯合剂、黏结剂和膨胀剂等，在配制金属清洗剂和塑料等硬表面清洗剂中有较好的应用。与六偏磷酸钠 $[(NaPO_3)_6]$ 具有类似作用的还有三偏磷酸钠 $[(NaPO_3)_3]$。

（5）磷酸三钠

① 别名　磷酸钠。

② 性能　无色至白色结晶，颗粒或结晶性粉末，工业品有无水物及十二水合物两种。无臭，易溶于水，20℃溶解度为 28.3g/100mL，不溶于乙醇。1%水溶液的 pH 值为 11.5～12.0，相对密度为 1.62，熔点 73.3～76.7℃。在干燥空气中易风化，加热至 100℃失去 11 个结晶水，继续加热至 212℃以上时变成无水物（相对密度 2.53）。

③ 用途　广泛用于强碱性清洗剂，如汽车清洗剂、地板清洁剂、金属清洗剂等。

4.5.1.2　4A 沸石

（1）别名　4A 分子筛。

（2）性能　4A 沸石是硅铝酸钠盐，不溶于水。一般的结构组成为 $Na_2O \cdot Al_2O_3 \cdot xSiO_2 \cdot yH_2O$。由于 4A 沸石具有很多空穴，因而有很大的吸附表面，对多种金属离子和水有很强的交换力和吸附力，对钙、镁离子的理论交换能力为 $352mgCaCO_3/g$。在溶液中呈碱性，有一定的缓冲作用，也具有一定的分散性、抗再沉积性，与表面活性剂有协同效果，能降低料浆黏度，防止结块好，安全无毒。

4A 沸石可以同其他的阳离子进行离子交换，但与各种离子交换的能力是不一样的。其选择性顺序为：

$$Ag^+ > Tl^+ > K^+ > NH_4^+ > Rb^+ > Li^+ > Cs^+ > Zn^{2+} > Sr^{2+} > Ba^{2+} > Ca^{2+} > Co^{2+} > Ni^{2+} > Cd^{2+} > Hg^{2+} > Mg^{2+}$$

4A 沸石与钙离子的交换速度较快，但对镁离子交换比较慢。它们的交换作用与沸石的粒度、交换温度、溶液的 pH 值等因素有关。

4A 沸石没有乳化、分散能力，它的作用方式不同于三聚磷酸钠，只是一种离子交换剂，只能起到软水作用，因而在洗涤剂中不能全部替代三聚磷酸钠。同时，它对钙、镁离子的交换速度较慢，会造成洗涤液中活性物迅速捕集硬水离子，生成沉淀而造成去污力下降。4A 沸石与其他助剂的配伍性较好，对泡沫高度无显著影响。1.2 份沸石的螯合能力相当于 1 份无水三聚磷酸钠。

4A 沸石为不溶性助剂，在洗涤液中有沉淀的趋向，一般需要同时配入一定量的分散剂，分散剂主要为聚丙烯酸盐、丙烯酸与马来酸酐共聚物等。

（3）用途　4A 沸石主要用于洗衣粉中代替三聚磷酸钠作软水助剂，也用作吸附剂、脱水剂和催化剂。

4.5.1.3　乙二胺四乙酸及其钠盐

（1）别名　EDTA，EDTA 二钠盐，EDTA-4Na。

（2）性能　白色、无味、无臭的结晶性粉末，240℃分解。微溶于水，不溶于冷水、醇和普通有机溶剂，能溶于 5%以上的无机酸。EDTA 二钠盐为白色结晶粉末，溶于水和酸，几乎不溶于乙醇。2%水溶液的 pH 值为 4.7。EDTA-4Na 是白色结晶或结晶性粉末，无味，极易溶于水，100g 水约能溶解 103g，5%水溶液的 pH 值为 10.8，能配合大多数二价和三价金属离子。但在 pH>9 时，高铁离子因从溶液中沉淀出来而无法螯合。

（3）用途　EDTA 用于液体洗涤剂。在水溶液中能与钙和其他金属离子配合，酸性液体洗涤剂中用作配位剂，其溶解度好，配位速度快，效率高。EDTA 是效果最好的螯合剂，不仅螯合速度快，而且能螯合多种金属离子，螯合彻底，溶液中几乎不残留未被螯合的金属离子。缺点是不能为洗涤剂提供碱性，使脂肪类污垢皂化，而且价格昂贵。但它仍然是此类螯合剂中在洗涤剂中使用得最多的一种。

EDTA 二钠盐在日化工业中主要用作香皂、洗涤剂、化妆品的金属螯合剂。能提高溶液透明度，有一定的杀菌作用，可使液体洗涤剂手感舒适。有一定的抗氧化作用。EDTA-4Na 在洗涤剂及日化工业中主要用作螯合剂。

4.5.1.4　柠檬酸钠

（1）别名　枸橼酸钠，化学名称为 2-羟基丙烷-1,2,3-三羧酸钠。

（2）性能　白色晶体或粒状粉末，23.5℃时的相对密度为 1.857，150℃时失去结晶水，高热时分解。易溶于水，不溶于乙醇，在潮湿空气中受潮，在热空气中产生风化现象。为强碱弱酸盐，水溶液 pH 值为 8。无臭，无毒，有清凉酸味，稳定性好，耐酸、碱、氧化剂，与各类酶相容性好。与柠檬酸配合可制成较强的 pH 缓冲剂，具有很好的 pH 缓冲能力。柠檬酸钠是很好的螯合剂，其螯合能力仅次于三聚磷酸钠，而且能迅速与水中的钙、镁离子螯合而达平衡。

（3）用途　主要用于液体洗涤剂与化妆品，其水溶性好，对钙、镁、铁离子有较强的螯合能力，同时，与其它组分如硅酸盐、酶等复配性能好。用于合成洗涤剂，代替三聚磷酸钠，能起到络合洗涤液中的钙、镁离子作用，增加去污作力。柠檬酸钠还有易生物降解之优点。在无氰电镀中可用作缓冲剂和副配位剂。

在洗衣粉中，加入柠檬酸钠可增加去污力，对表面张力和泡沫力影响不大，对润湿力有所提高。在洗衣粉中的加入量以 8%～18% 较好。配制粉状餐具洗涤剂，使洗涤剂在自动洗碗机的预洗周期部分溶解，在热水洗涤周期完全溶解，能更好地提高洗涤质量。

在洗涤剂中与柠檬酸钠有等同作用的是柠檬酸，它是无色半透明结晶或白色结晶性粉末，有悦人酸味，相对密度 1.542（18℃/4℃），熔点 153℃（无水物），可燃，无毒。在干燥空气中微有风化性，在潮湿空气中略有潮解性，加热至 40～50℃ 成无水物，75℃时变软，100℃时熔融。易溶于水和醇，溶于乙醚。2% 的水溶液 pH 值为 2.1，为弱的有机酸，对金属的腐蚀性小。常用作金属清洗剂、媒染剂、无毒增塑剂和锅炉防垢剂的原料和添加剂。用于酸性清洗剂，同时发挥酸性与螯合能力，去除铁、铜的锈垢与水垢。但对硅、镁垢的去除效果不佳，需配以氨基磺酸、羟基乙酸或甲酸，才可同时清洗钙、镁垢和铁锈。

4.5.1.5　次氨基三乙酸钠

（1）别名　NTA。

（2）性能　白色粉状结晶。典型的乙酸铵气味。密度 1.782g/cm³，堆积密度 0.6g/cm³。25℃时在水中的溶解度为 48.4%，1% 水溶液的 pH 值为 10.6～11.0，不溶于有机溶剂，能螯合溶液中钙、镁等多价金属离子，生成易溶的具有强结合力的螯合物，NTA 对钙离子的螯合能力也优于 STPP，生成的螯合物非常稳定，有良好的缓冲作用、反絮凝作用和去污作用。易燃，低毒，有较强的吸潮性。

（3）用途　家用洗涤剂助剂代替磷酸盐。清洗剂中部分替代烷基苯磺酸钠和聚氧乙烯烷基酚钠，水处理中用作软水剂和清除水垢。金属清洗时提高清洗液、除锈液的缓冲能力。NTA 有致癌嫌疑，还可能引起胎儿畸变。所以许多国家在洗涤剂中禁止使用 NTA。

4.5.1.6　聚丙烯酸钠

（1）别名　PAA

（2）性能　工业品为白色粉末或淡黄色液体，是具有亲水和疏水基团的高分子化合物，无臭无味，不溶于乙醇、丙酮等有机溶剂，吸湿性极强，在水中缓慢形成黏稠的透明液体。稳定性好，加热处理时，中性盐类、有机酸类均对其黏性影响很小，在碱性条件下黏度增大。久存黏度变化极小，不易腐败。易受酸及金属离子的影响，黏度降低。pH 值 4.0 以下时聚丙烯酸产生沉淀。具有极强的螯合钙、镁等多价金属离子的能力。PAA 还有较强的吸附污垢颗粒的能力，能使污垢的团粒变小，稳定地分散在洗涤液中，不沉淀，提高了去污力和抗再沉积能力。能使洗涤液在洗涤过程中保持碱度，维持 pH 值稳定，提高去污力。

（3）用途　主要用于工业水处理剂、洗涤剂助剂。在洗衣粉中可与三聚磷酸钠或4A分子筛复配，用作配位剂，提高洗涤剂的性能。低黏度、低分子量和液体聚丙烯酸钠还可用于液体洗涤剂、洗衣膏，提高液体洗涤剂的黏度，并起助洗作用。在块皂中可作为润湿剂、防粉化剂、钙皂分散剂，且能提高皂的贮存稳定性。

4.5.1.7　马来酸-丙烯酸共聚物

（1）性能　无色或淡黄色液体或固体粉末，聚合度为150～250，对钙离子有较强的配合能力。有较好的分散能力，能将聚集的污垢粒子分散在洗涤液中，提高抑制积垢和抗再沉积能力。有较强的抗酸能力，能较好地维持洗涤液的pH值不降低，以提高洗涤能力。

（2）用途　日化工业中作液体洗涤剂的钙、镁交换剂。在洗衣粉中用粉状共聚物，可提高洗衣粉的一次去污力，增强抑制积垢和抗再沉积能力，并使产品手感好，刺激性低。

4.5.1.8　葡萄糖酸钠

（1）性能　良好的全能螯合剂，1g葡萄糖酸钠在pH值<11时可螯合25mg $CaCO_3$，在3%的烧碱溶液中螯合325mg $CaCO_3$，在所有pH值范围都可螯合高铁离子。

（2）用途　在洗涤剂中用作螯合剂。

4.5.1.9　硅酸钠

（1）别名　泡花碱，水玻璃。

（2）性能　硅酸钠为硅酸的钠盐，是由不同量的 SiO_2 和 Na_2O 结合而成，因此化学式不定。硅酸钠一般有固体和液体两种。其性质随分子中 SiO_2 和 Na_2O 的比值（称为模数）而不同。模数在3以上者称为中性硅酸钠，3以下者称为碱性硅酸钠。固体硅酸钠外形和普通玻璃相似，呈天蓝色或黄绿色，易吸潮，易溶于水，能溶于稀氢氧化钠溶液，不溶于醇。与酸类作用生成硅酸。其相对密度随模数降低而增大，当模数从3.33下降到1时，其相对密度从2.413增大到2.560。无固定熔点。液体硅酸钠外形分为无色、表灰、黄绿、黄色、微红、透明或半透明黏稠液体，最佳者为无色透明液体，其透明度易受溶液内少量悬浮体影响而呈浑浊。高模数的液体黏度很大。添加到家用洗衣皂和合成洗衣粉时选用模数为3.3的。

硅酸钠在洗涤剂中与其他助剂配用时具有协同效应，其具体作用如下：①硅酸钠本身为弱酸强碱盐，可为洗涤剂提供一定的碱度，中和酸性污垢，提高洗涤能力；②硅酸钠能使溶液的pH值维持在9.5或稍高一些，具有缓冲作用；③在合成洗涤剂中，配入一定的硅酸钠，能保持织物的强度，减小织物损伤率；④硅酸钠在金属、瓷釉表面上形成单分子膜，能有效地防止金属制件特别是铝、不锈钢制件发生腐蚀；⑤硅酸钠溶于水后，具有很好的乳化、泡沫稳定性和悬浮力，能防止悬浮的污垢再沉积在织物上，保持织物的白度；⑥硅酸钠能使粉剂洗涤剂成品保持疏松，防止结块，易于成型，外观均匀。

（3）用途　硅酸钠助剂价格便宜，是一种碱性助剂，作为一种高效的洗涤剂水软化剂。另外，硅酸盐与聚磷酸盐配合时，能促进聚磷酸盐同表面活性剂的协同作用。但应注意，硅酸钠水溶液的pH值高，对手和皮肤以及弱碱性纤维等有损伤，应根据用途适当控制用量。

硅酸钠在水中有水解作用，水解产生的硅酸在水中形成胶束，因而在洗涤剂中与表面活性剂配伍时，能起到助洗作用。所以水玻璃是合成洗涤剂中重要的助洗剂。弱碱性硅酸钠在洗涤剂中是矿物油和植物油的良好乳化剂。

在非喷雾制造洗涤剂法中，最重要的硅酸钠为偏硅酸钠，偏硅酸钠有无水、五水和九水三种。常用的为无水和五水偏硅酸钠，熔点分别为1087.7℃和72℃，相对分子质量为122和212。

偏硅酸钠易溶于水，其碱性很强，有助于去除酸性污垢，并能促进油脂的皂化和乳化。

偏硅酸钠的缓冲作用非常强，大大优于其他碱性助剂，在清洗过程中，即使有大量的酸性污垢也能维持较高的 pH 值。

4.5.2 抗污垢再沉积剂

具有防止重金属无机盐沉积和能提高洗涤液中的污垢的分散性和悬浮性，防止污垢再沉积到洗涤后物品上功能的助洗剂称为抗再沉积剂。抗再沉积剂一般带有较多的负电荷，与基质、污垢间有较好的亲和力，可吸附在基质和污垢上，形成一层亲水性膜，防止基质和污垢直接接触。同时，对污垢的亲和力较强，可以较好地分散污垢，阻止污垢的凝聚与吸附。在洗液中有活性剂及其他碱性盐类存在时，其吸附量更大。通过吸附作用使污垢粒子之间、污垢粒子与基质之间产生静电排斥作用，使污垢粒子更好地悬浮、分散于水溶液，而不会再沉积在基质上。另外，抗污垢再沉积剂与表面活性剂及三聚磷酸钠有较强的互补作用，可互相促进洗涤效力。抗再沉积剂多属于聚合物，如羧甲基纤维素钠（CMC）、羟丙基甲基纤维素钠（HPMC）、羟丁基甲基纤维素（HBMC）、乙基羟乙基纤维素、甲基羟丙基纤维素、聚乙烯醇（PVA）、聚乙烯吡咯烷酮（PVP）、还有聚丙烯酸（PAA）与丙烯酸-马来酸酐共聚物（PAA/MA）等。

抗再沉积剂的一般用量为洗涤剂的 $0.5\% \sim 1\%$，具体用量可根据活性物的含量、抗再沉积剂的性能来决定。

固体表面的亲水亲油性对聚合物抗再沉积效果起着决定性作用。例如，羧甲基纤维素钠盐抗再沉积剂对于亲水性棉纤维的作用是非常有效的，而对疏水性强的聚酯纤维几乎没有作用。而纤维素醚（如甲基羟丙基纤维素）就不仅对亲水性的纤维有效，而对于疏水性的纤维（如聚酯纤维）更有效。

4.5.2.1 羧甲基纤维素钠

（1）别名 CMC

（2）性能 白色至微黄色纤维状或颗粒状粉末，无臭、无味、无毒，有较强的吸湿性，其吸湿性随羟基的醚化度而异。易溶于水及碱性溶液形成透明黏胶体，水溶液对热稳定，水溶液的黏度随 pH 值、聚合度而异，随温度的升高而降低。不溶于乙醇、乙醚、丙酮等有机溶剂。CMC 水溶液呈弱碱性，在酸性溶液中沉淀，稳定范围为 pH 值 $2.5 \sim 1.0$，在 pH 值 2.5 时开始浑浊。由于具有羧酸基，因而有类似肥皂的特性，具有表面活性、乳化和泡沫性、悬浮性和稳定分散体的性能。本身对纤维有一定的去污能力。

用于洗涤剂中的羧甲基纤维素钠盐的黏度和抗再沉积性与纤维素的聚合度和取代度有关，通常要求纤维分子的聚合度为 $200 \sim 500$，取代度为 $0.6 \sim 0.7$ 为宜。聚合度太高，溶解速度太慢，取代度太低，水溶性差，会影响在固体和污垢表面的吸附量，取代度太高，羧甲基纤维素钠的水溶性太好，也会影响羧甲基纤维素负离子的吸附量，更重要的原因是羧甲基纤维素负离子是通过纤维素链节中的羟基与棉纤维中的羟基形成氢键吸附于其上，当取代度太高纤维素单元链节上的羟基数减少引起吸附基团数下降不利于吸附。另外取代度高意味着纤维分子中单元链节中—COONa 基增多，在水中溶解后变为带负电荷的—COO—负离子，使聚合物的负电荷增加。在洗涤液中，固体表面及污垢一般带负电荷，再加上若用阴离子表面活性剂会使其带有更多的负电荷，这样就会造成羧甲基纤维素负离子在固体及油污表面吸附时产生很高的电斥力而不易被吸附。若取代度适中，在 CMC 的吸附过程中若与固体或油污间的范德华力（包括氢键）能克服电斥力就可被吸附于固体和污垢表面上，表现出抗再沉积作用。

对于聚合度和取代度适中的羧甲基纤维素钠盐在水中的溶解速度比较快，加之水溶液黏度又不大，羧甲基纤维素负离子容易吸附于固体质点表面上，并使表面电荷密度大为增加，从而增加了质点的分散稳定性，防止其再沉积于洗涤物的表面。羧甲基纤维素钠的这种吸附性能，也会在洗涤物表面上表现出来。所以，除了良好的防止再沉积作用外，羧甲基纤维素钠也有去除污垢的作用。用含有羧甲基纤维素钠的洗涤剂洗出来的白布，往往有更高的白度。

羧甲基纤维素钠用于棉织物具有优良的助洗作用，显示出很强的抗再沉积作用。但对化纤及丝毛织物弱得多。对于合成纤维及混纺织物效果也不好。主要原因在于化纤织物表面的疏水性强而羧甲基纤维素钠亲水性太强，与化纤织物间的范德华力较弱而不易被吸附造成的。

（3）用途 在工业和民用洗涤剂中，主要作为抗再沉降剂，食品工业的增稠剂，牙膏膏体的黏合剂、增稠剂。在化妆品方面，可代替或和天然的水溶性胶质混合使用，可作为胶合剂、增稠剂、悬浮剂、乳化稳定剂等用于各种化妆品中。

4.5.2.2 羟乙基纤维素

（1）别名 HEC。

（2）性能 无色、无臭白色或微黄色絮状粉末，相对密度 0.55～0.75。堆积密度 0.35～0.45g/cm³，软化点＞140℃，分解温度约205℃。属非离子型水溶性纤维素醚，易溶于水，不溶于有机溶剂。醚化度小于 1 时为碱溶性，大于 1 时为水溶性。当溶液变浓时，pH 值大幅变化也不产生沉淀。因此，羟乙基纤维素具有增稠、悬浮、黏合、乳化、成膜、分散、保护胶体等多种功能，其水溶液透明性好。在热水、酸性及浓盐溶液中较稳定，但在磷酸三钠、硫酸铝、硫酸钠饱和盐溶液中会产生沉淀。与其他增稠剂如 CMC、海藻酸钠等合用时产生增稠效应。

（3）用途 用作增稠剂、悬浮剂、稳定剂，尤其作为抗再沉降剂。广泛用于涂料、纤维、染色、造纸、化妆品、牙膏、医药、农药及洗涤剂等方面。在洗涤剂中用作抗再沉积剂，可提高织物的去污力，其性能优于 CMC。由于是弱极性的非离子型纤维素，在化纤织物上的吸附较强，抗再沉积性较好。

与之相类似的还有羟丙基甲基纤维素和羟丁基甲基纤维素，它们在水中不带电荷，故亲水性差，但它们可以通过范德华力吸附于疏水性强的聚酯纤维表面，在洗涤剂中作抗再沉积剂，保证纤维洗后的白度和清洁度。

4.5.2.3 聚乙烯醇

（1）别名 PVA。

（2）性能 白色或米黄色粉末，易溶于水，不溶于石油类溶剂。相对密度 1.26～1.31，2%水溶液的 pH 值为 5～7，200℃时软化分解。聚乙烯醇有一定的乳化作用、黏合性、成膜性、增稠性和污垢抗再沉淀性。

（3）用途 在合成洗涤剂中作抗再沉积剂，在化妆品中用作乳化稳定剂配制冷霜、刮脸膏、面部化妆品等。

4.5.2.4 聚乙烯吡咯烷酮

（1）别名 PVP。

（2）性能 PVP为无臭、无味的白色粉末或透明溶液。是线型聚合物，大分子链具有很好的柔顺性，由于分子链节中含有 C═O 基，有一定的吸电子性，因此，—N—上显示微弱的阳离子性，易吸附于带负电的固体微粒或分子基团。可溶于水、含氯类溶剂、乙醇、胺、硝基烷烃以及低分子脂肪酸，与多数无机盐和多种树脂相容。不溶于丙酮、乙醚等。通常条件下，PVP 的固体和溶液都很稳定，PVP 具有成膜性及吸湿性，有很强黏结能力，极易被吸附在胶体粒子表面起到保护胶体的作用，不论对合成纤维还是棉织物都有较好的效果。其溶解度较大，与无机盐有很好的相容性，PVP 有良好的抗再沉积功能。

（3）用途　可广泛用于乳液、悬浮液的稳定剂。相对分子质量为 1 万～4 万的聚乙烯吡咯烷酮用于化纤织物，尤其是对重垢液体洗涤剂更为适合。聚乙烯吡咯烷酮在洗涤剂中的用量一般为 0.5%～1%。在洗涤棉织物时其去污力和抗再沉积性优于羧甲基纤维素钠盐。

4.5.2.5　丙烯酸聚合物和丙烯酸-马来酸酐共聚物

聚羧酸是一种很有发展前途的螯合剂。聚羧酸盐主要有丙烯酸均聚物、马来酸酐均聚物、丙烯酸-马来酸酐共聚物三类。目前大量采用的是聚丙烯酸钠盐以及丙烯酸-马来酸酐的共聚物。聚合链中每个结构单元的羧基数及聚合度决定着聚合物的性能，作为污垢的抗再沉积剂，相对分子质量在 $4 \times 10^3 \sim 10^4$ 范围为宜。

在洗涤过程中，污垢从物品表面脱离进入洗涤液中，聚合物会吸附于污垢表面，增加其表面的负电荷，提高污垢在洗涤液中的分散悬浮的稳定性，减少污垢再沉积于固体的表面，从提高了洗涤效果。

4.5.3　pH 调节剂

4.5.3.1　碱类（强酸弱碱盐）

（1）碳酸钠

① 别名　碱面，纯碱，大苏打粉。

② 性能　白色粉末或细小颗粒，味涩，相对密度 $d_4^{20}2.532$，熔点 851℃，堆积密度 0.4～0.6g/cm³。易溶于水，35.4℃时在水中最大溶解度为 49.7g/100mL；微溶于无水乙醇，不溶于丙酮、二硫化碳。在空气中易吸收水分和二氧化碳，变成碳酸氢钠而结块。1% 水溶液的 pH 值约为 11.2。

工业碳酸钠有重质碳酸钠和轻质碳酸钠两种，重质堆密度为 1～1.25g/mL，轻质堆密度为 0.6～0.7g/mL。在浓缩固体洗涤剂中最好选用重质碳酸钠。在合成洗涤剂中碳酸钠的主要作用是使污垢和纤维的 pH 值增加，从而带有更多的负电荷，以增加污垢与纤维之间的电排斥性，有利于洗涤。另一作用是和硬水中的钙离子和镁离子反应，生成不溶于水的盐，使水软化。碳酸钠在高硬度水中降低钙、镁离子的能力比三聚磷酸钠强。具有良好的吸附性能，对泡沫的生成有促进作用。其缺点是腐蚀性强，碱性大，会损伤丝毛类蛋白质纤维织物的强度，同时不溶性碳酸盐易沉积于固体表面上。碳酸钠使洗后的棉织物产生手感粗糙现象。碳酸钠能和硬水中的钙、镁离子反应，生成不溶于水的碳酸盐沉淀，从而软化水，可与硅酸钠配合用作无磷洗涤剂的代磷组分。

③ 用途　碳酸钠价格便宜，水溶液碱性强。碳酸钠的主要用途是与硅酸钠配合，作无磷洗涤剂的主要助剂。还可作硬表面的碱性清洗剂。在洗涤剂中的用量一般不能太高，否则将生成大量的碳酸盐沉淀，可能沉积在被洗物上及洗涤机器上。

（2）碳酸氢钠

① 别名　重碳酸钠，酸式碳酸钠，小苏打。

② 性能　白色粉末或单斜柱状结晶，味凉而微涩，相对密度 $d_4^{20}2.20$。溶于水，不溶于醇。水溶液呈微碱性。易分解，在 70～80℃时分解成纯碱、二氧化碳和水，遇烧碱生成碳酸钠和水。在干燥空气中无变化，接触湿气会放出二氧化碳而变为倍半碳酸钠（$Na_2CO_3 \cdot NaHCO_3 \cdot 2H_2O$）。

③ 用途　用于洗涤剂工业中作助剂。

在洗涤剂中，碱类除了用作 pH 调节剂外，还可以作为主要成分制成碱洗剂，并因价格便宜而被广泛采用。尤其对脱脂性洗涤剂，其作用有独到之处。

a. 清除动植物油污　将苛性钠配制成一定浓度的水溶液，就可将油垢皂化，变成水溶性脂肪酸盐类和甘油，剩余的碱还可以对污垢起到乳化、分散作用。

b. 矿物性中性油的分散　中性矿物油虽然不能皂化，但是碱与硅酸盐、聚磷酸盐等并用，进行脱油清洗，可有效地促进油垢的解离，并稳定地分散在胶体溶液中。

c. 在载体表面发生反应　因为碱有较强的化学活性，对钢铁表面有缓慢的侵蚀作用，这种侵蚀过程中会产生氢气，更容易使覆盖在表面的污垢剥落，加速去污过程。

d. 与油脂以外的有机污垢反应　强碱对于蛋白质和淀粉等高分子有机物有水解作用，可使蛋白质降解为肽甚至氨基酸，有利于污垢的去除。

（3）硅酸钠　在洗涤过程中，硅酸钠可提供碱性，有良好的缓冲作用，可维持洗涤液的 pH 值持续在 9.5 或高一些直到硅酸盐耗尽，这一点非常重要，因为污垢几乎都是酸性的，pH 值降低会使洗涤能力下降。硅酸钠在洗涤剂中也用作螯合剂，相关性能与用途见前述。

4.5.3.2　酸类

酸类主要用来调节液体洗涤剂的酸碱度，使 pH 值在所设计的范围内，满足产品或组成物的特定需要。一般都在产品配制后期使用，常用品种有各种磺酸、柠檬酸、酒石酸、磷酸等。

用于食品工业乳制品设备上有机钙盐的去除，可选用柠檬酸、氨基磺酸等危险性小而且酸性较弱的有机酸。做火腿的器具一般是铝制或不锈钢制，此类物品的清洗宜用磷酸。纺织工业中羊毛的整理是利用羊毛的耐酸性，将羊毛用稀硫酸浸泡 0.5h 后，再经中和即可将植物不纯物炭化除去。

4.5.4　溶剂或填充剂

4.5.4.1　溶剂

在织物洗涤用的预去斑剂和织物干洗剂大量使用有机溶剂，在金属清洗剂和硬表面清洗剂中也经常使用有机溶剂。为了避免发生着火和爆炸，氯烃类溶剂得到了较大发展，在织物干洗剂中使用最多。精密仪器和电子装置的清洗剂使用甲苯、二甲苯、氯乙烯、丙酮、丁酮、异丙醇等。清除飞机发动机及外壳表面炭化沉积物可选择二氯甲烷、三氯乙烷、二氯乙烷、邻二氯苯、甲酚、乙二醇等。在以溶剂为主的清洗剂中，加入一定量的表面活性剂，可以增加对污垢的渗透性和溶解性。

（1）水　水是洗涤剂中用量最大、也是最廉价的溶剂。水质的好坏直接影响产品的质量和生产的成败。一般来说，可用螯合剂软化硬水。在一般液体洗涤剂配制工艺中，使用软化水和去离子水即可，一些特殊用途的液体洗涤剂才使用蒸馏水。

还有一些液体洗涤剂如干洗剂、预去斑剂等要靠有机溶剂配合洗涤，除低分子烷烃及其衍生物外，经常使用乙醇、异丙醇、丙酮有机溶剂。

（2）乙醇。

（3）丙酮。

（4）200 # 溶剂汽油。

（5）脱臭煤油。

（6）N-甲基-2-吡咯烷酮

① 别名　NMP。

② 性能 无色液体，有氨味，有效的溶剂，可溶解众多的树脂，化学和热稳定性好，在任何温度下都与水混溶，并与大多数有机溶剂相溶。有极强的吸湿性，弱碱性，毒性低（LD$_{50}$7mL/kg），沸点、闪点高，溶解能力大。可以通过蒸馏回收循环使用，生物降解性好，对水生物无毒。与强氧化剂如过氧化氢、硝酸和硫酸会发生反应。

③ 用途 用于精密仪器的清洗剂。在洗涤剂中，可用于空气清新剂、汽车与工业清洗剂、织物柔软剂、地面脱蜡剂、地面光亮剂、炉灶清洁剂、硬表面清洁剂、玻璃清洁剂、涂料去除剂、织物皂、地毯去渍剂、浴室清洁剂。溶解能力强，是涂料脱除剂、家用化学品及加工溶剂中良好选择。作为共溶剂，NMP可提高地面光亮剂的亮度；由于其高溶解性和低挥发性，可与其他溶剂如烷烃、萜烯、丙烯碳酸酯和丙二醇醚系列溶剂一起用于汽车和工业清洗剂。它也用于金属部件清洁工艺中，以替代1,1,1-三氯乙烷。

（7）丙二醇二甲醚

① 商品名 Proglyde DMM。

② 性能 无色、低气味透明液体，具适度的蒸发速度与强溶解性、偶联性。由于是非质子（无自由羟基）溶剂，热稳定性、化学（酸、碱）稳定性好。

③ 用途 用于家用配方中非质子溶剂、偶联剂、印刷电路板清洁剂，减少氯氟烃的排放。还用于强酸、强碱清洁剂。

（8）三丙二醇正丁醚

① 商品名 Dowanol TPnB。

② 性能 无色、近乎无味、低黏度透明液体，蒸发速度极低。由于长链和憎水结构，有机溶解性强、水溶性差、沸点高。

③ 用途 为重垢清洁剂极好溶剂、地面脱蜡剂溶剂、树脂系统的增塑剂、炉灶清洁剂中偶联剂和脂渗透剂、墨水去除溶剂，用于圆珠笔、钢笔、邮票底漆、纺织印刷膏。

（9）三丙二醇甲醚

① 商品名 Dowanol TPM。

② 性能 无色透明液体，溶解性、偶联性强，蒸发速度低，黏度低。

③ 用途 由于亲水性、低蒸发性、极好的溶解与偶联性，可用于邮票底漆、圆珠笔和钢笔墨迹以及锈、油漆、清漆的去除。也用于硬表面清洁剂和渗透油。其高沸点和闪点使其成炉灶清洁剂的极好选择。

（10）丙二醇正丙醚

① 商品名 Dowanol PnP。

② 性能 无色、低气味、低毒液体。化学稳定性好，快速挥发，对有机污渍的溶解性极好，具有显著的去污和偶联性。

③ 用途 可用于家用和工业清洁剂、去脂剂、金属清洁剂、硬表面清洁剂。是玻璃清洁剂、通用清洁剂的极好溶剂。

（11）丙二醇正丁醚

① 商品名 Dowanol PnB。

② 性能 无色、低气味透明液体。极好的溶解、偶联性和良好的去除油脂能力。部分水溶，可增溶大多数溶剂。低黏度、低毒、良好的蒸发速度控制能力及可变性。

③ 用途 主要用于重垢清洁剂。极好的溶解和偶联油和脂使其用于家用和工业配方。

（12）丙二醇甲醚

① 商品名 Dowanol PM。

② 性能 无色透明液体，溶解性、偶联性强、表面张力低、黏度低。

③ 用途　广泛用于涂料和清洁剂。主要用作水基涂料的活性溶剂，溶剂基印刷油墨的活性溶剂和偶联剂，圆珠笔和钢笔的溶剂，家用和工业清洁剂、去锈剂和硬表面清洁剂的偶联剂和溶剂，与丙二醇正丁醚混合用于玻璃清洁剂配方。

（13）二丙二醇甲醚

① 商品名　Dowanol DPM。

② 性能　无色透明液体。低黏、低表面张力。适度的蒸发速率，良好的溶解偶联能力。

③ 用途　用作家用和工业清洁剂、金属清洁剂、硬表面清洁剂的溶剂和偶联剂，还原染料织物的偶联剂、溶剂，化妆品配方的偶联剂和护肤剂，地面光亮剂的凝结剂。

（14）2-甲基-1,3-丙二醇

① 商品名　MPDiol Glycol。

② 性能　低黏度无色透明液体，与水、乙醇、丁醇、苯乙烯、四氢呋喃、丙酮、碳酸丙烯酯等溶剂互溶。不溶于环己烷、苯、二甲苯、己烷。

③ 用途　洗涤剂中用作溶剂、保湿剂、乳化剂、护肤剂，使配方均一透明，改进冻融稳定性。主要用于化妆品、香精、脱臭剂、皮肤与发用洗涤剂。

4.5.4.2　增溶剂

增溶剂在洗涤剂配方中主要用于提高液体洗涤剂中表面活性剂和助剂的溶解度，并促进各配伍组分的相容性，降低浊点。在无机盐存在下，表面活性剂溶解度明显下降，特别是纯非离子表面活性剂，非常容易使液体分层。这时，加入增溶剂，使表面活性剂增溶，则可使溶液成透明状，防止沉淀析出和相分离。

常用的增溶剂有甲苯磺酸、二甲苯磺酸和异丙苯磺酸的钠盐、钾盐、铵盐以及乙醇、异丙醇、乙二醇单丁醚、烷基磷酸酯等。还有醇类增溶剂，其增溶性大，而且使液体洗涤剂相对密度下降，对控制黏度、防止微生物生长以及香料的释香方面都有良好的作用。另外，尿素也是常用的增溶剂。

（1）对甲苯磺酸钠

① 别名　NaTS。

② 性能　白色结晶粉末，对位约79％左右，溶于水，一般带两个结晶水，稍有腐蚀性，溶液呈微碱性，不能长期与皮肤接触，有很强的润湿性。3％的水溶液 pH 值为 9～10.5。在洗涤剂中有调理、抗结块作用。

③ 用途　在粉状洗涤剂中，可作浆料的调理剂，降低料浆的黏度。加入对甲苯磺酸钠可增加含水量，同时可改进流动性、手感，防止粉粒结块。在液体洗涤剂中加入对甲苯磺酸钠后，其黏度、浊点都会有所下降。在使用时，应注意原料的含量、无机盐及溶解性。因为液体洗涤剂的盐含量对透明度有很大的影响。

（2）二甲苯磺酸钠

① 性能　白色结晶粉末，易溶于水，溶液呈弱碱性。由于分子结构中含两个甲基，因而有一定的表面活性。1％的水溶液 pH 值为 7～8，与烷基苯磺酸钠的配伍性最佳。

② 用途　用于洗涤剂中作增溶剂，也用作干洗剂的组分、杀菌剂、金属加工清洗剂等。二甲苯磺酸钠用于液体洗涤剂中，可作偶合剂、水溶助长剂、均化剂、分散剂，并使浊点和黏度下降。

（3）尿素

① 别名　碳酰二胺，脲。

② 性能　无色、微有氨味的晶体或粉末。熔点 132.9℃，相对密度 1.335，10％的水溶液 pH 值为 7.2。易溶于水、乙醇和苯，微溶于乙醚，不溶于氯仿。有一定的吸湿性，有良

好的增溶效果，加热超过熔点时即分解生成氨，使液体洗涤剂的碱性升高。

③ 用途　在液体洗涤剂中用作增溶剂。在液体洗涤剂中应用时，pH 值不能太高，一般在 5.5～8.5 之间。用于牙膏中，能抑制乳酸杆菌滋生，并能溶解牙面上的斑膜。

另外，低分子量的磷酸酯也有较好的增溶效果，可在高碱性电解质环境下使溶液稳定。

4.5.4.3　增稠剂

大部分民用液体洗涤剂要求有一定的稠度或黏度。对于一些垂直表面和光滑表面使用的液体洗涤剂，产品的黏度尤其重要。液体洗涤剂增稠方法如下。

① 选择表面活性剂时，首选非离子表面活性剂，它能赋予液体洗涤剂较高黏度。

② 可添加天然或合成的水溶性高分子如聚乙二醇酯类、长链脂肪酸等。

③ 在液体洗涤剂中加入 1％～4％无机电解质（如氯化钠或氯化铵）可显著提高产品的黏度，但在高温下效果不佳。

洗涤剂黏度的大小，不仅影响感官，还影响使用效果。增稠剂是增加液体黏度的助剂，常用的增稠剂有两类：水溶性高分子化合物和无机盐。前者包括天然树脂和合成树脂、聚乙二醇酯类、长链脂肪酸以及纤维素衍生物等。这些化合物使用量小，效果明显，但要注意其使用范围。无机盐中常用的增稠剂有氯化钠、氯化钾、氯化镁、氯化铵、芒硝等。其中氯化物是最有效的增稠剂，增稠效果显著，其用量一般为 1％～4％。无机盐的加入量要根据表面活性剂的不同而变化。一般说来，无机盐只对阴离子表面活性剂有增稠作用，而对非离子表面活性剂的黏度影响不大（APG、6501 及氧化胺除外）。

此外，烷基醇酰胺、氧化胺类表面活性剂也使液体洗涤剂黏度升高，非离子表面活性剂也能赋予液体较高的黏度。

4.5.4.4　填充剂

(1) 硫酸钠

① 别名　元明粉，芒硝。

② 性能　为白色均匀细颗粒粉末，工业硫酸钠是含有 10 个结晶水的硫酸钠，是白色结晶粉末，俗名芒硝。无臭，无味，相对密度 $d_4^{20}2.671$，熔点 884.7℃，溶于水和甘油，不溶于乙醇。无水硫酸钠吸湿性强，在空气中会吸收水分。溶液呈中性，无色透明。其溶解度随温度的升高而增大，但在 35℃ 以后，溶解度反而下降。适量硫酸钠的存在有利于洗涤，它有降低表面活性剂的 CMC 值、提高其表面活性的作用，并促使表面活性剂易吸附于质点及洗涤物表面，增加质点的分散稳定性，进而防止沉积，提高洗涤效率。若浓度过高，则往往适得其反。此外硫酸钠的存在会使粉末型洗涤剂变得松散，流动性好，也可使产品的成本下降，并保持组分的平衡。存在时，改善溶液表面张力，增强润湿效果。在减少活性物用量的情况下，硫酸钠能提高整体活性，具有辅助去污作用。因此，硫酸钠在民用及工业用洗涤剂中广泛使用。

③ 用途　是合成洗涤剂配方中价格最低廉的电解质配料。主要用作洗涤剂的填充剂，也用于造纸、合成纤维、印染及医药等工业。

(2) 三偏磷酸钠

① 性能　白色粉状结晶。密度 2.54g/cm³，在 30℃ 以上水中的溶解度大于 30％，35℃以上无稳定的水合物，1％溶液呈中性，无毒性。在碱性溶液中水解成三聚磷酸钠。

② 用途　用于生产低密度洗衣粉，还可用于生产干燥漂白剂、自动餐具洗涤剂、三聚磷酸钠六水物及其与惰性无机盐的混合物。

(3) 层状硅酸钠

① 商品名　SKS-6（δ型），SKS-7（β型）。

② 性能　δ型二硅酸钠在水中缓慢溶解，在去离子水中分解成水玻璃，但在硬水中，层状硅酸钠的钠离子很快被水中的钙、镁离子置换，经过离子交换稳定了层状硅酸钠的网络结构，成为细小颗粒分散于水中。这种交换速率非常快，生成的细小颗粒分散在水中，不易沉淀在被洗织物表面，而随污水排除。在排放或处理系统，分散为水玻璃溶于水中，对生态环境无毒害影响。

层状硅酸钠有很好的pH值缓冲作用、钙镁离子结合力，对漂白剂也有很好的相容性，并能与某些重金属离子如铁、铜等离子结合。其碱性强，可降低纯碱的用量。

③ 用途　主要用作洗涤剂的离子交换剂，有如下优点：a. 软化自来水，对钙、镁离子有较好的结合力；b. 提供洗涤工艺中所需碱，并维持洗涤溶液的pH值；c. 是表面活性剂的良好载体，可吸收自身重量40%的水分，对流动性无影响；d. 生态友好，不会造成水体植物过肥及形成污泥；e. 可单独使用或与其他助剂配合用于洗衣粉，与漂白剂有良好的相容性；f. 在织物洗涤剂中可减少表面活性剂的用量，提高效率；g. 在漂白洗涤剂中，可改进洗涤剂的贮存和漂白效果；h. 在自动餐具洗涤剂中，可提高清洗效率和保护玻璃。

4.5.4.5　摩擦剂

对带有牢固污斑的硬表面如炉灶、炊具、墙壁等，一般洗涤剂难以去污或润湿时间较长。这时，借助某些粉体原料的摩擦力可以有效地擦去这些污渍。摩擦剂要求与活性相分、助剂的相容性好，不与其他组分反应，不影响去污力。另外，对被洗表面不产生伤害，即不影响被洗物光泽，不产生划痕。因此，需要摩擦剂有合适的硬度和黏度。

摩擦剂一般为不溶于洗涤液的惰性物质，如石英砂、硅藻土、滑石粉、碳酸钙等。另外，考虑到硬度问题，也有用塑料细粉或塑料小球作摩擦剂的。

4.5.4.6　防结块剂

将对甲苯磺酸钠配入粉状洗涤剂中，可增加含水量，同时对粉体的流动性、手感、抗结块性能等均有良好的效果。

4.5.5　杀菌剂与防腐剂

洗涤剂在贮运过程中可能沾染到各种细菌，其繁殖滋长会使洗涤剂腐败变质。因此，配制洗涤剂时经常加入适量杀菌剂与防腐剂。对这类助剂的要求是，用量极少就有抑菌作用，颜色淡，味轻，无毒，无刺激，贮存期长，配伍性能好，溶解度大。

常用的品种有：对羟基苯甲酸酯类（尼泊金酯），主要为其甲酯、丙酯、丁酯等，季铵盐类表面活性剂，邻苯基苯酚，咪唑烷基脲，脱醋酸，安息香酸及其盐类，山梨酸及其盐类，苯甲酸及其盐类，水杨酸，石炭酸等。另外某些香料也具有防腐性。目前，洗涤剂中常用的有捷马力（杰马）、布罗波尔、凯松、尼泊金酯及甲醛等。

4.5.5.1　尼泊金酯类

其作用与其链长有很大的关系，烷链越长，在水中的溶解度越小，而抗菌作用越强，其杀菌能力为：丁酯＞丙酯＞甲酯。它们混合使用时比单独使用的效果好，一般使用总量为0.2%～0.4%。

（1）对羟基苯甲酸甲酯

① 别名　尼泊金甲酯，Nipagin。

② 性能　白色结晶粉末，无臭或有轻微特殊香气，熔点131℃，沸点278～280℃（分解），溶于乙醇、丙二醇、乙醚、丙酮等，微溶于苯及四氯化碳，微溶于水，溶解度为0.25g/100mL。饱和水溶液呈微酸性。

③ 用途　用作防腐剂及有机合成原料。

（2）对羟基苯甲酸乙酯

① 别名　尼泊金乙酯。

② 性能　白色结晶粉末，无臭或有轻微特殊香气，熔点116℃，沸点297～298℃，对光和热稳定，无吸湿性。易溶于乙醇、丙二醇、乙醚，微溶于沸水、热脂肪油或热甘油中，在水中的溶解度很小，20℃时为0.07g/100mL，25℃时为0.075g/100mL。其饱和水溶液呈微酸性。

③ 用途　用作防腐剂。

（3）对羟基苯甲酸丙酯

① 别名　尼泊金丙酯。

② 性能　无色结晶或白色结晶性粉末，无臭，无味，微有麻感，熔点95～98℃。略溶于沸水、热脂肪油或热甘油中，易溶于乙醇和丙二醇。pH值约为2.5时很快分解。

③ 用途　用作防腐剂。

（4）对羟基苯甲酸丁酯

① 别名　尼泊金丁酯。

② 性能　白色结晶性粉末，微有特殊气味，熔点67.5～69℃。溶于醇、氯仿和醚，微溶于水（1∶6500）。

③ 用途　用作防腐剂。

4.5.5.2　杰马

（1）别名　极美。

（2）性能　无色或淡黄色透明黏稠液体，有气味，易溶于水。pH值为6～7。含氮量9%～11%。属广谱型杀菌防腐剂，不仅抗革兰阳性菌、革兰阴性菌、酵母菌、霉菌，而且抗令人讨厌的有机生物体。能与阴离子、阳离子和非离子表面活性剂及蛋白质等几乎所有化妆品组分共存，而且不影响其活性。性质稳定。在很宽的pH值范围内有效，比其他防腐剂的毒性小，安全性高。

（3）用途　广泛应用于洗涤类及透明膏体类日化产品。

4.5.5.3　凯松CG

（1）别名　卡松，CY-1。

（2）性能　水溶性液体，主要活性成分为两个异噻唑酮类化合物，其化学名称分别为：5-氯-2-甲基-4-异噻唑啉-3-酮和2-甲基-4-异噻唑啉-3-酮，用镁盐作稳定剂。可溶于醇和乙二醇类，是一种高效、低毒、广谱抑菌剂，LD_{50} 3350mg/kg（大白鼠经口）。性能稳定，与洗涤剂、化妆品中的各种表面活性剂、蛋白质和乳化剂有优异的配伍性，与季铵盐类无抵触。pH值适用范围为1～9，pH值增大时，将降低其稳定性。在使用浓度下，对皮肤无刺激性、无过敏性，不改变产品的气味和颜色。对各种细菌、霉菌、酵母及藻类都有很强的抑制作用，还能杀灭软体动物及浮游生物。胺、亚硫酸盐、一些硫代化合物和强还原剂会降低其有效活性成分。

（3）用途　主要用于化妆品防腐。在含有蛋白质的化妆品中使用时用量要加大。

4.5.5.4　2-溴-2-硝基-1,3-丙二醇

（1）别名　布罗波尔。

（2）性能　白色或灰黄色结晶体，25℃时水中溶解度为25g/100mL，熔点120～128℃。具有广谱抗菌活性，在广泛的pH值（4～10）范围内有效。在25mg/kg（0.0025%）浓度下就能抑制大多数细菌生长，尤其对革兰阴性菌抑制效果更佳。蛋白质、非离子和阴离子表面活性剂均不影响其抑菌效果。对皮肤和黏膜无刺激，不过敏。在酸性或中性溶液中稳定，

在碱性和高温下不稳定，但在碱性条件下分解时，其生化活性将更强。布罗波尔可与阴离子和非离子表面活性剂配伍，但不可与阳离子表面活性剂共同使用。

（3）用途 可用于多种化妆品和洗涤剂中。一般用量为 0.02%～0.05%，既能单独使用，也可配合尼泊金酯共同使用，以弥补尼泊金酯对革兰阴性菌抑制效果差的不足。

4.5.5.5 2,4,4-三氯-2-羟基二苯醚

（1）商品名 玉洁新 DP300，Irgasan DP300。

（2）性能 白色固体粉末或晶体。具高效广谱抗微生物性，对多种细菌、真菌及病毒具有高效持久的杀灭作用。稳定性良好，耐高温、酸、碱。对皮肤温和、亲和性好，有消炎作用，可减轻其他配方组分对皮肤的刺激性。与配方中常用组分的配合性较好。

（3）用途 可用于个人护理品、家用清洁剂、消毒及医用清洁剂、工业清洁剂等的卫生消毒。

4.5.5.6 对甲苯磺酰氯胺钠

（1）别名 N-氯-4-甲苯磺酰胺钠盐，氯胺 T，氯亚明 T，氯氨基甲苯砜钠。

（2）性能 白色或淡黄色柱状结晶粉末，稍带氯气味，带一个或三个结晶水，加热至 95～100℃时即失去结晶水。溶于水和甘油，不溶于乙醚、氯仿和苯，在乙醇中分解，25℃水溶解度 12g/100mL。有刺激性，粉尘吸入人体后，会导致体温升高、流涕、气喘。有效氯含量为 23%～26%，受空气和光的作用而逐渐分解释放出氯。在 175～180℃剧烈分解（爆炸）。

（3）用途 用于创口洗涤、黏膜消毒及医疗器械灭菌等。印染行业用作漂白剂和氧化退浆剂。可用作消毒洗涤剂。

4.5.5.7 二丁基羟基甲苯

（1）别名 2,6-叔丁基对甲酚，BHT，防老剂 264。

（2）性能 白色结晶或结晶粉末，无味、无臭，相对密度 1.048，沸点 257～265℃。不溶于水及甘油，能溶于苯、甲苯、酮、四氯化碳、醋酸乙酯、汽油、乙醇和油脂。

（3）用途 用于洗涤剂中对不饱和烃起抗氧化作用。

4.5.5.8 苯甲酸钠

（1）别名 安息香酸钠。

（2）性能 白色颗粒或结晶体粉末，无臭或微带安息香气味，有甜涩味。在空气中易吸潮，溶于水，略溶于醇，水溶液对石蕊呈微碱性，pH 值约为 8。

（3）用途 用作牙膏、食品、日化制品的防腐剂，也用于制药和染料的杀菌剂、媒染剂等。

4.5.6 发泡剂与稳泡剂

泡沫本身虽无去污作用，但它能携带污垢，并且能指示洗液去污的多少。多种洗涤剂都要求有丰富的泡沫，并且稳定性要好，如高泡地毯清洁剂。对洗手液、手用餐具洗涤剂等，还要求泡沫细腻、稠厚，有较好的手感。因此对洗涤剂来说，泡沫量有时是一个重要技术指标。

发泡剂与稳泡剂都是一些表面活性剂，常用的有 LAS、AOS、FAS、AES、APG、烷基醇酰胺或氧化胺，详见本章 4.4.2 内容。另外，很多水溶性高分子化合物也可用来稳泡、增泡。

必须注意到，洗涤液的泡沫过多，会增加漂洗次数，浪费水资源，降低洗涤效率，因而在某些洗涤剂配方里还要添加抑泡剂或者消泡剂。非离子表面活性剂是常用的抑泡、消泡

剂。在硬水中洗涤时，肥皂也是很好的消泡剂。其他的抑泡剂还有烷烃，特别是亲水性的二甲基硅酮非常有效。

4.5.7　钙皂分散剂

肥皂作为洗涤剂具有去污力强且极易生物降解的优越性。但肥皂的抗硬水作用差，水中的钙、镁离子将与肥皂作用生成沉淀，这些沉淀作为污垢往往容易再沉积于纤维上。如将某些表面活性剂与肥皂混合使用，则可以防止肥皂与硬水作用生成沉淀。此类防止钙（镁）皂沉淀生成的表面活性剂称之为钙皂分散剂。

性能优良的钙皂分散剂，多是具有庞大极性基团的表面活性剂。钙皂分散剂与肥皂（在水中）形成混合胶团，常使肥皂的 CMC 下降而接近钙皂分散剂的 CMC。混合胶团的形成具有比肥皂胶团更好的亲水性，所有这些因素均有利于提高洗涤效果。

钙皂分散剂一般有下列几类：①有一较长的直链型疏水链，在链的末端和附近有作为亲水基的双功能团的阴离子表面活性剂；②分子末端有一个极性较强的亲水基，而在其疏水链中有一个以上的酯基、酰胺基、磺酸基或醚基的阴离子型表面活性剂；③两性离子表面活性剂一般都能作为钙皂分散剂；④以聚氧乙烯醚作为亲水基团的非离子表面活性剂。

阳离子表面活性剂有较好的钙皂分散性能。分子中嵌入环氧乙烷如脂肪醇醚硫酸盐和脂肪酰胺聚氧乙烯（4～5E0），钙皂分散力明显升高。疏水链上有酰胺基的磺酸钠、疏水基上带有酰胺基的磺酸型甜菜碱都有很好的钙皂分散力。

4.5.8　漂白剂

当织物表面被植物色素如果汁、茶叶、咖啡等污染后，所形成的污渍是无法通过洗涤剂的洗涤彻底除去的，只能采取化学漂白来实现去污。化学漂白是漂白剂通过氧化或还原降解，破坏色渍的发色系统或者对助色基团产生改性作用，使之降解成较小的水溶性单元而易于从织物上除去。

洗涤剂用漂白剂都是氧化剂，这些氧化剂一般分为氧漂（含氧漂白剂）和氯漂（含氯漂白剂）。氧漂主要有双氧水、过硼酸钠、过碳酸钠、过碳酸钾、过焦磷酸钠、过硫酸钾等，它们溶于热水，可自行分解放出活性氧，氧化去除污斑，经洗涤之后还能使被洗物有良好的色泽。氯漂是含氯的氧化剂，如氯胺 T、二氯异氰尿酸及其盐、次氯酸钠、漂白粉等，它们的氧化性强，可有效去除顽渍、色斑，并有很强的消毒杀菌能力；但氯漂也可能损伤被洗物，如衣物强度、颜色等。因此，氯漂一般不用于有色基体、化纤基体及蛋白质基体。

4.5.8.1　氧漂剂

（1）过硼酸钠

① 别名　四水过硼酸钠。

② 性能　白色单斜晶系结晶颗粒或粉末，无臭，味咸，熔点 63℃。溶于酸、碱或甘油，微溶于冷水，易溶于热水，水溶液呈碱性。在 130～150℃ 时失去结晶水。活性氧含量约为 10%。过硼酸钠不稳定，易放出活性氧。在游离碱存在下容易分解，与稀酸作用生成过氧化氢，与浓硫酸作用放出氧和臭氧。也易为其他物质如二氧化锰、高锰酸钾、氧化铜等催化分解。

在干燥空气中，过硼酸钠不起任何变化，但在 40℃ 的热或潮湿空气中能自行分解放出氧气。过硼酸钠的漂白作用和杀菌能力，是由新生氧使色素中的发色基团被破坏及细菌蛋白质结构被氧化而实现的。过硼酸钠在水中的分解比较缓慢，便于控制。当溶液温度升至40℃时，活性氧的释放开始加快。但在漂白应用时，过硼酸钠应在60℃（最好80℃）以上，才会有显著效果。在低温使用时，需要加入活化剂，加速其有效氧释放。

③ 用途　广泛用于氧化剂、漂白剂、杀菌剂、洗涤剂、脱臭剂。在洗衣粉中用作漂白剂和消毒剂。过硼酸钠作为彩漂剂，能将白色衣物洗得更加洁白，有色衣物色彩更鲜艳，且不损伤原有色泽。同时，还能除去茶垢、汗迹和血渍等，是应用最广泛的漂白剂。

（2）过碳酸钠

① 性能　白色结晶粉末或颗粒，溶于水，表观密度 $0.5 \sim 0.11 g/cm^3$，有吸湿性，在 5℃、20℃、40℃时的溶解度分别为 12g/100mL、14g/100mL、18.5g/100mL。在相对湿度 80%、室温下贮存 8 个月，分解不超过 3%。水溶液呈碱性，稳定性较差，分解产物为 Na_2CO_3 和 H_2O_2，重金属及其离子能促使其分解。活性氧含量约为 13%。具有漂白、杀菌作用，可在低温下使用，使用温度一般在 40～45℃。

② 用途　广泛用作家庭及工业用洗涤剂、漂白剂、氧化剂。过碳酸钠的稳定性比过硼酸钠差，一般采用造粒包裹技术来提高其稳定性。加入活化剂四乙酰乙二胺（TAED）可以提高它的低温性能。

务必注意，过硼酸钠、过碳酸钠的漂白作用温度要求较高，特别是过硼酸钠，需要在 80℃才能发挥最高效率。随着洗涤的低温化，常配入漂白活化剂，使洗涤温度可降至 40℃。常用的活化剂为四乙酰乙二胺、壬酰基苯磺酸钠等。

（3）过氧化氢

① 别名　二氧化氢，双氧水。

② 性能　纯品为无色透明液体，相对密度（25℃）为 1.4067，熔点 -0.41℃，沸点 150.2℃。有效氧 47.03%。溶于水、醇、醚等，不溶于石油醚。呈弱酸性，有腐蚀性。

过氧化氢性质不稳定，遇热、光、受震动或遇重金属和杂质易分解，甚至爆炸，同时放出氧和热。有较强的氧化、漂白能力和杀菌作用，为强氧化剂。过氧化氢是一种优良的氧化性漂白剂。常用于洗衣房作氧漂，其漂白产品的白度和白度的稳定性都比次氯酸钠的好，对纤维的损伤较小，且不会产生黄斑。双氧水在漂白过程中不产生有害气体，有利于劳动保护。

③ 用途　重要的氧化剂、漂白剂、消毒剂和脱氯剂。在合成洗涤剂生产中作为漂白剂。双氧水是一种多用途的漂白剂，可以用来漂白丝类织物、羊毛、人造纤维、纤维素纤维等，因此常用于液体洗衣剂。也常用来除去餐具、玻璃杯上的茶渍、咖啡渍等。另外，它也用于地毯清洁剂，脱除污垢、色斑、保护地毯颜色。硬表面清洁剂中加入过氧化氢，可用于霉斑的脱除与杀菌，消除厕所的异味。

4.5.8.2　氯漂剂

（1）次氯酸钠

① 别名　漂白水。

② 性能　次氯酸钠为白色粉末，是强氧化剂，易溶于水，在空气及酸性溶液中极不稳定，受热后迅速自行分解，重金属离子如铜、钴、镍及铁的存在也会促进次氯酸钠分解。但在碱性溶液中比较稳定。有良好的杀菌、消毒及漂白能力。次氯酸钠对金属有较强的腐蚀性，高浓度时对皮肤、衣物和金属用品等均有损坏或腐蚀作用。

③ 用途　用于布匹、织物、纸浆、油脂、洗衣粉料浆等的漂白，一般只用于白色棉织品等无色的织物的漂白。

（2）次氯酸钙

① 别名　漂白粉。

② 性能　白色粉末，具有近似氯气的臭味，当暴露于空气中时，易吸收水分、二氧化碳，然后分解放出次氯酸和氯气，水溶液呈碱性。

③ 用途　主要用于棉、麻、丝纤维织物的漂白。也用于水的杀菌消毒。

（3）二氯异氰尿酸钠

① 学名　1,3-二氯均三嗪三酮钠。

② 别名　优氯净，NaDCC。

③ 性能　白色结晶粉末或晶体，有刺激性气味，易溶于水，水溶液无色透明，不浑浊、不发生沉淀，性能稳定，低毒，LD_{50} 为 1420mg/kg，是优良的漂白消毒剂。其水溶液呈微酸性，1%水溶液的 pH 值为 5.9～6.1，熔点 230～250℃，相对密度 1.1～1.2。晶体中含有两个结晶水，理论有效氯含量为 55%。二氯异氰尿酸钠贮存稳定，在高热、高湿情况下有效氯下降也很少。溶于水后很快释放出次氯酸从而具有漂白、杀菌作用。禁止与易燃或可燃物、铵盐、含氮化合物、强氧化剂、强碱复配。

④ 用途　二氯异氰尿酸钠溶解度大，是最常用的高效、快速漂白、杀菌剂，广泛用于医药、洗涤剂、游泳池等公共场所的杀菌消毒，是一种广谱、高效的漂白剂、杀菌剂，能使蛋白质失去活性，能有效杀死各类微生物。但易使织物强度受损，并严重影响色泽。用于氯漂白剂、杀菌餐具洗涤剂、杀菌洗衣粉等。

4.5.8.3　氧漂活化剂——四乙酰乙二胺

（1）别名　TAED。

（2）性能　白色粉末，有弱乙酸气味，熔点 152℃，堆积密度 $(0.58\pm0.01)g/cm^3$，着火点 425℃。

（3）用途　主要用作过硼酸钠、过碳酸钠的活化剂。作为过氧漂白剂的活化剂，活化温度可低至 20℃。

4.5.9　荧光增白剂

荧光是一种光致发光现象。照射到分子中具有刚性结构和平面结构的 π 电子共轭体系的荧光物质时，会发射出不同颜色、不同强度的光，其中大部是可见光，小部为紫外线和红外线。荧光增白剂是一类吸收紫外线、发射出蓝色或紫蓝色的荧光物质。其增白原理如下。①荧光增白剂使可见光强度增强使物体增白。由于吸附有荧光增白剂的物质不仅能将照射在物体上的可见光发射出来，而且还将不可见的紫外线转为可见光反射出来，从而增加了物体对光的反射强度，当反射光强度超过了投射在被处理物体上原来可见光的强度时，人的眼睛便感觉物体变白了。②白光是一种由红、橙、黄、绿、青、蓝、紫七色光组成的复合光。当被照射物体上反射的光线中的蓝色波段光线相对缺损时，眼睛就会感觉到物体的颜色变黄了。当物体表面吸附了荧光增白剂后，由于荧光增白剂会发出蓝色或蓝紫色的荧光，正好补齐蓝光的缺损，而使物品恢复了白色。洗涤剂中所用的荧光增白剂其吸收波长为 300～400nm，发射光波长为 400～500nm 的范围。这种蓝色或蓝紫色的光正好与黄色光为互补色，用后会使物品泛白。

洗涤剂中的荧光增白剂在洗涤过程中能吸附在织物上，这种吸附即使在漂洗过程中也不容易解吸，使织物洗后能保留大部分荧光增白剂。荧光增白剂的种类很多，主要是二苯乙烯衍生物。其中，二苯乙烯三嗪型相对分子质量较大，溶解性较差，易造成局部沉积，形成黄斑，不耐氯漂；双二苯乙烯型相对分子质量较小，水溶性好，能耐氯漂，不易造成色斑与积累。尽管二苯乙烯三嗪型性能不如双二苯乙烯型，但此类荧光增白剂价格便宜，仍受到广泛的欢迎。荧光增白剂在洗涤剂中的加入量一般为 0.1%~0.3%。常用的荧光增白剂有 VBL、VBU、VBA、31#、33#、CBS 等品种。

4.5.9.1 荧光增白剂 VBL

（1）别名　荧光增白剂 BSL。

（2）性能　为二苯乙烯三嗪型，带有青光微紫色荧光的淡黄色粉末，溶解于微碱性或中性水溶液中，可溶于 80 倍量以上软水中，开始溶解时有凝聚现象，加水稀释充分搅拌后可获得透明溶液，属阴离子性质，在 pH 值为 6~11 溶液中稳定。可与阴离子和非离子表面活性剂、直接和酸性等阴离子染料、颜料混用，不能与阳离子型表面活性剂、阳离子染料和合成树脂初缩体等共同使用。色调为蓝紫色，光谱吸收波长为 346nm，荧光发射波长为434nm。对纤维素纤维的亲和力好，匀染性和耐日晒牢度一般。

（3）用途　VBL 是最常用的荧光增白剂，价格便宜，效果较好。用于白色纤维素纤维、纸张、棉和黏胶纤维的增白和浅色纤维素织物增艳。用于纺织印染、香肥皂、洗涤剂和造纸工业。

4.5.9.2 荧光增白剂 31#

（1）别名　挺进 31#。

（2）性能　为二苯乙烯三嗪型增白剂。具有青光荧光的淡黄色粉末。可溶于水和醇，为阴离子型增白剂，可与阴离子和非离子表面活性剂及其他助剂配合使用，但不适宜与阳离子表面活性剂或染料配用。当与阴离子、非离子表面活性剂同时配伍洗涤时，对纤维会起明显增白效果。不耐氯，在含氯漂白液中不稳定，但在亚硫酸钠及过氧化氢漂白液中性能稳定。

（3）用途　主要用于合成洗衣粉、肥皂、香皂和纸张增白，还可用于棉织物、锦纶和人造丝、羊毛、蚕丝等织物的增白。

4.5.9.3 荧光增白剂 CBS-X

（1）别名　天来宝 CBS-X。

（2）性能　二苯乙烯联苯型衍生物，阴离子型荧光增白剂，淡黄绿色粉末，溶解性好，25℃时溶解度为 2.5%，95℃时溶解度为 30%。毒性极小，生物降解性优越。

由于分子中不含氮，极耐氯漂、氧漂及强酸，耐碱性、耐晒、耐汗渍也很好，反复洗涤不会使织物泛黄或变绿。CBS-X 对纤维素纤维有适宜的亲和性和良好的扩散性能，能在短时间内使织物迅速达到高白度。同时由于其溶解性、扩散性好，使得低浴比下就具优异的增白性。其耐晒、耐洗较好。

（3）用途　广泛应用于洗衣粉、洗衣膏，特别适用于液体洗涤剂，也用在肥皂和香皂生产中。由于低温下就具有较大的溶解度，CBS-X 特别适用于低温洗涤。其稳定的化学性能，使其广泛用于宾馆、餐饮以及医院等应用工业洗涤剂中。但 CBS 价格较高，使其应用受到很大的限制。

4.5.9.4 荧光增白剂 33#

（1）性能　为二苯乙烯三嗪型荧光增白剂，强阴离子型，淡黄色或白色均匀粉末，在水中溶解度中等，比 31# 或增白剂 VBL 小，能溶于一缩二乙二醇中，可用热水调成 10% 左右的悬浮液使用，色调为青光。

增白剂 33# 有较好的化学稳定性，耐酸性较好，耐氯和过硼酸钠、过碳酸钠、过硫酸钾等性能良好。对纤维素纤维具有很强的亲和力，对氯漂稳定，在 20~199℃ 范围内具有很高的增白效果。最佳染浴 pH 值为 7~10。荧光增白剂 33# 在洗衣粉中配合量高，可达0.5%，相当于增白剂 VBL 的 3 倍多，累积洗涤白度也高。

（2）用途　是目前洗涤剂用的优良荧光增白剂。用于纤维素纤维和织物的增白，配加于洗涤剂，尤其是洗衣粉、洗衣膏、肥皂、香皂中，可使产品外观洁白。对各种纤维均有增白效果。

4.5.9.5　荧光增白剂 GS

（1）别名　荧光增白剂 RBS，荧光增白剂 LD-3A。

（2）性能　淡黄色粉末，属二苯乙烯基萘三唑型荧光增白剂，具有绿色荧光，色调柔和，对氯漂剂稳定，对棉纤维、黏胶及尼龙等纤维织物有较高的亲和力。

（3）用途　广泛应用于洗涤剂、肥皂、香皂等的生产。

4.5.10　酶

酶是存在于生物体中的一种生物催化剂，是一种具有特殊催化性质的蛋白质，只有具有高级结构的酶才有催化功能。每一种酶的蛋白质都有一个特殊的区域，如果底物分子恰恰和这个区域相吻合，则酶与底物生成酶-底物复合物，从而实现酶对底物的作用（分解）。

加酶洗涤剂是在洗涤剂中加入不同功能的酶制剂的制品。酶的使用是洗涤剂工业的一次革命。酶的最大特点是其专一性，即某种酶只能分解一种物质，因此不会引起洗涤基质的变化，却能除去某一特定的污垢。其次，酶的效率极高，其分解能力几乎为 100%，极少量的酶就能起到显著的效果。

酶的种类很多，但洗涤剂工业所用的酶是根据污垢的组成不同而加入不同类型的酶制剂，包括蛋白酶、淀粉酶、脂肪酶及纤维酶。

4.5.10.1　KL-碱性蛋白酶

（1）性能　为蓝绿色颗粒，主要成分是 2709 碱性蛋白酶。以三聚磷酸钠为载体配入洗涤剂中，适宜的使用条件是 pH 值为 9～12、温度 40～50℃。

蛋白酶是最早用于洗涤剂的酶，是能使蛋白质水解成肽或氨基酸，包括来自动物的胃蛋白酶和胰蛋白酶、来自植物的木瓜朊酶和由微生物产生的霉菌蛋白酶。它能将水不溶性的蛋白质分解成为水溶性的氨基酸或肽，使蛋白质或含蛋白质污垢有效地去除。蛋白酶可有效去除血、奶汁、蛋、果汁、肉汁、皮肤衍生蛋白质、粪便排泄物、食物残留物中的蛋白质及其被包裹物等蛋白质类污垢。由于蛋白酶能分解蛋白质，因此一般不用于毛织物的洗涤。

（2）用途　用于洗衣粉中，制成加酶洗衣粉，1g 洗衣粉含 KL-碱性蛋白酶 500～1000 活性单位。

4.5.10.2　脂肪酶

人的皮脂污垢如衣领污垢中因含有甘油三脂肪酸酯而很难去除，在食品污垢中也含有甘油三脂肪酸酯类的憎水物质，脂肪酶能在低温下有效地分解脂肪，分解产物甘油易溶于水，而脂肪酸易被洗涤液通过油污的"卷缩"过程而被除去。其去污能力可随着洗涤次数的增加而表现得更加明显。用于洗涤剂，可减少活性组分，降低成本。

4.5.10.3　淀粉酶

淀粉酶在洗涤剂中的作用是将淀粉分解成易溶于水的糖类而被除去。可将巧克力、土豆泥、面条、米饭等淀粉类污垢分解成可溶性的糊精或低聚糖。淀粉酶同蛋白酶和脂肪酶之间有良好的协同作用，可大大提高去污效果。

4.5.10.4　纤维素酶

纤维素酶与上述几种酶的作用是不一样的。棉布衣服经穿着和反复洗涤后，在纤维的表面出现细毛，这种纤维细毛在显微镜下才能看到，它们能导致衣料变硬，影响棉质衣物的手感，微细纤维能笼络污垢，是带色衣物形成色斑的原因。纤维素酶能将棉纤维表面上出现的细微纤维进行分解而提高洗涤效果和改善棉纤维的手感。科学研究表明，碱性纤维素酶的去污机理是，碱性纤维素酶侵入棉纤维的非结晶区，只对非结晶区的棉纤维分子起作用，有效地软化由纤维分子和水组成的胶状结晶，使被封闭在其中的污垢很容易从纤维中流出来，使被洗物变得柔软，颜色鲜明。因此，洗涤剂用纤维素酶并不是用来去污的，是用来去除织物纤维上因摩擦而起的绒毛和小球。用纤维素酶处理后，织物表面平整，恢复原有的光泽，使其整旧如新。织物经酶处理后，还可减少纤维之间的摩擦力，使主纤维变得光滑、柔软。另外，织物在使用过程中，污垢进入纤维的非结晶区，被纤维牢固地包夹于其中，使洗涤剂难以渗透进去。用纤维素酶洗涤时，可吸附在纤维的非结晶区，部分水解无定形纤维，并松化了污垢与纤维的结合，使污垢释出，从而达到"去污"的效果，并使织物显得更艳、更白。

酶的稳定性与洗涤剂组分、pH 值、重金属离子、漂白剂及使用温度有关，另外，也与酶的浓度、水分的多少、活性成分的种类以及其他添加剂的存在与否有关。①表面活性剂：阴离子表面活性剂比非离子表面活性剂对酶的影响大，特别是刺激性强的阴离子表面活性剂如 LAS 和 FAS 显著影响酶的活性。酶不能与阳离子表面活性剂共存。②pH 值：虽然各种酶对 pH 值耐受力不一致，但强碱如氢氧化钠、碳酸钠会严重影响酶的活性。③助剂：各种酶对助剂的耐受程度不同，但一般认为，非离子型助剂与酶的相容性较好，而阴离子型助剂与酶的相容性就差一些。④漂白剂：不少酶制剂生产厂家都开发了耐氧漂白剂的酶，但耐受力还有待提高，所有的酶都不耐氯漂白剂。⑤使用温度：温度的提高有助于酶活力的发挥。若温度过低，酶的活力受到限制，温度过高，酶的活力又会被破坏，应在 40～60℃之间，以 50℃左右最好。⑥作用时间：以 10～30min 为好，保障酶与污渍有充分的反应。⑦安全性：酶的使用是安全的。曾一度担心的粉尘问题也已通过酶的胶囊化工艺解决了，微胶囊化也使酶的稳定性大大提高。

目前洗涤剂中所使用的各种酶都是以颗粒状态添加于洗涤剂中的。各种酶制剂的配入量一般为 0.5%～2%（质量分数）。

最近已开发了众多的液体酶，这些酶，或是产自不同的菌株，或是有添加剂使产品有适当的贮存期。液体酶的水含量必须在 40%～60%之间，并需要少量的某种钙离子存在，因此对配合剂或螯合剂在液体中的应用多少有些限制。

4.5.11　柔软剂与柔和剂

柔软剂是改善被洗涤织物的手感，使之柔软、手感舒适的助剂，用作柔软剂的主要是阳离子型表面活性剂。柔和剂是改善洗涤剂对皮肤的刺激，使之温和的助剂。用作柔和剂的表面活性剂主要是两性表面活性剂。

衣物洗涤后，将失去洗涤前的柔软感，并使织物发硬。一般认为，在水中洗涤时，由于助剂及水中的金属离子在纤维上形成盐膜，在漂洗中没能洗去，即减少了柔软度，同时，盐膜存在也使手感发硬。织物柔软剂的加入，洗涤时吸附在纤维表面，防止了盐膜的形成，并减少了纤维间的摩擦，增加了润湿性，使织物洗后蓬松、柔软、手感好，并且具抗静电性。

洗涤剂对皮肤刺激，主要是由于有些化学药剂通常不刺激皮肤，但与洗涤剂结合后能渗入皮肤，对皮肤的角蛋白层有变性影响，引起刺激。柔软剂在洗涤漂洗后再加入。

柔软剂种类很多，常用的是阳离子表面活性剂和两性离子表面活性剂，用量最大的为季铵盐型表面活性剂。另外，在柔软洗涤型洗涤剂中，还经常使用两性离子表面活性剂及有一定柔软作用的阴离子表面活性剂。

柔软洗涤剂的配方，应注意柔软剂和去污活性组分之间的配伍。一般洗涤剂都用阴离子表面活性剂作活性成分，而阴离子表面活性剂和阳离子表面活性剂共存有冲突。因此，需考虑用非离子表面活性剂作去污活性成分或选择不与阴离子表面活性剂反应的柔软剂。

4.5.12　香精与色素

为使产品在销售、使用时有宜人、清新的香味，一般洗涤剂都加有香精，以便更好地取悦于消费者。对于某些洗涤剂，香精的加入，还有助于遮盖其中的溶剂或活性物的异味。色素的加入，则是为了获得产品赏心悦目的外观。对有些液体产品，色素的添加，还可以遮盖由原料或工艺带来的外观问题。

洗涤剂常用的香精是花香、果香、木香为主体的水溶性香精，再配以相应的天然色素（如叶绿素等），使产品具有较高档次而更受人们青睐。香精的选择主要有三点。①香型的选择：不同的洗涤剂，不同的使用场所，以及不同层次的使用者，对香型的要求不一样。因此，需要根据具体情况来确定所用的香型。②经济性：香精的售价很高，对于不同档次的洗涤剂就必须选择不同档次的香精，不同的洗涤剂，其加香量是不同的。③与洗涤剂的配伍性：香精有水溶性和油溶性两种，可以根据洗涤剂的溶解性来选择。此外，洗涤剂的 pH值、氧化还原性及其组分应不影响香精的化学成分与香气的释放。使用时水质、温度的影响也应考虑。常用的有茉莉、玫瑰、铃兰等花香香型，青苹果、橘子、柠檬等水果香型。香精的添加量较少，一般为 0.1%～0.2%。

色素的选择，首先应考虑安全因素，选择对人体无害的、浅色的水溶性染料，在洗涤剂中很少使用深色、油溶性染料，也基本不用固体颜料。其次，色素的加入，不应导致被洗物色泽的改变。色素应与洗涤剂配伍性良好，不受洗涤剂中其它组分、pH 值、氧化还原条件等的影响，贮存稳定性好，使用时受温度、水质的影响小。色素的用量与色素本身及所需调节颜色的深浅有关，一般使用量为 10^{-6}～10^{-4}。

根据洗涤剂品种和使用要求的不同，在洗涤剂中也会经常使用到珠光剂、调理剂、保湿滋润剂、防头屑剂、抗静电剂、营养素等功能性的添加剂。有关内容拟在本章 4.7 的相关产品配方设计中予以简介，此处从略。

4.6　洗涤剂配方的发展趋势

现代工农业的发展和科学技术的进步，无疑对人类生活的原生态大自然带来了这样或那样的影响。但人类文明观和责任感的高度完善也促使各国政府和产业界想方设法把这种影响控制在最低程度。洗涤剂产品和行业的发展也必须遵循保护环境、节约资源、确保人类与大自然长期和谐共存的总原则。概括起来，近期洗涤剂配方的发展趋势主要体现在以下三个方面。

4.6.1　保护环境，节约资源，确保人类与大自然长期和谐共存

为了确保人类自身能够子子孙孙万代不竭地健康繁衍，必须保护环境，节约资源。在洗涤剂产业发展政策方面，各个国家和地方政府都制定并实施了相应的法规，譬如限制高能耗产品，禁止使用强酸、强碱、强氧化剂、生物降解性低等对环境危害大的原料，鼓励和推行使用可再生性原料，发展高效低泡洗涤剂以降低水资源消耗等。在开发设计新的洗涤剂产品

时，必须遵守这些法规和标准。

4.6.2 原料升级、配方技术进步

在洗涤剂的复配原料开发与应用方面，近些年取得了令人欣喜的成就：去污剂的主要成分阴离子表面活性剂烷基磺酸钠由多支链的四聚丙烯苯磺酸钠 ABS 转向直链的烷基苯磺酸钠 LAS，大大提高了其生物降解性；协同提高去污效果的螯合剂由三聚磷酸钠 STPP 的一统天下逐渐为 4A 沸石、聚羧酸盐部分替代，对内河湖泊的富营养化、水生植物疯长导致的水生动物萎缩灭绝、水质恶化问题已有明显改善；合成表面活性剂在洗涤剂组方中与肥皂复配、各种表面活性剂相互搭配使用，提高了有效成分的去污效率，同时控制和降低洗涤溶液的泡沫，减少了洗涤过程的水资源消耗；新近开发的形式多样的助洗剂、功能添加剂在洗涤剂中的应用也在保护环境、节约资源方面立功建勋，同时满足了不同的去污功能要求……。总之，原料升级、配方技术的进步对洗涤剂配方设计人员提供了更大的创作平台。表 4-4 粗略地列示了不同组分在洗涤剂近期配方中的变化趋势。

表 4-4　洗涤剂组分的发展趋势

组分类别	成分	变化趋势
阴离子表面活性剂	肥皂	保持
	烷基苯磺酸盐	减少
	脂肪醇硫酸盐	增加
	脂肪醇醚硫酸盐	增加
	烷基磺酸盐	增加
非离子表面活性剂	脂肪醇醚	增加
	烷基多苷、葡糖酰胺	增加
	烷基酚醚	不再使用
阳离子表面活性剂	双十八烷基二甲基氯化铵（D1821）	在织物柔软剂中不再使用
	酯基季铵盐	保持
两性表面活性剂	甜菜碱	保持
助剂、碱	三聚磷酸钠	在织物柔软剂中不再使用，餐洗剂中恢复使用
	沸石	减少
	硅酸钠（层状）	增加
	碳酸钠	增加
	聚羧酸盐	保持
	柠檬酸盐	增加
络合剂	乙二胺四乙酸（EDTA）	保持
	磷酸盐	减少
	可生物降解的含氮化合物	增加
漂白剂	过硼酸盐	减少
	过碳酸盐	增加
	活性氯型	减少
漂白活化剂	四乙酰乙二胺（TAED）	增加
	金属催化剂	在洗碗剂中应用
生物酶	蛋白酶	保持
	淀粉酶	增加
	纤维素酶	增加
	脂肪酶	增加
颜色泳移抑制剂	聚乙烯吡咯烷酮（PVP）	保持
光学增白剂	VBL、BC、EBF、DT	保持

4.6.3 产品向多功能、专用性的发展

随着科学技术的发展，工艺技术不断完善，洗涤剂的发展趋势表现为以下几点。

（1）液体化 液体洗涤剂使用方便、效率高、节约能源、性能优越，是今后洗涤剂的主要发展方向。

（2）无磷化 聚磷酸盐是合成洗涤剂配方中最重要的助洗剂，磷酸盐的使用量曾经高达40％，但随着对环境保护的日益重视，磷酸盐类助剂已受到限制。

（3）浓缩化 高效率、用量少、去污强、节省包装和贮运费等，是液体洗涤剂代替洗衣粉的主要优势之一。

（4）功能化 要求洗涤产品应具有洗净、柔软、抗静电、漂白等多种功效。通过多元组分的复配可达到上述要求，在洗涤剂组分中有柔软剂、抗静电剂、漂白剂、抗沉降剂、酶制剂等。用多功能洗涤剂洗涤后织物具有手感柔和、防尘、色彩鲜艳等特点。同时洗涤剂也向低温洗涤方向发展。

（5）专用化 洗涤剂将继续向专用化、功能化方向发展，如家用洗涤剂方面有织物洗涤剂，硬面的厨房、餐具、浴室、玻璃等专用性洗涤剂，工业洗涤剂方面有金属、食品、纺织、造纸、车辆等工业专用清洁剂。

4.7 常用液体洗涤剂的配方设计

固体洗涤剂如肥皂、洗衣粉的组成相对比较简单，产品形态在商品的贮存期内很少发生变化，配方变化的幅度有限；气雾型洗涤剂的情形也差不多，重点是对配方组分与推进剂（溶剂）的相容性和稳定性的考虑，对于它们的配方设计本课程不做专门讨论。本节只对配方组成和功能多样化，目前正飞速发展的液体洗涤剂的配方设计进行讨论。

4.7.1 液体洗涤剂的配方结构及原料特性

液体洗涤剂是由表面活性剂、洗涤助剂和溶剂（水或其他溶剂）通过复配加工而成的复杂混合体系。其中的绝大部分原料已在前面章节中介绍过，属于液体洗涤剂类产品专用的原料特性将在相关代表性产品配方中做补充介绍。

液体洗涤剂的配方结构通常如下。①表面活性剂：15％～30％。②洗涤助剂：5％～20％。③溶剂：50％～80％。④功能性添加剂：0.1％～5％。下面只列举洗发香波、沐浴液、餐洗剂和洗衣液的几个配方进行介绍。

4.7.2 洗发香波

4.7.2.1 洗发香波的分类

洗发香波是洗发用化妆品，它是一种以表面活性剂为主的加香产品。因此，洗发香波不但是一种良好的洗涤剂，而且有良好的化妆效果。洗发香波种类很多，其配方多种多样，可以按洗发香波的形态、特殊成分、性质和用途来分类。

按发质的适应性可分为通用型、干性头发用、油性头发用和中性洗发香波。

按外观形态可分为透明香波、乳化香波、胶状香波。透明香波比较通用，近来人们偏爱乳化香波，认为它是功能性高档产品的象征。

按添加的营养剂类型可分为蛋白香波、菠萝香波、黄瓜香波、苹果香波、啤酒花香波、丝素香波、芦荟香波、维生素香波等。

按产品的功能性兼有洗护作用的洗发香波即"二合一"香波，增加去头皮屑、止痒等功能的，称为"三合一"香波。

从以上可以看出，洗发香波已经突破了单纯洗发功能，成为具有洗发、洁发、护发、美发等功能的化妆型、交叉型产品。

4.7.2.2 洗发香波的原料特性与配方结构

根据洗发香波的特点，在选择原料时，尤其是选择表面活性剂时，相对来说较为考究。现代洗发香波是以各种表面活性剂为原料，配方中加入各种特殊添加剂，使产品更具特色。最早使用的表面活性剂是脂肪醇硫酸钠，以其丰富的泡沫和良好的去污力深受生产厂家和消费者的欢迎。近年来才普遍采用多元复配技术生产性能更好的产品。

（1）主表面活性剂

① 脂肪醇硫酸盐　这是洗发香波中最常用的一种阴离子表面活性剂。可以制成钠盐、钾盐、乙醇胺盐。其中月桂醇硫酸钠盐发泡力最强，去油污性能良好；乙醇胺盐的稠度较高；月桂醇硫酸三乙醇胺的浊点低，低温不会使产品发生浑浊。C_{10}以下的烷基醇含量增多，则产品对皮肤的刺激性增强，臭味加剧；而C_{15}以上的醇比例增加，则产品的溶解度下降，发泡性也不佳。因此，以C_{12}烷基醇硫酸盐使用最普遍。

② 脂肪醇醚硫酸盐　这是洗发香波中使用量最大的阴离子型表面活性剂。最常用的品种月桂醇聚氧乙烯（3）醚硫酸钠，起泡性、去污力好，已经取代了月桂醇硫酸钠。这类产品中环氧乙烷加成数减少，则产品性能与烷基醇硫酸盐接近；环氧乙烷加成数增加，则产品水溶性更好，稠度增加，但浊点也上升。醇醚硫酸盐与烷基醇酰胺复配使用可进一步发挥各自特性。

③ α-烯基磺酸盐　新型阴离子型表面活性剂。其去污力、发泡性和浊点都适于在洗发香波中使用，与各种原料的配伍性都十分优越，被称为最有前途的液体洗涤剂原料。

（2）辅助表面活性剂

① 脂肪酸单甘油酯硫酸盐　一般使用月桂酸单甘油酯硫酸铵，它在硬水中稳定，有良好的泡沫，使头发柔软、富有光泽，但应在弱酸性或中性溶液中使用。

② 烷基磺化琥珀酸盐　最典型的是月桂基磺化琥珀酸单乙醇胺。具有良好的发泡性，对皮肤和眼睛刺激性小，多用于柔性香波和婴儿香波中。

用作辅助表面活性剂的脂肪酸缩合物还有酰基甲基牛磺酸盐、2-羟基乙磺酸盐与脂肪酸的缩合物或与肌氨酸的缩合物、酰基甲氨酸盐、烷基磷酸酯盐、蔗糖脂肪酸酯、酰基谷氨酸盐等。

③ 咪唑啉两性表面活性剂　属于温和型表面活性剂，对眼睛和皮肤刺激性小，润湿性和去污力较好，能与许多电解质配伍，特别是对各种洗涤剂和杀菌剂有极好的相容性，无毒、无刺激，还能适度地杀菌和抑霉。

④ 烷基甜菜碱两性表面活性剂　也是一种无毒、无刺激的温和型表面活性剂。随着烷基链加长，其去污力增强、起泡力下降。反之亦然，产品起泡性优良。

⑤ 烷基醇酰胺　常用作脂肪醇硫酸盐和醇醚硫酸盐的增泡剂和稳泡剂，并可作香波的增稠剂。可以增加香波的去污力，同时具有轻微的调理作用。在皂基香波中，它可以作钙皂分散剂，浊点低，溶解度大，非常适于配制香波。

⑥ 环氧乙烷缩合物　有脂肪醇聚氧乙烯醚、聚氧乙烯醚脂肪酸酯、烷基酚聚氧乙烯醚、山梨醇酯聚氧乙烯醚和聚醚。这类产品起泡力差，对皮肤刺激性小，去污力好，耐硬水。作

为透明型、低刺激香波助剂及香料的增溶剂。

⑦ 氧化脂肪胺类　其本身起泡性并不优异，但与其他活性物配伍后，可作泡沫稳定剂、调理剂、抗静电剂等。而且其水溶性好，对皮肤温和。但与月桂醇硫酸钠共用且 pH 值低于 8.5 时会产生沉淀。

⑧ 季铵盐阳离子表面活性剂　它不具有去污和发泡特性，主要用作头发调理剂，对头发具有抗静电、润滑、杀菌作用。

（3）添加剂　在洗发香波中，除主料和辅料外，还要加入其他添加剂，如珠光剂、去头屑剂、调理剂、滋润剂及营养素等。

① 珠光剂　对于一些高档乳化液体洗涤剂，希望得到更加漂亮的外观，产生一种珍珠样的光泽。天然珠光原料有贝壳粉、云母粉、天然胶等。合成的有硬脂酸的金属盐（镁、钙、锌盐类）、丙二醇硬脂酸酯、甘油基硬脂酸酯、鲸蜡酸、鲸蜡醇等。目前使用的最广泛的是硬脂酸乙二醇酯。

② 调理剂　调理剂在液体洗涤剂中能使产品增加调理功能，使头发梳理性好、柔软、光滑。主要考虑使用具有调理作用的表面活性剂，如氧化脂肪胺、两性表面活性剂、长链阳离子表面活性剂、氧化叔胺、高级烷基丙氨酸、阳离子聚合物、羊毛脂衍生物和硅油。

③ 滋润、保湿剂　它们可以对头发和皮肤起到滋润、营养、保湿等作用，使头发平滑、流畅和富于光泽。用作滋润剂的主要是一些油状物质，如异三十烷、液体石蜡、橄榄油、乙氧基化羊毛脂衍生物、硅酮、甘油、丙二醇、山梨醇、聚乙二醇、乳酸钠等。蛋白质水解物可直接加在液体洗涤剂中，对皮肤有滋润作用。毛发水解物加入洗发香波中，对头发有滋润和修补作用。还经常加入一些天然植物萃取液。

④ 防头屑剂　在洗发香波和护发素中加入防头屑剂可以有效地改善头皮的新陈代谢，防止头皮屑的产生，并增加头皮舒适感。常用防头屑剂有水杨酸、二硫化硒、吡啶硫铜锌、Octopirax、甘宝素、硫化镉、六氯代苯羟基喹啉、聚乙烯吡咯烷酮碘（PVP－Ⅰ）配合物、十一碳烯酸衍生物以及某些季铵化合物。

⑤ 营养素　如果添加一些维生素，不但可以为头发生长提供营养，保持头发的细腻和柔软，还有一定的保健作用。经常使用的维生素有维生素 A 及其衍生物（如 A-棕榈酸酯、A-乙酸酯等）、维生素 B 及其衍生物（如盐酸硫胺等）、维生素 C 及其衍生物（如抗坏血酸、C-硬脂酸酯等）、维生素 D 及其衍生物（如骨化醇、维生素 D_3 等）、维生素 E 及其衍生物（如生育酚、E-乙酸酯等）、维生素 H。

洗发香波常用的营养添加剂有芦荟汁、何首乌提取液、皂角提取液、水解胶原蛋白、丝素肽、维生素 B_5、赖氨酸、胱氨酸、甘氨酸、谷氨酸、植物提取合剂等。

对某些有特殊需求的消费群体，还可以加入一些激素，如细胞激素（可促进皮肤发育）、肾上皮腺，有时要加入二苯胺（可消除过敏性斑疹）、配糖物系（可除皮肤过敏）、联二苯咪唑系（可消除皮炎）和药物提取液，如荨麻、马粟、春黄菊、沙棘、七叶树果、洋姜根及其叶、大豆卵磷脂、地龙提取液等。它们的加入有某种辅助治疗作用，也存在一定的应激不适现象，故必须在使用说明条款里特别注明。

（4）洗发香波配方设计的要求

① 对头皮、眼睑和头发要有高度的安全性和低刺激性。

② 具有适当的洗净力和柔和脱脂作用。脱脂作用过强，对皮肤和头发都没有好处。越是高档洗发香波，越要选择低刺激和性能温和的表面活性剂。

③ 要能形成丰富而持久的泡沫。在配方设计时重点考虑产品的发泡和稳泡性。

④ 具有良好的梳理性。包括湿发和干后头发的梳理性。

⑤ 洗后的头发应有光泽、有潮湿感和柔顺感。

⑥ 易洗涤、耐硬水，在常温下洗发效果好。

(5) 洗发香波的配方设计　主表面活性剂应能提供泡沫和去污作用，其中以阴离子表面活性剂为主。辅助表面活性剂增进去污力和促进泡沫稳定性，改善头发梳理性。添加剂要能赋予香波特殊效果，通常有去头屑剂、固色剂、稀释剂、螯合剂、防腐剂、染料和香精等。

一般香波的 pH 值在 6～9，黏度适当，在规定的温度和贮用时间内不发生浑浊现象。丰富的泡沫是洗发香波最重要的质量指标，要求洗发香波中有效物含量大于 10%。

(6) 洗发香波的配方结构　见表 4-5。

表 4-5　洗发香波的配方结构

成分	作用	用量/%	常用原料
去污剂	起泡、洗净	10～20	LAS、AES、AESA、AOS、咪唑啉、甜菜碱等
增泡剂	稳泡	1～5	6501、MEA、OB、CAB
增黏剂	调整黏度	<5	非离子 SAA、水溶性高分子、电解质
助溶剂	提高溶解性	<5	烷基苯磺酸盐、醇、尿素
珠光剂	赋予光泽	<3	硬脂酸乙二醇酯、动植物胶
调理剂	保护头发	<2	硅油、阳离子聚合物、蛋白质
防头屑剂	防止头皮屑	<1	硫化硒、有机锌、ZPT 等
杀菌剂	提高稳定性	<1	对羟基苯甲酸酯(尼泊金酯)、脱氢乙酸、苯甲酸
螯合剂	调整水硬度	适量	EDTA、NTA、STPP
紫外线吸收剂	防止褪色	适量	二苯甲酮衍生物、苯并噻唑衍生物
缓冲剂	调节 pH 值	适量	磺酸、柠檬酸
香精、色素	添色赋香	适量	水溶性香精和染料
去离子水	溶剂，调整浓度	补充至 100	

4.7.2.3　洗发香波产品的质量标准 QB-T 1974—2004 洗发液（膏）

本标准适用于以表面活性剂或脂肪酸盐类为主体复配而成的、具有清洁人的头皮和头发并保持其美观作用的洗发液（膏）。按产品的形态可分为洗发液和洗发膏两类。具体的技术要求如下。

(1) 卫生指标应符合表 4-6 的要求。使用的原料应符合卫法监发 [2002] 第 229 号规定。

表 4-6　洗发液（膏）的卫生指标

项　目		要求
微生物指标	细菌总数/(CFU/g)	≤1000(儿童产品≤500)
	霉菌和酵母菌总数/(CFU/g)	≤100
	粪大肠菌群	不得检出
	金黄色葡萄球菌	不得检出
	绿脓杆菌	不得检出
有毒物质限量	铅/(mg/kg)	≤40
	汞/(mg/kg)	≤1
	砷/(mg/kg)	≤10

（2）感官、理化指标应符合表4-7的要求。

表4-7 洗发液（膏）的感官、理化指标

项　目		要　求	
		洗发液	洗发膏
感观指标	外观	无异物	
	色泽	符合规定色泽	
	香气	符合规定香型	
理化指标	耐热	（40±1℃）保持24h，恢复至室温后无分离现象	
	耐寒	−5～−10℃保持24h，恢复至室温后无分离析水现象	
	pH	4.0～8.0（果酸类产品除外）	4.0～10.0
	泡沫（40℃）/mm	透明型≥100，非透明型≥50，儿童产品≥40	≥100
	有效物/%	成人产品≥10.0,儿童产品≥8.0	—
	活性物含量（以100%K-12计）/%	—	≥8.0

③ 净含量偏差应符合国家技术监督局令［1995］第43号规定。

4.7.2.4 配方举例

见表4-8。

表4-8 三种洗发香波的配方

成　分	用量/%			作　用
	柔顺型	珠光型	去头屑型	
AES(70%)		9	15	去污剂
LAS(25%)	30			
AESA(25%)	30			发泡剂
K-12		9		
BS-12			6	降低刺激
Ninol		4	4	稳泡、增稠
MEA	3			
瓜耳胶季铵盐	0.3			调理、柔顺剂
乳化高黏硅油	4			
阳离子聚合物				
珠光剂（浆）	（6）	2		产生珠光光泽
聚乙二醇6000双硬脂酸酯			3	增稠,产生拉丝现象
水解蛋白		0.5		营养素
十八醇	0.6			稳泡、滑爽头发
柠檬酸	适量	0.2	适量	pH调节剂
杀菌剂	0.25	0.2	适量	提高稳定性
NaCl		1		增稠
吡啶硫酮锌			4	防止头皮屑
香精、色素	0.8	适量	适量	增加美观和舒适感
去离子水	余量	余量	余量	溶剂

183

洗发香波的一般配制程序如下。

（1）将去污和发泡成分加入到去离子水中，搅拌分散、溶解，必要时加热促进溶解。

（2）将稳泡、增溶和调理剂，珠光剂，增稠剂成分加热、搅拌均匀后，加入到上述溶解液中，继续搅拌。

（3）冷至50℃后，加入后续的各种成分，搅拌分散均匀；冷至40℃后用柠檬酸调节pH，加入色素、香精，继续搅拌至均匀，冷却消泡后取样检验，合格后灌装。

4.7.3　沐浴露

沐浴露与洗发香波有许多相似之处，都是液态个人洁身用品，外观为黏稠状液体，对皮肤有洗净去污能力，不同之处是添加了对皮肤有滋润、保湿和清凉止痒作用的成分。与传统的沐浴用香皂对比，沐浴露具有使用方便、易清洗、抗硬水、泡沫丰富、用后皮肤润滑感好等特点。特别是沐浴露使用过程中不会产生像香皂那样的片状皂垢漂浮在水面上，感觉要好得多。近年来沐浴露的产销量持续增长，成为沐浴清洁调理用品的主流产品，正在逐步取代香皂。

4.7.3.1　沐浴露的分类

沐浴露主要包括通用性沐浴露、泡沫浴剂（专门用于盆浴）和沐足药液等产品。

沐浴露是由表面活性剂和护肤成分为主要原料配制而成。泡沫浴剂是一种泡沫异常丰富的个人沐浴用品。洗澡时放入浴盆或浴缸的热水中可以立即溶解并且迅速产生大量的泡沫，同时散发出令人愉快的香气。可能是受到沐浴条件的限制，泡沫浴剂在国内市场销售量很小，没有流行开来。但是在国外，特别是在欧洲，泡沫浴是最流行的沐浴方式，泡沫浴剂是浴用制品市场上销售量最大的产品。商品的泡沫浴剂有液态、凝胶、粉末状和块状等多种形态。泡沫浴作为浴剂，其主要功能仍然是清洁身体的皮肤，去除污垢、油脂和身体分泌物，与普通沐浴露没有太大区别。虽然从理论上泡沫多少与去污能力并没有直接的联系，但是泡沫浴剂产生的大量泡沫不单只是为了增加沐浴的乐趣，更主要的是作为"运载工具"使用——沐浴过程中身体上的污垢、油脂被表面活性剂分散悬浮于浴水之中，被泡沫包围和吸附，不会形成如同使用浴皂时产生的浮在水面和浴缸边缘的污垢。很容易在用清水冲洗时随水而去，不留痕迹。所以泡沫浴剂优于传统的浴皂和其他浴剂。如果在泡沫浴剂中加入不同种类的特殊添加剂，可以令它兼有调理皮肤、活血、去臭、赋香等功能，并且使整个浴室充满芳香，浴者感到放松和舒畅。

4.7.3.2　沐浴露的原料特性与配方结构

沐浴露的主要成分与洗发香波相似，可以分为表面活性剂、皮肤护理剂和感官性添加剂三大部分。

沐浴露的主要功能是清洗干净黏附于人体皮肤上的过量油脂、污垢、汗渍和人体分泌物等，保持身体的清洁卫生，这种功能主要依靠表面活性剂来加以实现。因此在所有的沐浴露配方中都必须使用到多种表面活性剂，构成沐浴露的主要成分。其次，表面活性剂在清除皮肤污垢的同时也把皮脂除去了，容易造成皮肤表面干燥和粗糙，为抵消这些副作用，有效保护皮肤免受伤害，在配方中必须添加调理性成分和滋润保水成分。为了产品有比较好的外观（黏稠度、珠光等）、香味和颜色，能够长期保持稳定，不变质不失效。还要加入感官性添加剂，例如增稠剂、防霉剂、珠光剂、香精和色素等。

（1）表面活性剂的选择　表面活性剂是沐浴露的主要成分，它利用自身的吸附、降低表面张力、渗透、乳化、增溶、分散等作用，赋予产品优良的脱脂力、去污力和丰富的泡沫。

沐浴露选择表面活性剂的原则是在去污力与保护皮肤之间寻求平衡，既要能够有效清除身体上的污垢，又不能过分脱去皮肤上的油脂，更不允许刺激皮肤和伤害皮肤组织。可以用于沐浴露中的表面活性剂品种可以有几十种，综合考虑脱脂力、去污力、发泡力、刺激性、稳定性和价格等因素，目前大多数沐浴露配方还是以选用阴离子表面活性剂为主，再加上部分两性离子表面活性剂作为辅助。近年来在一些沐浴露配方中又重新出现最古老的沐浴用表面活性剂——香皂，给人返璞归真的感觉。主要原因是香皂对皮肤的脱脂力比其他表面活性剂要弱，沐浴后皮肤的干燥感觉比较轻。此外香皂在使用过程中的润滑感觉是其他表面活性剂达不到的。所以在一些沐浴露配方中把其他表面活性剂与香皂合起来使用，取长补短，改善性能。当然，在液体的沐浴露中使用的不是传统的硬脂酸钠皂，而是液态的油酸三乙醇胺皂。使用皂基后产品的发泡能力将有所下降。

（2）皮肤护理剂的选择　为了避免表面活性剂的过分脱脂造成皮肤干燥，除了选择使用温和型的表面活性剂之外，配方里还应当加入一些皮肤护理剂。包括润肤剂、杀菌消毒剂、保水剂以及其他药用成分。

作为清洁皮肤用的沐浴用品，起保护皮肤作用的润肤保湿剂是必不可少的添加剂。可以选择分子量比较大、可溶于水、沸点高的醇类物质，例如甘油、乙二醇、山梨醇、多甘醇等。它们在沐浴过程中吸附在皮肤表面，不容易随水冲走。表面水分挥发以后便留下一层保护膜覆盖在皮肤上，阻止或减缓内部水分的流失，能保持皮肤的湿润。改性纤维素衍生物也是很好的保湿剂，而且在使用过程中具有类似香皂的润滑感觉。珠光型和乳液型的产品还可以通过乳化的方式加入油脂类的润肤剂，例如支链的酯类、聚氧乙烯化天然油脂、羊毛脂和硅油等，沐浴后直接在皮肤上留下一层油膜，补充因沐浴而失去的油脂成分，润肤效果更好。

近年开发的新产品都趋向于功能性。沐浴露除了去污和润肤的基本功能以外，最好还兼有治疗皮肤病、舒筋活络、提神醒脑、去风湿、美白肌肤等作用。为此，在配方中可以加入一些合适的西药或中药提取液，例如水杨酸、硼酸、氯霉素、可的松、薄荷脑、氨基酸以及生姜、人参、当归、枸杞子等中草药提取液。借助沐浴时的热力作用使药力渗透到全身，起到辅助治疗作用。

最近的新动向是在沐浴露里面加入乳霜，也就是加入较大比例的油相润肤成分，把沐浴与润肤结合起来，适合经常沐浴、污垢很少以及皮肤娇嫩者使用。

（3）感官性添加剂　人体皮肤的 pH 值呈弱酸性，pH 值范围一般在 5.5～6.5。因此沐浴露的 pH 值最好与此一致，脱脂力会低一些。而且在此 pH 值下甜菜碱等两性表面活性剂显示阳离子特性，可以发挥杀菌和柔软功效。通常使用柠檬酸来调节 pH 值。

人们的使用习惯要求沐浴露具有特定的黏稠度。甜菜碱型两性表面活性剂和烷醇酰胺、氧化胺等非离子表面活性剂本身就是增稠剂，调节其用量可以改变产品的黏稠度。此外，可以使用一些水溶性聚合物，如聚乙二醇（6000）、Carbopol 树脂、纤维素衍生物等，以及氯化钠、氯化铵、硫酸钠等无机盐也可以增加产品的黏稠度。合适的黏稠度可以增加产品的稳定性，不容易分层。

加入珠光片或珠光浆则可以配制出美观的珠光型沐浴露产品。防腐剂和香精、色素等则是必需的添加剂，非加不可。

（4）沐浴露的配方设计　泡沫露的主体组分是起泡性强、稳泡性好、泡沫细腻的几种表面活性剂，再加上发泡助剂、润肤保湿成分、药用成分和改善感官的其他成分。

① 表面活性剂　沐浴选择表面活性剂的原则是去污力和发泡性强。阴离子表面活性剂在这两方面正好是强项，再加上价格便宜，所以是制造沐浴露的首选物质。产品形态不同，

选用的品种有差异。除了使用 K-12 和阳离子咪唑啉之外，常用的品种是脂肪醇聚氧乙烯醚硫酸盐（AES）。K-12 在水中的溶解度较小，浊点较高，不适宜配制高浓度透明泡沫浴剂（质量分数为 30% 的 K-12 水溶液浊点约为 20℃）。可以改用溶解度更大的 K-12 铵盐，起泡和清洁能力很好，在低 pH 值时不会水解，优于钠盐，但在高 pH 值时，有氨产生。K-12 三乙醇胺盐较易溶解，黏度低，可配制高浓度的配方，但泡沫较少。AES 分子中有聚氧乙烯基亲水基团，溶解度较大，泡沫也很丰富，浊点比 K-12 低，在一般 pH 值范围内稳定，而且价格更便宜，所以为大量配方所采用。AESA 的性能更好一点，价格也相应高一些。K-12 和 AES 一般都与非离子表面活性剂烷基醇酰胺搭配使用，增加泡沫的数量和泡沫稳定性。但 K-12 和 AES 对皮肤的刺激性略大一点，而且脱脂力也强了些。近年来，陆续出现一些性质温和的表面活性剂，对皮肤和眼睛的刺激性明显减少，已大量地应用于泡沫浴剂中，甚至被用作主要的表面活性剂。如脂肪醇醚单琥珀酸酯磷酸盐（MES）、氨基酸型两性表面活性剂（L-30）、烷基甜菜碱类两性表面活性剂（CAB-35）、烷基糖苷（APG）、咪唑啉型两性表面活性剂等。使用这些原料时皮肤安全更有保障。另外，用氧化胺代替 6501 与上述各种表面活性剂搭配，泡沫将更多、更细腻。聚氧乙烯醚类非离子型表面活性剂因为发泡力一般，尽管水溶性好，也较少用来配制泡沫浴剂。

② 润肤保湿剂 作为清洁皮肤用的沐浴用品，起保护皮肤作用的润肤保湿剂是必不可少的添加剂。可以选择分子量比较大、可溶于水、沸点高的醇类物质，例如甘油、乙二醇、山梨醇、多甘醇等。它们在沐浴过程中吸附在皮肤表面，不容易随水冲走。表面水分挥发以后便留下一层保护膜覆盖在皮肤上，阻止或减缓内部水分的流失，能保持皮肤的湿润。沐浴还可以通过乳化的方式加入油脂类的润肤剂，例如支链的酯类、聚氧乙烯化天然油脂、羊毛脂和硅油等。纤维素衍生物也是很好的保湿剂。

③ 药用成分 近年开发的新产品都趋向于功能性。沐浴产品除了去污和润肤的基本功能以外，最好还兼有治疗皮肤病、舒筋活络、提神醒脑、去风湿、美白肌肤等作用。为此，在配方中可以加入一些合适的西药或中药提取液，例如水杨酸、硼酸、氯霉素、可的松、薄荷脑以及生姜、人参、当归、枸杞子等中草药提取液。借助沐浴时的热力作用使药力渗透到全身，起到治疗作用。

④ 其他成分 如香精、色素、防腐剂、杀菌剂、着色剂、珠光剂等，改善产品的外观和保持产品的稳定。

4.7.3.3 沐浴露产品的质量标准 QB 1994—2004 沐浴剂

其主要技术指标的要求如下。

（1）材料 沐浴剂产品配方中所用表面活性剂的生物降解度不应低于 90%，且所用原料必须符合卫法监发 [2002] 第 229 号的规定。

（2）感官指标

① 外观 液体或膏状产品不分层，无悬浮物或沉淀，块状产品色泽均匀，光滑细腻，无明显机械杂质和污迹（注：配方中含有人工添加的悬浮粒或多相成分的均匀产品除外）。

② 气味 无异味，符合规定香型。

③ 稳定性 于 -5℃±2℃ 的冰箱中放置 24h，取出恢复至室温时观察，不分层，无沉淀和变色现象，透明产品不浑浊；于 40℃±1℃ 的保温箱中放置 24h，取出恢复至室温时观察，无异味，无分层和变色现象，透明产品不浑浊。

（3）理化指标 沐浴剂产品按使用对象分为成人型和儿童型。其理化指标应符合表 4-9 的规定。

表 4-9　沐浴液的理化性能指标

项　　目		指　　标	
		成人型	儿童型
总活性物含量/%	≥	12	9
pH(25℃)		4.0～10.0	4.0～8.5
甲醇/(mg/kg)	≤	2000	
砷(以 As 计)/(mg/kg)	≤	10	
重金属(以 Pb 计)/(mg/kg)	≤	40	
汞(以 Hg 计)/(mg/kg)	≤	1	

注：液体或膏体产品用 1∶5（质量浓度）的水溶液测试，固体用 1∶20（质量浓度）的水溶液测试。

（4）微生物指标　沐浴剂的微生物指标应符合表 4-10 的规定。

表 4-10　沐浴剂的微生物指标

项　　目		指　　标
菌落总数/(CFU/g)	≤	1000
粪大肠菌群		不得检出

4.7.3.4　沐浴露配方举例

见表 4-11。

表 4-11　四种沐浴露的配方

成　　分	用量/%				作　　用
	乳液型	珠光型	皂基型	乳液泡沐浴	
AES(70%)		11			去污剂
AESA(70%)	11			11	
MES	5			9	
月桂酸			7		
CAB-35	9	9	6	10	
油酸		9			
K-12		3			发泡剂
Ninol	3	4		3	稳泡、增稠
羟乙基纤维素			0.2		增稠
珠光剂(浆)		3.5	2	3	产生珠光光泽
三乙醇胺			5		
水杨酸	0.1			0.1	pH 调节剂
硼酸		0.1	0.1		
EDTA 二钠		0.1	0.1		络合剂、pH 稳定剂
甘油		2	2		保湿剂
乳化硅油	3				滋润嫩肤剂
芦荟提取液	1				
杏仁油	2				
生姜提取液				1	
羊毛脂				2	
香精、色素、杀菌剂	适量	适量	适量	适量	增加美观和舒适感
去离子水	余量	余量	余量	余量	溶剂

4.7.4　餐洗剂

4.7.4.1　餐洗剂的分类

餐具清洗剂指用于洗涤餐具、水果、蔬菜等的液体洗涤剂。在合成洗涤剂分类中，餐具清洗剂属于轻垢型洗涤剂,大部分被制成液体产品。餐具清洗剂按功能可分为单纯洗涤剂和洗涤消毒型两大类。前者称"洗洁精",只具有洗涤功能。后者称为"洗消剂",具有洗涤和消毒两种功能,在公共食堂和餐馆中使用。洗消剂又可分为单纯杀菌型和洗涤杀菌型两种。近年又出现了加入保护被洗物表面(如釉面)的洗涤剂。

(1) 人工洗涤用餐洗剂 人工洗涤餐具用洗涤剂需具备溶解快、泡沫稳定、去污力强、对皮肤无刺激、无异味、餐具洗后无水纹等特性。它以液体剂型为多,由于去除的是硬表面上的油性污垢,所以要求洗涤剂有良好的渗透性和乳化去污性能。其主要成分是表面活性剂、助溶剂、增泡剂、增稠剂、消毒杀菌剂、香精和色素等。

(2) 机器洗涤用餐洗剂 机器洗涤用洗涤剂应具有去污力强、低泡沫、对人身安全和对餐具无腐蚀等性能。用机器洗涤餐具时大多分为两步进行:先用洗涤剂去污,然后用冲洗剂冲净。因为要求泡沫低,机洗餐具用洗涤剂里使用的都是非离子表面活性剂,或非离子表面活性剂与阴离子表面活性剂的复配物。通常还要添加无机助剂,如三聚磷酸钠、硅酸钠、硫酸钠等来提高去污效力,有时也会配入适量的杀菌剂和漂白剂等。

(3) 餐具洗涤消毒剂 餐具洗涤消毒剂也属于餐具洗涤剂。它是增加了杀菌剂的洗涤消毒剂(简称消洗剂),采用的杀菌剂主要是阳离子表面活性剂,也可用次氯酸钠、次氯酸钙、氯胺 T、二氯异氰脲酸钠、三氯异氰脲酸、氯化磷酸三钠、碘伏等。当然少不了非离子型表面活性剂起洗涤作用,还需加入助溶剂、增泡剂、稳泡剂、增稠剂、香精、色素等。

4.7.4.2 餐洗剂的设计原则与配方结构

(1) 手洗餐具洗涤剂配方设计原则

① 外观良好,无不愉快气味,无沉淀;黏度适中,既便于灌装,又易于倒出,常温下黏度以 0.5~1.5Pa·s 为好;长期贮存稳定性好,不发霉变酸、变臭,不沉淀或分层。

② 对油脂的乳化和分散性能好,去油污能力强,能迅速除去黏附的油腻。发泡性能良好,起始泡沫丰富,稳定,消泡缓慢。起泡力以大于 150mm 为好。

③ 手感温和,不刺激皮肤,脱脂力低,产品 pH 值为中性。低毒或无毒,对人体绝对安全。不损伤所洗餐具表面;洗涤蔬菜、水果时,不损伤外观,残留少,残留物不影响其风味和色彩。

④ 生物降解性好,不污染环境。

(2) 机用餐具洗涤剂配方设计原则

① 固体剂应水溶性好,遇水不结块;液体剂均匀性好,不分层。安全卫生,在餐具表面残留少,对人体安全无毒。

② 有良好的乳化去污能力,可有效去除餐具上的食物渣滓、油脂及其他污渍。机用餐洗剂的消泡作用能抑制食物残渣所引起的泡沫,使冲洗水压力保持强劲。洗碗机多采用喷射洗涤液洗涤,泡沫能使泵的效率降低,并使喷射液的水压减小。过多的泡沫会导致在餐具上遗留,干燥后留下条纹或斑痕,影响去污效果,这种现象对玻璃器皿尤其明显。不损伤餐具表面,漂洗后光亮洁白。

③ 有良好的消毒、杀菌能力。润湿效果好,易漂洗冲净,过水容易;抗硬水性好,保证在任何水质情况下都能得到良好的清洗效果。

(3) 冲洗剂配方设计原则

① 安全、卫生。洗涤剂在餐具上残留量少,残留物不影响人体健康。润湿性好,抑制泡沫生成,干燥迅速,不留水渍。

② 良好的水质软化能力,避免因水质硬度高,使无机盐残留物不均匀干燥而引起的斑点、斑纹及条痕。有较高的浊点。避免洗涤剂置于洗碗机旁时由于浊点低而导致的浑浊,甚

至出现分层，使进料不畅或不均。

③ 保护金属与瓷面，不对洗涤机、瓷器、玻璃、塑料等表面造成损伤；对环境友好。很多低泡或无泡表面活性剂的生物降解能力都受到关注，应选择生物降解性好的表面活性剂保护环境。

（4）餐具消洗剂配方设计原则　餐具洗消剂除了要满足通用餐洗剂的要求外，还要附加以下两点。

① 产品使用安全，对人体无害，对皮肤无明显的刺激作用，手洗后皮肤不粗糙，不干裂。

② 应具有广谱杀菌能力，杀菌效力高，消毒时间短（最好在 5min 以内）。

（5）餐洗剂的配方结构　餐具洗涤剂中含有 10％～15％ 的表面活性剂。手工洗涤用餐具洗涤剂主要使用烷基苯磺酸盐和烷基聚氧乙烯醚硫酸盐，配方中也加有烷基醇酰胺及氧化胺作为泡沫稳定剂；选择表面活性剂时主要考虑对皮肤尽量温和，适于在温水中使用等因素。机洗用餐具洗涤剂则只用低泡型表面活性剂，碱性较高，使用温度也高。也就是说，餐具清洗剂配方应综合考虑去污力、溶解性、耐硬水性、发泡性和刺激性来选择表面活性剂，较常用的有直链烷基苯磺酸钠、烷基磺酸钠、烷基聚氧乙烯醚硫酸盐、α-烯基磺酸钠、烷基聚氧乙烯醚等。近期也将多元醇酯聚氧乙烯醚硫酸酯盐、烷基聚氧乙烯醚磷酸酯盐等用于餐具清洗剂，脂肪酸蔗糖酯类用于功能性餐具清洗剂的。

餐具洗涤剂配方结构的特点有以下几点。

① 餐具清洗剂一般为透明状液体，活性物含量又有逐年降低的趋势，因此调整产品黏度非常重要。

② 餐具洗涤剂都是高碱性的，pH 值在 11 左右。这种高碱性配方会带来许多缺点，如对铝等软金属有腐蚀作用，也会侵蚀玻璃表面，手工洗涤时（尤其是长期浸泡）会刺激皮肤，洗涤水果蔬菜时也会影响原有风味。

③ 餐具洗涤剂在餐具上形成斑点和条纹的原因是自来水中含有镁、钙等离子，在强碱洗涤剂中产生沉淀，于是在釉面上形成斑点和条纹。如果在配方中加入蔗糖、蔗糖酯和酶制剂，即可消除斑点和条纹。

④ 为了保护釉面不受洗涤剂侵蚀，可加入一些有效的釉面保护剂，如醋酸铝、甲酸铝、磷酸铝、碱金属铝、铝酸钠、锌酸盐、铍酸盐、硼酸盐、硼酸酐及其混合物。

⑤ 在机用餐具洗涤剂中使用蛋白和淀粉复合酶可以协助表面活性剂更有效地清除蛋白质和淀粉污垢。必须注意，在手洗用餐洗剂中最好不要添加酶，以避免对人手的损伤；也不要使用次氯酸盐作为漂白剂，宜改用过硼酸盐或过碳酸盐。

4.7.4.3　餐洗剂产品的质量标准

目前实施的餐洗剂产品的质量标准有 GB 9985—2000《手洗餐具用洗涤剂》和 GB 14930.1—94《食品工具、设备用洗涤剂卫生标准》。这里以表格形式摘录如下（表 4-12、表 4-13）。

防腐剂、色素、香精符合 GB 2760 规定。

4.7.4.4　餐洗剂配方举例

见表 4-14。

4.7.5　洗衣液

4.7.5.1　洗衣液的分类

衣物洗涤剂正朝着功能化、多品种方向发展，特别是近年来在重垢洗涤剂配方中使用硅酸盐，减少了表面活性剂的用量，使生产成本下降，得到了迅速发展和推广，同时洗涤剂中加酶、漂白剂、荧光增白剂等类助剂的功能型产品继续有较大发展。衣物液体洗涤剂产品按用途一般可分为以下几类。

表 4-12　手洗餐具（果蔬）用洗涤剂质量指标

项　目	指标要求
外观	液体产品不分层,无悬浮物或沉淀;粉状产品均匀无杂质,不结块
气味	不得有其他异味,加香产品应符合规定香型
稳定性(液体产品)	$-3\sim-10℃$,24h 后恢复室温,无结晶,无沉淀;$(40\pm1)℃$,24h 不分层,不浑浊,不改变气味
总活性物含量/%	≥15
pH(25℃,1%溶液)	4.0~10.5
去污力	不小于标准餐具洗涤剂
荧光增白剂	不得检出
甲醇/(mg/g)	≤1
甲醛/(mg/g)	≤0.1
砷(1%溶液中以 As 计)/(mg/kg)	≤0.05
重金属(1%溶液中以 Pb 计)/(mg/kg)	≤1
菌落总数/(个/g)	≤1000
大肠菌群/(个/100g)	≤3

注:餐具洗涤剂配方中所用表面活性剂的生物降解度应不低于 90%。

表 4-13　机洗餐具（果蔬）用洗涤剂产品标准

项　目	指标要求
外观	产品无杂质、无异味,液体产品不分层、无悬浮或沉淀、颗粒及粉状产品不结块
总活性物(或有效物)含量/%	达到各自企业标准的要求
砷(1%溶液中以 As 计)/(mg/kg)	≤0.05
重金属(1%溶液中以 Pb 计)/(mg/kg)	≤1
荧光增白剂	不得检出
菌落总数/(个/g)	≤1000
大肠菌群/(个/100g)	≤3

表 4-14　餐具洗涤剂配方举例

组分	用量/% 普通透明型	用量/% 板蓝根消毒型	组分	用量/% 普通透明型	用量/% 板蓝根消毒型
LAS	10~22.5	12~15	EDTA	0.1	0.1~0.2
AEO	2~5	6~8	板蓝根、银花、黄芩、贯众、蚤休等的提取液		2~5
脂肪醇聚氧乙烯醚硫酸钠		5~7			
椰油酰基谷氨酸钠	2.5~12		乙醇	10	
Ninol	0~2.5	4~6	NaCl		0.8~1.5
助溶剂	7.0		香料、色料	适量	适量
柠檬酸钠	7.0		去离子水	余量	余量

（1）重垢衣物液体洗涤剂　以洗涤粗糙织物、内衣等重垢物为目的,配方中以阴离子表面活性剂为主体,一般为高碱性。

（2）轻垢衣物液体洗涤剂　以洗涤轻薄织物、化纤织物为主,配方中以非离子表面活性剂为主,中性或偏酸性,对衣料无损伤。

（3）衣物柔软剂　以柔软、整理为目的，主要成分为阳离子或两性表面活性剂，一般为专用产品，作为织物洗涤后漂洗、整理剂使用，产品为酸性。

（4）衣物干洗剂　对毛织物及其他高档织物进行非水系干洗，配方中除表面活性剂外主要成分是有机溶剂。

4.7.5.2　洗衣液的原料特性与配方结构

（1）衣物液体洗涤剂配方的设计原则　衣物液体洗涤剂在消费市场上竞争对手是洗衣粉和肥皂，因而它的配方设计必须服从如下原则。

① 经济性　这是液体洗涤剂与洗衣粉和肥皂竞争力的关键，决定液洗剂经济性的因素有配方组成、设备投资、工艺操作费用、包装贮运费等，可通过合理的配方设计，使洗涤剂的成本降低。

② 适用性　我国习惯于低温、常温洗涤；民用服饰织物中化纤份额比重大；地域广阔，水质硬度差别大，水资源缺乏；生活习惯的差异导致衣物上污垢种类不同，设计时要精心考虑，应根据市场区分和消费人群有针对性地设计配方。

③ 功能性　衣物液体洗涤剂产品不但应提供适用性，更要赋予其功能性。不同档次的需求，选择各种功能性助剂便成为配方设计的主要任务。

④ 酶制剂的选用　为了提高液体洗涤剂去除脂肪、蛋白质等污垢的能力，产品中加入活性酶制剂是液体洗涤剂的发展方向。但是酶制剂在液体洗涤剂中如何长时间保持活性问题还没有很好地解决。

液体洗涤剂中使用最多的表面活性剂仍是烷基苯磺酸钠，由于醇系表面活性剂更适合洗涤化纤、混纺织物，可低温洗涤。目前国外已转向了醇系表面活性剂，如脂肪酸聚氧乙烯醚、脂肪醇硫酸盐、脂肪醇聚氧乙烯硫酸酯盐等。在阴离子表面活性剂中，α-烯基磺酸盐被认为是最有前途的活性物，α-脂肪酸甲酯磺酸盐也显现出很好的应用效果。非离子表面活性剂有脂肪醇聚氧乙烯醚、烷基醇酰胺等。

（2）不同衣物液体洗涤剂的原料特性与配方结构

① 重垢液体洗涤剂　国外重垢液体洗涤剂有两种类型，一种为不加助剂、表面活性剂占30%~50%的复配型产品；另一种则加20%~30%的助剂如焦磷酸钾、柠檬酸钠、分子筛等，而表面活性剂含量通常为10%~15%的复配型产品。重垢液体洗涤剂一般利用多种阴离子表面活性剂的配伍效应，再加入适当助剂，配方关键为所加助剂的选用。

② 轻垢液体洗涤剂　轻垢液体洗涤剂配方考究，产品呈弱碱性、中性或酸性，不脱脂，对皮肤刺激性低；一般去污力要求稍低，性能温和；选用多种表面活性剂复配，用量通常为10%~20%。

③ 加酶液体洗涤剂　加酶液体洗涤剂配方组成为表面活性剂、酶制剂、酶稳定剂、辅酶（钙离子）、助剂及其他常用成分和水，一般对表面活性剂要求低，用量只为20%~50%，酶用量一般为0.5%~0.2%。当选用蛋白酶时，要求每克酶制剂必须有3~5个活性单位。液体洗涤剂的等电点以9~9.5最好。

酶稳定剂有：

a. 二羧酸盐，如丙二酸，琥珀酸，戊二酸，乙二酸的钾、钠、乙醇胺盐，一般制成复配型液体使用，最佳配方为琥珀酸盐25%~35%，戊二酸盐40%~50%，乙二酸盐25%~35%，用量一般为0.1%~10%；

b. 水溶性短链羧酸盐，pH<8.5时，用量为0.5%~1.5%；pH=8.5~10时，用量为4%~80%；

c. 抗氧剂和多元醇混合物，如亚硫酸盐、亚硫酸氢钠等与丙二醇、乙二醇、丙三醇等多元醇的混合物；

d. 甘油聚氧乙烯醚、甘油聚氧丙烯醚、聚乙二醇能有效稳定 50℃水溶液中的脂肪酶；

e. 金属离子盐辅酶剂，常用甲酸钙、乙酸钙、丙酸钙、氯化钙等，钙离子用量当 pH<8.5 时一般为 0.5~1.5mmol/L，pH＝8.5~10 时为 4~8mmol/L，产品中钙离子含量必须达到 0.05~0.15mmol/L。

加酶液体洗涤剂中加入助剂的品种有以下几种。

a. 多价螯合剂：有机聚磷酸盐螯合剂，用量为 0.1%～0.6%。

b. 水溶助剂：苯磺酸的钠、钾、铵、乙醇胺盐。

c. 物相调节剂：如低碳醇等用量 2%～20%，物相调节剂对水的总量常为 35%～65%。

d. 泡沫调节剂：硅氧烷最好，用量 0.01%～0.2%。

e. 遮光剂：聚苯乙烯，保证外观均匀，用量 0.3%～1.5%。

f. pH 值调节剂：使 pH 值保持在 7～9（pH 值<5 时酶迅速失活），常用单、二、三乙醇胺。

4.7.5.3　洗衣液产品的质量标准 QB/T 1224—2007《衣料用液体洗涤剂》

其主要技术指标的要求如下。

（1）材料　衣料用液体洗涤剂产品配方中所用表面活性剂的生物降解度不应低于 90%，且公认降解中对环境是安全的（如四聚丙烯烷基苯磺酸盐、烷基酚聚氧乙烯醚即不应使用）。

（2）感官指标

① 外观　不分层，无悬浮物或沉淀，无机械杂质的均匀液体（加入均匀悬浮颗粒组分的产品除外）。

② 气味　无异味，符合规定香型。

③ 稳定性　于－5℃±2℃的冰箱中放置 24h，取出恢复至室温时观察，不分层，无沉淀，透明产品不浑浊；于 40℃±2℃的保温箱中放置 24h，取出观察，不分层，无沉淀，透明产品不浑浊。

（3）理化指标

① 洗衣液　洗衣液分为普通型和浓缩型，产品规格分为 A 级、B 级、C 级，标记示例：普通型为洗衣液Ⓐ、浓缩型Ⓑ。洗衣液产品的理化指标应符合表 4-15 的规定。

表 4-15　洗衣液的理化指标

项目	指标		
总活性物含量/%	普通型≥12		浓缩型≥25
pH(25℃,0.1%溶液)	≤10.5		
	A 级	B 级	C 级
规定污布的去污力①	三种污布的去污力≥标准粉的去污力	两种污布的去污力≥标准粉的去污力	一种污布的去污力≥标准粉的去污力

　① 试验溶液浓度：标准粉为 0.2%，普通型试样为 0.3%，浓缩型试样为 0.2%。

　　规定的污布：JB-01、JB-02、JB-03；各级产品应通过 JB-01 污布。

② 丝毛洗涤液　丝毛洗涤液产品的理化指标应符合表 4-16 的规定。

表 4-16　丝毛洗涤液的理化指标

项　目	指　标
总活性物含量/%	≥12
pH(25℃,1%溶液)	4.0~8.5

③ 衣物预去渍液　此处从略。

4.7.5.4　洗衣液配方举例

见表 4-17。

表 4-17　四类不同洗衣液的配方　　　　　　　　　单位：%

组　分	通用型	重垢型	轻垢型	加酶型
LAS	5～35	9～13	10～20	15～20
AEO		10		5～17
肥皂		2		
月桂酸				10～15
乙醇胺			2～4	5～6
Ninol		1～3	0.6～1.5	
STPP 或焦磷酸钠	5～26	25	1.0	0～5
助溶剂	0.1～2			0～5
水玻璃	0.2～4	3～10		
硫酸钠	0.2～22		1	
增白剂			0.1	
酶制剂				1
CMC	0.2～1.3			
香料、色料	适量	适量	适量	适量
乙醇				5～10
水	余量	余量	余量	余量

思考题与练习

1. 请描述表面活性剂在固-液界面的吸附方式及影响吸附量的因素。

2. 什么叫加溶作用？加溶作用有何特点？

3. 纯水为什么不能形成稳定的泡沫？

4. 起泡剂与稳泡剂有什么不同？起泡与稳泡在概念上有何不同？

5. 简述消泡剂的消泡机理。

6. 请举例说明泡沫在洗涤过程中有何益处和害处。

7. 如何评价洗涤剂性能的优劣？

8. 简述液体油污去除的过程。

9. 油污完全去除的条件是什么？

10. 简述固体污垢去除的机理。

11. 影响洗涤作用的因素有哪些？哪些是主要因素？哪些是次要因素？为什么？

12. 助洗剂有哪些主要类型？在洗涤过程中起何作用？

13. 解释肥皂等洗涤剂在使用中出现皂垢和浴缸圈的原理。如何改善？

14. 简要描述离子型表面活性剂对固体污垢的去除作用。

第5章 化妆品的配方设计

5.1 化妆品概述

根据 2007 年 8 月 27 日国家质检总局公布的《化妆品标识管理规定》，化妆品是指以涂抹、喷洒或者其他类似方法，散布于人体表面的任何部位，如皮肤、毛发、指（趾）甲、唇齿等，以达到清洁、保养、美容、修饰和改变外观，或者修正人体气味，保持良好状态为目的的化学工业品或精细化工产品。

5.1.1 化妆品的由来

化妆品的使用历史源远流长，据记载可追溯到公元前几世纪的埃及、希腊和中国，距今已有四千多年的历史。最早的习俗是以香木、香膏与油脂相混后涂于人身，在宗教仪式上画上不同的脸谱，象征神的化身。最经典简便的应用形式是用驴乳沐浴，后来才有广泛流传的其他动物乳液沐浴之说。化妆品的发展历史，大致可分为下列四个阶段。

（1）第一阶段是使用天然的动植物油脂对皮肤作单纯的物理防护，即直接使用动植物或矿物来源的不经过化学处理的各类油脂。古埃及人 4000 多年前就已在宗教仪式上、干尸保存上以及皇朝贵族个人的护肤和美容上使用了动植物油脂、矿物油和植物花朵。古罗马人不仅对皮肤、毛发、指甲、口唇进行美化和保养，在那不勒斯地区对衣橱内防虫蛀也使用到樟脑、麝香、檀香、薰衣草和丁香油等芳香物，并获得愉悦的香味，那不勒斯地区亦自然成为其香业中心。自 7 世纪到 12 世纪，阿拉伯国家在化妆品生产上取得了重要的成就，其代表是发明了用蒸馏法加工植物花朵，大大提高了香精油的产量和质量。与此同时，我国化妆品也已有了长足的发展，在古籍《汉书》中就有画眉、点唇的记载；《齐民要术》中介绍了有丁香芬芳的香粉；我国宋朝韩彦直所著《枯隶》是世界上有关芳香方面较早的专门著作。

（2）第二阶段是以油-水乳化技术为基础的化妆品。18、19 世纪欧洲工业化革命后，化学、物理学、生物学和医药学得到了空前的发展，许多新的原料、设备和技术被应用于化妆品生产，以后得益于表面化学、胶体化学、结晶化学、流变学和乳化理论等原理的发展，引进了电介质表面活性剂以及采用了 HLB 值的方法，解决了正确选择乳化剂的关键问题。在这些科学理论指导和以后的大量实践中，化妆品生产发生了巨大的变化，从过去原始的初级的小型家庭生产，逐渐发展成为一门新的专业性的科学技术。据传，美国著名的 FDA（食品药品管理委员会，Food Drug Administration）也正在考虑更名为 FDCA（食品药品化妆品管理委员会，Food Drug Cosmetics Administration）。

（3）第三阶段是添加各类动植物萃取精华的化妆品。诸如从皂角、果酸、木瓜等天然植物或者从动物皮肉和内脏中提取的深海鱼蛋白和激素类等精华素加入到化妆品中。超临界 CO_2 萃取法提取技术的应用提高了有效物质的得率和萃取纯度，由此制成的化妆品在国外已经流行了四五十年，使人们追求美白、去粉刺、去斑、去皱等成为可能。

（4）第四阶段是仿生化妆品，即采用生物技术制造与人体自身结构相仿并具有高亲和力的生物精华物质，并复配到化妆品中，以补充、修复和调整细胞因子来达到抗衰老、修复受损皮肤等功效。这类化妆品代表了 21 世纪化妆品的发展方向。这些化妆品以生物工程制剂如神经酰胺（Ceramides）和基因工程制剂如脱氧核糖核酸（DNA）和表皮生长因子（EGF）的参与为代表，实现丰胸、瘦身、嫩肤，在某种程度上使恢复青春成为可能。

科技发展永无止境，化妆品行业的发展也不会停止。目前化妆品学这门学科正在与其他许多学科一起进入"纳米时代"。纳米（Nanometer，简写为 nm）是一个长度单位，一纳米等于十亿分之一米。纳米技术是以分子为集结单位的物质微粒制造和开发新产品的技术，这种纳米级的物质微粒往往表现出与常态下不同的物理化学性质，它是将目标物进行超微粉碎、均质、蒸发-冷凝等物理处理或将其进行气相沉积，溶胶-凝胶、电解和高温合成等化学处理来获得。例如在美容化妆品行业，使用纳米技术制得的硅及硅化合物（如 SiO_2），其光吸收系数比普通材料增大几十倍，代替目前普遍使用的易引起皮肤过敏且价格昂贵的紫外线防护剂，可研究开发出具有特殊功能的防晒化妆品。又如化妆品界热衷于使用超氧化物歧化酶（Super Oxide Dismutace，缩写为 SOD）来抗衰老，但 SOD 难以被皮肤直接吸收，纳米技术已使这个问题得到圆满解决；用纳米技术加工中草药能使某些中草药中的有效成分达到非常好的治疗效果，有报道用纳米技术使中药花粉破壁后，不仅皮肤吸收好，而且其保健功效大大增加。

5.1.2 化妆品的作用

人们使用化妆品，期望它给予人的肌肤、头发或其他附属器官的主要作用可概括如下。

（1）清洁作用　温和地清除皮肤和毛发上的污垢以及人体新陈代谢过程中所产生的不洁物。这类化妆品如清洁霜（蜜、水、面膜）、磨面膏、香波、护发素、洗面奶等。

（2）保养作用　保护皮肤表面，保持皮肤角质层的含水量，维持皮肤水分平衡，使之光滑、柔润、防燥、防裂，抵御风寒和紫外线的辐射，补充易被皮肤吸收的营养物及清除致衰老因子，延缓皮肤衰老；保护毛发，使之光泽、柔顺、防枯、防断。这类化妆品如各种润肤膏、霜、蜜、香脂以及添加氨基酸、维生素、微量元素、生物活性体等各种添加剂与化妆品的各种营养霜。

（3）美化作用　美化面部皮肤（包括口、唇、眼周）、体表及毛发（包括眉毛、睫毛）和指（趾）甲，使之色彩耀人，或散发香气。这类化妆品如香粉、粉饼、胭脂、眉笔、唇膏、眼线笔、眼影粉饼、睫毛膏、指甲油、香水、古龙水、焗油膏、摩丝、喷雾发胶等。

（4）特殊作用　用于治疗或抑制部分影响外表的病理现象，如粉刺、脱发、雀斑、痱子等。具有特殊作用的药品和普通化妆品之间的产品，如祛斑霜、除臭剂、脱毛膏、健美苗条霜等。

注意，并不是每个化妆品都同时具有上述四项功能，设计化妆品配方时往往是以让产品提供其中某一两个功能为主，其他功能或有或无，扬长避短，突出特色，这就如同"人无完人，金无足赤"一样。还要注意化妆品、疗效化妆品和药品的区别，见表 5-1。

表 5-1 化妆品、疗效化妆品和药品的区别

项目	化妆品	疗效化妆品	药品
使用目的	保护和美化人体	清洁、保护和美化人体,消除不良气味	诊断、治愈、缓解、治疗或预防疾病
使用对象	健康人	健康人或尚未达到病态、有轻度异常的人	病人
对人体作用功能	保持人体内部各种成分的恒常性,缓和外界环境对皮肤和头发的影响,辅助维持其原来的防御机能,作用和缓及安全	防止身体内部失调、不愉快的感觉以及尚未达到病态的轻度异常,各类制品有其特定使用对象和范围,作用缓和、安全,有一定疗效	对人体结构和机能有影响,对症下药,具有治疗功效,使用安全
效能与效果	依赖于构成制剂的物质和作为构成配方主体的基质的效果	效果依赖于所配合的有效成分的种类和配合量及其基质两者的效能和作用	效果依赖于药物成分的效能和作用及其使用剂量
使用方法	外用(包括涂抹、倾倒、散布和喷雾等)	外用(包括涂抹、倾倒、散布和喷雾等)	外用、内服和注射,有严格剂量限制
使用期	常用	常用或间断使用	在一定时间内使用,病愈停药
生产和质量管理法规	受《化妆品生产管理条例》、《化妆品卫生标准》、《化妆品卫生规范》、《化妆品检验规则》、《化妆品安全性评价程序和方法》以及有关产品的国家标准及行业标准制约	除受化妆品有关法规制约外,还受《中华人民共和国药典》和《中华人民共和国药品管理法》的制约	受《中华人民共和国药典》和《中华人民共和国药品管理法》制约

5.1.3 化妆品的分类

化妆品种类繁多，剂型各异，有各种各样的分类方法。目前国际上通行的有两种分类。

5.1.3.1 按用途（作用）分

（1）清洁类化妆品　清洁类化妆品主要是以起到清洁卫生作用或消除不良气味的化妆品。如用于毛发部位的洗发液、洗发膏、剃须膏等，用于皮肤部位的洗面奶、清洁霜、卸妆水、浴液、面膜、花露水等；用于指甲部位的洗甲液等；用于嘴唇部位的唇用卸妆液等。

（2）护理类化妆品　护理类化妆品的主要作用是保养。如用于毛发部位的护发素、发乳、焗油膏等；用于皮肤部位的护肤膏霜或乳液、化妆水等；用于指甲部位的护甲水、指甲硬化剂等；用于嘴唇部位的润唇膏等。

（3）营养类化妆品　营养类化妆品是给皮肤和毛发补充水分和养分，保持皮肤角质层含水量，增进血液循环，清除过剩的氧自由基，延缓皮肤、毛发老化。如添加各种营养成分的膏、霜、乳等，人参霜、维生素霜、珍珠霜、胎盘膏等。

（4）美容、修饰类化妆品　美容、修饰类化妆品是对人体表面起到美容、修饰、增加人体魅力的化妆品。如染发剂、烫发剂、定型摩丝、发胶、生发剂、脱毛剂、睫毛膏、粉饼、胭脂、眼影、眉笔、眼线笔、香水、古龙水、指甲油、唇膏、唇彩、唇线笔等。

（5）特殊用途类化妆品　特殊用途化妆品是指用于育发、染发、烫发、脱毛、美乳、健美、除臭、祛斑、防晒的化妆品。特殊用途化妆品必须经国务院卫生行政部门批准，取得批准文号后才能进行生产。

5.1.3.2 按产品的剂型分

（1）液态化妆品　液态化妆品包括透明液态化妆品和多相液态化妆品。前者如透明香波、化妆水、冷烫液等水溶性化妆品；香水、花露水、祛臭水、营养头水、啫喱水等醇溶性化妆品；发油、防晒油、护唇油、浴油、按摩油等油溶性化妆品。多相液态化妆品包括油-

水混合液型的油性香波、双层化妆水等；油-醇混合液的皮肤软化剂、免洗护发水等；还有粉-水悬浮型的湿粉、炉甘石花露水等。

（2）乳化体类化妆品　借助乳化剂和物理方法使油、水两相呈均匀型共存的乳状液或软膏状制品。按体系中的分散相和连续相性质的不同，又分为油包水型（W/O）和水包油型（O/W）两种类型。

W/O型：冷霜、清洁霜、发乳膏等。

O/W型：雪花膏、剃须膏、营养霜、粉底霜、乳化香波等。

（3）粉末状化妆品　由各种粉末原料和功能性助剂成分混合而成的粉剂型化妆品。如香粉、爽身粉、痱子粉、扑面粉、粉状香波、粉状染发剂等，它们是以撒布涂抹形式使用的。

（4）粉体成型状化妆品　由各种粉末、着色剂和黏合剂等混合后，在适当容器内经过压缩成型的制品，有饼状、块状等不同形态，如眼影块、胭脂、粉饼等。

（5）固溶体棒状化妆品　将某些高熔点的油性原料（如油、脂、蜡等）加热熔化后，加入粉体、色料，搅拌分散均匀后倾入模具中冷却成型得到。如口红、唇膏、防裂膏、眼影条、香水条等。

（6）笔状化妆品　将化妆品制成笔状，多用作美容类化妆品。如眉笔、眼线笔、唇线笔。

（7）纸状化妆品　将化妆品成分涂在柔软的纸上。经过吸附、干燥、裁剪制成。如香水纸、香粉纸、防晒纸巾。

（8）气雾剂型化妆品　在耐压密闭容器内，先装入具有护理或化妆功能的液体或易流动的乳剂，再充入低压液化气体（或挥发性很高的液体）作为推进剂，借助阀门把内容物以均匀、细雾状或泡沫状喷雾到肌肤、毛发或需要护理、美饰的部位。如喷发胶、定型摩丝、剃须泡沫、喷雾香水、暂时性染发剂等。

（9）啫喱状化妆品　由水溶性高分子原料与水、酒精或多元醇配制成透明或半透明凝胶状（Jelly）制品。如定型啫喱、护肤啫喱、啫喱面膜等。

5.1.4　化妆品工业的发展状况及趋势

2005年全球化妆品总销售额约1290亿美元，我国的总销售额约960亿元人民币，约合120亿美元。2009年化妆品销售额已经超过1400亿元，我国已经成为仅次于美国和日本的全球第三大化妆品销售市场。目前在我国化妆品市场上，中高端市场基本被外资、合资企业品牌所占据，欧莱雅、宝洁、资生堂、雅诗兰黛等几家国际巨头形成了寡头竞争之势。我国自主的化妆品品牌也极力创立和发展中，出现了美加净、大宝、郁美净、小护士、舒蕾、欧珀莱、隆力奇、蜂花、六神等叫得响的品牌。

化妆品属流行性产品，更新换代特别快。从产品功能和配方技术的角度来讲，化妆品工业的发展趋势可以归纳为以下几点。

5.1.4.1　趋向生物化

现代生物科学技术的发展对化妆品原料的护理机理的认识、生产和应用起到了极大的推动作用：一是生命科学的发展导致人们对皮肤的老化现象、色素形成过程、光毒性机理、饮食对皮肤的影响等获得了科学的解释，使人们可以依据皮肤的内在作用机制和适当的体外模型有针对性地筛选化妆品原料，设计新型配方，改善或抑制某些不良作用；二是利用诸如大肠杆菌、酵母菌、动物细胞、植物细胞等来生产一些很昂贵而又有效的物质作为化妆品的原料；三是利用仿生的方法，设计和制造一些生物技术制剂，生产一些有效的抗衰老产品，延缓或抑制引起衰老的生化过程。这些仿生方法已成为发展高功能化妆品的主要方向，如生物技术产品透明质酸、表皮生长因子、超氧化物歧化酶和聚氨基葡萄糖等在化妆品中的广泛应用。

5.1.4.2　赋予功能化

人们的美容观念已由"色彩美容"转向健康美容，在确保安全性的前提下，要求化妆品能在皮肤细胞的新陈代谢、保持皮肤生机、延缓衰老等方面达到某些效果，如美白、防晒、抗衰老等。

5.1.4.3　回归天然性

现代化妆品顺应"回归自然"的潮流，尽可能选用自然界无毒、具有疗效和营养的物质为原料，以免除或降低化学物质对肌体的副作用。现代化妆品向天然性的回归是基于生物化工技术的发展、分离与表征技术的精准化，将具有独特功能和生物活性的化合物，从天然原料中提取、分离，再经纯化或改性，并通过和其他化妆品原料的合理配用而实现的，并不是天然原料简单的"三十年河东，三十年河西"的循环轮回。

5.1.4.4　应用高科技

通过对人体皮肤衰老机理的研究，建立人体老化模型，从而研制出抗衰老有效成分；中草药有效成分的鉴别、分离、提取技术，可以从化妆品原料中去除过敏源，使有效成分更好地发挥作用；还有超微乳化技术、脂质体技术等在化妆品中获得应用。

5.2　化妆品配方的基础理论

5.2.1　皮肤及毛发生理学

化妆品的使用对象主要是人体上的皮肤及其附属器官如毛发等，了解皮肤及毛发的基础知识对于研制、生产和使用化妆品是非常必要的。

5.2.1.1　皮肤的构造

皮肤是覆盖于整个体表的一个重要的而且是最大的器官，具有特殊的独立的功能。它是身体内脏器与组织的保护器官，亦是内部脏器、神经对周围环境的感应器官。

成人的皮肤面积为 $1.5\sim2.0m^2$，厚度一般为 $1\sim4mm$，但随着年龄、性别和部位而有所不同。一般来说，男性的皮肤比女性的要厚一些，眼睑、颊部和四肢曲侧等处皮肤较薄，仅为 $0.1\sim1mm$，脚跟最厚，为 $2\sim5mm$。皮肤的化学成分为水 20%、蛋白质 27.5%（角蛋白、弹性硬蛋白和胶原）、脂类 2%、矿物盐分 0.5%。

皮肤分表皮、真皮及皮下组织三部分。皮肤还有多种内容组织，如毛发、指甲、皮脂腺、小汗腺、大汗腺、皮肤的血管、淋巴管、肌肉和神经等。见图 5-1。

5.2.1.2　皮肤的生理功能

（1）皮肤的保护作用　皮肤是人体的屏障，坚韧、柔软而富有弹性，表皮的角质层致密而坚韧，在长期受到摩擦和压力等机械刺激的部位，如趾、膝盖和手掌的角质层会变得肥厚，使局部抗摩擦能力增强。皮肤最外层的角质层和皮表脂质也是防止外部水分过多进入体内和防止内部水分流失的屏障。真皮的弹性纤维和皮下脂肪组织有缓冲作用，使外界的机械性外力不会直接损害身体内部的器官。由皮脂腺分泌的皮脂与汗液混合形成乳胶膜，其厚度为 $7\sim10\mu m$，同样可以防止外部水分过多进入体内以及内部水分的流失。汗液中的乳酸和氨基酸使皮肤具有缓冲作用，对碱类具有一定的中和能力，可以防止化学有害物质的刺激；

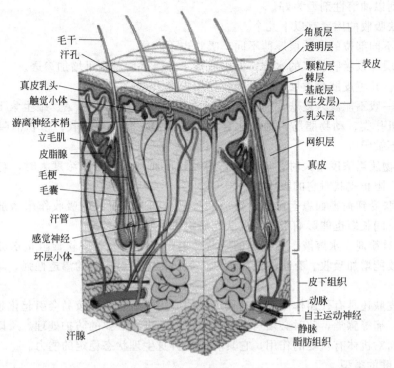

图 5-1 皮肤的构造

标注（左侧自上而下）：毛干、汗孔、真皮乳头、触觉小体、游离神经末梢、立毛肌、皮脂腺、毛梗、毛囊、汗管、感觉神经、环层小体、汗腺

标注（右侧自上而下）：角质层、透明层、颗粒层、棘层、基底层（生发层）、表皮、乳头层、网织层、真皮、皮下组织、动脉、自主运动神经、静脉、脂肪组织

皮脂中的不饱和脂肪酸有杀菌作用，防止细菌在皮肤表面滋生；皮肤中有与免疫相关联的细胞通过免疫反应与身体免疫系统相沟通；表皮角质层和黑色素还可以防止紫外线对人体造成的伤害，角质层能将大部分日光反射回去。黑色素则有较好的吸收和阻挡紫外线的能力，保护内部器官不受侵害。

（2）皮肤的调节体温作用　体温是生物体内物质代谢过程中产生热的结果，恒定的体温使体内组织细胞的生化反应与器官的生理活动能在恒定的条件下进行。皮下的脂肪组织是热的不良导体，既可以防止体内热量的散失，又可以防止体外热量的传入，可以通过真皮内毛细血管的扩张和收缩，调节血液的流量大小来调节体温。此外，小汗腺分泌大量汗液至皮肤表面，也是散发热量的重要途径。皮肤血管和小汗腺都受植物性神经的调节，体温调节中枢位于丘脑下部，当外界温度比体温低时，神经活动增加皮肤血管收缩，血液的流动量就减少，皮肤表面收缩，同时立毛肌收缩，表皮形成空气层，阻止热量的散发；若外界温度比体温高时，神经活动减少，皮肤血管扩张，血液的流动可能增加至百倍。

（3）皮肤的分泌与排泄作用　这种作用主要来自真皮中的汗腺分泌汗液，皮脂腺分泌皮脂。汗液主要由小汗腺分泌，可防止角质层干燥，起柔化作用，维持表皮的柔韧性和可塑性，汗腺在排泄废物和保持电解质与水的平衡上起着重要作用。皮脂腺分泌的皮脂与汗液相互乳化，在体表形成酸性脂类薄膜，使皮肤对微生物具有防御作用。皮脂腺一般都和毛发共生，一部分皮脂附着在毛发上，起着润滑毛发的作用，能防止毛发干燥、断裂。

（4）皮肤的渗透和吸收作用　皮肤并不是绝对严密而无通透性的屏障，某些物质可以通过表皮被真皮吸收而影响全身，这也是功能性化妆品使用的生物学基础。一般来说，水分和水溶性成分不能从皮肤吸收，而油及油性成分则可以。皮肤的吸收还取决于涂敷皮肤的部位、状态、涂敷物的性质及其量、接触时间和涂敷面积等。由此可见，欲在化妆品中引入起收敛、杀菌、漂白等作用的物质，以采用水溶性剂型为宜，而需要经皮肤吸收在体内起作用的营养成分则以油溶性剂型为好。

影响皮肤吸收的因素有以下几个。

① 身体不同部位的角质层厚薄不同，吸收也不一样。

② 角质层可以吸收较多的水分，如皮肤被水分浸软后，则可增加渗透。

③ 婴儿、儿童皮肤角质层较薄，吸收作用较成人强。

④ 固体一般不能渗入皮肤，而溶于类脂质的物质，如维生素 A、维生素 D、维生素 E 等及某些有机盐类、动物脂肪、酚类化合物、激素等，较易被吸收。植物油吸收比动物油少，矿物油不被吸收。

⑤ 少数物质当浓度增大时，皮肤对它的吸收反而减少。如酸浓度大时，与皮肤蛋白结合形成薄膜，阻止皮肤对它的吸收。

⑥ 当皮肤受到损害如患上湿疹、银屑病等皮肤病时，皮肤的吸收作用增加。皮损面积大小、用药时间长短也能影响吸收，皮肤充血损害处吸收较多。

⑦ 皮肤对粉剂、水溶液、悬浮剂的吸收较差，或不易吸收。软膏阻止水分蒸发，可使皮肤浸软，故能增加吸收。有机溶液如乙醚、氯仿、苯等对皮肤的渗透性强，均可增加皮肤的吸收。

另外，皮肤还具有代谢作用和感觉作用。如应用不适合的化妆品会引起化妆性皮炎，皮肤会出现痒、痛等感觉，此时必须马上停止使用，并进行必要的防护处理。所以，皮肤这个庞大的感受面对机体有重要的作用，它具有保持自身生理状态稳定的能力。

5.2.1.3　皮肤的类型

人类的皮肤为弱酸性（pH＝4.5～6.5），当接触到碱性物质后，因生理保护的需要，在 1～2h 后可恢复其弱酸性。

从外观上看，皮肤可分为干性皮肤、油性皮肤、中性（混合性）皮肤三种。

（1）干性皮肤　毛孔细小，毛孔排出皮脂量少，肤色洁白透红，干涩无光泽，对外界因素的抵抗力弱，角质层含水量在 10％以下，不易生粉刺和起疙瘩，易起皮屑和皱。与过于频繁受热、暴晒风袭、使用碱性肥皂、皮肤不洁有关。按皮肤保水能力或皮脂分泌能力，干性皮肤又分为缺水型和缺油型两种。

缺水型干性皮肤的主要特征为皮脂分泌正常，但干燥脱皮；一般表皮较薄，毛细血管明显，皮肤看起来细腻，但手感粗糙。其原因主要在于皮肤保水能力较差。当外界环境比较干燥，使用保湿性能较强的产品，则皮肤状况能得到明显改观，而使用油性较大的护肤产品，则容易出现化妆品性粉刺。缺油型干性皮肤主要特征为皮肤外观无光泽，松弛，易出现皱纹。其主要原因在于皮脂分泌过少，皮脂膜所能提供的防止水分散失的功能不足。缺油型干性皮肤使用单纯的保湿性产品后，皮肤外观改善的效果并不明显，而使用油性较大的护肤品后则效果非常明显。

（2）油性皮肤　毛孔粗大，机体内分泌旺盛，皮脂腺分泌多，皮肤油亮有光泽，肤色较黑，对外界理化因素抵抗力强，可经受风吹日晒，不易起皱纹，不易衰老，但易长粉刺、黑头和暗疮。油性皮肤的形成原因主要有：①青春期皮脂分泌旺盛；②遗传原因；③饮食过于偏重浓味；④过多食用辛辣、刺激性食品及油腻食品、肉类等。

油性皮肤的优点在于抵御干燥等不良环境的能力较强，不易出现衰老迹象。其缺点是肤色比正常人的肤色深，为淡褐色或褐色，甚至如红铜色，非常容易受粉刺的困扰。其中还有一种缺水型油性皮肤，但所占比例较小，一般不超过 15％，主要是后天因素造成的，如长期接触酸碱或其他水溶液，以及护肤品使用不当等。油性皮肤应特别注意皮肤的清洁，清除皮肤上过多的油脂，不宜擦用油脂含量较多的化妆品。

（3）**中性皮肤** 中性皮肤外观介于油性皮肤和干性皮肤之间，是最理想的皮肤类型。其主要特征是皮肤光泽、透明感强、光滑、细腻、富有弹性，但皮肤状况容易受季节变化影响，夏天趋于油性，冬春季趋于干性。中性皮肤是一种正常、健康和理想的皮肤，但也不是不需要护理，依季节和爱好可使用各类化妆品。实际生活中，这种类型的皮肤很少，一般只有儿童才可能拥有中性皮肤；进入青春期后，由于内分泌的影响，皮脂腺分泌变得旺盛，大部分人的皮肤偏油性；当人逐渐进入老年时，由于皮脂腺和汗腺的分泌活动减弱，皮肤一般偏干性。

还有一种敏感性皮肤，它是指皮肤神经非常敏感，毛细血管比较脆弱，对外界环境变化比较敏感，对外界某些物质的刺激容易激发自身的保护性反应，出现红肿、疼痛等病理、变化。一般来说，敏感性皮肤的角质层细胞排列存在一定缺陷，一些物质很容易透过角质层刺激内部神经末梢而产生过敏反应。敏感性皮肤应慎用化妆品。

皮肤类型的简易检测法：彻底卸妆 30min 后，让皮脂腺活动恢复正常，将一薄纸裁成两张，一张贴在前额、鼻或颈上，另一张贴在颊和太阳穴上；贴上后不要搓，两分钟后揭下来对照观察。

① 如果纸上的脂肪痕迹很淡，表明是中性皮肤。
② 如果纸上的脂肪痕迹面大、明显，皮肤光亮，表明是油性皮肤。
③ 如果纸上没有脂肪痕迹，为干性皮肤。
④ 如果纸上有的地方脂肪痕迹明显，而有的地方不是很明显，则为混合性皮肤。

5.2.1.4 影响皮肤健康的因素

（1）**皮肤与年龄** 皮肤的状态与年龄是紧密相关的，根据皮肤特点，可以将人的皮肤分为青春前期、青春期、中年期和老年期四个阶段。

青春前期皮肤的特点：皮肤光洁、含水量大、皮脂分泌适中、毛孔细密、红润而富有弹性。此时的皮肤最为娇嫩，如果护理不当，常常出现吹风癣、面部干性脂溢性皮炎、颜面再生性红斑等。

青春期皮肤的特点：皮肤油腻，毛孔粗大，易生暗疮、粉刺，易患脂溢性皮炎。这个时期应特别注意面部皮肤清洁防护，出现皮肤病应及时治疗。

中年期皮肤的特点：皮肤含水量相对减少，含油量因人而异，易出现皱纹、蝴蝶斑。此阶段是一生中皮肤保健最关键的时期，如护理不当，则会迅速衰老。

老年期皮肤的特点：皮肤含油、含水量均不足，皮肤失去弹性，干燥瘙痒。

因此，保湿对皮肤的健康是相当重要的。水是保护皮肤清洁、滋润、细嫩的特效而廉价的护理剂。缺少水分会严重影响肌肤的健康。但皮肤中水分的多少不在于水的摄入量，而是取决于真皮层内保湿因子的含量。在人的皮肤角质层中，含脂肪 11%、天然保湿因子 30%。这些油脂成分与保湿因子的共同作用，控制着水分的挥发。天然保湿因子中，氨基酸占30%，吡咯烷酮羧酸盐占 12%，乳酸化合物占 12%，尿素占 7%，还有钙、钾、钠、糖和肽等。

（2）**皮肤与性别** 男人和女人不但在性格、气质上有差异，受性别的影响，皮肤也存在着很大差别。这些差异，决定了男子皮肤的粗犷美和女子皮肤的娇艳美。一般来讲，男子皮肤厚度大，血管丰富，色素较深，毛孔粗大，毛发致密，皮下脂肪较薄，皮脂腺分泌旺盛；女子皮肤相对厚度小，色素浅，毛发较细，皮下脂肪较厚，皮脂腺分泌较少。这些特点决定了男子面部常显油腻、易脏，女子面部白净、易干；男子皮肤衰老缓慢，女子皮肤易于老化；男子易患痤疮、脂溢性皮炎、酒渣鼻等皮肤病，女子易患蝴蝶斑、雀斑、眼睑黄瘤等皮肤病。

201

（3）皮肤与季节　春天，皮肤毛孔开始疏泄，新陈代谢逐渐加快，皮肤舒展有生气。但春季的空气中漂浮大量的花粉，常会引起接触性皮炎、荨麻疹等过敏性疾病，因而有过敏史的人应特别注意花粉过敏。春天的阳光中紫外线更容易引起皮肤过敏，发生光照性皮炎，因而要避免过度的日光照射。夏季里，皮肤汗孔开泄，血流加快，面部皮肤易于充血。如果因为暑热堵塞汗孔，容易造成痱子、皮炎等皮肤损害以及由于日光暴晒诱发的黄褐斑、雀斑、红斑狼疮等皮肤病。秋季秋风燥烈，毛孔、汗腺收敛，皮肤逐渐显得干燥，甚至出现脱屑、皲裂等损害。应注意皮肤的保湿和营养，以防干燥。冬季时节，毛孔、汗腺闭塞，皮肤血流缓慢，新陈代谢较慢，皮肤常发生冻疮、寒冷性多形红斑等皮肤病，所以冬季主要是注意皮肤的保暖。

（4）皮肤与家用化学品　家用化学品包括化妆品、洗涤剂、卫生清洁剂等。化妆品直接施于人的表皮上，对皮肤的影响最直接，如果使用不当，就会对皮肤产生刺激，造成过敏，引起化妆品皮炎。化妆品引起皮肤病变的主要原因有以下几种。

① 化妆品质量差。所用的劣质油质、染料或香精对皮肤具有直接的刺激作用。

② 光感作用，某些口红、唇膏中含光敏物质，会提高皮肤对紫外线的敏感性。

③ 粉剂或软膏中含有多种金属，如汞、铅、铁、铬等，它们能引起皮肤色素沉着，一般来说，汞呈棕色或暗灰色沉着，铁呈棕色沉着，铬呈绿色沉着。

④ 化妆品中的颜料引起皮肤过敏。

⑤ 化妆品变质，如油脂酸败、细菌污染都会产生对皮肤的刺激作用。

⑥ 用法不当，化妆品的选型不适合自己的皮肤，涂得太厚会影响汗腺、皮脂腺的分泌与排泄。

家用洗涤剂中常用的有肥皂、液体洗涤剂、加酶或不加酶制剂的洗衣粉、柔软剂、卫生间清洗剂等，长期反复接触洗涤剂可引起接触性皮炎，发生红肿、脱皮等症状。这些化学品在使用后不易彻底冲洗干净，残余量会沉积在织物中，长期接触对皮肤也会有不良影响。

5.2.1.5　毛发

毛发有三种类型，即长毛、短毛和柔毛，人们最关心的是可以起到修饰作用的头发。头发的组成随着人种、发色和个体差异而有所不同。头发的微观结构是中空的角质鳞片圆管体，有倒顺方向。主要为角蛋白（氨基酸），含有 C、H、O、N、S 等元素，其中胱氨酸含量达 12%，S 的含量大约为 4%，这少量的 S 对毛发的很多化学性质起着很重要的作用。头发对沸水、酸、碱、氧化剂、还原剂较敏感，酸、碱、盐的水溶液都会破坏胱氨酸中的—S—S—键。

头发由三层组成。最内层是"骨髓"，它是发干的中心；皮质在第二层，它含有色素；表皮在最外层，它们像头皮屑一样，相互重叠，使其具有一定的弹性和力度。健康的头发平均每月约生长 1.5cm，头发来源于毛囊，只要毛囊不被破坏，头发就会生长，即使头发被连根拔起，也会有新的头发长出。

头发也有生理循环，当死亡的头发被新生的头发代替时，原来的毛乳头区域就新生了许多细胞。如果血液供应充足，新发就会很快生长，否则，新发很细小而干枯。头发的整体状况是由其质地、弹性和有孔性决定的。质地的粗糙或细腻取决于遗传，有孔性使其可以吸收水分并保持水分。如果头发的孔不够多，头发就会干枯而脆弱。营养是多孔性的又一因素。弹性决定了头发具有伸展力并可在不断裂的情况下恢复到原来状态。有弹力的头发看上去有光泽而富有弹性，并容易恢复到原来的状态。

通常头皮脱落，头发也会脱落，但健康的头皮并不能保证头发的健康，除了天生的因素外，食物、营养和头发的护理同样会影响头发的健康。另一方面，头皮如果不健康，头发就不会健康，而且还会破坏头发正常的生理循环。头发的颜色是发干细胞中色素的质粒产生的。在皮质中大量色素质粒产生头发颜色，在髓质中也有质粒存在。在黑色素细胞内产生的色素质粒位于真皮树突尖端部位，然后，由像手指状的树突尖转移至新生成的头发细胞中。

头发的色调主要由两种色素构成：真黑色素和类黑色素。真黑色素是黑色和棕色；类黑色素是黄色或红色。两者都是在酪氨酸酶的作用下经一系列反应后生成的。头发变灰白的过程包括发干色素的损失和毛球酪氨酸酶活性的逐渐下降。白发可认为是头发的正常老化，白色人种平均在 34 岁两鬓出现白发，50 岁左右时最少有 50% 的白发。

头发也有三种类型：油性发质、干性发质和中性发质。

5.2.1.6 头发的异常状况

人们的头发产生的异常情况通常有三种，即头发损伤、头皮屑和秃头。

（1）头发损伤 头发在受到损伤时会失去张力、支撑力和光泽度，常杂乱无章，发型无法保持，并出现毛发变红、分叉和断裂现象。引起头发损伤的原因主要有烫发和染发等化学因素、紫外线辐射和高热风吹失水的环境因素和外力损伤等物理因素。洗发香波虽然在日常生活中不可缺少，但是用洗发液将头发揉搓时，由于毛发表皮的鳞片不耐摩擦，很易受损脱落，如果受到粗暴的梳理时，也易脱落。

（2）头皮屑 头皮屑是由于头皮功能失调引起的，它与头发的化学和物理因素无直接关系。头皮屑的成因尚存在一些争议，有人提出，引发头皮屑生成的可能因素包括激素、代谢缺陷、饮食、神经系统紧张、药物和化妆品引起的炎症等。较普遍的看法认为卵型皮层芽孢菌是头皮屑共同的菌群，它是引起头皮屑产生的原因之一。因此，减少头皮屑的方法是使用抑菌剂如硫磺和吡啶硫酮锌等。头皮屑的发生与年龄有关，青春期前很少有头皮屑，一般从青春期开始，20 多岁达到高峰，中年和老年时下降。头皮屑冬天较多，夏天较少。男女没有很大的差别。去头皮屑香波对抑制头皮屑较有效。

（3）秃头 秃头是较常见的头发问题。人们普遍认为秃头是由遗传和性激素决定的，但这并不是造成秃头的所有原因。先天性秃头是从中年开始脱发的缓慢过程，它通常比后天由于营养不良、内循环失调而造成的脱发来得快。越来越多的脱发症状是源于营养不良，维生素疗法可以治愈这种情况的脱发。

5.2.2 化妆品中的表面活性剂作用原理与体系特性

化妆品是由多种成分组成的混合物，绝大部分制品的稳定体系是通过表面活性剂对各种组分的乳化、润湿和渗透、发泡、分散、洗涤、增溶、润滑和柔软作用协调配伍来实现的。有关表面活性剂在精细化学品（包括化妆品）中的作用原理已在本书第 3 章讨论过了，此处不再重复。

尽管化妆品的功能和剂型各有不同，但它们都有某些共同的体系特性和质量特性。

5.2.2.1 化妆品的体系特性

（1）胶体分散性 化妆品是将某些组分以极小的微粒（液、固体）分散在另一介质中形成的一种多相分散体系。这种分散体系的主要特征是多相不均匀性、组成的不确定性、多分散的结构和有聚结倾向的不稳定性，这些与真溶液不同的性质是化妆品的重要属性。

（2）流变性 化妆品的流变性主要表现在使用化妆品过程中给人的表观和肌肤感受，如"稠"、"稀"、"浓"、"淡"、"黏"、"弹性"、"润滑性"等。尤其在外力作用下，如搅动或从瓶口倾出时，即变得易于流动，而静置时则能恢复到原有的黏稠状态，这种流变特性源于化妆品所具有的黏弹性结构。

（3）**表面活性**　化妆品大都具有表面活性。一方面是因为化妆品属胶体分散体系，由于分散相微粒的比表面大，表面与表面相吸附的结果导致了物质表面性质的改变，从而使化妆品具有表面活性；另一方面，在众多的化妆品成分中常含有具有表面活性的物质（如表面活性剂），它常用来作化妆品中的乳化剂、增溶剂、湿润剂和发泡去污剂等，因此也使化妆品具有相应的表面活性。

5.2.2.2　化妆品的质量特性

（1）**高度的安全性**　化妆品是每天都使用的日常生活用品，因此，它的安全性是第一位的。化妆品与外用药不同，外用药即使具有某些暂时性的副作用，一旦停止使用，这些副作用即可消失。由于化妆品是长期使用的，并长时间存在于皮肤、面部、毛发上，所以，化妆品不能有任何影响健康的不良反应或有害作用。

（2）**相对稳定性**　由于化妆品大都是多相分散体系，始终存在着分散相的聚集倾向，欲保持化妆品具有良好的外观和使用功能，要求化妆品必须具有足够的稳定性。所谓化妆品的稳定性是指在其保质期内，在其贮存、使用过程中化妆品在胶体化学和微生物方面能保持相对稳定，即其香气、颜色、形态等均无变化。对一般化妆品来说，其保质期有 2～3 年即可，不必要也不可能做到永久稳定。

（3）**使用舒适性**　俗语说"恨病吃药"，化妆品与药品的另一不同之处是人们乐意使用，不仅色、香兼备，而且必须有使用舒适感和易使用性，即形状、大小、质量、结构、功能性和携带性合适。特别是美容类化妆品务必强调美学上的润色，而芳香类产品则必须赋予身心舒适的感觉。

（4）**有效性**　化妆品与药品不同，化妆品的使用对象是健康人，化妆品的有效性主要来自于其中活性成分和构成配方主体的基质，而医药品主要依赖于药物成分的效能和作用。化妆品要具有柔和的作用，还要达到有助于保持皮肤正常的生理功能以及容光焕发的效果。功效性化妆品则根据功能不同，分别具有保湿性、防紫外效果、美白效果等。

（5）**质量标准**　我国对化妆品实施的质量控制和检测标准有以下一些：

GB 7916—87　化妆品卫生标准

GB 7917—87　化妆品卫生化学标准检验方法

GB 7918—87　化妆品微生物标准检验方法

GB 7919—87　化妆品安全性评价程序和方法

QB/T 2285—1997　头发用冷烫液

QB/T 2284—1997　发乳

QB/T 1977—2004　唇膏

QB/T 2286—1997　润肤乳液

QB/T 1862—1993　发油

QB 1644—1998　定型发胶

QB/T 1976—2004　化妆粉块

QB/T 1978—2004　染发剂

QB/T 2287—1997　指甲油

QB/T 1857—2004　润肤膏霜

QB 965—85　花露水、香水

QB/T 1859—2004　香粉、爽身粉、痱子粉

化妆品现行标准中共同检测的感官项目有：外观、色泽、香气、膏体结构；理化项目有：耐寒、耐热、pH 值；重量误差；密封度等。具体指标依产品略有差异，国家标准是必

须达到的最低要求，各公司企业也可根据自己的生产技术水平制定高于国家标准的企业产品标准，以体现本企业产品的质量和功能特色。

5.2.3 化妆品配方中的防腐及安全体系

由于化妆品中的原料、添加剂中含有大量的营养物质和水分，这些都是微生物生长、繁殖所必需的碳源、氮源和水。在适宜的温度条件下，微生物在化妆品中会大量生长繁殖，吸收、分解和破坏化妆品中的有效成分。受到微生物作用的化妆品就会变质、发霉和腐败，外观表现为原有的色、香、味发生变化，变质后分解的产物会对皮肤产生刺激作用，繁殖的病原菌还会引起身体疾病。防腐剂是指可以阻止微生物生长的物质。防腐剂对微生物的作用在于它能选择性地作用于微生物新陈代谢的某个环节，使其生长受到抑制或致死，而对人体细胞无害。一般情况下，不同的防腐剂对不同的微生物有不同的抑制效果，它能在不同情况下抑制最易发生的腐败作用，特别是一般灭菌作用不充分时仍具有持续性的效果。

化妆品的防腐体系实际上是由若干种防腐剂（和助剂）按一定比例构建而成。防腐体系的基本要素是防腐剂，但其效能大小又与其用量和使用对象的剂型（液态、粉状、乳状、膏霜状等）特性、组成（是否含碳水化合物、蛋白质、动植物抽提物等）、pH值、可能污染的微生物种类和数量等密切相关。化妆品中的防腐剂体系作用主要是保护产品，使之免受微生物的污染，延长产品的货架寿命，确保产品的安全性，防止消费者因使用受微生物污染的产品而引起的感染。新生的、衰老的和病变的皮肤最易受到微生物的感染，在这种情况下，防腐体系也具有防止消费者皮肤上的细菌引起感染的作用。

5.2.3.1 化妆品的防腐原理

防腐剂不但抑制细菌、霉菌和酵母菌的新陈代谢，而且影响其繁殖。防腐剂主要从以下几个方面发挥作用。

（1）破坏或抑制微生物细胞壁的形成　这种作用是通过阻碍形成细胞壁物质的合成来实现的，如有的防腐剂可抑制肽聚糖的合成，有的可阻碍细胞壁中几丁质的合成等。

（2）影响细胞膜的功能　防腐剂破坏细胞膜，可使细胞呼吸窒息和新陈代谢紊乱，损伤的细胞膜导致细胞物质的泄漏而使微生物致死。

（3）抑制蛋白质合成和致使蛋白质改性　防腐剂在透过细胞膜后与细胞内的酶或蛋白质发生作用，通过干扰蛋白质的合成或使之变性，致使细菌死亡。

5.2.3.2 化妆品中防腐体系的构筑

化妆品防腐体系在设计时需遵从安全、有效、有针对性以及与配方其他成分相容的原则。①在符合相关法规规定的同时，尽量减少防腐剂的使用量，降低对皮肤的刺激。理想的防腐体系，应该在很好地抑制微生物生长的同时对人体肌肤或头发细胞没有伤害。②全面有效地抑制各种可能潜在的微生物生长，保障产品具有规定的保质期。③针对适用对象和配方的特点，对不同的化妆品构筑不同的防腐体系。世上没有一种万能的防腐剂，防腐体系应根据化妆品的剂型、功能、使用人群等做有针对性的设计。还要注意与化妆品中其他成分的相容，避免配方中其他组分对防腐效能的影响，充分发挥不同防腐剂之间的协同作用。

化妆品的防腐体系应尽可能满足以下的要求。

① 良好的安全性，选用的各种防腐剂应符合《化妆品卫生规范》中限量要求，通过安全性的相关试验。

② 广谱的抗菌性，能够有效地抑制各种可能潜在的微生物的生长。

③ 良好的配伍性，防腐剂与化妆品中所添加的表面活性剂和其他组分配伍时，应有良

好的相容性，并保障其活性的稳定。

④防腐剂在其使用浓度下，应是无色、无臭和无味的，不能影响化妆品本身的外观和臭味，且最好能够成本低廉。

现行的有关化妆品的安全、卫生控制与管理的国家法规有如下一些：①GB 7916—87 化妆品卫生标准；②QB/T 1684—2006 化妆品检验规则；③《化妆品生产管理条例》；④GB 7919—87 化妆品安全性评价程序和方法；⑤《化妆品卫生规范 2007》。现将其中重要的试验列举如下。

（1）化妆品的安全性试验

① 急性毒性试验：小鼠、大鼠经口 LD_{50}，大鼠、豚鼠、家兔皮肤涂敷毒性试验；

② 皮肤刺激性试验：豚鼠、家兔或人涂敷试验，1h、24h、48h 涂抹部位皮肤观察试验；

③ 眼刺激试验：家兔（已通过皮肤刺激性试验的可免）；

④ 过敏性试验（皮肤变态反应试验）；

⑤ 皮肤光毒和光变态过敏试验；

⑥ 人体激发斑贴试验和试用试验；

⑦ 致畸试验；

⑧ 致癌试验。

（2）化妆品微生物标准检验试验

① 细菌总数测定；

② 金黄色葡萄球菌测定；

③ 粪大肠菌群测定；

④ 绿脓杆菌测定。

（3）化妆品中有害物质的限量 见表 5-2。

表 5-2 化妆品中有毒物质的限量

有毒物质	限量/ppm	检测方法标准	备 注
汞	1	GB 7917.1—87	含有机汞防腐剂的眼部化妆品除外
铅（以 Pb 计）	40	GB 7917.2—87	含乙醇铅的染发剂外
砷（以 As 计）	10	GB 7917.3—87	
甲醇	0.2%	GB 7917.4—87	

注：1ppm=1mg/L，下同。

5.2.3.3 防腐剂种类的筛选

根据产品的类型、pH 值、使用对象及其部位、产品的配方组分等选择相应的防腐剂。

（1）根据产品类型选用 不同类型的产品会受到不同的微生物的污染。膏霜和乳液容易受到酵母菌和细菌等大多数微生物的污染；香波容易受革兰阴性菌如绿脓杆菌的污染；眼线膏、睫毛油之类的眼部化妆品会到酵母菌以及以绿脓杆菌和黄色葡萄球菌为主的多种细菌的污染；由粉末原料和油分配制而成的粉状眼影和粉饼类产品主要易受霉菌的污染。另外，不同产品功能类型的化妆品对防腐剂的选用要求也不相同。表 5-3 列出了不同类型的化妆品对防腐体系的特殊要求。

（2）根据产品的 pH 值选用 大多数的防腐剂都容易在酸性和中性环境中发挥其效能，在碱性环境中效力显著减低，甚至失效，季铵盐类防腐剂在 pH 值大于 7 时才有效。选用防腐剂时一定要关注产品的 pH 值，确保所选用的防腐剂在添加的化妆品里能充分发挥功效。

206

比如，对于 pH 值为 8～10 的皂基洗面奶，可选用季铵盐类防腐剂；而对于 pH 值在 3.5～6 内的果酸类产品，则比较容易选择防腐剂，尼泊金酯类、咪唑烷基脲、苯氧乙醇、甲基异噻唑啉酮等都可以选用。常见化妆品的 pH 值范围见表 5-4。

表 5-3　不同类型化妆品对防腐体系的特殊要求

化妆品的类型	产品特点	防腐剂特殊要求
洗去型化妆品	与皮肤接触时间短，大多含有大量的表面活性剂；营养成分较少，成本相对较低	对刺激性无明显要求，一般广谱抗菌，成本低
停留型的化妆品	相对洗去型化妆品来说，在皮肤上的停留时间长	相对长时间停留皮肤安全无刺激
眼部护理化妆品	类似儿童的脆弱肌肤，周围肌肤对刺激很敏感，眼睛对甲醛、酚类等挥发性物质敏感，容易受到伤害	尽量避免选用挥发刺激性防腐剂
面膜	在面部停留时间 10～30min，与面部接触面大，使用量大；部分产品中含有大量粉剂	低刺激
儿童系列	儿童皮肤薄嫩，脂质分泌较少，对外界刺激敏感	低刺激，用量少

表 5-4　常见化妆品的 pH 值范围

化妆品类别	pH 值范围	化妆品类别	pH 值范围
乳液、膏霜	6～7.5	发乳	4～8
化妆水，酸性	3.5～6	头发漂白剂，粉末	8.3～9.2
化妆水，碱性	7.5～9	头发漂白剂，液状	10～12
香波，粉状	7～9	染发剂，液体	10～12
香波，液状	5～8	染发剂，胶状	9.5～11.5
香波，胶状	5～9	各型烫发水	4.5～9.6
头皮止痒清洁剂	5～7	肥皂及洗涤剂	9.5～10
非油性整发剂	5～7	脱毛剂	12～12.5
头发防静电、柔软剂	2.5～7.5		

（3）根据使用部位选用　不同的使用部位对防腐剂的敏感程度不同，不同的微生物对不同部位皮肤的嗜好损害也不相同，因此，在不同部位使用的化妆品中选用防腐剂时应有所区别。例如，眼睛周围的皮肤相对薄嫩敏感，同时甲醛等刺激性挥发物对眼睛有明显的伤害作用，宜选用刺激性较小的防腐剂，尽量避免会释放甲醛类防腐剂。

（4）根据化妆品配方组分的相容性来选择　防腐剂和产品配方中的其他组分可能会发生作用，选用防腐剂时应当注意。常见的几种情况如下。

① 化妆品中的某些组成材料如碳水化合物、滑石粉、金属氧化物、纤维素等会吸附防腐剂，降低其效力。

② 产品中含有淀粉类物质，可能影响尼泊金酯类的抑菌效果。

③ 高浓度的蛋白质一方面可能通过对微生物形成保护层，降低防腐剂的抗菌活性，另一方面作为营养源又能促进微生物的增长。

④ 金属离子如 Mg^{2+}、Ca^{2+}、Zn^{2+}，对防腐剂的活性有很大的影响。

⑤ 防腐剂可能与化妆品的某些组分形成氢键或螯合物，通过"束缚"或"消耗"的方式降低防腐体系的效能。

⑥ 表面活性剂少量使用时能增加防腐剂对细胞膜的通透性，有增效作用，但是大量使用时则会形成胶束，吸附水相中的防腐剂，降低防腐剂在水相中的含量，影响其杀菌效能。

⑦ 某些防腐剂易与表面活性剂（如硫酸盐、碳酸盐、含氮表面活性剂）、色素、荧光染

料或包装材料作用，在表面张力、产品的发泡性、组分的溶解性、色素的显色性、香料的气味、活性因子的生物活性等多方面对防腐剂效力有直接影响或潜在影响。

5.2.4 化妆品的配方结构

化妆品是由多种原料通过复配配制成的具有多种功能的产品，为了达到各种不同的功能目标，还要选用其他各种原料，如要使化妆品的原料呈现出乳化、溶解等物理化学状态，需要使用表面活性剂；为了使皮肤感受到化妆品的柔和湿润，就要添加黏性物质和保湿剂；为了保障化妆品中的有机基质原料和营养性添加剂对微生物和氧化作用稳定，就必须加入防腐剂和抗氧化剂；为了让某些物质在化妆品中溶解、分散，就要使用溶剂，还有赋予产品愉悦气味的香精，起遮盖和美化效果的色料，兼有某些预防和疗效的药物性原料；等等。因此，化妆品的配方结构是由基质原料和辅助原料两大部分组成，基质原料主要是指油性物质和无机粉状物料，辅助原料也叫功能性组分，如香精、香料、颜料、防腐剂、抗氧化剂、保湿剂、水溶性高分子、乳化剂等。具体的种类见后续的5.3内容。

尽管化妆品的剂型繁多、功能要求不一、使用的原料成千上万种，从所发挥的作用来看，化妆品中的原料必定是乳化、增稠、抗氧化、防腐、感官修饰、赋予特殊功效的其中之一，或者兼而有之。相应的，不同剂型和使用对象的化妆品在设计其配方时对上述六种功能原料的需求也是不一样的，并非一律面面俱到。各种用途的化妆品对功能原料的需求见表5-5。

表 5-5　不同用途化妆品对功能原料的需求

原料功能 化妆品类型	乳化	增稠	抗氧化	防腐	感官修饰	特殊功效
清洁类		√	√	√	√	√
护理类	√	√	√	√	√	
营养类	√	√		√	√	√
美容修饰类				√	√	
特殊用途类	√	√	√	√	√	√

注：√表示该类化妆品需要添加这种功能的原料。

5.2.5 化妆品配方的设计原则

由于化妆品使用对象的特殊性，所以，化妆品的制造无论是原料选择，还是配方结构设计上都应坚持以下原则。

（1）安全性　化妆品是直接与人的皮肤接触的产品，化妆品配方设计时，从原料的选择和制造工艺上首先应坚持安全、卫生的原则，避免使用对身体有危害的原料。这方面要严格遵守国家现行的有关化妆品安全、卫生控制与管理的法规。

（2）功能性　化妆品除了应具备清洁的基本作用外，还必须具有美化作用、营养作用或辅助防治某些疾病的功能。如市场上较为流行的营养霜、面膜、营养洗香波等。

（3）稳定性　化妆品中含有一定的营养成分，随着贮存时间的延长会产生霉菌、细菌等，所以，化妆品中都要加入一定的抗氧化剂和杀菌剂，如果抗氧化剂和杀菌剂选择不当，就会导致化妆品在存放过程中发生霉变，产生对人体有害的物质。某些剂型的化妆品是热力学上的不稳定体系，贮存过程中冷热等条件的变化会促进和加速体系向其稳定状态自发变化，使化妆品外观和内部结构发生改变，严重影响原有功能的发挥。因此化妆品的稳定性必须引起配方设计人员的高度重视。

（4）使用感　化妆品是与肌肤或毛发密切接触的产品，涂敷在人体上应有舒服感和愉快感，否则，会影响人的心情和精神面貌，所以，化妆品的使用感也是化妆品的基本要求之一。

（5）时尚性、时代感　化妆品的应用是人类文明进步的重要标志之一，随着社会的不断发展，人们在化妆品选用也在不断追求时代感、个性化，所以，化妆品的新品种、新剂型应与这种需求和发展相适应。

5.2.6　化妆品配方设计的基本要求

所谓化妆品配方设计，就是根据产品的性能要求和工艺条件，通过试验、优化、评价，合理地选用原料，并确定各种原料的用量配比关系。

化妆品配方设计是化妆品配方师最主要的工作。为了做好此项工作，化妆品配方师必须掌握配方设计的基本要求，它包括以下几方面内容。

（1）对化妆品相关的国家法律法规的掌握　《化妆品卫生规范》明确规定化妆品一般卫生要求、禁限用原料及检验评价方法，这些内容对配方人员有很好的指导作用。

（2）对化妆品原料及其性质的掌握　化妆品原料是构成化妆品的基本要素。配方师必须掌握至少1000种原料的分类、物性、功效、在配方中的作用及使用量。应该强调的是：不同原料厂家的特性有所不同，在使用过程中要明确其相同点和不同点。

（3）对目标化妆品要求的掌握　每设计一款化妆品前，必须明确设计此款产品的目的和要求。要求包括国家法律法规、国家标准、行业标准。有特殊需要，可制定企业标准。

（4）对化妆品制作工艺的熟悉　有了好的化妆品配方，必须通过一定的制作工艺才能实现。化妆品工艺主要是一个混合过程，相对同一配方，不同工艺条件对产品的感官指标和稳定性影响较大。所以，技术开发人员应熟悉制作工艺，确保开发的顺利进行。

（5）对化妆品评价方法的掌握　当试验样品做好后，必须通过一系列的评价，来检验设计的产品是否达到要求。产品的评价包括：感官评价、理化指标评价、稳定性评价、卫生指标评价、功效评价及安全性评价。

5.3　化妆品的主要原料

5.3.1　化妆品中的油质原料

在化妆品的生产中，油脂和蜡是重要的基质原料，分为动物型、植物型及矿物型。

动植物型油脂的主要成分是长链脂肪酸甘油酯，常温下呈液态者称为油，呈固态者为脂；蜡则是长链脂肪酸的高级醇酯，一般为固态，熔点在 $35\sim95℃$。矿物型的油脂和蜡则是烃类化合物，含碳原子数在 $15\sim21$ 者为油，$24\sim34$ 者为脂，30 以上者为蜡。

5.3.1.1　油脂类

适用于化妆品的植物性油脂有椰子油、橄榄油、蓖麻油、杏仁油、花生油、大豆油、棉籽油、棕榈油、芝麻油、扁桃油、麦胚芽油、鳄梨油等，动物油脂有牛脂、猪油、貂油、海龟油等。它们的化学结构是脂肪酸甘油酯类，油脂不溶于水，但在适当条件下能与水乳化形成类似于皮脂膜的乳化体，是配制雪花膏、冷霜、奶液、发乳等乳化体化妆品的主体原料，在化妆品中所起的作用可以归纳为以下几个方面。①屏障作用，在皮肤上形成疏水薄膜，抑制皮肤表层水分蒸发，防止皮肤干燥、粗糙和龟裂，防止来自外界物理化学的刺激，保护皮肤。②滋润作用，赋予皮肤或毛发柔软、润滑、弹性和光泽。③清洁作用，根据相似相溶的原理可使皮肤表面的油性污垢更易于清洗。④溶剂作用，作为营养、调理物质的载体更易于皮肤的吸收。⑤乳化作用，高级脂肪酸、脂肪醇、磷脂是化妆品的主要乳化剂。⑥固化作用，使化妆品的性能和质量更加稳定。其中，最基本、最重要的功能就是滋润肌肤的作用，故又称润肤剂。

植物性油脂按其在空气中能否干燥可分三类：干性油、半干性油和不干性油。干性油如亚麻仁油、葵花籽油；半干性油如棉籽油、大豆油、芝麻油；不干性油像橄榄油、椰子油、蓖麻油、茶油等。用于化妆品的油脂多为半干性油，干性油几乎不用作化妆品原料。常用的油脂有：橄榄油、椰子油、蓖麻油、棉籽油、大豆油、芝麻油、杏仁油、花生油、玉米油、米糠油、茶籽油、沙棘油、鳄梨油、石栗子油、欧洲坚果油、胡桃油、可可油等。

用于化妆品的动物性油脂有水貂油、蛋黄油、羊毛脂油、卵磷脂等，动物性油脂一般包括高度不饱和脂肪酸和脂肪醇，它们和植物性油脂相比，其色泽、气味等较差，在具体使用时应注意防腐问题。水貂油具有较好的亲和性，易被皮肤吸收，用后滑爽而不腻，性能优异，故在化妆品中得到广泛应用，如营养霜、润肤霜、发油、洗发水、唇膏及防晒霜化妆品等。蛋黄油含油脂、磷脂、卵磷脂以及维生素 A、D、E 等，可作唇膏类化妆品的油脂原料。羊毛脂油对皮肤亲和性、渗透性、扩散性较好，润滑柔软性好，易被皮肤吸收，对皮肤安全无刺激；主要作用于无水油膏、乳液、发油以及浴油等。卵磷脂是从蛋黄、大豆和谷物中提取的，具有乳化、抗氧化、滋润皮肤的功效，是一种良好的天然乳化剂，常用于润肤膏霜和油中。

（1）橄榄油 由橄榄核压榨而制得的一种淡黄色或绿色透明黏稠液体，具有特殊的微香气，溶于醚、氯仿和二硫化碳。主要成分是油酸酯和棕榈酸酯，相对密度为 0.910～0.918，皂化值为 188～196mgKOH/g，碘值为 77～88gI$_2$/100g，主要用于化妆皂、香油类化妆品、乳剂类护肤化妆品，以及防晒油、按摩膏、发油、唇膏等。

（2）椰子油 由椰子的果肉压榨精炼而制得的一种无色至浅黄色液体或白色半固体状脂肪，具有椰子的香气。凝固点为 20～28℃，相对密度为 0.914～0.938（15℃），皂化值为245～271mgKOH/g，碘值为 7～16gI$_2$/100g，其主要成分为月桂酸酯和豆蔻酸酯，以及少量油酸、硬脂酸、棕榈酸、癸酸、辛酸、己酸的混合酯。主要用于生产香波、浴剂及各种液体香皂的发泡剂。

（3）蓖麻油 由蓖麻籽以冷法压榨而制得的一种无色或淡黄色黏稠液体，有微臭，相对密度为 0.950～0.974（15℃），皂化值为 176～187mgKOH/g，碘值为 81～91gI$_2$/100g，易溶于低碳醇，难溶于石油醚，黏度随温度变化小，凝固点低，其主要的成分为蓖麻酸酯。主要用于生产口红、膏霜和润发油、香波等。

（4）杏仁油 又称甜杏仁油，由杏仁压榨精制而得到的一种无色或微黄色油状液体，无臭，味温和，其主要成分为三油酸甘油酯。主要用于生产膏霜类化妆品和发油等油化妆品。

（5）茶油 又称茶籽油，由油茶籽压榨精制而得到的一种无色或淡黄色油状液体，其主要成分为油酸和亚油酸的甘油酯。主要用于生产膏霜类化妆品、润发油、香皂等。

（6）水貂油 又称貂油，由水貂的皮下脂肪精制而得的一种淡黄色油状液体。其主要成分为不饱和脂肪酸（占 70%），此外还有亚油脂、亚麻酸、花生酸（三种酸各占 9%）和不饱和甘油酯。主要用于生产各种高级护肤膏霜、护肤乳液、发油、发水、唇膏、清洁霜及爽身用品等化妆品。

（7）牛脂　由牛的脂肪提取而得到的一种白色或浅黄色的固体或半固体脂肪，其主要成分为硬脂酸酯、棕榈酸酯和油酸酯。主要用于生产化妆皂，精制脱臭者可用于生产香油类化妆品。

（8）猪脂　由猪的脂肪提取而得到的一种白色固体或半固体脂肪，其主要成分与牛脂相同。主要用于生产化妆皂、油膏、香膏等。

（9）可可脂　又称可可油，由可可树的种子可可豆经压榨、煎熬或用溶剂萃取而制得的一种淡黄色固体脂肪，有特殊的香味和可口的滋味，其主要成分为硬脂酸酯、棕榈酸酯和月桂酸酯。主要用于生产唇膏、发蜡、发乳、香脂、香皂等。

5.3.1.2　蜡类

人们通常把熔点高、性质硬而脆、油腻性小、稳定性大、在空气中不易变质、难以皂化的有机物称为蜡。蜡的主要成分是高级脂肪酸的伯醇酯，另外还含有脂肪酸、游离醇、烃类树脂等，是发蜡、唇膏等油基化妆品的主体原料。由于蜡分子中含有憎水性烃基，能强化化妆品的憎水性表面膜，从而增加化妆品的光泽。在化妆品中蜡有如下作用：①减少油腻感，提高皮肤或毛发的光滑性和光泽感；②形成防水膜，提高皮肤的封闭性，保护皮肤，滑润皮肤；③调节化妆品在皮肤上成膜后的熔点，起到调节和稳定黏稠度的作用；④作为植物油和矿物油的混合剂；⑤作为香料、染料或其他添加剂的助溶剂；⑥作为增黏剂、增塑剂和不透明化剂。蜡类原料根据其来源可分为植物性蜡、动物性蜡、矿物性蜡3类。应用于化妆品的蜡类主要有：霍霍巴蜡、棕榈蜡、小烛树蜡、木蜡、抹香鲸蜡、羊毛脂、蜂蜡、液体石蜡、微晶蜡、凡士林、蒙旦蜡等。

（1）巴西棕榈蜡　又称卡那巴蜡，由巴西棕榈树干及其叶柄的分泌物经溶剂萃取、蒸馏而制得的一种黄绿色至棕色固体，精制品为白色或淡黄色脆硬固体，具有愉悦的气味。其主要成分为棕榈酸蜂蜡酯和蜡酸，其中由羟基脂肪酸和高碳一元醇构成的蜡酯占53%～55%。熔点为66～82℃，相对密度为0.996～0.998（25℃），皂化值78～88mgKOH/g，碘值7～14gI₂/100g，不皂化物为50%～55%。巴西棕榈蜡与蓖麻油的互溶性很好。在化妆品中可主要提高蜡酯的熔点，增加硬度、韧性和光泽，也有降低黏性、塑性和结晶的倾向。通常用作锭状化妆品的固化剂，主要用于唇膏、睫毛膏、脱毛蜡等制品，可作为蜂蜡的代用品。

（2）小烛树蜡　又称坎地里拉蜡。由芦苇的鳞表层物经溶剂萃取、蒸馏而制得的一种淡黄色有光泽蜡状物体，有芳香气味，略带黏性。熔点为66～71℃，皂化值47～64mgKOH/g，碘值19～44gI₂/100g，不皂化物为47%～50%。在小烛树蜡中烃类占50%～51%，蜡酯占28%～29%，与蓖麻油互溶性很好。其主要成分为烷基酯、游离醇、烃类化合物和游离酸等。多用作锭状化妆品的固化剂，主要用于生产唇膏类和膏霜类化妆品，也可以作为软蜡的硬化剂和蜂蜡的代用品。

（3）霍霍巴蜡　霍霍巴蜡（油）取自西蒙得木果实。西蒙得木原是生长在美国西南和墨西哥西北一带干旱沙漠地区的一种野生植物，人称世界油料之王。20世纪70年代中期开始人工种植，20世纪80年代初，国际市场上就开始售霍霍巴蜡。同一时期，我国四川和云南一些地方也引种了西蒙得木，现在也可以提供化妆品用霍霍巴蜡。

霍霍巴蜡是一种透明无臭的浅黄色液体。主要为十二碳以上的脂肪酸和脂肪醇构成的蜡酯。它的最大优点是不易氧化和酸败、无毒、无刺激，易被皮肤吸收，有良好的保湿性，极易与皮肤融合，具有超凡的抗氧化性。它可分解油脂，对出油、粉刺、青春痘皮肤病症防治效果极佳。霍霍巴蜡含有丰富维生素，具有滋养软化肌肤的功效。霍霍巴蜡的成分与抹香鲸蜡的成分相似，是其惟一的代用品，因而价格较贵。广泛应用于润肤霜、面霜、香波、头发调理剂、唇膏、口红、指甲油、婴儿护肤用品、清洁剂等。

（4）木蜡　又叫日本蜡，为淡奶色蜡状物，具有酸涩气味，不硬，具有韧性、可延展性和黏性。其主要成分为甘油的三棕榈酸酯。易于与蜂蜡、可可脂和其他甘油三酯配伍，易被碱皂化形成乳液。用于乳液和膏霜类化妆品中。

（5）抹香鲸蜡　是由抹香鲸头部提取出来的油腻物经冷却和压榨而得的一种珠白色半透明固体，有鲸油气味。其主要成分为鲸蜡酸鲸蜡酯、硬脂酸酯、月桂酸酯、豆蔻酸酯。相对密度 0.871～0.884（15℃/15℃）。用作精密仪器的润滑剂，碘化后用作织物的软化剂，在化妆品行业主要用于生产乳剂类和唇膏类化妆品。

（6）羊毛脂　由羊毛上的油性分泌物精制或提纯而制得的一种浅黄色至暗棕黄色黏性半固体膏状物，其主要成分为甾醇类、脂肪醇类、三萜醇类与脂肪酸所组成的酯。熔点为34～42℃，皂化值 88～89mgKOH/g，酸值 27～39mgKOH/g，碘值为 21～30gI$_2$/100g。具有良好的乳化、滋润、保湿和渗透性，具有柔软皮肤、防止脱脂和防止皮肤皲裂的功能，可以和多种原料配伍，是一种优良的化妆品原料。用作皮肤化妆品的调理剂及装饰化妆品的颜料分散剂，没有油腻感，易形成一层致密的护肤膜。还可用作肥皂、香波的加脂剂，用在口红中可部分或全部取代蓖麻油，用作指甲油的清除剂，用作针型阀气雾剂中的添加剂可防止阀门堵塞。主要用于护肤膏霜、防晒制品、儿童化妆品和护发用品等，也用于香皂、唇膏等美容化妆品中。应当注意的是，由于气味及色泽问题，其在化妆品中的用量不宜过多。

羊毛脂经加氢制成羊毛醇，也广泛用于化妆品。羊毛醇的乳化性能比羊毛脂好。如把羊毛醇与油混合，涂在皮肤上形成润滑、油腻感小的润肤膜，它的铺展性和渗透性能很好，用于护肤和护发用品，在皮肤及头发上形成致密膜，给人以柔软、光滑之感。

（7）蜂蜡　又称蜜蜡，由蜜蜂（工蜂）腹部的蜡腺分泌出来的一种微黄色固体蜡状物，略有蜂蜜的气味，熔点为 61～65℃，皂化值 88～102mgKOH/g，碘值 8～11gI$_2$/100g，不皂化物为 52%～55%，主要成分是蜡酯 70%、游离脂肪酸 13%～15%、烃 10%～14%，蜂蜡含有大量游离脂肪酸，经皂化可作乳化剂用，是口红等美容化妆品的原料。蜂蜡还具有抗细菌、抗真菌、愈合创伤的功能，因而近来用它制造香波、高效去头屑洗发剂（治疗真菌引起的多头皮屑症）。主要用于生产冷霜、油性膏霜、唇膏、发蜡等。

（8）虫蜡　又称川蜡或中国蜡。由白蜡虫分泌在所寄生的女贞树或白蜡树枝上蜡质物提取精制而得到的一种白色到淡黄色固体，有光泽。密度 0.950～0.970g/cm^3（15℃），熔点 80～85℃，碘值 1.4gI$_2$/100g，酸值 0.2～1.5mgKOH/g，皂化值 70～93mgKOH/g。其主要成分为二十六碳酸二十六醇酯，天然虫蜡中还含有少量的高级脂肪酸、高级一元醇和烃类物质。硬度大，性质稳定，不溶于水、乙醇和乙醚，易溶于苯、汽油等有机溶剂。可防潮、防锈。用于制造精密铸造蜡模、皮鞋油、地板蜡、复写纸、铜板纸等，也用于精密仪器的防锈和中药配方中。主要用于生产乳液类和膏霜类化妆品。

（9）液体石蜡　又称石蜡油、白油。由石油分馏产物的高沸点部分（330～390℃）经适当处理而制得的一种无色透明油状液体，室温下无臭无味，加热后略有石油臭味。其主要成分为 C$_{16}$～C$_{20}$ 正构烷烃（90%以上），相对密度 0.86～0.905（25℃）平均分子量150～250，皂化值、碘值均为零。不溶于水、甘油、冷乙醇。溶于苯、乙醚、氯仿、二硫化碳、热乙醇。能与除蓖麻油外的大多数脂肪油任意混合，能溶解樟脑、薄荷脑、天然或人造麝香。由于矿物油具有低致敏性及不错的封闭性，有阻隔皮肤的水分蒸发的作用，常在婴儿油、乳液或乳霜中等护肤品种中被当作顺滑保湿剂来使用。又因为它具有良好的油溶性质，也会出现在卸妆油或卸妆乳中。可用作软膏、搽剂和化妆品的基质，主要用于生产发油、发蜡、发乳、冷霜、清洁霜、雪花膏、剃须膏等化妆品。

（10）微晶蜡　微晶蜡是一种近似微晶性质的精制合成蜡，由石油的含蜡润滑油馏分经精制而得到的一种无色至白色块状固体，无臭无味，其主要成分为 C_{31} 的支链饱和烃、环状烃和直链烃。具有光泽好、熔点高、色泽浅的特点，其结构紧密，坚而滑润，能与各种天然蜡互溶，并能提高低度蜡的熔点，改进粗性蜡的性能。微晶蜡本身洁白如玉，摩擦生光，对制作淡色产品极为有利。微晶蜡有很好的吸油性能，可和多种溶剂、蜡类形成稳定、均匀的膏体，并有乳化性，可以作为鞋油、汽车蜡、抛光蜡、地板蜡、上光蜡、中药丸保护剂、蜡烛、蜡制玩具、齿科材料以及化妆品等加工助剂。主要用于生产发蜡、唇膏、冷霜等。

（11）凡士林　又称矿脂、石油冻。由石油高黏度馏分经硫酸和白土漂白精制而得到的一种白色至黄色透明半固体油膏，其主要成分为 C_{16}～C_{32} 烷烃的混合物。允许有矿物油气味，不允许有煤油气味，滴点约 37～54℃，熔点为 38～63℃，相对密度为 0.815～0.88（60℃），皂化值、碘值均为零。凡士林极具防水性、化学惰性好、黏附性好、价格低廉、亲油性和高密度等特点。不易和水混合，是一种非常好的保湿剂。按其使用要求的不同，可分为普通凡士林、医药凡士林、化妆用凡士林、工业凡士林和电容器凡士林等。化妆品中主要用于生产发蜡、发乳、冷霜、润肤霜、防裂膏、乳液、唇膏、清洁霜、美容霜、眼影膏、睫毛膏以及染发膏等。在医药行业还作为软膏基质或者含药物化妆品重要成分。

（12）蒙旦蜡　由高含蜡量的褐煤经溶剂萃取而制得的一种浅棕色有光泽蜡状固体，密度 1.09g/cm³，熔点 75～87℃。不溶于水，微溶于热乙醇、酯、芳烃、热水，溶于热苯、甲苯、四氯化碳、甲乙酮、二噁烷。附着力强，表面硬度大。其主要成分为蜡酯、树脂、游离脂肪酸、游离脂肪醇、酮类和沥青等。主要用作巴西棕榈蜡的代用品，用于膏霜类和唇膏类化妆品，以提高熔点和耐热稳定性。

（13）石蜡　又称矿蜡，由石油的含蜡润滑油馏分处理而制得的一种无色或白色半透明结晶状固体，无臭无味，熔点为 50～75℃，相对密度为 0.89～0.90，皂化值、碘值均为零。其主要成分为 C_{22}～C_{56} 正构烷烃及少量异构烷烃、环烷烃和芳烃。主要质量指标为熔点和含油量，前者表示耐温能力，后者表示纯度。每类蜡一般按熔点每隔 2℃ 分成不同的品种，如 52，54，56，58 等牌号。主要用于生产香脂、口红、发蜡、唇膏、冷霜、胭脂等。

（14）地蜡　由石油提取纯脱蜡的残留物蜡膏经精制而得到的一种白色至微黄色固体蜡状物，无臭无味，密度 0.88～0.92g/cm³。熔点 61～78℃。不溶于水。溶于乙醇、氯仿、乙醚、石油醚、松节油、二硫化碳、三氯甲烷、矿物油等。主要成分为 C_{25} 以上的带长侧链的环烷烃和异构烷烃及少量的直链烷烃和芳烃。具有无定形外观和极强的亲油能力。主要用作冷霜类化妆品的基质原料，也用作发蜡、唇膏等化妆品的固化剂。可用作凡士林、润滑油脂、蜡烛、蜡纸等的原料；还用于绝热、绝缘、隔水、工业涂料及医疗品等。

5.3.1.3　合成油相原料

合成油相原料是指由各种天然油脂或其他原料经过合成加工改性的油脂和蜡，不仅组成与原料油脂相似，保持其优点，而且在纯度、物理形状、化学稳定性、微生物稳定性以及皮肤吸收性和对皮肤的刺激性等方面都有明显的改善和提高，因此，已广泛用于各类化妆品中。常用的合成油脂原料有：角鲨烷、羊毛脂衍生物、聚硅氧烷、脂肪酸、脂肪醇、脂肪酸酯等。

（1）角鲨烷　角鲨烷为深海鲨鱼肝脏中提取的角鲨烯经加氢制得的一种性能优异的烃类油脂，是无色、无臭、无味、无毒的油状透明液体，主要成分为肉豆蔻酸、肉豆蔻酯、角鲨烯、角鲨烷（六甲基二十四烷，即异三十烷）。商品角鲨烷的皂化值<0.5mgKOH/g，碘值<3.5gI₂/100g。角鲨烷是少有的化学稳定性高、使用感极佳的动物油脂，对皮肤有较好的亲和性，不会引起过敏和刺激，并能加速配方中其他活性成分向皮肤中渗透，具有较低的极性和中等的铺展性，还可抑制霉菌的生长。角鲨烷具有良好的渗透性、润滑性和安全性，能

滋润皮肤，常用于各类膏霜类、乳液、化妆水、口红、护发素、眼线膏等高级润肤乳剂中。

（2）羊毛脂及其衍生物　羊毛脂是羊的皮脂腺分泌的、沉积在羊毛上的油状分泌物，是洗涤羊毛时从洗液中回收并经精制的副产物，也叫羊毛蜡、无水羊毛脂，精制后的羊毛脂为淡黄色、膏状半透明体，有特殊气味，熔点38～42℃。系由酯、33种高级醇的聚酯及36种脂肪酸及甾醇类、三萜烯醇和不皂化物等所构成的复杂混合物，虽称为"脂"，但按其成分应属黏性软膏状的蜡。羊毛脂有很好的乳化作用和渗透作用，易为皮肤和头发吸收，且与化妆品其他基料的配伍性好。但其缺点是黏稠、不易铺展，且有特殊的异味及色泽欠佳。化妆品中多应用其经物理或化学法改性后的羊毛脂衍生物，包括羊毛脂、羊毛醇、羊毛脂酸、乙酸化羊毛脂、乙酰化羊毛醇、聚氧乙烯氢化羊毛脂等。羊毛脂在工业上用于配制高级防锈油、低温润滑剂、印刷油墨、纤维油剂、皮革加脂剂、塑料增塑剂、胶乳消泡剂等。医药上用于配制风湿膏、氧化锌橡皮膏及软膏基料。化妆品级羊毛脂可用于冷霜、防皱霜、防裂膏、洗头膏、护发素、发乳、唇膏及高级香皂等。常用作油包水型乳化剂，是优良的滋润性物质，可使因缺少天然水分而干燥或粗糙的皮肤软化并得到恢复，它是通过延迟而不是完全阻止水分透过表皮层来维持皮肤含水量的。液体羊毛脂是低分子脂肪酸和羊毛脂醇的酯类物质。在常温下为淡黄色液体，对皮肤有浸透性、扩散性和柔软作用，胶黏性小，对头发有优异的调湿效果；在液态的油脂、矿物油、蓖麻油中溶解度高，适用于口红、婴儿护肤油、发油等。可改善外用药的释放和渗透，对颜料的分散、防止蜡类的结晶有优良的作用，适用于口红、有色雪花膏、蜜、美容粉底和浴油等产品中。也可用于碱性的肥皂、香波、厨房洗涤剂、擦亮粉等，对皮肤有保护防干作用，特别适用于液体产品的制备，其优点是分布均匀，有舒适感，在儿童护理品制备中加入液体羊毛脂使产品更易铺展并对皮肤的擦伤及感染有保护作用。它还特别适用于调制干性皮肤用的霜或露及受洗涤剂和溶剂影响的皮肤用产品，还是制造气雾化妆品的常用原料。

羊毛醇为淡黄色至浅棕色蜡状固体，其中包括脂肪醇、胆甾醇、羊毛甾醇等，略有气味，不溶于水，性能比羊毛脂好，但能吸收本身4倍重量的水，对皮肤有良好的渗透性、亲和性和湿润性，也有良好的乳化性和分散性。由于其中含有大量的甾醇类物质，可作为营养剂和生物活性物质加入高档化妆品。羊毛脂醇主要在W/O化妆品配方中作为乳化剂，也可作为辅助乳化剂。广泛用于各类化妆品中，如婴儿制品、干性皮肤护肤品、膏霜、乳液以及粉饼类化妆制品的胶黏剂等，能提高颜料的分散性和乳化的稳定性。羊毛脂酸是皂化法及水解法生产羊毛脂醇的副产物，它能在皮肤上形成一层富脂薄膜，抗水性能好，而且对皮肤具有良好的滋润作用，能促进水蒸气对皮肤脂肪的渗透，可用于面部及眼部化妆品，也可作为香皂的泡沫改变剂、加脂。在香波中能使头发发亮、柔软、易于梳理而很少或不会引起泡沫的减少。加入气雾剂中能形成稳定的乳液，羊毛脂酸也有使胶凝状产品成型固化的作用。乙酰化羊毛脂衍生物是羊毛脂、羊毛脂醇及羊毛脂酸分子上的羟基与乙酸、乙酐反应而引入乙酰基的乙酰化产物。羊毛脂及羊毛脂醇经乙酰化改性后不但保留了原产物的优点，而且改善了原产物的色、味、黏度，特别增加了产品的亲油性、油溶性、柔软性。乙酰化羊毛脂能形成抗水薄膜，是极有效的护肤剂，其效果优于其他羊毛脂衍生物，具有稳泡防裂的作用和优良的颜料分散及粉体黏合作用。乙酰化羊毛脂醇是具有异常柔软感的亲油性润肤剂，又是油溶性扩散剂、渗透剂和增塑剂，具有软化和调理功能，可用作液体柔软剂加入手用和身体用的润肤膏和洗剂以及剃须泡沫胶中。它对于毛发有较强的附着力，可形成有光泽的膜，产生柔软和光泽感，是洗发、护发用品的理想添加剂。性能温和，安全可靠，在乳液、膏霜类护肤产品和防晒化妆品中常常与矿物油混合使用，常用于婴儿油、浴液、唇膏、发油和发胶等化妆品。乙氧基化（或聚氧乙烯）羊毛醇醚是氢化羊毛脂中的游离羟基或羊毛脂醇中的羟基与环氧乙烷（EO）进行反应制得的乳白色微带气味的蜡状固体，稳定性高，吸水性好。随着聚氧乙烯链的增加，产品的水溶性、醇溶性和表面活性逐渐增加。在 O/W 乳状液中作乳化剂，能起到助溶剂、胶凝剂、湿润剂及分散剂的作用。用于香波、洗涤剂、香皂、洗手剂和溶剂，降低皮肤的干燥感，并能改进头发的梳理性，获得柔软的手感。还可作为聚合物等的增塑剂用于喷雾或非喷雾的整发用品。在香水配方中加入乙氧基化羊毛脂醇，能使香水清澈，具抗汗作用。

（3）聚硅氧烷 又称硅油或硅酮。是一类以重复的 Si—O 键为主链，硅原子上直接连接有机基团的聚合物，它及其衍生物是化妆品的一种优质原料，无臭、无毒，对皮肤无刺激性。硅氧烷化合物在个人护理产品中的应用已经取得了显著的增长，新型化妆品配方中不含硅氧烷化合物的寥寥无几。聚硅氧烷具有生理惰性和良好的化学稳定性，有良好的护肤功能和润滑性能，抗紫外线辐射作用和透气性好，对香精香料有缓释作用，抗静电好，具有明显的防尘功能，且不影响与其他成分的复配。常用的有聚二甲基硅氧烷、聚甲基苯基硅氧烷、环状聚硅氧烷等。聚二甲基硅氧烷由于具有较好的柔软性，在化妆品中常取代传统的油性原料，如石蜡、凡士林等来制造化妆品，如膏霜类、乳液、唇膏、眼影膏、睫毛膏、香波等。聚甲基苯基硅氧烷为无色或浅黄色透明液体，对皮肤渗透性好，用后肤感良好，可增加皮肤的柔软性，加深头发的颜色，保持自然光泽，常用在高级护肤制品以及美容化妆品中。环状聚硅氧烷黏稠度低，挥发性好，主要用于化妆品中，如膏霜类、乳液、浴油、香波、古龙水、棒状化妆品，抑汗产品等。

（4）脂肪酸、脂肪醇和相应的酯 作为化妆品原料的脂肪酸有许多种，如月桂酸、肉豆蔻酸、棕榈酸、硬脂酸、异硬脂酸、油脂等。脂肪酸作为化妆品的原料，主要和氢氧化钾或三乙醇胺等作用生成肥皂作为乳化剂和分散剂，常用的是月桂酸、肉豆蔻酸和硬脂酸。它们均为白色结晶蜡状固体，月桂酸皂类的起泡性好，泡沫稳定，主要用于香波、洗面乳及剃须膏等制品；肉豆蔻酸皂主要用作洗面奶及剃须膏的原料。棕榈酸为膏霜类、乳液、表面活性剂、油脂的原料。硬脂酸皂类则是膏霜类、发乳、化妆水和唇膏以及表面活性剂的原料。

脂肪醇主要作为保湿剂，如月桂醇、鲸蜡醇、硬脂醇等；丙二醇、丙三醇、山梨醇等可以作为黏度剂、降低剂、定型剂和香料的溶剂在化妆品中使用。月桂醇很少直接用在化妆品中，多用作表面活性剂；鲸蜡醇作为膏霜、乳液的基本油脂原料，广泛应用于化妆品中。硬脂醇是制备膏霜、乳液的基本原料，与十六醇匹配使用于唇膏产品的生产。

脂肪酸酯多为高级脂肪酸与低分子量一元醇的酯化产物。其特点是与油脂有互溶性，黏度低，延展性好，对皮肤渗透性好，在化妆品中应用较广。硬脂酸丁酯是指甲油、唇膏的原料；肉豆蔻酸异丙酯、棕榈酸异丙酯可用在护发、护肤以及美容化妆品中；硬脂酸异辛酯主要用在膏霜制品中。

5.3.2 化妆品中的粉质原料

粉质是香粉、爽身粉、痱子粉、胭脂等化妆品的基质原料，在粉底霜、牙膏中也大量用到。粉质原料都是一些粒度很小的亲水性的固体粒子，不溶于水，磨细后在化妆品中发挥其遮盖、滑爽、吸收、吸附及摩擦等功能，对皮肤具有吸汗、爽肤、杀菌、抑痱、除痱等作用。

粉质原料应符合以下要求：①对皮肤无任何刺激性；②杂菌含量应小于 10 只/g，不得检出金黄色葡萄球菌等致病菌；③含铅量应小于 20×10^{-6}、汞含量应小于 2×10^{-6}、砷含量应小于 5×10^{-6}。

化妆品中经常使用的粉质原料有滑石粉、高岭上、硅藻土、方解石粉、钛白粉、氧化锌、氧化铝、碳酸钙、氢氧化铝等近 20 种。

(1) 滑石粉　是天然的含水硅酸镁，通常呈致密的块状、叶片状、放射状、纤维状集合体。无色透明或白色，有时因含少量的杂质而呈现浅绿、浅黄、浅棕甚至浅红色；解理面上呈珍珠光泽。硬度 1H，相对密度 2.7～2.8，手摸有柔软油腻感。无臭，无味。在水、稀酸或稀碱溶液中均不溶解。滑石具有润滑性、抗黏、助流、耐火性、抗酸性、绝缘性、熔点高、化学性不活泼、遮盖力良好、柔软、光泽好、吸附力强等优良的理化特性。由于滑石的结晶构造是呈层状的，所以具有易分裂成鳞片的趋向和特殊的滑润性，可作药用，是制造香粉、粉饼、爽身粉、痱子粉、胭脂等的主要原料。

(2) 高岭土　又称白土或瓷土。由高岭矿石（岩石中的火成岩、水成岩等母岩经自然风化作用分解而成）经加工而制得的一种白色或浅灰色粉末，质纯的高岭土具有白度高、质软、易分散悬浮于水中、良好的可塑性和高的黏结性、优良的电绝缘性能；具有良好的抗酸溶性、很低的阳离子交换量、较好的耐火性等理化性质。因此高岭土已成为造纸、陶瓷、橡胶、化工、涂料、医药和国防等几十个行业所必需的矿物原料。用于香粉中有吸收汗液的作用，与滑石粉复用，能消除滑石粉的闪光，用于制造香粉、粉饼、水粉、胭脂等。

(3) 钛白粉　有金红石型和锐钛型两种结构，金红石晶体结构致密，比较稳定，光学活性小，因而耐候性好，同时有较高的遮盖力、消色力，用于香粉中起遮盖作用。由于钛白粉无毒，远比铅白优越，各种香粉几乎都用钛白粉来代替铅白和锌白。香粉中只须加入 5%～8% 的钛白粉就可以得到永久白色，使香料更滑腻，有附着力、吸收力和遮盖力。在水粉和冷霜中钛白粉可减弱油腻及透明的感觉。其他各种香料、防晒霜、皂片、白色香皂和牙膏中也可用钛白粉。

(4) 氧化锌　俗称锌白，白色固体，相对密度 5.606，熔点 1975℃（分解），沸点 2360℃，难溶于水，在水中溶解度仅 0.16mg/100mL（30℃）。可溶于酸和强碱。有杀菌作用，遮盖力好，用于香粉类制品。

(5) 硬脂酸锌　白色轻质粉末，微臭，相对密度 1.095，有滑腻感、较好的黏附性，不溶于水、乙醇、乙醚，溶于热的乙醇、苯和松节油等有机溶剂，遇强酸则分解为硬脂酸和相应的锌盐。有吸湿性。水分≤2%，熔点≥120℃，总灰分≤14.3%，细度为 200 目筛通过率大于 99%，锌含量 13.1%～14.1%，游离酸≤1.0%。主要用作苯乙烯树脂、酚醛树脂、氨基树脂的润滑剂和脱模剂，用作橡胶制品的软化润滑剂、纺织品的打光剂、聚氯乙烯塑料的稳定剂、油漆和珐琅的平光剂以及香粉类化妆品、面粉的原料等。

(6) 硬脂酸镁　外观为细小的轻的白色粉末，熔点 88.5℃，无臭、无味，溶于热酒精，不溶于水，遇酸分解，手感滑腻，有很好的黏附性，主要成分是以硬脂酸镁与棕榈酸镁为主的混合物。有润滑、抗黏、助流作用。在药物制剂中主要用作片剂、胶囊剂的润滑剂、助流剂或抗黏剂，用于香粉类制品。使用比例为 0.25%～2.0%。

(7) 硅藻土　由天然硅藻土（单细胞藻类沉积于海底或湖底所形成的一种化石）经粉碎煅烧而制得的一种白色或淡灰色粉末，其主要成分为二氧化硅，主要用于生产香粉、粉饼等。

(8) 方解石粉　由含有 95% 碳酸钙的天然矿石经粉碎加工而制得的一种白色至灰白色三方晶系有光泽粉末，无臭无味。主要用于生产牙膏。

(9) 碳酸钙、碳酸镁　无臭、无味、不溶于水的白色细粉，化妆品中利用其吸附和摩擦作用，普遍用于牙膏和香粉中。

5.3.3　化妆品中的胶质原料（增稠剂）

化妆品中的胶质原料是指能够调整化妆品流变特性或者赋予其成膜性的原料，可分为三大类：水相增稠剂、油相增稠剂及降黏剂。

5.3.3.1　水相增稠剂

用于增加化妆品水相黏度的原料，其增加水相黏度的能力与其水溶性和亲水性质有关，主要是水溶性高分子，它们是结构中具有羟基、羧基或氨基等亲水基的高分子化合物，分为天然高分子（明胶、果胶、海藻酸钠、淀粉、阿拉伯树胶、硅酸铝等），半合成高分子（甲基纤维素、羧甲基纤维素、羟乙基纤维素等）和合成高分子（聚乙烯醇、聚丙烯酸钠、聚乙烯吡咯烷酮、聚氧乙烯等）三类。水溶性高分子在化妆品中的作用主要有：①提高分散体系的稳定性，具有胶体保护作用；②提高乳液的触变性，具有增黏作用；③降低乳液的表面张力，具有乳化和分散作用；④提高成膜性和定型效果；⑤提高粉类原料的黏合性；⑥具有泡沫稳定作用；⑦具有保湿及营养保健功能。在膏霜乳液、香波、发胶、护发水、香粉等化妆品中有着较为广泛的应用。常用的水相增稠剂有以下几种。

（1）瓜尔豆胶　白色至淡黄褐色粉末。由豆科植物瓜尔豆的种子去皮、去胚芽后的胚乳部分干燥粉碎后加水进行加压水解，再用 20％的乙醇沉淀、离心分离、干燥粉碎而得。主要成分是相对分子质量为 5 万～80 万的半乳甘露聚糖，即由半乳糖和甘露糖（1：2）组成的高分子量水解胶体多糖类，能分散在水中形成黏稠液。1％水溶液黏度为 4～5Pa·s，为天然胶中黏度最高的。添加少量四硼酸钠则转变成凝胶。水溶液为中性，黏度随 pH 值的变化而变化，pH 值 6～8 时黏度最高，pH10 以上则迅速降低，pH3.5～6 内随 pH 值降低。pH3.5 以下黏度又增大。主要用作增稠剂、稳定剂。在化妆品乳状液中用作稳定剂和黏度调节剂。

（2）黄原胶　又称黄胶、汉生胶，单胞多糖，淡白色或浅米黄色粉末，是一种由假黄单胞菌属发酵产生的单胞多糖，可以溶于水，具有高黏度，高耐酸、碱、盐特性，高耐热稳定性，悬浮性，触变性等。

与其他多糖类溶液相比，即使是低浓度也会产生很高的黏度，1％水溶液黏度相当于明胶的 100 倍，从而可作为良好的增稠和稳定剂；在剪切作用下，溶液的黏度会迅速下降，一旦剪切作用解除，溶液的黏度会立即恢复，这种特性赋予食品如冰淇淋、火腿肠、果汁和植物蛋白型饮料、焙烤食品以良好的口感；在较大的温度范围内（−18～130℃）保持特有的功能，是生产冷冻食品和焙烤食品的良好辅料；其黏度基本上不受酸、碱的影响，在 pH 值 1～12 范围内能保持原有特性，从而使其有广泛的应用范围；具有极强的抗氧化和抗酶解作用，即使在次氯酸钠、双氧水、生物活性酶存在的条件下仍能发挥作用；与高浓度盐类、糖类共存时仍保持稳定的增稠体系，对不溶性固体颗粒和油滴具有良好的悬浮性；已经形成的稳定体系，即使在微波炉中冻结-解冻都对其性能不会产生影响。常被用作增稠剂、乳化剂、悬浮剂、稳定剂，广泛应用于日用化工、采油、涂料、食品、医药、采油、纺织、陶瓷、印染等领域。在化妆品中主要用作膏霜、乳液和牙膏的增稠剂、稳定剂、悬浮剂、乳化剂和泡沫增强剂。特别适合改善其温度稳定性和在较宽 pH 值范围的稳定性。必须注意：黄原胶的水制品应尽快使用，存放时注意防腐。

（3）明胶　为淡黄色至黄色、半透明微带光泽的粉粒或薄片，是由动物的皮肤、骨头、韧带、肌腱中的胶原经酸或碱部分水解或在水中煮沸、提炼得到；无臭；潮湿后易被细菌分解；在 35～40℃水中久浸即吸水膨胀并软化形成凝胶，重量可增加 5～10 倍。在热水、醋酸或甘油与水的热混合液中溶解，在乙醇、氯仿或乙醚中不溶。

广泛用于食品和制作黏合剂、感光底片、滤光片等。通常用来制作果冻和其他甜点，在化妆品中主要应用于膏霜、乳液和牙膏的增稠剂、保湿剂、稳定剂、乳化剂和皮肤保护剂、抗刺激剂等。

（4）羧甲基纤维素　属阴离子型纤维素醚类，由氢氧化钠处理纤维素形成碱纤维素，再与一氯醋酸反应制得。构成纤维素的葡萄糖单位有 3 个可被置换的羟基，因此具有不同置换度的产品。外观为白色或微黄色絮状纤维粉末或白色粉末，无臭无味，无毒；易溶于水，不溶于乙醇、乙醚、异丙醇、丙酮等有机溶剂，可溶于含水 60％的乙醇或丙酮溶液。有吸湿性，与水形成具有一定黏度的中性或微碱性透明溶液，对光、热稳定，黏度随温度升高而降低，溶液在 pH 值 2～10 稳定，pH 低于 2 时有固体析出，pH 值高于 10 时黏度急剧降低。变色温度 227℃，炭化温度 252℃，2％水溶液表面张力 71mN/m。羧甲基纤维素的 pK_a 在纯水中约为 4，在 0.5mol/L NaCl 中约为 3.5，是弱酸性阳离子交换剂，通常用于中性和碱性蛋白质的分离（于 pH4 以上）。40％以上羟基为羧甲基置换者可溶于水形成稳定的高黏度胶体溶液。

（5）羟乙基纤维素　主要应用于化妆品的增稠剂、保湿剂、稳定剂、乳化剂、薄膜成膜剂、黏结剂和保湿剂等。白色或微黄色无臭无味易流动的粉末，40 目过筛率≥99％；软化温度 135～140℃；表现密度 0.35～0.61g/mL；分解温度 205～210℃；燃烧速度较慢；易溶于水，高温或煮沸不沉淀，在大多数有机溶媒中不溶。pH 值在 2～12 范围内黏度变化较小，但超过此范围黏度下降。羟乙基纤维素作为一种非离子型的表面活性剂，除具有增稠、悬浮、黏合、乳化、成膜、分散、保水及提供保护胶体作用外，还可与大部分其他水溶性聚合物、表面活性剂、盐共存，是含高浓度电解质溶液的一种优良的胶体增稠剂；保水能力比甲基纤维素高出一倍，具有较好的流动调节性，羟乙基纤维素的分散能力比甲基纤维素和羟丙基甲基纤维素差，但保护胶体能力比它们强。一般用作增稠剂、保护剂、黏合剂、稳定剂以及制备乳剂、冻胶、软膏、洗剂、清眼剂、栓剂和片剂的添加剂，亦用作亲水凝胶、骨架材料、制备骨架型缓释制剂，还可用于食品方面作稳定剂等。

（6）丙烯酸聚合物　别名 Carbopol 树脂。外观均为松散白色粉末，微酸性。表观密度为 0.21g/cm³，0.5％水分散液的 pH 值为 2.7～3.5。型号不同的卡波树脂，其溶液黏度不同，以 0.5％浓度为例，CBP-A（940）的黏度为 40000～60000mPa·s，CBP-B（934）的黏度为 30000～40000mPa·s，CBP-C（941）的黏度为 6000～11000mPa·s。粉末状的卡波树脂在水中吸水溶胀，形成一种酸性黏稠的乳白色胶液，这种胶液的流动性很好，是不透明的，必须经过中和，即用氢氧化钠、氢氧化钾、碳酸氢钾、硼砂、氨基酸类、极性有机胺类如三乙醇胺等碱性溶液调节 pH 值到 7 左右，才能形成晶莹剔透水晶般的凝胶。卡波树脂以酸性形式存在时亲水，在水及极性有机溶剂中（如乙醇、甘油等）容易溶胀。由于分子中含有 56％～68％羧酸基团，树脂呈弱酸性，很容易与无机和有机碱类反应生成盐类。卡波树脂可用作悬浮剂、稳定剂、乳化剂、稠化剂、凝胶剂、高级化妆品的透明基质及药用辅料基质，也是最有效的水溶性增稠剂，能很有效地稳定 O/W 乳液，持久地使不溶性组分悬浮，改善制品组织结构和外观，改善其流动性，特别适用于透明凝胶类产品，一般添加量为 0.2％～1.0％，多为 0.2％～0.5％。紫外线对卡波凝胶体系有一定影响。本品吸湿性很强，应密闭存放于避光阴凉干燥处。对眼黏膜具有刺激性。

卡波树脂液使用时应注意，向其中加入可溶性的盐、VC、酸性很强的溶液（柠檬水、醋）等会明显降低树脂液的黏度。虽然卡波树脂本身无营养，不支持细菌和霉菌生长，但也不能阻止细菌和霉菌利用凝胶体系中存在的营养成分生长。所以一次不要配太多，当然也可以根据需要酌情添加点防腐剂。配制护肤品时，卡波树脂的浓度建议在 0.5％左右比较合适，浓度大于0.8%容易成膜，肤感不好。

(7) **丙烯酸衍生物的聚合物** 丙烯酸衍生物中的丙烯酸甲酯、甲基丙烯酸甲酯、丙烯酰胺、丙烯腈、α-氰代丙烯酸酯等都是很重要的单体。聚甲基丙烯酸的性质基本上与聚丙烯酸相似。聚丙烯酸甲酯广泛用于制造胶黏剂；聚甲基丙烯酸甲酯是刚性硬质无色透明材料，透光性优异，通常称为"有机玻璃"（见聚甲基丙烯酸酯）；密度为$1.18\sim1.19g/cm^3$，折射率较小，约1.49，透光率达92%，雾度不大于2%，是优质有机透明材料。聚丙烯酰胺作为亲水性聚合物，广泛用于土壤改良、选矿、絮凝剂、凝固剂及生物医用材料方面；聚丙烯腈是很重要的纤维品种之一，用作羊毛代用品。α-氰代丙烯酸甲酯与其他单体共聚，可提高共聚物的软化点。α-羧甲基丙烯酸与丙烯腈共聚，可改进聚丙烯腈纤维的吸水性和染色性能。

(8) **丙烯酸酯/$C_{10}\sim C_{30}$烷基丙烯酸酯聚合物** 别名Pemulen TR，主要用做聚合物型乳化剂，可用于润肤乳液、洗面乳、防水防晒乳液、护发素和洗手液等。特别适用于无醇香水和阳离子护肤乳液，可降低阳离子表面活性剂的刺激性，改善产品的外观和用后感。Pemulen TR用于黏度较高的乳液；在pH=4~5.5时，可乳化质量分数为20%的油类。当使用Pemulen TR增稠水时，与Carbopol树脂一起使用，可获得较高黏度。

(9) **丙烯酸酯/硬脂醇聚氧乙烯醚(20)甲基丙烯酸酯聚合物** 主要用于香波、乳液、去头屑香波、淋浴凝胶、泡沫浴、头发定型凝胶、液体皂、无水手用清洁剂和润肤霜等。

(10) **甘油聚甲基丙烯酸酯聚合物** 主要用作保湿剂、流变特性和感官特性改进剂。

(11) **甲基葡糖苷聚氧乙烯(20)醚二油酸酯** 别名Glucamate DOE-120。主要用做香波和液体皂的增稠剂、乳液的助乳化剂。

(12) **聚乙烯醇** 白色片状、絮状或粉末状固体，无味。溶于水（一般需加热到65~75℃），不溶于汽油、煤油、植物油、苯、甲苯、二氯乙烷、四氯化碳、丙酮、醋酸乙酯、甲醇、乙二醇等，微溶于二甲基亚砜，120~150℃可溶于甘油，但冷至室温时成为胶冻。相对密度（25℃/4℃）1.27~1.31（固体）、1.02（10%溶液）。

聚乙烯醇是重要的化工原料，用于制造聚乙烯醇缩醛、耐汽油管道和维尼纶合成纤维、织物处理剂、乳化剂、纸张涂层、黏合剂等。在化妆品中主要用做黏合剂、成膜剂、增稠剂、抗再沉积剂和助乳化剂等。可用于配制天然油、脂肪和蜡的稳定乳液，也可配制冷霜、洗涤霜、剃须霜和面膜等。

(13) **甲基乙烯基醚/马来酸酐-癸二烯共聚物** 主要用做各类凝胶、膏霜、乳液和水剂的增稠剂，它容易分散，增稠效率比其他高聚物增稠剂高。它不仅可用于水溶液，而且也可用于其他溶剂（如乙醇、丙醇和甘油等）。它赋予产品很好的触变性、优良的组织结构和外观以及高的稳定性。也适用于制造水性凝胶，如护发和护肤喷雾凝胶。

(14) **聚氨基甲酰聚乙二醇酯** 主要用作增稠剂、稳定剂和悬浮剂。用于发类制品（烫发剂和护发素）、膏霜类制品（医用膏体、美容化妆品、睫毛油膏和含AHA膏霜）、乳液制品（收缩乳液和止汗液）、过氧化物的乳液（含过氧苯甲酰抗粉刺乳液、漂白剂/烫发剂、过氧化氢皮肤消毒剂）。此外还可用于阳离子二甲基硅氧烷乳液和防晒用品。

(15) **水辉石** 又名硅酸镁锂，外观为白色粉末，无毒、无味，在水性体系中晶体平均尺寸为7.6nm，具有纳米特性。硅酸镁锂具有独特的成胶性、触变性和吸附性，不被细菌、加热和机械剪切破坏分解，常作为增稠剂、悬浮剂、防沉剂、黏合剂、触变剂和分散剂使用，是理想的黏度、稠度调理剂，是配方师的好助手。在化妆品中与甘油等营养离子混合后能保水滋润皮肤，使皮肤变得细腻、光滑，增加皮肤的弹性，使皮肤增白；吸附自来水中的阳离子，具有优良的硬水软化性能，用于洗发香波、浴液使洗涤效果更舒畅、靓丽、健康；具有修复肌肤的功能，用于化妆品可使皮肤变嫩变白；用于洗发香波具有护发和防止、治疗脱发的作用；在牙膏中与 CMC 混合使用时能形成稳定的膏体、增进牙膏的触变性和分散性并改善出条结构，降低卡拉胶和 CMC 的用量，可健龈洁齿。在膏霜、乳液类产品中控制触变性和改善黏度，使稠密的膏霜流畅地涂抹；还可改善化妆品的肤感，增加雅致感，降低或消除有机凝胶和聚合物的黏腻、胶质感或挂丝等；与表面活性剂协同作用，去油污能力强，对污垢的渗透性、分散性、乳化性以及杀菌、防锈、防腐蚀性较好，在已有的工业化助洗剂中对环境污染最少，是目前替代含磷助洗剂的最合适的洗涤剂助洗剂。

（16）硅酸铝镁　白色的复合胶态物质，含水量小于 8%，结合水 7.2%。呈白色小片状或粉状，无毒，无臭，无味。不溶于水和醇，在水中分散，pH 值为 7.5～9.5，流变性和触变性好。是一种比表面积非常大、微孔体系非常发达的物质，可以作为吸附剂、吸收剂（能够吸收三倍质量的液体）、防潮剂等。胶体在 pH3.5～11 稳定，常用量为 0.5%～2.5%，最高用量为 5%。在化妆品和其他工业中主要用作悬浮剂、乳液稳定剂、增稠剂，具有良好的热稳定性，赋予产品触变性，改善肤感。

（17）膨润土　膨润土的主要矿物成分是蒙脱石，含量在 85%～90%，可以是致密块状，也可为松散的土状，用手指搓磨时有滑感，小块体加水后体积胀大数倍至 20～30 倍，在水中呈悬浮状，水少时呈糊状。蒙脱石可呈现各种颜色如黄绿、黄白、灰、白色等等。膨润土的层间阳离子种类决定其类型，层间阳离子为 Na^+ 时称钠基膨润土，层间阳离子为 Ca^{2+} 时称钙基膨润土，层间阳离子为 H^+ 时称氢基膨润土（活性白土），层间阳离子为有机阳离子时称有机膨润土。膨润土具有很强的吸湿性，能吸附相当于自身体积 8～20 倍的水而膨胀至 30 倍；在水介质中能分散呈胶体悬浮液，并具有一定的黏滞性、触变性和润滑性，它和泥沙等的掺和物具有可塑性和黏结性，有较强的阳离子交换能力和吸附能力。因此用于钻井泥浆、阻燃（悬浮灭火）；还可在造纸工业中做填料，可优化涂料的性能如附着力、遮盖力、耐水性、耐洗刷性等；可代替淀粉用于纺织工业中的纱线上浆，既节粮，又不起毛，浆后无异味。由于它具有特殊的性质，如膨润性、黏结性、吸附性、催化性、触变性、悬浮性以及阳离子交换性等等，广泛用于冶金、石油、铸造、食品、化工、环保及其他各个工业领域，可做黏结剂、悬浮剂、触变剂、稳定剂、净化脱色剂、充填料、饲料、催化剂等，并可使气雾剂中活性物均匀输运。

5.3.3.2　油相增稠剂

油相增稠剂是指用于增加或改变化妆品油相黏度的原料。这类原料除了熔点比较高的油脂原料如脂肪酸盐、长链脂肪醇、长链脂肪酸酯、蜡类、氢化油脂、聚二甲基硅氧烷和一些油溶聚合物以外，还包括三羟基硬脂酸甘油酯和铝/镁氢氧化物硬脂酸配合物等。

（1）三羟基硬脂酸甘油酯　主要用于棒状制品（唇膏和止汗剂），使之在熔化和静置阶段保持其均匀性，防止接触时被转移，增加高温的整体性，减少油分迁移；提高 W/O 膏霜乳液的滴点温度，减少脱水收缩，改善乳液稳定性能，冷加工、乳化。

（2）铝/镁氢氧化物硬脂酸配合物　主要用做 W/O 体系的流变性改进添加剂、稳定剂和乳化剂。用于日常护肤膏霜、防晒制品、美容化妆品、湿粉、脱毛剂、止汗剂和隔离霜中。

5.3.3.3　降黏剂

降黏剂是指用于降低化妆品黏度，增加产品流动性的原料。其作用机理相对复杂，其效率与浓度有关，并视不同类型而异。包括无机盐、有机酸盐、硅油、硅酮及乙醇等。

5.3.4　化妆品中的溶剂

化妆品中使用溶剂，一方面是利用它对其他组分的溶解性，另一方面还要利用其挥发、润湿、润滑、增塑、保香、防冻及收敛等性能。溶剂是膏、浆、液状化妆品中不可缺少的主要成分。在配方中它与其他成分互相配合，使制剂具有一定的物理化学特性。固体化妆品中有时也需要一定溶剂的配合，如粉饼成型时用溶剂作胶黏，香料和颜料也需要溶剂溶解。

(1) 水　水是化妆品的重要原料，也是性能优良、最廉价的溶剂。水质的好坏直接影响产品的质量和生产的成败。化妆品所用的水，要求水质纯净、无色、无味，且不含钙、镁等金属离子，无杂质。天然水或自来水中均含有一定量的杂质、无机盐类及某些可溶性有机物等，水里溶解的无机盐在水中以离子状态存在，常见的离子有钙、镁、钾、钠、铁、铜等阳离子和氯离子、硫酸根、碳酸根等阴离子。天然水或自来水必须经过处理才可用于化妆品，还须对水进行灭菌，灭菌的方法有加热法（煮沸 20min）、超精细过滤法和紫外线照射法等几种。

(2) 溶剂　还有一些化妆品需要靠有机溶剂来溶解某些成分。除低分子烷烃及其衍生物外，经常使用乙醇、异丙醇、丙酮有机溶剂。在制造香水、花露水及洗发水等产品时可利用乙醇的溶解、挥发、芳香、抗冻、灭菌、收敛等特性。低碳醇是香料、油脂的溶剂，能使化妆品具有清凉感，并且有杀菌作用。高碳醇除在化妆品直接使用外，还可作为表面活性剂亲油基的原料。常用的醇还有四氢糖醇、月桂醇、十五醇（鲸蜡醇）、十八醇、油醇、羊毛脂醇。多元醇如乙二醇、聚乙二醇、丙二醇、甘油、山梨糖醇等是化妆品的主要原料，可作香料的溶剂、定香剂、黏度调节剂、凝固点降低剂、保湿剂，此外，也是非离子表面活性剂的亲水基原料。

5.3.5　化妆品中的乳化剂

制备膏霜类化妆品时，为促进乳化体的形成并获得稳定的乳化体，需要加入乳化剂。膏霜和乳液类化妆品的外观及稳定性均依赖于乳化剂。理想的化妆品乳化体系有如下要求：①较好的稳定性，能经受不同地区、不同温度环境和使用过程中的涂抹影响等，确保 3 年保质期的稳定；②具有较高的安全性，对皮肤安全无刺激；③能提供良好的外观，满足消费者的视觉需要；④能提供良好的肤感；⑤具有对功效添加剂的承载能力，具有一定的耐离子性。

有关化妆品中乳化剂的选择、乳化体系的配制参见 3.4 的相关内容，化妆品中常用乳化剂的品种列举如下。

(1) 阴离子表面活性剂　硬脂酸钾、月桂酸钾、油酸三乙醇胺、月桂醇硫酸钠、聚氧乙烯月桂醇醚硫酸钠、单月桂酸甘油酯硫酸钠、N,N-油酰甲基牛磺酸钠、磺化琥珀酸酯盐、单月桂酸甘油酯磺酸钠、高碳磷酸酯盐等。

(2) 阳离子表面活性剂　十二烷基二甲基苄基氯化铵、十六烷基三甲基溴化铵、酰胺基胺盐等。

(3) 非离子表面活性剂　月桂酸二乙醇胺、月桂酸二丙醇胺、聚氧乙烯十八烷基醚、失水山梨醇单月桂酸酯等。

(4) 两性离子表面活性剂　十二烷基二甲基甜菜碱、N-十二烷基-β-氨基丙酸、咪唑啉季铵盐、卵磷脂等。

对化妆品的稳定性试验分三个方面。①耐热：50℃下贮存 7 天，恢复室温后，不分层，无析水，外观细腻稳定为合格。②耐寒：−15℃下贮存 48h，恢复室温后，不分层，无析水，外观细腻稳定为合格。③机械稳定性：3000r/min 下离心 30min，静置后，不分层，无析水，外观细腻稳定为合格。

5.3.6　化妆品中的保湿剂

保湿剂又称为滋润剂，在化妆品中具有保持、延缓或阻止水分挥发的作用：一是防止化妆品中水分挥发而发生膏体干裂，并起到抑菌和保香的作用；二是在使用时保湿，保持皮肤滋润，防止皮肤角质层的水分挥发。保湿剂在一定空气湿度下的保湿能力（吸湿能力）的测试试验是先让保湿剂充分吸水，然后在相对湿度为 65％的空气中放置 30 天，称量保湿剂 30 天前后重量的变化来表示。一般来说在化妆品配方中保湿剂是必须添加的，常用的保湿剂有：2-吡咯烷酮-5-羧酸钠，甘油，丙二醇，山梨醇等，它们的保湿力依次为 60％、40％、30％和 10％。

值得一提的是，人体皮肤的角质中存在着一种称为天然保湿因子（NMF）的亲水性吸湿物质，对皮肤的保湿起着重要的作用，NMF 的主要成分为吡咯烷酮-5-羧酸钠。角质层的含水量应保持在 10％～20％，皮肤才能显得光滑、柔软和富有弹性。否则会干燥、粗糙，甚至皲裂。

5.3.7 化妆品中的抗氧剂和防腐剂

5.3.7.1 抗氧化作用

化妆品中含有动植物油脂、矿物油，这些组分在空气中和在光或金属等催化下能发生自动氧化而产生有害于人体健康的物质，因而，必须添加抗氧化剂防止化妆品的自动氧化。抗氧化剂大致分为苯酚系、醌系、胺系、有机酸、酯类以及硫、磷、硒等的无机酸及其盐类。

油脂的氧化酸败过程，一般认为是按自由基链式反应进行的，抗氧剂的作用在于它能抑制自由基链式反应的进行，即阻止链增长阶段的进行。有些抗氧化剂的作用原理是它自身比油脂更容易被空气氧化，因而能够延缓或防止油脂的氧化。影响油脂氧化的因素除了油脂的脂肪酸组成外，还有氧气、温度、光照、水分、金属离子和微生物等。其中，氧气是造成酸败的主要因素，氧含量越大，酸败越快。

5.3.7.2 抗氧化剂简介

一般说来，有效的抗氧剂具有以下结构特征：①分子内具有活泼氢原子，而且比被氧化分子的部位上的活泼氢原子要更容易脱出，胺类、酚类、氢醌类分子都含有这样的氢原子；②在氨基、羟基所在的苯环上邻、对位有一个给电子基团（如烷基、烷氧基等），可使胺类、酚类的 N—H、O—H 键的极性减弱，容易释放出氢原子而提高链终止反应的能力；③随着抗氧剂分子中共轭体系的增大，使抗氧剂的效果提高，因为共轭体系增大，自由基的电子离域程度越大，这种自由基就越稳定，而不致成为引发性自由基；④抗氧剂本身应难以被氧化，否则自身因氧化作用而被破坏，起不到应有的抗氧作用；⑤抗氧剂应无色、无臭、无味，不会影响化妆品的质量，无毒、无刺激、无过敏性更是必要的；⑥与其他成分相容性好，在化妆品中能均匀分散、起到抗氧的作用。抗氧化剂按化学结构大体上可分为以下5 类。

（1）酚类 2,6-二叔丁基对甲酚、没食子酸丙酯、去甲二氢愈创木脂酸等、生育酚（维生素 E）及其衍生物。

（2）醌类 叔丁基氢醌等。

（3）胺类 乙醇胺、异羟酸、谷氨酸、酪蛋白及麻仁蛋白、卵磷脂、脑磷脂等。

（4）有机酸、醇及酯 草酸、柠檬酸、酒石酸、丙酸、丙二酸、硫代丙酸、维生素 C 及其衍生物、硫代二丙酸双月桂醇酯、硫代二丙酸双硬脂酸酯等。

（5）无机酸及其盐类 磷酸及其盐类、亚磷酸及其盐类。

抗氧化剂必须满足的条件：①只加入极少量就有阻止油脂氧化变质的作用；②抗氧化剂本身或它在反应中生成的物质，必须是安全无毒的；③不会给化妆品带来异味。抗氧化剂在含油脂的化妆品中用量一般是 0.03%～0.1%。

5.3.7.3　化妆品中常用的抗氧化剂

(1) 茶多酚　纯的茶多酚为白色无定形粉末，可溶于水和甲醇、乙醇、丙酮、乙酸乙酯等有机溶剂，微溶于油脂，不溶于氯仿。味苦涩。其耐酸性和耐热性较好，在 pH 值为 2～7 范围内十分稳定，最高耐热温度可达 250℃（1.5h），遇强碱、强酸、光照、高热及过渡金属易变质，在碱性条件下易氧化褐变，在三价铁离子存在下易分解。茶多酚具有很强的抗氧化作用，其抗氧化能力是人工合成抗氧化剂 BHT、BHA 的 4～6 倍，是维生素 E 的 6～7 倍，维生素 C 的 5～10 倍，且用量少（0.01%～0.03% 即可起作用），无合成物的潜在毒副作用，对色素和维生素类有保护作用。茶多酚是水溶性物质，用它洗脸能清除面部的油腻，收敛毛孔，具有消毒、灭菌、抗皮肤老化、减少日光中的紫外线辐射对皮肤的损伤等功效。

(2) 植酸　亦称肌醇六磷酸，简称 PH，是从米糠、麦麸等谷类和油料种子的饼粕中分离出来的含磷有机酸，它是一种安全性高的天然抗氧化剂。为浅黄色或浅褐色黏稠状液体，易溶于水、95% 乙醇、丙二醇和甘油，微溶于无水乙醇，几乎不溶于醚、苯、乙烷和氯仿。遇高温分解。相对密度 1.285，折射率 1.391。植酸作为螯合剂、抗氧化剂、保鲜剂、水的软化剂、发酵促进剂、金属防腐蚀剂等，广泛应用于食品、医药、油漆涂料、日用化工、金属加工、纺织工业、塑料工业及高分子工业等行业领域。

(3) 维生素 E　即生育酚，是一种脂溶性维生素，最主要的抗氧化剂之一。溶于脂肪和乙醇等有机溶剂中，不溶于水，可与丙酮、氯仿、乙醚、植物油混溶。对热、酸稳定，对碱不稳定，对氧敏感，经热油煎炸时维生素 E 活性明显降低。天然维生素 E 有 7 种异构体。作为抗氧化剂使用的生育酚是 7 种异构体的混合物。生育酚混合浓缩物为黄色至褐色透明黏稠液体，可含少量微晶体蜡状物，几乎无臭，对热稳定。生育酚混合浓缩物在空气中及在光照下，会缓慢地氧化变黑。可防止脂肪化合物、维生素 A、硒（Se）、含硫氨基酸和维生素 C 的氧化作用。维生素 E 能稳定细胞膜的蛋白活性结构，促进肌肉的正常发育及保持肌肤的弹性，令肌肤和身体保持活力；维生素 E 进入皮肤细胞更能直接帮助肌肤对抗自由基、紫外线和污染物的侵害，防止肌肤因一些慢性或隐性的伤害而失去弹性直至老化。日常生活中可通过补充适宜的维生素来达到养颜护肤、延缓衰老的目的。

(4) 2,6-二叔丁基-4-甲基苯酚（BHT）　别名：抗氧剂 264。相对分子质量 220.19，白色结晶或结晶状粉末，无臭，无味，为油溶性抗氧剂，不溶于水、氢氧化钾溶液和甘油，可溶于无水酒精、棉籽油、猪油等。在乙醇中溶解度为 25g/100mL（20℃），在豆油中为 30g/100mL（25℃），棉籽油中为 20g/100mL（25℃），在猪油中为 40g/100mL（40℃）。对光、热稳定性好。熔点为 68.5～70.5℃，价格低廉，抗氧效果好，BHT 对矿物油的抗氧化效果好。可单独应用，也可与其他抗氧剂合并使用。一般用量为 0.01%～2%。

(5) 叔丁羟基茴香醚（BHA）　分子式 $C_{11}H_{16}O_2$，为无色至浅黄色蜡样晶体粉末或结晶，稍有石油类臭气和刺激性气味，熔点 48～63℃，高浓度时略有酚味。不溶于水，易溶于乙醇（25g/100mL，25℃）、丙二醇和猪油、植物油。BHA 对热稳定，在弱碱条件下不易被破坏，与金属离子作用不变色。BHA 具有较强的抗细菌能力，可阻止寄生曲霉孢子的生长和阻碍黄曲霉毒素的生成。但在化妆品中很少单独使用，常与 BHT 合并使用，与没食子酸丙酯、柠檬酸、丙二醇等配合使用抗氧效果更佳，常以 20% 的 BHA、6% 的没食子酸丙酯、4% 的柠檬酸及 70% 的丙二醇一起组成混合物，作为商品抗氧剂使用。但它对敏感皮肤仍有些刺激性，且遇铁离子会变色。与没食子酸丙酯、柠檬酸、磷酸有很好的协同效果。BHA 低浓度时抑制氧化的能力大，对动物油脂的防腐效果好。参考用量 0.005%～0.02%。

(6) 没食子酸丙酯　别名五倍子酸丙酯，简称 PG，分子式：$C_{10}H_{12}O_5$，为白色至淡褐

223

色结晶性粉末或乳白色针状结晶，无臭，稍有苦味，水溶液无味（0.25％的水溶液pH值为5.5左右）。难溶于冷水（溶解度为0.35g/100mL，20℃），易溶于乙醇（25g/100mL，25℃）、丙二醇、甘油等。对油脂的溶解度与对水的溶解度差不多 [花生油中0.5％（20℃），棉籽油中1.2％（30℃）]。在水溶液中结晶可得一水配合物，在105℃即可失水变成无水物。熔点146～148℃，对热较敏感，在熔点时即分解，遇铜离子、铁离子发生呈色反应，变为紫色或暗绿色，所以最好与适当的金属络合剂如柠檬酸一同使用。有吸潮性，光照可促进分解。没食子酸丙酯作为脂溶性抗氧化剂，适宜在植物油脂中使用，在低浓度时对植物油的防腐效果最好，如对豆油、棉籽油、棕榈油、不饱和脂肪及氢化植物油有显著效果。对动物脂肪的抗氧化作用较丁基羟基茴香醚或二丁基羟基甲苯强。没食子酸丙酯与增效剂结合使用时其抗氧化作用会更佳，与丁基羟基茴香醚、二丁基羟基甲苯混合使用效果也比单独使用时要好。与BHA和BHT并用有良好的增效作用。与有协同作用的柠檬酸或酒石酸等并用不仅有增效作用，而且可以防止由金属离子引起的呈色作用。在100g化妆品中的最大添加量为0.01g。

（7）维生素C　别名抗坏血酸，为白色至微黄色结晶或晶体粉末和颗粒，无臭，带酸味。干燥状态性质较稳定，但热稳定性较差，在水溶液中易受氧化而分解，在中性和碱性溶液中分解尤甚，在pH值为3.4～4.5时较稳定。易溶于水、乙醇，不溶于乙醚、氯仿和苯。主要用作抗氧化增效剂，终止自由基的氧化过程。与卵磷脂和生育酚复配时，有增效作用。抗坏血酸的生理活性比异抗坏血酸强20倍，然而，抗氧化作用则是异抗坏血酸更强，价格也较低廉，但耐热性差。一般用量为0.01％～0.5％。

（8）异抗坏血酸　为白色至淡黄色结晶或结晶粉末，为维生素C的异构体之一。有强还原性，无臭，有酸味。溶于水、乙醇，稍溶于甘油。异抗坏血酸水溶液遇空气、金属离子、热及光可分解。

（9）维生素C棕榈酸酯　化学名称6-棕榈酰-L-抗坏血酸，是一种无毒、无害的多功能营养性抗氧化剂，不仅保留L-抗坏血酸抗氧化特性，且在动植物油中具有相当的溶解度。抗坏血酸棕榈酸酯是最强脂溶性抗氧化剂之一，具有安全、无毒、高效、耐热等特点，同时还具有乳化性和抑菌活性。用做维生素E的抗氧增白剂，在油脂中抗氧效果非常明显，具有抗氧化及营养强化功能，且耐高温，适用于医药、保健品、化妆品等，是一种极具应用前景的抗氧化剂。推荐用量0.5％～2.0％。

5.3.7.4　化妆品的防腐

化妆品中富含蛋白质、维生素、水分，容易滋生、繁殖细菌、霉菌、酵母等微生物。尤其是在水包油乳状液中，往往比油包水乳状液更易滋生微生物，进而使化妆品变质，表现为乳状液破坏、透明液变浑、产品有异味、pH值降低、发生色变或产生气泡等。为了防止化妆品变质，需要加入防腐剂，防止和保护化妆品因微生物的作用而变质败坏。防腐剂的用量一般在0.1％～1.0％。

防腐剂的选用原则如下。

（1）产品本身不具备微生物生长条件的配方中不需加防腐剂　pH值高于10或低于2.5的产品，乙醇含量超过40％的产品，甘油、山梨酸和丙二醛等在水相中的含量高于50％及含有高浓度香精的产品都可不加防腐剂。

（2）pH值　由于很多防腐剂只能在很狭窄pH值范围内发挥最好的效果，因此选用防腐剂时应注意其pH值。

（3）配伍性　配方中各组分对防腐剂的影响，尤其是非离子表面活性剂的产品更要特别注意。通过抑菌试验可得出选用何种防腐剂。

（4）溶解性　如果是乳化体，对油相则加油溶性防腐剂、水相则加水溶性防腐剂，两者配合使用效果好。

在化妆品中使用的防腐剂，必须满足以下备件。

① 基本上无色、无臭，不影响产品的外观。

② 无毒，在使用浓度下对皮肤无刺激和过敏性。

③ 与化妆品其他组分相容性好，贮存和使用稳定性好，不发生分解。

④ 对多种微生物具有抗菌活性，且在低含量下具有很强的抑菌功能。

⑤ 在较大的 pH 值范围内具有效用，且不影响产品的 pH 值。

⑥ 使用方便，经济合理。

5.3.7.5　化妆品中常用的防腐剂

化妆品中经常使用的防腐剂，按其化学结构大体上可分为以下 6 类。

① 酸类　安息香酸、水杨酸、脱氢乙酸、山梨酸、对羟基苯甲酸。

② 酚类　对氯间甲酚、对异丙基间甲酚、邻苯基苯酚。

③ 酯类　对羟基苯甲酸酯（甲、乙、丙、丁酯），又称尼泊金酯，低毒，稳定。

④ 酰胺类　3,4,4-三氯代-N-碳酰苯胺。

⑤ 季铵盐类　烷基三甲基氯化铵、十六烷基氯化吡啶。

⑥ 醇类　乙醇有防腐作用，在 pH 值 4～6 的溶液中，乙醇浓度 15% 已有效；在 pH 值 8～10 的溶液中，乙醇浓度须在 17.5% 以上。二元醇、三元醇的抑菌效果较差，浓度要在 40% 以上才有效。异丙醇抑菌效力与乙醇基本相同。2-溴-2-硝基-1,3-丙二醇是最常用的醇类防腐剂。

下面分述常用的防腐剂品种。

（1）安息香酸及其盐类　安息香酸，学名苯甲酸，微溶于水，溶于乙醇、甲醇、乙醚、氯仿、苯、甲苯、二硫化碳、四氯化碳和松节油。因其在水中的溶解度低而不直接使用，大多数使用的是其钠盐或钾盐。苯甲酸钠大多为白色颗粒，无臭或微带安息香气味，味微甜，有收敛性；易溶于水，常温下的溶解度为 53.0g/100mL 左右，pH 约为 8；苯甲酸钠也是酸性防腐剂，在碱性介质中无杀菌、抑菌作用，其防腐最佳 pH 是 2.5～4.0。苯甲酸钠亲油性较大，易穿透细胞膜进入细胞体内，干扰细胞膜的通透性，抑制细胞膜对氨基酸的吸收，并抑制细胞的呼吸酶系的活性，阻止乙酰辅酶 A 缩合反应，从而起到防腐的目的。

（2）山梨酸及其盐类　山梨酸，学名 2,4-己二烯酸，白色针状或粉末状晶体，微溶于水，能溶于多种有机溶剂。其钠盐或钾盐也经常使用。由于山梨酸（钾）是一种不饱和脂肪酸（盐），它可以被人体的代谢系统吸收而迅速分解为二氧化碳和水，在体内无残留。它们是常用防腐剂中毒性最低的品种，有逐步取代苯甲酸类防腐剂的趋势。山梨酸钾呈白色或浅黄色颗粒，含量在 98%～102%；无臭味或微有臭味，易吸潮、易氧化而变褐色，对光、热稳定，相对密度 1.363，熔点在 270℃（分解），其 1% 溶液的 pH 为 7～8。山梨酸钾在密封状态下稳定，暴露在潮湿的空气中易吸水，氧化而变色。山梨酸钾对热稳定性较好，分解温度高达 270℃。山梨酸钾为酸性防腐剂，具有较高的抗菌性能，抑制霉菌的生长繁殖；其主要是通过抑制微生物体内的脱氢酶系统，从而达到抑制微生物的生长和起防腐作用，对细菌、霉菌、酵母菌均有抑制作用；其效果随 pH 的升高而减弱，pH 达到 3 时抑菌达到顶峰，pH 达到 6 时仍有抑菌能力，但最低浓度（MIC）不能低于 0.2%。

（3）水杨酸　学名邻羟基苯甲酸，为白色结晶性粉末，无臭，味先微苦后转辛。熔点 157～159℃，在光照下逐渐变色。相对密度 1.44。沸点约 211℃（2.67kPa），76℃升华。常压下急剧加热分解为苯酚和二氧化碳。1g 水杨酸可分别溶于 460mL 水、15mL 沸水、

225

2.7mL 乙醇、3mL 丙酮、3mL 乙醚、42mL 氯仿、135mL 苯、52mL 松节油、约 60mL 甘油、80mL 石油醚中。加入磷酸钠、硼砂等能增加水杨酸在水中的溶解度。水杨酸水溶液的 pH 值为 2.4。水杨酸与三氯化铁水溶液生成特殊的紫色。

水杨酸能够在不影响表皮细胞的情况下，让皮肤角质层脱屑，也就是"去角质"。不过，水杨酸只有在 3%～6% 的浓度时具有去角质的作用，高于 6% 则对组织有破坏性。含有水杨酸的化妆品、保养品多宣称可以达到软化角质及预防面疱等效果。近来有医学报道指出，水杨酸用在皮肤上可能会造成包括耳鸣、晕眩、恶心、呕吐等"水杨酸效应"症状。一般化妆品中水杨酸添加量多在 2% 以下。

(4) 脱氢乙酸　别名 DHA。无色至白色针状或板状结晶或白色结晶粉末。无臭，略带酸味。熔点 108～111℃（升华），沸点 269.9℃。易溶于碱性水溶液中，难溶于水，1g 约溶于 35mL 乙醇和 5mL 丙酮。脱氢乙酸饱和水溶液 pH 等于 4。脱氢乙酸是广谱防腐剂，特别对霉菌和酵母的抑菌能力强，为苯甲酸钠的 2～10 倍。脱氢乙酸电离常数较低，尽管其抗菌活性和水溶液稳定性随 pH 增高而下降，但在较高 pH 范围内仍有很好的抗菌效果，当 pH 大于 9 时，抗菌活性才减弱。脱氢乙酸主要是抗酵母菌和霉菌，在高剂量才能抑制细菌。

脱氢乙酸钠为白色或近白色结晶性粉末，无臭，耐光，耐热性好，是一种新型防腐剂、保鲜剂。脱氢乙酸钠是继苯甲酸钠、尼泊金、山梨酸钾之后的新一代食品防腐保鲜剂，对霉菌、酵母菌、细菌具有很好的抑制作用，广泛应用于饮料、食品、化妆品、饲料加工业，延长其存放期，避免霉变损失。

(5) 对羟基苯甲酸　无色至白色棱柱型结晶体，有轻微毒性，有刺激性，应密封避光保存。易溶于乙醇，能溶于乙醚、丙酮，微溶于水 5g/L（20℃）、氯仿，不溶于二硫化碳。对羟基苯甲酸广泛用于食品、化妆品、医药的防腐、防霉剂和杀菌剂等方面。

(6) 对氯间甲酚　无色结晶，带有苯酚气味，熔点 66℃，沸点 235℃，20℃ 时 1g 能溶于 250mL 水，在热水中溶解更多，易溶于苯、乙醚、乙醇、丙酮、氯仿和石油醚。能随水蒸气挥发。主要用作防腐剂、消毒剂。

(7) 对异丙基间甲酚　别名：百里酚，麝香草酚。无色晶体或白色结晶粉末，有百里草或麝香草的特殊气味。相对密度 0.979。熔点 48～51℃。沸点 233℃。微溶于水，溶于冰醋酸和石蜡油，易溶于乙醇、氯仿、乙醚和橄榄油。用于制香料、药物和指示剂等，也常用于治疗皮肤霉菌病和癣症。

(8) 邻苯基苯酚　又名 2-羟基联苯或 2-苯基苯酚，为白色或浅黄色或淡红色粉末、薄片或块状物，具有微弱的酚味。熔点 55.5～57.5℃，沸点 283～286℃（0.1MPa 下），相对密度 1.213（20℃），闪点 123.9℃。微溶于水，易溶于甲醇、丙酮、苯、二甲苯、三氯乙烯、二氯苯等有机溶剂。邻苯基苯酚钠盐简称 SOPP，为白色薄片或块状物或淡红色粉末，极易溶于水。邻苯基苯酚及其钠盐作为防腐杀菌剂可用于化妆品、木材、皮革、纤维和纸张等，一般使用浓度为 0.15%～1.5%。

(9) 对羟基苯甲酸酯（甲、乙、丙、丁酯）　又称尼泊金酯，低毒，稳定。本品已在 4.5.5 节中叙述过，此处从略。

(10) 3,4,4-三氯代-N-碳酰苯胺　别名康洁新 TCC。白色微细粉末，商品有效物含量 ≥98%，熔点 250～256℃，是一种高效广谱抗菌剂，添加在香皂、香波、洗手液、牙膏、洗面奶、洗衣粉、抗菌餐具洗涤剂、美容化妆品、医用消毒剂、织物抗菌整理剂、纤维纺织品及脚气类产品中，具有杀菌、除臭、止痒、去粉刺、去头屑和治疗皮肤病的功效。

(11) 烷基三甲基氯化铵　主要代表物有 1631、1831 等，已在 4.4.3 节中叙述过，此处从略。

（12）十六烷基氯化吡啶　白色固体结晶粉末状，常带一分子的结晶水，其熔程为 77～83℃。极易溶于水、乙醇，可溶于氯仿，几乎不溶于苯、乙醚。1% 的水溶液 pH 为 6.0～7.0。本品属于含氮阳离子表面活性剂，具有良好的表面活性和杀菌消毒性能，用于食品、制药、医药、化妆品、工业助剂、表面活性剂、精密电镀、水处理、油田化学品等行业。在同等使用条件下，该产品对异养菌、铁细菌和硫酸盐还原菌的杀灭率均优于十二烷基二甲基苯甲基氯化铵、十二烷基二甲基苯甲基溴化铵及其他常用的季铵盐杀菌剂。

（13）咪唑烷基脲　白色粉末。无臭，相对分子质量 388。极易溶于水，易潮解，在油中溶解度很低。对皮肤无毒性、无过敏、无刺激性。是甲醛供体，在应用的过程中通过缓慢释放甲醛而达到杀菌的目的。

用途：化妆品防腐剂，几乎能与化妆品中所有组分互配，适宜的 pH 值范围为 4～9。在化妆品中的添加量通常为 0.2%～0.3%。如与 0.2% 尼泊金甲酯和 0.1% 尼泊金丙酯配合使用，可大大提高防腐性能。

（14）己内酰脲　无色或微黄色透明液体，无味或带有特征性气味，也是甲醛供体。含氮量 7.8%～8.6%，25℃时的相对密度 1.14～1.17，pH 值 5.0～7.0，固含量 54%～56%。易溶于水、低级醇，在水相及油水乳液中保持稳定的广谱抗菌活性，能抑制革兰氏阴性、阳性细菌，对酵母菌及霉菌有一定的抑制作用。可与化妆品中的各种组分相配伍，其抑菌能力不受化妆品中表面活性剂、蛋白质以及乳化剂等添加物的影响。可用于膏霜、液露、香波、调理剂、啫喱和湿巾等驻留型和洗去型产品。一般添加量为 0.1%～0.6%，既可在室温条件下加入，也可在高达 80℃添加。与尼泊金酯类、IPBC、凯松等配合使用，具有更好的协同防腐效果。

（15）异噻唑啉酮　化学名称 5-氯-2-甲基-4-异噻唑啉-3-酮（CMI）和 2-甲基-4-异噻唑啉-3-酮（MI）。别名凯松、卡松、Kathon，也是甲醛供体。浅黄色透明液体，异噻唑啉酮主要由 5-氯-2-甲基-4-异噻唑啉-3-酮（CMI）和 2-甲基-4-异噻唑啉-3-酮（MI）组成，活性配比（氯比：CMI/MI）3∶1 左右，有效物含量≥14%，20℃时的密度≥1.30g/cm³。与水完全混溶，pH（原样溶液）：2.0～4.0。

异噻唑啉酮是一种广谱、高效、低毒、非氧化性杀生剂，它是通过断开细菌和藻类蛋白质的键而起杀生作用的。异噻唑啉酮与微生物接触后，能迅速地不可逆地抑制其生长，从而导致微生物细胞的死亡，故对常见细菌、真菌、藻类等具有很强的抑制和杀灭作用。杀生效率高，降解性好，具有不产生残留、操作安全、配伍性好、稳定性强、使用成本低等特点。能与氯及大多数阴、阳离子及非离子型表面活性剂相混溶。高剂量时，异噻唑啉酮对生物黏泥剥离有显著效果。广泛应用于油田、造纸、农药、切削油、皮革、油墨、染料、制革等行业。用于化妆品、个人护理品、日化等产品的防腐杀菌防霉，例如洗发香波、护发素、剃须品、粉底、洗剂、膏霜、婴儿产品、防晒品和清洗剂等产品（需水冲洗的产品）。

（16）布罗波尔　化学名：2-溴-2-硝基-1,3-丙二醇。无味或略有臭味，白色或淡黄色结晶性粉末，无味或略带特征性气味。有效物含量≥99%，水分≤0.5%，熔点 121～129℃。易溶于水及极性有机溶剂。在油中溶解度很低（23℃时仅溶解 0.5g/100mL），油/水分配系数小。具有广谱抑菌作用，能有效地抑制大多数细菌，特别是对革兰阴性菌抑菌效果极佳。在高温和碱性条件下不稳定，在太阳光照下颜色变深。布罗波尔可与大多数表面活性剂配伍，其抑菌能力不受化妆品中表面活性剂、蛋白质等添加物的影响。但当在化妆品原料中含有—SH 基团的物质时，如半胱氨酸等，会降低布罗波尔的抑菌活性。可用于膏霜、露液、香波、护发素、湿巾等驻留型和洗去型产品。一般添加量为 0.02%～0.05%，最大允许添加量为 0.1%。在低于 50℃加入较好，pH 值使用范围为 4～8。在高温和碱性条件下不稳定，在阳光下颜色会变深。铝、铁等金属材质可降低其抑菌活性。

（17）IPBC　IPBC的英文名称为3 iodo-2-propynyl-butyl-carbamate，主要成分为碘代丙炔基氨基甲酸丁酯，白色结晶性粉末，有效物含量≥99.0%，熔点65～68℃。易溶于乙醇、丙二醇、聚乙二醇等有机溶剂，难溶于水。具有广谱抗菌活性，尤其是对霉菌及酵母菌有很强的抑杀作用。配伍性佳，可与化妆品中存在的各种组分相配伍，其抑菌能力不受化妆品中表面活性剂、蛋白质以及中草药等添加物的影响。可用于护发用品、防晒产品、婴儿用品、皮肤护理品等驻留型和洗去型产品。该产品已得到美国和欧盟批准使用，是目前认为最有效的防霉剂。可单独使用，也可与尼泊金酯类、杰马A、凯松、布罗波尔等配合使用。pH值使用范围为4～10，一般添加量为0.005%～0.05%，在低于50℃加入较好。

（18）三氯新　别名：三氯生、玉洁新、特力新、克力恩、三氯洁-300、卫洁灵-100，化学名称3,4,4′-三氯-2′-羟基二苯醚，INCI命名为Triclosan，分子式：$C_{12}H_7Cl_3O_2$，商品有效物含量≥99%，本品为微具芳香的高纯度白色结晶性粉末，熔点55～57℃，沸点120℃。微溶于水，在稀碱中溶解度适中，在很多有机溶剂中都有较高的溶解度，在水溶性溶剂或表面活性剂中溶解后可制成透明的浓缩液体产品。具有优异的贮存稳定性，其溶液对酸、碱稳定，280℃以下不会迅速分解；200℃加热14h，仅有2%活性物质分解，在长时间紫外线照射下也仅有轻微分解。用量低时可作为防腐剂使用，用量高时，对引起感染或病原性革兰阴性菌、真菌、酵母及病毒（如甲、乙肝，狂犬病毒，艾滋病毒HIV）等具有广泛、高效的杀灭及抑制作用，因而也可作为消毒类产品。三氯新广泛用于高效药皂（卫生香皂）、卫生洗液、除腋臭（脚气雾剂）、消毒洗手液、伤口消毒喷雾剂、医疗器械消毒剂、卫生洗面奶（膏）、空气清新剂及冰箱除臭剂等，也用于卫生织物的整理和塑料的防腐处理，建议使用浓度为0.05%～0.3%。

（19）季铵盐-15　淡黄色粉末，温和的防腐剂，水溶性极高，在范围内稳定，推荐用于婴儿护理品、眼部化妆品、面膜、防晒品等。非甲醛供体，同时具有较强的抗氧化还原能力。在某些易变色的配方中通常的做法是添加少量的亚硫酸盐进行预防。

5.3.8　化妆品中的感官修饰原料

5.3.8.1　香料和香精

香料是指具有挥发性的芳香物质，香料按用途分为食用香料、日用香料、工业用香料；按来源分成天然香料和合成香料。天然香料又分动物香料、植物香料；人工制成的香料又分单离香料、合成香料、调合香料。而香精则是由多种天然香料或合成香料按适当比例调配而成的具有一定香型的调合香料，它能赋予产品一种高雅、宜人的香气和生理及心理上的作用。使用时需注意其挥发性、油溶性以及受热、空气、金属离子的影响而变质。

不同品种的化妆品所添加的香精的量是不同的，如香水中香精的含量占10%～30%（质量分数，下同），香波中香精的含量占0.2%～1%，而化妆水中香精的含量只占0.05%～0.5%。

（1）香料

① 动物香料　在动物香料中重要的有四种，即龙涎香、麝香、灵猫香、海狸香。龙涎香含有25%～45%的龙涎香醇；麝香的主要成分是麝香酮；灵猫香含2%～3%的灵猫酮香味成分。龙涎香和麝香因数量少，只用于配制高档香水，灵猫香和海狸香使用较广。

② 植物香料　从植物的花、果、籽、叶、茎、根、皮、树脂中提取的香料物质。工业调香常用的香料约200种，其形式有精油，如香叶油、玫瑰油、橙叶汁油等；浸膏，如玫瑰

浸膏，大、小花茉莉浸膏等；酊剂、浸剂等；树胶树脂，如乳香树脂、安息香树脂等。主要用于糕点的香料有薄荷油、香子兰、橘子油等；用于化妆品的香料如檀香油、熏衣草油、香柠檬油、玫瑰木油、含有香茅醛的香茅油、以柠檬醛为主要成分的柠檬草油和含有丁香酚的丁香油等。

③ 单离香料　从植物香料中通过蒸馏、分馏、萃取等手段分离出的一种或数种组分称为单离香料，如从亚洲薄荷原油中提取的薄荷脑，从香茅油中制取的香叶醇，从香叶油中制取的玫瑰醇等。

④ 合成香料　是剖析确定天然香料中芳香成分的结构后，用化学合成的方法制得的香料，如芳樟醇、香兰素等。合成香料很多，有的自然界并不存在，但其香味与天然的相似，如合成麝香。

香料几乎不单独使用，一般都需调合配制成为适用于化妆品和食品的香精后再使用。

（2）香精　香精又分为单香型和复合香型两类。单香型指该香精主要属于某种香型，如花香型的茉莉香精、白兰香精、月下香精等。果香型有柠檬香精、甜橙香精等。复合香型指在香精或加香产品中具有两种以上的明显香型。如非花香型中的东方香是由木香、花香、膏香、动物香组成的香气浓郁持久、东方人喜欢的复合香型；三花香精则是以一种花香为主，两种为辅，相互衬托配成三花型复合香型，通常选用茉莉、依兰、铃兰、玫瑰、金合欢、康乃馨等香气进行组合。

香精中的香气味主要由头香、体香、基香三部分组成。人们首先闻到的是头香，组成头香的香料，是低沸点、挥发扩散快的香料，这类香料多是醛、酮、酯类，起到尽快飘香的作用。体香是香精的主体，它代表了该香精的主要香气特征，紧接在头香后面释香。组成体香的香料沸点、挥发度仅次于头香，香气持久稳定，起承上启下的作用。基香是香料中"残留"的香气，以留香时间长、香气一致、和谐为佳。这类香料由沸点高、挥发度小的定香剂香料或浸膏组成。

用于化妆品的香精要求头香扩散力好，飘逸动人；体香丰满完美；基香持久稳定。三香香韵之间需衔接协调。一般以醛香、青香为头香，花香为体香，香膏、动物香为基香。

化妆品中常用的香精有以下几种。

① 香水类用香精　香水类用的香型大致可分十二种，即清香型、花香-清香型、花香-草香型、花香型、醛香-花香型、醛香-花香-粉香型、醛香-清香-苔香型、素馨兰型、苔香-果香型、东方型、烟草-皮革香型、馥奇香型。其中烟草-皮革香型的香水适于男性用。高级香水中一般都使用茉莉、玫瑰和麝香等天然原料。

② 乳剂类产品用香精　乳剂类包括雪花膏、润肤霜、蜜类、香脂、清洁霜等，多选用花香型，霜和蜜类产品的香精用量在 $0.2\% \sim 0.5\%$。香料对皮肤多少有些刺激，为保护皮肤，香精用量应低于 0.2%。乳剂产品大多是乳白色，应避免变色，可选用氨基香料、丁香酚、硝基麝香等；慎用深色香料。发乳多选用熏衣草-果香型，护发用品以新鲜的清香香料为宜。

③ 香粉类产品用香精　香粉的粉质细，空隙多，接触空气表面积大，应选用稳定性和持久性好的香精，同时要使花香头香能飘逸不受压抑。较多采用天然浸膏与固体合成香精，使之形成很好的香基。白色香料的香精用量为 1%，要避免使用易变色的香料。粉饼的香气要求较高，基本同香水，以采用花香-膏香-动物香的复合型居多。

5.3.8.2　色料

色料是赋予化妆品以一定的颜色的原料，也称为着色剂，不仅赋予产品的外观美，更塑造、化妆人物的形象。有色调、亮度、彩度三个要素。化妆品中使用的色料主要有颜料和染料两大类，颜料是指不溶于水或油中的粉末状着色物质，而染料则是指能溶于水或油中，具有染色能力的物质。

化妆品色料的应用，一般是通过溶解和分散的方法使用化妆品的基质原料或其他原料着色，对水溶性或油溶性染料常先制成溶液，对不溶性颜料则使其分散在介质中。在选用颜料时，要求其与化妆品其他原料的相容性好，光稳定性强，且安全无毒。

化妆品中常用的色素有天然色素、无机色素和有机色素三类，其代表性的品种如下。

（1）天然色素 来源于天然植物的根、茎、叶、花、果实和动物、微生物等。如胭脂树橙、胭脂虫红、红花酐、叶绿素、藏花油、β-红叶素、紫草油等。

（2）无机色素 氧化铁、氧化铬、群青、炭黑、二氧化钛、亮蓝、落日黄、立索尔红、茜素色淀、喹啉黄、还有滑石粉、硬脂酸锌、硬脂酸镁、氧化锌、二氧化钛等。

（3）有机色素 主要是以煤焦油中分离出来的苯胺染料为原料制成的，从分子结构上可分为偶氮类、氧蒽类和二苯甲烷类等。如溴酸红、玫瑰红色淀、立索尔大红。国家列入卫生使用标准的人工色素有以下 8 种：胭脂红、苋菜红、日落黄、赤藓红、柠檬黄、新红、靛蓝、亮蓝。

此外，还有一种特殊的色素——珠光颜料，如天然的鱼鳞粉（鸟嘌呤）、云母钛、二氧化钛——云母、氯氧化铋等。

5.3.9 化妆品中添加的药剂

人们不仅要求化妆品具有美容的作用，而且还要有营养、预防、保健的效果，这使得把中草药、瓜果类原料更多地引入化妆品成为需要和可能。

5.3.9.1 紫外线吸收剂

能吸收紫外线的物质称为紫外线吸收剂。长期处在阳光照射下的人体皮肤，很容易吸收阳光中的紫外线而导致皮肤变黑，甚至引起急性皮炎和灼伤。为了保护人体皮肤，除了使用太阳伞、太阳帽遮挡日光外，还可以涂抹加入紫外线吸收剂防晒的化妆品。

化妆品中使用的紫外线吸收剂除了能防止紫外线对皮肤的伤害以外，还要求对皮肤无毒无害，与其他化妆品原料的相容性好，挥发性低，稳定性强。

化妆品中常用的紫外线吸收剂有：对氨基苯甲酸乙酯、水杨酸苯酯、4-甲氧基肉桂酸-2-乙氧基乙酯、2-(2-羟基-5-甲苯基)苯并三唑、2-羟基-4-甲氧基二苯甲酮、碱式氯化铝、碱式醋酸铝、氯化铝、硫酸铝、硫酸铝钾、苯酚磺酸铝、苯酚磺酸锌等。

5.3.9.2 中草药

化妆品中所用的中草药是由天然药物萃取液或浓缩物进行调配而成的。如治粉刺、雀斑、老年斑用的荆芥、薄荷、甘草、川芎、桃仁、柴胡、黄连、半夏等；对皮肤有白皙效果的当归、芍药、白术、大黄等；防肥胖用的防风、黄蓍、连翘、枳实、柴胡等；解毒美肤用的蕺菜、枸杞叶等。还有人参、珍珠、银耳、灵芝、蜂蜜、蜂王浆、薏米、三七、白芷、芦根、何首乌、桔梗等。

（1）皮肤化妆品用药 水芹科植物如当归、白芷、川芎等有扩张血管和消炎作用，治疗雀斑、老年斑效果很好。主要是由于水芹中抗酰胺酸酶的作用，能抑制黑色素的生成。

（2）毛发化妆品用药 当药（学名瘤毛獐牙菜，属龙胆科獐牙菜科）及其萃取物对脱发症患者治疗，有效率为 80%。当药的成分是獐牙菜苷、龙胆苦苷等苦味配糖物，其挥发成分是当药素、异当药素等，可使皮肤微血管扩张，血液循环旺盛，皮肤氧化还原能力增强。款冬、蒲公英都属于菊科植物提取物，有相同的药效，其萃取液能使末梢血管扩张，增强末梢血液循环，以促进毛根活动。适用于生发香水、乳液型、软膏类化妆品。其他药物如维生素，也常用于化妆品中用来防止人体出现维生素缺乏症。如缺维生素 A 的主要症状表现为皮肤干燥、毛囊性角化；缺维生素 B 时则头屑多；缺维生素 B_2 时易出现湿疹、口疱炎、日光过敏症；缺维生素 C 易发生毛囊角化、色素沉着；缺维生素 D 时出现皮肤干燥、湿疹；缺维生素 E 则出现粉刺、渗出性红斑、更年期皮肤变化。

5.3.9.3　瓜果类原料

因为瓜果中含有丰富的维生素、有机酸、蛋白质、矿物质等，可以充当化妆品的重要成分，如黄瓜、胡萝卜、莴苣、番茄、苹果、香蕉、杏、樱桃、葡萄、柠檬、草莓等。

黄瓜中的氨基酸用于收敛，黏蛋白用于水合，矿物质用于保湿，各种维生素、磷酸、硫磺、脂肪对皮肤有治愈伤口的功效。所以黄瓜提取物常用以治疗皮肤病，作镇痛剂、减充血剂、清洁剂，也当作保湿剂，用量一般为 5%～15% 以上。

胡萝卜中含有胡萝卜素、糖、果胶、微量元素、维生素，能用来治疗各种疾病。莴苣含有水分、葡萄糖、蛋白质、矿物质、维生素、有机酸等，在化妆品中可代替黄瓜用作保湿剂。

番茄中含有橘子酸、糖、番茄红素、黄酮类化合物、维生素 C、维生素 A 以及氨基酸。番茄色素在化妆品中作为染色剂，番茄汁有杀菌作用，也可用于治疗伤口、制作面膜。

苹果中含有水分、糖、有机酸、单宁酚、果胶、蛋白质、维生素，有治愈伤口的功能。苹果的肉质用以作润肤剂、面膜的基料等。

香蕉含 60% 的糖分和维生素 A、维生素 B、维生素 C、维生素 E 及矿物质、蛋白质等，用于治疗皮肤病，在化妆品中用于润肤膏、干性皮肤蜜、清洁剂、雪花膏。

杏中含有机酸、果胶、糖、维生素 B、黄酮醇、胡萝卜素，用于治疗皮肤病、干燥皮肤的润肤面膜、健肤蜜。

葡萄含糖、蛋白质、有机酸、维生素等皮肤营养剂。

柠檬的成分有糖、柠檬酸、果胶、蛋白质、维生素 B。果质中含有香精油和胡萝卜素，有收敛和防腐效果，用于防止皮肤毛细孔扩张和产生粉刺，防止指甲断裂，防皱，保持牙齿洁白，已用于许多化妆品。

5.3.9.4　激素

雌性激素如雌酮、雌二醇、乙烯雌酚等；肾上腺皮质激素如可的松、保泰松等。

5.3.9.5　维生素

维生素 A、维生素 B、维生素 C、维生素 E 等。

5.3.9.6　氨基酸

蛋氨酸、苏氨酸、色氨酸、缬氨酸、赖氨酸、亮氨酸、苯丙氨酸、甘氨酸、谷氨酸等。

5.3.9.7　抗组胺剂

盐酸二苯胺、二苯并咪唑、甘氨酸精、甘氨酸一铵、甘氨酸二钾、甘氨酸维生素 B_6 盐等。

5.4　几种常见化妆品的配方设计

乳化体化妆品根据其特性分为多种类型，它们的特性与所用原料以及配方的结构有关，其中最重要的是乳化体的类型，两相的比例，油、水相的组分和乳化剂的选择等。

（1）乳化体的类型　化妆品的滋润和营养效果很大程度上取决于乳化体的类型和载体的性质。把 O/W 乳化体抹于皮肤上水相快速蒸发，分散的油相开始不连续，不能阻止皮肤水分的挥发，水蒸发时会产生一定程度的冷感。随着外相水分的蒸发，分散的油相在皮肤上形成连续的薄膜。而 W/O 型的则由于油相直接与皮肤接触、水分挥发慢，使皮肤不会产生冷的感觉，膏体较硬，这对婴儿霜是必需的。在生产膏霜（蜜）时，对乳化体的类型和性质起关键性作用的是滋润物质和表面活性剂。滋润物质对皮肤的渗透性也有差异，动物油脂较植物油脂为佳，植物油脂比矿物油好，矿物油对皮肤没有渗透作用，然而加入胆甾醇和卵磷脂后能增加矿物油对表皮的渗透和黏附。基质中有表面活性剂时，对表皮细胞膜的渗透性增大，吸收量也增大。两种乳液体中 O/W 型较好，因油在该乳化体中呈微粒分散，可促进毛囊的渗透，O/W 型乳化体系的主要优点在于可以配制成水分相当高的滋润油膜。乳化剂的 HLB 值决定着乳化体的封闭性能。

因此，设计乳化体化妆品时，首先确定剂型，其次确定基质，再根据乳化原则、溶剂极性相容原则和化学反应性原则确定各种原料的添加及溶解顺序，加入温度，搅拌速度及时间等具体工艺条件。

乳化剂类型是根据使用要求如稠度和敷用性能等决定的。例如制 W/O 型的男用发膏制品时，常采用多价金属皂而不用非离子型乳化剂，因为多价金属皂的界面膜在应力下会被破坏而且是不可逆的，梳理后头发上会出现白沫。而非离子型乳化剂制成的乳化体则不然，承受应力时比较稳定。乳化剂的类型确定之后，就可根据 HLB 值为所需要的乳化体系选择乳化剂或混合乳化剂，使乳化剂的 HLB 值与油相组分所需的 HLB 值相适应就能得到适宜的乳化结果。表 5-6 是化妆品中常用的油相原料乳化时适宜的 HLB 值。

表 5-6　乳化化妆品中各种油相原料所需的 HLB 值

原料名称	O/W 型	原料名称	W/O 型	O/W 型
月桂酸	16	无水羊毛脂	8	12
亚油酸	16	矿蜡	5	9
蓖麻油	16	小烛树蜡		14~15
油酸	17	巴西棕榈蜡		12
硬脂酸	17	石蜡	4	10
十六醇	15	棕榈酸异丙酯		11.5
十二醇	14	烷烃矿物油	4	10
蓖麻油	14	硅油		8
松油	16	矿脂	4	7~8

在乳化剂确定后再确定乳化剂的用量，乳化剂在化妆品中一般用量为：

$$乳化剂用量 = \frac{乳化剂重量}{油相重量 + 乳化剂重量} = 10\% \sim 20\%$$

（2）油相和水相的体积比　在乳化体中，分散相均匀颗粒的最大体积在总体积中应低于 74%。当油是分散相时，在 O/W 中，油相的比例一般大于 1%，而油作连续相时，即在 W/O 中则必须 ≥26%；也就是内相的体积分率范围为 1%~74%，外相体积分率必须在 99%~26%。通常在 O/W 润肤霜中油占 25%~65%，W/O 润肤蜜中油占 45%~80%。

（3）油相组分　从油相的综合熔点和渗透性考虑，除了雪花膏，其他很少超过 37℃，油相的熔点是由不同熔点的各种油、脂、蜡等原料配方综合而得，它与油相的流变特性及敷于皮肤时的各种感官性能直接相关。化妆品使用后的感觉和产生的现象主要是由不挥发的组分——油相所决定的。油相的熔点，更精确地说是流动点决定 W/O 型乳化体的稠度。雪花膏油相的熔点则远远超过 37℃。

（4）水相组分 在化妆品中，水相是许多有效成分，如保湿剂、增稠剂、各种电解质、乳化稳定剂、防腐剂、营养活性物的载体。作为水溶性滋润物的各种保湿剂有甘油、山梨醇、丙二醇和聚乙二醇等，其作用是防止 O/W 型乳化体干缩，但过量时会使产品黏腻。作为水相增稠剂的有羧甲基纤维素、海藻酸钠、硅酸镁铝和膨润土等，能使 O/W 型乳化体增稠和稳定。各种电解质有抑汗霜中的铝盐、卷发液中的硫代乙醇胺、香脂中的硼砂，在 W/O 型乳化体中作为稳定剂的硫酸镁等。防腐剂、杀菌剂如异噻唑酮类、季铵盐和对羟基苯甲酸酯类等；另外还有营养霜中的一些活性物质如水解蛋白、人参提取液、珍珠粉水解液、蜂王浆、水溶性维生素及各种酶等。乳化剂与水相组分的相容性见表 5-7。

表 5-7 乳化剂与水相组分的相容性

水相组分		碱性	中性	酸性	多价阳离子	多价阴离子	阳离子表面活性剂	阴离子表面活性剂
乳化剂类型	阴离子	稳定	无电解质稳定	皂类不稳定	皂类不稳定、非皂类稳定	稳定	不稳定	稳定
	非离子	醚稳定、酯不稳定	稳定	稳定	稳定	稳定	稳定	稳定
	阳离子	不稳定	稳定	稳定	稳定	很不稳定	稳定	不稳定

5.4.1 软膏性洁面膜

5.4.1.1 面膜简介

面膜是很早就开始使用的化妆品之一，它的作用是涂敷在面部皮肤上，经过一定时间的水分挥发后在皮肤上形成一层膜状物，将该膜揭掉或洗掉后，可达到洁肤、护肤和美容的目的。由于面膜的吸附作用，使皮肤的分泌活动旺盛，在剥离或洗去面膜时，可将皮肤的分泌物、皮屑、污垢等随着面膜一起除去，从而达到洁肤效果。同时由于面膜覆盖在皮肤表面，抑制皮肤内的水分蒸发，软化表皮角质层，扩张毛孔和汗腺口，使皮肤表面温度上升，促进血液循环，有效地吸收面膜中的活性营养成分，起到良好的护肤作用。另外，借助面膜形成和干燥时所产生的张力使皮肤的紧张度增加，将松弛的皮肤绷紧，有利于消除和减少面部的皱纹，产生美容效果。

剥离型面膜一般为软膏状和凝胶状。使用时将面膜涂敷于面部，待其干后将其揭去。

5.4.1.2 面膜的配方结构

（1）成膜剂 使面膜在皮肤上形成薄膜，常用的有聚乙烯醇、PVP、CMC、果胶、明胶、黄原胶等。成膜剂的选择在面膜配制过程中是至关重要的。成膜速度、膜的厚薄、膜层柔韧度、剥离性的好坏与成膜剂的种类和用量密切相关，因此必须仔细加以选择。

（2）粉剂 在软膏状面膜中，粉体对皮肤的污垢和油脂有吸收作用。常用高岭土、膨润土、二氧化钛、氧化锌或某些湖泊、河流或海域的淤泥干粉。

（3）保湿剂 对皮肤起到保湿作用。常用甘油、丙二醇、山梨醇、聚乙二醇等。

（4）油性成分 补充皮肤的油分。常用橄榄油、蓖麻油、角鲨烷、霍霍巴油等多种油脂。

（5）醇类 调整蒸发速度，使皮肤具有凉快感。常用乙醇、异丙醇等。

（6）增塑剂 增加膜的塑性。常用聚乙二醇、甘油、丙二醇、水溶性羊毛脂等。

（7）防腐剂 抑制微生物生长。常用尼泊金酯类。

（8）表面活性剂　起增溶作用。常用 POE 油醇醚、POE 失水山梨醇单月桂酸酯等。

（9）其他添加剂　根据产品功效的需要，添加各种具有特殊功能的添加剂。如抑菌剂：二氯苯氧氯酚、十一烯酸及其衍生物、季铵化合物等；愈合剂：尿囊素等；抗炎剂：甘草次酸、硫磺、鱼石脂；收敛剂：炉甘石、羟基氯化铝等；营养调节剂：氨基酸、叶绿素、奶油、蛋白酶、动植物提取物、透明质酸钠等；促进皮肤代谢剂：维生素乏 A、α-羟基酸、水果汁、蛋白酶等。

5.4.1.3　配方举例（软膏状剥离面膜）

组分	质量分数/%
聚乙烯醇	5.0
聚乙烯吡咯烷酮（PVP）	5.0
山梨醇	6.0
香橄榄油	3.0
角鲨烷	2.0
POE 失水山梨醇单月桂酸酯	1.0
二氧化钛	5.0
滑石粉	10.0
乙醇	1.0
香精	适量
防腐剂	适量
去离子水	加至 100.0

5.4.1.4　生产工艺

先将粉末二氧化钛和滑石粉在混合罐中与去离子水混合均匀，将保湿剂甘油、山梨醇加入其中，加热至 70～80℃搅拌均匀，再加入成膜剂与之均匀混合，制成水相。再将乙醇、香精、防腐剂和 POE 失水山梨醇单月桂酸酯和油分在另一混合罐中混合，溶解加热至 40℃，至完全溶解，制成醇相。然后将水相和醇相加入真空乳化罐中混合、搅拌、均质，经脱气后，将膏体在板框压滤机中进行过滤，冷却后泵至贮罐贮存，检验合格后包装。

5.4.2　润肤保湿霜

5.4.2.1　润肤霜简介

润肤霜的作用是维持和恢复皮肤良好的润湿状态和健美的外观，以保持皮肤的滋润、柔软和富有弹性。它可以保护皮肤免受外界环境的刺激，向皮肤表面补充水分和脂质，防止皮肤干燥或皲裂。从产品的物理形态而言，润肤霜是一种乳化型膏霜，有 O/W 型、W/O 型和 W/O/W 型，目前以 O/W 型乳化型占主要地位。在配方组成上，其油性成分的体积分数为 10%～70%。

按照皮肤生理学的观点，润肤作用包括润滑、滋养、调节等方面。不同类型的皮肤应该选择不同类型的润肤霜，W/O 型膏体含油、脂、蜡类成分较多，对皮肤有很好的滋润作用，适于干性皮肤使用，而 O/W 型膏体，清爽不油腻，不刺激皮肤，适合油性皮肤使用。在润肤霜中加入不同的生物活性成分、营养物质等可以制得具有生物功能的润肤化妆品。

5.4.2.2　乳化型膏霜的配方结构与设计程序

润肤霜的配方原料主要是润肤物质和乳化剂，润肤物质又可分为油溶性和水溶性两类，分称为滋润剂和保湿剂。

（1）滋润剂　它是一类温和的、能使皮肤变得更软更韧的亲油性物质，它除了具有润滑皮肤作用外，还能在皮肤表面形成一层薄膜以减少水分的散发，起到润肤作用。

润肤剂包括各种油、脂和蜡、烷烃、类固醇、脂肪酸、脂肪醇及其酯类、各种动植物油（甘油三酯）、磷脂、多元醇酯、脂肪醇聚氧乙烯醚、亲水性的羊毛脂、蜂蜡及其衍生物、聚硅氧烷等。

矿物油、凡士林是乳化体油相载体的有效封闭剂，长期使用会阻碍表皮水分的挥发，容易引起局部水肿和导致皮炎。它虽是润肤制品的较理想组分，但封闭性能对某些产品是不需要的，同时其油腻、保暖及不易清洗的缺点导致使用上的局限。

硅油包括二甲基聚硅氧烷和混合甲基苯基聚硅氧烷，是非极性的润肤物质。当产品既需润滑性又要有抗水性时，选用硅油是十分理想的，硅油既能抗水又能让水汽通过，同时又不会移去皮脂。所选用的润肤物质应与皮肤分泌的皮脂尽量接近，这样才能舒适无刺激。

天然动植物油、脂含有大量脂肪酸甘油酯，也是一类理想的润肤剂，但它们多含不饱和脂肪酸甘油酯，容易引起酸败，使用时需加入抗氧剂，另外，动植物油脂一般色泽较深，稳定性差，应用时应慎重。橄榄油、霍霍巴油、麦芽油、葡萄籽油、角鲨烷、牛油、果油等具有优良的滋润特性，常常被选作润肤霜的原料。羊毛脂含有 8 种高级脂肪酸及约 36 种高级脂肪酸酯，其成分与皮脂组分相近，与皮肤有很好的亲和性，它还有强的吸水性，是润肤霜的一种理想的润肤添加剂。

（2）保湿剂　保湿剂是一类亲水性的润肤物质，在较低湿度范围内具有结合水的能力，给皮肤补充水分。它可以通过控制产品与周围空气之间水分的交换使皮肤维持在高于正常水含量的平衡状态，起到减轻干燥的作用。多元醇类的甘油、丙二醇、山梨醇等都被认为是理想的保湿剂，其中甘油是最常用的保湿剂。然而甘油在高湿条件下，能从空气中吸收水分，高浓度的甘油对干裂的皮肤有刺激性。透明质酸和吡咯烷酮羧酸钠及神经酰胺常添加在高档化妆品中，用以替代甘油作为保湿成分。

（3）乳化剂　在选择化妆品的乳化剂时，主要考虑它对膏体稳定性、润肤性、刺激性。另外，乳化剂量的确定也很重要。HLB 值越高的乳化剂，对皮肤的脱脂作用越强，例如十二醇硫酸钠的 HLB 值为 40，有强烈脱脂作用，而采用十六醇硫酸钠，则脱脂性较弱。过多地采用 HLB 值高的乳化剂，可能对某些人的皮肤造成刺激或引起干燥，所以要尽可能减少亲水性强的乳化剂用量。乳化剂的合理用量，就是乳化剂可以起到作用的最低用量，某些亲水性表面活性剂在化妆品中是必不可少的。

（4）膏霜类化妆品配方的设计程序

①确定乳化类型；②选定油相组分；③选定乳化剂；④选定水相组分；⑤计算和初拟各种组分的用量范围；⑥试验调整确定用量。

5.4.2.3　配方举例（芦荟保湿霜）

原料	名称	用量/%
A 相		
	甘油三辛（癸）酸酯（GTCC）	4.00
	棕榈酸二辛酯（2EHP）	4.00
	肉豆蔻酸异丙酯（IPM）	2.00
	天然角鲨烷	3.00
	EDTA-2Na	0.10
	芦荟提取物（芦荟粉）	0.3

B 相

燕麦提取物	5.00
甘油	5.00
复合增稠剂	0.60
Liquid Germall Plus	0.60
去离子水	76.00

C 相

酒红色素	适量
玫瑰香精	适量

5.4.2.4 生产工艺

将 A、B 相分别混合搅拌，加热至 75℃，在搅拌下将 B 加入 A 中进行乳化，必要时用均质器进行充分均质化。当物料温度降至 45℃ 以下时加入色素调色，温度低至 40℃ 以下时加入香精调香，混合均匀后利用真空减压脱气（泡），静置 24h，检验合格后包装。

5.4.3 植物防晒膏

5.4.3.1 防晒产品简介

阳光是造成肌肤老化与形成皮肤表面斑点的主要因素，哪怕是春天，如果任由阳光暴晒 10min，皮肤就会早衰十天。防晒化妆品是一类具有吸收紫外线作用、防止或减轻皮肤晒伤、黑色素沉着及皮肤老化的化妆品。防晒化妆品是在配方中添加一定量的防晒剂，因而具有一定的防晒功能。

（1）**防晒原理** 防晒剂是能够保护皮肤免受紫外线伤害的物质。按其作用机制不同，防晒剂可分为化学防晒剂与物理防晒剂两种类型。化学防晒剂吸收紫外线能量后，再以热能或其他无害能量形式释放，以达到防晒目的；物理防晒剂大多为无机粉质原料，主要是通过自身的散射或折射作用阻止紫外线与皮肤接触，从而防止紫外线对皮肤的晒伤。如今，人们不仅在夏季使用防晒品，在冬季，甚至在灯光下也开始使用不同防晒指数的防晒品。

按照光波的构成，一般将光线中的紫外线分为三段：UVA、UVB 和 UVC。其中 UVA 是波长最长的一种紫外线，它不被大气层顶端的臭氧层吸收，可以穿透皮肤表层，比 UVB 更能深入皮肤；UVB 也会导致皮肤灼伤，但阳光中的大部分 UVB 被臭氧层吸收消耗了；阳光中的 UVC 则几乎被大气层完全吸收，只有极少量的 UVC 能够与地球上的人群接触到。许多防晒霜同时保护皮肤免受 UVA、UVB 两种紫外线的伤害。

化学性防晒是利用化学成分来防晒，这种防晒霜是利用吸收的原理，在化妆品中添加一种透光物质来吸收光线中的紫外线，使其转化为分子振动能或热能达到防晒的功效。化学性防晒剂可分为化学合成紫外线吸收剂和天然紫外线吸收剂。化学合成紫外吸收剂因其具有品种多、产量大、吸收能力强的优点而被广泛使用。常用的防晒剂包括甲氧基肉桂酸辛酯、二甲基对氨基苯甲酸辛酯（octyl methoxycinnamate，OMC）、二苯甲酮-4、二苯甲酮-3、对氨基苯甲酸（para-aminobenzoic acid，PABA）、水杨酸辛酯、丁基甲氧基二苯甲酰甲烷（Parsol1789）、羟苯并唑（oxybenzone）等。其中甲氧基肉桂酸辛酯、二甲基对氨基苯甲酸辛酯是较理想的防晒剂，它们对 UVB 有十分强的吸收，且不溶于水，经皮肤吸收很少，附着在皮肤上时气味低，且不会使乳液变色。更细一点分辨的话，肉桂酸（cinnamates）的防晒原理是吸收 UVB；苯甲酮类（Benzophenones）吸收 UVA；而对氨基苯甲酸及其酯则能够同时吸收 UVA 和 UVB。对于敏感性皮肤，应该慎用含有 PABA 的防晒剂，因为 PABA 容易导致肌肤发红和过敏。

物理性防晒霜则是利用物理学原理，所添加的防晒原料是片状微粒，当在皮肤上涂抹后，就像镜子一样通过反射阳光达到防晒的目的。二氧化钛和氧化锌就属于物理性防晒成分，它们可以在皮肤表面形成保护膜，使得紫外线无法穿透皮肤表面，可提供周全的 UVB 防护，其中氧化锌更能阻绝 UVA。典型的物理性防晒产品呈白色糊状，在接触到水以后变成蓝色。但是这一类产品也有一定局限：对于肤色较深的人来说，其润色效果可能不太自然；对于肤质较干的人来说，又显得不够滋润；不适合做全身防晒；用后必须使用卸妆产品才能卸除干净，等等。

在理论上，物理防晒产品对肌肤的保护要好于化学防晒，但是目前市面上大多是化学防晒的化妆品。

(2) 防晒产品的选择

① 在购买防晒霜前应做一次准确的皮肤测试。油性肌肤应选择渗透力较强的水性防晒用品；干性肌肤应选择霜状的防晒用品；中性皮肤一般无严格规定，乳液状的防晒霜则适合各种皮肤使用。

② 皮肤在日光照晒后发红，医学上称为"红斑症"，这是皮肤对日晒作出的最轻微的反应。最低红斑剂量，是皮肤出现红斑的最短日晒时间。使用防晒用品后，皮肤的最低红斑剂量会增长。防晒用品的防晒系数 SPF 定义式为：

$$SPF = \frac{使用防晒产品后最低红斑剂量}{使用防晒产品前最低红斑剂量}$$

假设某人皮肤的最低红斑剂量为 15min，那么使用 SPF 为 4 的防晒霜后，理论上可在阳光下逗留 4 倍时间（60min）皮肤才会呈现微红；若选用 SPF 为 8 的防晒霜，则可在太阳下逗留 8 倍时间（即 120min），依此类推。一般环境下，普通肤色的人以 SPF 在 8～12 为宜；皮肤白皙者建议选用 SPF30 的防晒霜；对光过敏的人，SPF 值选择在 12～20 间为宜。

③ 不同的防晒产品有不同的适用对象，为避免发生过敏和其他不良反应，建议在购买防晒产品之前，先取少量防晒产品在自己的手腕内侧试用一下，10min 内如果出现皮肤红、肿、痛、痒现象，则说明自己对这种产品有过敏反应，可以试用比此防晒指数低一个倍数的产品。如果还有反应，则最好放弃该品牌的防晒霜。

④ 依据自己的肤质选用防晒产品，油性皮肤应选渗透力较强的水剂型、无油配方的防晒霜，使用起来清爽不油腻，不堵塞毛孔。千万不要使用防晒油，慎用物理性防晒类的产品。对正在发生痘症的患者，其皮肤的敏感性与油性皮肤相同，也应选择渗透力较强的水剂型、无油配方的防晒霜，如果痘痘比较严重，发生炎症或者皮肤破损，就要暂停使用防晒霜，只能采用遮挡的物理方法防晒。干性肌肤则一定要选用质地滋润，并添加了补水功效以及增强肌肤免疫力的防晒品。

使用防晒霜还要注意的另一个指标是其抗水性能，因为对于室外运动、旅游爱好者来讲，汗水、海水、游泳池水等都是必须面临的问题。还有一点，使用防晒霜不能像使用护肤霜那样节省，每次用量可以大一些（通常防晒霜在皮肤上涂抹量为 $2mg/cm^2$ 时才能达到应有的防晒效果）。在出门到阳光下（水中）活动的前 30min 使用防晒霜，这样可以让有效成分在肌肤表面充分铺展均匀。涂防晒霜一定要按顺序涂，不要打圈涂，防晒霜的结构跟一般保养霜是不一样的，如果打圈涂就相当于没有涂，防晒效果会大打折扣。

5.4.3.2 防晒霜的设计程序与配方结构

(1) 防晒产品配方的设计程序

①确定产品剂型；②选定防晒剂；③确定油相原料；④筛选乳化剂；⑤确定成膜剂；

⑥优选抗水剂；⑦计算和初拟各种组分的用量范围；⑧试验调整确定用量。

（2）**防晒霜的配方结构**　防晒霜的结构非常多样化，一般由奶油、牛奶、润湿剂、油、水、乳化剂、防晒剂等成分组成。

（3）**防晒霜配方设计时应考虑的因素**

① **产品的目标 SPF 值和目标防护波段**　根据市场需要和产品的适用环境来确定产品的目标 SPF 值，根据产品的目的和用途，确定需要防护的紫外线波段是 UVB，还是 UVB/UVA。

② **制品的目标人群**　根据产品主要销售对象确定防晒剂的类型和用量。对于皮肤易过敏的人群，不应使用对皮肤有刺激的防晒剂。

③ **制品的目标成本**　防晒剂价格昂贵，所以一般情况下，SPF 值越高，产品的成本越高，反映在售价上就是价格越高。因此，应根据制品的目标人群的经济能力确定制品的成本。

④ **耐水和防水性**　根据制品的适用环境，确定制品的耐水和防水性。为获得较高的 SPF 值，防晒制品必须沉积在皮肤上形成较厚而坚固的耐水性防晒剂膜层。

（4）**乳液型防晒霜的配方组分选择**

① **油相原料**　通常，油相原料会对防晒剂在皮肤上的涂展与渗透产生影响，选择铺展性好的油脂作为防晒剂的载体，可有助于防晒剂在皮肤上均匀分散，而使用渗透性强的油脂与防晒剂相溶，可以使防晒剂固定在皮肤上。硅酮是一种良好的亲脂性载体，在皮肤上形成的膜牢固度高，抗水性强，可较好地提高配方的 SPF 值。

② **乳化剂**　优先选择非离子型乳化剂，可提高整个防晒制品对皮肤的安全性；使用最少量的乳化剂，既可增加产品的安全性，降低成本，又可以防止在水存在下发生过乳化作用而造成防晒剂的损失；聚氧乙烯型乳化剂在阳光和氧的存在下发生自氧化作用，产生对皮肤有害的自由基，所以配方中应少用此类型的乳化剂；降低高 HLB 值乳化剂的用量以提高产品的抗水性。

③ **成膜剂**　为了获得较高 SPF 值，防晒制品必须沉积在皮肤表面，并形成一层均匀的、厚的耐水防晒剂层。成膜剂有助于达到这个目标，这类聚合物包括 PVP/碳烯共聚物、丙烯酸盐/叔辛基丙烯酰胺共聚物、亲油性的季铵化十二烷基纤维素醚等。丙烯酸盐/叔辛基丙烯酰胺共聚物等为疏水性，是有效封闭剂，可减少水分透过皮肤的损失，有调理作用和定香作用，最适用于防水性防晒制品，特别适合于以 TiO_2 为基质的防晒霜。

5.4.3.3　配方举例（植物防晒膏）

原料	名称	用量/%
A 相		
	单硬脂酸甘油酯	6.00
	十八醇	10.00
	二甲基对氨基苯甲酸辛酯	0.01
	硬脂酸	18.00
	凡士林	2.00
B 相		
	十二烷基硫酸钠	1.00
	芦荟汁	2.00
	维生素 C 衍生物	0.20
	维他命 B_5	2.00

黄原胶	3.00
硼砂	3.00
超微氧化钛	2.50
甘油	4.00
去离子水	加至 100.00

C 相

防腐剂	适量
香精	适量

5.4.3.4 生产工艺

先将组分 A 各成分搅拌混合、加热至 80℃，制成油相备用；将 K-12、芦荟汁、维他命成分溶于去离子水中，加热到 80℃得到水相；将硼砂、黄原胶、超微氧化钛、甘油加入胶体磨中磨细（3min 以上），加热至 80℃后与上述水相混合。分别将油相和水相经过滤后真空抽进乳化罐，搅拌下将水相物质慢慢加入油相中，再搅拌约 10min，维持在 70℃下均质，并脱气，冷到 40℃时加入组分 C，混合均匀。取样检验合格后包装。

5.4.4 指甲油

5.4.4.1 指甲油简介

指甲油是一类保护指甲、美化指甲的化妆品，用来使指甲光亮健美，同时还具有保护手指末端辅助组织的功能。理想的指甲油必须是安全的，对皮肤和指甲无害，不会引起刺激和过敏；使用上应容易和方便；在指甲上成膜色调鲜艳均匀，符合潮流，有较好的光泽，不会因光照、日晒变色，或失去光泽；有较快的干燥速度（3~5min），涂布时形成润湿、易流平的液膜，干燥后形成均匀涂膜，无浑浊、"发霜"和针孔现象；涂膜均匀，有一定的硬度和韧性，对指甲有好的黏着性，不会成片从指甲撕下，可保持 5~7 天，不会使指甲染色，卸妆时容易除去。有较长的货架寿命，质地均匀，不会分离、沉淀、变色和氧化酸败，微生物不会引起变质。

5.4.4.2 指甲油的配方结构

指甲油一般由成膜剂、树脂、增塑剂、溶剂、色素、珠光剂等原料组成，其中成膜剂和树脂对指甲油的性能起关键作用。

(1) 成膜剂　成膜剂是指甲油中的基质，借助于成膜剂，涂搽指甲油后能在指甲上形成一层薄膜。主要有硝酸纤维素、醋酸纤维素、醋酸丁酸纤维素、乙基纤维素、聚乙烯以及丙烯酸甲酯聚合物等。其中硝酸纤维素是最常用的成膜剂，它由纤维素经硝化而制得，是一种白色纤维状聚合物，耐水、耐稀酸、耐弱碱和各种油类。其聚合度不同，强度亦不同，但都是热塑性物质。在阳光下易变色，且极易燃烧。指甲油中用的硝酸纤维素多是运动黏度为 0.5~0.25m²/s、氮元素含量在 11.5%~12.2%范围内的产品，易溶于酯类、丙酮类等溶剂中，其成膜的物理性质如硬度、附着力、耐摩擦性和去光性等方面都显得优良。它只需溶解在适当的溶剂内，溶剂挥发后它自动干燥成膜，无需氧化或聚合作用。一般使用量为 10%~15%。

(2) 树脂　在指甲油中添加树脂能增加硝酸纤维素薄膜的亮度和附着力，因而是指甲油中不可缺少的原料，通常用量为 5%~10%。指甲油常用的树脂有天然树脂（如虫胶）和合成树脂，由于天然树脂质量不稳定，近年来已被合成树脂代替。常用的合成树脂有醇酸树脂、氨基树脂、丙烯酸树脂、聚醋酸乙烯酯树脂和对甲苯磺酰胺甲醛树脂等。其中对甲苯磺酰胺甲醛树脂对膜的厚度、光亮度、流动性、附着力和抗水性等均有较好的效果。

（3）增塑剂　使用增塑剂是为了使涂膜柔软、持久，减少膜层的收缩和并裂现象，在选择指甲油所使用的增塑剂时，还须要求增塑剂与溶剂、硝酸纤维素和树脂的溶解性好，挥发性小，稳定、无毒、无臭味，且对所使用的颜料的溶解性好。但增塑剂含量过高会影响膜的附着力。能用于指甲油的增塑剂有磷酸三甲苯酯、苯甲酸苄酯、磷酸三丁酯、柠檬酸三乙酯、邻苯二甲酸二辛酯、樟脑和蓖麻油等，常用的是邻苯二甲酸酯类。增塑剂的用量一般为硝化纤维素量的 25%～50%。

（4）溶剂　溶剂是指甲油中的主要成分，占 70%～80%。溶剂在指甲油中的作用是溶解成膜剂、树脂、增塑剂等，调节指甲油的黏度以获得适宜的使用性能，要求具有适宜的挥发速度。挥发太快，影响指甲油的流动性，产生气孔、残留痕迹，影响涂层外观；挥发太慢会使流动性太大，成膜太薄，干燥时间太长。能够同时满足这些要求的单一溶剂是不存在的，一般使用混合溶剂。

指甲油的溶剂由真溶剂、潜溶剂和稀释剂三部分组成。"真溶剂"，是指单独使用该溶剂时对某些原料具有真正的溶解作用，按溶剂沸点的高低，真溶剂可分为沸点在 100℃ 以下的低沸点溶剂、沸点在 100～150℃ 的中沸点溶剂和沸点高于 150℃ 的高沸点溶剂三类。常用的低沸点溶剂有丙酮、乙酸乙酯和丁酮等，它们的蒸发速度快，其硝化纤维素溶液黏度低，成膜干燥后容易"发霜"变浊。中沸点溶剂如乙酸丁酯、二甘醇单甲醚和二甘醇单乙醚等，其流展性好，硝化纤维素溶液黏度较高，能抑制"发霜"变浑现象。高沸点溶剂如乙二醇一乙醚溶纤剂、乙酸溶纤剂、乙二醇二丁醚和某些溶剂型增塑剂。用这类溶剂配制的硝化纤维溶液黏度高，不易干，流展性较差，涂膜光泽好，密着性高，不会引起"发霜"变浊现象。

潜溶剂与硝酸纤维素有亲和性，单独使用时没有溶解性，但与真溶剂配合使用时，能显著增加真溶剂对硝酸纤维素的溶解性，提高使用感。经常使用的潜溶剂有乙醇、丁醇等醇类。

稀释剂单独使用时对硝酸纤维素完全没有溶解力，但配合到溶剂中可增加对树脂的溶解性，还可调整使用感，常用的有甲苯、二甲苯等烃类，稀释剂价格低，添加它可降低成本。

（5）色素　色素除能赋予指甲油以鲜艳的色彩外，还起到使指甲油膜不透明的作用。一般采用不溶性的颜料和色淀。可溶性染料会使指甲和皮肤染色，一般不宜选用。如要生产透明指甲油，则一般选用盐基染料。有时为了增加遮盖力，可适当加一些无机颜料如钛白粉、鸟嘌呤、氢氧化铋等，珠光剂一般采用天然鳞片或合成珠光颜料。

5.4.4.3　配方举例

原料　　名称	用量/%
硝化纤维素	10.0
丁醇	3.0
醇酸树脂	13.0
甲苯	18.0
丙烯酸树脂	7.0
钛白粉	1.0
柠檬酸醋酸三丁酯	3.0
钛云母	1.2
DL-樟脑	0.5
有机染料	3.0
有机膨润土	1.5

憎水氧化硅	0.8
异丙醇	5.0
醋酸乙酯	8.0
醋酸丁酯	25.0

5.4.4.4 生产工艺

将硝化纤维素用丁醇、甲苯润湿，将各种树脂、柠檬酸醋酸三丁酯、乙酸乙酯、醋酸丁酯混合溶解，加入硝化纤维素/醇/苯溶解液，搅拌使其完全溶解，加入色素继续搅拌使之溶解混合均匀。将硝化纤维素混合物泵入板框式压滤机中进行过滤，去除杂物后，在静置釜中静置贮存。

思考题与练习

1. 皮肤在生理构造上从外及内分为哪几部分？使用化妆品分别可以对各部分起到什么作用？天然皮肤的保湿机理是怎样的？

2. 化妆品的主要基质原料和常用辅料分别都有哪些？

3. 化妆品生产中常用的混合设备和乳化设备分别有哪些？

4. 请写出乳化体化妆品的一般性生产程序。

5. 制备乳化体时，油相和水相的混合有哪几种方式？各有什么特点？

6. 什么叫转相？有哪些方法？各有什么特点？

7. 乳化效果（乳胶颗粒大小及粒径分布、乳液稳定性等）主要和哪些因素有关？

8. 生产化妆品时，香精及防腐剂一般何时加入体系？为什么？

9. 制备洗面奶的主要原料有哪些？它们分别在体系中起什么作用？W/O 型和 O/W 型洗面奶的配方有什么差别？

10. 简述含醇化妆水的一般性生产工艺流程。

11. 写出粉饼的一般性生产工艺流程。

12. 叙述洗发香波的一般性生产工艺过程。在加料时应注意哪些问题？

13. 对化妆品的质量有哪些基本要求？按现行国家标准，评价其安全性需通过哪些实验？

14. 化妆品加香应注意哪些问题？

15. 香水的主要成分是什么？如何生产？

16. 评价香料的安全性主要通过哪些试验进行？如何对香精进行评香？

第6章　胶黏剂的配方设计

6.1　胶黏剂概述

胶接（黏合、黏结、粘接、胶黏）是指将同质或异质物体用胶黏剂连接在一起的技术，具有应力分布连续、重量轻、可密封、操作工艺简便等特点，特别适合于不同材质、不同厚度、超薄规格和复杂构件的连接。胶黏剂，又称黏合剂，简称胶，就是通过黏附作用使被粘接物体结合在一起的物质。胶黏剂是以树脂（基料）为主体，配合固化剂、增塑剂、稀释剂、填料以及其他助剂等配合而成的。

胶黏剂是一类重要的精细化工品，能赋予被粘物质单独存在时所不具有的某些性能。最早使用的黏合剂大都来源于天然的胶黏物质，如淀粉、糊精、鱼胶等，一般用水作溶剂，通过加热配制而成。由于其组分单一，不能适应多种用途的要求，当今使用的黏合剂大多以合成高分子化合物为主要组分，制成的黏合剂具有良好的胶黏性能，可供多种场合使用。在合成聚合物的应用中，胶黏剂的产量仅次于塑料、橡胶、纤维和涂料，成为一类应用广泛的化工产品。胶黏剂的应用领域非常广泛，涉及建筑、包装、航天航空、电子、汽车、机械设备、医疗卫生、轻纺等国民经济中各个领域，以及人民生活的诸多方面。

6.1.1　胶黏技术特点及其发展概况

6.1.1.1　胶黏技术的优点

（1）各种弹性模量和厚度不同的薄膜、纤维和小颗粒很容易用胶黏剂黏结，比用机械方法连接得到的组件更轻巧。

（2）利用对被胶黏件结构纹理上的交叉黏结，能使各向异性材料的强度、质量比、尺寸稳定性得到改善；应力分布均匀，不易产生应力破坏。

（3）对电容器、印刷线路板、电动机、电阻器等电气元件实施胶接，胶合面具有绝缘、绝热和抗震性能，胶接表面光滑，气动性良好。

（4）能将各类异种材料胶合在一起，形成复合材料或组件。

（5）简化机械加工工艺，降低制造成本。对胶接工作的操作者无需很高的技术水平要求，只要认真细致就能胜任，劳动强度小，生产效率高。

（6）胶接面可以具有很好的耐腐蚀性能，密封性也可以达到很高的等级，表面光滑，气动性能好，适合航天、导弹等高速运载工具。

6.1.1.2 胶黏技术的不足

（1）由于大多数胶黏剂为有机合成高分子物质，热固性胶黏面的抗剥离强度比较低，热塑性胶黏面在受力情况下有蠕变倾向；树脂基体的耐候性较差，在空气、日光、风雨、冷热等气候条件下，会产生老化现象，影响使用寿命。

（2）某些胶黏剂的胶接过程比较复杂，如需要表面处理、加压、加热、夹具和模具等。

（3）与机械物理连接法相比，有些胶黏剂，尤其是溶剂型胶黏剂本身易燃、有毒，会对环境和人体产生危害。

（4）目前还缺乏准确度和可靠性都较好的无损检验胶黏面粘接质量的方法。

6.1.1.3 胶黏技术的发展

人类使用胶黏剂的历史源远流长。早在几千年前，人类就学会了以黏土、骨胶、生漆、淀粉、动物血液、沥青、松香等天然产物作为胶黏剂，用以建造房屋，粘接箭羽、标枪头与标枪杆等。例如，我国在2000多年的秦朝人们以糯米浆与石灰制成的灰浆用作建造万里长城的胶黏剂。马王堆汉墓中用白土与骨胶混合，再上颜料，用于棺木的密封及涂饰，使得辛追的尸首及其随葬品深埋于地下两千一百多年而不腐。古埃及的金字塔也是从金合欢树中提取阿拉伯胶，从鸟蛋、动物骨骼中提取骨胶，从松树中收集松脂制成胶黏剂来建造的，至今仍巍然屹立。

早期的胶黏剂以天然物为主，且大多数是水溶性的。胶黏剂的大规模生产是在17世纪末从荷兰开始的，他们当时生产的是天然高分子胶黏剂，随后是英国、美国、德国和瑞士。直到1909年酚醛树脂在美国问世才使胶黏剂作为一个行业蓬勃发展起来，胶黏剂和粘接技术也才进入到一个全新的时代。1930年脲醛树脂问世；1937年世界上最早的双组分聚氨酯胶黏剂在德国问世；1946年瑞士科学家试制成功双酚A型环氧树脂；同一时期，万能胶、白乳胶和快干胶也相继问世；20世纪70年代后期功能性胶黏剂开始问世。

目前世界上的合成胶黏剂品种已达5000余种，总产量超过1000万吨，销售额年均增长5%。产量中水系胶占45%，热熔胶占20%，溶剂胶占15%，反应型胶占10%，其他占10%。2005年全球胶黏剂与密封剂市场的总销售额为270亿～300亿美元，其中美国市场销售额达79亿美元，约占全球市场的1/3～1/4。2005年我国内地胶黏剂及密封剂产品量为427.2万吨，销售额为33亿元人民币，应用领域及消费量见表6-1。同期我国内地进口各类胶黏剂、密封剂及其原辅材料共17.11万吨，金额约为6.17亿美元。进口产品主要为聚氨酯结构胶和结构密封胶、高性能环氧树脂胶和聚酰胺胶、铸模和铸芯用胶黏剂，还包括数量可观的配制胶黏剂的原辅料，如EVA、SIS、PET、PA和PU等合成树脂。2005年我国出口各类胶黏剂及其原材料共11.53万吨，金额约为2.28亿美元，出口产品主要为改性丙烯酸酯胶、厌氧胶、氰基丙烯酸酯胶、热熔胶及热熔压敏胶、铸模及铸芯用胶黏剂等。

表 6-1　2005 年我国胶黏剂各应用领域消费量

主要应用领域	消费量/万吨	主要应用领域	消费量/万吨
胶合板及木工	197.5	交通运输	12.6
建筑建材	80.6	装配(电子电器、机械、仪器仪表等)	6.8
包装及商标	53.0	胶黏剂厂商自用	3.4
纸加工和书本装订	25.0	其他	5.3
皮革及制鞋	25.0	总计	427.2
纤维及服装	18.0		

除上述领域外，用于电子电器、仪器仪表、医疗卫生、航空航天、交通运输等行业的高新技术和特种胶黏剂产品也在以每年 12％～15％ 的速度增长。

近年来，随着工业需求的增加和技术的发展，粘接技术得到了突飞猛进的发展。首先是产量比以前有了很大的提高，其次是种类增加、性能更加优越，出现了一些快固化、单组分、高强度、耐高温、无溶剂、低黏度、不污染、省能源、多功用等各具特点的胶黏剂。例如热熔胶黏剂，就有水溶型热熔胶、水分散型热熔胶、快固化型热熔胶、溶剂型热熔胶、泡沫热熔胶、压敏热熔胶、导电热熔胶、反应型热熔胶、可生物降解的热熔胶、抗蠕变热熔胶以及热熔密封胶等诸多品种。结构胶方面出现了室温固化、高温使用的结构胶，中温固化单组分结构胶，高温固化结构胶黏剂，室温固化全透明环氧胶，水下使用的结构胶，可油面粘接使用的汽车卷边胶以及各种导热胶、导电胶、密封胶等。再如压敏胶黏剂，第一代是溶剂型的，第二代是乳液型的，第三代则为热熔压敏胶，每一代都有自己的特色和优点。在合成胶黏剂树脂方面，利用分子设计开发高性能品种，采用接枝、共聚、掺混、互穿网络聚合物等技术改善胶黏剂的性能。如此，胶接技术发展极快，应用行业极广，并对高新技术进步和人民日常生活改善有重大影响。因此，研究、开发和生产各类胶黏剂十分重要。

我国合成胶黏剂行业的发展趋势表现出四大特点：一是环保节能型产品加快发展；二是高性能高品质胶黏剂有较大发展，特别是用于机械、电子、汽车、建筑、医疗卫生和航天航空领域的胶黏剂将发展更快，部分特种胶黏剂产量将以高于 20％ 的速度增长；三是胶黏剂生产向规模化、集约化的趋势集结，产品质量和档次有较大提高；四是外资企业继续发展，企业数量增加、生产规模扩大、资金投入加大、高新技术产品明显增加。从技术上来说，三醛胶向低甲醛、快固化方向发展；水基胶黏剂主要是提高耐水性、初始黏合力、干燥速度和抗冻性；反应型胶黏剂重点发展专用固化剂、单组分中温固化剂；热熔胶则应进行乳液聚合体、接枝共聚粉末等品种。

6.1.2 胶黏剂的分类

胶黏剂的分类方法很多，按胶黏剂主体基料的化学成分来分类，可以分为无机类和有机类；按应用方法可分为热固型、热熔型、室温固化型、压敏型等；按应用对象分为结构型、非结构型或特种胶；按形态可分为水溶型、水乳型、溶剂型以及各种固态型等。

6.1.2.1 按基料分

（1）无机类　有热熔型如焊锡、玻璃、陶瓷等，水固型如硅酸盐型（水泥）、硫酸盐系（石膏）、硼酸盐系（玻璃）及磷酸盐型。

（2）有机类

① 天然高分子

a. 植物胶：淀粉、糊精、阿拉伯树胶、大豆蛋白、天然树脂胶（松香、木质素、树胶、单宁等）、天然橡胶等。

b. 动物胶：酪素、皮胶、骨胶、鱼胶、虫胶等。

c. 矿物胶：矿物蜡、石油沥青和煤焦油沥青。

d. 天然高分子改性物：羧甲基纤维素、酯化淀粉等。

② 合成高分子　包括合成树脂型、合成橡胶型和复合型三大类。

合成树脂型又分热塑性和热固性。热塑性有烯类聚合物（聚醋酸乙烯酯、聚乙烯醇、聚氯乙烯、聚丙烯酸酯、聚异丁烯、聚乙烯类）、聚醚、聚酰胺、纤维素、饱和聚酯、聚氨酯等。热固性有脲醛树脂、三聚氰胺树脂、酚醛树脂、环氧树脂、不饱和聚酯、聚异氰酸酯、聚酰亚胺、聚苯异咪唑、三聚氰胺-甲醛树脂等。合成橡胶型主要有氯丁橡胶、丁苯橡胶、丁腈橡胶、丁基橡胶、羧基橡胶、有机硅橡胶等。复合型主要有酚醛-丁腈胶、酚醛-氯丁胶、酚醛-聚氨酯胶、环氧-丁腈胶、酚醛-聚乙烯醇缩醛、环氧-聚酰胺、环氧-聚酯等。

6.1.2.2 按形态和应用方法分类

胶黏剂按其形态和应用方法可分为溶剂型、乳液型、反应型（热固化、紫外线固化、湿气固化等）、热熔型、再湿型以及压敏型（即黏附剂）等。

（1）溶剂（分散剂）型　这类黏合剂随着溶剂（分散剂）的挥发而固化后，产生粘接力。一般不伴随化学反应。有溶液型和水分散型。溶液型包括有机溶剂型如氯丁橡胶、硝酸纤维素、聚醋酸乙烯酯，水溶剂型如淀粉、聚乙烯醇；水分散型如聚醋酸乙烯酯乳液。

（2）反应型　包括单液型和两液型。这类黏合剂因发生化学反应而固化，借助内聚力而产生粘接力。单液型有热固性（环氧树脂、酚醛树脂、聚氨酯、酚醛-环氧胶、酚醛-丁腈胶），湿气固化型（聚氰基丙烯酸酯、烷氧基硅烷、脲烷、硫化硅橡胶），厌氧固化型（丙烯酸类、聚丙烯酸双酯、聚丙烯酸长链醇酯），紫外线固化型（丙烯酸类、环氧树脂），其胶接原理是基体树脂受热、湿气、光等刺激之后发生交联反应。两液型有缩聚反应型（尿素-苯酚类），加成反应型（环氧树脂-脲烷），自由基聚合型（丙烯酸类），固化剂型（酚醛树脂、环氧树脂、脲醛树脂等）；它们的胶接原理是将主剂和固化剂混合后或进一步加热而产生固化反应。

（3）热熔型　是一类以热塑性树脂为基体的多组分混合物，室温下为固态或膜状，加热到一定温度后熔融成为液态，涂布、润湿被粘物后，经压合、冷却，在几秒钟甚至更短时间内即可形成较强的粘接力，如乙烯-醋酸乙烯酯、丁苯嵌段共聚物、聚烯类、聚酰胺、聚酯。

（4）压敏型　在室温条件下有黏性，只加轻微的压力便能黏附。有可再剥离型（丁苯橡胶、氯丁橡胶、丙烯酸类、聚硅氧烷）和永久黏合型（聚氯乙烯、聚酯）。

（5）再湿型　包括有机溶剂活性型和水活性型（淀粉、明胶、聚乙烯醇类）。在牛皮纸等上面涂敷胶黏剂并干燥，使用时用溶剂或水湿润胶黏剂，使其重新产生黏性。

为适应工农业生产和日常生活对胶接技术的需要，各国在开发胶黏剂品种方面都花了很大的工夫，开发出了一些快固化、单组分、高强度、耐高温、无溶剂、低黏度、不污染、省能源、多功用等各具特点的胶黏剂。在合成胶黏剂方面，利用分子设计开发高性能胶黏剂；采用接枝、共聚、掺混、互穿网络聚合物等技术改善胶黏剂的性能。对于胶黏机理的研究也有了新的进展；施胶设备和工艺也有了新的发展，如胶黏与机械相结合的连接方式、胶黏与电刷镀等技术结合。

6.1.2.3 按受力情况和用途分

按胶黏剂固化后的受力情况可分为结构胶、非结构胶和特种胶黏剂。

结构胶指强度高（抗压强度＞65MPa，钢-钢抗拉强度＞30MPa，抗剪切强度＞18MPa），能承受较大荷载，且耐老化、耐疲劳、耐腐蚀，在预期寿命内性能稳定。结构胶用于承受强力的结构件的粘接，要求粘接接头承受的应力和被粘物体相当或接近。在工程中结构胶应用广泛，主要用于构件的加固、锚固、粘接、修补等；如钢构件、碳纤维、植筋、裂缝补强、密封、孔洞修补、道钉粘贴、表面防护、混凝土粘接等。

非结构胶强度较低、耐久性差，只能用于普通、临时性质的粘接、密封、固定，不能用于结构件粘接，在使用中不承受较大的动、静负荷。非结构胶黏剂一般为热塑性树脂胶黏剂、橡胶型胶黏剂。

特种胶黏剂主要指其使用场合和功能要求特殊，如耐高温胶、超低温胶、导电胶、导热胶、导磁胶、密封胶、光敏胶、应变胶、医用胶、防腐胶、水下胶等。

按用途分类主要包括胶合板及木工用胶、建筑建材用胶、包装及商标用胶、书本装订和纸加工用胶、皮革及制鞋用胶、纤维及服装用胶、交通运输用胶、装配（电子电器、机械、仪器仪表等）用胶、金属用胶等。按使用特点又可分为热熔胶、密封胶、压敏胶、导电胶、瞬干胶、AB胶、光学胶等。

6.1.3 胶黏剂的选择

胶黏剂的品种繁多，各有其应用范围和使用条件。因此在粘接之前，正确地选择胶黏剂是保障良好胶接的关键因素。也就是说，在选用胶黏剂时，不仅要考虑粘接强度，更要考虑使用对象和条件、粘接效果的持久性。一般来讲，应从如下几个方面进行考虑。

（1）被粘接材料的性质以及被粘接材料和胶黏剂的相容性。

（2）被粘接材料应用的场合及受力情况。

（3）粘接过程有无特殊要求。

（4）粘接效率及胶黏剂的成本。

在实际的胶接过程中，对相同材料已有的粘接经验也是很重要的。当几种化学性质完全不同的胶黏剂都可以满足一种粘接接头的物理性质方面的要求时，不要超规格使用胶黏剂，因为片面地追求一些指标时，将有可能导致另一些指标的可靠性不足。

6.1.3.1 选择胶黏剂的原则

（1）胶接件材料的性质、大小和硬度。

（2）胶接件的形状结构和胶接工艺条件。

（3）胶接部位承受的负荷和形式（拉力、剪切力、剥离力等）。

（4）对胶接件的特殊要求，如导电、导热、耐高温和耐低温等。

6.1.3.2 胶接件材料的性质

（1）金属　金属表面的氧化膜经表面处理后，容易胶接；由于胶黏剂与粘接金属的两相间线膨胀系数相差大，胶层容易产生内应力；另外金属表面可能会因为水的作用而产生电化学腐蚀。

（2）橡胶　橡胶的极性越大，胶接效果越好。其中丁腈、氯丁橡胶极性大，胶接强度大；天然橡胶、硅橡胶和异丁橡胶极性小，粘接力较弱。另外橡胶表面往往有脱模剂或其他游离出的助剂，对胶接效果存在负面作用。

（3）木材　系多孔材料，极易吸潮引起尺寸变化，可能因此产生应力集中。另外，光滑的黏结面比表面粗糙的木材胶接性能好。

（4）塑料　极性大的塑料其胶接性能好。同样，在塑料加工过程中使用的增塑剂、脱模剂等助剂也会影响黏结效果。

（5）玻璃　从微观角度来看，玻璃表面是由无数凹凸不平的不均匀区域组成。应该选用湿润性好的胶黏剂，以消除凹凸处可能存在的气泡影响。另外，玻璃是以 Si—O 为主链结构的无机聚合物，其表面易吸附水。因玻璃极性强，极性胶黏剂易与表面发生氢键结合，形成牢固粘接。另外，玻璃易脆裂而且透明，选择胶黏剂时需考虑到这些。

6.1.3.3 胶黏剂自身的特点

（1）胶黏剂产品的贮存期　每种产品均有贮存期。根据国际及国内标准，贮存期指性能可能发生变化的物料在常温（24℃）下存放时保持其可用性的最长时间。对丙烯酸酯胶类，其贮存条件为20℃；贮存温度越高，贮存期越短。对水基类产品，如温度在−1℃以下时，将直接影响产品质量。

（2）胶黏强度　世界上没有万能胶。对于不同的被粘物，最好选用专用胶黏剂。如果被粘物本身的强度低，就不必选用高强度的产品，否则，就是大材小用，且增加成本。另外不能只重视初始强度高，更应考虑耐久性好。高温固化的胶黏剂性能远远高于室温固化，如要求强度高、耐久性好的，要选用高温固化胶黏剂。通常所说的 502 强力胶（即 α-氰基丙烯酸酯胶）除了应急、小面积修补或连续化生产外，在要求粘接强度高的场合不宜采用。

（3）对胶黏部件的适应性　各种胶黏剂对不同的基材具有不同的适应性：如白乳胶和脲醛胶不能用于粘接金属，要求具有透明性的部件可选用聚氨酯胶、光学环氧胶、饱和聚酯胶、聚乙烯醇缩醛胶，脆性较高的胶黏剂不宜粘接软质材料，胶黏剂对被粘物不应有腐蚀性，如不能用溶剂型氯丁胶黏剂来胶接聚苯乙烯泡沫板，等等。

6.2　胶黏剂配方的基础理论

6.2.1　被粘物表面的形态特征

粘接是不同材料界面间接触后相互作用的结果。聚合物之间，聚合物与非金属或金属之间，金属与金属和金属与非金属之间的胶接等都存在聚合物基料与不同材料之间界面胶接问题。因此，界面层的作用是胶黏科学中研究的基本问题，诸如被粘物与粘料的界面张力、表面自由能、官能基团性质、界面间的反应等都影响胶接。胶接是综合性强，影响因素复杂的一类技术。

被粘接的物体均为固态，黏结作用仅存在于表面和薄层，因此胶接实质上是一种表面现象（图 6-1）。

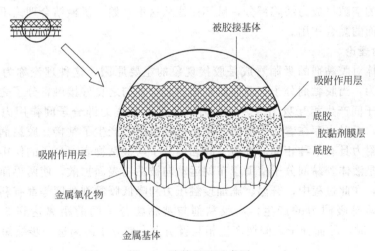

图 6-1　胶接界面示意图

与胶接作用相关的被粘物表面形态特征主要包括：①固体表面的粗糙性；②固体表面的多孔性；③固体表面的吸附性；④固体表面的缺陷性。为了改善胶接作用，一般在实施胶接之前都会对被粘物表面进行必要的处理，各种表面处理方法都会引起被粘物表面形态特征发生改变。

6.2.2　粘接机理

粘接作为三大连接技术（焊接、机械连接、粘接）之一，是一个复杂的物理、化学过程。粘接所涉及的学科广泛，从理论上探讨粘接的本质对胶黏剂的开发及胶黏剂工艺技术的改善有着重要的意义。粘接的基本工艺过程包括：正确选择胶黏剂，合理的粘接接头设计，良好的表面处理，恰当的调胶、施胶，适当的接头粘接方法、条件及养护，粘接接头的后期整理及修饰等过程。粘接的基本原理有机械锚合理论、吸附理论、扩散理论、静电理论等。

6.2.2.1 机械锚合理论

机械锚合理论认为，粘接力是由于胶黏剂渗入被粘物体的表面或填满其凹凸不平的表面，经过固化的胶黏剂产生契合、钩挂、锚入等作用而形成的。对于多孔材质，机械理论可以对其粘接现象做出很好的解释。

任何物体的表面即使用肉眼看来十分光滑，但经放大后，表面十分粗糙，遍布沟壑，有些表面还是多孔性的。黏合剂渗透到这些凹凸或孔隙中，固化后就像许多小钩和榫头似地把胶黏剂和被粘物连接在一起。这种微观的机械结合在多孔性表面上更加明显。该理论认为，胶黏剂必须渗入被粘物表面的空隙内，并排除其界面上吸附的空气，才能产生粘接作用。在粘接如泡沫塑料的多孔被粘物时，机械嵌入是重要因素。胶黏剂粘接经表面打磨的致密材料效果要比表面光滑的致密材料好，这是因为：①机械镶嵌；②形成清洁表面；③生成反应性表面；④表面积得到增加。由于打磨确实使表面变得比较粗糙，可以认为表面层的物理和化学性质发生了改变，从而提高了粘接强度。

从物理化学观点看，机械作用并不是产生粘接力的因素，而是增加粘接效果的一种方法。胶黏剂渗透到被粘物表面的缝隙或凹凸之处，固化后在界面区产生了啮合力，这些情况类似钉子与木材的接合或树根植入泥土的作用。机械连接力的本质是摩擦力。在黏合多孔材料、纸张、织物等时，机械连接力是很重要的，但对某些坚实而光滑的表面，这种作用并不显著。

当表面孔隙里存有空气或水蒸气时，黏度高的黏合剂不可能把这些空隙完全填满，界面上这种未填满的空隙将成为缺陷部分，破坏往往从这里开始。机械结合理论不能解释黏合剂对非多孔性表面的黏合作用。

6.2.2.2 吸附理论

人们把固体对胶黏剂的吸附看成是胶接现象的主要原因，这种理论称为胶接的吸附理论。该理论认为：当胶黏剂分子充分润湿被粘物表面并与之良好接触，分子之间的间距小于0.5nm时，分子间产生相互吸引力，这种力主要是范德华力即分子间作用力，这种吸附不仅有物理吸附，有时也存在着化学吸附，正是这种吸附力产生了粘接。胶黏剂与被粘物表面的粘接力与吸附力具有某种相同的性质。胶黏剂分子与被粘物表面分子的作用过程有两个阶段：第一阶段是液体胶黏剂分子借助于布朗运动向被粘物表面扩散，使两界面的极性基团或链节相互靠近，在此过程中，升温、施加接触压力和降低胶黏剂黏度等都有利于布朗运动的加强。第二阶段是吸附力的产生。当胶黏剂与被粘物分子间的距离达到 $5\sim10\text{Å}$（$1\text{Å}=0.1\text{nm}$，下同）时，界面分子之间便产生相互吸引力，使分子距离进一步缩短到处于最大稳定状态。

胶黏剂与被粘物连续接触的过程叫润湿，要使胶黏剂润湿固体表面，胶黏剂的表面张力应小于固体的临界表面张力，胶黏剂浸入固体表面的凹陷与空隙就形成良好润湿。如果胶黏剂在表面的凹处被架空，便减少了胶黏剂与被粘物的实际接触面积，从而降低了接头的粘接强度。胶黏剂都容易润湿金属被粘物，被粘物的表面张力都小于胶黏剂的表面张力。实际上获得良好润湿的条件是胶黏剂比被粘物的表面张力低，这就是环氧树脂胶黏剂对金属粘接极好的原因，而对于未经处理的聚合物，如聚乙烯、聚丙烯和氟塑料很难粘接。

通过润湿使胶黏剂与被粘物紧密接触，主要是靠分子间作用力产生永久的粘接。在黏附力和内聚力中所包含的化学键有四种类型：①离子键；②共价键；③金属键；④范德华力。

只要黏合剂能润湿被粘物的表面，两表面间必然会产生对黏合强度有贡献的物理吸附作用。根据计算，由于范德华力的作用，当两个理想的平面相距为 10Å 时，它们之间的引力强度可达 10～1000MPa；当距离为 3～4Å 时，可达 100～10000MPa。这个数值远远超过现代最好的结构胶黏剂所能达到的强度。因此，有人认为只要当两个物体接触很好时，即胶黏剂对粘接界面充分润湿，达到理想状态的情况下，仅分子间范德华力的作用就足以产生很高的胶接强度。可是实际胶接强度与理论计算相差很大，这是因为固体的力学强度是一种力学性质，而不是分子性质，其大小取决于材料的每一个局部性质，而不等于分子作用力的总和。计算值是假定两个理想平面紧密接触，并保证界面层上各对分子间的作用同时遭到破坏的结果。实际上，由于缺陷的存在，不可能有理想的平面，粘接存在应力集中，也不可能使这两个平面均匀受力。遭到破坏时，也就不可能保证各对分子之间的作用力同时发生。

6.2.2.3 扩散理论

扩散理论认为，粘接是通过胶黏剂与被粘物界面上分子扩散产生的。特别是两种聚合物在具有相容性的前提下，当它们相互紧密接触时，由于分子的布朗运动或链段的摆动产生相互扩散现象。这种扩散作用是穿越胶黏剂、被粘物的界面交织进行的。扩散的结果导致界面的消失和过渡区的产生。聚合物之间的粘接力主要来源于扩散作用，即两聚合物端头或链节相互扩散，导致界面消失并产生过渡区。也就是说，当胶黏剂和被粘物都是具有能够运动的长链大分子聚合物时，扩散理论基本是适用的。胶黏剂和被粘物的溶解度参数越接近，粘接温度越高，时间越长，扩散作用越强，由扩散作用导致的粘接力也越高。橡胶的自黏合现象、乳液微球成膜时的相互融合现象就属于这种扩散现象。但是，被黏合体是金属或玻璃时，就难以发生这种现象，因为聚合物很难向这类材料扩散。

6.2.2.4 静电理论

静电理论又称为双电层理论，当胶黏剂和被粘物体系是一种电子接受体/供给体的组合形式时，电子会从供给体（如金属）转移到接受体（如聚合物），在界面区两侧形成双电层，从而产生了静电引力。例如，在干燥环境中从金属表面快速剥离粘接胶层时，可用仪器或肉眼观察到放电的光、声现象，证实了静电作用的存在。在聚合物与金属粘接方面，静电理论占有一定地位。但静电作用仅存在于能够形成双电层的粘接体系，因此不具有普遍性。此外，有些学者指出：双电层的电荷密度必须达到 $10^{21}e/cm^2$ 时，静电吸引力才能对胶接强度产生较明显的影响。而双电层迁移电荷产生密度的最大值只有 $10^{19}e/cm^2$（有的认为只有 $10^{10}～10^{11}e/cm^2$）。静电力虽然确实存在于某些特殊的粘接体系中，但绝不是起主导作用的因素。

关于粘接过程，尚有其他的一些理论解释，如化学键理论、非界面层理论等。总之，每种理论都有其正确的一面，同时也存在着不同的缺陷。因此，只有将这些理论进一步发展，尤其是综合，才能对粘接现象做出较好的解释，并对粘接工作起到更好的指导作用。

6.2.2.5 化学键理论

化学键理论认为胶黏剂与被粘物分子之间除相互作用力外，有时还有化学键产生，例如硫化橡胶与镀铜金属的胶接界面、偶联剂对胶接的作用、异氰酸酯对金属与橡胶的胶接界面等的研究，均证明有化学键的生成。化学键的强度比范德华作用力高得多；化学键形成不仅可以提高黏附强度，还可以克服脱附使胶接接头破坏的弊病。但化学键的形成并不普通，要形成化学键必须满足一定的量子化条件，所以不可能做到使胶黏剂与被粘物之间的接触点都形成化学键。况且，单位黏附界面上化学键数要比分子间作用的数目少得多，因此黏附强度来自分子间的作用力是不可忽视的。粘接作用是由于胶黏剂分子与被粘物表面通过化学反应形成化学键而结合，化学键比分子间力要高 1～2 个数量级。化学键的强度比分子间作用力高很多，对提高黏合强度和改善耐久性有重要意义。但化学键在单位面积上的数目较少，化学键形成并不普遍。

6.2.2.6 弱边界层理论

弱边界层理论认为，当粘接破坏被认为是界面破坏时，实际上往往是内聚破坏或弱边界层破坏。弱边界层来自胶黏剂、被粘物、环境，或三者之间任意组合。如果杂质集中在被粘物粘接界面附近，并与被粘物结合不牢，在胶黏剂和被粘物内部都可出现弱边界层。发生破坏时，尽管多数发生在胶黏剂与被粘物的界面，它实际上是弱边界层的破坏。

聚乙烯与金属氧化物的粘接便是弱边界层效应的实例。聚乙烯含有强度低的含氧杂质或低分子物，使其界面存在弱边界层，能经受的破坏应力很小。如果采用表面处理方法除去低分子物或含氧杂质，则粘接强度会得到很大的提高。破坏截面的 X 衍射图表明，界面上确存在弱边界层，致使粘接强度降低。

当液体胶黏剂不能很好浸润被粘体表面时，空气泡留在空隙中而形成弱边界层。又如，当其中的杂质能溶于熔融态的胶黏剂中，而不溶于固化后的胶黏剂时，便会在固体化后的胶黏层形成另一相，在被粘体与胶黏剂整体间产生弱界面层（WBL）。产生 WBL 除工艺因素外，在聚合物交联成网络或熔体相互作用时，胶黏剂的表面吸附等热力学过程中产生界层结构的不均匀性，不均匀性界面层就会有 WBL 出现。这种 WBL 的应力松弛和裂纹的发展不尽相同，因而极大地影响着材料和制品的整体性能。

在胶黏剂配方设计中应根据胶黏剂树脂的分子结构特点，运用上述理论对胶黏剂配方设计进行指导。

6.2.3 润湿性和粘接力

6.2.3.1 润湿性和粘接力的概念

润湿是指液体在固体表面分子间力的作用下的均匀铺展现象，良好的润湿是形成优良胶接的必要条件。液体对固体的润湿性能一般用两者间的接触角 θ 来衡量，图 6-2 展示了水平固体表面上的一个液滴的局部剖面情况。当接触角 $\theta>90°$时，液体不能很好地润湿表面，$\theta<90°$时，液体能完全润湿表面，而 $\theta=0°$时，液体就能在表面上自发展开。液体的润湿主要由其表面张力所引起，胶接过程的润湿性主要由胶黏剂的表面张力（表 6-2）和被粘物的临界表面张力（表 6-3）所决定。

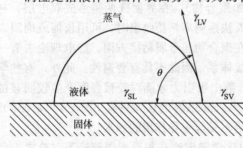

图 6-2　液滴在平滑固体上的接触角

粘接力是胶黏剂与被粘物在界面上的作用力（表 6-4），包括机械嵌合力、分子间力和化学键力，其中机械嵌合力是胶黏剂分子扩散渗透进入被粘物表面孔隙中固化后镶嵌而产生的结合力。

表 6-2　某些胶黏剂的表面张力

胶黏剂	$\gamma_L/(10^{-3}N/m)$	胶黏剂	$\gamma_L/(10^{-3}N/m)$
酚醛树脂(酸固化)	78	聚醋酸乙烯乳液	38
脲醛树脂	71	天然橡胶——松香	36
间苯二酚甲醛树脂	51	一般环氧树脂	30
特殊环氧树脂	45	硝酸纤维素	26
动物胶	43		

表 6-3　某些聚合物的临界表面张力 γ_L　　　　　单位：$10^{-3}N/m$

聚合物	γ_L	聚合物	γ_L	聚合物	γ_L
脲醛树脂	61	聚偏二氯乙烯	39	聚丁二烯（顺式）	32
聚丙烯腈	44	聚氯乙烯、淀粉	39	聚三氟氯乙烯	31
聚氧化乙烯	43	聚甲基丙烯酸甲酯	39	聚异戊二烯	31
聚对苯二甲酸乙二醇酯	43	聚丙烯酰胺	35～40	聚乙烯	31
尼龙 66	42.5	聚乙烯醇缩甲醛	38～40	聚氨酯	29
尼龙 6	42	氯丁橡胶	38	聚乙烯醇缩丁醛	28
聚丙烯酸甲酯	41	氯磺化聚乙烯	37	丁基橡胶	27
聚砜	41	聚醋酸乙烯酯	37	聚异丁烯	27
聚硫	41	聚乙烯醇	37	聚二甲基硅氧烷	24
聚苯醚	41	聚苯乙烯	32.8	硅橡胶	22
醋酸纤维素	39	尼龙 1010	32	聚四氟乙烯	18.5

表 6-4　各种原子-分子作用力的能量

类型	作用力种类	原子间距离/nm	能量/(kJ/mol)
范德华力	偶极力	0.3～0.5	＜21
	诱导偶极力	0.3～0.5	＜21
	色散力	0.3～0.5	＜42
	氢键	0.2～0.3	＜50
化学键	离子键	0.1～0.2	590～1050
	共价键	0.1～0.2	63～710
	金属键	0.1～0.2	113～347

6.2.3.2　润湿性和粘接力与黏度的关系

胶黏剂应当有合适的黏度及良好的润湿性与流动性，一方面胶黏剂和被粘物应有足够的内聚强度；胶层和被粘物本身的内聚强度是直接关系到粘接强度的因素。液相的胶黏剂可以通过溶剂挥发、冷却收缩、反应交联等方式提高内聚强度。另一方面，胶体流动性的增强则有利于胶黏剂的分散，可增加胶黏剂分子与被粘物表面的接触面积。降低胶体黏度、提高使用温度、增加胶接时被粘物间的压力，都是增加胶体流动性的有效手段。必须明确的是，这种黏度的降低是指胶黏剂本身的黏度降低，而不只是通过多加溶剂进行稀释得到的。降低胶黏剂的表面张力，提高被粘物的表面能，可提高胶黏剂在被粘物表面的润湿性。润湿性的提高有利于胶黏剂在被粘物表面的充分展开，使胶黏剂分子与被粘物表面充分靠近形成接触点。降低胶黏剂的表面张力是有限度的，因此根据需要合理选择胶黏剂的基体树脂、助剂和溶剂是十分必要的。

6.2.3.3　粘接力与被粘物间比表面积的关系

胶黏剂与被粘物产生表面胶接的前提是两者必须达到分子水平级的接触，在胶黏剂和被粘物表面很好润湿的前提下，对被粘物表面进行适当粗糙化处理，以增加胶黏剂与被粘物表面的实际接触面积，加大被粘物的比表面积，可以形成机械黏合效果。液体在固体表面的接触角随表面粗糙度而变化。提高被粘物表面粗糙度的常用方法是电晕处理，利用高压下的带电粒子对被粘物表面的冲击产生极细小的微孔，从而提高被粘物的比表面积。

需要注意的是：①若胶黏剂分子不能很好地在被粘物表面湿润，粗糙化的表面反而会使实际接触面积减少；②电晕处理后的表面能会衰减，为了减慢衰减，应把处理后的材料在温度较低且干燥清洁的条件下存放。

6.3 胶黏剂的应用性能及其测试

6.3.1 胶黏剂的应用性能

胶黏剂的应用性能包括黏结强度、耐热性、耐寒性、耐温度交变性、耐水性、耐酸碱性、耐溶剂性、耐老化性等，它们都与胶黏剂的基体树脂的化学结构和配方组成有关。

6.3.1.1 黏结强度

黏结强度是胶黏剂的重要性能指标，按受力种类可分为抗拉强度、剪切强度、不均匀扯离强度、剥离强度、抗冲击强度、抗弯强度等。不同类型的胶黏剂，其强度有很大的差别，表 6-5 列示了几种常用的结构型胶黏剂的黏结强度，从中可以看出树脂型的胶黏剂抗拉强度和剪切强度都比较高，剥离强度都比较低，而树脂/橡胶型的胶黏剂则相反。

6.3.1.2 耐热性

胶黏剂的耐热性是由其构成的树脂（与/或橡胶）、固化剂、填料和固化方法决定的。不同类型树脂的胶黏剂，其耐热性是不同的，如表 6-6 所示。也就是说，聚合物本身含有苯环、杂环或带有庞大侧基，或是能够结晶和交联的分子结构对胶黏剂的耐热性起主要决定作用，而在胶黏剂配方中加入耐温填料，采用结晶性较好的固化剂及较高的固化温度也会赋予和改善胶黏剂的耐热性。

表 6-5　几种常用结构胶的黏结强度

基体树脂类别	抗拉强度/MPa	剪切强度/MPa	T-剥离强度/(kgf/cm)
环氧树脂	41.19	24.03	0.8～2
环氧-尼龙	54.92	41.19	13～18
环氧-丁腈	39.23	34.32	4.5
酚醛-丁腈	29.42	27.46	6.3
酚醛-缩醛	27.46	24.03	5.4
环氧-酚醛	17.16	20.59	0.8～1
聚酰亚胺		23.54	2

注：1kgf＝9.80665N，下同。

表 6-6　几种常用树脂胶黏剂的耐热温度

基体树脂类别	耐热温度/℃
环氧-脂肪胺、环氧-尼龙、聚氨酯、氯丁-酚醛、聚氰基丙烯酸酯	82
环氧-芳胺	149
环氧-酸酐、酚醛-丁腈、聚芳砜	204
环氧-酚醛、酚醛型环氧	260
聚硅氧烷	316
聚酰亚胺、聚苯并咪唑、聚苯基喹啉	371
聚酰亚胺(短时间内)、酚醛-有机硅	482
聚苯并咪唑	539(短时间内)

随着聚合物改性技术的提高与多样化，各类树脂的耐受温度已大大提高，现在市面上树脂的耐受温度早已突破上述参数，选用树脂时应向生产（供应）商仔细了解。

6.3.1.3 耐寒性

当胶黏剂的使用（环境）温度降低时，固化的聚合物的结晶度会进一步提高，因而也会出现冷脆性，常用冷脆温度参数来衡量聚合物的耐寒性，冷脆温度越低，耐寒性越好。大多数胶黏剂在不低于−40℃时，其弹性都是比较好的，聚氨酯、环氧-聚氨酯、环氧-尼龙等胶黏剂能够耐超低温。表6-7为聚合物的冷脆温度。

表6-7　几种常见树脂的冷脆温度

聚合物类别	冷脆温度/℃	聚合物类别	冷脆温度/℃
聚氨酯	−151	丁腈橡胶	−54
聚碳酸酯	−137	聚丙烯	−18
聚乙烯	−120	聚苯乙烯	+93
尼龙-66	−80	聚甲基丙烯酸甲酯	+121
天然橡胶、丁苯橡胶-62	−62		

6.3.1.4 耐溶剂性

胶黏剂的耐溶剂性指的是固化后胶黏剂膜层抵抗溶剂引起的溶胀、溶解、龟裂或形变的能力。与胶黏剂的耐热性相似，胶黏剂的耐溶剂性与基体树脂的结构有关。线型结构的热塑性树脂，如α-氰基丙烯酸酯、聚过氯乙烯等类胶黏剂的耐溶剂性差。交联的橡胶型胶黏剂能够抵抗溶胀，对于不同的溶剂有着不同的耐性，见表6-8所示。

表6-8　橡胶型胶黏剂的耐溶剂性

橡胶类别	脂肪族溶剂	芳香族溶剂	橡胶类别	脂肪族溶剂	芳香族溶剂
天然橡胶	劣	劣	氯丁橡胶	好	劣
丁苯橡胶	劣	劣	丁腈橡胶	优	中
丁基橡胶	劣	劣	聚硫橡胶	优	好
硅橡胶	中	劣	氟橡胶	优	优

6.3.1.5 耐酸碱性

胶黏剂的耐酸性、耐碱性是指对酸液或碱水浸泡的耐力。其测试方法是用普通低碳钢棒浸涂或刷涂被试胶黏剂，固化、干燥7天后，将试棒的2/3面积在（25±1）℃下浸入规定浓度的酸液（或碱液）中。或将试样在酸、碱介质和在空气中交替放置，使氧气能经过湿胶膜渗透到试棒上，考察胶膜的破坏情况。与胶黏剂的耐热性相似，胶黏剂的耐酸碱性与基体树脂的分子结构有关。不同种类的胶黏剂，其耐酸碱性差异很大，如表6-9所示。胶黏剂的耐酸碱性主要取决于树脂的耐酸碱性，也与填料的种类有关。

6.3.1.6 耐水性

胶黏剂的耐水性是指固化的胶黏剂膜层对水作用的抵抗能力。常用的耐水性测量方法分为常温浸水法、沸水浸泡法和加速耐水法等。常温浸水法是将胶黏剂接头的2/3面积浸泡在蒸馏水中，达到规定的时间后取出，检查胶黏剂膜是否有起泡、失光、变色、脱落等破坏现象。胶黏剂膜的耐水性好坏，直接影响到胶黏结构的使用寿命。胶黏剂的耐水性对黏结强度的稳定性影响很大，耐水性由吸湿性决定，主要与胶黏剂的配方组成有关，碳、氢和氟有利于吸湿性的降低，氧和氯则使吸湿性稍有增加，氮能显著地增加吸湿性。胶黏剂的吸湿性还与填料的吸水率有关，表6-10列出了各种填料的吸水率。

253

表 6-9　胶黏剂的耐酸碱性

基体树脂类别	耐酸性	耐碱性	基体树脂类别	耐酸性	耐碱性
氯丁橡胶	好	好	聚硫橡胶	好	好
硅橡胶	好	好	氯磺化聚乙烯	好	好
丁基橡胶	中	好	环氧树脂	中	好
丁苯橡胶	中	中	不饱和聚酯	中	中
丁腈橡胶	中	中	聚丙烯酸酯	中	中
酚醛树脂	中	差	脲醛树脂	差	中
硅酸盐	差	中	厌氧胶	差	好
聚氨酯	差	差	聚氰基丙烯酸酯	差	差
有机硅树脂	差	差	磷酸氧化铜	差	差

表 6-10　各种填料的吸水率（25℃，100％湿度，30 天）

填料	重量增加/％	填料	重量增加/％
硫酸钡	0.5	热裂炭黑	0.6～0.7
氧化锌	1.5	滑石粉	1.8
乙炔炭黑	2.5	钛白粉	3.0
立德粉	3.5	沉淀碳酸钙	5.0
活性碳酸钙	8	硅酸钙	9
陶土	20	气相白炭黑	57
沉淀白炭黑	92	氧化镁	102

6.3.1.7　耐老化性

胶黏剂作为高分子材料的一种应用形式，也存在受光、热、湿度、盐雾等外界因素作用的老化问题，也就是使其使用性能变坏的现象。普遍地说，胶黏剂的耐老化性能要好于同类型的塑料和橡胶。

检测材料耐老化性的仪器叫老化箱，就是模拟材料的使用条件并提高各种现实的恶劣程度来加速材料的老化，通过其使用性能变坏时间来判断材料的抗老化性。

聚 α-氰基丙烯酸酯的耐老化时间为 1～2 年，大多数胶黏剂的耐老化寿命都在 5 年以上。必须注意的是，高温和湿气会加速高分子材料的分解：湿气能够破坏胶接界面，对老化的影响最大，尤其是湿热环境下老化更为严重。表 6-11 列示了常用聚合物的热分解温度。

表 6-11　几种常见聚合物的热分解温度

聚合物类别	热分解温度/℃	聚合物类别	热分解温度/℃
聚四氟乙烯	400～500	尼龙-6	300
聚甲基丙烯酸甲酯	300	聚氨酯	260～300
聚乙烯	255	丁苯橡胶	250
聚异丁烯	240	聚苯乙烯	225
聚丁二烯	220	聚氯乙烯	140～180

6.3.2　胶黏剂的性能测试

6.3.2.1　胶黏剂物化性能的测试

（1）外观　测定胶液的均匀性、状态、颜色和是否有杂质。

（2）密度　用密度瓶测定液态胶黏剂的密度。

（3）黏度　用涂-4$^{\#}$杯黏度计（s）或旋转黏度计（Pa·s）进行测试。

（4）固化速度　根据基体树脂的性能设定升温程序（升温速度、恒温固化时间），试验得到最佳固化速度。是研究胶黏剂固化条件的重要数据。

影响固化速度的因素主要有胶黏剂的类型、涂层厚度、固化方法、固化条件、固化设备及具体固化程序等。

6.3.2.2　胶接性能的测定

胶黏剂的黏结强度与许多因素有关：①胶黏剂主体材料的结构、性质和配方；②被粘物的性质与表面处理；③涂胶、胶接和固化工艺；④胶接接头的形式、几何尺寸和加工质量；⑤强度测试的环境如温度、压力、湿度等；⑥外力加载速度、方向和方式等。

胶接性能的测试示意如图 6-3。

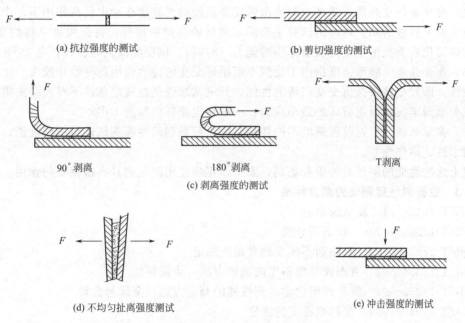

图 6-3　胶接性能的测试示意图

（1）抗拉强度　抗拉强度是指胶接接头在单位面积上所能承受的垂直于胶接面的最大拉力负荷。根据应力分布原理，接头的应力集中在胶接边缘上，当边缘应力集中达到一个临界值以上，边缘区胶层发生开裂，裂缝瞬间扩展到整个胶接面，胶接接头即发生破坏。

（2）剪切强度　剪切强度是指胶接接头在单位面积上能承受的平行于胶接面的最大负荷。根据受力方式可分为拉伸剪切、压缩剪切、扭转剪切和弯曲剪切。

剪切强度的测试方法：①单搭接拉伸剪切强度测试，此法为最常用的铝片单面搭接方法，测定时试片数量应不少于 5 对，观察试片的破坏特征并取其算术平均值来表征；②压缩剪切强度的测试，主要用于厚的非金属板材的胶接强度测试。

影响胶接接头抗剪切强度的因素有以下几个。①胶黏剂膜层的应力集中，由于胶接头的应力分布是不均匀的，剪切加载测试中应力集中在搭接头的端部，渐渐地引起破坏。②被粘物和胶黏剂的影响，被粘物的模量 E 和厚度越大，则应力集中系数越小，胶接头的抗剪强度越大；胶黏剂模量高，应力集中严重，胶接头的抗剪强度就越小。③胶黏剂层厚度的影响，根据应力分布，胶层越厚，接头应力集中系数越小，抗剪切强度越低。这是因为胶层越厚,内部缺陷呈指数关系增加,使胶层内聚强度下降;胶层越厚,由于温度变化引起收缩应力和热应力等内应力的产生,导致内聚强度的损失。这并不是说胶层越薄越好,胶层太薄容易造成缺胶,致使胶接强度下降。因此,一个均匀的胶黏剂固形膜胶层的厚度最好控制在0.03～0.15mm之内。④搭接长度的影响,由应力分布可知,应力集中系数随着搭接长度的增加而增加,接头的抗剪切强度可能急剧下降。因此,必须确定最佳的搭接型式。

(3) 剥离强度和不均匀扯离强度　剥离强度指的是当应力集中在试片胶缝边缘时的拉伸强度。刚性材料(如金属)与柔性材料如橡胶、织物胶接时,需测定剥离强度。剥离强度的测试一般按"T"型或180°剥离进行。

影响剥离强度的因素有:①胶接头"线受力"的应力分布;②剥离角,剥离强度随剥离角度的增加而迅速下降,当剥离角接近90°后,剥离强度趋于一个定值;③胶层厚度,胶层越厚,剥离强度越低,因此胶层不能太薄。

(4) 耐冲击强度和持久强度　耐冲击强度是指胶黏剂膜层在冲击负荷作用下,产生破坏时单位面积上所做的功。耐冲击试验主要用来测试胶黏剂的韧性。持久强度又称蠕变性能,指胶黏剂固化后抵抗恒定负荷反复作用的能力(时间)。该项测试耗时较长,在10^3h以上。

(5) 疲劳强度　疲劳强度指由于受到不断循环交变的应力作用而使胶接胶头产生疲劳以致被破坏,即胶接接头抵抗交变载荷的性能,其测试原理是在规定条件下对胶接头重复施加一定载荷至规定次数引起破坏的最小应力,一般规定循环次数为10^7次。

(6) 其他性能　根据胶黏剂的不同使用目的,胶黏剂的性能测试还包括电性能、光学性能、耐水性、耐热性等。

以上这些性能的测试对评价胶黏剂,安全、正确使用胶黏剂具有很重要的作用。

6.3.2.3　胶黏剂性能测试的部分标准

GB/T 2943—94　胶黏剂术语

GB/T 13553—1996　胶黏剂分类

GB/T 2793—1995　胶黏剂不挥发物含量的测定

GB/T 13354—92　液态胶黏剂密度的测定方法　重量杯法

GB/T 13353—92　胶黏剂耐化学试剂性能的测定方法　金属与金属

GB/T 2794—1995　胶黏剂粘度的测定

GB/T 15332—94　热熔胶黏剂软化点的测定环球法

GB/T 14518—93　胶黏剂的 pH 值测定

GB7750—87　胶黏剂拉伸剪切蠕变性能试验方法(金属对金属)

GB/T 17517—98　胶黏剂压缩剪切强度试验方法(木材与木材)

GB7749—87　胶黏剂劈裂强度试验方法(金属对金属)

GB7124—86　胶黏剂拉伸剪切强度测定方法(金属对金属)

GB/T 7125—1999　压敏胶黏带和胶黏剂带厚度试验方法

GB/T 16998—1997　热熔胶黏剂热稳定性测定

GB/T 7123.1—2002　胶黏剂适用期的测定

GB/T 7123.2—2002　胶黏剂贮存期的测定

GB/T 6329—1996　胶黏剂对接接头拉伸强度的测定

GB/T 11177—1989　无机胶黏剂套接压缩剪切强度试验方法

GB/T 14903—94　无机胶黏剂套接扭转剪切强度试验方法

GB/T 4852—2002　压敏胶黏带初粘性试验方法(滚球法)

GB/T 4851—1998　压敏胶黏带持粘性试验方法

GB/T 6328—1999　胶黏剂剪切冲击强度试验方法

GB/T 2790—1995　胶黏剂180°剥离强度试验方法挠性材料对刚性材料

GB/T 2791—1995　胶黏剂T剥离强度试验方法挠性材料对挠性材料

GB/T 7122—1996　高强度胶黏剂剥离强度的测定浮辊法

GB/T 7124—2008　胶黏剂拉伸剪切强度的测定（刚性材料对刚性材料）

GB/T 18747.2—2002　厌氧胶黏剂剪切强度的测定（轴和套环试验法）

GJB94—1986　胶黏剂不均匀扯离强度试验方法（金属对金属）

GJB444—1988　胶黏剂高温拉伸剪切强度试验方法（金属对金属）

GJB445—1988　胶黏剂高温拉伸强度试验方法（金属对金属）

GJB446—1988　胶黏剂90°剥离强度试验方法（金属对金属）

GJB447—1988　胶黏剂高温90°剥离强度试验方法（金属对金属）

GJB448—1988　胶黏剂低温90°剥离强度试验方法（金属对金属）

GJB1709—1993　胶黏剂低温拉伸剪切强度试验方法（金属对金属）

HB6686—1992　胶黏剂拉伸剪切蠕变性能试验方法（金属对金属）

QJ1634A—1996　胶黏剂压缩剪切强度试验方法

QJ1867—1990　胶黏剂平均线膨胀系数测试方法

QJ1992.1~25—1990　胶黏剂的配制与胶接工艺规范

HG-T3075—2003　胶黏剂产品包装、标志、运输和贮存的规定

GB/T 14074.1~18—93　木材胶黏剂及其树脂检验方法（包含外观、密度、黏度、pH值、固体含量、水混合性、固化时间、含水率、碱量、游离苯酚含量、游离甲醛含量、羟甲基含量等18个指标的测定）

6.3.3　影响胶黏剂应用性能的因素

参照国家标准GB/T 16997—1997《胶黏剂主要破坏类型的表示法》，胶接构件的破坏情况可分为两类，一是被粘物基材被破坏，另一类是胶黏剂层被破坏。被粘物基材被破坏的形式又分为非胶接处的基材被破坏、胶接处的基材内聚破坏和基材分层被破坏3种。胶黏剂被破坏也可分为胶黏剂内聚破坏、黏附破坏、剥离方式的黏附和内聚破坏3种形式。胶接体系破坏的现象则有3种：①界面破坏（胶黏剂层全部与被粘体表面分开，胶黏界面完整脱离）；②内聚力破坏（破坏发生在胶黏剂或被粘体本身，而不在胶黏界面间）；③混合破坏（被粘物和胶黏剂层本身都有部分破坏，或这两者中只有其一）。这些现象说明黏结强度不仅与被粘剂之间的作用力有关，也与基体树脂分子之间的作用力有关，基体树脂的化学分子结构及其聚集态对黏结强度起着决定性作用。同时，胶黏剂的配方组成、接头形式、胶接工艺、应用环境也强烈地影响到胶黏剂膜层的使用寿命。

6.3.3.1　聚合物的分子结构对胶黏强度的影响

高聚物分子的化学结构以及聚集态都强烈地影响黏结强度，研究胶黏剂基料的分子结构，对设计、合成和选用胶黏剂都十分重要。

（1）高聚物含有反应性基团　聚合物粘接料与被粘物通过离子键、共价键或螯合键结合具有很大作用力，因此在合成聚合物时希望引入具有反应能力的基团，或者在胶黏剂配方中加入一些能与界面反应的助剂（如偶联剂）。很多有机官能团在胶接过程中能发挥这方面的作用，如脲醛、酚醛、三聚氰胺甲醛（三醛树脂）中的羟甲基能与纤维素的伯羟基反应形成共价键，它们是木材加工（胶合板、纤维板、刨花板、细木工板以及家具等）工业最重要的

胶黏剂。

此外，纤维素的羟基也可以与环氧或异氰酸酯树脂等进行反应，与聚醋酸乙烯酯进行酯交换反应，因而这些树脂都能在木材加工、织物、纸张等工业中应用。

一些聚合物中含有羟基、羧基、环氧基、异氰酸酯等极性基团，能与玻璃表面上的硅羟基生成氢键、离子偶极键或共价键。玻璃表面上的 SiO_2 基团还能与酚醛树脂的羟甲基作用生成离子键。用环氧树脂与酚醛树脂或聚异氰酸酯、聚硫、聚丙烯酸酯等并用时，对玻璃的黏结强度大大提高。

含有羧基或羟基的胶黏剂与金属黏合时，金属氧化膜可以与这些基团反应生成离子-离子偶极键或共价键。如环氧树脂与金属表面上的氢氧化膜进行反应生成共价键，异氰酸酯与金属表面的氧化膜或氢氧化膜也可以反应。聚酰胺-金属系统中还可能生成配价键，在含有氮元素的胶黏剂中，金属-胶黏剂界面间最可能生成这种类型的键。

丁苯橡胶与金属粘接时，胶接的剥离强度很低。将该胶黏剂加热 100℃/20min，胶接剥离强度仍保持不变。而在丁苯胶中加入 1.25% 的甲基丙烯酸链节（即羟基丁苯胶），随加热固化温度的升高（20～150℃），胶接剥离强度会提高 30～100 倍。该数据说明羧基与被粘金属表面发生了化学反应。

（2）高聚物的极性　正如吸附理论所阐述的，胶接能力产生于高聚物表面结构和被粘体表面结构的相互作用。高聚物结构中不仅活性反应基团与被粘表面生成共价键、离子键、配位键等有利于胶接和黏结强度的提高，那些不容易发生反应的极性基团，也可通过范德华引力和生成氢键，这样既可以增加聚合物基料本身的内聚力，也可以与被胶接物的极性表面在充分润湿条件下产生很强的作用力。比如聚酯、聚酰胺、聚氨基甲酸酯链中含有较大内聚能的基团—CONH—、—COO—、—O—CONH—等，它们能生成氢键，使大分子间相互作用加大，内聚力增加。

吸附理论认为胶黏剂的极性越强，其黏结强度越大，这种观点仅适合于高表面能被粘物的粘接。对于低表面能被粘物来说，胶黏剂极性的增大往往导致粘接体系的湿润性变差而使粘接力下降。

（3）聚合物分子量和分子量分布　聚合物的分子量对聚合物一系列性能起决定性的作用，对胶黏剂的胶接性能的影响也不例外。并非胶黏剂聚合物的分子量愈大愈好，以直链结构的聚合物为例，分子量较低时，一般发生内聚破坏，黏结强度随分子量增加而上升，并趋向一个定值；当分子量增大到使胶层的内聚力等于界面的粘接力时，黏结强度可达到最高值；分子量继续增大，胶黏剂对粘接界面的湿润性能下降，粘接体系内树脂分子向被粘物界面的扩散程度减小，使黏结强度降低。聚合物分子量越大，大分子间相互作用的总和也越大。柔性的长链达到一定长度时，由于链的卷曲相互间会发生缠结，链本身的活动性反而受到限制，胶黏效果可能不会增加，甚至减少，这种链长度的临界值随链的柔性而异。

胶黏剂聚合物平均分子量相同而分子量分布不同时，其粘接性能亦有所不同。其原因可能与胶黏剂的扩散速度和对界面润湿程度有关。分子量小，流动性好，易于润湿被粘表面；分子内与分子间扩散速度与分子体积有关，分子量越大，扩散介质的黏度越大，扩散的阻力增加。大分子结构还影响到分子聚集的紧密程度、微区结构的尺寸、密度等，这些都会对扩散难易程度带来影响。在粘接体系中，适当降低胶黏剂的分子量有助于提高扩散系数，改善粘接性能。如天然橡胶通过适当的塑炼降解，可显著提高其自黏性能。

（4）高聚物主链的刚性或柔性　进行胶接的两界面实际上是凹凸不平的。不论采取什么方法来加工表面，放大观察，都会发现很多凹凸和缺陷。在被粘物的硬表面上有宏观破坏、表面波纹、微观不均匀和超微观不均匀等。对于这种实际表面，要使被胶接物的界面间达到

100％的接触是理想状态。胶黏剂只有经过充分的浸润、分散（展布）、流变和扩散等过程才能接近理想状态。胶黏剂分子链的柔性较大，流动性足以与这凹凸不平的表面贴紧，发挥增大胶接表面积的作用，即相应提高胶黏能力；相反，胶黏剂分子链的刚性大，流动性差，会使接触面空隙、气泡增多，增大了接触不完全和界面上的不均匀性，减低胶接强度。如果通过增加胶黏剂中的极性基团来提高胶黏强度，当极性基团增加至一定值后，其粘接强度反而下降，其原因也可能是分子链相互作用过大，聚合物链的刚性增大，流动性减小，界面间接触百分率减少之故。

实验表明：为了增加粘接强度，用刚柔段结合在一起的 ABA 嵌段共聚物或接枝聚合物作为胶黏剂有时效果很好。如用丁二烯与苯乙烯三嵌段共聚物（SBS）制成的胶黏剂，胶接帆布与帆布、帆布与木材、帆布与钢时得到的胶黏强度比一般氯丁胶高。这里，柔性的聚丁二烯链段向被粘物的扩散起了很大的作用。人们用嵌段聚合物已开发了一些很好的胶黏剂。实验还表明：胶黏剂在界面层由扩散形成的过渡层厚度越大，大分子束间形成的相互作用的总和可能达到很大数值，甚至超过化学键产生的力的总和。应用此原则可以制备不需化学反应的较好胶黏体系。

（5）聚合物侧链化学结构　聚丙烯、聚氯乙烯及聚丙烯腈三种聚合物中，聚丙烯的侧基团是甲基，属弱极性基；聚氯乙烯的侧基是氯原子，属极性基；聚丙烯腈的侧氰基为强极性基。因此，聚丙烯通常不用作胶黏剂的基料。如果用接枝办法来对这种惰性高聚物进行改性，可以极大地提高这类高聚物与金属的胶黏强度。如用双(2-氯乙基)乙烯基磷酸酯对聚丙烯（PP）接枝，可成百倍地提高 PP 与金属的胶接强度，这就说明了具有极性侧基高聚物对胶黏性质的影响。

在聚乙烯/铝箔系统中，随着接枝在聚乙烯（PE）上改性剂的种类和数量增加，胶接剥离强度明显出现最大值。改性剂可能引入的基团有$-NH_2$，$-SH$，$-OH$，$-OP(O)$ $(OH)_2$，$-CH_2CH_2R$ 及$-NO_3$。将环氧基引入 PE 后，剥离最大值要比未改性的大一倍多，其他基团也有类似的结果，这表明胶接界面间存在的相互作用对强度增加的意义。侧链基团的间隔距离越远，它们的作用力及空间位阻作用越小，如聚氯丁二烯每四个碳原子有一个氯原子侧基，而聚氯乙烯每两个碳原子有一个氯原子侧基，前者的柔性大于后者，更适合于用作胶黏剂基料。

侧链基团体积的大小也影响其位阻作用的大小。聚苯乙烯分子中，苯基的体积大，位阻大，使聚苯乙烯具有较大的刚性，因此不适宜于作黏合剂基料。

侧链长短对聚合物的性能有明显影响。直链状的侧链，在一定范围内随其链长增大，聚合物的柔性增大，有利于扩散和表面湿润，从而有利于胶黏。但如果侧链太长，有时会导致分子间的纠缠，反而不利于内聚作用，而使聚合物的柔性及粘接性能降低。如纤维素的脂肪酸酯类聚合物，侧链脂肪酸碳原子从 3 到 18 的范围内，以 6 到 14 个碳原子数的侧链具有较好的柔性和粘接性能。聚乙烯醇缩醛类、聚丙烯酸及甲基丙烯酸酯类聚合物也有类似的规律性。比如，聚乙烯醇缩丁醛可作为胶黏剂，而聚乙烯醇缩甲醛一般只用作涂料。

聚合物分子中同一个碳原子连接两个不同的取代基团会降低分子链的柔性，如聚甲基丙烯酸甲酯的柔性低于聚丙烯酸甲酯。

（6）聚合物的交联及交联度　在胶接系统中，交联剂的用量有最佳值，但胶黏剂本身交联达到最佳物理力学性能时，并不一定是胶黏强度的最佳值。随交联剂用量增多，胶接系统的胶黏强度同高聚物本身物理力学性能变化一样，也出现最大值。只是交联剂最佳用量值与高聚物本身所需的不同。所以在使用交联剂和选用交联反应条件（如温度）时，应由最佳胶接强度又不影响内聚能破坏时的交联剂用量及反应条件来确定。

在交联度不高的情况下，交联点之间分子链的长度远远大于单个链段的长度，作为运动单元的链段仍可能运动，故聚合物仍可保持较高的柔性。如硫化程度较低的橡胶，由于交联硫桥之间距离较大，其柔性仍相当高，适合于胶黏。交联点的数目太多相当于交联间距变短，交联点单键的内旋作用逐渐丧失，交联聚合物变硬、变脆。如交联度为 30% 以上的橡胶已丧失弹性成为硬橡胶，此时就不适合胶黏了。

聚合物经化学交联后，不再存在大分子链的整体运动和链间滑移。因此，交联聚合物不再具有流动态，并丧失对被粘物的湿润和扩散能力。但在粘接体系已充分呈湿润态或具有相互扩散作用的情况下，通过交联提高胶层的内聚力是提高胶接强度的有效方法。由于交联反应是不可逆过程，它会极大地降低扩散系数。如果交联反应进行太快，甚至会使扩散很难进行，也不利于粘接。

通过聚合物末端的官能基团进行硫化，这是各种遥爪型聚合物的独特性能，是近来胶黏剂工业中得到迅速发展的一种有利于提高粘接强度的工艺。遥爪官能基包括—COOH、—SH、—NH$_2$ 及环氧基团等。遥爪聚合物的交联作用发生在端基，其交联度取决于分子量的大小和分布。

某些嵌段共聚物，可通过加热呈塑性流动而后冷却，并通过次价键力形成类似于交联点的聚集态，从而增加聚合物的内聚力，这种交联方法称之为物理交联，也利于粘接。

（7）聚合物结晶性　结晶作用与聚合物粘接性能有密切关系，尤其是在玻璃化温度到熔点之间的温度区间内有很大影响。结晶性对粘接性能的影响决定于其结晶度、晶体大小及结构。

通常聚合物结晶度增大，其屈服应力、强度和模量均有提高，抗张伸长率及耐冲击性能降低。由于结晶度不同，同一种聚合物的性能指标可相差几倍。高结晶聚合物，其分子链排列紧密，分子间的相互作用力增大，分子链难以运动并导致聚合物硬化和脆化，粘接性能下降。但结晶化提高了聚合物的软化温度，聚合物的力学性能对温度变化的敏感性减小。

高结晶性的聚对苯二甲酸乙二醇酯用于粘接不锈钢时，胶接强度接近于零。若以部分间苯二甲酸代替部分对苯二甲酸，得到的共缩聚产物的结晶度下降，其粘接力随之增大。

聚合物球晶的大小，对力学性能的影响比结晶度更明显。大球晶的存在使聚合物内部可能产生较多的空隙和缺陷，降低其力学性能。伸直链组成的纤维状的聚合物结晶，能使聚合物有较高的力学性能。

有时结晶作用也可以用来提高胶黏强度，如氯丁橡胶是一种无定形的柔性聚合物，在湿润及扩散后，适当结晶化可提高胶黏强度。在粘接施工过程中，热塑性的胶黏剂聚合物通过急冷可形成微晶化，而使粘接性能提高。例如，用水迅速冷却聚对苯二甲酸乙二醇酯-钢胶接件时，其粘接抗张强度比缓慢冷却的提高 10 倍。用尼龙-12 作为胶黏剂胶接钢件时也有类似的情况。但急冷过程仅适于热塑性的结晶型聚合物，其他类型的胶黏剂不能采用，因急冷会使胶接层和被粘物急剧收缩，因膨胀系数不同而导致应力剧增。

（8）聚合物胶黏基料与被粘物的相容性　前面已经多次提到胶黏剂与被粘物充分润湿和相互扩散对提高胶黏性能的意义，然而对聚合物间的相互扩散起基本作用的是相容性。当相容性参数接近时，系统中的扩散速度最大。聚合物在高弹态下，扩散因素对胶接起重要作用，在无化学反应条件时，还可能起决定性作用。除相容性外，聚合物分子量小，较易扩散，即可加快扩散速度。扩散系数通常是随聚合物间的相容性增大而增大。

用具有不同溶解度参数 δ 值的胶黏剂胶接聚对苯二甲酸乙二醇酯（PET）的实验发现，δ 值对粘接力的影响很大。胶黏剂与被粘物间的 δ 值相差越小，它们的混溶性也越好，越有利于扩散，其结果是使黏胶体系的粘接力提高。

6.3.3.2 胶黏剂的配方组成对胶黏性能的影响

除了聚合物之外，胶黏剂中的其他组分对胶黏剂的性能也有很大的影响，如用不同的固化剂时，高温固化的环氧胶的强度和耐久度比室温固化的要好。适量的增韧剂可以提高脆性树脂胶黏剂的黏结强度。在胶黏剂中加入适量的填料，不仅可以降低成本和收缩率，也能使黏结强度大幅度提高。剪切强度随填料量的增加而提高，但超过一定量之后反而下降，同时加入填料会降低剥离强度。在黏合剂中加入合适而少量的偶联剂，可大大提高黏合剂的黏结强度和耐久性。

胶黏剂配方中各种组分用量变化对胶黏剂性能的影响见表6-12。

表6-12　胶黏剂组成对胶接性能的影响

组分用量变化	第一方面的影响	第二方面的影响
增塑剂用量增加	(1)抗冲击强度提高 (2)黏度下降	(1)内聚力下降 (2)蠕变性增加 (3)耐热性急剧下降
增韧剂用量增加	(1)韧性提高 (2)抗剥离强度提高	内聚强度及耐热性缓慢下降
填料用量增加	(1)热膨胀系数下降 (2)固化收缩率下降 (3)使胶黏剂有触变性 (4)成本下降	(1)硬度增加 (2)黏度增加 (3)用量过多使胶黏剂变脆。
加入偶联剂	(1)黏附性提高 (2)耐湿热老化性提高	有时耐热性下降

6.3.3.3 接头形式对胶黏性能的影响

合理的胶接接头设计是保障有效粘接的重要因素之一。常见的接头形式如图6-4所示。

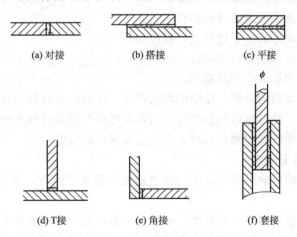

(a) 对接　　　　　(b) 搭接　　　　　(c) 平接

(d) T接　　　　　(e) 角接　　　　　(f) 套接

图6-4　常见胶接接头形式示意图

接头设计要遵循的基本原则如下。

(1) 避免应力集中，受力方向最好在粘接强度最大的方向，尽量使之承受剪切力。

(2) 合理地增加胶接面积，结构尽量采用套接、嵌接或扣合连接的形式；采用搭接或台阶式搭接时，应增大搭接的宽度，尽量减少搭接的长度。

(3) 接头设计尽量保证胶接面上胶层厚度一致。

(4) 防止层压制品的层间剥离。

(5) 接头设计尽量避免对接形式，如条件允许时，可采用胶-铆、胶-焊、胶-螺纹连接等复合形式的接头。

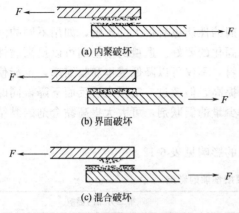

(a) 内聚破坏

(b) 界面破坏

(c) 混合破坏

图 6-5　胶接接头的破坏形式示意

粘接接头受到外力与内力作用时，若超过本身的强度，便会发生破坏（即粘接失败）。按照破坏发生的部位，大致有 3 种类型，即内聚破坏、界面破坏和混合破坏，如图 6-5 所示。

内聚破坏，就是胶黏剂膜层本身发生破坏，这时，胶黏强度取决于胶黏剂的力学性能。界面破坏，也称黏附破坏或胶黏破坏，就是胶层与被粘物在界面处整个脱开。绝大多数是由于被粘材料表面处理不当而造成的。混合破坏，就是内聚破坏和界面破坏兼而有之的情况。

实践证明，除非无法粘接的材料有完全的界面破坏，一般不存在真正的界面破坏，宏观上看到的界面破坏，在显微镜下都会观察到被粘物表面有胶黏剂的残迹。当界面破坏时，表明胶黏强度很低。内聚破坏固然存在，但真正的胶层内聚破坏很少，一般的破坏多是以内聚破坏为主的混合破坏。

6.3.3.4　胶接工艺的影响

由于胶黏剂和被粘物的种类很多，所采用的胶接工艺也不完全一样，概括起来，其工艺过程可分为：

（1）胶黏剂胶液的配制；

（2）对被粘物表面进行必要的处理，如表面清理和清洗，除油脱脂，除锈粗化，喷砂磷化，化学浸蚀，电晕雾化，预涂偶联剂等；

（3）在被粘物表面涂置胶液（液体膜层）；

（4）晾置，使溶剂等低分子物挥发，凝胶；

（5）叠合加压（与/或加热）固化；

（6）清除残留在制品表面的胶黏剂。

其中，对被粘物表面的处理、涂胶的均匀程度、中间晾置时间的长短、固化工艺（温度的高低、压力的大小、升温过程的急缓等）对胶黏剂的性能都有很大的影响，如用不同的固化剂时，高温固化的环氧胶的强度和耐久度比室温固化的要好。

6.3.3.5　应用环境的影响

应用环境对粘接的影响是多方面的，如清洁度、温度、湿度，其中影响最大的是湿度，即空气中水分的影响。

空气中水分子在被粘物表面的吸附，不但形成弱界面层，还会影响胶黏剂的固化交联反应。易吸湿材料水分高时，加热固化还有可能产生水泡，影响胶黏强度和制品的外观质量。在高湿度条件下使用胶黏剂时，空气中的水分子还能进入到胶黏剂中影响胶黏剂的使用性能（水性胶黏剂及单组分湿固化型胶黏剂除外）。

即使胶接构件已经固化完全，达到了设计的初期强度，在使用过程中，外界环境的水分、酸碱性、光和热的作用、机械力的冲击与周期性循环作用也会影响构件的使用寿命。

6.3.4　改善胶黏剂性能的途径

6.3.4.1　提高黏结强度

为了提高胶黏强度及其稳定性，可采取如下一些措施。

（1）选择胶黏强度和内聚力都大的树脂作为基体树脂，如酚醛树脂、环氧树脂等。

（2）加入增韧剂，减小内应力，降低胶层的脆性，提高柔韧性。

（3）采用热固性树脂和热塑性树脂（或橡胶）并用，热固性树脂提供强度和耐热性，热塑性树脂提供初黏力和韧性，协同结果可得到高强度。

（4）在基体树脂分子结构中引入极性基团或加入相容性好、极性大的树脂，可提高橡胶型胶黏剂的胶黏强度。

（5）在胶黏剂配方中加入交联剂对主体树脂进行适当交联，如氯丁胶中加入多异氰酸酯黏合剂（列克纳）。

（6）添加适当的填料，降低胶层固化时的收缩率，减少内应力的产生。

（7）加入偶联剂，增加与被粘物表面的相容性和亲和性。

（8）加入稀释剂，降低胶液黏度，提高胶黏剂溶液对被粘物表面的润湿能力。

6.3.4.2 提高耐热性

（1）采用耐高温性能好的树脂或橡胶，如酚醛树脂、有机硅、氟橡胶、杂环聚合物等。

（2）提高环的密度，如将环氧树脂的苯环变为脂肪族环，引入酚醛树脂结构等。

（3）增加交联度，使树脂分子间形成网络结构。

（4）适当提高树脂的结晶度，增强树脂自身的耐热性。

（5）使用耐高温性好的固化剂，如二氨基二苯砜等。

（6）加入耐热填料，如石棉粉、铝粉等。

（7）加入抗氧剂，减少高温氧化分解，如没食子酸丙酯、8-羟基喹啉酮。

（8）添加硅烷偶联剂。

6.3.4.3 提高耐寒性

（1）选用耐寒性好的聚合物，如聚氨酯等。

（2）加入增塑剂或增韧剂，改善胶接膜层内组分间的相容性。

（3）降低树脂的结晶性和交联度，降低膜层的冷脆性。

（4）减少填料用量，适当增加基体树脂的用量，提高胶黏剂膜层对体积收缩的容忍性。

6.3.4.4 提高耐溶剂性

（1）采用耐溶剂性好的树脂或橡胶。

（2）增加交联度，使树脂分子间形成网络结构，提高对溶剂的抗溶解能力。

（3）适当增加填料用量，增加无机分，降低在有机溶剂中的溶解性。

（4）少用或不用增韧剂，减少膜层中低分子的含量，提高耐溶剂性。

6.3.4.5 提高耐酸碱性

（1）提高交联度，使树脂分子间形成网络结构，降低水解、溶胀的可能性。

（2）提高填料用量，特别是选用惰性填料，如石英粉、滑石粉。

（3）不使用不耐酸的酯类增塑剂。

6.3.4.6 提高阻燃性

（1）选用含卤素的树脂或橡胶为基料。

（2）采用具有阻燃性的增塑剂，如磷酸三甲酚酯、氯化石蜡等。

（3）加入阻燃性填料，如三氧化二锑、硼酸锌。

6.3.4.7 提高耐水性

（1）选用少含—CN、—NH_2、—OH、—COO—等基团，不易水解的聚合物做基体树脂。

（2）使用固化剂，使树脂分子间交联形成网络结构，降低水解、溶胀的可能性。

（3）使用吸水性小的填料，且添加前充分干燥，在干燥环境下配制、涂胶、固化。

6.3.4.8 提高耐老化性

（1）选用耐水性和耐老化性好的基料树脂。

（2）提高交联度，降低体系中不饱和键的含量。

（3）加入适当的防老剂、活性填料，阻止自由基的形成和蔓延。

（4）使用高温固化剂并固化完全，形成致密的树脂固化膜层结构。

6.4 胶黏剂的配方结构及组分

胶黏剂通常是多组分的复配物，它除了应该具备基本粘接作用外，有时还要满足特定的物理化学特性。为了使基体树脂形成网状或体型结构、增加胶层的内聚强度需要加入固化剂；为了加速固化、降低反应温度要加入固化催化剂或促进剂；为了提高耐大气老化、热老化、电弧老化、臭氧老化等需加入防老剂；为了赋予胶黏剂某些特定性质、降低成本而加入填料；为降低胶层刚性、提高韧性而加入增韧剂；为了改善工艺性、降低黏度、延长适用期而加入稀释剂等。

胶黏剂的配方结构一般由基料（树脂）、固化剂和促进剂、增塑剂、增韧剂、稀释剂、填料、偶联剂和其他助剂组成。根据其品种和使用要求的不同，配方组成有很大的变化。

6.4.1 基料

基料是胶黏剂的主要成分，起黏合作用，必须具有良好的黏附性和润湿性。能作基料的物质很多，早期以天然高分子物质如淀粉、蛋白质、天然橡胶及硅酸盐等为主；从 20 世纪 30 年代起合成聚合物的高速发展，逐渐出现了以合成高分子为主体的胶黏剂，且份额越来越大。

合成聚合物黏结料（或称基料、主剂或主体聚合物）的种类繁多，如热塑性树脂、热固性树脂、合成橡胶等。热塑性树脂为线型分子构型，遇热软化或熔融，冷却后固化，这一过程可以反复转变，对其性能影响不大，溶解性能也较好，具有弹性，但耐热性较差。热固性树脂是具有三向交联结构的聚合物，耐热性好，耐水、耐介质性优良，蠕变低等。合成橡胶的内聚强度较低，耐热性不高，但具有优良的弹性，适于柔软或膨胀系数相差悬殊的材料间的胶黏。所有这些聚合物均可以作为胶黏剂的主体材料使用。

一般来讲，聚合度较小的聚合物具有较低的熔点、较小的黏度，初始粘接性能好，但内聚能较低，与其他材料粘接时很难有很高的胶黏强度。聚合物的相对分子量较大时，又较难溶解，熔点和黏度都较高，有较大的内聚力，缺乏足够的黏附性能。因此，对于某一类聚合物来讲，只有当聚合度也即其相对分子质量在一定范围内时，才能既有良好的黏附性又有较好的内聚强度。

聚合物的分子结构与黏结性能的关系也甚为密切，按照相似相溶原理，含有极性基团的聚合物对极性材料的黏附性好，对非极性材料则差，这是由于结构相似时混溶性较好，有利于扩散。但嵌段聚合物对极性和非极性材料都有较好的黏附力，混溶性也好。当胶黏剂主体聚合物的表面张力和溶解度系数与被粘接材料接近时，有利于粘接过程中的扩散黏附。还有当聚合物中含有苯基和其他刚性环结构时，虽能提高黏附层的耐热性，但会降低链节的柔顺性，妨碍分子的扩散，使黏附力下降。

一些聚合物用于胶黏剂时的性能比较见上述表 6-5～表 6-9 及表 6-11。

6.4.2 稀释剂

稀释剂是一种能降低胶黏剂黏度的易流动液体，可使胶黏剂具有很好的浸透力，改进其工艺性能，有些能降低胶黏剂的活性，从而延长胶黏剂的使用期。有非活性稀释剂和活性稀释剂之分。溶剂常常作为胶黏剂的稀释剂，它能够有效降低某些固体或液体的分子间力，使被溶物质分散成微细胶团或分子（离子）的均一体系。在胶接施工时，溶剂能提高胶黏剂的流平性，避免胶膜层的厚薄不匀。

（1）非活性稀释剂　这种稀释剂分子中不含有活性基团，在稀释和胶黏剂的固化过程中不发生化学反应，它只是共混于树脂之中并起到降低黏度的作用，有时也能对胶黏剂固化膜的力学性能、热变形温度、耐介质以及老化破坏性能产生影响。它多用于乳胶型胶黏剂、酚醛型胶黏剂、聚酯型胶黏剂和环氧胶黏剂等。非活性稀释剂一般为有机溶剂，如丙酮、环己酮、甲苯、二甲苯、正丁醇等。

（2）活性稀释剂　活性稀释剂是分子中含有活性基团的稀释剂。它在胶黏剂的固化过程中能参加反应，同时还能起增韧作用。这类稀释剂的分子末端带有活性基团，如环氧丙烷苯基醚等。活性稀释剂多用于环氧型胶黏剂、聚氨酯胶黏剂中，其他类型胶黏剂很少使用。

在选择胶黏剂的稀释剂时，要注意稀释剂的极性应与主体树脂相同或相近，两者的溶解度参数要一致，还要选择挥发速度适当的溶剂或者快慢相配的混合溶剂。另外，由于稀释剂在胶黏剂中用量较多（15%～50%），还要注意它们的价格、毒性和是否易得。

6.4.3 填料

填料是为了改善胶黏剂的某些性能，如提高弹性模量、冲击韧性和耐热性，降低线膨胀系数和收缩率，同时又可以降低成本的一类固体助剂。

使用填料是为了降低固化过程中胶膜的体积收缩率，或是赋予胶黏剂某些特殊性能以适应使用要求，此外有些填料还会降低固化过程中的放热量，提高胶层的抗冲击韧性及其他机械强度等。填料还能增加热导率、介电性能（电击穿强度），提高胶膜吸收振动的能力、使用温度、耐磨性、耐介质性能。常用的填料主要是无机化合物，如金属粉末、金属氧化物、矿物等。填料的种类、颗粒度、形状及添加量对胶膜性能的影响很大，应根据使用要求进行选择。

6.4.3.1 填料对黏度的影响

填料可以改变胶黏剂的流变性能，避免胶液在固化过程中由于发生流动而造成缺胶或导致胶膜的局部配比与原设计配方存在差异，纤维状填料的增稠作用比较显著。另外可改善树脂触变性能以及控制胶液的流动性。

6.4.3.2 填料的补强作用

有些聚合物分子间的相互作用力弱，内聚能低，因此力学性能不高。选择适当颗粒大小的填料能起到补强效果。填料粒子的活性表面与若干大分子链相结合，形成物理吸附性结构，当其中一条分子链受到应力时，可通过交联点将应力分散传递到其他分子上。

6.4.3.3 填料的降低收缩应力和热应力作用

胶黏剂在固化过程中伴随着体积减小和密度增加，这种体积收缩是由于化学作用引起的。除固化过程产生的收缩外，由于树脂与被粘物的热膨胀系数不同，也会产生热收缩。这两种收缩均会在胶层中产生内应力，造成应力集中，严重时会引起胶层开裂或接头破坏，直接影响黏合接头的使用寿命。填料可以调节固化过程的收缩率，减低胶黏剂和被粘物之间热膨胀系数的差别，并阻止裂缝延伸。

6.4.3.4 填料对其他物理化学性能的影响

在胶黏剂中加入导电性良好的金属粉末或磁性的金属粉末，可配制成导电胶或导磁胶。某些填料可以增加树脂抗氧化破坏能力，起到抗氧剂作用。还有的填料可以降低树脂的吸水性，有的可以改善黏合处的耐湿热老化和耐盐雾性能，使强度的保持率很高。常用填料的物性参数及其应用特征如表 6-13 所示。

表 6-13　常用填料的物性参数及其应用特征

名称	组成	形状	视密度	真密度	表面系数	通常用量	应用特征
铁粉				7800		50～200	价廉,密度大,导电导热
铜粉				8900		200～300	导热、导电好
铝粉	金属铝	粉状	990～1100	2700	中	50～100	改善高温性能,提高尺寸稳定性,降低应力,导电、导热
锌粉				7140		50～100	提高胶接强度
银粉				10500		200～300	导电、导热好
氧化铝粉				3700～3900		50～80	提高尺寸稳定性,改善介电性能
氧化铁粉				3230		50～80	提高胶接强度和硬度
氧化镁粉				5600		50～300	提高胶接强度和硬度
CaCO₃							提高尺寸稳定性,增白
大理石粉	CaCO₃、MgCO₃	粒状	110～1300		中等		通用性填料,用于浇注
石英粉	SiO₂	粒状	990～1150	2200～2600		50～100	提高硬度,耐烧蚀,提高尺寸稳定性,改善绝缘性,电气浇注填料
硅石	石英	可剥性片状	96～144		高		质轻,体积效应好
云母粉	白云母、硅酸盐	薄片状	304～384	2800～3100	高	50～200	增加吸湿稳定性,改善绝缘性,用于耐热、耐冲击,抗裂纹
滑石粉				2900		30～80	价廉,提高延展性,改善黏附作用
石墨粉				1600～2200		20～100	耐磨,耐烧蚀,改善导热性,润滑
碳化硅粉				3060～3200		50～100	提高硬度
陶土粉				1980～2020		50～100	价廉,提高黏度
白垩粉	沉淀 CaCO₃	结晶状	800～880		高		通用性填料,用于浇注
石粉	硅酸盐	片状	690～880		中		通用填料,抗磨性好
锆石粉	锆石	粉状	1690～1930		中		通用填料,抗磨性好
砂	石英	球状	1490～1700		低		通用填料,抗压性好
石棉绒	硅酸盐	纤维状	384～1196				耐冲击性好
玻璃纤维	低碱玻璃	纤维状	96～240	2600	中	10～410	提高胶接强度和冲击强度
碳纤维				1600～2620		10～40	提高胶接强度和冲击强度
酚醛微球	酚醛树脂	空心球	96～144		中		质轻,体积效应好
三氧化二锑							改善耐火性
白炭黑							改善触变性
二硫化钼							耐磨,润滑

注：视密度和真密度的单位是 kg/m^3，通常用量的单位是 kg/100g 树脂，表面系数是粒子的表面积与其体积之比。

胶黏剂中常用的各种功能填料如下。

提高耐冲击强度：石棉及玻璃纤维、铝粉、云母；

提高硬度和抗压性：石英粉、瓷粉、铁粉；

提高耐热性：石棉；

提高抗磨性：石墨粉、二硫化钼；

提高黏结力：氧化铝粉；

增加导热性：铝粉、铜粉、铁粉。

胶黏剂中填料的用量一般按树脂质量的比例计，轻质填料取 25％以下，中等填料为 50％～200％，重质填料可加到 300％。

6.4.4　固化剂和促进剂

按照胶黏剂的剂型及主体树脂的不同，其固化过程又分为物理固化和化学固化。物理固化主要是由于溶剂的挥发、乳液的凝聚、熔融体的凝固等；化学固化则是低分子化合物与固化剂起化学反应变成网状大分子的过程。

固化剂是胶黏剂中最重要的配合材料，它直接与主体聚合物进行交联、支化反应，使聚合物的分子间距、形态、热稳定性、化学稳定性等都发生显著变化，使热塑性的线型聚合物变成高度交联的体型网状结构，也有一些是轻度交联的，如轮胎胶黏剂等。

促进剂是加速胶黏剂主体聚合物与固化剂的反应、缩短固化时间、降低固化温度、调节胶黏剂中树脂固化速度的一种配合剂。如环氧树脂的固化剂有脂肪胺类固化剂、芳香胺类固化剂、酸酐类固化剂等，其固化促进剂多为咪唑啉类。但并非任何胶黏剂都需要添加固化剂或固化促进剂。

6.4.5　增塑剂

增塑剂是能够增进固化体系塑性的物质，它通过降低高分子化合物玻璃化温度和熔融温度、改善胶层脆性、增进熔融流动性，使胶膜具有柔韧性，多为高沸点的难挥发性液体或低熔点固体。在胶黏剂中它能提高固化膜层的弹性和改进耐寒性，与树脂发生化学反应的情形较少，因而可以认为它是一个惰性的树脂状或单体状的"填料"，一般不能与树脂很好地混溶，在固化过程中可以从体系中离析出来，随后陈化，即使不离析也能使胶黏剂膜层的刚性下降。

与高分子化合物发生化学反应的增塑剂叫内增塑剂，不发生反应的叫外增塑剂。增塑剂必须与胶黏剂的其他组分有良好的相容性，以免发生渗出、迁移、挥发而影响胶黏效果的稳定性和耐久性。增塑剂多是黏度高、沸点高的物质，如邻苯二甲酸二丁酯、磷酸二酚酯、己二酸酯和癸二酸酯等，能增加树脂的流动性，有利于胶黏剂对被粘物表面的浸润、扩散和吸附。一般在环氧型和橡胶型胶黏剂中普遍使用，在其他类型的胶黏剂中用得较少或不用。在结构胶型的环氧胶黏剂中一般用量为树脂重量的 5％～20％，用量太多，会使黏合剂的机械强度显著下降。常用的增塑剂的物性参数如表 6-14。

6.4.6　增韧剂

能降低聚合物脆性、提高韧性又不影响其主要性能的物质称为增韧剂。增韧剂是一种单官能团或多官能团的化合物，能与主体聚合物起反应成为固化体系里的一部分。增韧剂的活性基团在胶黏剂固化时直接参与主体聚合物的交联反应，形成结晶状态与主体聚合物不同的

表 6-14　常用增塑剂的物性参数

类别	名称	代号	外观	相对密度	沸点/℃	性质
邻苯二甲酸酯	邻苯二甲酸二乙酯	DEP	无色黏稠液体	1.118	295	
	邻苯二甲酸二甲酯	DMP	无色液体	1.193	283	
	邻苯二甲酸二丁酯	DBP	无色油状液体	1.050	335	不溶于水,溶于乙醇、乙醚
	邻苯二甲酸二戊酯	DPP	无色黏稠液体	1.022	342	
	邻苯二甲酸二异辛酯	DOP	无色黏稠液体	0.986	231/5mmHg	溶于乙醇、乙醚
	邻苯二甲酸二正辛酯	DNOP	无色黏稠液体	0.914~0.918		溶于乙醇、乙醚
磷酸酯	磷酸三丁酯	TBP	无色黏稠液体		289	
	磷酸三苯丁酯	TPP	白色结晶			
	磷酸二甲酚酯	TCP	无色黏稠液体		240	
	磷酸三甲苯酯	TCP	晶体	1.16~1.18	295/13mmHg	
癸二酸酯	癸二酸二辛酯		无色黏稠液体			
液体橡胶	聚异丁烯	PIB	半固态			
	丁腈橡胶	ABR	浅黄色黏稠液体			
	羟基丁腈橡胶		浅黄色黏稠液体			
	聚硫橡胶		黑褐色黏稠体			
线型树脂	聚酯树脂		黑褐色黏稠体			
	聚乙烯醇缩甲醛	PVF	白色粉末			
	聚乙烯醇缩丁醛	PVB	白色粉末			
	低分子聚酰胺		棕色黏稠液体			
	二甲苯甲醛树脂	XF	浅黄色黏稠液体			

注：1mmHg＝133.322Pa，下同。

链段（有分相现象），从而改进胶黏剂固化膜的脆性、抗干裂性等，显著提高胶黏剂膜层的抗冲击强度和断裂伸长率。有些增韧剂还能缓和胶黏剂固化时的放热效应，降低固体收缩率，降低其内应力。增韧剂能改进黏合剂的剪切强度、冲击强度、低温性能和柔韧性。

胶黏剂常用的增韧剂有：不饱和聚酯树脂、橡胶类、聚酰胺树脂、缩醛树脂、聚酯树脂和聚氨酯树脂。一般用量为主体树脂重量的 3%～10%。

6.4.7　偶联剂

偶联剂是能同时与极性物质和非极性物质产生一定结合力的化合物，其特点是分子中同时具有极性和非极性部分。在粘接过程中，为了在胶黏剂和被粘物表面之间获得互相渗透的胶接界面层，常利用含有反应基团的偶联剂与被粘物固体表面形成化学键来实现。

不同偶联剂的官能团不同，但都能与主体树脂中相应的官能团反应并形成化学键，另外，官能团的活性不同，粘接性能改善的程度也不同。

偶联剂可直接加在胶黏剂基体中，也可以喷涂在被粘物表面。偶联剂加入后，其分子的一端与胶黏剂反应，另一端与被粘接物质反应，从而使两种不同的材料"偶联"起来，增加了主体树脂分子本身的分子间作用力，提高了胶黏剂的内聚强度；同时也在主体树脂与被粘物之间起"架桥"作用，增强了它们间的结合。

胶黏剂中常用的偶联剂有硅烷类、钛酸酯类、多异氰酸酯及长链脂肪酸铬配合物，其中以硅烷及其衍生物为主。一般认为硅烷偶联剂黏度小、表面张力低，当涂抹在被粘物的表面时能立即展开，并容易渗透进入被粘物表面极细微的空隙之中。同时，从偶联剂的化学结构分析，其通式为 $RSiX_3$，含有两类反应基团，其中 R 为有机官能团，常与胶黏剂分子发生化学结合；X 为易水解成硅羟基的官能团，它可与被粘物表面的氧化物或羟基反应生成化学键，有效地改善界面层的胶黏强度和对水解的稳定性。

偶联剂主要应用于结晶性树脂的结构型胶黏剂中，一般用量为主体树脂重量的 2%～8%。

6.4.8 触变剂

所谓"触变"，是指液态的胶黏剂或涂料在受到剪切力作用时，稠度下降，剪切力越大，下降的幅度也大，当剪切力撤除后，稠度又慢慢恢复到原来的状态的现象。触变剂又称防流淌剂或防流挂剂，是一类能使胶黏剂和涂料产生触变现象的助剂。它们能与聚合物形成氢键或某种其他结构的大比表面积。

在胶黏剂和涂料中添加触变剂后，在施工时的高剪切速率下有较低黏度，有助于胶料的流动，利于施工，特别是方便在垂直面上的施工；在施工之前及之后的低剪切速率下有较高黏度，可防止填料和颜料沉降和湿膜流挂。目前普遍使用的触变剂分 4 大类，按照它们对胶料触变性的影响顺次为：聚酰胺蜡，气相二氧化硅，有机膨润土，氢化蓖麻油。它们在使用上也有很大区别，有机膨润土、氢化蓖麻油、气相法二氧化硅、金属皂等一般用作溶剂型树脂的触变剂。羟乙基纤维素等纤维素衍生物、聚乙烯醇、聚丙烯酸盐等水溶性树脂用于水性体系。其他的触变剂有硅藻土微粉、石棉、高岭土、凹凸棒土、乳液法氯乙烯聚合物等。一般用量为体系总重量的 0.6%。

6.4.9 硫化剂和硫化促进剂

按《橡胶用非炭黑配合剂术语》（HG/T 3060—1997）的解释：硫化剂是能使橡胶发生硫化（交联）的物质。它是使线型分子形成立体网状结构、可塑性降低、弹性增加的物质。除了某些热塑性橡胶不需要硫化外，天然橡胶和各种合成橡胶都需配入硫化剂进行硫化。因此，如果胶黏剂中含有橡胶成分，则应加入硫化剂使其硫化。常用硫化剂分无机和有机两大类。前一类有硫磺、一氯化硫、硒、碲。后一类有硝基化合物（如硝基苯、二硝基苯等）、过氧化物（如过氧化苯甲酰）、苯醌化合物、重氮化合物、金属氧化物（氧化镁、氧化锌等）、含硫的促进剂（如促进剂 TMTD）、醌肟化合物、多硫聚合物、氨基甲酸乙酯、马来酰亚胺衍生物等。硫化促进剂的品种有有机碱性物（如苯胺、二苯胍、醛胺类等）、黄原酸盐类、噻唑类、磺酸盐类等。

6.4.10 增黏剂

初黏力和蠕变是非结构胶黏剂的重要指标。初黏力即粘压后不久（如 5min）测得的胶接强度。在无化学反应的胶黏剂中，相容性和分子链的柔性、胶液的黏度是影响胶黏的主要因素。对被黏体，不同生胶液体的初黏力，在很大程度上由它与被粘物的相容性决定；其次则是生胶分子链的柔性。同一胶接系统，胶黏剂液体的黏度不同时，初黏力也会改变，用同一种溶剂制备的同一浓度溶液，如果溶液黏度不同，则反映被溶解高聚物的分子量及其分布和分子结构的不同，因而会改变其胶黏能力。对于多组分或多种单体的共聚物，初黏力和蠕变性能与各组分配比有关。组分越多，规律越复杂，需通过实验来确定。

增黏剂添加到胶黏剂中主要是提高产品的初黏力和持黏力；用在涂料中主要提高与基体的附着力。以高聚物溶液作非结构胶黏剂时，往往加入少量与基材性能相差较大甚至相反的物质（多官能团树脂）以增大这类溶液胶黏剂的胶接强度，特别是初黏力。此外，还能提高胶黏剂溶液的贮存稳定性。对聚异丁烯、丁基胶、异戊胶、丁苯胶、丁腈胶和氯丁胶溶液胶黏剂的研究发现，将极性聚合物加至非极性或弱极性基胶溶液中，当用量小时，可提高该基胶溶液对钢等极性被粘体的胶接剥离强度。因带极性增黏剂的加入（如生胶中加入聚甲基丙烯酸、丁腈胶、松香酯、酚醛树脂等），可增大胶黏剂的极性而提高与极性被粘界面（如尼龙、金属等）的分子间作用力，使胶接强度增加。此外，还应注意增黏剂对胶膜的模量、强度及胶液的分子扩散能力等也有影响。加入量增大到一定值，胶接强度会出现最大值；如果再增加增黏剂时，就会使胶膜分子链的刚性逐渐增大，直至发脆，刚性使胶膜的变形能力减小和分子的扩散能力降低，胶膜本身的强度下降，胶接强度急剧下降。

如果在生胶溶液中加入极性相近的添加剂（如异戊胶加润滑油、氯丁胶加氯化石蜡），当含量不大时，起增塑作用，能增大对钢的胶接强度；加入含量超过最大值时，则强度会急剧下降，甚至比未加时还低。

增黏剂分为水性和油性，水性的有水性增黏乳液、水性增黏树脂、水性增黏粉；油性的有增黏松香树脂、改性松香树脂。常见增黏剂的相对分子质量为 $200\sim1500$，一般有大且刚性的结构。它们是热塑性的，且在室温下通常为无定形玻璃体。它们呈宽广的软化点，从室温为液体到熔点高达 90℃ 的脆硬固体。它们一般易溶于脂肪烃、芳香烃及许多典型有机溶剂。从黏性、拉伸强度、保色性及耐氧化变脆的观点来看，选择的增黏树脂会影响胶黏剂的质量。未改性树胶和木松香可转化为酯类，起初有一定的黏性，但在完成涂胶后，耐陈化性差。

增黏树脂的种类和最佳用量的选择应该从与橡胶弹性体的相容性、本身的色泽、增黏效果、耐老化性能以及价格等各个方面综合考虑。增黏树脂能与橡胶弹性体相混溶是选择的前提。增黏树脂与橡胶弹性体完全不混溶的混合物必然会产生相分离，这种体系不能制成压敏胶黏剂。相互混溶的浓度和温度范围越宽，两者的相容性就越好，选择的余地也就越大。高分子材料之间的相容性与它们的溶解度参数有关，溶解度参数越接近的两种材料相容性越好。分子结构和分子极性越相近的材料溶解度参数越接近，相容性也就越好。

增黏效果通常是根据增黏树脂加入对胶黏剂的压敏黏合性能的影响来判断，即初黏性、180°剥离强度和持黏力以及它们之间的平衡关系。在维持三者正常平衡关系的基础上，这三种物理性能越好，增黏树脂的增黏效果就越佳。增黏树脂对压敏初黏力的影响是人们最感兴趣的问题。随着增黏树脂用量增加，开始时初黏力增加很慢，当达到一定浓度后初黏力就迅速增大并达到一最大值，然后迅速下降直至完全消失。大量的实验研究表明，几乎所有的增黏树脂对天然橡胶压敏胶初黏力的影响都有这样的规律，只是增黏树脂的软化点不同，达到最大初黏力所需的树脂浓度以及最大初黏力的数值不同。树脂的软化点越低，达到最大初黏力所需要树脂的浓度越高，最大初黏力的数值也越大。通常随着增黏树脂用量的增加，压敏胶黏剂的180°剥离强度也增加，持黏力则相反。在一般的橡胶型压敏胶配方中，对每100份重量橡胶弹性体，增黏树脂的用量为70～140 份为宜；树脂软化点高则可少用些，树脂软化点低则应多用些。

此外，在制造要求耐老化性能好的压敏胶黏制品时，应尽可能选择脂环族石油树脂、氢化松香酯、萜烯树脂等分子内没有或很少有双键的耐老化性能好的增黏树脂。在制造电工用绝缘胶带时，应尽量采用电绝缘性能好的增黏树脂。通常，不含极性基团的树脂如萜烯树脂、各种石油树脂等皆具有较好的电绝缘性能。在制造医用压敏胶黏制品时，具有酸性的增黏树脂如松香及其衍生物和某些酚醛改性物等常常要引起皮肤炎，在选用时必须加以注意。在制造低档制品时，则必须较多地考虑增黏树脂的价格问题。

6.4.11 其他助剂

为了改善胶黏剂的某种性能，有时还需加入某些特定的添加剂。如：乳化剂、引发剂、增稠剂、防老剂、阻聚剂、阻燃剂、消泡剂、光敏剂、稳定剂、络合剂、分散剂、防腐剂、防霉变剂、着色剂等。从其名称字面上，我们不难理解，加防老剂是为了提高胶层的耐大气老化性；加防霉剂可以防止胶膜由于细菌的作用而霉变；加增黏剂能够增加胶液黏附性；加阻聚剂是为了提高胶液的贮存性；加阻燃剂是使胶层不易燃烧；加着色剂以使胶层色泽与被粘件相匹配或以示区分不同型号的胶种及不同场合应用等。

6.5 各类胶黏剂的配方设计

胶黏剂工艺设计一般需经过原理选用、配方设计、组成设计和组分配比最优化等步骤。

6.5.1 无机胶黏剂的配方设计原则

6.5.1.1 无机胶黏剂简述

无机胶黏剂既能耐高温又能耐低温、耐辐射、不易老化，结构简单，成本低，胶黏强度高。一般的有机胶黏剂能承受的高温通常都在100℃以下。如乳胶在60℃以下，环氧树脂在100℃左右，酚醛树脂在220℃左右。而无机胶黏剂能承受的高温达600～900℃，改进成分后达到1000℃以上。曾经有人把用无机胶黏剂黏结的物品放到−186℃的液氮中浸泡，结果黏结效果没变。有一种磷酸/氧化铜无机胶，主要成分是磷酸铝溶液和一氧化铜粉。把这种胶涂上后，表面会变得很粗糙，呈犬牙交错状态，这样会使物品的抗拉强度比平整的物品高出3～5倍。无机胶黏剂用于火箭、宇宙飞船零件的黏结，低温手术器械的黏结，汽车轮船发动机的黏结，制氧机零件的黏结、修补等。

按化学成分来分，无机胶黏剂有硅酸盐、磷酸盐、氧化物、硫酸盐和硼酸盐等多种。按固化机理来分，则可以分为以下四类。

（1）空气干燥型 依赖于溶剂挥发或失去水分而固化，例如水玻璃、黏土等。

（2）水固化型 以水为固化剂，加水产生化学反应而固化，例如石膏、水泥等。

（3）热熔型 即无机热熔胶，先加热到熔点以上，然后粘接，冷却固化，如低熔点金属，低熔点玻璃、玻璃陶瓷、硫磺等。

（4）化学反应型 通过加入水以外的固化剂来产生化学反应而固化，如硅酸盐类、磷酸盐类、胶体氧化铝、牙科胶泥等。

常见的无机胶黏剂品种如水泥、石膏、水玻璃、石灰、黏土等已广泛用于建筑、模型、铸造、水利、医疗、设备安装等方面，除此以外，还有一些常用的无机胶黏剂由低分子的无机盐（磷酸盐和硅酸盐）化合物组成。

6.5.1.2 无机胶黏剂的应用

（1）材料的粘接，特别是耐高温材料的粘接，如刀具、高温炉内部零件及附件、石英器皿、陶瓷耐火材料、绝缘材料、高温电器元件、石墨材料、灯头、火箭、导弹、飞机、宇航、原子能反应堆等的耐热部件。无机胶黏剂用于金属材料和无机材料的粘接，可以达到节材、节能、简化工艺等的目的。

（2）密封与充填，如加热管管头、电阻线埋设、热电偶封端、电器元件的绝缘密封、石英炉与反射炉端部密封、高温炉中管道密封等。

（3）浸渗堵漏，如充填受压铝合金、铜合金、铸铁及其他有色合金铸件中的微气孔，提高铸件质量。

（4）涂层，如易燃材质（木、纸、布）的耐热防火涂层，金属表面防氧化涂层，远红外高温涂层，热处理时的保护涂层，高温成型的脱模涂层以及导电、传热或绝缘涂层等。

（5）制造高温条件下使用的型材，如耐火纤维层压板、耐火陶瓷板等。

6.5.1.3　无机胶黏剂的配方设计原则

无机胶黏剂配方设计原理一般是根据反应机理进行，配方设计通常遵循如下原则。

（1）酸碱相协规则　无机胶黏剂配方设计的酸碱相协规则即软酸软碱亲和规则或硬酸硬碱亲和规则。体系中 PO_4^{3-} 是硬碱，对金属亲和性较差，可以加入硬酸 Mn^{2+} 和偏硬酸 Zn^{2+}，使其更亲和于单键上的氧，改善胶黏强度；也可以在磷酸成盐前，将其加热浓缩成多磷酸，使单键上的硬碱性氧减少，双键上软碱性氧增加，同样可提高胶黏强度。

（2）结构相似规则　无机胶黏剂配方设计的结构相似规则就是根据无机物晶体结构的相似相溶，配合添加结构相似的组分以提高胶黏强度，如 $CuO\text{-}H_3PO_4$ 体系的固化物为多元离子晶体，按结构相似规则，根据 Zn 在黄铜中的增韧作用，将 Zn 引入 $CuO\text{-}H_3PO_4$ 体系中，胶黏剂膜层的韧性能获得明显的改善。

（3）离子半径比与配位数相近规则　如果胶黏剂体系中存在配合物结构，就要使中心的阴阳离子半径比与配位数相近，如常用胶黏剂体系中的阳离子 Cu^{2+}、Mn^{2+}、Zn^{2+} 和 O^{2-} 阴离子的半径比分别为 0.514、0.571、0.529，十分相近，它们在胶黏剂体系中采取与 O^{2-} 配位数接近于 6 的更有利于胶接。P^{5+} 的 O^{2-} 配位数为 4，所以选 Mn^{2+} 和 Zn^{2+} 做中心离子可以改善 $CuO\text{-}H_3PO_4$ 胶黏剂的强度。

6.5.2　合成树脂胶黏剂的配方设计原则

6.5.2.1　合成树脂胶黏剂简述

有机胶黏剂有天然胶黏剂和合成胶黏剂之分，其中合成胶黏剂又分为树脂型、橡胶型、复合型等；天然胶黏剂有动物、植物、矿物、天然橡胶等胶黏剂。从原料来源和使用量而言，合成胶黏剂都远远大于天然胶黏剂和无机胶黏剂，以树脂型的应用最为普遍。

与无机胶黏剂不同，合成树脂胶黏剂大多数是化学交联型的，因而通常要加温固化，或者添加固化剂才能固化。由于有机物分子内各个原子是以共价键相连接的，其耐热性也不如无机胶黏剂。虽然通过化学合成改性、引入极性基团能够提高其耐热和阻燃性，但其效果终究有限，目前报道的最高耐热温度只有 300℃ 左右，阻燃效果也仅是离开火焰能够自熄，但其分子结构和胶黏强度已经被破坏。

按胶黏剂的使用量排序，有机合成树脂的顺序为：环氧类、酚醛类、聚氨酯、丙烯酸及其酯类聚合物、聚醋酸乙烯类、有机硅树脂等。

6.5.2.2　合成树脂胶黏剂的应用

由于合成树脂不仅能够实现大规模批量生产，还能根据使用要求在性能上进行有针对性的改进，因此，合成胶黏剂的应用非常普遍，在金属、木材、玻璃、石料、皮革、织物、塑料等各种刚性或柔性材料之间都有很好的胶接效果，无论是用于长久性、临时性、密封、阻隔、绝缘、高强度结构件和非结构件的胶接都能表现出良好的性能。除了不适宜于 -10℃ 以下的低温、350℃ 以上的高温使用环境外，热熔、厌氧、水下、压敏、快粘等各种施工要求均能满足。所以，只要提及胶接，人们首先想到的就是选择合成树脂胶黏剂。

6.5.2.3　合成树脂胶黏剂的配方设计原则

以环氧树脂黏合剂的设计为例。根据环氧树脂的开环聚合原理选择固化剂，并结合胶黏强度、操作工艺、环境应力等要求，选择胺类或者羧酸类化合物作固化剂。其中伯胺、仲胺可引发环氧基开环自聚而交联，再者，有机胺类易挥发，用量应适当过量，一般取化学计量比量的 1.3～1.6 倍。配方组分的选择应按功能互补原理，根据对胶接构件的功能要求加入必要的助剂，使原有功能获得改善，完善所需功能。组分的选择应遵循以下原则。

(1) 溶解度参数相近，使各组分间有良好的相容性。

(2) 不参与固化反应的组分搭配应遵循酸碱配位原则。酸碱配位作用本质上是电子转移，组分搭配也就是电子受体（酸）与电子给体（碱）的搭配。在胶黏剂-被粘物、聚合物-填料等的搭配上均应遵循酸碱匹配原理，体系才能稳定且具有较高的黏附力。

6.5.2.4　合成树脂胶黏剂的配方设计程序

(1) 根据胶黏剂的用途和主要功能指标，选择基料树脂或合成新型高分子。

(2) 根据基料的交联反应机理，选择固化剂或引发剂，以及相应的促进剂、助剂等。

(3) 按照反应计量关系，确定原理性配方方案。

(4) 将胶黏剂的主要功能指标作为目标函数，进行配方试验。

(5) 测试指标，通过方案设计评价系统，最终确定原理性配方的主成分及比例。

6.5.3　热熔胶

6.5.3.1　热熔胶简介

热熔胶是热熔型胶黏剂的简称，它是一类无溶剂的热塑性固体黏合剂，利用加热使其熔化具有流动性而进行涂布，浸润被粘物表面，经压合、冷却之后变硬或反应固化进行黏合。在生产和应用热熔胶时不使用任何溶剂，无毒、无味，不污染环境，被誉"绿色胶黏剂"，特别适宜在连续化生产线上使用。

热熔胶的应用十分广泛，按照其应用可以划分为：织物用热熔胶、包装和书刊装订家具封边用热熔胶、压敏胶用热熔胶、热塑性粉末涂料、多用途溶剂型热熔胶等等。

最简单的热熔胶如天然的石蜡、松香、沥青等，合成树脂热熔胶如聚烯烃、聚酰胺、聚酯、聚氨酯、聚乙烯基醚、聚酰胺、纤维素类、乙烯-丙烯酸共聚物、乙烯-醋酸乙烯共聚物类 EVA、醋酸乙烯-乙烯吡咯啉共聚体类等。热熔胶的特点是单组分、黏合快、效率高、无污染、能黏合多种材料，20 世纪 80 年代又出现了泡沫热熔胶，还有结构热熔胶等，其发展很快。其中用途最广的是 EVA 热熔胶，它是以乙烯-乙酸乙烯酯共聚物（EVA）为主体加入增黏剂松香或萜烯树脂、抗氧剂 BHT、增塑剂邻苯二甲酸二丁酯等构成。

热熔胶产品本身是固体，便于包装、运输、贮存；无毒性，不燃烧；黏合强度大，黏合速度快，使用方便；可连续化、自动化，实现流水线作业生产。其缺点是性能有局限，胶接有时会受气候季节的影响，须配备热熔涂胶器等。热熔胶广泛应用于书刊装订、包装、纤维、建筑、土木、汽车、电气等部门。

6.5.3.2　热熔胶的配方组成

下面以书籍装订用热熔胶为例，简述它们的基本构成。

EVA 热熔胶由基体树脂、增黏剂、黏度调节剂和抗氧剂等成分组成。

(1) **基体树脂**　书籍装订常用的热熔胶的基体树脂是乙烯和醋酸乙烯在高温高压下共聚而成的 EVA 树脂。这种树脂是制作热熔胶的主要成分，占其配料数量的 50% 以上。基体树脂中乙烯与醋酸乙烯的比例决定了热熔胶的基本性能，如胶的黏结能力、熔融温度及其助剂的选择。熔融后的 EVA 热熔胶，呈浅棕色或白色。

（2）增黏剂 增黏剂是 EVA 热熔胶的主要助剂之一。如果仅用基体树脂，熔融时在一定温度下尚具有一定黏结力，当温度下降后，就难以对纸张进行润湿和渗透，失去黏结能力，无法达到黏结效果；加入增黏剂就可以提高胶体的流动性和对被粘物的润湿性，改善黏结性能，达到所需的黏结强度。

（3）黏度调节剂 黏度调节剂也是热熔胶的主要助剂，其作用是增加胶体的流动性、调节凝固速度，以达到快速黏结牢固的目的，否则热熔胶黏度过大、无法或不易流动，难以渗透到书页中，就不能将其黏结牢固。加入软化点低的黏度调节剂，就可以使得黏结时渗透好、粘得牢。

（4）抗氧剂 加入适量的抗氧剂是为了防止 EVA 热熔胶的过早老化。因为胶体在熔融时温度偏高会氧化分解，加入抗氧剂可以保证在高温条件下，黏结性能不发生变化。

除以上几种原料外，还要根据细分市场的气温、地区的差别配上一些适合冷带气温的抗寒剂或适合热带气温的抗热剂。

以乙烯-醋酸乙烯共聚物（EVA）为主要材料的热熔胶具有快速黏合、强度高、耐老化、无毒害、热稳定性好、胶膜柔韧等特点。除了能用于纸制品的黏结外，还可用于木材、塑料、纤维、织物、金属、家具、灯罩、皮革、工艺品、玩具电子、电器元器件、陶瓷、珍珠棉包装等的黏结，能为工厂、普通家庭使用。

6.5.3.3 热熔胶的生产

热熔胶生产有间歇法和连续法两种。

（1）间歇法 用反应釜生产。加料顺序是先投入蜡、增黏剂、抗氧剂，于 150～180℃下搅拌熔融，然后慢慢地加入聚合物，保持温度，搅拌 2～3h 后放入贮槽。再由泵通过模口打到冷却传动钢带上冷却成型，经切断后装袋。对于难以混溶的组分，可预先与基体聚合物混炼或捏合，然后再投入釜内。也可从反应釜出料转到普通挤出机上挤出成型。有时生产需要向釜内通氮气保护。

（2）连续法 挤出机连续生产，可防止热熔胶滑动、相分离、浪涌；能混合均匀且生产量大，直接成型，适宜于高黏度热熔胶制造。挤出设备为单轴异径螺杆挤压机，如双螺杆挤出机。其优点是配胶混合时间短，胶料受热氧化影响少，产品质量均一，生产率高。

6.5.3.4 热熔胶的主要品种

（1）织物用热熔胶 主要用于衣、鞋、帽的生产。使用该胶的服装不仅具有挺括、丰满的外观质量，还有洗后自然平整、不经熨烫便可穿用的特点。使用该胶的鞋、帽轻盈透气，保型性好，尤其用于制鞋行业，还具有穿着舒适、减少鞋臭的优点。该用途热溶胶的技术指标如下。

外观：白色或微黄色粒状或粉状；

熔点：105～115℃；

熔融指数：18～22g/10min（160℃）；

松装密度：0.48～0.52g/cm³；

安息角（粉料在堆放时能够保持自然稳定状态时单边对地面的最大角度）：30°～35°；

粘接强度：1.5～2.0kgf/25mm；

耐洗性：≥5 次。

此类热溶胶可分为聚酰胺（PA）、聚酯（PES）、聚乙烯（LDPE 和 HDPE）和聚酯酰胺（PEA）等。

（2）包装和书刊装订用热熔胶 目前，食品、饮料、方便面、香烟、啤酒、医药等包装封箱，大都使用热熔胶通过封箱机来完成，特别是书刊装订行业现已废除旧式的线、钉装，全部改用热熔胶黏制工艺，不仅提高装订质量，更重要的是大大加快装订速度，该用途热熔胶的技术指标如下。

外观：白色粒状或浅黄色片状；

熔点（℃）：70～84 或 65～78；

黏度：2500～3500mPa·s 或 5500～6500mPa·s；

硬度：78～82 或 65～75；

固化速度：3～5s 或 0～20s。

（3）压敏热熔胶　压敏热熔胶主要用于妇女卫生巾、儿童尿布、病床垫褥、老年失禁用品等。特别是后者，随着我国人口结构的不断老龄化，今后老年失禁用品的需求将会迅速增加。该用途热熔胶的技术指标如下。

外观：白色或微黄色块状黏弹固体；

熔点：80～90℃；

粘接强度：2.0～2.5g/25mm；

卫生要求：无味、无毒、不刺激皮肤。

（4）家具封边用热熔胶　我国是木材缺乏的国家，除了少量高档家具使用实木以外，通常家具大都使用纤维板、刨花板或锯末屑板制作，家具板材的边沿部位必须使用热熔胶将封边材料粘接起来，增加美感，酷似实木家具。该用途热溶胶的技术指标如下。

外观：白色呈微黄色粒状或棒状；

熔点：70～84℃；

黏度：45000～75000Pa·s（180℃）；

相对硬度：70％～80％；

固化速度：8～12s。

（5）热熔胶膜　热熔胶膜主要分为热塑性和热固性两大类，主要用于电子产品铭牌、塑料、五金件、手机视窗框和前盖的粘接，即使在不平整物体表面粘接，也可获得好的效果。

颜色：褐色；

厚度：0.1～0.20mm；

熔融温度：120～160℃；

胶合压力：10～20lbf/in^2（1lbf/in^2=6894.76Pa，下同）；

热熔时间：3～30s。

（6）家具用热熔胶　家具用热熔胶是一类专用于人造板材粘贴的胶黏剂，从 20 世纪 70 年代后期，热熔胶开始进入木材家具工业，用于封边、胶合板芯、板层拼接、家具榫接合等，其特点如下。

① 固体含量 100％，有空隙填充性，避免了边缘卷起、气泡和开裂而引起的被粘件的变形、错位和收缩等弊病。因无溶剂，木材含水率没有变动，没有火灾及中毒的危险。

② 粘接快，涂胶和粘接间隔不过数秒钟，锯头和切边可在 24s 内完成，不需要烘干，可用于连续化、自动化的木材粘接流水线，大大提高生产效率，节省了厂房费用。

③ 用途广，适合粘接各种材料。

④ 可以进行几次粘接，即涂在木材上的热熔胶，因冷却固化而未达到要求时，可以重新加热进行二次粘接。

（7）多用途溶剂型热熔胶　在其他诸多产品的生产中，如热熔转印、液晶材料密封、壁纸防伪、书画裱糊、计算机打印、食品生产日期打字、电线电缆打码等都能应用热熔胶，但不能使用现有的粒状或粉状剂型,必须借助适宜溶剂制成液状,涂布于某种基材上获得薄而均匀的胶膜,用于后道工序的加工。由于溶质(热熔胶)的种类不同,可以制得多种用途的溶剂型热熔胶。

6.5.4 压敏胶

6.5.4.1 压敏胶简介

压敏胶的全称为压力敏感型胶黏剂,俗称不干胶。压敏胶制品包括压敏胶黏带、压敏胶标签纸、压敏胶片三大类。采用手指压力就能使胶黏剂立即达到粘接任何被粘物光洁表面的目的,如果破坏被粘物粘接表面时,压敏胶不污染被粘物表面,其粘接过程对压力非常敏感,故称为压力敏感型。压敏胶一般不直接使用于被粘物的粘接,它是通过各种材料制成压敏胶制品(胶带和胶黏标签)。压敏胶同时具有液体的黏性和固体的弹性性质的黏弹性体,这种黏弹性体同时具备着能够承受粘接的接触过程和破坏过程两方面的影响因素和性质。一般压敏胶的剥离力<胶黏剂的内聚力<胶黏剂的粘接力。只有这样,压敏胶黏剂在使用过程中才不会有脱胶等现象发生。

压敏胶按照主体树脂成分可分为橡胶型和树脂型两类。橡胶型压敏胶以橡胶成分为黏结料,加入增黏剂、填料、防老剂等组成。根据橡胶种类又可分为天然橡胶、聚异丁烯橡胶、丁苯橡胶压敏胶等类。树脂型压敏胶的黏结料为合成树脂,有均聚树脂和共聚树脂之分。配制压敏胶时需加入增黏剂、软化剂、填料及防老剂等。根据树脂种类又可分为聚烯烃、氯醋共聚物、丙烯酸树脂、有机硅及氟树脂压敏胶以及聚氨酯类等。工业上使用的压敏胶主要有4大类:溶剂型压敏胶、乳液型压敏胶、热熔型压敏胶和射线固化型压敏胶。

主要压敏胶黏制品的分类,按制品形态可分单面压敏胶黏带、双面压敏胶黏带以及压敏胶黏片材(包括压敏胶黏标签)。按基材的不同分为布胶黏带、纸胶黏带、赛璐珞胶黏带、聚氯乙烯(PVC)胶黏带、定向拉伸聚丙烯(OPP)胶黏带、聚酯(PET)胶黏带、聚乙烯(PE)胶黏带、玻璃布胶黏带等。按性能的特点又可分为高黏着性型、通用型、低黏着性型、再剥离型、耐热型、耐寒型等。目前市场上看到的以聚丙烯封箱、美纹纸(皱纹纸)、PVC电工胶带为多。

除以上分类方法外,压敏胶还可按照分散介质不同,分为水性和溶剂型压敏胶;按用途不同又可分为包装、保护、绝缘、警示、标示、文具等产品用。

6.5.4.2 压敏胶的配方组成

压敏胶通常都是由压敏胶黏剂、基材、底层处理剂、背面处理剂和隔离纸等组成。橡胶类压敏胶除主要成分为橡胶外,还要加入其他辅助成分,如增黏树脂、增塑剂、填料、黏度调整剂、硫化剂、防老剂、溶剂等配合而成。而树脂类压敏胶除主体树脂外,还需加入消泡剂、流平剂、润湿剂等助剂。

(1)黏结料 压敏胶的黏结料有橡胶或合成树脂等材料,其作用是给予胶层足够的内聚强度和粘接力,用量为30%~50%。

(2)增黏剂 增黏剂有松香及其衍生物、萜烯树脂及石油树脂等,其作用是增加胶层黏附力。其用量为20%~40%。

(3)增塑剂 所用的增塑剂为一般塑料加工用的增塑剂,其作用是增加胶层的初黏性。其用量为0~10%。

(4)防老剂 一般橡胶、塑料的防老剂均可用,作用是提高使用寿命,用量为0~2%。

(5)填料 所用的填料为一般塑料用填料,作用是提高胶层内聚强度,降低成本,用量为 0~40％。

另外，对有些压敏胶黏剂，还需加入黏度调节剂、硫化剂及溶剂等。

压敏胶黏剂的主要作用是使胶黏制品具有对压力敏感的黏附性能。基材是支承压敏胶黏剂的基础材料，要求有较好的机械强度，较小的伸缩性，厚度均匀及能被胶黏剂湿润等。底层处理剂亦称底涂剂，其作用是增加胶黏剂和基材之间的黏合力，在揭除胶黏带时不会导致胶黏剂和基材脱开而沾污被粘表面，如果胶黏剂和基材之间有足够的黏合力，可不使用底涂剂。背面处理剂（隔离剂）通常是热固化或光固化的有机硅树脂，它们不仅可使胶黏带卷起时起隔离作用，还能提高基材的物理力学性能。隔离纸（防粘纸）是双面压敏胶黏带压敏胶黏片材的制造中不可缺少的材料，防止胶黏制品胶层之间或胶层与其他物品之间互相粘连。

根据压敏胶的分子设计，压敏胶的黏合力主要取决于黏合剂的快黏力、黏附力、内聚力和黏基力。初黏力（快黏力），是指当压敏胶黏制品和被粘物以很轻的压力接触后立即快速分离所表现出来的抗分离能力，即用手指轻轻接触胶黏剂面时显示出来的手感黏力。黏合力是指用适当的压力和时间进行粘贴后压敏胶黏制品和被粘表面之间所表现出来的抵抗界面分离的能力。一般用胶黏制品的 180°剥离强度来衡量。内聚力是指胶黏剂层本身的内聚力。一般用胶黏制品粘贴后抵抗剪切蠕变的能力即持黏力来量度。黏基力是指胶黏剂与基材，或胶黏剂与底涂剂及底涂剂与基材之间的黏合力。当 180°剥离测试发生胶层和基材脱开时所测得的剥离强度，即为黏基力。正常情况下，黏基力大于黏合力，故无法测得此值。

快黏力表示黏合剂对被粘物的润湿能力，黏附力表示胶与被粘物的结合力，内聚力表示胶层内的分子间作用力大小，黏基力表示胶层与基材的结合力大小。只有压敏胶分子间作用力存在快黏力＞黏附力时，才有压敏性，否则就没有压敏性；黏附力＜内聚力时，胶层不会破坏，不拉丝等；内聚力＞黏基力时，胶层才会脱离基材。

压敏胶黏剂要具有压敏性，其玻璃化温度 T_g 应较低，一般应在 $-45℃$左右。可以根据 T_g 计算公式来选择共聚物单体并估算其用量。当 T_g 不变时，聚合物的相对分子质量对聚合物的初黏性及内聚力有很大影响，相对分子质量越小，流动性越大，对基材的润湿性、浸透性、初黏越好，但内聚强度越小。所以，压敏胶的相对分子质量一般应分布较宽，可达到初黏力、内聚力均好的效果。压敏胶的常见配方组成见表 6-15。

表 6-15　压敏胶的常见配方组成

组分	用量/％	作用	常用原料
聚合物	30~50	给予胶层足够内聚强度	各种橡胶、无规聚丙烯、顺醋共聚物、聚乙烯基醚、氟树脂等
增黏剂	20~40	增加胶层黏附力	松香、石油树脂
增塑剂	0~10	增加胶层快黏性	苯二甲酸酯、癸二酸酯
填料	0~10	增加胶层内聚强度,降低成本	ZnO、TiO_2、MnO_2、黏土
黏度调节剂	0~10	调节胶层黏度	蓖麻油、大豆油、液体石蜡、机油等
防老剂	0~2	提高使用寿命	防老剂甲、防老剂丁
硫化剂	0~2	提高胶层内聚强度、耐热性	硫磺、过氧化物
溶剂	适量	便于涂布施工	汽油、甲苯、乙酸乙酯、丙酮

6.5.4.3　压敏胶的生产

压敏胶黏制品的制造，一般包括压敏胶黏剂的配制、压敏胶黏剂的涂布和干燥、压敏胶黏制品的卷起、裁切和包装等工艺过程。压敏胶黏带的制备工艺往往因基材、胶种、胶片的种类及胶带的形状不同而采用不同的工艺和设备。

（1）配制压敏胶黏剂　适用于溶剂法涂布的压敏胶，先将黏结料溶于溶剂中，再加入其他组分，搅匀，调制成具有一定黏度的胶液备用。如果粘料为橡胶，则最好先进行塑炼以利于增大快黏力与可溶性，适当降低内聚力。适用于滚贴法涂布的压敏胶，一般是先按橡胶、防老剂、树脂（增黏剂）、增塑剂、黏度调节剂及填料的次序在炼胶机上混炼均匀，然后加入少量溶剂稀释至一定黏度即可。

（2）压敏胶的涂布　将压敏胶、底涂剂和背面处理剂配好后，可用溶剂法或滚贴法等方式将它们涂布在基材上后除去溶剂即成，胶层厚度以 0.02～0.03mm 为宜。用溶剂法涂布时，在基材前进的过程中先将底涂剂与背面处理剂涂在基材的两个不同的面上，干燥后再涂压敏胶，整个过程是连续进行的。溶剂法设备简单，操作方便，涂布厚薄范围广，特别适用于在强度较低的基材上涂胶。缺点是需要消耗大量的溶剂，增大成本并污染环境。滚贴法的施胶顺序与溶剂法基本相同，只是设法将胶液分布于辊上，让待涂基材在双辊（其一或二者都涂有胶）之间通过以完成涂胶，胶层厚度可用双辊间的距离来调节。滚涂法不用或少用溶剂，成本较低，污染很小，胶层厚薄均匀，施工安全方便，但设备比较复杂，只适宜在强度较高的基材上涂胶。经过改进后的滚贴法如隔离滚贴法等适用范围更广，可用于在任何基材上涂胶。

（3）制品的卷起、裁切和包装　压敏胶黏品的卷起、裁切和包装等工艺过程基本属于机械及工业自动化过程，其自动化的精细程度决定了生产水平、压敏胶制品的外观质量，不在本课程讨论范围之列。

6.5.4.4　压敏胶的主要品种

目前常用的压敏胶黏剂主要有橡胶型压敏胶、丙烯酸酯型压敏胶和有机硅压敏胶三种类型。

（1）橡胶型压敏胶　橡胶型压敏胶是用得最多、最广的一种压敏胶，所用的橡胶有天然橡胶、合成橡胶和再生橡胶。以天然橡胶为粘料的压敏胶的相容性、压敏性、抗蠕变性都好，耐老化性差些，且硬度变化大。以合成橡胶为粘料的压敏胶耐热性、耐久性都比天然橡胶的好，但粘接强度差一些。再生橡胶是指天然橡胶的再生胶，合成橡胶的再生胶效果很差，不宜使用。对于以天然橡胶为粘料的压敏胶黏剂，可将天然橡胶与合成橡胶并用，部分硫化交联，进行接枝改性或加入适当的补强填充剂改性。这些方法都能提高胶层的耐老化性能，延长胶黏剂的使用寿命。

橡胶型压敏胶主要是以天然橡胶为主要原料，由于相对分子质量高，玻璃化温度低，与增黏树脂相容性好，故制得的压敏胶持黏力很好，低温性能也好，快黏性和黏合力都比较好。主要缺点是耐老化较差。丙烯酸酯压敏胶主要是由丙烯酸酯单体共聚而成，透明性、内聚强度和黏合性能均好，尤其是对极性被粘物表面和多孔表面有良好的黏合性能，耐老化性极佳。热塑性弹性体压敏胶的主要成分是苯乙烯系弹性体 SIS 和 SBS。

橡胶型溶剂压敏胶的胶含量高，黏度低，内聚强度高，剥离强度大。因其分子结构中含有双键，故不耐老化，但经氧化后耐老化性能会有很大改善。

橡胶的相对分子质量及其分布对压敏胶的各种性能都有很大影响。当减小压敏胶的相对分子质量时可以降低本体黏度，有利于对被粘物表面的湿润，从而提高界面黏合力。但相对分子质量过低时，内聚强度差，剥离时胶层易发生内聚破坏。增大相对分子质量可以提高内聚力，但相对分子质量过大又会阻碍分散和湿润。因此，压敏胶的相对分子质量必须在一定的范围内才能获得良好的黏合性能。相对分子质量分布也有较大影响，一般较宽相对分子质量分布的压敏胶则有较好的黏合性能。

橡胶的玻璃化温度 T_g 对压敏胶的性能影响也很大。随着压敏胶 T_g 的升高，在室温下胶体黏度和弹性模量增大，剥离强度降低，会失去压敏性。T_g 过低，内聚强度低，会产生剥离破坏，因此，压敏胶黏剂的 T_g 必须保持在一定的温度范围内，一般为 $-20\sim60℃$。

(2) 丙烯酸酯型压敏胶　丙烯酸酯类压敏胶黏剂是目前仅次于橡胶类，用得最多的压敏胶黏剂，它是丙烯酸酯单体和其他乙烯类单体的共聚物，可分为交联型和非交联型两类。共聚单体分为主单体、次单体和官能单体。主单体有丙烯酸丁酯等，作用是提供韧性和粘接性。次单体有甲基丙烯酸甲酯、苯乙烯等，为硬性单体，能提供刚性和内聚强度。官能单体是含有其他官能团的单体，例如，甲基丙烯酸羟乙酯等，在聚合过程中能发挥交联作用，进一步提高粘接力、内聚力和耐热蠕变性。这种科学的单体配合能使共聚物本身就具备压敏胶黏剂的基本性能，因此丙烯酸酯压敏胶几乎是单组分的。与橡胶型压敏胶黏剂相比，丙烯酸酯型压敏胶黏剂不加防老剂就具有优良的耐候性和耐热性，良好的耐油性，胶层透明且无相分离和迁移现象。由于通过共聚可以引进各种极性基团，增大了分子间的次价力作用，因此具有比较大的粘接强度和内聚强度。

由于均聚物的玻璃化温度较低（T_g：$-20\sim-70℃$），一般情况下是由起黏着性作用的柔性单体为主，加入高玻璃化温度、能被赋予胶黏性和内聚力的硬性单体，以及少量含官能团的单体共聚而成。加入含官能团单体的目的是使压敏胶能够进一步交联而提高胶黏力、内聚力和耐热蠕变性。

新的丙烯酸酯嵌段共聚体耐热性、氧化稳定性、UV 稳定性好，对 HDPE、不锈钢、玻璃、聚苯乙烯、聚丙烯酸、聚碳酸酯、尼龙、聚丙烯等材料能良好黏合，可用于制医用带、透明膜、标签等。丙烯酸聚合物配合水溶性聚合物制成能水分散的热熔压敏胶。

底层处理剂的作用是增加胶黏剂与基材间的黏附强度，以便揭除胶黏带时不会导致胶黏剂与基材脱开而玷污被粘表面，并使胶黏带具有复用性。常用的底层处理剂是用异氰酸酯部分硫化的氯丁橡胶，改性的氯化橡胶。背面处理剂一般由聚丙烯酸酯、PVC、纤维素衍生物或有机硅化合物等材料配制而成，可以起到隔离剂作用。双面胶黏带必须加一层隔离纸如半硬 PVC 薄膜、PP 薄膜或牛皮纸。基材厚度在 $0.1\sim0.5mm$。

(3) 有机硅压敏胶　有机硅压敏胶以硅橡胶和硅树脂为主要成分，耐高、低温性能非常好。对聚烯烃和氟聚合物有良好的黏合性能。硅橡胶作为压敏胶的基本组分，硅树脂作为增黏剂，压敏胶的性能随二者比例的变化而改变。在配方中，硅橡胶的相对分子质量约为 1.5×10^5，但对硅树脂要进行适当的选择，要求末端带有活性端基。常用的有甲基硅树脂、甲基苯基硅树脂、苯基乙烯基硅树脂，它们都具有良好的热稳定性。有机硅压敏胶的粘接性能良好，在铝片上胶黏强度为 $21MPa$，经 $260℃/7$ 天，强度保持不变，用作有机硅压敏胶的背衬材料有聚酯、涤纶等。

6.5.5　厌氧胶

6.5.5.1　厌氧胶简介

厌氧胶又名绝氧胶、嫌气胶、螺纹胶、机械胶。它是一种新型密封胶黏剂，与氧气或空气接触时不会固化，一旦隔绝空气后，借助金属的催化作用，便会快速固化。因此，它是在室温下有空气存在时能保持液态，当隔绝空气时能迅速固化的液型胶黏剂。其固化机理是利用氧对自由基阻聚原理。厌氧胶的组成成分比较复杂，以不饱和单体为主要组成成分，还添加有芳香胺、酚类、芳香肼、过氧化物等，通常被制成单组分形式，既可用于粘接又可用于密封。在低密度聚乙烯瓶内由于与氧（空气）充分接触使胶液保持稳定，当用于金属间隙（如螺纹、平面法兰、圆形零件套装等配合间隙）与氧（空气）隔绝时，因金属离子的催化诱导作用而形成自由基，自由基引发聚合物链的交联，最终固化成为具有优良密封与锁固特性的固体高聚物，即热固性塑料，工作温度−55℃～+150℃，耐老化性能通常优于钢材。近年来，厌氧胶的配方不断推陈出新，日臻完善，开发出了压敏厌氧胶、高温厌氧胶、强韧厌氧胶、紫外线固化型厌氧胶等，特别受到机械行业的青睐。

6.5.5.2 厌氧胶的性能特点

（1）大多数厌氧胶为单体型，使用时无需反复称量、混合、配胶，质量稳定，使用极其方便，用胶量省，容易实现自动化作业；厌氧胶的黏度可由大分子量（甲基）丙烯酸酯与低分子量的（甲基）丙烯酸酯的相对配比调节，黏度变化范围广，可以是水一样的流体到膏状的黏稠体，黏度调节无需加入低分子量的溶剂，因此固化收缩率小，胶接界面处应力也较小，品种多，能分别适用不同用途，便于选择。

（2）厌氧胶在室温下能快速固化，节省能源，通用产品适宜−55～+150℃工况，特殊型号可耐温至230℃，有极优良的耐介质特性。密封性好，耐热、耐压、耐低温、耐溶剂、耐冲击（与螺钉加弹簧垫比较）、减震、防腐、防雾等性能良好。固化后可拆卸。

（3）贮存稳定（室温条件下胶液贮存期一般为3年），装配间隙中挤出的胶液因与氧（空气）接触不会固化，清除余胶比较方便，易洗净。特别适用于螺钉和螺纹件紧固、轴固定、法兰密封、细孔密封、浸渍、结构胶接等方面。

（4）厌氧胶无溶剂污染，不挥发，毒性低，危害小；非易燃易爆，使用时对环境无公害。厌氧胶的渗透性、吸振性和密封性优良，对螺纹接头具有防锈作用。用途广泛，密封、锁紧、固持、粘接、堵漏等均可使用。厌氧胶用于钢、铁、铝及其合金，室温下能较快固化，强度高，厌氧胶的剪切强度变化范围大，从 $4N/mm^2$ 到 $50N/mm^2$。破坏扭矩 $4N \cdot m$ 至 $49N \cdot m$，适用于水、油、气介质，但用于非活性表面，如锌、镉、铬、镍及合金时，胶接效果较差，固化慢，胶接强度比较低。不适用氧、臭氧、氯气、液氯及强氧化性介质、多孔材料、大缝隙工件、非金属材料。

6.5.5.3 厌氧胶的分类

厌氧胶黏剂是由多种成分组成的，特别是单体千变万化，每种成分的变化都有可能获得新的性能，因此厌氧胶的品种甚多，其分类方法也不统一。一般情况下可按单体的结构、单体的类别和强度、黏度分类，也有按用途分类的。具体地说，按其结构可分为四类。

（1）醚型　以双甲基丙烯酸三缩四乙二醇酯为代表的结构。

（2）醇酸酯　常见的有双甲基丙烯酸多缩乙二醇酯（如美国的乐泰290以及与富马酸双酚A不饱和聚酯混合的乐泰271、乐泰277等）；甲基丙烯酸羟乙酯或羟丙酯（如国产的铁锚302、日本的三键1030）等。

（3）环氧酯　由各种结构的环氧树脂与甲基丙烯酸反应的产物。常见的有双酚A环氧酯（如国产 Y-150、GY-340 等是环氧酯与多缩乙二醇酯的混合物）。

（4）聚氨酯　由异氰酸酯、甲基丙烯酸羟烷基酚和多元醇的反应产物（如美国的乐泰372、国产的 GY-168、铁锚352 和 BN-601 等）。

按用途可分为紧固件锁紧和密封、法兰面和管接头的密封、粘接固持和浸渗堵漏等。

6.5.5.4 厌氧胶的配方组成

厌氧胶的组成成分比较复杂，它是由丙烯酸酯类单体、引发剂、促进剂、稳定剂组成。还可根据需要添加其他助剂如填料、染料和颜料、增稠剂、增塑剂、触变剂及紫外线吸收剂等。厌氧胶的主体成分是（甲基）丙烯酸酯，约占其总配比量的90%以上。该类单体包括丙烯酸、甲基丙烯酸的双酯或某些特殊的丙烯酸酯（甲基丙烯酸羟丙酯）等，还会有芳香胺、酚类、芳香肼、过氧化物等。常用引发剂为氢过氧化异丙苯或氢过氧化叔丁基，促进剂如糖精、苯磺酰肼，有时还添加稳定剂、阻聚剂及改性剂。

（1）主胶　实际是多元醇的丙烯酸或甲基丙烯酸酯低聚物，其基本化学结构为

$$CH_2=C(R')COOROOC(R')C=CH_2(R'=H,Me)$$

R 可以是聚醚、聚酯、聚氨酯等低聚物。分子量的大小及 R 结构变化决定厌氧胶的基本性能。目前应用得多的 R 是四缩五乙二醇。它有合成容易、固化速度快、对氧敏感性小等优点。

（2）引发剂　厌氧胶最主要的引发剂是一些有机过氧化氢类化合物，其中以异丙基过氧化氢和叔丁基过氧化氢最常用，此外还有异丙苯过氧化氢、2,5-甲基乙基二过氧化氢等。

（3）促进剂　Lal 在早期曾报道过糖精胺盐对丙烯酸酯自由基聚合能力的影响研究。Krieble 也曾报道过氧化氢-糖精-胺体系，强调在不同物体表面上厌氧胶的固化速率不一样。他们用溶解的金属离子对过氧化氢和糖精-胺配合物的影响来解释。因此，氢过氧化物和较低氧化态的金属离子对于引发聚合反应是重要的。糖精-胺配合物和较高氧化态的金属离子很快反应，使高价金属离子变为低氧化态并生成活性自由基。该假定是基于不论什么氧化态的低浓度金属离子均可产生活性自由基这样一个事实。

（4）改性剂　改性剂是加入厌氧胶中不影响其厌氧固化特性，但能改善机械物理性能的组分。它们包括二异氰酸酯和含羟基的丙烯酸酯反应预聚物以及含有羟基、羟基磺酰氯基、氨基的液体橡胶。端乙烯基液体丁腈胶是常用的改性剂。反应性聚酰亚胺低聚物类化合物（如 M-PDM、NPM、P-MDA-2MDABM 等）可以提高耐热性，也成为常用的改性剂。

6.5.5.5　厌氧胶的应用

厌氧胶因其具有独特的厌氧胶固化特性，可应用于锁紧、密封、固持、粘接、堵漏等方面，已成为机械行业不可缺少的液体工具，在航空航天、军工、电子、电气等行业也有着很广泛的应用。

（1）锁紧防松　金属螺钉受冲击震动作用很容易产生松动或脱机，传统的机械锁固方法都不够理想，而化学锁固方法廉价有效。如果将螺钉涂上厌氧胶后进行装配，固化后在螺纹间隙中形成强韧塑性胶膜，使螺钉锁紧不会松动。现在已经有预涂型（B-204）厌氧胶，预先涂在螺钉上，放置待用（有效期四年），只要将螺钉拧入旋紧，即可达到预期的防松效果。

（2）密封防漏　任何平面都不可能完全紧密接触，需防漏密封，传统方法是用橡胶、石棉、金属等垫片，但因老化或腐蚀很快就会泄漏。而以厌氧胶来代替固体垫片，固化后可实现紧密接触，使密封性更耐久。厌氧胶用于螺纹管接头和螺纹插塞的密封、法兰盘配合面的密封、机械箱体结合面的密封等，都有良好的防漏效果。

（3）固持定位　圆柱形组件，如轴承与轴、皮带轮与轴、齿轮与轴、轴承与座孔、衬套与孔等孔轴组合配件，以前无一例外都是采用热套、冷压等尺寸过盈方法进行装配，再辅以键和销子等。这种固定方法对加工精度要求严格，而且因热膨胀系数不同会发生磨损和腐蚀，很容易产生松动。使用厌氧胶可填满配合间隙，固化后牢固耐久，稳定可靠。以厌氧胶固持的方法使加工精度要求降低、装配操作简便、生产效率提高、节省能耗和加工费用。

（4）填充堵漏　对于有微孔的铸件、压铸件、粉末冶金件和焊接件等，可将低黏度的厌氧胶（B-290）涂在有缺陷处，使胶液渗入微孔内，在室温隔绝氧气的情况下就能完成固化，充满孔内而起到密封效果。如果采用真空浸渗，则成功率更高，已成为铸造行业的新技术。

6.5.5.6　使用注意事项

20 世纪 90 年代，美国制定了单组分厌氧胶的标准（ASTM 5363—97），规范了厌氧胶的制造和使用。我国也有了化工行业标准（HG/T 3737—2004）。厌氧胶的使用方法主要包括表面处理、涂胶、装配、固化和清理等几个步骤。

（1）**表面处理** 就是对被粘表面进行清洗，除油去锈，适当打磨，清洁干燥。对惰性、非金属表面涂促进剂活化。被粘物表面清洁度十分重要，气相除油效果最好，常用的溶剂有三氯乙烷、三氯乙烯、甲乙酮、甲醇等。不宜使用汽油、煤油、石脑油、燃料油、烃类溶剂等，因为它们会在表面上残留一层油膜。普通的除油方法以溶剂汽油清洗两遍较为理想。被粘物表面适当打磨，有利于提高粘接强度，表面粗糙度以 $0.76\sim2\mu m$ 为宜。若大于 $3.2\mu m$，会使间隙过大，降低胶黏强度。对于非金属表面的粘接应涂促进剂，单面涂促进剂较好，干燥 $3\sim5min$ 后再涂胶。

（2）**涂胶** 可用原包装直接将厌氧胶涂在被粘表面物上，也可以刷涂或者刮涂。两个被粘物的表面都涂胶的效果最好。一个表面涂满再装配也可达到满意的效果。对于螺栓胶，只涂在螺栓端和螺纹口即可，旋紧时，胶会挤压充满整个间隙。如果是裂缝或不便拆卸部位，亦可采用渗 B-290 胶的办法，涂胶以填满间隙为宜，最佳的胶层厚度为 $0.03\sim0.075mm$，过大的厚度会使强度降低。

（3）**装配** 装配时应来回转动零件，使胶液铺展，应尽快使零件定位。如果使用促进剂，只能在允许时间内（$1\sim5min$）调整位置。

（4）**固化** 涂胶后装配的零件一般在室温下（$5\sim20min$）便可部分固化。粘接面积越大，间隙越小，固化越快（同材质）。固化3h后粘接强度可达额定值的50%～65%，24h可达到最大值。随着温度的升高，固化时间缩短，粘接强度增高。低温（$5\sim10℃$）时，固化时间延长48h也很难达到额定强度。

（5）**清理** 完全固化后可用干布或蘸丙酮清除未固化的残留胶。如果是含表面活性剂的厌氧胶，只要简单地水洗就可以除去未固化的残胶。

使用厌氧胶时的注意事项有：①对具有大间隙的构件进行粘接和密封时，空隙间需加金属垫片或使用专用厌氧胶；②低温下使用厌氧胶时，需在被粘物表面上涂促进剂；③粘接操作环境尽量保持干燥，相对湿度小于60%；④粘接件应避免在碱性介质中使用；⑤若需拆卸时，可将粘接件加热到$260\sim316℃$，趁热拆卸，如果不允许高温，可使用有机溶剂如二氯甲烷等混合溶剂或者特种清除剂；⑥厌氧胶不能装入金属容器，其他容器也不能装满；⑦厌氧胶对皮肤有一定的刺激性，万一不慎沾附到皮肤上，应立即用水清洗；⑧厌氧胶毒性较低，可用于食品加工机械的粘接和密封。

思考题与练习

1. 合成高分子胶黏剂有哪些类型？
2. 胶黏剂按形态分为哪些类型？
3. 胶黏剂的主要成分有哪些，各起什么作用？
4. 胶黏剂的黏合理论有哪些？
5. 脲醛树脂和酚醛树脂分别是如何合成的？
6. 写出醋酸乙烯酯聚合反应式。白乳胶是如何制备的？
7. 举例说明溶液型聚氨酯胶黏剂的合成工艺。
8. 丙烯酸乳液胶黏剂是如何制备的？
9. 什么是聚氨酯胶黏剂？它有何特点？
10. 试述环氧树脂胶黏剂的组成及其优点。
11. 写出脲醛树脂的反应方程式。
12. 写出酚醛树脂（三种）的反应条件及最终结构，并写出其固化后的结构。
13. 请画出酚醛树脂的合成工艺流图及方块流程图。

14. 说明增加聚醋酸乙烯乳液柔韧性与耐水性的措施有哪些？

15. 写出聚乙烯醇缩甲醛、缩丁醛的反应条件及反应方程式。

16. 从玻璃化温度上分析丙烯酸酯胶黏剂的广泛适用性。

17. 按应用方法分丙烯酸树脂可以在哪几类胶黏剂中起作用。

18. 请画出聚醋酸乙烯乳液生产的工艺流程图。

19. 请画出丙烯酸溶液聚合的方块流程图。

20. α-氰基丙烯酸酯的聚合反应属于何种反应？反应方程式如何？

21. α-氰基丙烯酸酯胶黏剂若用于医用，应对其有什么要求？

22. 写出双酚 A 型环氧树脂的反应方程式。

23. 常用的异氰酸酯有哪些？写出异氰酸酯基与羟基、羧基、水、胺、脲、氨基甲酸酯及酰胺的反应式。

24. 写出聚氨酯以过氧化物作交联剂的交联反应过程。

25. 写出或画出氯丁橡胶胶黏剂生产的主要过程，并说明氯丁橡胶胶黏剂中加入 MgO、ZnO 的目的。

26. 说明氯丁橡胶的主要用途。

27. 在氯丁橡胶胶黏剂制备中混炼时的注意事项有哪些？

28. 写出甲基丙烯酸甲酯接枝氯丁橡胶的反应方程式。

29. 除氯丁橡胶之外，说出 1~2 种其他的橡胶型胶黏剂及其用途。

30. 有机硅胶黏剂的主要特征是什么？

31. 从文献中查找作热熔胶的化合物共有哪些？列出文献目录。

32. 说出光敏胶与厌氧胶的区别，并说出光敏胶的几种用途。

33. 压敏胶黏剂中快黏力 K、黏附力 A、内聚力 C 和黏基力 B 的含义及它们之间的关系。

34. 写出淀粉胶黏剂和骨胶的制备方法。

35. 对应用于食品包装的胶黏剂有哪些要求及判断指标？

第7章 涂料产品的配方设计

7.1 涂料产品概述

涂料俗称油漆，是涂覆在物体表面上，能形成牢固附着的连续薄膜、对被涂物起到保护、装饰、标志或其他特殊功能作用，由多种组分复配而成的一类精细化学品。涂料的作用主要有四个方面。

(1) 保护作用　人们日常在生产和生活中所接触的各种用品、工业设备、生活器具等物件暴露在大气之中，受到光、热、水分、氧气、微生物等的侵蚀，造成金属锈蚀、木材腐朽、水泥风化等破坏现象，从而逐渐丧失其原有性能。如果在这些物件表面涂上涂料，牢固地附在物体表面形成一层干燥固化的保护膜，使腐蚀介质不能直接作用于物体，避免了腐蚀的发生，能够阻止或延迟这些破坏现象的发生和发展，使各种材料的使用寿命延长。涂料还可以增加物体的表面硬度，提高其耐磨性，即使它受到机械外力的摩擦和碰撞而损坏，还可以重新涂上一层，从而保持物体表面完整。

金属材料在海洋、大气和各种工业气体中的腐蚀极为严重，一座钢铁结构的桥梁，不用涂料加以保护，只能有几年的寿命，若使用合适的涂料保护并维修得当，寿命可达百年以上；工业生产中使用的各种管道、贮罐、塔釜等各种设备也要通过使用各种涂料加以保护。应用于金属的涂料，可通过涂料内部的化学物质与金属反应，使金属表面钝化，该钝化膜能进一步增强防腐蚀效果，因此，涂装是金属防腐的重要手段。

虽然涂料本身也会发生老化失效现象，但是人们可以定期、方便地刮除旧的涂层，涂布新涂层而达到长期防腐的目的，这一过程相对于更换新的部件而言，具有成本低、操作方便等特点，因此在物体表面涂上涂料是最方便、可靠和常用的防护手段之一。

(2) 装饰作用　在涂料中加入不同的颜料，可使涂膜具有各种颜色，增加物体表面的色彩和光泽，还可以修饰和平整物体表面的粗糙和缺陷，改善外观质量，提高产品的使用和商品销售价值。自古以来，装饰美观与色彩运用就与美化产品和周围生活环境有着密切关系。涂料可以比较明显地增加产品表面的色彩度、光亮度、对比度等，使人感到美丽舒适。对建筑、火车、汽车、船舶及日常生活用品等涂装各种颜色的涂料显得美观、舒畅；房屋建筑涂上各种色彩的涂料就显得有了生气；家具日用品涂上涂料会五光十色，绚丽多彩；在涂装工艺过程中也可以按照产品的造型设计要求，配以各种色彩，改进产品外观质量，给人们美的享受，达到装饰美观的目的。自古以来，涂料在人们的物质生活乃至精神生活中都是不容忽视的。

（3）标志作用　涂料可利用不同色彩作广告标志，来达到增加层次感、区别醒目、加深印象的目的。例如，在各种管道、容器、机械设备、压缩气体钢瓶、电线电缆的外表涂上各种色彩涂料作为标志，一方面使色彩功能达到充分发挥，另一方面便于操作人员识别，调节人的心理；在公路划线、铁道标志等也常用不同色彩的涂料来表示前进、停止、危险等信号，以指导安全行车；目前应用涂料色彩作为标志在国际上已逐渐标准化了。

（4）特殊作用　涂料除了具有保护、装饰、标志作用外，还具有很多特殊的作用。涂料可以为各种特定环境条件使用的产品提供可靠表面层，增强产品的使用性能，扩大使用范围。例如压电防污涂料，可用于远洋轮船的船底，一旦海洋中的微生物附着时，该涂料由于受到外来力的作用，就产生一定量的电流，从而刺激海洋生物，使之逃离，不再附着于船底，于是轮船航行速度不再受到影响，而且船底腐蚀性也减弱，延长了其寿命。阻燃涂料可以提高木材的耐火性；导电涂料可以赋予非导体材料具有表面导电性和抗静电性；示温涂料可以根据物体温度的变化呈现不同的色彩；能吸收电磁波的隐身伪装涂料可以减少飞机对雷达波的反射；阻尼涂料可以吸收声波或机械振动等交变波引起的振动或噪声，用于舰船可吸收声纳波，提高舰船的战斗力，用于机械减振可大幅度延长机械的寿命，用于礼堂、影院可减少噪声等；用于湿热带及海洋地区的涂料产品，要求有三防性能（防湿热、防盐雾、防霉菌）；飞机、卫星、宇航器要受高速气流冲刷，在高温、低温、多种射线辐射、超高温报警等特殊条件下使用，特殊性能的航空涂料、耐辐射涂料、示温涂料等满足了飞机、宇航器表面的涂装要求。类似的涂料还有太阳能接收涂料、红外线吸收涂料等。特种涂料对国防军工产品、高精尖的科学技术具有重要意义。

涂料是施工最方便、价格较低廉、效果很明显、附加价值率高的一种化工产品，它不仅使建筑、船舶、车辆、桥梁、机械、化工设备、电子电器、军械、食品罐头、文教用品等表面具有防止锈蚀、延长使用寿命的功能，还有装饰环境，给人以美的享受或醒目标记的功能。在高科技不断发展的今天，世界各国无一不把各种涂料开发和应用放在精细化工生产的重要位置。

目前，各种高分子合成树脂广泛用作涂料的原料，在使用之前，涂料是一种高分子溶液（如清漆）或胶体（色漆）或粉末物料。它们主要以有机高分子为成膜剂，然后通过添加（或不添加）颜料、填料，调制而成，借助溶剂的挥发、化学反应交联或者升温热熔后冷却凝结固化牢固地附着在物体表面。

7.1.1　涂料产品的分类及命名

7.1.1.1　涂料的分类

涂料产品的分类方法较多，有按成膜物质分类、按涂料剂型分类、按使用目的分类、按被涂物体分类、按固化方式分类、按涂膜的特殊功能分类以及按涂装方式分类等方法。

按成膜物质分类，可分为过氯乙烯树脂、烯类树脂、丙烯酸树脂、聚酯树脂、环氧树脂、聚氨酯、元素有机类、橡胶类以及其他成膜物类九大系列。

按涂料剂型分类，可分为溶液涂料、乳胶涂料、水基涂料、粉末涂料、双组分涂料等。

按被涂物体分类，可分为建筑涂料、金属用涂料、船舶涂料、汽车涂料、木制品涂料等；建筑涂料又分为墙面涂料、防水涂料、地坪涂料、功能性建筑涂料等。

按固化涂装方式，可分为常温固化、高温固化、射线固化、刷涂、喷涂、电泳涂、烘涂、流化床涂料等。

按涂膜的特殊功能分类，可分为打底漆、防锈漆、防腐漆、防火漆、耐高温漆、防污漆、防霉漆、绝缘漆、荧光漆等。

按涂膜外观分：大红漆、有光漆、亚光漆、半亚光漆、皱纹漆、锤纹漆等。

7.1.1.2　涂料成膜物质的主要类别

涂料是一类专用性很强的精细化学品，用户根据所需涂饰的基材、使用的条件、所处环境对涂料性能常提出各种各样的要求。如何使涂膜性能达到使用目的，涂料制作如何满足工艺要求，贮存和运输中不分层和结块，使用时能否满足施工要求，还有涂料如何在市场竞争中立于不败之地等，都是涂料设计和生产时应该考虑的。

国家标准 GB/T 2705—2003《涂料产品分类、命名》规定，对我国生产的涂料产品实行两种分类方法，一是增加以涂料产品用途为主线并适当辅以主要成膜物的分类方法，二是补充完善以主要成膜物质为基础的分类方法，适当辅以产品的主要用途，并将建筑涂料重点突出出来。由此可见，成膜物在涂料中是相当重要的。主要成膜物类型分为 9 大类，它们是：①过氯乙烯树脂类；②烯类树脂类；③丙烯酸树脂漆类；④聚酯树脂类；⑤环氧树脂类；⑥聚氨酯漆类；⑦元素有机类；⑧橡胶类；⑨其他成膜物类。

国家标准 GB/T 2705—2003 中列示的涂料主要产品类型有 3 个大类 22 个小类共 50 种，详情请参见该标准。

7.1.1.3　涂料的基本名称

国家标准 GB/T 2705—2003 中规定了我国涂料产品的基本名称有 78 个，对涂料的命名原则规定如下。

(1) 全名＝颜料或颜色＋成膜物质名称＋基本名称。例如，红醇酸磁漆、锌黄酚醛防锈漆等。

(2) 对于某些有专业用途及特性的产品，必要时在成膜物质后面加以说明，例如，醇酸导电磁漆、白硝基外用磁漆。

GB/T 2705—2003 取消了 GB/T 2705—92 中对涂料产品型号的设定，以附录 A 和附录 B 为规范性附录、附录 C 为资料性附录作为补充。

7.1.1.4　涂料的基本品种介绍

(1) 清油　清油又名熟油，俗名"鱼油"，在 GB/T 2705—92 中的代号是"00"，是用干性油经过精漂、提炼或吹气氧化到一定的黏度，并加入催干剂而成的。它可以单独作为一种涂料应用，亦可用来调整厚漆、红丹粉等的黏稠度。清油按其炼制方法不同，通常分为加热油、氧化油、聚合油三种。

(2) 清漆　清漆的代号是"01"，它和清油的区别是组成中含有各种树脂，主要用于外层罩光。又分为下面两种。

① 清基油漆　该漆是用油脂与树脂熬炼后，加入溶剂等而成，俗名凡立水。常见的品种有酚醛清漆。

② 树脂清漆　该漆又名叫溶剂型清漆。它的成膜物质中一般只有树脂和增韧剂（有的不含增韧剂）。常见的品种有醇酸、氨基、环氧、硝基、过氯乙烯等清漆。其优点是漆膜坚韧、光亮、耐磨、抗化学药品性好。缺点是漆膜弹性差，主要用于色漆罩光，它们大多数是用酯类、酮类、苯类、醇类作为溶剂，都是易燃危险品，应特别注意防火。

(3) 厚漆　厚漆代号是"02"，俗名"铅油"，是用着色颜料、大量体质颜料和10％～20％精制干性油或大豆油，并加入润湿剂研磨而成的稠厚浆状物。厚漆使用时，必须加入清油或清漆、溶剂、催干剂等进行调和降黏。

(4) 调和漆　调和漆的代号是"03"，是已经调好的可直接使用的涂料。它是以干性油为基料，加入着色颜料、溶剂、催干剂等配制而成。基料中可加入树脂，也可不加树脂，没有树脂的叫油性调和漆，含有树脂的叫磁性调和漆。在统一命名中，依据所含树脂类型分别称为酯胶调和漆、酚醛调和漆、醇酸调和漆等。调和漆中树脂与干性油的比例一般在1：3以上。如果树脂与干性油之比为1：2或树脂更多时，则称为磁漆。油性调和漆漆膜柔韧，容易涂刷，耐候性好，但光泽和硬度较差，干燥慢。调和漆分为有光、半光、无光三种。

（5）磁漆　磁漆代号是"04"，它与调和漆不同的是漆料中含有较多的树脂，并使用了鲜艳的着色颜料，漆膜坚硬耐磨。光亮、美观，好像瓷器，故称磁漆。大致有三种细分。

① 按装饰性能分为有光磁漆、半光磁漆、无光磁漆。

② 按使用场所划分为内用与外用两种。

③ 漆料中含有干性油的酯胶、酚醛磁漆等，统称油基磁漆。靠溶剂挥发干燥成膜的硝基、过氯乙烯、热塑性丙烯酸磁漆等，统称挥发性磁漆。

（6）粉末涂料　粉末涂料以"05"为代号，是一种无溶剂涂料，由固体树脂、颜料、固化剂、流平剂等混配而成的细粉末状涂料。使用时采用流化床或静电流化床施工，使粉末附着在工件上，然后进行烘烤成膜。其优点是不用溶剂，一次成膜，损耗少，漆膜较均匀，贮存稳定，如H05-1、H05-2环氧粉末涂料等。

（7）烘漆　烘漆又称烤漆、烘干漆等。所谓烘漆，是指必须经过一定温度的烘烤才能干燥成膜的涂料。烘漆在常温下不起反应，只有经过烘烤才能使分子间的官能团发生交联而成膜，其分子结构更加严密，耐久性、耐酸性、耐碱性等更好。这里所说烘漆，只限于烘烤磁漆，主要是氨基烘漆，也包括烘烤成膜的醇酸、环氧、丙烯酸等磁漆。需要烘烤成膜的清漆底漆、绝缘漆等，因为已分别归于其他名称之中，不属此类。

（8）底漆　底漆的代号是"06"。它是作为被涂基材表面打底用的涂料，是面漆与被涂物之间的中间涂层。由于面漆价格高，填充性能差，而底漆不美观，耐候性差，所以物面若只涂一层是不能很好地完成涂料功能的，故一般先涂底漆，再罩面漆。不但经济实惠，而且美观漂亮。

（9）腻子　腻子代号是"07"，又叫填泥，是由大量体质颜料和较少的漆料或催干剂组成的糊状物。用于打磨后的头道底漆和二道底漆之上，可以刮擦、刷涂，以填补缺陷，形成平滑的表面。

（10）水溶漆、乳胶漆、电泳漆　水溶漆、电泳漆、乳胶漆统称为水性漆，它们的代号分别是"08"、"11"、"12"。其特点是，用水作稀释剂，无毒、无味、不易燃，溶剂价格低，保障了施工安全和人体健康，符合现代环保要求。

（11）大漆　大漆的代号是"09"，是由天然生漆精制或改性制成的漆类的统称。含有杂质的生漆，一般为坯生漆，过滤除去杂质以后称为净生漆。以生漆为原料，采用不同方法进行精制或改性，可制得不同性能和用途的品种。

① 用净生漆加水可制成一种称为揩漆的漆，用于揩涂红木家具。

② 用净生漆和熟油可配制成一种称为油基大漆的漆，俗称广漆或金漆、笼罩漆。主要用于木制家具的涂饰和装饰。

7.1.2　涂料产品的技术特点及其发展概况

7.1.2.1　涂料配方技术的发展

从涂料的发展历史来看，可以粗略地划分为天然树脂阶段、合成树脂阶段和"节约"型阶段。

我国在公元前 2000 多年，就已经从野生漆树收集天然漆，用来装饰器皿。古埃及人也知道用树胶等作涂料制作色漆来装饰物件。天然树脂阶段主要以天然油脂、大漆、虫胶等天然树脂或改性的天然树脂为原料制成的溶剂性涂料和天然树脂涂料。特点是原料易得、制备工艺简单，但涂料的性能和用途都极为有限，生产量受到限制。涂料工业的迅速发展则是近百年里的事情。

20 世纪 20 年代出现了酚醛树脂之后，改变了涂料完全依赖天然树脂材料的局面。20 世纪 30 年代出现的醇酸树脂进一步使涂料从天然树脂型步入到合成树脂阶段，从而逐步发展到目前的 18 大类涂料。以建筑涂料为例，我国古代劳动人民就知道用红土、黏土等装饰建筑物。其中石灰作为建筑涂料历史最久，用量最大，其价格低廉、墙面洁白、具有一定的杀菌功效，以致人们目前仍在不同程度地使用它。20 世纪 50 年代，国内的建筑外墙常用水洗石或喷浆装饰，真正涂料装饰很少；而内墙涂料常用石灰浆来装饰。20 世纪 60 年代，我国建筑涂料常用醋酸乙烯乳胶涂料，从 20 世纪 70 年代开始用丙烯酸类乳胶涂料，这种涂料具有高光泽性和耐久性，与当时发明的静电喷涂技术一起使汽车漆的发展上了一个台阶，出现了金属闪光漆。建筑涂料目前正在向抑菌、耐擦洗等功能涂料方向发展。这个阶段的特点是原料来源丰富，产品性能得到了很大的提高，基本上可以满足各种用途的需要，但这时的涂料仍以溶剂型涂料为主。

涂料发展的前两个阶段人们注重的只是其外观和保护性能，例如，最早的热塑性油漆，有的固含量仅为 5%，这意味着有 95% 的溶剂飞逸到大气中成为污染物。随着对环境问题的关注，人们对于涂料的污染和毒性问题也越来越重视。1966 年美国洛杉矶地区首先制定了"66 法规"，禁止使用能发生光化反应的溶剂，其后发现几乎所有涂料溶剂都具有光化反应能力，从而修改为对溶剂用量的限制，涂料的固含量需在 60% 以上。自从"66 法规"颁布后，其他地区及环保局也都先后对涂料有机溶剂的使用作了严格的规定。铅颜料是涂料中广泛使用的颜料，1971 年美国环保局规定，涂料中铅含量不得超过总固体含量的 1%，1976 年又将指标提高到 0.06%。乳胶漆中常用的有机汞也受到了限制，其含量不得超过总固体量的 0.2%。以后又发现在水性涂料中使用的乙二醇醚和醚酯类溶剂是致癌物，从而被禁止使用。到 1977 年美国又提出了"4E"原则，即：经济（Economy）——节约成本、能源（Energy）——降低能耗、生态（Ecology）——保护环境、效率（Efficiency）——生产与涂装自动化。这些使得涂料朝着节省资源、节省能源和无污染方向发展，相继出现了水性涂料、粉末涂料、辐射固化涂料、高固体分涂料等，即进入了所谓"节约型"涂料阶段。其特点是有机溶剂少或基本上无溶剂，树脂的合成也采用了许多新的原理和方法，涂料的品种更加繁多，性能和用途更加广泛。

据统计，目前世界涂料年总产量约为 2300 万吨左右，主要集中在美国、西欧和日本，占到总产量的 1/2。当今的涂料产品广泛以石油工业、炼焦工业、有机合成化学工业的产品为原料，品种越来越多，应用范围也不断扩大，涂料工业成为化学工业中一个重要的独立的产业分支。尤其是进入 20 世纪 90 年代以后，保护环境和节约能源成了人们共同关心的话题，世界各国纷纷制定相应法规，加强行业管理，限制挥发性有机化合物（volatile organic compounds，VOC）的排放量，使得"节约型"涂料得到了长足的发展，并成为涂料界的前沿研究课题。以工业涂料为例，在北美，1992 年常规溶剂型涂料占 49%，到 2000 年降为 26%；水性涂料、高固体分涂料、光固化涂料和粉末涂料由 1992 年的 51% 增加到 2002 年的 74%。在欧洲，常规溶剂型涂料由 1992 年的 49% 降到 2002 年的 27%；而水性涂料、高固体分涂料、光固化涂料和粉末涂料由 1992 年的 51% 增加到 2002 年的 73%。最近 10 年，水性涂料已形成成熟技术，而 60% 以下固体含量的溶剂涂料则正在被技术革新所衰退。近期已实现了氟树脂、丙烯酸树脂、有机硅树脂涂料的水基化。涂料技术的发展趋势主要体现在以下几方面。

(1) 溶剂型涂料逐渐向高固体含量涂料、水基涂料、粉末涂料和无溶剂涂料等环保型方向发展。

(2) 应用和增加新的成分，使涂料在涂后发生新的化学变化构成涂膜，涂料品种向多元化、系列化和高质量方向发展，涂膜的干燥过程利用各种物理、化学反应而大大缩短，由一次施工只能得到薄涂层转变为可得到较厚涂层，涂覆次数由烦琐的多道配套简化为简单施工。

(3) 涂料生产技术和施工应用工艺技术的自动化特别是涂刷自动化，所提供的产品施工简便和安全，使能源和原材料的消耗逐渐降低。

(4) 无机涂料的开发和应用不断扩大。

7.1.2.2 我国涂料工业的现状和发展趋势

我国目前涂料产量约为 200 万吨以上，其中工业涂料占 60%，近年内需求量仍以 3.4% 的平均速度增长。目前全国的涂料企业发展到 8000 家左右，主要集中在经济发展迅速的长三角和珠三角地区，在 18 类涂料中，我国产量最大的品种是醇酸树脂漆，其次是酚醛树脂漆，节能低污染环保型涂料（水性涂料、粉末涂料、高固体量涂料、辐射固化涂料）比例约为 26%（同类产品在北美、西欧、日本等发达国家和地区比例已达 70% 左右）。我国生产的涂料主要是普通涂料，与涂料生产的发达国家有较大差距，如与立邦、ICI 等公司在产品质量、性能、价格方面的差距较大。我国涂料工业总体发展状况为：①合成树脂占绝对优势；②环保、高性能、省资源、节能涂料迅速增长；③涂料制造技术广泛采用不同学科的互相渗透、结合，繁衍出新技术和新涂料尤其是功能性涂料（即特种涂料）的生产和应用；④生产工艺装备及自动化水平显著提高；⑤涂料检测技术趋向现代化；⑥涂料应用技术有了进一步的发展；⑦涂膜的使用寿命大大延长；⑧在涂料领域应用电子计算机技术日益普遍；⑨对涂料的价值、地位和技术含量有了充分的认识。

7.1.2.3 几类特种涂料的发展

(1) 水基涂料　随着人们环保意识的提高，水性涂料的优越性越来越突出，近 10 年来，水性涂料在一般工业涂料领域的应用日益扩大，已经替代了不少惯用的溶剂型涂料。目前各国对挥发性有机物及有毒物质的限制越来越严格，强化树脂和配方的优化，适用助剂的开发，预计水性涂料在用于金属防锈涂料、装饰性涂料、建筑涂料等方面替代溶剂型涂料将取得突破性进展。在水性涂料中，乳胶涂料占绝对优势。如美国的乳胶涂料占建筑涂料的90%，乳胶涂料的研究成果约占全部涂料研究成果的 20%。研究较多的方向有以下几个方面：①成膜机理的研究，这方面的研究主要是为了改善涂膜的性能；②施工应用的研究。

水基涂料主要是对油溶性树脂改性，提高其极性，增加水溶性或水分散性。如利用顺丁烯二酸酐、丙烯酸等有双键的化合物与油溶性树脂反应得到水溶性树脂，再配制水基涂料。近几年来，着重于加强附着性基料和快干基料的研制，以及混合树脂胶的开发。一般水性乳胶聚合物对疏水性底材（如塑料和净化度差的金属）附着性差。为提高乳胶附着力，必须注意乳胶聚合物和配方的设计，使其尽量与底材的表面接近，并精心选择合适的聚结剂，降低水的临界表面张力，以适应市场需求。对金属用乳胶涂料作了大量研究并获得可喜的进展，美国、日本、德国等国家已生产出金属防锈底、面漆，在市场上颇受欢迎。新开发的聚合物乳胶容易聚结，使聚结剂在用量少时也能很好地成膜，现已在家具、机器和各种用具等塑料制品上广泛应用。新研制的乳胶混合物弥补了水稀释性醇酸、刚性热塑性乳胶各自的不足，通过配方设计，已解决了相容性和稳定性问题。水性聚氨酯涂料是近年来迅速发展的一类水性涂料，它除具有一般聚氨酯涂料所固有的高强度、耐磨等优异性能外，且对环境无污染，中毒和着火的危险性小。由于水性聚氨酯树脂分子内存在氨基甲酸酯键和脲键，所以水性聚氨酯涂料的柔韧性、机械强度、耐磨性、耐化学药品及耐久性等都十分优异，欧、美、日均将其视为高性能的现代涂料品种大力开发。

（2）粉末涂料　在涂料工业中，粉末涂料属于发展最快的一类。由于世界上出现了严重的大气污染，环保法规对污染控制日益严格，要求开发无公害、省资源的涂料品种。粉末涂料不含溶剂，不污染大气且不易引起火灾，可100%地转化成膜，具有保护和装饰综合性能，具有独有的经济效益和社会效益而获得飞速发展。

粉末涂料是以树脂为主，加入一定的填料、流平剂经混炼而制成的一种无溶剂涂料，通过静电喷涂、喷涂、流化床浸涂等方法施工。粉末涂料的主要品种有环氧树脂、聚酯、丙烯酸和聚氨酯粉末涂料。近年来，芳香族聚氨酯和脂肪族聚氨酯粉末涂料以其优异的性能令人注目。

（3）高固体组分无溶剂涂料　高固体组分无溶剂涂料是近年来发展的一种新品种涂料。由于该涂料无溶剂、固含量高等许多优点，在环境保护措施日益强化的情况下，高固体分涂料有了迅速发展。目前已开发的品种有醇酸树脂型、环氧树脂型、聚丙烯酸酯型和乙烯树脂型等类型，其中以氨基、丙烯酸和氨基-丙烯酸涂料的应用较为普遍。近年来，美国Mooay公司开发了一种新型汽车涂料流水线用面漆，这种单组分、固体分高的聚氨酯改性聚合物体系，可用于刚性和柔性底材上，并且有优异的耐酸性、硬度以及与颜料的捏合性。采用脂肪族多异氰酸酯如DsemodurN和聚己内酯可制成固体分高达100%的聚氨酯涂料，该涂料各项性能均佳，施工方法普通。用DsemodurN和各种羟基丙烯酸树脂配制的双组分热固性聚氨酯涂料，其固体含量可达70%以上，黏度低，便于施工，室温或低温可固化，是一种非常理想的装饰性高固体分聚氨酯涂料。

（4）光固化涂料　光固化涂料也是一种不用溶剂、很节省能源的涂料，主要用于木器和家具等。在欧洲及其他发达国家的木器和家具用漆的品种中，光固化涂料市场份额大，很受广大企业青睐，主要是适应木器家具流水作业的需要。美国现约有700多条大型光固化涂装线，德国、日本等国大约有40%的高级家具采用光固化涂料。最近又开发出聚氨酯丙烯酸光固化涂料，它是将有丙烯酸酯端基的聚氨酯低聚物溶于活性稀释剂（光聚合性丙烯酸单体）中制成的。它既保持了丙烯酸树脂光固化涂料的特性，也具有特别好的柔性、附着力、耐化学腐蚀性和耐磨性。主要用于木器家具、塑料等的涂装。

（5）防污涂料　近年来，荷兰Sigma公司研制成功一种新型不含锡的防污涂料，它的自抛光性与现有含锡防污涂料相同，但其防缩孔性和防开裂性大大优于其他不含锡的防污涂料。最近，日本关西涂料公司新开发一种对水中生物无毒性、不含有机锡和氧化亚铜、名为CaptainCrystal的船用防污涂料，作为改善地球环境的这种涂料，能有效防止生物附着在船底上，持续时间可达5年。日本油脂公司采用超交联技术成功开发出一种新型防污且耐酸雨的PCM涂料，实验证明，该技术能使汽车涂料具有优良的耐污染性，其耐候性是丙烯酸树脂系列涂料的8倍，且其漆膜硬度可达3H～4H。

（6）重防腐涂料　国外十分重视长效防腐涂料的发展，主要品种有无机富锌漆、环氧沥青、乙烯基树脂、厚浆型氯化橡胶、无溶剂环氧聚酰胺、无溶剂环氧砂浆等。近几年，我国防腐涂料的发展较快，陕西源源化工有限公司研制成功环氧煤焦沥青防腐涂料，该涂料附着力强，可直接在有锈层的钢铁上涂刷，防腐效果好。油田防腐涂料由郑州工学院与中原油田勘探设计院研制成功，该涂料具有优良的耐腐蚀性和良好的低温潮湿固化特性。由吉林化学工业公司研究院研究成功有机钛涂料作为高科技防腐涂料，这种无毒性有机钛涂料的耐蚀性能已达到国外同类产品的水平，可用于化工、海洋等领域的防腐设备。

（7）阴极电泳涂料　这类涂料国外发展很快，并取得了许多新的成就，有取代阳极电泳涂料的趋势，品种有利用氨基与酸中和方法制备的环氧树脂、聚丙烯酸酯等，其中最有代表的是厚膜型阴极电泳涂料、低温固化型和彩色阴极电泳涂料。厚膜阴极电泳涂料是美国PPG公司研制成功的一种新型阴极电泳涂料，各项性能均优良；低温固化型阴离子电泳涂料是20世纪80年代末日本神东涂料公司和日本油脂公司共同开发的品种，该涂料的标准固化条件为：130℃/20min或160℃/5min；彩色阴极电泳涂料是日本关西涂料公司开发的，它以环氧树脂为基础，采用特殊异氰酸酯交联，并配以第三成分丙烯酸树脂，可在电泳中沉积形成复合层涂膜，该技术可使环氧树脂系列阴极电泳涂料彩色化，也提高了涂层的耐候性。阴极电泳涂料的发展方向是：厚膜型阴极电泳涂料，将可解决在电泳涂装时沉积的漆膜以及烘烤过程中漆膜的黏弹性控制问题，使一次成膜比较厚，外观平整；低温固化型阴极电泳涂料，开发烘烤温度为130～140℃的低温固化型，并保持其耐腐蚀和其他性能不变，以便用于塑料、橡胶等汽车部件上，节能并减少污染；边棱防锈型阴极电泳涂料，要求减少涂膜熔融时的流动性，提高涂膜的边棱覆盖率，以改善阴极电泳涂料边棱的防腐蚀性。

还有耐热涂料（主要基料是有机硅树脂及其改性品种含氟树脂涂料等），涂装底漆（磷化底漆、环氧底漆、不饱和树脂腻子等），特殊固化涂料（紫外线固化涂料、电子束固化涂料、低温快速固化涂料、水下固化涂料等）。具有特种功能的电变色涂料、示温涂料、贮能涂料等。

7.1.3　涂料的施工工艺

涂装是将涂料涂覆于被涂物表面，并在其上形成具有所需性能的涂膜的过程。涂装技术经历了漫长的发展历史，已形成了多种多样的涂装方法，目前，连续、高效、节能、自动化与低污染已成为涂装工艺的主要特征。

7.1.3.1　表面处理

被涂物的表面处理是涂装前的准备工作，它直接影响涂膜的附着力、表观性能和使用寿命，尤其是对于新型的、特种功能涂料，特殊的涂装对象（如桥梁、汽车、湿热带使用的设备等）和一些新涂装方法（如静电喷涂、电泳涂装等）对表面处理要求较高，不同的材质需要不同的表面处理方法。

（1）金属的表面处理

① 除油　在金属制品的各种加工处理中，常常在其表面留下附着性油膜，对它们的除去方法有碱液除油、有机溶剂除油和电化学除油。

② 除锈　在对金属表面涂漆之前，必须除尽其氧化物和锈渣，否则会严重影响附着力、涂装性与防护寿命。除锈的办法有手工除锈（即用砂纸、钢丝刷等工具除锈），机械除锈（用电动刷轮及除锈器等除锈），喷砂除锈（一种效率高、除锈比较彻底的方法，它是利用压缩空气将磨料如石英砂、钢丸、钢砂等喷射到工件表面，对工件表面进行微观切削或冲击，以实现对工件的除锈、除漆、除表面杂质、表面强化及各种装饰性处理，使附着在金属表面的杂质一并清除干净，且能在表面形成较好的粗糙度，有利于漆膜附着）。除了用物理方法除锈外，还可用化学方法除锈，例如将钢铁部件用酸浸泡以洗去氧化物。

③ 除旧漆　在各种涂装施工中，经常有一些旧漆膜需脱除。脱除旧漆的方法有火焰法（即用火焰将漆膜烧软后刮去），碱液处理法（用5%～10%的氢氧化钠溶液浸洗擦拭金属器件），脱漆剂处理法（借助有机溶剂对漆膜的溶解或溶胀作用来破坏漆膜对基材的附着）。脱

漆剂中常用的有机溶剂为酮、酯、烷烃和氯代烃等，配方中还加有石蜡以防止溶剂挥发过快，加入增稠剂（如纤维素醚等）以防流挂。

④ 磷化处理　金属（主要指钢铁）经含有锌、锰、铬、铁等磷酸盐的溶液处理后，由于金属和溶液在界面上发生化学反应，生成不溶或难溶于水的磷酸盐，在金属表面形成一层附着良好的保护膜。由于磷化膜有多孔性，涂料可以渗入到这些孔隙中，因而可显著地提高附着力；又由于它是一层绝缘层，可抑制金属表面微电池的形成，因而可大大地提高涂层的耐腐蚀性和耐水性。磷化的方法很多，有化学磷化、电化磷化和喷射磷化，也可用涂布磷化底漆来代替磷化处理。磷化处理材料的主要组成为酸式磷酸盐，为了防止磷酸和金属反应时放出的氢气对磷化膜结晶的妨害，并将二价铁离子转变为三价铁离子，磷化液内应加有氧化剂，如亚硝酸钠。

⑤ 钝化处理　经磷化或酸洗处理的钢铁表面，为了封闭磷化层孔隙或使金属表面生成一层很薄的钝化膜，使金属与外界各种介质分离，获得更好的防护效果，可进行钝化处理。用铬酸盐溶液与金属作用在其表面生成三价或六价铬化层的过程称为钝化，亦名铬化。钝化多用于铝、镁及其合金的处理，对钢铁也能形成铬化层，但很少单独使用，常和磷化配套使用，以封闭磷化层的孔隙，使磷化层中裸露的钢铁钝化，抑制残余磷化加速剂的腐蚀作用，进一步增加防护能力。钝化时一般用重铬酸钾溶液（$2\sim4$g/L，有时也加入 $1\sim2$g 磷酸），在 $80\sim90$℃浸喷 $2\sim3$min 取出，水洗即可。

（2）木材表面的处理　木材及木质构件涂漆前要先晾干或低温烘干（$70\sim80$℃），控制含水量在 7％～12％，这样不仅可防止木器因干缩而开裂、变形，也可使涂层不易开裂、起泡、起皱、脱落。涂漆前还要除去未完全脱离的毛束（木质纤维），其方法是经多次砂磨，或在表面刷上虫胶清漆，使毛束竖起发脆，然后再用砂磨除去。为了使木器美观，在涂漆之前还要漂白和染色，木器上的污迹要用砂纸或其他工具打磨干净。

7.1.3.2　涂装方法

（1）手工涂装　包括刷涂、滚涂、刮涂等。其中刷涂是最常见的手工涂装方法，适用于多种形状的被涂物，省漆，工具简单。涂刷时，机械作用较强，涂料较易渗入底材，可增强附着力。滚涂多用于乳胶涂料的涂装，但只能用于平面的涂装物。刮涂则多用于黏度高的厚膜涂装方法，一般用来涂布腻子和填孔剂。

（2）浸涂和淋涂　将被涂物浸入涂料液体中，稍后取出，悬吊沥除多余的涂料，然后干燥形成涂膜的方法称为浸涂。淋涂则是用喷嘴将涂料喷淋在被涂物上形成涂层，它和浸涂方法一样适用于大批量流水线生产方式。这两种涂装方法的技术关键是调整好涂料液体的黏度，因为它直接影响漆膜的外观和厚度。

（3）空气喷涂　空气喷涂是利用压缩空气的气流在喷枪喷嘴处形成负压，负压将漆料从吸管吸入，使涂料雾化成雾状液滴，在气流带动下，涂到被涂物表面的方法。这种方法，效率高，作业性好。喷涂装置包括喷枪、压缩空气供给和净化系统、输漆装置等。喷涂应在具有排风及清除漆雾的喷漆室中进行。如果在施工前将涂料预热至 $60\sim70$℃，再进行喷涂，称为热喷涂，热喷涂可节省涂料中的溶剂。

（4）无空气喷涂　无空气喷涂法是靠高压泵将涂料增压至 $5\sim35$MPa，然后从特制的喷嘴小孔（口径为 $0.2\sim1$mm）喷出，由于速度高（约 100m/s），随着冲击空气和压力的急速下降，涂料内溶剂急速挥发，体积骤然膨胀而分散雾化，并高速地涂着在被涂物上。这种方法大大减少了漆雾飞扬，生产效率高，适用于高黏度的涂料。

（5）静电喷涂法　又称高频静电喷涂，它是利用静电原理使涂料在电场内带电，并在电场力作用下被吸附于带异性电荷的工件上。其工艺过程是：先将高压负电加在有锐边或尖端的电极上，工件接地，使负电极与工件之间形成一个不均匀的静电场。借助电晕现象，首先在负电极附近激发游离出大量电子，用压缩空气或离心动力使涂料初步雾化后进入电场，涂料微粒与电子结合成负粒子，在电场力作用下进一步雾化，然后向异性电极（工件）移动，最终在工件上沉积成膜。静电喷涂能大幅度提高涂料利用率和生产效率，减少涂料分散及溶剂污染，并能对形状复杂的工件进行良好喷涂。但是它要利用高压静电，喷涂时必须采取可靠的安全措施。

（6）电泳涂装　电泳涂装是为了适应水性涂料的机械化、自动化涂装要求而发展起来的新型涂装技术。电泳涂装过程同时包含着电泳、电解、电沉积和电渗析四个物理化学现象。①电泳，在直流电场的作用下，分散介质中的带电粒子向与它所带电荷相反的电极作定向移动。其中，不带电的颜填料粒子吸附在带电荷的树脂粒子上随着作定向移动。②电解，当电流通过电泳漆时，水发生电解，阴、阳极上分别放出氢气和氧气，该现象会导致电耗增加，漆膜质量下降，应尽量避免。③电沉积，电荷粒子到达相反电极后，放电析出，形成不溶于水的漆膜。电沉积是电泳涂装过程中的主要反应，电沉积首先发生在电力线密度高的部位，一旦发生电沉积，工件就具有一定程度的绝缘性，电沉积逐渐向电力线密度低的部位移动，直到工件得到完全均匀的涂层。④电渗析，它是电泳的逆过程，是指在电场的作用下，刚刚电沉积在工件表面的漆膜中所含的水分从漆膜中渗析出来，进入漆液中。电渗析的作用是将沉积下来的漆膜进行脱水。电渗析越好，得到的漆膜越致密。

7.2　涂料配方的设计原理

7.2.1　涂料的成膜机理

涂料的成膜过程就是将涂覆到被涂物表面的涂料由液态（或粉末状）转化成无定形固态薄膜的过程。这一过程也称作涂料的固化或干燥。涂料的干燥速度和程度由涂料本身结构、成膜条件（温度、湿度、涂膜厚度等）和被涂物的材质特性所决定。

7.2.1.1　成膜机理

涂料成膜是一个复杂的物理化学过程，根据成膜机理不同，可将涂料分为溶剂挥发型、乳液凝聚型、氧化聚合型、缩合反应型等。

（1）溶剂挥发型　溶剂挥发型涂料的成膜特点是成膜过程中不发生显著的化学反应，溶剂挥发后残留涂料组分形成涂膜。这类涂料都可自干，且表干极快，其干燥速度取决于溶剂挥发速度，多采用自然干燥法。溶剂挥发过程包括下述三个阶段。

第一阶段是在涂料涂覆之后，随着大量自由溶剂的挥发，表面层聚合物体系黏度及玻璃化温度 T_g 增加，自由体积减小。当挥发使涂料表面溶剂浓度与其蒸气压之间的平衡被破坏时，溶剂挥发向下层扩散，直至自由溶剂挥发完全。溶剂的挥发速率必须控制在一定范围内，挥发过快会引起体系黏度增加过快，易造成针孔、橘皮等弊病；挥发过慢，涂膜易流挂，干燥时间太长。

第二阶段是湿膜层内部的溶剂通过表干的聚合物层扩散至表面进一步挥发。此阶段里溶剂必须克服凝胶层的阻力，溶剂蒸气压显著下降。

第三阶段是与成膜物质连接得最牢固的残余溶剂的挥发。

（2）乳胶凝聚型　乳胶是聚合物粒子在水中的分散体系，它的干燥就是这些聚合物粒子凝聚的过程。随着分散介质（主要是水和共溶剂）的挥发，使得聚合物粒子相互靠近、接触、挤压变形而凝集，最后由粒子状态变成分子状态凝聚而形成连续的涂膜。乳胶成膜的过程比较复杂，目前的看法也不尽相同，其中比较有代表性的为凝聚理论、毛细管理论和相互扩散理论。其中毛细管理论认为，乳胶涂覆以后，乳胶粒子仍可以布朗运动形式自由运动，当水分蒸发时，它们的运动逐渐受到限制，最终相互靠近成紧密堆积。乳胶粒子表面存在双电层，使这些粒子不能直接接触，它们之间要形成曲率半径很小的空隙，相当于众多的"毛细管"，毛细管中充满水，产生毛细管力，从而对乳胶粒子产生压力。水分进一步挥发，表面压力随之不断增加，最终导致克服双电层阻力，使乳胶内的聚合物直接接触。聚合物间的接触又形成了聚合物-水的界面，界面张力引起新的压力，此种压力大小也和曲率半径有关。毛细管压力加上聚合物与水的界面张力互相补充，其综合结果使聚合物粒子变形并导致膜的形成。压力的大小和粒子大小相关，粒子越小，压力越大。

上述讨论只说明了促使乳胶成膜的力的来源，乳胶粒子在此种力的作用下是否能成膜还决定于乳胶粒子本身的性质。如果乳胶粒子是刚性的，具有很高的玻璃化温度，即使再大的压力，它们也不会变形，更不能互相融合。粒子间的融合需要聚合物分子的相互扩散，这便要求乳胶粒子的玻璃化温度较低，使其有较大的自由体积供分子运动。扩散融合作用又称自黏合作用，通过这种作用最终可使粒子融合成均匀的薄膜，并将不相容的乳化剂排除出表面。因此，一方面，乳胶是否成膜取决于由表面（或界面）张力引起的压力，而这种力是和粒子大小相关的；另一方面，又要求粒子本身有较大的自由体积，如果成膜时的温度为 T，乳胶粒子的玻璃化温度为 T_g，两者的差值（$T-T_g$）必须足够大，否则不能成膜。为使其成膜，必须加热至某一温度，此温度称最低成膜温度；也可以在乳胶中加增塑剂，使乳胶的 T_g 降低，这样可将"最低成膜温度"降至室温。在涂料中往往是加一些可挥发的增塑剂（溶剂）来降低最低成膜温度，此种可挥发的增塑剂又称助成膜剂，它们在乳胶成膜后可挥发掉，使薄膜恢复到较高的 T_g。

（3）氧化聚合型　氧化聚合型涂料主要指油脂或油基改性涂料，它们是通过与空气中的氧发生氧化交联反应，生成网状大分子结构而成膜。氧化交联速度与树脂分子中 C＝C 双键的数目、C＝C 共轭双键和非共轭双键体系数目以及 C＝C 双键取代基的几何构型有关。加入催干剂可以加快交联速度，常用的催干剂为可溶的 Mn、Pb、Co、Fe、Ca、Zn 等的辛酸盐、环烷酸盐、亚油酸盐等。

由于金属的协同效应，实际应用中常选用两种以上的金属化合物作催干剂。例如，需要表面快干，可以使用较多的金属钴盐作催化剂，但由于膜的不均匀干燥，表面快干可能导致膜起皱，可以加入锌盐抑制钴盐的活性，或加入 Zr、Ca、Bi、Pb、Ce 等金属盐促进涂膜的内部干燥；如果催干剂金属被颜料吸附或不溶于涂料体系都会失去催干功效，可以加入螯合剂与催干剂一起使用。

（4）缩合反应型　由大分子量的具有线型分子链结构的树脂通过缩合反应形成交联网状而固化成膜，这就是缩合反应型成膜过程。属于这一类型的有酚醛树脂涂料、氨基醇酸树脂涂料、脲醛树脂涂料等。

7.2.1.2　涂膜干燥方法

依据不同的成膜机理，各种涂膜需要不同的干燥条件和工艺。涂膜的干燥方法可分为自然干燥、加热干燥、照射干燥和气相干燥等几类。

（1）自然干燥　自然干燥是指将涂膜放置在大气中常温下干燥固化，习惯上又称自干或气干。自然干燥仅适合于挥发型、乳液凝聚型、氧化聚合型及某些外加固化剂的聚合型涂料。影响自然干燥涂膜质量的因素有温度、湿度、气候（晴、阴、雨、雾、雪等）、风速、空气清洁度、光照度。一般来说，温度高，湿度小、风速大、光照强的情况下自由干燥快且安全；反之则干燥慢，固化不好，甚至影响涂膜质量。

自然干燥施工简单，不需要能源和特殊固化设备，特别适用于一些不宜或不能进行烘烤的被涂物涂装，如建筑物、工程维修、塑料、纸张、皮革等。

（2）加热干燥　加热干燥可分为烘烤干燥和强制干燥。烘烤干燥是指对烘烤型涂料的加热干燥，即对不加热就不能干燥的涂料进行加热干燥。对能自然干燥的涂料进行加热以促进干燥，缩短干燥时间，则称作强制干燥。

① 按烘烤温度，加热干燥可分为低温、中温、高温 3 类。

a. 低温　$T_g \leqslant 100℃$，适用于强制性干燥，即本来可以自然干燥，但为缩短干燥时间而烘烤的涂料。如硝基漆、某些醇酸树脂涂料等。

b. 中温　$T_g = 100 \sim 150℃$，如氨基醇酸树脂涂料、热固性丙烯酸树脂涂料、环氧酯树脂涂料等。

c. 高温　$T_g \geqslant 150℃$，如电泳涂料、粉末涂料、某些有机硅树脂涂料等。

② 按加热方式，又分为对流加热、辐射加热、感应加热 3 种。

加热干燥最主要的工艺参数就是烘干温度和烘干时间，这些在涂料的产品说明书上必须注明，除此之外，下列工艺要点也是加热干燥时必须注意的。

a. 除粉末涂料和电泳涂料外，一般溶剂型涂料的湿膜在烘烤前必须有一段常温放置时间，使涂膜充分流平和让溶剂挥发，否则可能产生"针孔"、"橘皮"、"起泡"等弊病。

b. 某些涂料（如油基改性醇酸树脂、丙烯酸树脂等），不宜直接加热到规定温度进行烘烤，从常温到规定温度应有一个梯度，使涂膜温度较为缓慢地上升，否则可能出现"起泡"、"起皱"等弊病。

c. 应保证烘干炉内温度均匀一致，防止出现涂膜局部过烘、局部未干透的情况。

d. 烘干过程中挥发的溶剂和分解的小分子物必须尽快排出炉外。

e. 晾干房和烘干炉内空气必须是经过过滤净化处理的。

f. 规定温度是指被烘涂膜或底材被烘干所需的炉内平均温度。

③ 照射固化　照射固化又分为紫外线固化和电子束固化两种，电子束固化因装置价格高、要求严格、照射盲点大、弯面固化效果不好等缺点而未得到广泛应用，与紫外线固化相比，它的优点在于能量高，可用于不透明涂膜的固化。

紫外线固化用的光波是 $300 \sim 450nm$ 之间的近紫外线，含有光敏引发剂的涂膜受照射后产生自由基，由自由基引发不饱和单体或树脂发生聚合反应，实现涂膜交联固化。这个过程很短，一般在几分钟内就能完成。它普遍应用于涂装质量要求高，又不便烘烤的被涂物，如某些木材、纸张、通信光纤等，它适用于光固化专用涂料，但不能使不透明的漆膜固化。

干燥时间与涂料膜厚、紫外线强度、照射距离有关。光强越强，照射距离越近，膜厚越薄，干燥时间越短；反之，干燥时间就长。工业上所用紫外光源一般有高压水银灯、弧光灯、氙光灯、荧光灯等，其中高压水银灯应用最为普遍。

近年来，为扩大照射固化的应用范围，减少污染，又开发了 γ 射线固化、高频振荡固化等，其原理与紫外线固化基本一致，只是激活引发剂的方式不同。

④ 气相固化　所谓气相固化就是指两种以上具有相互反应性能的预聚物，在气化了的催化剂气氛中进行反应，使涂膜固化。现阶段实用化的气相固化体系只有在饱和叔胺气氛中使异氰酸酯与含双酚酸的树脂反应，该类涂料属于自由基聚合交联类型。基料与固化剂混合后调到施工黏度的涂料，可采用常规方法进行涂装，涂装后放置一段时间使涂料流平，随后使被涂物进入胺和空气的混合气流中，胺浓度在 $(1000 \sim 1500) \times 10^{-6}$ 之间，保持 $2 \sim 3min$ 就基本固化，然后在一般空气流中放置几分钟即可完全固化。

7.2.2 成膜物质与基材的黏附性

7.2.2.1 涂料用树脂（成膜物质）的要求

（1）聚合物分子结构和性能符合涂膜的技术要求（防锈、耐水、耐候、耐化学腐蚀等性质）。

（2）分子量要适中。一般来说漆用树脂分子量愈高，涂膜的物理力学性能愈好，但树脂的溶解性、混溶性和润湿性也随之降低。故要求分子量适中。

（3）溶解性要好，能与其他树脂互溶，以便涂布和与其他物料配合使用，提高涂膜性能。

（4）成膜性良好，能赋予涂膜良好的防护性和装饰性。涂膜具有适当的交联度。

（5）稳定性要好，树脂在贮存和使用中，至少保持半年不坏。

（6）对颜料的湿润性好，便于颜料的分散。

树脂的"性能"取决于它的"组成"和"结构"。在设计树脂时必须从"组成→结构→性能"相互关系入手进行设计。

7.2.2.2 涂料中常用的基料

（1）醇酸树脂　醇酸树脂是 Kienle 于 1927 年提出的，由多元醇和多元酸（或酐）进行酯化反应而制得，包括植物油或脂肪酸。醇酸树脂涂料价格低，成膜性好，涂膜缺陷少。但其涂膜的室外耐久性较差。

根据植物油中含脂肪酸的不饱和程度的不同，一般将植物油分成干性油（碘值大于 $140gI_2/100g$）、半干性油（碘值为 $125\sim140gI_2/100g$）和不干性油（碘值小于 $125gI_2/100g$）。植物油（或脂肪酸）的不饱和程度越高，干性越好，但树脂的颜色也越深。使用具有特定结构的合成脂肪酸部分替代植物油可以获得某些特殊性能的醇酸树脂，从而改进漆膜性能。一些油脂的理化常数见表 7-1。

饱和聚酯树脂可看做无油醇酸树脂，它是由多元酸、多元醇缩聚而成的线型树脂。用于涂料的饱和聚酯树脂是一类含羟基较多的反应性树脂，它能与很多树脂并用。广泛用于氨基、环氧、聚氨酯等中高档涂料中，可提高烘干漆的保光、保色性和耐候性，用于植物油的短油醇酸树脂，也用于低污染的高固体分或粉末涂料中。这种羟基化饱和聚酯树脂用于聚氨酯树脂涂料中，即聚酯聚氨酯涂料，可以自干，综合性能优良，也可和环氧树脂合用。

不饱和聚酯也属醇酸树脂类。它是全部或部分采用不饱和二元酸作原料与多元醇缩聚制备；树脂中含有双键，通过自由基引发聚合交联成膜。溶剂型、无溶剂型的醇酸树脂均可在常温下固化。

表 7-1　一些油脂的理化常数

品种	密度(25℃)/(g/cm³)	皂化值/(mgKOH/g)	酸值/(mgKOH/g)	碘值/(gI₂/100g)	干率	保色性	保光性
荏油	0.924～0.928	189～197	≤5	193～208			
精炼亚麻油	0.924	188～196	2～6	170～190			
沙丁鱼油	0.921～0.929	186～193	0.5～8	170～190			
鲱油	0.923～0.929	189～195	0.5～8	170～180			
桐油	0.935～0.938	191～194	0.28～3.92	153～166			
奥气油	0.962～0.976	186～193	4.1	140～155			
红花油	0.924	188～194	0.2～0.5	142～150			
豆油	0.916～0.922	189～195	0.5～1.6	120～141			
脱水蓖麻油	0.931	190	4	136			

（2）环氧树脂　环氧树脂通常是环氧氯丙烷和二酚基丙烷（双酚A）的缩聚物，缩聚反应常在氢氧化钠存在下进行。环氧树脂未固化前是线型高分子，属热塑性树脂。结构式中的 n 表示聚合度，n 值越大时，分子量越大，羟基也越多。环氧树脂的性能取决于环氧氯丙烷和二酚基丙烷两组分的比例和反应条件。

由双酚A的化学结构变化可以获得一些特殊性能的环氧树脂（如用四溴化双酚A即可获得阻燃型环氧树脂）。利用树脂中的羟基和环氧基与其他树脂反应进行改性，可以得到各种不同性能的改性环氧树脂。此外，还有含脂环、杂环、有机硅、有机磷等其他元素改性的环氧树脂等。线型聚合物在非极性溶剂中溶解性低，但可溶于酮类等高极性溶剂。环氧树脂含有缩水甘油醚或环氧乙烷端基，这些环氧基可被酸、碱固化剂等开环使树脂交联，从而由线型热塑性材料转化为三维结构的热固性树脂。环氧树脂的主要特性有：优异的黏结力、耐化学药品、防腐蚀和耐水，涂膜附着力优良，热稳定性和电绝缘性较好。其缺点是耐候性差、易粉化、涂膜丰满度不好，不适于作户外或高装饰性涂料。环氧树脂中具有羟基，如处理不当，涂膜耐水性差。

环氧树脂还可与其他树脂如酚醛树脂、氨基树脂并用形成热固性的环氧涂料系统。环氧酚醛树脂和环氧氨基树脂系统都需要高温烘烤才能交联成膜，烘烤温度通常在 $180\sim200℃$。在环氧氨基树脂中加入少量酸性催化剂，可使固化温度降低到 $150℃$。这两种热固性环氧树脂系统的烘干膜都具有优良的耐化学药品性和耐热性，其耐酸碱、耐溶剂和耐腐蚀性是环氧树脂漆中最好的。在环氧涂料中加入沥青能进一步提高它的耐水性和防腐蚀性。环氧沥青涂料主要作船舶和海上设施防锈之用。

（3）酚醛树脂　酚醛树脂是甲醛（或多聚甲醛）与 $2\sim3$ 官能度的苯酚及其衍生物聚合而成的。它是最早（1909年）工业化的塑料之一。当酚与醛的配比中酚过量并用酸催化时得到的是热塑性线型树脂，而采取醛过量碱催化时得到的是热固性交联型树脂。

线型和醇溶型在油类中溶解性很差，柔韧性、附着性不太好，除了在耐化学腐蚀或胶泥方面外很少应用于其他目的。酚醛树脂赋予涂料以硬度、光泽、快干、耐水、耐酸碱及电绝缘等性能。用于涂料约占其总产量的三分之一，而酚醛类涂料则占总涂料量的五分之一。

酚醛树脂用于涂料时，除了烷基（或苯基）取代酚制造的"纯"酚醛树脂外，更多的是用松香或桐油改性的树脂、醇醚化树脂；还有与其他树脂的复用改性，如与醇酸树脂并用以增加醇酸树脂的耐潮性和耐碱性，与聚乙烯醇缩醛并用以增加硬度和耐磨性，用作高强度漆包线漆，与聚酰胺并用以改善光泽和耐磨性，用于涂饰印刷品和纸制品，丁醇醚化酚醛树脂与环氧酯并用可制成耐酸碱、耐农药且附着力好的防化学腐蚀涂料。

（4）氨基树脂　胺类或酰胺类化合物与醛发生缩合反应生成氨基树脂。氨基树脂中最主要的品种是脲（甲）醛树脂和三聚氰胺甲醛树脂，它们在涂料的通用溶剂中都不溶解，当用丁醇对氨基树脂改性，形成丁醇醚化氨基树脂后则能溶解。在氨基树脂中加入少量强酸或将氨基树脂在 $100\sim150℃$ 进行烘烤，能形成干固的涂膜。但这种涂膜往往很脆，因此氨基树脂通常要用醇酸树脂来对其进行增塑。氨基树脂在涂料中都是作为一种交联用树脂与其他树脂并用，如与醇酸树脂、聚酯树脂、环氧树脂、丙烯酸树脂并用，制成溶剂型和水溶性涂料。

（5）聚氨酯　聚氨酯是异氰酸酯和羟基化合物反应而形成的聚合物。它是一类在分子结构中含有氨基甲酸酯C—N—C—O—链节的高分子化合物。若二异氰酸酯与脂肪族二元醇或 N-羟基聚醚、聚酯等反应则形成线型聚合物，与多元醇（包括某些植物油、聚酯和聚醚）反应则形成交联聚合物。涂料工业感兴趣的聚氨酯树脂是由二异氰酸酯（其典型代表为甲苯二异氰酸酯、二苯基甲烷二异氰酸酯和六亚甲基二异氰酸酯）衍生而得的聚合物。

以聚氨酯为主要成膜物质的涂料，其涂层中含有大量的氨基甲酸酯基团，可能还含有酯键、醚键、不饱和油脂双键、缩二脲键和脲基甲酸酯键等一种或多种基团，在许多方面具有优异性能。物理力学性能好，包括涂膜坚硬、柔韧、光亮、丰满、耐磨、附着力强；优异的耐腐蚀性能表现在涂膜耐油、耐酸、耐化学药品和工业废气；良好的电气性能，可用作漆包线漆和其他电绝缘漆；可室温固化或加热固化，使用方便，节省能源；聚氨酯能与多种树脂共混，可在很广的范围内调整配方，配制成多品种、多性能的涂料产品。聚氨酯涂料的优异性能符合发展涂料工业的"三前提"（资源、能源、无污染）及"四 E 原则"，因此近十多年里引起人们越来越多的关注。表 7-2 列示了一些聚氨酯树脂体系的性能。

表 7-2　一些聚氨酯树脂体系的性能

性　能	氨酯油	潮气固化	封闭型	双　组　分	
				芳香异氰酸酯	脂肪异氰酸酯
物理性能	很韧	很韧、耐磨	韧、耐磨	韧、硬、橡胶性	韧、橡胶性
耐水性	尚可	好	好	好	好
耐酸性	差	尚可	尚可	尚可	尚可
耐碱性	差	好	好	好	好
耐盐性	尚可	好	好	尚可	尚可
耐溶剂性					
芳香烃	尚可	好	好	好	好
脂肪烃	尚可	好	好	好	好
含氧溶剂	差	尚可	尚可	尚可	尚可
耐温性/℃	好,120	好,120	好,120	好,120	好,120
耐候性	好,变黄	好,变黄	好,变黄	变黄,粉化	保色保光性好
耐久性	好	好	好	好	好
最好特性	户外,木器漆	耐磨,冲击	耐磨,冲击	耐磨,冲击	耐候保色保光
最差特性	耐化学性	取决于固化温度	加热固化	双组分	双组分
再涂性	尚可	难	难	难	难
主要应用	木器清漆	耐磨,地板漆	面漆	耐磨、高冲击	户外涂料

(6) 有机硅树脂　有机硅聚合物主要有三种类型：硅橡胶、硅树脂和硅油。其中在涂料工业中最重要的是硅树脂。硅树脂是由甲基氯硅烷和苯基氯硅烷经水解、缩聚等步骤而制得，通常是线型和体型聚合物的混合物。其中所含甲基和苯基的比例对涂膜的性能有很大的影响：甲基含量高的硅树脂涂膜硬度高，憎水性好，但与颜料和其他树脂的混溶性差；苯基含量高的硅树脂涂膜热稳定性好，坚韧性好，与颜料和其他树脂的混溶性好，但耐溶剂性较差。

纯有机硅树脂只能烘烤成膜，涂膜具有耐热、耐水和耐候等优良性能，但需高温烘干，对底层附着力较差。常与醇酸树脂、聚氨酯等并用或共聚来改性。与其他树脂物理混拼时，有机硅树脂用量一般为 30% 左右，根据改进性能要求，选择不同的拼混树脂，如丙烯酸、醇酸、乙丁纤维素、环氧、松香酸酯胶、乙基纤维素、三聚氰胺甲醛树脂、硝基纤维素、酚醛、聚苯乙烯、聚乙烯醇丁醛、聚苯乙烯-丁二烯、乙烯基共聚物等。

(7) 油脂和油基树脂　油脂主要是指植物油。植物油根据它们在常温下与空气反应干燥成膜的能力可分为干性油、半干性油和不干性油三种。桐油、亚麻仁油和梓油是三种典型的干性油，它们的干燥性能较好。豆油、葵花油和棉籽油是半干性油，也能干燥，但速度较慢。蓖麻油、椰子油和橄榄油是不干性油，它们在空气中不能自行干燥。某些不干性油经过化学处理后也可以变成干性油，如蓖麻油在酸性催化剂存在下加热到 270℃ 左右能使它的分子内脱去一分子水而变成脱水蓖麻油，脱水蓖麻油是一种干燥性能较好的干性油。

油脂的干燥过程是一个复杂的氧化反应过程，它的机理主要是干性油中脂肪酸链上的双键受空气中氧的作用，发生自由基聚合作用。由于反应中有氧的参与，所以常称为氧化聚合反应或自动氧化反应。虽然干性油的氧化成膜能自动进行，但反应速度比较慢，通常加入催干剂（如环烷酸钴或环烷酸铅）使干燥速度加快。

油基树脂漆中也加催干剂，它们的干燥速度往往比清油快得多，其硬度、光泽和流平性也很好。油基树脂漆的性能不仅决定于组分中油类和树脂的品种，而且决定于油类和树脂的重量比。油基树脂更多地用来制作清漆，其硬度、光泽和流平性都很好。

（8）纤维素衍生物　纤维素是一种天然高分子化合物。硝酸纤维素和乙酸丁酸纤维素是两种能用作涂料基料的纤维素衍生物。

硝酸纤维素用硝酸和硫酸与纤维素反应，在高温高压下水解而成。加压下，用乙醇将反应物脱水生成含氮 11%～12%、含水 5% 和乙醇 30% 的产物。它能溶于酯类、醚类、酮类和醇类而成为涂料成膜物质，涂装后借助其中的溶剂和稀释剂挥发而成膜，通常要加入增塑剂以改进膜的柔软性和附着力。硝酸纤维素涂料（俗称蜡克）具有干燥迅速、施工简便的特点，涂膜耐水和耐稀酸，但遇碱和浓酸分解。涂膜光泽好，坚硬耐磨，曾作为金属、木材、皮革、织物等物件涂装涂料使用，现广泛用于汽车面漆的修补。

乙酸丁酸纤维素的溶解性和成膜机理与硝酸纤维素相同，但在抗水性、耐候性、柔韧性和溶解性上比硝酸纤维素要好。与热塑性丙烯酸树脂并用的涂料具有优良的耐候性，很适宜作汽车漆。

（9）氯化橡胶　氯化橡胶是将天然生橡胶精炼后溶于氯仿或四氯化碳中，在 80～100℃ 下通入氯气进行氯化得到的，含氯量通常控制在 60%～65%。将氯化橡胶溶于芳烃溶剂中即可用作涂料基料，溶剂挥发后干固成膜。

氯化橡胶涂料中通常需加入一定量的增塑剂以获得柔韧的涂膜，为了改善涂膜的柔韧性，常与其他树脂如醇酸树脂拼配以提高涂膜的抗水性和耐化学药品性。氯化橡胶基料主要用于制备要求高度耐化学药品或耐腐蚀的涂料。

（10）乙烯类树脂　乙烯类树脂是乙烯类单体聚合物的通称。乙烯类单体是指乙烯分子中一个氢原子被其他原子或基团如羟基、氯等取代的不饱和化合物。在涂料中最常用的乙烯类树脂包括聚氯乙烯、聚醋酸乙烯酯、聚乙烯醇缩醛、过氯乙烯、偏氯乙烯及其共聚物。

聚氯乙烯树脂是一种具有耐水、耐酸碱、耐氧化剂及其他化学品的热塑性聚合物。因其分子结构规整，容易结晶，溶解性差，仅能溶于某些氯代烃和酮类等极性溶剂。聚氯乙烯基涂料不是通过化学反应或者溶剂的挥发而成膜的，而是通过分散体系中的连续相（增塑剂）在烘烤下渗入逐渐熔化的聚氯乙烯树脂，使后者聚结在一起而实现的。

过氯乙烯是聚氯乙烯进一步氯化的产物，具有优良的耐化学腐蚀性和耐候性，过氯乙烯涂料也是一种挥发性热塑性涂料，常用于化工防腐和车辆用漆。偏氯乙烯/氯乙烯共聚树脂可溶于芳烃溶剂，性能与过氯乙烯树脂相似。偏氯乙烯和氯乙烯的乳液聚合物可用于建筑涂料。

聚乙烯醇本身不能用作漆基。它和丁醛、硫酸等一起悬浮于乙醇中，加热几小时即得聚乙烯醇缩丁醛共聚物。用这种树脂制备的磷化底漆，可沉积成坚韧的柔性涂膜，耐脂肪烃溶剂和耐油性能良好，对金属有很好的附着力，但经受不住酸和强碱的作用，在水中变软。聚乙烯醇缩甲醛乳胶是作为最普通的墙体涂料的漆基。

（11）丙烯酸酯类树脂　以丙烯酸树脂为基料的涂料因其色浅，耐候、耐光、耐热、耐腐蚀性好，保色保光性强，漆膜丰满等特点而得到重视，它已在航空航天、家用电器、仪器设备、道路桥梁、交通工具、纺织和食品器皿等方面得到广泛应用。

涂料中所用的丙烯酸酯类树脂通常是由多种单体经自由基共聚而得。常用的单体有甲基丙烯酸甲酯、甲基丙烯酸丁酯、丙烯酸丁酯等，有时还加入少量的甲基丙烯酸或丙烯酸共聚以提高对底材的附着力和对颜料的润湿性。也可以配加苯乙烯、丙烯腈等以降低成本。

热塑性丙烯酸酯基料具有优良的光学性能（涂膜颜色浅、光泽高、保光保色性好）和耐候性。如果在共聚物中含有活性基团能与其他树脂发生交联，可转化为热固性系统，完善涂膜性能。

热固性丙烯酸涂料施工和溶剂挥发后，树脂中官能团之间能相互反应或加热固化成膜。这类树脂合成时通常要引入具有反应性的基团，如羧基、羟基、酸酐、环氧化物、胺、异氰酸酯和丙烯酰胺等丙烯酸的衍生物。热固性丙烯酸树脂的主要优点是固化前树脂的分子量低，易溶解，与其他树脂的混溶性好，可制成不同类型（高固体分、烘烤型、双组分自干型等）的丙烯酸树脂涂料，达到扩大使用范围的目的。这类树脂漆膜的分子结构是以C—C链为主，具有良好的耐化学性、户外耐久性、漆膜色浅丰满、保光保色性好以及过度烘烤不变色等优点。

（12）沥青类　沥青涂膜具有耐水、耐酸碱和高电气绝缘性，在其涂料中加入酚醛、环氧、聚氨酯等树脂改性后能大大提高涂膜的各种性能。环氧沥青涂料还是一种耐海水性能极好的重防腐涂料。

（13）无机硅酸盐　无机硅酸盐是由二氧化硅和碳酸钠或碳酸钾共熔后而成的。将锌粉、氧化锌或氧化钙加入无机硅酸盐的水溶液中就组成无机硅酸盐富锌涂料。向其中加入磷酸钾或硅酸锂之类的化合物能加快固化速度。无机硅酸盐富锌涂料具有优良的耐久性、耐温性和耐腐蚀性，但不耐酸和强碱，通常用作海上设施、船舶的防锈底漆。

7.2.2.3　常用基料的相对密度

在设计涂料配方时，为了计算涂料配方中的重要参数——颜料体积浓度，必须知道基料树脂的相对密度，表7-3中列出了常用树脂的相对密度。

表7-3　常用涂料基料的相对密度

基料聚合物	相对密度	基料聚合物	相对密度
油脂	0.95	改性醇酸树脂	1.0
沥青	1.0	有机硅树脂	1.1
环氧树脂	1.2	乙烯树脂	1.2
丙烯酸树脂	1.2	酚醛树脂	1.2
氨基树脂	1.25	硝基纤维素	1.7
氯化橡胶	1.7	无机硅酸盐	2.7

7.2.3　涂料的流变性能

流变学是研究流体流动和形变的科学。涂料的制备与流变学关系很大，涂料的流变性对涂料的贮存稳定性、施工性能和成膜性能有很大影响。对于许多简单流体，流变性质的研究就是黏度的测量，这些流体的黏度主要取决于温度和流体静压力。但是，涂料的流变性质要复杂得多，因为涂料中的高分子树脂的流变性质表现出非理想的行为，它除了具有复杂的切变黏度行为外，还表现出有弹性、法向应力和显著的拉伸黏度。而且，所有这些流变性质又都依赖于切变速率、分子量、聚合物的结构、各种添加剂的浓度以及温度。

7.2.3.1 流体黏度与流体类型

黏度是流体抗拒流动的一种量度。使流体流动的力有剪切力和拉伸力。流体的黏度 η 定义为剪切应力 τ 与剪切速率 r 之比。

$$\eta = \frac{\tau}{r}$$

黏度的单位为 Pa·s。20℃时水的黏度为 0.001Pa·s，亚麻油的黏度为 0.05Pa·s，蓖麻油的黏度为 1Pa·s。黏度为 0.05～0.5Pa·s 的流体能根据经验用肉眼判断，当流体黏度低于 0.01Pa·s 或高于 2Pa·s 时，由于流动速度太快或太慢，凭肉眼就很难判断了。

改变温度、剪切力、剪切速率甚至改变时间都有可能改变流体的黏度值。只有所谓牛顿型液体能够在一定温度下保持一定的黏度，这是一种理想的液体，剪切速率变化时，它的黏度能够保持恒定。涂料的很多原材料如水、溶剂、矿物油和某些树脂（低分子量）的溶液都是牛顿型液体，然而，混合后配制出的涂料产品很少是牛顿型液体，因此，涂料黏度明显受到温度、溶剂黏度、聚合物分子量及浓度的影响。

当液体的黏度随剪切力或者剪切速率变化而变化，即黏度不再是一个常数时，该液体称为非牛顿型液体。其中，黏度随剪切速率增大而变小的流体称为假塑性流体，而黏度随剪切速率增大而变大的流体则称为胀塑性流体（这种流体极少），大多数涂料为假塑性流体。另外，当流体与其剪切历史（如是否搅拌过）有关时，视其黏度减小或是增大，分别称为流体的触变性和抗流变性。

7.2.3.2 非牛顿型液体与触变性

塑性流体（又称为宾汉流体，Eugene Cook Bingham，1878.12.7—1948.11.6，美国化学家，是最早研究塑性流动的流变学家）必须在一定的剪切力作用下才能发生流动，这个最小的剪切力叫做屈服值，在此值以下这类流体好像是弹性固体。非牛顿型流体的黏度不是一个定值，因此将在某一剪切条件下测得的黏度称为表现黏度。流体的几种流动曲线见图7-1。

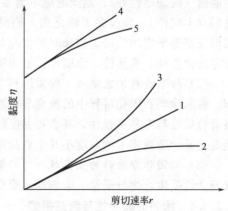

图 7-1　流体的几种流动曲线
1—牛顿流体；2—假塑性流体；3—胀塑性流体；
4—宾汉流体；5—非线性宾汉流体

由图7-1中曲线2可知，流体在剪切力作用下黏度下降，静止后黏度逐渐恢复，这种剪切后变稀，静置后返稠的现象称为触变性。触变性可使涂层性能得到改善，对涂料的涂装有很好的作用。如，在刷涂（高剪切速率）时黏度低，方便涂刷并使涂料有很好的流动性；在低剪切速率时（静置或刷涂后）具有较高的黏度，可防止流挂和颜料的沉降。因此人们经常有目的地在涂料中添加一些助剂使涂料具有触变性。

触变性流体大都含有形状不规则的颗粒或长链聚合物等，在静止时其中颗粒的取向不一，因此流动阻力或黏度较大；当剪切速率增大时，颗粒的长轴和长链聚合物链就顺着流动方向取向，溶胀的胶粒也沿流动方向变扁，因而这些质点容易相互滑移，流动阻力（或黏度）下降，剪切速率越大，黏度越低；在剪切力移去后，聚合物取向又随即自由分布，可溶胀的胶粒亦恢复原状。此外，颗粒与聚合物之间、聚合物与聚合物之间、各组分之间的相互作用在剪切停止后又逐渐恢复，因而黏度也随之由高到低，再由低变高。

7.2.3.3 涂料的流变性

涂料在制造和涂装的各阶段所受的剪切速度是不同的，如表7-4所示。涂料的黏度依涂装方法的不同表现出较大的变化幅度，大概的范围是，刷涂时为0.06～0.3Pa·s，喷涂时为0.04～0.15Pa·s，高黏度、大口径喷涂时可达0.4～0.5Pa·s。

表7-4　涂料流动的剪切速度

阶　段	流　动　方　式	剪切速度/s^{-1}
制造	分散	100～4000
	混合	20～100
	泵输送	10～200
涂装	刷涂	5000～20000
	喷涂	1000～40000
	辊涂	3000～40000
	淋涂	10～100
	抹涂	10～100
干燥	垂流	0.01～0.1
	平坦化	0.01～0.1

（1）溶剂型涂料的流变性　这类涂料通常是稠度较低的涂料，可以刷涂、辊涂和喷涂施工。刷涂要求涂料能很好地吸入漆刷中（称之为含漆性）；在漆刷移向涂装表面过程中不发生滴落（防滴落性好）；刷涂时应不需要太大的力量（涂刷性），且能以最少的涂刷次数遮住底层（丰满性）。涂膜在干燥之前，刷痕应完全消失（流平性），而且不流挂（防流挂性），以保证获得平滑的涂层。辊涂时的情况与刷涂时相似。但喷涂的情况就有所不同，喷涂时不必考虑含漆性、滴落性、涂刷性以及丰满性，应主要考虑喷涂时的雾化性。

（2）粉末涂料的流变性　粉末涂料在涂装固化过程中的流变行为对涂层性能有很大的影响。粉末涂料在固化过程中的流变学模型是含有刚性填料的树脂熔融体。树脂熔融体的一个显著特征是具有非牛顿性，其表观黏度随剪切速率的增加而减少，高剪切速率下的黏度η可能要比低切变速率下的黏度小几个数量级。

（3）高固体分涂料的流变性　与一般溶剂型涂料相比，高固体分涂料由于溶剂含量低，其流变性受聚合物分子量、柔韧性、聚合物与溶剂分子间相互作用等的影响更为明显。

7.2.3.4 涂料的流平性与流变指数

涂料在涂刷时是否残留刷痕，喷涂时是否产生橘皮表面，高速辊涂时是否出现辊痕以及涂膜是否光滑都与涂料的流平性有关。而流平性与涂料的表面张力有直接关系，表面张力是使液态涂层发生流平的动力。要使一种涂料具有很好的流平性，就要着力于调节涂料的表面张力或者减小流变指数。

所谓流变指数是用旋转黏度计在低和高剪切速率作用下分别测定涂料的黏度，其低剪切速率时的黏度与高剪切速率时的黏度之比即为流变指数。通常情况下，流变指数小或接近于1时的涂料，其流平性都较优良。

具有流变性的涂料在静置时具有凝胶体结构，选用不同的流变剂能获得不同的凝胶体强度。简单地讲，涂料的流变性可以认为是与时间有关的黏度特性。在涂料中最简单的流变形式是牛顿流动。牛顿型流体的黏度与它在进行黏度测量时受到搅动或在施工时所受的剪切速率及剪切时间无关，虽然它的黏度和其他流动类型流体的黏度一样，是与温度有关的。属于牛顿型流体的是一些结构较简单的液体系统，如水、溶剂、矿物油和少量低相对分子质量的树脂溶液。大多数涂料的流变性是属于非牛顿型的。在非牛顿型的流动中，有膨胀型、塑性型和假塑性型几种。触变型的流动认为是与塑性和假塑性型有关的一种流动。

膨胀型流体的表观黏度随剪切速率的增加而增加，这种流变性质是涂料所不希望的。固体含量很高的涂料体系如腻子通常是膨胀型的。色漆经较长时间的贮存后会发生颜料沉淀，这些颜料沉淀层在流变性上也是属于膨胀型的。显然，流变性对涂料是有不少好处的。首先，它可以完全防止颜料的沉淀；其次，由于流变性涂料在低剪切速率下的流动性较小，因而它可施工成较厚的湿涂膜；此外，有流变性的涂料即使涂在垂直面上也不容易发生流挂和流淌现象。

基料、溶剂、颜料这三个涂料主要组分对高剪切速率范围内涂料的流动性质起决定作用，而少量的流变助剂、颜料的絮凝或基料的胶体性质则主导着低剪切速率下涂料的流动性质。在低剪切速率范围内，添少量流动助剂，颜料的絮凝或触变基料（触变醇酸树脂）分子的聚集等控制黏度上升；而基料、溶剂、颜料组成对低剪切速率下涂料的黏度的作用可忽略不计。添加有流动调节助剂的涂料呈现一定的屈服值，即在超低剪切速率范围内，其涂料黏度是无限大。流变助剂的用量和性质往往控制着黏度特性。

因此，很好地调节基料、溶剂和颜料三者的组成可得到适当的施工性能（高剪切速度范围），有机溶剂型涂料的合理目标一般为在 $10000s^{-1}$ 剪切速率下的黏度范围在 $1.0 \sim 3.0Pa \cdot s$，喷涂用乳胶漆在剪切速度 $150s^{-1}$ 时的黏度应为 $0.25 \sim 2.5Pa \cdot s$。总之，对厚涂层和良好流平的角度而言，较高的施工黏度是理想的，但过高的黏度可能会导致施工困难。

使溶剂型涂料具有流变性的主要方法是在配方中加入胺改性膨润土和氢化蓖麻油之类的触变剂，在醇酸树脂制造过程中加入适量特制的聚酰胺树脂，能得到流变性的胶冻状醇酸树脂。膨润土类型的触变剂一般加入量为 2%～3%，触变剂加入量的多少可调节涂料流变性的强弱。

增稠剂的加入常常会带来一定的流变性。某些涂料是不希望具有流变性的，例如高光泽的面漆需要有尽可能好的流平性，而具有流变性的涂料的流平性通常是不怎么好的，因此这类涂料基本上都不加触变剂或增稠剂。它们的黏度是通过选择基料和调整涂料配方中总的固体含量来控制的。

乳胶漆一般需要比普通溶剂型涂料高得多的黏度，其黏度通常在 $1.0 \sim 1.5Pa \cdot s$。虽然乳胶漆中最常用的纤维素醚类增稠剂不会使体系引入流变性，但它引起体系黏度的增加和假塑性流变特性也使乳胶漆呈现许多流变性系统所具有的优点。使用纤维素类增稠剂的乳胶漆的流平性不太好，但用离子型增稠剂如羟甲基纤维素钠时要比用非离子型纤维素增稠剂如羟乙基纤维素的流平情况好。

综上所述，制造涂料时，应该设计适合上述两种剪切速率区域的涂料配方。一区域与另一区域倾向于完全独立，每一区域由涂料组分配合所决定，这便是设计涂料体系的逻辑方法。测定涂料黏度时必须测定低及高剪切速率两种情况下的黏度，仅依靠在中等剪切速率下测定的单一黏度值是不充分的。

应该指出：溶剂的蒸发速度、多孔原料（填料）的毛细作用对流平性都会有很大影响，因此在配方和施工时都要注意。

7.2.4 颜基比与颜料体积浓度

7.2.4.1 颜基比

涂料行业过去普遍用颜基比，即颜料（包括填料，本节内均同）重量与树脂（油脂）重量之比的概念来表述涂料的大致组成。面漆的颜基比在（2.0～4.0）：1.0，用于建筑的乳胶漆，室外通常选用（2.4～4.0）：1.0之间，而内墙漆则在（4.0～7.0）：1.0的范围以内。高颜基比表明基料树脂用量少，在颜料粒子周围形成的漆膜连续性较差，雨水容易渗透到内部，对建筑物难以起到保护作用，同时室外耐气候要求高，因此，高颜基比配方的涂料一般不用于室外。一些特种用途的涂料也不宜用颜基比来简单划分。各类涂料的颜基比见表7-5。

表7-5 各类涂料的颜基比

涂 料 类 型	颜基比	涂 料 类 型	颜基比
面漆	（0.25～0.9）：1.0	外用乳胶漆	（2.0～4.0）：1.0
底漆	（2.0～4.0）：1.0	内用乳胶漆	（4.0～7.0）：1.0

7.2.4.2 颜料体积浓度

颜基比以重量表示，它的应用有局限性。因为树脂、颜料、填料和其他固体添加剂的密度差异很大，它们的体积占整个涂膜中的体积分数就显著不同。在色漆配方组成中，最重要的因素之一是选择漆基与颜料之间的比例关系，而这种关系中主要是漆基与颜料两者体积的比例关系。一般称为"颜料体积浓度"（pigment volume concentration，PVC），用PVC来表示，在研究不同配方的涂料对性能影响时，以体积分数作为配方标准更具科学性。

$$PVC = \frac{颜料和填料的体积}{颜料和填料的体积 + 固体基料的体积} \times 100\%$$

色漆配方的PVC值由低变高时，其涂膜性能在起泡性、光泽、渗透性及生锈性等方面的变化趋势为：涂膜起泡性降低，光泽由高光泽向半光及无光变化，透气性与透水性由低到高，底层生锈性逐渐严重。常用颜料适宜的PVC范围见表7-6。

颜料和填料的体积根据配方中加入的重量除以它的密度可方便求得。

表7-6 常用颜料适宜的PVC范围

类 型	颜料名称	PVC/%	类 型	颜料名称	PVC/%
白色颜料	二氧化钛	15～20	金属粉颜料	不锈钢粉	5～15
	氧化锌	15～20		铝粉	5～15
	氧化锑	15～20		锌粉	60～70
	铅白	15～20		铅粉	40～50
红色颜料	氧化铁红	10～15	黑色颜料	氧化铁黑	10～15
	甲苯胺红	10～15		炭黑	1～5
绿色颜料	氧化铬绿	10～15	蓝色颜料	铁蓝	5～10
	铅铬绿	10～15		群青	10～15
	颜料绿B	5～10		酞菁蓝	5～10
黄色颜料	铬黄	10～15	防锈颜料	碱式硅铬酸铅	25～35
	锌铬黄	10～15		碱式硫酸铅	15～20
	镉黄	5～10		铅酸钙	30～40
	耐晒黄	5～10		磷酸锌	25～30
	联苯胺黄	5～10		四盐基锌黄	20～25
	氧化铁黄	10～15		铬酸锌	30～40

7.2.4.3 临界颜料体积浓度

任何一种涂料的涂膜中颜料体积浓度增加到一定值时，许多涂膜性能尤其是与孔隙率有关的性能（如渗透性、抗起泡性、防腐蚀性、抗张强度和耐磨等机械特性）会发生显著变化（见图 7-2），涂膜的光学性质、导电性、介电常数等其他性质也有变化。

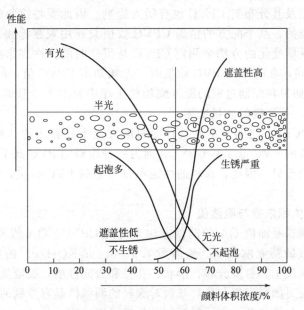

图 7-2 涂膜性能与颜料体积浓度的关系

我们定义涂膜性能发生显著变化时，涂料的颜料体积浓度为其临界颜料体积浓度（critical pigment volume concentration，CPVC）。它与所有色漆的特性紧密相关：处于 CPVC 时的任何一种涂料，其粘接剂（主要成膜物）恰好能润湿所有颜料粒子；当配方 PVC 低于 CPVC 时，成膜物过量，颜料粒子空隙可以被成膜物填满，颜料粒子被牢固嵌入基料膜中；当配方中的 PVC 高于 CPVC 时，则没有过多的成膜物润湿所有颜料，其颜料只能松散地固定在基料膜中。所以高性能或户外涂料配方的 PVC 一般不应超过 CPVC，否则该涂膜的物理力学性能将不会得到保障。对于一些无关紧要的场合（如内墙涂料、底漆等），由于填料价格低廉，我们就可采用 PVC 大于 CPVC 的配方，以期在经济上获得更好的利益。

临界颜料体积浓度的大小随涂料配方的不同而变化，因为它既决定基料对颜料的润湿能力，又与颜料被润湿的难易程度有关。因此，配方的 CPVC 的确切数值只能通过经验性的试验和监测其性能变化而测定。对于一些 PVC 相对较低的涂料，配方的 CPVC 并不十分重要，但在高 PVC 范围拟定配方时，知道该体系距离临界点有多远却是重要的。在涂料制造过程中，某些相对较小的组成变化，可能会使其 PVC 发生较大变化。

（1）CPVC 的计算

$$CPVC = \frac{1}{1+\text{吸油量}} \times 100\%$$

此式中的吸油量是每毫升颜填料耗用的亚麻仁油的体积（mL）。如果配方中使用了多种颜填料，该吸油量则取它们各自吸油量的加权和。

如图 7-2 所示，涂膜的许多性能如抗张强度、耐磨性，特别是那些与涂膜的多孔性有关的性能如渗透性、抗起泡性和耐腐蚀性会随着涂料的 PVC 变化而逐渐变化，当 PVC 超过某一临界颜料体积浓度（CPVC）时，这些性能就会发生突变。因此 CPVC 是色漆配方中的一个重要参数。

（2）CPVC 的意义　一个涂料配方系统的 CPVC 数值是由所选取的颜料、填料和基料的性能决定的。影响 CPVC 的重要因素是基料润湿颜料（填料）的能力以及颜料（填料）被基料润湿的难易程度。一般说来，易于被基料润湿的颜料能降低配方的 CPVC，另外，颜料微粉的形状和粒径及其分布对 CPVC 也有很大影响。因此要将涂料的 CPVC 总结出一般性的规律是十分困难的，某个配方的精确 CPVC 数值只能用观察涂膜性能变化的经验方法来测定，显然，用性能变化的方法来测定 CPVC 是很费时的。许多涂料的实际 CPVC 值大致在 50%～60%之间，在配方的 PVC 较低时，无须知道 CPVC 值，但在配方的 PVC 较高时（接近 CPVC），如果在配制过程的配方或加料工序中发生了少量的物料偏差，就可能导致 PVC 超过 CPVC，使漆膜的质量变坏。

涂料的 PVC 与 CPVC 之间关系对设计涂料配方是十分有用的。如果两种涂料的 PVC 完全相同，一种涂料的 PVC 低于其 CPVC，而另一种涂料的 PVC 高于其 CPVC，这两种涂料的性能将有很大的差异。因此，涂料的性能不仅与它的 PVC 有关，而且与它的配方系统的 CPVC 有关。

7.2.4.4　临界颜料体积浓度与吸油值

人们常用测定颜料吸油值 OA 的简便方法来确定 CPVC。OA 值表示将 100g 颜料形成均匀颜料糊时所吸收的精亚麻仁油（酸值为 7.5～8.5mgKOH/g）的质量（g）。从理论上讲，颜料的吸油量取决于其粒度分布、形状、孔径和表面性质，吸液油量是颜料润湿特性的一种量度。亚麻仁油对颜料润湿与各种基料对颜料的润湿性是有差别的，不同操作人员测得的 OA 值也有区别，尽管如此，在涂料配制时仍然可以应用。

上述吸油值 OA 是以质量分数（g/100g）来表示的，涂料配制时，各组分用量常以体积来计算，因而需将其转化为体积分数，才能与该颜料在亚麻仁油中的临界颜料体积浓度相对应，其表达式为：

$$CPVC = \frac{100/\rho}{OA/0.935 + 100/\rho} = \frac{1}{1 + OA \times \rho/93.5}$$

式中，ρ 为颜料的密度；0.935 为亚麻仁油的密度；OA 是颜料的吸油值，g/100g。

当涂料的 PVC 超过其 CPVC 时，基料已不够润湿所有的颜料质点，涂膜的一些物理性能急剧变差。如果采用适当的方法，测试某种涂料配方系统在不同 PVC 时的某种涂膜性质，就可得到这种涂料的 CPVC 数值。

CPVC 的经验测定法很费时，一般可用颜料的吸油量来计算 CPVC。颜料的吸油量表示颜料的润湿特性，可以用亚麻仁油和调墨刀来测定，即将亚麻仁油逐滴加入到 100g 的颜料中，用调墨刀不断调和，使颜料由松散状态变成粘连均匀的糊状，此时所耗用的亚麻仁油的质量（g）就是颜料的吸油量。颜料的吸油量与颜料自身的可润湿性、孔隙率、比表面积（粒子大小和形状）有关。

用吸油量表征颜料的润湿特性也存在相当大的不精确性，一方面，亚麻仁油对颜料的润湿性并不等同于在涂料中使用的各种基料树脂对颜料的润湿性；另一方面，吸油量的测定重现性较差。但吸油量的测定快速简便，仍是一种实用的 CPVC 的估算方法。

表 7-7 中列出了一些常用颜料和填料的相对密度和吸油量。

7.2.4.5　对比颜料体积浓度（Λ）

由于涂料是一种多组分复配体系，颜料和基料来源不同，其结构和性能都存在差异，从而使 CPVC 值发生较大变化，有时不同的配漆条件及操作者也影响 CPVC 值。为了在色漆配方设计中更有规律地反映 PVC 值与干膜性质及性能之间的关联，Panter 引入了"对比颜

表 7-7 一些常用颜料和填料的相对密度和吸油量

类　型	颜料名称	相对密度	吸油量/(g/100g)	类　型	颜料名称	相对密度	吸油量/(g/100g)
白色颜料	二氧化钛	3.9~4.2	18~27	黑色颜料	氧化铁黑	4.7	20~28
	氧化锌	5.6~5.7	11~27		炭黑	1.7~2.2	100~200
	氧化锑	5.75	11~13	蓝色颜料	铁蓝	1.85~1.97	44~58
	铅白	6.6~6.8	8~15		群青	2.33	30~35
	锌钡白	4.2~4.3	12~18		酞菁蓝	1.5~1.64	35~45
红色颜料	氧化铁红	4.1~5.2	15~60	防锈颜料	碱式硅铬酸铅	4.1	13~15
	甲苯胺红	1.4	35~55		碱式硫酸铅	6.4	10~14
	芳酰胺红	1.4~1.7	40~60		铅酸钙	5.7	12~19
绿色颜料	氧化铬绿	4.8~5.2	10~18		磷酸锌	3.3	16~22
	铅铬绿	2.9~5.0	15~35		四盐基锌黄	4.0	45~50
	颜料绿 B	1.47	60~70		铬酸锌	3.4	24~27
	酞菁绿	1.7~2.1	33~41		红丹	3.9~9.0	5~12
黄色颜料	铬黄	5.8~6.4	12~25	体质颜料	重晶石粉	4.25~4.5	6~12
	锌铬黄	3.4~3.5	24~27		瓷土	2.6	30~40
	镉黄	4.2	25~35		云母粉	2.8~3.0	30~75
	耐晒黄	1.4~1.5	40~50		滑石粉	2.65~2.8	27~30
	联苯胺黄	1.1~1.2	40~50		碳酸钙	2.5~2.71	13~22
	氧化铁黄	4.1~5.2	15~60				

料体积浓度（Λ）"的概念。

$$\Lambda = \frac{PVC}{CPVC}$$

当 $\Lambda > 1$，即 PVC 高于 CPVC 时，涂膜内存在许多由颜料与空气构成的孔隙；而 $\Lambda < 1$，即 PVC 低于 CPVC 时，涂膜中的颜料可以被基料完全包覆，形成密实的由颜料与漆基构成的涂膜。

因此，用 Λ 值可将各类色漆的颜料含量归入一定的范围。图 7-3 为各类色漆的 Λ 值。

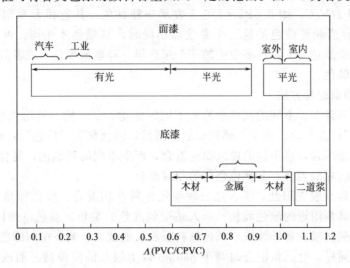

图 7-3 各类色漆的 Λ 值

307

根据图 7-3，我们在设计色漆中的颜料含量或改变现用配方的颜料品种时，只要测定一下 CPVC 值就可大致确定了。

从图 7-3 中可见到，有光泽色漆的 Λ 值较低，使之有足够的基料树脂覆盖在漆膜的表层，没有过量突出粒子，形成高度平滑的表面对光进行反射；用作建筑涂料的半光色漆，需要有良好的机械性质，同时有助于降低建筑面漆的光泽到可接受的水平，一般具有较高的 Λ 值；平光建筑漆的 Λ 值为 1.0 或接近 1.0 的水平，在此区域该漆表现出最佳的性能，制备平光漆有时不是采取增大 Λ 值的方法，而采用加入消光剂和高吸油量的填料来解决，这样可以发挥低 Λ 值时的涂膜性能，降低涂膜的渗透性；二道底浆必须易于打磨，且希望磨屑不易嵌堵砂纸，所以 Λ 值一般在 1.05~1.15；保养底漆的 Λ 值通常在 0.75~0.9 配制，可以得到最佳抗锈和抗起泡能力；木材底漆最好的 Λ 一般在 0.95~1.05 时，性能比较平衡，以保证最佳性能。

在计算 Λ 值时，PVC 值应为干漆膜中的颜料体积浓度，而通常所得 PVC 值是以未干漆（即湿漆膜）得到的，而漆膜干燥往往要发生收缩，粗略认为漆膜在干燥过程中，基料每收缩百分之一，PVC 要上升 0.0025。另外，如果制漆过程中研磨分散时间未达到规定要求而过早出磨，这时 Λ 值可能高于配方设计时的数值，颜料与漆基没有完全湿润分散为均匀的分散体，会导致涂膜的性能受损，尤其是抗腐蚀性能明显下降。

7.2.5 涂料的配色

7.2.5.1 Munsell 颜色系统

涂料的颜色很多，希望涂膜具有满意的稳定的特定颜色往往是用户所追求的。在进行颜料配色以前，首先应根据所用颜料的化学结构和性质方面的知识进行推断和试验。涂料配色是制备色漆的重要工序。过去，涂料工厂一直依靠操作人员的经验观察配色。现在已可以用仪器或计算机来进行配色。

早在 1905 年 Munsell 提出了一种表示色彩的方法，称为 Munsell 颜色系统，该套系统用色相、亮度、彩度三个参数来表示颜色的特性。色相表示颜色（如红、黄、蓝）在光谱的位置；亮度表示颜色的明暗（如浅蓝的亮度高，深蓝色的亮度低）；彩度表示颜色接近中灰色的程度（彩色高者鲜明，彩色低者阴灰色呆板）。颜色用色相（H）、亮度（V）和彩度（C）来表示，即 HV/C。如 8.5R5.67/8.2 表示一种红色，其色相为 8.5R，亮度为 5.67，彩度为 8.2。只有当两种颜色的这三个参数都相同时，其颜色才相同；否则就不相同。因此，可以通过改变颜色三个特性参数中的一个来获得一种新的颜色，或者调配出与一个已有颜色完全相同的颜色。

7.2.5.2 配色的原理与方法

颜色的种类非常多，不同的颜色会给人不同的感觉。红、橙、黄给人感到温暖和欢乐，因此称为"暖色"；蓝、绿、紫给人感到安静和清新，因此称为"冷色"。

颜色可以互相混合，将不同的原来颜色混合，产生不同的新颜色，混合方法分为以下两种：①颜色色光的相加混合；②颜色色料的相减混合。

颜色色料混合一般应用红、黄、蓝三种颜色色料互相混合。红色即是可让红色波长透过，吸收绿色及其余附近的颜色波长，令人感受到红色。黄色、蓝色也是同样道理。当黄、蓝混合时，黄色颜料吸收短的波段，蓝色颜料吸收长的波段，剩下中间绿色波段透过，令人们感受到绿色；同样，红、黄混合时剩下 560nm 以上较长的波段透过而成为橙色。红、蓝色混合在一起则成为紫色。

以红、黄、蓝为原色，两种原色相拼而成的颜色称为间色，分别有橙、绿、紫；由两种间色相拼而成的称为复色，分别有橄榄、蓝灰、棕色；此外，原色或间色亦可混入白色和黑色调出深浅不同的颜色。在原色或间色加入白色便可配出浅红、粉红、浅蓝、湖蓝等颜色；若加入不同分量的黑色，便可配出棕、深棕、黑绿等不同颜色。

配色就是在红、黄、蓝三种基本颜色基础上，配出令人喜爱、符合色卡色差要求、经济并在加工、使用中不变色的色彩。配色是细致的工作，首先应根据需要的颜色，利用标准色卡、色板或漆样，了解颜色的组成，然后配色。其配色方法如下。

(1) 颜色色相的调节　将红、黄、蓝三色按一定比例混合，便可获得不同的中间色。中间色与中间色混合；或中间色与红、黄、蓝中的一种颜色混合，又可得到复色。例如，铬黄加铁蓝得绿色；苯胺红加铬黄得橙红色；铁黄、铁蓝和铁红混合得茶青色等。

(2) 颜色彩度的调节　在调节色相的基础上加入白色，将原来的颜色冲淡，就可得到色彩不同的复色。例如，米黄乳黄→牙黄→珍珠白，就是在中铬黄的基础上按钛白粉的调入量由少到多而得到。

(3) 颜色亮度的调节　在复色的基础上加入不等量的黑色，就可以得到亮度不同的颜色。例如，铁红色加黑色得紫棕色；白色加黑色得灰色；黄色加黑色得墨绿色，用不同量的铬黄加铁红改变其色相，同时调入白色和黑色颜料，以改变其亮度和彩度，就能得到浅驼、中驼和深驼灰等各种颜色。

综合上述原则，同时改变某种颜色的色相、亮度和彩度，就能得到千差万别的颜色。

7.2.5.3　着色剂

着色剂主要分颜料和染料两种。颜料是不能溶于普通溶剂的着色剂，故要获得理想的着色性能，需要用机械方法将颜料均匀分散于溶剂中。按结构可分为有机颜料和无机颜料。无机颜料热稳定性、光稳定性优良，价格低，但着色力相对较差，相对密度大；有机颜料着色力高、色泽鲜艳、色谱齐全、相对密度小，缺点为耐热性、耐候性和遮盖力方面不如无机颜料。染料是可用于大多数溶剂和被染色的有机化合物，优点为密度小、着色力高、透明度好，但其一般分子结构小，着色后容易发生迁移。

白色颜料主要有钛白粉、氧化锌、锌钡白三种。钛白粉分金红石型和锐钛型两种结构，金红石型钛白粉折射率高、遮盖力高、稳定、耐候性好。

炭黑是常用的黑色颜料，价格便宜，另外还具有对紫外线保护（抗老化）作用和导电作用，不同生产工艺可以得到粒径范围极广的各种不同炭黑，性质差别也很大。炭黑按用途分有色素炭黑和橡胶补强用炭黑，色素炭黑按其着色能力又分为高色素炭黑、中色素炭黑和低色素炭黑。炭黑粒子易发生聚集，提高炭黑的着色力重要的是解决炭黑的分散性。

珠光颜料又叫云母钛珠光颜料，是一种二氧化钛涂覆的云母芯片。根据色相不同，可分为银白类珠光颜料、彩虹类珠光颜料、彩色类珠光颜料三类。

购买颜料，必须了解颜料的染料索引（CI），CI是由英国染色家协会和美国纺织化学家和染色家协会合编出版的国际性染料、颜料品种汇编，每一种颜料按应用和化学结构类别有两个编号，避免采购时因对相同分子结构、不同叫法的颜料发生误解，也有利于使用时管理和查找原因。

7.2.5.4　涂料的配色技术

按规定的色卡配制色漆是一项专门的技术。当用着色颜料进行配方时，应当考虑到颜料的着色力、主色、应用条件、色泽、耐晒牢度以及颜料与其他涂料组分之间发生化学作用的可能性等问题。

用色卡来进行涂料配色时，首先确定主要由哪几种颜料组成着色料。在配色时，通常先加着色力较小、用量较多的颜料浆，随后慢慢加入着色力高的颜料浆。由于涂料在干燥成膜前后的颜色有一定的差异，因此调配好后，应涂一块样板，待干燥后与标准色卡进行对照。有时，在某种光源（如日光）下，色漆与色卡的颜色完全一致，但在其他光源（如灯光）下，则颜色有明显的差异。这就是所谓"条件等色"现象。当色漆所用的颜料与色卡所用的颜料不是完全相同时，在不同光源下进行比色有助于选择正确的颜料。

选择配色漆的颜料，除颜料的色光外，还应注意到颜料的着色力、耐光度和稳定性等性能，因为颜料的性能会影响涂膜的性能。

(1) 主色和着色力的确定 主色和着色力是颜料的两个主要性能指标。主色是指颜料在自然光条件下所呈现的颜色。颜料的主色常采用将颜料与标准颜料进行对比的方法测定。测定时将待测颜料和标准颜料与相同的合适基料和相同的颜料基料比分别调配成色浆，再将它们涂在底材上直至将底材完全遮盖时进行对比。

着色力是一种颜料与另一种颜料混匀冲淡后，前者影响后者颜色的能力，或前者对后者进行着色的能力。与主色一样，着色力也是一个对比指标。测定颜料的着色力与确定色漆配方中着色颜料的用量有很大的关系。为配制到与色卡相符的色漆，颜料的着色力越强，它的用量就可越小。

(2) 耐光度 耐光度是颜料在日光照射下能保持其原来颜色的能力。颜料本身性质、基料的性质以及涂料中各种颜料之间的比例对颜料的耐光牢度有一定的影响。一般说来，当一种颜料被另一种颜料所冲淡时，随着它的含量的减少，它的耐光牢度也随之降低，尤其是在被白色颜料所冲淡时。

(3) 色漆色泽的稳定性 涂料在贮藏过程、施工阶段以及成膜后所遇到的各种因素都能影响涂料颜色的稳定性。这些因素应尽可能在色漆的配方阶段就加以考虑。

某些颜料有可能与涂料配方中的一些组分发生作用而使涂料在贮藏过程中发生变色。例如硫化物颜料会与涂料中的含汞或含铅化合物作用而使涂料发黑。另外，铁蓝颜料在含有不饱和酸的基料中使用时会发生褪色现象，但这种现象是暂时性的，一旦涂料与空气接触，颜色就会完全恢复。

7.3 涂料的配方结构与原料特性

7.3.1 涂料的组成

涂料组成一般包含成膜物质、溶剂、颜料与/或填料、助剂四个组分。

(1) 成膜物质 主要由树脂组成，有时还包括部分不挥发的活性稀释剂。它是使涂料牢固附着于被涂物表面、形成连续薄膜的主要物质，是构成涂料的基础，决定涂料的基本特征。

(2) 有机溶剂或水 分散介质。

(3) 颜料与/或填料 用于涂料着色和改善涂膜性能，增强涂膜的保护、装饰和防锈作用。

(4) 助剂 是涂料的辅助材料。如催干剂、增塑剂、固化剂、防老化剂、防霉剂、流平剂、防沉剂、防结皮剂等。

组成中没有颜料和填料的透明涂料称为清漆，加有颜料和体质颜料的不透明体称为色漆

（如磁漆、调和漆、底漆），加有大量体质颜料的稠厚浆状体称为腻子。

涂料的组成中没有挥发性稀释剂的则称为无溶剂漆，呈粉末状的则叫做粉末涂料。以一般有机溶剂作稀释剂的叫做溶剂型漆，以水作稀释剂的则称为水性漆。

涂料的组成可以用图7-4来表示。

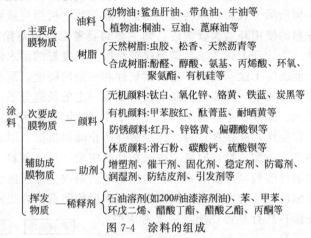

图 7-4　涂料的组成

7.3.2　涂料配方设计的原则和步骤

涂层的物理性质离不开树脂与颜料的配合，即涂料配方的设计。涂料配方是涂料研究的重要内容，也是涂料产品性能的体现，涂料的配方设计一般主要是根据涂料的使用要求、环境、施工考虑配方设计的内容，即考虑成膜物质、填料、溶剂、助剂的选取。例如耐高温环境使用的涂料，必须考虑涂层在高温环境下可承受的温度；而水下施工涂料就需要考虑可施工性和涂料的快速固化能力。

7.3.2.1　设计涂料配方时需要考虑的因素

在设计涂料配方过程中需要考虑的内容包括：覆盖的底材（塑料、金属、木材），使用环境（室内、室外、土壤、大气、海水、淡水、高温、低温），涂层的性能（耐磨、防腐、光泽、摩擦系数、隐身、导热、导电、发光、反射、标志、散热、降温、节能、防火、示温、珠光、荧光、蓄光、防污）等。对于功能涂料来说，树脂或成膜物质主要是起载体作用，而功能颜料（或填料）则提供或赋予涂层特别的物理性能。同时，由于使用环境对涂层的要求不同，涂料设计考虑的因素也不一样。例如，设计磁性涂料或IC卡涂层，其物理性能就是要求涂层具有磁性，显然，涂料设计就要围绕这一物理性能展开，包括选择树脂、磁性功能颜填料和溶解树脂的溶剂等。在涂料配方设计过程中需要考虑的因素可用表7-8列示如下。

表 7-8　涂料配方设计时要考虑的主要因素

项　目	主　要　因　素
涂料性能的要求	光泽、颜色、各种耐性、力学性能、户外/户内、使用环境、各种特殊功能等
颜填料	着色力、遮盖力、密度、表面极性、在树脂中的分散性、比表面积、细度、耐候性、耐光性、有害元素含量
溶剂	对树脂的溶解力、相对挥发速度、沸点、毒性、溶解度参数
助剂	与体系的相容性、相互间的配伍性、负面作用、毒性
涂覆底材的特性	钢铁、铜铝材、木材、混凝土、塑料、橡胶、底材表面张力、表面磷化、喷砂等处理
原材料的成本	用户对产品价格的要求
配方参数	各组分比例的确定、颜基比、PVC、固体分、黏度
施工方法	空气喷涂、辊涂、UV固化、高压无空气喷涂、刷涂、电泳、施工现场或涂装线的环境条件

涂料设计的核心就是考虑涂层的三个决定因素：环境、涂层性能、涂料施工。涂料配方设计的关键就是根据涂层性能和环境的要求合理地选择树脂、填料、颜料、溶剂、助剂。一般来说，树脂的主要作用是黏结底材和颜料，起到成膜的作用；填料主要是赋予涂层以物理性能；涂层的力学性能和热学性能主要由成膜树脂提供；而涂层的功能主要与功能填料和颜料有关。简单地说，树脂赋予成膜，颜料赋予功能，溶剂改善树脂可成膜性，助剂平衡和改善成膜的性能。如涂料的使用环境为管线内，则主要需要考虑环境对涂层两个方面的要求：即耐腐蚀性和耐磨性。为达到上述要求，需要保证涂层具有良好的耐水性、耐盐性、耐油性和柔韧性等。耐磨性能决定了涂层具有一定的柔韧性和一定的硬度，耐水性要求涂层具有一定的憎水性。为满足设计要求，需要使树脂成膜后带有一定的长链分子，既可以提高耐水性也可以满足韧性的要求。此外在涂层施工时，还要求涂层能够低温固化；一次成型的厚浆型涂膜，涂料最好具有触变性，在保存过程中能缓解并防止颜料沉淀。因此，成膜物质和颜料是配方设计的重要内容。在配方设计时要考虑选择什么树脂、什么颜料、颜料占树脂重量的多少，利用什么样的混合溶剂可以溶解树脂，利用哪些助剂改善涂层的流平性、流挂、抗氧化、开罐率，提高贮藏性能，防止沉底结块以及提高涂层的附着力，提高涂层的光泽或降低光泽等。显然，为使涂料具有某种性能，主要考虑的因素就是功能颜料、填料。

7.3.2.2 涂料配方设计的步骤

（1）了解所设计产品的用途、技术要求、涂装条件、被涂物性质、干燥方式、使用环境、价位等情况，初步确定漆基、颜基比范围（做摸底试验）。

（2）对漆基类型比较、选择。

（3）对颜、填料类型、比例进行比较、选择。

（4）对溶剂类型、比例进行比较、选择。

（5）对各种助剂类型、比例进行比较、选择。

（6）对所有原料相对比例进行选择、经过试验、涂膜检测、多次循环调整配方直至达到设计要求。

（7）制定标准生产配方（根据生产设备确定）。

7.3.2.3 涂料配方设计的基本程序

见图 7-5。

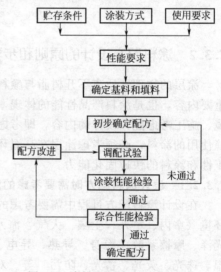

图 7-5 涂料配方设计的基本程序

7.3.3 涂料的组分选择与设计

配方设计就是决定涂料各组分在其配方中的绝对数量和相对比例，在配方设计时，首先应对涂料的各个组分以及各个组分所采用的原料的性质有充分的了解。

7.3.3.1 主要成膜物质的选择与设计

涂料配方中的主要成膜物质都是以天然树脂（如虫胶、松香、沥青等），合成树脂（酚醛、醇酸、氨基、聚丙烯酸酯、环氧、聚氨酯、有机硅树脂等）及其复合物或它们的化学结构改性物（如有机硅改性环氧树脂等）和油料（桐油、豆油、蓖麻油等）三类原料为基础。没有成膜物，涂料不可能形成连续的涂膜，也不可能粘接颜料并牢固地黏附在底材的表面。由于不同的树脂有不同的化学结构，其化学物理性质和力学性能各异，有的耐候性好，有的耐溶剂性好或力学性能好，因此其应用范围也不同。一般极性小、内聚力高的聚合物（如聚乙烯）黏结力很差，不适合作为涂料用树脂。高胶黏性的树脂，不具有硬度和张力强度、没有抵抗溶剂的能力、固化时收缩率大的树脂也不适合作为漆基。此外，漆基还要满足用户使用目的和环境要求。因此在成膜物质设计合成或选用时，应该在化学结构与性能方面予以全面考虑。

7.3.3.2 次要成膜物质的选择与设计

涂料的次要成膜物质有颜料（着色颜料、防锈颜料）和体质颜料（填料）两类，它们是无机或有机固体粉状粒子。配制涂料时，用机械办法将它们均匀分散在成膜物中。颜料的化学结构、晶型、密度、颗粒大小与分布以及酸、碱性、极性等对涂料的贮存稳定性、涂色现象、涂膜的光泽、着色力、保色性等都有影响。颜料应具有良好的遮盖力、着色力、分散度，色彩鲜明，对光、热稳定，它应能阻止紫外线的穿透、延缓漆膜老化等。它们主要包括白色颜料（钛白、锌钡白、氧化锌）、红色颜料（铁红、镉红、甲苯胺红、大红粉、醇溶大红）、黄色颜料（铬黄、铁黄、镉黄、锌黄、耐晒黄）、绿色颜料（铅铬绿、氧化铬绿、酞菁绿）、蓝色颜料（铁蓝、群青、酞菁绿）、紫色颜料（甲苯胺紫红、坚莲青莲紫）、黑色颜料（炭黑、铁黑、石墨、松墨、苯胺墨）、金属颜料（铝粉、铜粉）和防锈颜料（红丹、锌铬黄、铅酸钙、碳氮化铅、铬酸钾钡、铅粉、改性偏硼酸钡、锶钙黄、磷酸锌）、体质颜料（填料）通常是无着色力的白色或无色的固体粒子，如滑石粉、轻质碳酸钙、白炭黑（SiO_2）、硫酸钡、高岭土、云母等。填料的应用多半是为了提高漆膜体积浓度、增加漆膜厚度和强度、降低涂料的成本。

不同类型的涂料对颜料有不同要求：比如，水溶性漆以水作溶剂，且水溶性漆料多数为弱碱性溶液，水溶性漆使用的颜料应与溶剂型漆用的颜料不同，尤其是电沉积的色漆对颜料的要求更高。在制作涂料时，除考虑颜料品种对性能的影响外，还要考虑不同颜料比例和颜料用量，如粉末涂料，颜料加入量应控制在30%左右。

7.3.3.3 辅助成膜物质（涂料助剂、功能性添加剂）的选择与设计

涂料的辅助成膜物质可分为三类，第一类是为改善涂料性能的添加剂，它们有增稠剂、触变剂（防流挂剂）、防沉淀剂、防浮色发花剂、流平剂、黏性调节剂、浸润分散剂、消泡剂等；第二类是为提高漆膜性能的添加剂，它们有催干剂、交联剂、增滑和防擦伤剂、增光剂、增塑剂、稳定剂、紫外线吸收剂、防污剂、防霉防菌剂；第三类是为了赋予涂料特殊功能的添加剂，如抗静电剂、导电剂、阻燃剂、电泳改进剂、荧光剂等。辅助成膜物的选择依涂料类型、品种不同而异。

助剂在涂料配方中所占的份额较小，但却起着十分重要的作用。各种助剂在涂料的贮存、施工过程中以及对所形成漆膜的性能有着不可替代的作用，常见的助剂有以下8种。

（1）流平剂　流平剂的作用是改善涂层的平整性，包括防缩孔、防橘皮及防流挂等现象。不同类型的涂料以及同一类型的涂料因成膜物质不同，其流平机理不一样，使用的流平剂的结构也不一样。但其作用机制都是从以下3方面进行考虑和设计的：①降低涂料与底材之间的表面张力，使涂料对底材具有良好的润湿性；②调整溶剂挥发速度，降低黏度，改善涂料的流动性，延长流平时间；③在涂膜表面形成极薄的单分子层，以提供均匀的表面张力。

溶剂型涂料成膜机理是靠溶剂的挥发，因此常使用含高沸点的混合溶剂来调整在湿膜中的挥发速度，延长流平时间以控制涂膜的平整度和致密性。在此情况下，高沸点的溶剂就是流平剂。

水性涂料分为水溶型涂料和水分散涂料。水溶性涂料多以水/醇和乙二醇单丁醚的混合物为溶剂，它的成膜机理与溶剂型涂料一样，是靠水或水/醇的挥发成膜，因此溶剂的挥发速度可通过高沸点醇的使用或加水性增稠剂两种方法来控制。水分散涂料主要以乳胶涂料为主，因乳液成膜机制是乳胶粒子的堆积，因此涂膜的平整度取决于乳胶粒表面聚合物的 T_g

值，因此乳胶涂料均有一个施工时的最低成膜温度（minimum film temperature，简称 MFT），为提高漆膜的流平，常用有机溶剂（200#汽油、甲苯、丁醇）、水溶性醚酯、乙二醇单丁醚来增塑（溶解）乳胶粒子表面的聚合物，降低其 T_g 值。乳胶涂料最常用的流平剂是乙二醇单丁醚和3,3-二甲基-1,3-二羟基戊酯（texanol）。但应注意的是，在乳胶涂料中这些具有流平功能的助剂则称为成膜助剂，乳胶涂料的流平性不仅受聚合物的 T_g 值的影响，与溶剂型涂料一样，也受溶剂水的挥发速度、固体含量的影响，因此在乳胶涂料中，增稠剂也起到使漆膜流平的作用。

粉末涂料有聚酯型、丙烯酸酯型、环氧树脂型粉末涂料。因其成膜机制是在经静电喷涂后烘烤下成膜的，不涉及溶剂或水的挥发问题，其流平性主要决定于成膜物质对基材的润湿性，因此其流平剂的加入主要是提高成膜物质对基材的润湿性。粉末涂料常用的流平剂有两类：一类是高级丙烯酸酯与低级丙烯酸酯的共聚物或它们的嵌段共聚物；另一类是环氧化油和氢化松香醇。

（2）增稠剂　增稠剂实质上是能够提高涂料黏度、降低其流动性的物质。使用增稠剂的主要目的是减轻涂饰时的流淌现象。涂料加入增稠剂后，黏度增加，形成触变型流体或分散体，从而达到防止涂料在贮存过程中已分散颗粒（如颜料）的聚集、沉淀，防止涂装时流挂现象的发生。目前在溶剂型涂料中称为触变剂，在水性涂料中则称为增稠剂。尤其制备乳胶涂料时，增稠剂的加入可控制水的挥发速度，延长成膜时间，从而达到涂膜流平的功能。

涂料用的增稠剂主要有以下几类：①白炭黑；②膨润土和有机膨润土（用阳离子型有机物处理的膨润土）；③经表面处理的活性碳酸钙微粒；④加氢蓖麻油；⑤金属皂，如硬脂酸钙、硬脂酸铝、硬脂酸锌等；⑥聚合的植物油及脂肪酸二聚体与多元醇所成的酯。理想的乳胶漆增稠剂应满足以下要求：①用量少，增稠效果好；②不易受酸碱的侵袭及温度、pH 值的变化而使乳胶漆黏度下降，不会使颜料絮凝，贮存稳定性好；③保水性好，无明显的起泡现象；④对漆膜性能如耐水性、耐碱性、耐擦洗性、光泽度、遮盖力等无副作用。

涂料行业目前仍在使用的天然纤维素类增稠剂主要有羟乙基纤维素和羟丙基纤维素，更多的还是使用合成高分子增稠剂，这是因为合成高分子增稠剂和纤维素类增稠剂相比具有触变性小、用量少的特点，因此漆膜的流平性好而其他性能则不受影响。合成高分子增稠剂主要有水溶性的聚丙烯酸钠、聚甲基丙烯酸钠、聚醚和聚氨酯等，前两者由于本身黏度高、用量大而被淘汰，但其优点是不产生颜料的絮凝，后两者可通过控制水溶性直接制成水分散型的增稠剂，由于本身黏度低，使用方便。为了改进聚甲基丙烯酸钠的性能，目前国内已开发并生产出乳液型丙烯酸酯-（甲基）丙烯酸钠共聚物增稠剂，其本体黏度为 $(30\sim100)\times10^{-3}$ Pa·s，用量为 5kg/t 涂料，因用量小，对漆膜性能几乎无影响，由于是共聚物型，成膜后可直接作为成膜物质。

（3）表面活性剂　涂料行业使用的表面活性剂主要用于水性涂料的颜料润湿，它和颜料分散剂起协同作用，因此二者同时使用，其功能均是提高颜料的分散效果，有时表面活性剂还可增加不同组分的相溶性。在水性涂料中常用的表面活性剂主要为烷基酚聚氧乙烯醚，其中以 NP-40、OP-40 为佳。

（4）颜料分散剂　在涂料中使用颜料分散剂可增加涂膜的光泽，改善流平性，防止浮色、沉降，提高涂料的着色和遮盖力，提高生产效率和涂料的贮存稳定性。因此，分散剂是用来帮助固体成分在液体介质中稳定悬浮的表面活性物质，它吸附在颜料表面上，产生电荷斥力或空间位阻，降低颜料表面张力，防止颜料产生有害絮凝，提高所制得分散液体的稳定性。涂料中常用的颜料分散剂有合成高分子类、多价羧酸类、偶联剂类等。水性涂料通常可使用聚磷酸钠（焦磷酸钠、磷酸三钠、磷酸四钠、六偏磷酸钠等）、硅酸盐（偏硅酸钠、二

314

硅酸钠)、苯乙烯/三聚氰胺类或聚丙烯酸类分散剂,溶剂型或者无溶剂涂料通常使用天然高分子、合成高分子如聚羧酸盐、聚丙烯酸盐、聚甲基丙烯酸盐、顺丁烯二酸酐-异丁烯(苯乙烯)共聚物、聚乙烯吡咯烷酮、聚醚衍生物等,低分子量的改性醇酸树脂和聚酯树脂、聚氧化乙烯、低黏度甲基硅油、卵磷脂及其衍生物等,也可使用脂肪酸衍生物或者卵磷脂类产品。

(5) 增塑剂 涂料加入增塑剂与塑料增塑一样,是为了改善漆膜的柔韧性,降低成膜温度。如聚乙酸乙烯酯乳胶漆中就加入了增塑剂邻苯二甲酸二丁酯,有的成膜物质不能满足涂料的低温柔性,适当加入增塑剂就可以得到解决,但也存在漆膜中增塑剂的迁移问题。涂料工业常用的品种有邻苯二甲酸二乙酯、邻苯二甲酸二丁酯、邻苯二甲酸二辛酯、磷酸三丁酯、磷酸三苯酯、磷酸三甲苯酯和一些特殊品种。

(6) 催干剂 催干剂是能对漆膜中的干性油或树脂的双键氧化起催化作用,缩短漆膜的聚合交联、干燥、交联时间的有机酸皂类混合物。与固化剂不同,催干剂不参与成膜。催干剂主要用于油性漆,其中的干油或亚麻油分子结构中含有不饱和双键,遇空气中的氧开始氧化,双键打开形成自由基,然后与其他双键进行交联固化。干燥和固化是同时进行的,干燥是连续相挥发的过程,固化则是漆膜形成网络结构的过程。它可使油膜的干结时间由数日缩短到数小时,施工方便且可防止未干涂膜的沾污和损坏。许多金属的氧化物、盐类和皂类都有催干作用,但有实用价值的有机酸皂类是氧化铅(红丹、黄丹)、二氧化锰、醋酸铅、硝酸铅、硫酸锰、氯化锰、硼酸锰、醋酸锰、醋酸钴、氯化钴以及铅、钴、锰的环烷酸皂、亚麻油酸皂和松香酸皂。由于皂类催干剂油溶性好,故催干效力较高。催干剂的用量依干性油或半干性油的数量而定。以干性的亚麻油为例,铅催干剂的用量(以铅计)为油质量的0.4%～0.5%。钴和锰的催干能力强于铅,钴、锰、铅之比大约为8：1：40。两种或三种金属皂类并用有协同作用。在树脂涂料中,须增大催干剂用量。

(7) 固化剂 固化剂亦称交联剂,其作用是使线型树脂发生交联反应,从而提高漆膜的耐热性(耐回黏性)、耐水性、耐溶剂性、耐打磨性或耐擦痕性等。固化反应受固化温度影响很大,温度增高,反应速度加快,凝胶时间变短。通常固化剂的反应基团与成膜物质上反应基团的搭配决定了固化温度。固化温度过高,常使固化物性能下降,所以存在固化温度的上限;必须选择使固化速度和固化物性能折中的温度,作为合适的固化温度。按固化温度可把固化剂分为四类:低温固化剂固化温度在室温以下;室温固化剂固化温度为室温～50℃;中温固化剂为50～100℃;高温固化剂固化温度在100℃以上。属于低温固化型的固化剂品种很少,有聚硫醇型、多异氰酸酯型等;近年来国内研制投产的T-31改性胺、YH-82改性胺均可在0℃以下固化。属于室温固化型的种类很多:脂肪族多胺、脂环族多胺、低分子聚酰胺以及改性芳胺等。属于中温固化型的有一部分脂环族多胺、叔胺、咪唑类以及三氟化硼配合物等。属于高温型固化剂的有芳香族多胺、有机酸酐、甲阶酚醛树脂、氨基树脂、双氰胺以及酰肼等。

常温型和高温固化剂的区别在于常温固化剂适用于没有加热工序的应用领域,而高温固化剂又称之为封闭型固化剂,其在常温下可与水性树脂(水性聚氨酯、水性丙烯酸酯、氟乳液、有机硅乳液等)长期稳定共存,热处理时(95℃以上)该固化剂释放出的异氰酸酯(—NCO)基团与水性树脂分子链上羟基、羧基、氨基等基团反应形成交联结构,可显著改善水性树脂性能。封闭型固化剂改变了原有的固化剂需要双组分、用量不易控制、浪费等缺点,应用范围广泛。①作为单组分热固化型水性涂料的内交联剂,通过固化交联显著改善水性树脂漆膜的附着力、耐水、耐化学品、耐磨、力学机械等性能。②作为有机氟或有机硅乳液的架桥剂,将有机氟或有机硅固定到棉纤维或涤纶纤维表面,提高"三防"织物的耐水洗

315

次数。③作为纺织涂层、印花胶的内交联剂，提高附着力及耐水洗、耐磨等性能。④作为单组分金属、玻璃烤漆用内交联剂，可替代氨基树脂使用，无甲醛释放，具有优异的耐黄变性能。⑤作为涤纶或涤纶帘子布处理剂，改善涤纶与橡胶的粘接性能。⑥作为阴极电泳涂料（羟基丙烯酸树脂）固化剂，提高涂料附着力等综合性能。

（8）稳定剂　稳定剂一般是能吸收紫外线的化合物，改善漆膜的耐老化性能。

另外在涂料中必须加入的助剂还有防霉剂、防潮剂、防冻剂、消泡剂等。

7.3.3.4　挥发物质（溶剂和稀释剂）的选择与设计

挥发物质是用于溶解树脂和调节涂料黏度的挥发性液体。涂料用溶剂必须能溶解树脂，而且还要使涂料具有一定的黏度，黏度的大小应与涂料的贮存和施工方式相适应，因此，溶剂必须有适当的挥发度，它挥发之后能使涂料形成规定特性的涂膜。理想的溶剂应当是无毒、闪点较高、价廉、对环境不造成污染。稀释剂不是基料的真溶剂，但它有助于基料在溶剂中溶解，它应比真溶剂的价格更低，加入稀释剂能降低涂料配方的成本。选择溶剂和稀释剂时必须考虑的因素有以下几个。

（1）溶解能力　既可用溶剂和树脂的溶解度参数接近程度来判断溶剂对树脂的溶解能力，也可用实验方法来评价一种溶剂或混合溶剂对某种树脂的溶解能力。其方法是简单地观测溶剂和树脂混合物的混溶性及测定树脂溶液的黏度等。在测定黏度的方法中，对某一聚合物有最大溶解力的溶剂，就是在相同固体含量时能使溶液黏度最低的溶剂。

在许多涂料中，为了提高性能或降低成本，在配方中除了加入能溶解基料聚合物的溶剂之外，还要加入一些只能部分溶解或不能单独溶解基料聚合物的“溶剂”，称为“稀释剂”。稀释剂的加入可以防止沉淀分层等。将已知量基料溶解在一定量溶剂中后，逐渐滴加稀释剂就可测得该稀释剂与溶剂系统对基料的沉淀点。在配方设计时应避免使溶剂/稀释剂系统的组成比值在沉淀点的附近。

（2）挥发速度　挥发物质在施工后的湿涂膜中蒸发的速度是影响涂料的干燥、流平和成膜过程的一个重要因素。溶剂的挥发速度是选择溶剂的重要指标，溶剂的蒸发速度对非转化型（挥发型）涂料的成膜性能尤为重要。

各种溶剂的挥发速度常用与某种基准溶剂（如乙酸丁酯或乙醚）进行比较而得到的相对数值来表示。混合溶剂的挥发速度，由于形成共沸物等原因比它们各组分的挥发速度或快或慢。溶剂挥发速度太慢，干燥时间就会太长；而挥发速度太快，就会使涂膜的流平性变差。测定溶剂或混合溶剂挥发速度的简单方法是吸取少量体积的待试溶剂与等体积的基准溶剂同时并排滴在过滤纸上，记录每种溶剂完全挥发时间；另一方法是定时称量在表面皿上已知体积的溶剂重量；应注意的是实验和施工时空气流速、环境温度和湿度等外界因素的差异，它们对溶剂挥发速度有很大影响。

对喷涂施工的涂料来说，溶剂的蒸发速度选择不当将会引起“溶剂发白”等一些涂膜弊病。这是由于溶剂蒸发速度太快引起涂膜迅速冷却，邻近涂膜的空气中的水蒸气也迅速冷却，水滴就会冷凝在涂膜内无法逸出。水和涂膜的折射率是不相同的，这样，涂膜就会产生雾状的浑白色。另一种弊病是喷漆的“干喷”，如果涂料从喷枪中喷出以后，某种溶剂在到达工件前就已从雾化气流中蒸发掉，这样就不能在工件上使涂膜均匀和流平，得到的涂膜就会成粒状似地高低不平。

（3）闪点　可燃性液体的闪点是有火花存在时其蒸气能够着火的最低温度。闪点与液体的蒸气压或沸点有关，混合溶剂的闪点近似为组分中闪点最低的溶剂的闪点。但在涂料体系中，各种组分的存在对整个涂料的闪点高低有显著的影响。涂料的闪点是表示可燃性难易的指标。涂料的闪点必须符合有关指标规定。

（4）对涂料的黏度控制　涂料配方中各种组分的相互作用决定了涂料的黏度，其中溶剂组分的组成和含量以及增稠剂或流变剂的是否存在对涂料的黏度起主要作用。涂料的黏度大小与涂料的施工性能、涂膜的流平性及涂料的贮存稳定性都有很大的关系。因此涂料的黏度必须很好地控制。

常用涂料产品的黏度在 $0.4 \sim 0.6 Pa \cdot s$ 范围，此时涂料不必再用溶剂稀释就可直接进行刷涂、辊涂、无空气喷涂或热喷涂施工。乳胶漆的黏度在 $1.0 \sim 1.5 Pa \cdot s$。

7.3.4　常用的涂料原料特性

7.3.4.1　涂料中常用的颜料

颜料是不溶于涂料基料的微细粉末状的固体物质，将它们分散在涂料之后，会赋予或增进涂料的某些性能，包括色彩、遮盖力、耐久性、机械强度和对底材的防腐蚀性。它们本身不能单独成膜，主要用于着色和改善涂膜性能，增强涂膜的保护、装饰、防锈和特种功能作用，亦可降低涂料成本。

颜料品种很多，按它们的化学成分可分为有机颜料和无机颜料；按其来源可分为天然颜料和人造颜料；按其作用的不同可分为着色颜料、防锈颜料和体质颜料（填料）三大类，此外还有防污颜料、珠光颜料等特殊颜料。

（1）颜料的一般特性　大多数颜料是结晶体，晶体的形态对颜料的特性有较大的影响。颜料质点的大小和形状是颜料的两个重要性能指标，它们对基料对颜料的润湿作用以及涂膜的光泽都有直接的影响。颜料的粒径小、表面积大，可以吸附成膜聚合物而使颜料颗粒成为准交联点，使漆膜的力学性能提高。粒子大小直接影响颜料的遮盖力和着色力，粒子越小，分散度越大，反射光的面积越多，因而遮盖力越大。对大多数颜料而言，最有效的粒子尺寸为可见光波长的一半。着色力是某一颜料与另一颜料混合后形成颜色强弱的能力。粒子越小，着色力越大。

大多数无机颜料是由微晶为单元组成的结晶结构，X 射线衍射测出这些微晶尺寸一般为几十埃。颜料很少以单一微晶形式存在而是以初级粒子形式存在，初级粒子是靠微晶之间强相互作用力形成的。初级粒子又可通过局部相互作用如面或特殊点之间、角或边之间形成凝集体或附聚体。相比之下，这种局部相互作用力较弱，利用搅拌或振荡即可破坏这种作用力，但微晶之间的强作用力则需要很强的剪切力才能降低初级粒子大小。

颜料是一种固体粒子，无论经过怎样的制造过程，它都不可能是均一粒径组成的，而是存在着一定的分布范围。以粒子出现频率对粒径作图，则粒径分布呈非正态分布，是左偏斜状态分布。即小粒径颗粒出现概率多于大粒径颗粒出现的概率，并出现一个峰值，即某一粒径下粒子显现的概率最大，在峰值的两侧，曲线下降的速度越快越好，说明显现的概率集中，此时表现出的颜料颜色纯，颗粒均匀度好，颜料性能好。

颜料粒子的形状主要影响涂料的流动性、贮存性和耐久性。颜料主要以 3 种形状存在：①球状粒子，近似于球形，如钛白粉，立德粉等；②针状粒子，如某些锌白和滑石粉等，针状颜料具有增强作用，因而可以改善涂料的力学性能；③扁平状粒子，如金属颜料，同样对涂料具有增强作用，有些扁平状颜料具有强烈的取向作用，平行于涂膜表面，因而降低了气体和水的渗透性，具有好的防腐性和特殊外观性。

颜料粒子的比表面积定义为单位质量颜料的表面积。它与粒径成反比，当颜料粒子质量保持恒定时，球形粒子的密度为 ρ，粒径为 d，则很容易算出单位质量颜料的总表面积（S）为：

$$S = \frac{6}{d\rho}$$

颜料粒子比表面积通常是用渗透法（测定气体通过颜料粒子层的流量）或吸附法（测定气体或液体被颜料试样吸附的量）测得。

颜料粒子通过适当的处理，颜料粒子表面或被改性或完全被新的表面所取代。表面处理的目的有：①表面活性剂的存在以控制过饱和、增溶、成核、成长和相转化等，从而影响颜料的表面性能；②在无机颜料粒子上存在多聚磷酸盐、二氧化硅、铅或其氢氧化物可保持粒子形状，防止煅烧过程中出现多孔；③无机颜料粒子表面存在有机物涂层可以提高润湿效果，增加颜料的分散性和稳定性从而改善涂料的流变性；④通过表面处理还可以改善其耐光、耐候、耐酸碱和耐溶剂性等。

颜料的相对密度也是它的一个重要指标，因为从颜料相对密度的大小可以推断该颜料是否容易发生沉淀，而且颜料相对密度也是计算颜料在涂料中所占的体积分数的一个重要数据。颜料除了要有较好的上述各种物理性能之外，还应有较好的分散性能和机械强度。又由于颜料含量和颗粒形状的不同，造成对水、气透过漆膜的阻力也各自不同，利用这种特性可以调节漆膜的水、气渗透性，使一些功能颜料具有特殊的物理和化学特性，可用以抑制金属的腐蚀，如防蚀颜料；有些颜料可用以防止水域中污损物的附着，如防污颜料等。成膜聚合物在紫外线辐射下会引起降解，而大多颜料具有吸收紫外线的功能，所以为了提高漆膜的耐候性，正确地选用颜料以抵御紫外线也是十分重要的。如炭黑对紫外线的吸收力很高，所以同一成膜聚合物制成的涂料以黑色的耐候性最好。

其他还有色泽、着色力、颜色牢度和遮盖力等。

（2）涂料对颜料的要求　根据颜料在涂料中的作用，涂料对颜料的通常要求有：①颜色尽可能符合要求；②遮盖力、着色力高；③分散性好；④化学性质稳定（耐光、耐热、耐水、耐候性好）；⑤尽可能无毒、无害。

（3）体质颜料　体质颜料又称填料，是不溶于基料，加入到基料中不显颜色和不具备遮盖力的白色或无色粉末物质。它的主要作用是增加涂膜厚度，影响涂料的流动性和改善涂膜的力学性能（如耐磨性）、渗透性、光泽度和流平性，同时由于体质颜料一般价格较低，在涂料配方中使用体质颜料可降低涂料成本。常用的是金属盐类粉末，如硫酸钡、碳酸钙、硫酸钙、重晶石（天然硫酸钡）、石英粉、瓷土粉以及硅灰石粉、白云石粉、云母粉、硅藻土等天然产品。

① 重晶石粉 $BaSO_4$　硬度高，密度大，并有很好的耐酸碱性。重晶石粉在油和树脂基料中呈透明状态，因此它加在溶剂型基料中对涂料的颜色和遮盖力不会产生有害的影响，化学稳定性优良，它能增加涂膜的硬度、耐磨性等力学性能，使用量过多时会降低涂膜的耐久性。

② 瓷土（高岭土）$Al_2O_3 \cdot 2SiO_2 \cdot 2H_2O$　在溶剂型涂料中用作填料，用量一般较少。因为它的颗粒细，用量过多时对涂料的流动特性有不利的影响，但是它能阻止颜料在贮藏过程中发生沉淀现象。瓷土还有消光作用，可用于平光的底漆以及蛋壳光（半光）的面漆中。瓷土在乳胶漆中也广泛使用。

③ 云母粉　是一种片状的硅酸铝钾天然矿物。云母粉的片状结构使它与扁平型铝粉一样，能显著减弱水在涂膜中的穿透性。云母粉还能降低涂膜的开裂倾向，提高涂膜的耐候性。因此，云母粉在户外用漆中经常被使用。

④ 滑石粉　滑石粉也是一种天然矿石粉，它的主要成分是水合硅酸镁。在结构上它是片状和纤维状两种结构形态的混合物。纤维状的结构能对涂膜起到增强作用，增加涂膜的柔

韧性，而片状结构则和云母相似能减弱水对涂膜的穿透性。因此，滑石粉常在需要有较高的耐久性的防腐蚀涂料中使用，滑石粉和云母粉对提高底漆和面漆的防腐蚀性能都是有益的。

⑤ 碳酸钙　天然碳酸钙又称老粉、重质碳酸钙、石粉、大白粉等，合成碳酸钙的颗粒较细，吸油量较大。天然和合成的碳酸钙在各种底漆腻子和乳胶漆中使用较多，由于不耐酸，不宜在酸性环境中使用。

（4）着色颜料　着色颜料主要起显色作用，使涂料具有色彩和遮盖力，提高涂膜的耐久性、耐候性和耐紫外线性、硬度等物理力学性能，还有防腐蚀等其他作用。可分为白色、黄色、红色、蓝色、黑色五种基本色，通过基本色可调配出各种颜色。具体的着色颜料包括白色，如钛白粉（TiO_2）、锌白（ZnO）、锌钡白（$ZnS-BaSO_4$）等；黄色，如铬黄、铅铬黄、镉黄等；红色，如朱砂、银朱、铁红等；蓝色，如铁蓝、普鲁士蓝、孔雀蓝等；黑色，如炭黑、石墨、铁黑、苯胺黑等；金色，如金粉、铜粉等；银白色，如银粉、铅粉、铝粉等。

按它们的化学结构，颜料可以分成无机颜料和有机颜料两种。这两种颜料在特性和用途上都有很大的不同。它们在涂料中都使用得很普遍，有机颜料主要用在装饰性涂料配方中，而无机颜料则在保护性涂料中使用较多。

① 常用的无机颜料

a. 白色颜料　主要有二氧化钛、锌白、锌钡白等。

（a）二氧化钛　是最主要的白色颜料，不溶于水和弱酸，微溶于碱，耐热性好，化学性能稳定，无毒性，可用于保护性涂料，也可用于装饰性涂料。二氧化钛主要用来赋予涂膜对被涂基材表面的遮盖力，遮盖力的强弱受颜料和色漆基料两者折射率之差影响极大，当两者折射率相等或相近时，颜料就显得透明或遮盖作用低。当颜料的折射率大于基料的折射率时，颜料呈现出遮盖。两者之差愈大，颜料的遮盖力愈强。此外，颜料的粒子大小直接影响其光散射和光衍射等，因而也影响其遮盖力。当二氧化钛粒径为可见光波长的一半时，遮盖力最大。二氧化钛有锐钛型和金红石型 2 种晶型，它们同属四方晶型，但晶体结构的紧密程度不同，金红石型晶体结构堆积紧密，晶体间空隙小，相对密度较大，折射率高，稳定性和耐久性较好，是最稳定的结晶形态，其硬度、密度、折射率比锐钛型高，且耐候性和抗粉化方面也比锐钛型好，其遮盖力比锐钛型的高 30％。但锐钛型的白度比金红石型的好。锐钛型二氧化钛具有很高的光活性，因而作户外涂料容易导致涂膜的快速降解，所以锐钛型不适于户外涂料用，主要用于纸张涂料。

（b）锌白　密度为 $5.6g/cm^3$，吸油量为 $10\sim25g/100g$，平均粒径为 0.2mm，折射率小于二氧化钛，因此遮盖力小于二氧化钛，相当于金红石型二氧化钛的 12％左右。ZnO 具有良好的耐热、耐光及耐候性，不粉化，适用于外用漆。ZnO 带有碱性，可与树脂中的羧基反应生成锌皂，改善涂膜的柔韧性和硬度，且漆膜比二氧化钛为颜料的清洁。ZnO 的另一个主要作用是防霉。在涂料中加入大量氧化锌时，能抑制霉菌在涂膜中的生长。由于它带有碱性，在酸性较高的基料中使用时，能与基料反应而生成锌皂。锌皂的形成会增加涂膜的机械强度，但在户外暴晒时则易使涂膜发脆。

（c）锌钡白　又名立德粉。主要由 28％～30％的 ZnS 和 70％～72％的 $BaSO_4$ 组成。它的特点是白度较高，遮盖力较强，但耐候性、耐光性不太好，锌钡白的遮盖力仅为钛白粉的20％～25％，比锌白高。具有化学惰性和抗碱性，并赋予涂膜紧密性和耐磨性，主要用于碱性基材如石灰墙面和混凝土的乳胶漆，也可用于氯化橡胶和聚氨酯的耐碱性涂料。锌钡白不耐酸，遇酸分解产生硫化氢，在阳光下有变暗的现象，因此不适宜制造高质量的户外涂料，主要用于室内装饰涂料。

（d）硫化锌　折射率为 2.37，密度 $4.0g/cm^3$，吸油量 13g/100g。其遮盖力、耐酸性比二氧化钛差。但 ZnS 在波长 450～500nm（蓝色）段不吸收，因此不像二氧化钛显现黄色底色，因而非常适用于白度要求高的涂料。ZnS 的耐光性比二氧化钛的好，且前者的涂膜比后者的软，因而耐磨性好。此外，ZnS 对紫外线反射程度比二氧化钛高，在室温条件下抗黄性比二氧化钛优良得多（尤其是在丙烯酸树脂和硅树脂中），并且对太阳发射的红外线能提供稳定吸收，因而非常适用于飞机、宇宙飞船用面漆。

（e）铅白 $PbCO_3 \cdot Pb(OH)_2$　是一种碱性颜料，有毒，与酸价较高的基料一起使用会生成铅皂。铅皂的生成能增加涂膜的弹性，对木材等软的被涂物的底漆有利。目前其使用量正在逐渐减少。

（f）锑白 Sb_2O_3　锑白是一种惰性的无机合成颜料，主要用于防火涂料中，它与含氯树脂一起使用时，在遇到明火时能产生氯化锑蒸气覆盖火焰而阻止火焰蔓延，其遮盖力也较高。

b. 黑色颜料　主要是炭黑，其他的还有石墨、铁黑、苯胺黑。

（a）炭黑的主要成分是碳，为疏松、极细的黑色粉末。根据炭黑生产时的原料及生产方式的不同，又将炭黑分为炉黑、热裂黑、槽黑、灯黑和乙炔黑几种。碳含量越低，炭黑的品质越差。炭黑的耐光牢度高，耐酸，耐碱，耐溶剂，它们的遮盖力和着色力很高。其中槽黑多作为涂料的黑色颜料，炉黑产量最大，约占炭黑的 95%，多用于橡胶的补强和塑料的填充。

（b）氧化铁黑 Fe_3O_4　氧化铁黑的着色力较低，主要用于腻子（填孔剂）、底漆和二道底漆。氧化铁黑具有很好的抗化学腐蚀性，但在高温下易氧化成铁红而变为红色。

c. 彩色颜料　彩色颜料中的无机颜料具有较好的耐候性、耐光性、耐热性和着色性，是用量最大的彩色颜料，它的缺点是色谱不全，并且有些有毒性（如含铅颜料）。无机彩色颜料中用得最多的是氧化铁颜料，主要品种有铁黄 $FeO(OH)$ 和铁红 Fe_2O_3。铁黄在 150℃脱水转变成铁红。铁黑 Fe_3O_4 和铁红混合可得氧化铁棕。透明氧化铁是颜料的一个新品种，它除具有氧化铁颜料的优良化学稳定性外，还具有透明性，在涂膜中不会引起散射，从而使漆膜呈现透明状态，可用于金属闪光漆中。

（a）铬黄 $PbCrO_4$　其颜色可以在柠檬黄到深黄之间变化，铬黄具有较高的着色力、遮盖力和耐光牢度。但在含硫的污染环境中容易变色，如接触的是硫化氢，则会发暗，接触的是二氧化硫则漂白。

（b）锌铬黄 $ZnCrO_4$　铬酸锌有三种规格，第一种是着色型铬黄，它具有很好的耐光牢度和对碱及二氧化硫的颜色稳定性，但它的遮盖力较低，铬酸锌带碱性，用于酸性的基料中时，会引起基料在贮存期间黏度增大；第二种是防腐型锌铬黄，不含氯离子（氯离子是着色型锌铬黄中的杂质）；第三种是四盐基锌铬黄，主要用于磷化底漆中。

（c）氧化铁黄 $Fe_2O_3 \cdot H_2O$　氧化铁黄有天然和合成两种。天然的铁黄又称土黄，颜色从浅黄到暗黄棕色。合成的铁黄由于纯度较高，颜色比天然铁黄鲜艳，亮度较高。两者均耐碱和有机酸，但在高温下会变色。氧化铁黄会吸收紫外线，因而用在户外涂料中能起到保护作用。

（d）镉黄 CdS　镉黄是合成的无机颜料，颜色可从浅黄变化到橙黄，色彩较鲜艳。镉黄耐热、耐晒、耐碱，但不耐酸。主要用于耐碱和耐高温的涂料中。

（e）氧化铁红 Fe_2O_3　与氧化铁黄一样，氧化铁红也有天然和合成两种。天然铁红的遮盖力随氧化铁含量的增加而增加。合成铁红的纯度较高，质地较软，着色力较高。天然铁红和合成铁红都耐碱和有机酸，但不耐无机酸和高温。氧化铁红能吸收紫外线，能提高涂膜的耐候性。

(f) 群青 $3Na_2O \cdot 3Al_2O_3 \cdot 6SiO_2 \cdot 2Na_2S$ 群青是含有多硫化钠的复杂的硅酸铝颜料，它具有较好的耐光、耐热和耐碱性，但遇酸会分解，着色力也较差，易沉淀。少量地加入白漆中，使白漆带有蓝色光以增强洁白感。

(g) 铁蓝 $KFe[Fe(CN)_6]$ 也称普鲁士蓝、华蓝，具有较高的着色力、耐晒牢度和一定的抗酸性，但它的遮盖力低，遇碱在高温时分解为氧化铁。

(h) 氧化铬绿 Cr_2O_3 氧化铬绿的色泽不光亮，遮盖力和着色力也较低，但具有很好的耐光、耐热、耐酸和耐碱性，主要用在需要高度耐化学腐蚀和耐候的涂料中。

(i) 铅铬绿 $PbCrO_3 \cdot KFe[Fe(CN)_6]$ 是铅铬黄与铁蓝的混合物，根据两者比例的不同，颜色可以从草绿色变化到深绿色。铅铬绿的遮盖力很好，但不耐碱，易发暗，在某些涂料基料中还会发生浮色和发花现象。

其他的无机彩色颜料主要有铬绿、镉红等。

② 常用的有机颜料 有机颜料的品种比无机颜料多得多，它的突出特点是颜色鲜艳，色谱齐全。尽管有机颜料有对热、光不稳定，易渗色等缺点，但仍是无机颜料不能替代的品种，一些性能优良的颜料不断被应用。有机颜料按其结构分为偶氮颜料、酞菁颜料、喹吖啶酮颜料、还原颜料等。

a. 偶氮颜料 是有机颜料中用量最多的一类，色彩鲜亮，但耐久性差。

(a) 耐光黄（Ⅱ） 是一种偶氮颜料，特点是无毒性，鲜艳，耐光、耐晒性好。着色力高，耐热，抗酸碱性好，但遮盖力差、透明，有渗色问题。耐晒黄溶于酮、酯和芳香族溶剂，难溶于脂肪族烃，因此，常在脂肪烃溶剂的常温干燥型涂料和乳胶漆中代替铅铬黄使用。

(b) 联苯胺黄（Ⅰ） 不溶性的偶氮颜料，包括从黄至红的色相。它们的着色力高，颜色鲜艳，遮盖力比耐晒黄好，不溶于大多数涂料用溶剂，没有毒性，有很好的耐酸、耐碱性，耐热可达 140℃。但耐晒性、耐光性等稍差，不宜外用，多用于室内烘漆中代替铬黄颜料。

(c) 镍偶氮黄（Ⅲ） 是一种带绿光的黄色颜料，非常透明，具有非常好的耐久性，着色力中等，常用于闪光漆。

(d) 甲苯胺红 是一种无毒的偶氮颜料，颜色鲜红，具有很好的耐光性、耐酸耐碱性，遮盖力好，短期耐热达 180℃。但它们的耐光性随着白色颜料的加入而降低，用甲苯胺红制得的粉红色漆较易褪色。它易溶于芳香族溶剂，微溶于脂肪族和醇类溶剂，因此用在非转化型涂料和烘干型涂料中时容易渗色。

(e) 大红粉（Ⅴ） 大红粉是不溶性的偶氮颜料，颜色鲜艳，遮盖力较好，不溶于水，微溶于油，有一定的耐光、耐酸碱和耐热性，价格较低，是我国目前使用的主要红色颜料，但存在微弱的渗色问题。

b. 酞菁颜料 具有优良的耐酸、耐碱、耐候和耐光性。着色力极好，颜色鲜艳，遮盖力非常强，一般为 $5g/m^2$ 左右。主要颜料为铜酞菁蓝，有 α 型和 β 型两种不同晶型，α 型不稳定，带有红光，它在高温下可转变为 β 型，酞菁蓝是最好的蓝颜料，各种性能都较好，如色彩鲜艳、着色力高、耐光、耐热、化学惰性等。

(a) 酞菁蓝 酞菁蓝为深蓝色粉末，密度为 $1.53 \sim 1.75g/cm^3$，是所有蓝色颜料中（包括有机和无机颜料）最优良的蓝色颜料，但也存在不足之处，主要是其 α 型容易向 β 型发生转化，同时伴随着晶体尺寸的增大，可能产生严重的絮凝，导致色光的暗淡，着色力降低，涂料增稠，难以分散，流动性变差。这些可以通过对颜料进行表面处理或在苯环上引进少量氯取代基来克服晶体的增长和抗絮凝性。酞菁蓝颜料不仅色彩鲜艳，有很高的着色力、遮盖力、耐光牢度、耐高温（达 500℃）、耐溶剂和耐化学品性，且无毒，广泛用于各种涂料中。

(b) 酞菁绿　酞菁绿是酞菁蓝的氯化产物，色彩鲜艳，性能与酞菁蓝相似。引入氯取代基时颜料的颜色从蓝变绿，氯取代基越多，颜色越绿。含有 14～16 个氯原子的则是重要的酞菁绿。酞菁绿与酞菁蓝一样是品质优良的颜料。

c. 喹吖啶酮颜料　喹吖啶酮颜料的颜色可以为橙色、老红、猩红、品红和紫红，取决于环上是否有取代基和晶态。线型反式喹吖啶有 4 种晶型：α 型，为蓝色红光颜料，对溶剂不稳定，不能直接作颜料使用；β 型，鲜亮紫色颜料；γ 型，为蓝色红光颜料；δ 型，红色颜料。其中 β 型和 γ 型具有工业价值。耐热、耐化学品性以及耐光性好，广泛用作高质量面漆或与其他颜料混合用。

(5) 防锈颜料　防锈颜料是防锈漆的专用颜料，这类颜料可以阻挡水汽及其他腐蚀气体渗进涂膜或者具有化学、抑制作用，有的防锈颜料还兼有着色功能。防锈颜料在涂料中能增加涂膜对金属的防锈蚀作用，大致可分为金属粉和无机盐两大类。金属粉防锈颜料中以铝粉和锌粉为主，其次是铅粉，国外也有使用不锈钢粉作为防锈颜料的。某些无机盐防锈颜料中常含有能微溶于水的阴离子，这种阴离子可使金属底材钝化或延缓金属的腐蚀过程。

常见的防锈颜料有红丹（Pb_3O_4）、锌铬黄、氧化铁红（Fe_2O_3）、铝粉（也叫银粉）、不锈钢粉、铝酸钙（乳黄色）、铬酸锶（柠檬黄色）、偏硼酸钡（白色）等。防锈颜料包括物理防锈颜料（如氧化铁红、石墨、氧化锌、铝粉等），化学防锈颜料（如红丹、锌铬黄、磷酸锌、锌粉、铅粉等）。

无机盐防锈颜料在涂料中作缓蚀剂，它们常用于各种防锈底漆中，含铅和含铬酸盐的无机颜料曾经是最常用的防锈颜料，但由于它们的毒性以及对环境的污染问题，现已出现新的毒性小的防锈颜料如磷酸锌颜料等来代替。

① 碱式硅铬酸铅 $PbO \cdot CrO_3 \cdot SiO_2$　这是一种橙色的、低着色力的合成颜料。它以各种比例与着色颜料并用以提高整个涂层的防锈性能。碱式硅铬酸铅的防锈作用是由于铬酸根离子的渗出和铅皂的形成。

② 铬酸锌　用作防锈颜料的铬酸锌和用作着色颜料的锌铬黄的不同之处是前者不允许含有残留氯离子。铬酸锌的防锈作用是由于能渗出铬酸根离子，在含氯的环境中它的防锈作用便大大减弱。铬酸锌是碱性的，限制了它在酸性基料中的使用。

③ 磷酸锌　是一种白色无毒的中性防锈颜料，可在各种基料中使用。溶解性差，不会有渗出作用，有较好的防锈性能。

④ 四盐基铬酸锌 $ZnCr_2O_4 \cdot 4Zn(OH)_2$　四盐基铬酸锌是一种黄色的防锈颜料，主要用于磷化底漆。磷化底漆涂在轻金属合金和钢铁表面上既具有一定的防腐蚀作用，又能增进涂在它上面的其他涂层对底材的黏附力。四盐基锌黄的水溶性比铬酸锌低，其防锈作用主要是由它的铬酸根离子的缓慢释放所致。

(6) 金属颜料　主要有锌粉、铝粉、不锈钢粉和黄铜粉等。

① 锌粉　主要用于富锌防腐底漆，它利用锌粉质点之间以及锌粉与底材之间的导电性，对钢铁类底材起到阴极保护作用。

② 铝粉　是一种细片状的颜料，加入涂料中，通过薄片的相叠形成能阻止湿气和其他腐蚀性物质渗透的封闭层，从而起到防腐作用，有漂浮型和非漂浮型之分。经表面处理后仍具有片状结构的铝粉具有漂浮性，在成膜过程中可平行排列于膜表面，显示出金属光泽，并有屏蔽效应，主要用来配制防腐蚀涂料的面漆。非漂浮型铝粉的表面张力较高，不能漂浮于膜表面，但在漆膜下层可平行定向排列，主要用于金属闪光漆、锤纹漆，其原理是闪光型铝粉与透明的颜料一起可配制金属闪光涂料，具有很好的装饰性，常用作轿车面漆。铝粉作为

颜料可以提高涂料耐热性，并使有较好的反射光和反射热的性能，但它易被酸及碱作用而失效。

③ 不锈钢粉　不锈钢粉用在涂料中能赋予漆膜极好的硬度和抗腐蚀性。不锈钢粉作为颜料使用时具有防腐蚀作用，在涂膜中也有相当的装饰性。

④ 黄铜粉　又称金粉，是含有少量铝的铜和锌的合金，它很容易和酸反应，一般用于内装饰涂料。

（7）珠光颜料　最主要的品种是二氧化钛包覆的鳞片状云母，当光线照射其上时，可发生干涉反射，一部分波长的光线可强烈地反射，另一部分波长的光线则透过。鳞片部位不同，包覆膜的厚度不同，反射和透过的光的波长不同，因而显示出不同的色调，赋予涂料以美丽的珠光色彩。除云母外，还有鱼鳞和碱式碳酸铅、氧氯化铋等。

（8）发光颜料　包括荧光颜料、磷光颜料、自发光颜料和反光玻璃微珠。荧光颜料是指光线照射时会发出荧光的颜料。荧光颜料一般用于荧光涂料，荧光颜料在阳光照射下所发出的荧光颜色要求与荧光颜料反射光的颜色（即本色）相一致，因此涂层的反射光实际是反射光和荧光的叠合，因此显得鲜艳而醒目。荧光颜料通常是由有机荧光染料和树脂相混合而形成的固溶体粉末。荧光颜料的浓度不能太高，否则不能发出荧光。荧光颜料售价非常高。磷光颜料是指在光照后长时间发光的颜料，主要是掺杂有活化剂的硫化锌或硫化镉，掺入不同的活化剂后硫化锌可发出不同颜色，如 ZnS/Cu 黄绿色、ZnS/Ag 紫或黄色等。磷光颜料也常被归入广义的荧光颜料中，但硫化锌等发光颜料不能用于荧光涂料，因为它们的本色为浅色，主要用于夜光涂料，在夜间它们放出微光，可用于照明和标志。自发光颜料是指掺有铑（Rh）或放射性元素如钍（Th）等的硫化物，它们在无光照射时也会自己发光，主要用于夜光涂料。玻璃微珠本身不发光，但它可以将照射在其上的光线进行反射，用于道路标志涂料。

7.3.4.2　涂料中常用的溶剂

涂料配方中常用的溶剂有以下几种。

（1）烃类溶剂　①甲苯；②二甲苯；③200 号溶剂汽油等。

（2）醇类和醚类溶剂　①丁醇；②乙醇；③异丙醇；④丙二醇乙醚等。

（3）酯类和酮类溶剂　①丙酮；②丁酮；③甲基异丁基酮；④环己酮；⑤乙酸丁酯、乙酸乙酯等。

涂料中常用的溶剂性能见表 7-9。

表 7-9　常用涂料溶剂的性能

溶　剂	相对密度	沸点/℃	蒸发速度	闪点/℃
丙酮	0.79	56	944	−18
乙酸丁酯	0.88	125	100	23
丁醇	0.81	118	36	35
乙酸乙酯	0.90	77	480	−4.4
乙醇	0.79	79	253	12
丙二醇乙醚	0.90	132	49	43
丁酮	0.81	80	572	−7
甲基异丁基酮	0.83	116	164	13
甲苯	0.87	111	214	4.4
200# 溶剂油	0.80	145～200	约18	≥38
二甲苯	0.87	138～144	73	17～25
环己酮	0.95	158	25	43

水性涂料里所用的溶剂主要是去离子水，有时也配用少量的乙醇，或者异丙醇、乙酸乙酯等提高基料树脂的水分散稳定性。

7.3.4.3　涂料中常用的增塑剂

涂料中常用的增塑剂有以下几种。

（1）邻苯二甲酸二丁酯（DBP）　该增塑剂与各种树脂都有良好的混溶性，因而在普通涂料中的用量可达20％～50％，在聚醋酸乙烯乳液涂料中的用量为10％～20％（一般是在乳液聚合时加入）。

（2）邻苯二甲酸二辛酯（DOP）　邻苯二甲酸二辛酯的性能和邻苯二甲酸二丁酯相似，但挥发性更小，耐光性和耐热性较好。常用于硝酸纤维素涂料、聚氯乙烯塑料溶胶和有机溶胶涂料中。

（3）氯化石蜡　氯化石蜡主要用作氯化橡胶的增塑剂，加入量可高达50％，不会使氯化橡胶涂膜的抗化学性变差。

7.3.4.4　涂料中常用的催干剂

涂料中常用的催干剂是铅、钴、锰的环烷酸盐、辛酸盐、松香酸盐和亚油酸盐。铅盐能使涂膜内部干燥，而钴盐的作用主要是表面干燥，油溶性钙盐虽没有催干作用，但它能减少涂膜的起霜现象。

涂料中催干剂的用量须严格控制。典型用量是每一份树脂固体加0.25％～0.5％的铅和0.025％～0.05％的钴。

7.3.4.5　增稠剂、触变剂、颜料分散剂、流平剂和防沉降剂、防浮色剂、防发花剂

这些成分都是改善涂膜性能的辅助成膜原料，增稠剂、触变剂、颜料分散剂和流平剂已在本章7.3.3节中有过介绍，在此不再赘述。此处简介一下涂料配方中常用的防沉降剂、防浮色剂和防发花剂。

（1）防沉降剂　在涂料（包括油墨、胶黏剂）中固体粒子悬浮于分散介质中，由于无机颜料分散相与有机介质的密度差异大，颜料会按Stokes法则发生沉降。因此，涂料运输贮存过程中颜料会发生凝聚、沉降分离和结块等现象，造成分散体系不均匀，出现涂膜色差、发花、光泽差异等不良情况。防沉降剂就是为解决涂料这类问题而添加的助剂。

加少量的防沉降剂于涂料中，能赋予载色剂或分散系统轻度的触变性，即在涂料内部形成某种结构，但此结构很弱，只要轻轻加以搅拌即被破坏，静置一段时间，此结构又重新形成，使粒子处于悬浮状态。这种结构化性的特点随着颜料的沉降而增强，最终能使沉降停止。结构化好则沉淀柔软、松散，容易再分散。

常用的防沉降剂有膨润土及有机膨润土、金属皂、氢化蓖麻油蜡、二亚苄基山梨糖醇等，使用最普遍的是聚氧化乙烯醚，是相对分子质量在1500～3000间的乳化型蜡，一般是将它置于非极性溶剂中溶胀制成微细分散的糊状物，再与颜料一起研磨形成稳定的胶态结构，然后再掺入涂料之中。这种糊状物能赋予涂料以触变性能，既有防止颜料沉降作用，也有防流挂的效果。由于它是一种非溶解性的胶体状溶胀分散体，对涂料的黏度影响甚微，不容易受颜料或载色剂差异等因素的影响。它还可以用于高固分含量和水性涂料。

蓖麻油、高级脂肪族醇的硫酸化物、磷酸化物的金属盐、胺盐也用作防沉降剂。松香、松香衍生物、脂肪酸、环烷酸，及它们的金属盐、烷基胺盐等，或者烷基苯磺酸盐、烷基磷酸酯盐、烷基胺的盐酸盐、磷酸盐或脱水山梨糖醇脂肪酸酯等也可作为浸润/分散剂、防沉降剂使用。

（2）防浮色剂和防发花剂　浮色是指涂料施涂后混合颜料中的一种或几种颜料发生分离而在涂膜表面呈现层状色差（上层与下层的颜色完全不同）的现象，发花则是指涂料涂布后

324

颜色分布不均而显示出的条纹现象。其原因是涂料分散体系中的一种颜料发生凝聚，或不同颜料因为粒子大小、分散系统凝聚状态的黏度、密度、电荷等因素不同而导致其活动性存在差异。溶剂蒸发过程中发生涡流，颜料被带动上升，也会造成"发花"。

如果使共存于涂料中的颜料显示完全相同的流动行为，就不会发生浮色和发花现象。解决的办法是使用浸润分散剂或防浮色剂，它们能使颜料在涂膜中形成稳定的凝聚胶体结构。具有假塑性流动或触变型流动性的涂料系统，颜料的活性会受到相当限制，故不容易发花。现在常用防浮色剂有蓖麻油脂肪酸或烷基烯丙基磺酸、烷醇酰胺缩合物、脂肪酸酰胺衍生物等胶体类触变剂。为了对颜料表面进行改性处理，可在添加颜料前，先在载色剂中加入含氨基的长链酯类或长链烷基胺之类的阳离子型分散剂，由长链脂肪酸酯乙氧基缩合物组成的油溶性非离子型与阳离子型表面活性剂的混合物也能达到同样的效果。合适的有机硅材料也具有防止贝纳尔旋流"窝"的效果。选择最佳的防浮色剂，其添加量亦应充分斟酌，因为添加剂往往会产生副作用（光泽降低，过分增稠等）。还有一些方法，如对颜料进行表面处理或表面改性等也能减缓浮色和发花现象的发生。

7.4 涂料产品的性能测试与微观结构表征

7.4.1 涂料产品的技术性能指标与质量标准

涂料是一种与工农业生产、国防、运输、人类生活等密切相关的大量消耗的商品，世界各国都特别重视其产品质量，为此也都规定了许多必须达到的技术性能指标，制定了一系列的产品质量标准。现摘要简介如下。

7.4.1.1 涂料产品的通用技术指标

我国对各类涂料产品规定的通用技术指标包括：外观和透明度、颜色、密度、不挥发物、黏度、细度、贮存稳定性等。

(1) 外观和透明度　外观是指对涂料产品进行目测可以判定的技术参数，主要指液态或者粉状（固态）涂料的形态均一性，有无机械杂质、分层、浮油或析水现象等。其测定方法是将试样装入干燥洁净的比色管中，调整样品温度达到（25±1）℃，在暗箱内的透射光下进行观察。

透明度通常为不含颜料的清漆、清油和漆料等的检查项目，看其是否含有机械杂质和透明程度如何。测定过程是将试样倒入干燥洁净的比色管中，调整温度达到（25±1）℃，在暗箱的透射光下与一系列不同浑浊程度的标准液（无色的则用无色标准液，有色的则用有色标准液）进行比较。试样的透明度等级直接以标准液的等级表示。

(2) 颜色　清漆颜色是决定其是否适宜作浅色漆和罩光清漆（透明清漆）的尺度。因为在浅色漆中，色深的清漆会改变颜料的色彩，色深的罩光清漆也会改变色漆的颜色。

在实际的工装过程中，浅色的清漆在干燥时其颜色会显著变深。因此在评定清漆的颜色时，还要测定干漆膜的颜色。

(3) 不挥发物　涂料在一定温度下加热焙烘后剩余物质量与试样质量的比值，以百分数表示，不挥发物是涂料成膜的有效成分，因此，不挥发物含量高，即说明涂料的有效成分高。是涂料生产中正常的质量控制项目之一。

测定方法是在玻璃、马口铁或铝盘中准确称取试样，按产品标准规定的温度、时间，在鼓风恒温烘箱中焙烘、称重，按下式计算不挥发物质量比值（NV）为：

$$NV = \frac{M_2}{M_1} \times 100\%$$

式中 M_1——加热前试样的质量，mg；

  M_2——在规定的条件下加热后试样的质量，mg。

（4）涂料黏度 黏度是表征液体和胶体体系的主要理化特性指标，对同一高分子体系来说，黏度的大小也表明了其分子量的大小。涂料黏度即涂料稀稠的程度，它的高低对漆膜的性能有直接影响，同时，黏度高的涂料会造成喷涂施工困难，黏度低则容易造成流挂。

（5）涂料细度 涂料细度主要是表征色漆或漆浆内颜料、填料等颗粒的大小或分散的均匀程度，以微米来表示。涂料细度的大小直接影响漆膜的光泽、透水性及贮存稳定性。由于品种和要求不同，各种底漆、面漆对涂料细度的要求是不一样的。

（6）贮存稳定性 涂料的贮存稳定性是指液态清漆和色漆产品在自然环境或模拟的加速检测条件下于密闭容器中放置的贮存性，测定涂料所产生的黏度变化，色漆中颜料沉降，色漆重新混合时对使用的适宜性，以及其他按产品标准规定所需检测的性能变化。

测定方法是将试样装入容积为 0.4L 的金属漆罐内，盖好罐盖，在（50±2）℃加速条件下贮存 30 天或自然环境条件下贮存 6～12 个月后检查表面结皮、腐蚀及腐败臭味、颜料沉降、漆膜颗粒、胶块及刷痕、黏度变化等。

7.4.1.2 涂料的施工性能

涂料施工性能的检验包括涂料遮盖力、涂料使用量、流平性、干燥时间、打磨性等。

（1）涂料遮盖力 涂料遮盖力是指色漆涂成均匀的薄膜后，使涂漆面的底色不再呈现的能力。遮盖力是颜料和漆料的反射系数差别大小的表征，用遮盖单位面积所需的最小用漆量（g/m²）表示。对于一定类型的颜料，其颗粒大小和在漆料中的分散程度对遮盖力的影响也是很重要的。

涂料遮盖力的测定方法有刷涂法和喷涂法。

（2）涂料使用量 涂料使用量是指在正常施工情况下，涂刷单位面积所需的涂料数量，以 g/m² 来表示。

使用量的数据可供施工时计算用料参考。它与着色颜料的多少无关，但受产品的黏度影响较大。测定时，可采用刷涂或喷涂。然后按下式计算：

$$R = \frac{A - C}{B} \times 10000$$

式中 R——产品的使用量，g/m²；

  A——涂漆后试样板的质量，g；

  C——涂漆前试样板的质量，g；

  B——涂漆膜的面积，cm²。

（3）流平性 将涂料刷涂或喷涂在表面平整的底板上，经一定的时间后观察，以刷纹消失和形成平滑漆膜表面所需的时间来表示。流平性与涂料的黏度、表面张力和使用的溶剂有关。

（4）干燥时间 涂料从流体层变成固体漆膜的过程称为干燥。干燥过程按其顺序又可分为表面干燥、实际干燥和完全干燥 3 个阶段。从涂料使用的观点来看，一方面漆膜的干燥时间越短越好，以免沾上雨露尘土，并可大大缩短施工周期；另一方面，往往需要一定的干燥时间，才能保证漆膜的流平性和质量。由于涂料的完全干燥时间较长，一般只测表面干燥和实际干燥时间。

在规定的干燥条件下，表层成膜的时间为表干时间，全部形成固体涂膜的时间为实际干燥时间,单位以 h 或 min 来表示。

(5) 打磨性　打磨性在样板制备或实际涂装中是经常遇到的。由于漆膜表面的颗粒、碎屑等被打磨掉,使之形成平滑的表面,这样就可以提高上层漆膜表面的平整度,达到满意的施工质量。同时由于两层漆膜之间的结合更为紧密,可以更有效地阻止水汽及其他腐蚀介质的渗透,这样就大大提高了漆膜的保护性能。

打磨性的测定采用打磨性测定仪,用砂纸对干燥后的漆膜进行一定次数打磨,判定使其产生平滑无光表面时的施工难易程度。在打磨过程中,要求漆膜不应有过硬或过软的现象,也不应有发热、黏砂纸或引起漆膜局部破坏的现象。

7.4.1.3　涂膜性能

(1) 涂膜的制备　进行涂膜性能的检测,必须先按照国家标准《GB/T 1727—92 漆膜一般制备法》,分别用刷涂法、喷涂法、浸涂法或刮涂法制备出符合要求的涂膜。人工制备时,涂膜的均匀性取决于操作人员的技术熟练程度,也可以采用仪器以旋转涂漆法和刮涂法来制备涂膜。

(2) 涂膜外观的测定　通常在日光下肉眼观察涂膜的样板有无缺陷,如刷痕、颗粒、起泡、起皱、缩孔等,一般是与标准样板做对比。

(3) 附着力　附着力是指漆膜与被涂物表面之间或涂层之间相互结合的能力。附着力是一项重要的技术指标,是漆膜具备一系列性能的前提。附着力好的漆膜经久耐用,具备使用要求的性能;附着力差的漆膜容易开裂、脱落,无法使用。影响漆膜附着力的因素有涂料种类、成膜物质的硬度、涂饰工艺、被涂饰表面的性质。涂料品种不同,漆膜附着力是有差别的。一般来说,漆膜较软的油性漆,其附着力好于漆膜较硬的树脂漆。采用不同的涂饰工艺对附着力也有影响。选择不同类型复合涂料时需注意底、面漆的配套性;选用同类涂料复合涂层时,如果前一道涂层干燥太过分再涂下道,某些聚合型漆(如聚氨酯),由于层间未能很好交联会影响附着力。所以,在实际涂装中,双组分聚氨酯漆需要连续涂饰多遍时,宜采用表干后即涂下一次涂层的工艺。被涂饰表面的状态对附着力也有影响,如木材表面不清洁,有油污、胶质、树脂、灰尘等,木材含水率过高(大于15%),以及涂料本身过于黏稠等都会降低漆膜的附着力。其中成膜物质大分子对底材的相互作用力是关键因素,大分子极性的增大会提高黏着力,基于这一原因,大多数涂料使用极性较强的含有杂原子的聚合物作为成膜物质。

目前漆膜附着力测定方法主要有划格法、交叉切痕法、划圈法、拉开强度法、划痕法、胶带附着力法和剥落实验法。现择其中前四种测量方法介绍如下。

① 划格法　用 11# 缝纫机针、或电唱机唱针、或单面刀片在漆膜上划六道平行的切痕(长 10～20mm,宽 1mm),切痕应透过漆膜深度,然后在与前六道切痕垂直的方向划同样的六道切痕,形成许多小方格,以手指轻轻触摸,以漆膜不脱落者为合格,此法受测试者手指揿力的影响大,因此准确性欠佳,但方法简单,适合于现场应用。划格法是按国家标准 GB/T 9286—1988《色漆和清漆漆膜的划格试验》的结果分级。为区分优劣,须使用胶带法配合,才能得到满意的结果。

划格法测定附着力的实验工具是划格测试器,它是具有 6 个切割面的多刀片切割器,切刀间隙 1mm、2mm 和 3mm(刀头可以更换)。将试样涂于样板上,干燥 16h 后,用划格器平行拉动 3～4cm,划出六道切痕,应切穿漆膜至底材;然后用同样的方法与前者垂直划痕,切痕同样六道;这样形成许多小方格。对于软底材,用软毛刷沿网格图形的每一条对角线轻轻向前和向后各扫几次,即可评定等级;而对于硬质底材,先清扫,之后贴上胶带(一般使用 3M 胶带),且要保证胶带与实验区全面接触,可以用手指来回摩擦使之接触良好,然后迅速拉开，使用目视或者放大镜对照标准与说明附图进行对比定级。其分级的标准描述如下。

0级：切割边缘完全平滑，漆膜完整，无一格脱落；

1级：交叉处有少许涂层脱落，受影响面积不能明显大于5%；

2级：在切口交叉处或沿切口边缘有涂层脱落，影响面积为5%~15%；

3级：涂层沿切割边缘部分或全部以大面积脱落受影响的交叉切割面积在15%~35%；

4级：沿边缘整条脱落，有些格子部分或全部脱落，受影响面积35%~65%；

5级：漆膜大片脱落，大于65%。

在划格法测定附着力时，可以测定的涂膜最大厚度为250μm。根据涂层厚度大小，可以选择不同的划格间距，一般为涂层厚度小于60μm时，硬质底材的间距为1mm，软质底材间距为2mm；涂层厚度为60~120μm时，软、硬质底材间距均为2mm；涂层厚度大于120μm，软、硬质底材间距选择3mm。在ISO 12944中规定，附着力需要达到1级才能认定为合格；在GB/T 9286中，附着力达到1~2级时认定为合格。

② 交叉切痕法　原理与画格法相同，只是切痕的获取方法不同，由于形成的面积相对较大，可用面积大小来评价附着力。交叉切痕法测定附着力的切痕间距与划格法相同。

③ 划圈法　划圈法是最常用的附着力测定方法，由于采用的是标准仪器，人为误差大为减小。附着力测定仪的针头，在手动摇柄顺时针转动时便在漆膜表面连续划刻出依次重叠的圆圈，然后用手轻轻触摸漆膜，观察漆膜脱落情况，划圈法附着力测定分7个等级。凡第一部分为完好者，则漆膜的附着力最好，第二部分完好者则为第二级，依次类推。

划圈法所采用的附着力测定仪是按照划痕范围内的漆膜完整程度进行评定的，以级表示。是按照制备好的马口铁板固定在测定仪上，为确保划透漆膜，酌情添加砝码，按顺时针方向，以80~100r/min均匀摇动摇柄，以圆滚线划痕，标准圆长7.5cm，取出样板，评级。实验中需要注意以下几点。

a. 测定仪的针头必须保持锐利，否则无法分清1、2级的分别，应在测定前先用手指触摸感觉是否锋利，或在测定若干块试板后酌情更换。

b. 先试着刻划几圈，划痕应刚好划透漆膜，若未露底板，酌情添加砝码；但不要加得过多，以免加大阻力，磨损针头。

c. 评级时可以7级（最内层）开始评定，也可以1级（最外圈）评级，按顺序检查各部位的漆膜完整程度，如某一部位的格子有70%以上完好，则认为该部位是完好的，否则认为损坏。划圈法按国家标准GB 1720—88《漆膜附着力测定法》的规定，利用附着力测定仪。第一部位漆膜完好者，附着力最好，为1级；第二部位完好者，为2级；以此类推，7级的附着力最差。通常要求好的底漆附着力应达到1级，面漆的附着力可在2级左右。

划圈法与划格不同处在于，划圈交叉所形成部位的面积是递增的，评级考察的是不受损区域所处的位置，而划格法每一个划格面积是固定的，评级采用受损面积的比率。

④ 拉开法测定附着力　拉开强度法按GB 5210《漆层附着力的测定法——拉开法》进行，可定量测定漆膜的拉开强度，并以此评价漆膜附着力。拉开法测定的附着力是指在规定的速率下，在试样的胶结面上施加垂直、均匀的拉力，以测定涂层或涂层与底材间的附着破坏时所需的力，以MPa表示。此方法不仅可检验涂层与底材的粘接程度，也可检测涂层之间的层间附着力；考察涂料的配套性是否合理，全面评价涂层的整体附着效果。

国外常用测定拉开法的仪器是Elcometer附着力试验仪。Elcometer试验是将一铝制试验拉头粘在涂层上，采用有刻度的机械拉力试验机将拉头拉脱，从标尺刻度读出拉去铝头的拉力。一般在金属基体上进行拉开试验可能发现三种失效类型。

a. 粘接失效，即受拉力后，胶层从涂层或试验拉头上拉断或其自身内部拉断，认为是胶黏剂的失效。涂层与基材或涂层与涂层之间的附着力均超过此值。

b. 附着力失效，即涂层与基体在拉力下分离，此值为涂层与基体的附着力。

c. 内聚力破坏，即涂层本身被拉断，此值作为层间附着力的数值，涂层与底材的附着力超过这一数值。对于每一种涂料都有规定拉开法测定数值，一般要求大于 2MPa，环氧双组分涂料大于 4MPa。

值得注意的是，采用 Elcometer 试验仪测定的拉开法附着力数据与国标规定的拉力实验机测定的数值有一定的差距。根据多次实验的经验，Elcometer 试验仪数据乘以 3～3.5 倍与拉力机测定的数值相近。因此，每种测试方法的试验数据，只能同类比较，具有一定的准确度。在填写检测报告时，必须注明使用的检测仪器和方法。

对于附着力的要求，ISO 12944-6 中对于涂层体系（干膜厚度大于 $250\mu m$）的附着力要求为按照 ISO 4624 拉开法附着力测试，至少要达到 5MPa。对于旧涂层参考数值为 2MPa，如果低于 2MPa，要先将旧涂层除去后再测。

（4）柔韧性　柔韧性表示涂层在弯曲试验后，底材上的漆膜开裂和剥落情况。漆膜的柔韧性与成膜物质的柔顺性和固化的交联密度有关，过高的交联密度会导致柔韧性下降。柔韧性还与涂层的附着力有关。

涂层经常受到使其变形的外力影响，例如受外界温度剧烈变化所引起热胀冷缩而使涂层开裂甚至脱离物体表面。因此，优良的室外耐候涂料应具有在温差变化范围内的良好柔韧性，最典型的实例是目前开始应用的丙烯酸酯屋顶防水涂料，其技术指标要求在 20℃ 下，其柔韧性达到 5 级，断裂伸长率不小于 300%。柔韧性的测定是在柔韧性测定仪上进行的，它是由六个不同直径的圆棒组成，每一圆棒代表了漆膜的柔韧性大小。

国家标准《GB/T 1731 漆膜柔韧性测定法》规定使用轴棒测定器，测试时是将涂漆的马口铁板在不同直径的轴棒上弯曲，以其弯曲后不引起漆膜破坏的最小轴棒的直径（mm）来表示。

（5）冲击强度　冲击强度是评价涂层在高速度负荷冲击下快速变形的一种性能。该性能与成膜物质的柔顺性、涂层附着力及静态硬度有关。

对于经常受到剧烈震动或机械冲击的物体如各种车辆，涂层的抗冲性能尤为重要。一般采用落锤式漆膜冲击器测定。

国家标准《GB/T 1732 漆膜耐冲击性测定法》规定重锤质量 $(1000\pm1)g$，冲头进入凹槽的深度为 $(2\pm0.1)mm$，滑筒刻度等于 $(50\pm0.1)cm$。

（6）硬度　涂层的硬度是指涂层被更硬物体穿入时所显示的阻力，是表示涂层机械强度的重要性能之一。干燥后的涂层应具有一定的坚硬性，以承受外来损害起到保护被涂物面的作用。一般情况下，成膜物质的 T_g 值越高、交联程度越大，涂膜的硬度越高，则承受外力的能力越强，同时硬度高，漆膜的耐打磨性能、耐污性能、耐回黏等性能均提高。硬度的测定方法有摆杆硬度测定法和铅笔硬度测定法两种。前者是以摆杆在漆膜上的摆动时间与在空白玻璃上的摆动时间的比值来表示漆膜的硬度，该值越接近于 1，则漆膜的硬度越高。后者是以铅笔穿透漆膜时铅笔的硬度来表示的，因为铅笔具有不同的硬度，故不同硬度的铅笔穿透漆膜的能力必然不一样，其量值为 HB、H、2H、3H。

涂膜的硬度测定方法很多，目前常用的有 4 种，即摆杆阻尼硬度法、铅笔硬度法、划痕硬度法和压痕硬度法。国家标准《GB 1730—88 漆膜硬度的测定摆杆阻尼试验》和《GB 6739—86 涂膜硬度铅笔测定法》规定了各自所采用的测定方法。

（7）光泽　光泽是指物面受光照射时，光线朝一定方向反射的性质。漆膜的光泽不仅与成膜物质本身的折射率有关，还与漆膜的平整度、密实性有关，甚至与成膜机制或过程有关。因此涂料的光泽是鉴别涂层外观质量的一项重要指标。

涂料可分为高光、平光和亚光等品种，光泽不仅与所用涂料成膜物质有关，还与涂面的粗糙度有关，一般成膜物质的折射率越大，光泽越好。由于用途不同，可对光泽作不同的选择，光学仪器和伪装设备等则要求平光或无光。漆膜的光泽测定一般用反射性的光电光泽计和投影光泽计进行。

(8) 耐热性和耐老化性　耐热性常指在一定时间内，受一定高温作用涂层仍能保持完好的性能，又称使用温度范围，一般指耐热老化和高温回黏性。

涂料绝大多数组分是有机聚合物，若长期在较高温度下或户外使用，涂层很容易发生分解、老化而失去应有的性能。不同涂料的耐热性是不同的，在选用涂料时应注意其规定的使用温度范围（图 7-6）。

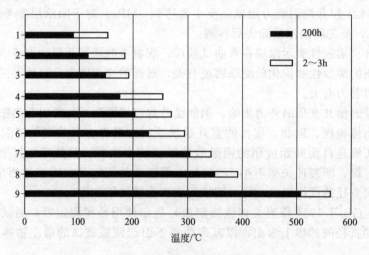

图 7-6　各种涂料耐热性的比较
1—硝基漆、过氯乙烯漆等；2—油性调和漆、酚醛磁漆等；3—聚异氰酸酯；4—醇酸树脂漆；
5—环氧树脂漆；6—聚乙烯醇缩丁醛漆；7—醇酸铝粉耐热漆；
8—有机硅树脂漆；9—有机硅铝粉耐热漆

耐老化性是指涂层在使用环境中，经受光、热作用，抵御氧化等方面的性能。碳碳双键的反应性较高，作为成膜物质的聚合物一般应尽可能减少碳碳不饱和键结构。为了提高耐老化性，可在涂料配方中加入各种防老化剂。最好使用主链为饱和结构的聚合物为成膜物质，目前用于涂料耐老化性能最好的选择是（甲基）丙烯酸酯共聚物，不仅耐老化性能优且价格低，附着力、光泽和透气性（呼吸性）均优于其他成膜物质。

(9) 耐磨性　耐磨性是涂料的力学性能之一，对于那些在应用过程中经常受到磨损的涂层，如交通工具表面、马路路面标志、地板等，耐磨性显得尤为重要。耐磨性与涂层硬度、附着力、交联程度有关，也受底材的种类及表面处理等因素的影响。目前汽车的面漆无论是溶剂型还是粉末型，多采用大量（20%）甲基丙烯酸缩水甘油酯为交联单体，该单体号称为汽车漆专用交联单体，这是因为甲基丙烯酸缩水甘油酯不仅具有高的硬度、光泽，还具有很高的附着力和较佳的耐候性。面漆的高度交联又进一步增加了漆膜的耐打磨能力。木质地板因连续化生产，目前多采用丙烯酸酯系光固化涂料，原因也是基于漆膜的高度交联。马路标线漆必须解决常温交联及与地面的渗透问题，目前国内多用溶剂型双组分聚氨酯涂料和热塑性溶剂型丙烯酸酯共聚物涂料，现在国外已开发出丙烯酸酯系乳胶涂料。

国家标准《GB/T 1768 漆膜耐磨性能测试法》规定采用 JM-1 型漆膜耐磨仪，经一定的磨转次数后，以漆膜的失重来表示其耐磨性。因失重法可不受漆膜厚度的影响，同样的负荷和转数，失重越小则耐磨性越好。较适宜测定路标漆、地板漆。

涂膜的磨光性测定按国家标准《GB/T 1769 漆膜磨光性测试法》，采用 QG-1 型漆膜磨光仪，在一定负荷下经规定的磨光次数后，以涂膜的光泽（％）表示。

（10）涂膜颜色测定　测定涂膜颜色一般方法是按《GB/T 9761 色漆和清漆的目视比色》的规定，将试样与标样同时制板，在相同的条件下施工、干燥后，在天然散射光线下目测检查，如试样与标准样颜色无显著区别，即认为符合技术容差范围。也可以将试样制板后，与标准色卡进行比较，或在比色箱 CIE 标准 D$_{65}$ 的人造日光照射下比较，以适合用户的需要。

另外，为避免人为误差的产生，国家标准《GB/T 11186 漆膜颜色的测量方法》规定用光谱光度计、滤光光谱光度计和刺激值色度计测定涂膜颜色，即通称的光电色差仪来对颜色进行定量测定，以把人们对颜色的感觉定量表达出来。

（11）涂膜重涂性测定　重涂性试验是在干燥后的涂膜上按规定进行打磨后，再按规定方法涂上同一种涂料，其厚度按产品规定要求，在涂饰过程中检查涂覆的难易程度。在按规定时间干燥后检查涂膜状况有无缺陷发生，必要时检测其附着力。

（12）涂膜耐洗刷性测定　国家标准《GB/T 9266 建筑涂料涂层耐洗刷性》规定测试时使用洗刷试验机，试板用夹子固定后使用鬃刷以每分钟固定的往复频率在漆膜表面上来回摩擦，同时不断滴加洗涤剂，试验连续进行直到漆膜露底为止，或按产品标准规定的次数进行。

（13）其他性能

① 保光性　指在实际使用中保持原色的性能。保光性和保色性对于装饰涂料来说是十分重要的，保光和保色主要与成膜物质和颜料的耐候性有关。

② 耐水性　涂层耐水的性能包括吸水膨胀和透水性等。对于户外使用或水下使用的涂料，应当有良好的耐水性，耐水性与成膜物质本身的亲水性有关，还与漆膜的交联程度有关。

常温浸水法，按国家标准《GB/T 1733 漆膜耐水性测定法》规定，将涂漆样板的 2/3 面积放入温度为（25±1）℃的蒸馏水中，待达到产品标准规定的浸泡时间后取出，目测评定是否有起泡、失光、变色等现象，也可用仪器来测定失光率和附着力的下降程度。

③ 涂膜耐盐水性　耐盐水测定通常是将试板 2/3 面积浸入 3％氯化钠水溶液中，按产品规定时间取出并检查。另外按国家标准《GB/T 1763 漆膜耐化学试剂性测定法》中规定，也可采用加温耐盐水法，试验温度为（40±1）℃，采用恒温设备控制。

④ 耐化学品　性指涂层抵御有机溶剂、酸碱液等作用的能力。依据国家标准《GB/T 1763 漆膜耐化学试剂性测定法》中所规定，用普通低碳钢棒浸涂或刷涂被试涂料，干燥 7 天后，测量厚度，将试棒的 2/3 面积浸入产品标准规定的酸或碱中，在（25±1）℃温度下浸泡。定时观察检查涂膜状况，按产品标准规定判定结果。

⑤ 涂膜耐热性　测定耐热性方法是采用鼓风恒温烘箱或高温炉，在达到产品标准规定的温度和时间后，对漆膜表面状况进行检查，或者在耐热试验后进行其他性能测试。

⑥ 耐寒性　通常是将涂膜按产品标准规定放入低温箱中，保持一定时间，取出观察涂膜变化情况。

⑦ 耐温变性　指涂层抵抗高温和低温的异常变化的性能，通常是在高温 60℃保持一定时间后，再在低温如−20℃放置一定时间，如此反复循环若干次，然后观察涂膜变化情况。

⑧ 耐盐雾性　盐雾试验是目前普遍用来检验涂膜耐腐蚀性的方法。按国家标准《GB/T 1771 色漆和清漆耐中性盐雾性能的测定》规定执行。涂膜样板在具有一定温度（40±2）℃、

一定盐水浓度（3.5%）的盐雾试验箱内每隔 45min 喷盐雾 15min，经一定时间试验后，观察样板外观的被破坏程度。按 GB/T 1740 的规定来评定等级。

⑨ 涂膜耐湿热性　按国家标准《GB/T 1740 漆膜耐湿热测定法》规定进行，设备为调温调湿箱。将已实干的涂膜样板放在一定温度（47±1℃）、一定湿度〔相对湿度为（96±2)%〕的调温调湿箱中，在规定的时间内，根据样板上涂膜外观的破坏情况，来评定耐湿热的等级。

7.4.1.4　常用涂料产品的检测方法和产品质量标准

GB/T 2705—92　涂料产品分类命名和型号

GB/T 2705—2003　涂料产品分类和命名

GB/T 3182—1995　颜料分类、命名和型号

GB/T 1721—2008　清漆、清油及稀释剂外观和透明度测定法

GB/T 3181—1995　漆膜颜色标准

GB/T 6749—1997　漆膜颜色表示方法

GB/T 11186—89　涂膜颜色的测量方法

GB/T 9282—88　透明液体　以铂-钴等级评定颜色

GB/T 1722—92　清漆、清油及稀释剂颜色测定法

GB/T 9761—2008　色漆和清漆的目视比色

GB/T 6740—86　漆料挥发物和不挥发物的测定

GB/T 6751—86　色漆和清漆　挥发物和不挥发物的测定

GB/T 1723—93　涂料黏度测定法

GB/T 1725—79　涂料固体含量测定法

GB/T 1750—79　涂料流平性测定法

GB/T 1747—79　涂料灰分测定法

GB/T 1746—79　涂料水分测定法

GB/T 1724—79　涂料细度测定法

GB/T 6753.1—86　涂料研磨细度的测定

GB/T 10664—89　涂料印花色浆色光、着色力及颗粒细度测定法

GB/T 6753.3—86　涂料贮存稳定性试验方法

GB/T 21782.8—2008　粉末涂料第 8 部分：热固性粉末贮存稳定性的评定

GB/T 1726—89　涂料遮盖力测定法

GB/T 13452.3—2008　色漆和清漆　遮盖力的测定　第一部分：适于白色和浅色漆的 Kubelka-Munk 法

GB/T 1709—79　颜料遮盖力测定法

GB/T 1758—89　涂料使用量测定法

JB/T 3998—1999　涂料流平性刮涂测定法

GB/T 13491—92　涂料产品包装通则

GB/T 1727—92　漆膜一般制备法

GB/T 6741—86　均匀漆膜制备法（旋转涂漆器法）

GB/T 1765　测定耐湿性、耐盐雾、耐候性（人工加速）的漆膜制备法

GB/T 11186.1—89　漆膜颜色的测量方法　第 1 部分：原理

GB/T 11186.2—89　漆膜颜色的测量方法　第 2 部分：颜色测量

GB/T 11186.3—89　漆膜颜色的测量方法　第 3 部分：色差计算

GB/T 3181—1995　漆膜颜色标准

GB/T 6749—1997　漆膜颜色表示方法

GB/T 1720—89　漆膜附着力的测定法　划圈法

GB/T 5210—1985　涂层附着力的测定法　拉开法

GB/T 1730—93　漆膜硬度测定法　摆杆阻尼试验

GB/T 1731—93　漆膜柔韧性测定法

GB/T 1732—93　漆膜耐冲击测定法

GB/T 1733—93　漆膜耐水性测定法

GB/T 1734—93　漆膜耐汽油性测定法

GB/T 1735—2009　色漆和清漆　耐热性的测定

GB/T 1740—2007　漆膜耐湿热测定法

GB/T 1741—2007　漆膜耐霉菌测定法

GB/T 6739—1996　涂膜硬度铅笔测定法

GB/T 1743—89　漆膜光泽测定法

GB/T 1865—1997　漆膜老化（人工加速）测定法

GB/T 23988—2009　涂料耐磨性测定　落砂法

GB/T 1768—2006　色漆和清漆　耐磨性的测定　旋转橡胶砂轮法

GB/T 5209—85　色漆和清漆耐水性的测定　浸水法

GB/T 5211.5—85　颜料耐水性测定法

GB/T 1763—89　漆膜耐化学试剂性测定法

GB/T 9274—88　色漆和清漆　耐液体介质的测定

GB/T 1771—2007　色漆和清漆　耐中性盐雾性能的测定

GB/T 1766—1995　色漆和清漆　涂层老化的评级方法

GB/T 1764—89　漆膜厚度测定法

GB/T 9753—2007　色漆和清漆　杯突试验

GB/T 1728—79　漆膜、腻子膜干燥时间测定法

GB/T 1769—79　漆膜磨光性测试法

GB/T 1770—79　底漆、腻子膜打磨性测试法

GB/T 11185—89　漆膜弯曲试验（锥形轴）

GB/T 10834—89　船舶漆耐盐水性的测定　盐水和热盐水浸泡法

GB/T 13452.2—2008　色漆和清漆　漆膜厚度的测定

GB/T 9269—88　建筑涂料黏度的测定　斯托默黏度计法

GB/T 9268—88　乳胶漆耐冻融性的测定

GB/T 9267—88　乳胶漆用乳液最低成膜温度的测定

GB/T 9266—88　建筑涂料涂层耐洗刷性测定法

GB/T 9265—88　建筑涂料　涂层耐碱性的测定

GB/T 9264—88　色漆流挂性的测定

GB/T 9756—2009　合成树脂乳液内墙涂料

GB/T 9755—2001　合成树脂乳液外墙涂料

GB/T 9757—88　溶剂型外墙涂料

GB/T 13493—92　汽车用底漆

GB/T 20623—2006　建筑涂料用乳液

GB/T 23445—2009　聚合物水泥防水涂料

GB/T 19250—2003　聚氨酯防水涂料

GB/T 12441—2005　饰面型防火涂料

GB/T 23995—2009　室内装饰装修用溶剂型醇酸木器涂料

GB/T 23996—2009　室内装饰装修用溶剂型金属板涂料

GB/T 23997—2009　室内装饰装修用溶剂型聚氨酯木器涂料

GB/T 23998—2009　室内装饰装修用溶剂型硝基木器涂料

GB/T 23999—2009　室内装饰装修用水性木器涂料

GB/T 17371—2008　硅酸盐复合绝热涂料

GB/T 23446—2009　喷涂聚脲防水涂料

7.4.2　涂膜性能测试仪器简介

7.4.2.1　涂膜通用技术指标的检测仪器

（1）412型透明度测定仪　412型透明度测定仪（图7-7）是根据GB 1721《清漆、清油及稀释剂外观和透明度测定法》设计制作的。该仪器可在340～1000nm调节，便于更好分辨深颜色样品，测量精度±1%，测量范围0.0～125.0%，自动调零，自动校正，不需要任何标准试剂，使用非常简单、方便，量化评定产品透明度的等级。

（2）420型铁钴比色计　如图7-8。按GB/T 1722设计，其原理是在标准光源下，以目视法将试样与一系列有色阶标号的铁钴标准溶液进行比对，以与试样最接近的色阶号表示待测试样的颜色深浅，适用测定清漆、清油及稀释剂颜色。主要技术参数：18种不同浓度的溶液组成1～18色阶标号，无色玻璃试管：内径（10.75±0.05）mm，高（114±1）mm。测定时务须注意：如果由于低温而引起测试试样浑浊，可在水浴上加热50～55℃保持5min，然后冷却至（25±1）℃再保持5min后进行测定。

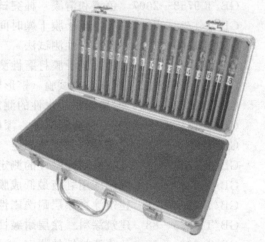

図7-7　412型透明度测定仪　　　　　　　　　图7-8　420型铁钴比色计

（3）木制暗箱　如图7-9。清漆、清油及稀释剂外观和透明度、颜色及涂料遮盖力测定都需要在一特定光源下进行评定，木制暗箱完全满足GB/T 1721、GB/T 1722、GB/T 1726要求。其主要技术参数为：尺寸500mm×400mm×600mm，内置2支15W日光灯灯管，箱内壁涂饰无光黑漆。

（4）便携式分光测色计　　该便携式分光测色计（图 7-10）使用平面回折光栅的分光方法，在 360～740nm 波长范围内对双重 40 个元件硅光电二极管阵列受光元件进行测定。主要技术参数有：测定波长间隔 10nm，半值宽度约 10nm，反射率测定范围 0～175％、显示分解能力 0.01％，配有测定用光源脉冲灯 3 个（CM2500 为 2 个脉冲灯），测定时间约 1.5s（荧光测定时约 2s），可同时测定 SCI（包含镜面反射光）与 SCE（消除镜面反射光）数字化光泽，能准确地获取测定的目标夹角，明亮的取镜器与舒适手持的分色计，实现在各角度上测定，能进行充分、准确的色彩交流，有多种色空间以对应各种规格。使用极为简便，单手操作、配有"导航滚轮"和独特的样品观察装置，广泛应用于涂料、塑胶、橡胶、纺织印染、印刷、汽车、造纸等行业颜色测量，可单机操作，亦可通过电脑进行颜色品质控制。

图 7-9　木制暗箱　　　　　　　　　　　　　　图 7-10　便携式分光测色计

（5）516 型智能三角度光泽计　　516 型智能三角度光泽计（图 7-11）是仿照进口同类产品制作的。能以三种角度进行 10000 次或 999 组样品的测量和数据存储，采用串行口 RS 232 或 USB 接口方便数据的通信连接，随机附带的数据处理软件 v1.0，可轻松将数据导入 Excel 处理，方便数据存储和编辑；仪器开机自诊自校；多角度测量一键完成；使用单节 5 号（AA）碱性电池或可充电池作工作电源，能耗低，单节 AA 碱性电池可供连续测量 20000 次以上。应用范围包括油漆、烤漆、涂料、油墨等涂覆材料，石材、瓷砖、型材等建筑装饰材料，纸张、竹木、塑料、薄膜等表面的光泽测量。主要技术参数：测量范围为 0～199.9Gs（光泽单位）（$1Gs=10^{-4}T$，下同），示值误差小于 ±1.5Gs。

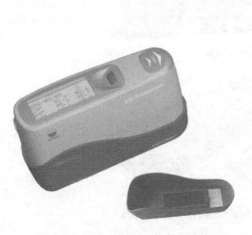

图 7-11　516 型智能三角度光泽计　　　　　　　图 7-12　WSB 数显白度仪

335

图 7-13　便携式涂料黏度计

（6）WSB 数显白度仪　如图 7-12。白度是颜填料很重要的性能指标之一，Biuged 公司提供的数字式白度仪是按国际照明委（CIE）规定的标准光源 A 及照测条件 45/0 设计，符合 GB 2913、GB 5950、GB 8940.1、GB 12097、GB 13025.2 等国家标准。其主要技术参数包括：测量范围 0～99.9（数显式），分辨率 0.1，光源为 12V/30W 卤钨灯，白度（蓝光白度）公式 WB＝R457，零点漂移 0.2/10min，电源波动稳定性≤0.1，测量重复性≤0.3。

（7）涂料黏度杯　便携式涂料黏度仪（图 7-13）是国内应用最广泛的一种黏度杯，按 GB/T 1723 设计，适用于测量涂料及其他相关产品的条件黏度（流出时间不大于 150s）。在一定温度条件下，测量定量试样从规定直径的孔全部流出的时间，以 s 表示。主要技术参数：杯体容量（100±1）mL，内径（49.5±0.2）mm，内锥体角度 81°±15′，漏嘴长（4±0.02）mm，嘴孔内径（4±0.02）mm。

（8）刮板细度计　如图 7-14。多种类型的固体材料都必须被研磨成较细的颗粒才能在流体设备中分散，最终分散的颗粒大小通常叫做"细度"。它不但取决于单个颗粒的实际大小，还取决于它们被分散的程度。细度板测定的不是涂料中颗粒的大小或是颗粒度的分布，而是在分散体系中不希望出现的粗颗粒或是聚集的颗粒。刮板细度计严格按照 GB/T 1724、GB/T 6753.1、ISO 1524 等标准制作，用于测定涂料、漆浆、油墨和其他液体及浆状物中颜料及杂质颗粒大小和分散程度，从而控制被分散产品在生产、贮存和应用中的质量，诸如油漆、塑料、颜料、印刷油墨、纸张、陶瓷、医药、食品等领域等。它的测量原理是在一个平钢块的表面刻有凹槽，凹槽的深度由一端的最大变化至另一端的零值。在钢块上标注出一个

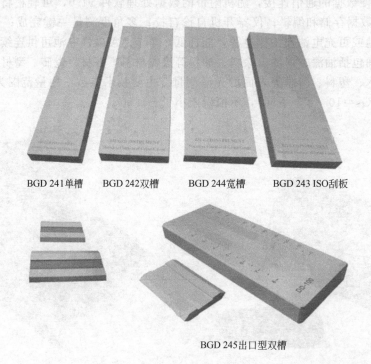

BGD 241单槽　　BGD 242双槽　　BGD 244宽槽　　BGD 243 ISO刮板

BGD 245出口型双槽

图 7-14　刮板细度计

或多个凹槽深度的标尺，以读出测量颗粒的大小。分散的程度由微米或是"Hegman"表示出，随着颗粒尺寸变小，"Hegman"值由 0～8 逐步变化。0Hegman＝100μm 颗粒大小；4Hegman＝50μm 颗粒大小；8Hegman＝0μm 颗粒大小。具体操作步骤是：将稍多一点的样品倒入凹槽的较深的一端，用所提供的刮刀的直边将样品朝凹槽的较浅一端刮拉，在细度板表面看到有许多粗糙颗粒的位置即是对应的测试数据。

图 7-15　BGD 遮盖力测定板

7.4.2.2　涂料施工性能检测仪器

（1）BGD 遮盖力测定板　如图 7-15。

（2）不锈钢流平测试器　如图 7-16。该仪器提供评估新施工的涂层在固化前流平性能的一种方法，流平试验是在水平试板上进行的，它不是对流挂性能的测量。按 GB/T 3998（等同采用 ASTM D2801—1994）设计的流平测试器是一个 U 形涂膜器，在其一边有浅的间隙，在间隙中切有一组间隔相等的五对窄 V 字形槽，它们的槽深分别为 100μm、200μm、300μm、500μm 和 1000μm 不等。测试器可一次涂出 4in（1in＝2.54cm，下同）宽的拖拉膜，测试器两端长为 5in。拖拉时按照通常程序在水平放置的试板或是卡纸上进行，它产生 5 对十条不同深度的涂层痕，待涂膜干燥后观察各对膜之间的距离，选择最小间距（即当两条条纹并拢时中间还有一条间隔隐约可见的缝隙）的对膜厚度为流平性的数据。

（3）流挂测试仪　如图 7-17。涂料在垂直面及窗孔、边缘和角落部施工时若超过一个临界厚度，在它未完全固化成膜时会由于本身重力而产生流挂成滴。不同体系配方设计有不同临界厚度，Biuged 公司提供的流挂测试仪按 GB/T 9264《色漆流挂性的测定》有关规定设计，用于色漆相对流挂性的测定。它由三个多凹槽刮涂器、底座、试板置放架组成，该刮涂器能将待测试样刮成 10 条厚度的平行湿膜，湿膜宽度为 6mm，条膜间距为 1.5mm，相邻条膜厚度差 25μm，也可单独选择多凹槽刮涂器，一共有五种规格可供选择，涂膜厚度的测量范围为 50～1075μm。

图 7-16　不锈钢流平测试器

图 7-17　流挂测试仪

（4）漆膜干燥时间测定器　如图 7-18。涂料施工后，其固化速度与环境有很大关系，同时也和整个体系配方设计密不可分。干燥时间分表面干燥时间（表面成膜时间）和实际干燥时间（全部形成固体涂膜时间）。该漆膜干燥时间测定器按 GB/T 1728 设计，适用于涂膜、腻子膜实际干燥时间的测定。主要技术参数：砝码总重量（200±0.2）g，砝码底面积 1cm²。测定时的操作步骤为：①将一定性滤纸片放在待测漆膜表面，将该仪器轻轻放置在滤纸表面；②30s 后移去干燥试验器，将样板翻转；③用手指轻轻敲几下，若滤纸能自由落下而滤纸纤维不被沾在漆膜表面则认为漆膜已完全干燥。

（5）自动漆膜干燥时间测定仪　如图 7-19。为了准确了解涂层的干燥和固化过程，现已研制出了一种可自动测定涂膜干燥时间的仪器，该自动漆膜干燥时间测定仪的设计原理是选用单片微机控制高精度步进电机带动球面触点的划杆，在一定的载荷下划针以恒定速度匀速在待测漆膜表面做圆周运动，按划针在涂膜表面划痕轨迹存留情况，用干燥时间图表来判定涂料成膜全过程。其主要技术参数有：工作电源 220V±10％，50Hz，划杆旋转速度 24h/r；划针半径为 0.25mm、0.5mm、1.0mm、1.5mm。

图 7-18　漆膜干燥时间测定器　　　　　　　图 7-19　自动漆膜干燥时间测定仪

（6）直线干燥时间记录仪　如图 7-20。涂层干燥和固化的各个阶段很容易监测，为了能够根据化学和物理原理来进行评估，就需要在控制的条件下使用标准仪器来测量。多用途干燥时间记录仪能够定量记录干燥和固化的不同阶段，结果具有很好的重现性。其操作步骤如下：①使用涂膜器及支架在玻璃片上涂膜；②将仪器杆放在起始的位置，将玻璃片放在相应位置上；③再将划针放在样品玻璃片上，调整速度钮选择合适的速度；④打开干燥时间记录仪，仪器将会在测试的终点自动关闭；⑤根据干燥时间进行结果评价。该仪器可以三个不同的速度（6h、12h、24h）同时测量 6 个样品，节约测量时间，适合任何涂层的检测。

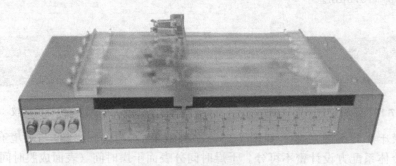

图 7-20　直线干燥时间记录仪

（7）最低成膜温度测定仪　如图 7-21。聚合物乳液用作涂料、黏合剂、化纤织物、皮革和纸张等表面处理剂时，其成膜性是最重要的性质之一。将聚合物乳液或乳胶漆涂布在金属板上，水分蒸发后，聚合物粒子相互作用，在适宜的温度下形成连续的透明的薄膜。临界成膜时的极限温度即被称之为该聚合物乳液的最低成膜温度，简称 MFT 温度。最低成膜温度测定仪的测量原理是：在一块适宜的金属板上分别设置制冷源和加热源，并且保持在设定的恒温点上，通过热传导在金属板上产生不同的温度梯度。在该温度梯度板上涂布均匀厚度的样品，样品受梯度板上温度蒸发水分而成膜。由于梯度板上的温度不同而导致样品成膜的现象也不同。找到分界线部分即是该样品的 MFT 温度。该仪器符合 GB/T 9267、ISO 2115 及 ASTM D2354 标准；简单、直观、准确。其主要技术参数有：梯度板温度范围 0～45℃，梯度间隔 5℃±1℃，温度测量点 10 个。

（8）腻子打磨性测定仪 腻子打磨性测定仪（图 7-22）是用于评价底漆、腻子打磨性优劣的装置。本装置对已固化的、待测定的底漆、腻子试样进行来回打磨，打磨次数由计数器直接读取，根据负荷重量、打磨次数与磨损程度评定该底漆、腻子耐打磨的性能。主要技术参数：①摩擦速度 0～135 次/min（单程，可调）；②置数范围 0～9999（双程计数；显示次数×2 为打磨次数）；③荷重（打磨头）为（570±20)g；④附加砝码 50g、100g、200g；⑤电源为 220V/50Hz，功率为 60W。

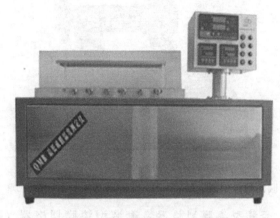 

图 7-21 最低成膜温度测定仪　　　　　　图 7-22 腻子打磨性测定仪

7.4.2.3 涂膜性能检测仪器

（1）附着力划格板 附着力划格板（图 7-23）是根据 GB 4893.4 设计制造的，适用于测定木器家具及其他木制件表面漆膜厚度小于 250mm 的漆膜对基材的黏附牢度或底面漆相互结合的牢度。主要技术参数：①割痕间距为 2mm；②割痕长度为 35mm；③割痕数量为 11 条。

（2）自动划痕仪 自动划痕仪（图 7-24）是用来测定色漆和清漆或有关产品的单一涂层或复合涂层体系耐划伤或耐划透性能的仪器。适用于 GB/T 9279《色漆和清漆划痕试验》和 ISO 12137.1《色漆和清漆 耐划伤性的测定》标准。其砝码重量为 50～2500g，划针钢

 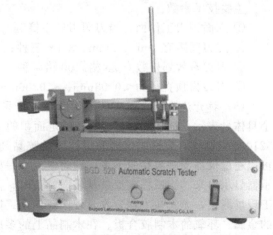

图 7-23 附着力划格板　　　　　　　图 7-24 自动划痕仪

球直径为 1mm。

(3) **手动/电动型划圈法附着力测试仪** 手动/电动型划圈法附着力测试仪（图 7-25）是按 GB/T 1720 设计，以圆滚线划痕范围内的涂膜完整程度评定涂膜对基材的附着程度，以"级"表示。其中电动操作时涂膜划破至底材时可自动显示，具有操作准确、方便等特点。主要技术参数：①转针回转半径 $R=5.25mm$；②工作行程为 80mm；③转针为三五牌唱针，空载压力为 200g；④砝码重量为 100g、200g、500g、1000g；⑤底材尺寸为120mm×50mm×(0.2～0.3)mm 马口铁。

(a) 电动型   (b) 手动型

图 7-25　划圈法附着力测试仪

图 7-26　套装型漆膜划格器

(4) **套装型漆膜划格器** 套装型漆膜划格器（图 7-26）用于均匀划出一定规格尺寸的方格，通过方格内涂膜的完整程度来评定涂膜对基材的附着力，以"级"表示，适用于 GB/T 9286、ASTM D3359。它主要用于有机涂料划格法附着力的测定，适宜于实验室、各种施工条件下的现场测试。有两种规格的多刃切割刀（1mm，2mm）供不同试验条件选择：1mm 间距的多刃切割刀适用于漆膜厚度＜60μm 或＞120μm 的硬底材试片，2mm 间距的多刃切割刀适用于漆膜厚度 60～120μm 的硬底材试片或厚度＜120μm 的软底材（木材、塑料）试片。

主要技术参数：

① 六面刀刃工作面，当刀刃刃口不锋利时，可旋松船型螺母及顶部止推螺钉调换刀刃；

② 刀刃间距有 1mm、2mm、3mm 三种；

③ 刀刃有效划格数有 25 格/100 格两种；

④ 刀刃齿顶直径为＜0.03mm、＜0.06mm。

(5) **拉开法附着力测试仪** 如图 7-27。采用拉开法测定涂层与基材的附着力可以用一个具体量表示，即从基材上移去一特定面积的涂层所需要外力，以 MPa 表示。它参照 GB/T 5210 要求制作，测试时仪器的试柱通过胶黏剂粘接在涂层上，经过一段时间养护后，涂层可以通过仪器支脚被粘脱下来，这时候需要一些外力而且这些力通过在雕刻有刻度的拉力指示器显示出来。当试柱或涂层从表面脱落时，读数会维持在一个恒定值。该仪器主要用于施工现场测定，尤其在工程验收时较广泛使用。同时，它也可广泛用于包括油漆、塑料、喷涂的金属、环氧的木制胶合板、在木制品上的多层胶合布、金属或塑料。其测试范围在0.05～22MPa。按量程范围有五种型号可供选择：①0.5～3.5MPa；②1～7MPa；③3～15MPa；

④5～22MPa；⑤0.05～0.2MPa。

（6）PosiTest AT 数显拉开法附着力测试仪　PosiTest AT 数显拉开法附着力测试仪（图 7-28）有一个大的、易于读取数据的液晶显示屏，可在任何场合下使用，不需要外部电源，底盘为一次性使用，消除了重复使用所需的加热、清洁或刷洗工序。自行对中底盘设计，可测量光滑或不平表面，且不影响测试结果。测试范围：0～3000psi/0～20MPa（1psi＝6894.76Pa，下同），分辨率：1psi/0.01MPa，有多种型号可选，用于测量不同基材上的涂层附着力：20mm 的底盘用于金属、塑料和木质基材，50mm 底盘用于石质基材，如混凝土等。

图 7-27　拉开法附着力测度仪

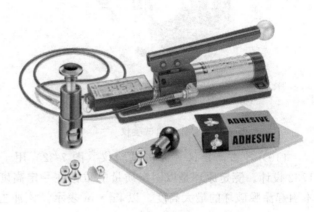

图 7-28　PosiTest AT 数显拉开法附着力测试仪

（7）漆膜柔韧性测试仪　Biuged 公司提供的漆膜柔韧性测试仪（图 7-29）又称漆膜弹性测定器，是按照国家标准 GB/T 1731《漆膜柔韧性测定法》中规定制造的。将涂覆有涂膜的试板在不同直径的轴棒上弯曲，以不引起涂膜破坏的最小轴棒直径（mm）来表示涂膜柔韧性。主要技术参数：不锈钢质轴棒长 35mm，7 种不同直径的轴棒为 15mm、10mm、5mm、4mm、曲率半径 1.5mm

图 7-29　漆膜柔韧性测仪

（截面 3mm×10mm）、曲率半径 1.0mm（截面 2mm×10mm）、曲率半径 0.5mm（截面 1mm×10mm）。

（8）圆柱弯曲试验仪　如图 7-30。Biuged 公司提供的弯曲试验仪按 GB/T 6742 和 ISO 1519 设计，是一个非常简单而且快速的测定涂层弹性的方法，只需将已有涂层的试板放在已知直径的圆轴上弯曲，并观察涂层的开裂或破坏的情况。适用于测定色漆、清漆涂层，以在标准条件下绕一定直径圆柱轴弯曲时不引起涂膜破坏的最小直径（mm）表示。主要技术参数：12 根不同直径的不锈钢棒为 2mm、3mm、4mm、5mm、6mm、8mm、10mm、12mm、16mm、20mm、25mm、32mm；可测量最大宽 35mm 的试板。具体操作步骤：①将涂料涂在宽 35mm、厚 0.3mm 的金属板上；②小心地涂膜并将它烤干以保证良好的重现性；③试验时，在 1～2s 内均匀用力把已上涂料的样品弯曲至 180°；④由最大半径圆柱轴开始，递减半径测试直到能看到涂层断裂为止。

（9）圆锥弯曲试验仪　圆锥弯曲试验仪（图 7-31）是使涂料膜层在圆锥表面连续变化

的不同直径上作弯曲试验，因而可对涂膜的附着性能作精确的评价。该仪器适用于 GB/T 11185、ISO 6860—84 标准。不锈钢锥轴的大端直径 38mm，小端直径 3.2mm，长 203mm，可测量最大宽度为 20.3mm，厚度为 1.6mm。使用时的操作步骤：①小心地用纸覆在漆膜的表面将其夹在圆锥轴和操作杆之间，夹紧固定板；②用手动操作杆将试板沿圆锥轴折弯；③在 15s 内以均匀力度弯曲样品 180°；④移去纸片并检查漆膜开裂的地方；⑤记录开裂所在位置并量出开裂至弯曲轴直径最小边的距离，漆膜的延伸值可在校正曲线中判断得到。

图 7-30　圆柱弯曲试验仪

图 7-31　圆锥弯曲试验仪

（10）**冲击试验仪**　冲击试验仪（图 7-32）用于对金属底材上涂料的测试，按 GB/T 1732 设计。测定原理是以固定质量的重锤在一定高度落于涂覆有待测样品的试板上，观察不引起涂膜破坏的最大高度，以 kg·m 表示。该冲击试验仪包括一个带连接导管支架的牢固的基座，导管管身带狭缝，中间通过使用一个适合重物的轴圈引导圆柱形重物落下，沿狭缝旁有标注的高度以标明重物下落时对应的读数。重物在内部有一个铁球以提供不同的几何尺寸。球的尺寸要适合于模座，这一点很重要，它可防止试板在模座内部边缘部位受到的剪切力。为了限制下落重物的压痕深度，可调配不同厚度的深度控制环，同时也可使用不同的重物。分为 302/304 漆膜冲击器、305 重型冲击器和 306 弹性冲击器几种型号。当底材厚度超过 0.4mm 时，最好选用 305 或 306 进行冲击测试。漆膜冲击器适用于 GB/T 1732，重型和弹性冲击器则适用于 GB/T 20624。建议水性木器涂料一般选用 305；彩色钢板选用 306 弹性冲击器。

（11）**便携式 318 型硬度试验棒**　便携式 318 型硬度试验棒（图 7-33）使用特别简单，通过滑杆可设置已知或估计弹簧压力，将仪器垂直放在测试表面，以 10mm/s 的速度划一根 5～10mm 的直线。测试头会产生一条肉眼看得见的划痕。如果弹簧压力太高，划痕会很清晰，如果弹簧压力太低，将没有划痕出现。通过锁定滑杆可以控制每次所加的压力，单位为牛顿。

此仪器设计用于测量保护涂层的硬度。漆膜、塑料涂层的硬度可通过 318 型硬度测试棒精确地测量和记录，测量表面可为平面或曲面，且不论大小。它可装在口袋中，用于各种硬度测试。刻度包括 3 个压力量程：0～3N（蓝标记），0～10N（红标记），0～20N（黄标记），每一根与压力量程对应的弹簧具有与刻度相应的颜色代码。

（12）**组合铅笔硬度仪**　如图 7-34。按 GB/T6736 要求设计，通过加载块重量改变笔尖负荷（500g、750g、1000g），简单方便。测定时的主要技术参数：铅笔与被测表面夹角为 45°，铅笔铅芯对涂膜压力为 1000g、750g、500g（由两个加载块分别实现），三点接触被测表面（两个滚轮、一根铅笔芯）。

图 7-32　漆膜冲击试验仪　　　　　　　　　图 7-33　318 型硬度试验棒

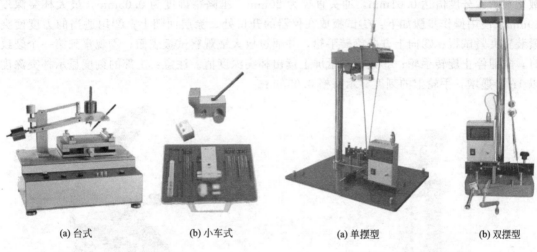

(a) 台式　　　　　　(b) 小车式　　　　　(a) 单摆型　　　　　　(b) 双摆型

图 7-34　铅笔硬度仪　　　　　　　　图 7-35　摆杆硬度测试仪

（13）摆杆硬度测试仪　如图 7-35。摆杆硬度测试是涂料工业测试硬度的一种国际通用方法，它是将摆杆硬度计上两个不锈钢小球支承在干燥后的涂层并以一定周期摆动，涂层表面越软，则摆杆的摆辐衰减越快（表现在摆幅从 5°衰减至 2°的摆动时间越短），反之衰减越慢。用于测定干燥后涂膜硬度，为使数据可靠，试验应在规定的温、湿度条件并且无气流影响的情况下进行，而涂膜厚度及底材材质也能影响阻尼时间。主要技术参数：摆杆重量为 200g±0.2g、500g±0.1g、120g±0.1g；钢珠直径为 5mm、8mm；初始摆动角度为 6°、12°、5°；对应的终点摆动角度为 3°、4°、2°；振荡周期为 1.4s、1s、0.625s；玻璃板上摆动时间为(250±10)s、(430±10)s、(440±6)s。

（14）便携式光泽度仪　JKGZ-1 型便携式光泽度仪（图 7-36）的测量原理是：光源经透镜使成平行或

图 7-36　JKGZ-1 光泽度仪

稍微会聚的光束射向试板漆膜表面，反射光经接收透镜会聚，经视场光栏被光电池吸收。可用于油漆、油墨、塑料、大理石等表面光泽度的测量试验，适用于 GB 9754、ISO 2813、ASTM-D523、ASTM-C584、ASTM-D2457 和 DIM-67530 标准。可以三种角度（20°、60°、85°）进行测量，测量范围为 0～199.9，光泽单位分度值为 0.1，光泽单位稳定值每 10min 不大于 0.5，光泽单位示值误差不大于 1.0 光泽单位。

（15）落砂耐磨试验机　落砂耐磨试验机（图 7-37）用来测试标准条件下有机涂层（如铝塑复合板或金属漆、汽车漆等）的耐磨性，通过单位膜厚的磨耗量来表示试板上涂层的耐磨性。本仪器的测试方法符合美国工业标准 ASTMD968 以及 JG/T133 标准。主要技术参数：导管长度为 914mm，导管内径为 19mm，漏斗容量为 3L。

（16）杯突试验仪　杯突试验仪（图 7-38）可测定金属表面漆膜可拉伸性和附着力，用于评价色漆、清漆等涂层在标准规定的实验方法下进行压陷试验，使之逐渐变形后其抗干裂或与金属底材分离的性能；其原理是用一个直径为 20mm 的钢球，以一定的力量，压在试板未涂漆那一面上。以一定的速度（推荐：0.2mm/s）旋动手轮使钢球上顶，并通过放大镜观察试板表面。当试板变形并观察到第一个裂纹出现时立即停止旋转手轮，并从液晶显示屏上读出杯突深度值。符合 GB/T 9753 和 ISO 1520 标准测量要求。其特点是：手动操作，数字显示，分度值达 0.01mm，冲头直径为 20mm，压陷精确度为 0.05mm，最大杯突深度 10mm。使用操作步骤如下：①试板放在仪器的开口处，涂层面朝上；②用适当的力度使夹紧装置夹紧试板；③向上方向旋转手轮，并通过放大镜观察试板表面；④观察到第一个裂纹时，立即停止旋转手轮；⑤数字显示屏上读出杯突深度值。注意：上部的刻度显示杯突深度以 1mm 递增，手轮上的刻度显示每格 0.05mm。

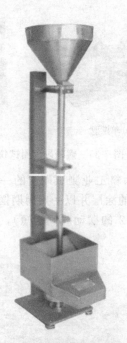

图 7-37　落砂耐磨试验机

图 7-38　杯突试验仪

（17）漆膜磨耗仪　漆膜磨耗仪（图 7-39）采用橡胶砂轮的旋转运动进行摩擦来测定各种色漆、清漆或相关产品干膜的耐磨性能。适应于 GB/T 1768、GB/T 15036.2、GB/T 15102，GB/T 18102、GB/T 4893.8、GB/T 17657 和 ISO 7784.2 检测要求，主要用于甲板漆、地板漆、道路漆等的检测，也可用于纸张、塑料、纺织品、装饰板等耐磨性能的测试。

主要技术参数如下。

① 转盘转数：（60±2）r/min；

② 主电动机：40W，220V，50Hz；

③ 荷重砝码：500g、750g、1000g；

④ 橡胶砂轮规格：100 号、120 号各两对，$\phi50mm \times \phi16mm$（中心孔）$\times 13mm$；

⑤ 样板尺寸：$\phi100mm \times \phi6.2mm$（中心孔）$\times 3mm$。

图 7-39　BGD523 型漆膜磨耗仪

（18）万能耐磨试验仪　万能耐磨试验仪（图7-40）是干磨耗仪，无需加冷却液，不产生较多粉尘，无需吸尘装置。该仪器可根据用户的需要，对各种涂料、基材进行耐磨试验，如氟涂料、油漆、纸张、木材等。对各类试板，该仪器要求使用对应的磨耗材料进行磨损，磨损次数可由计算器读出，根据磨损时所加砝码重量、次数及试板表面磨损程度，可评定该涂料、基材耐磨损的各种性能指标。

主要技术参数：①最大负重5kg；②计数范围1～9999次；③最大行程90mm；④运行频率（60±1）次/min。

图 7-40　万能耐磨试验仪

（19）漆膜回黏性测定器　涂膜干燥后受湿度和温度影响会发生返黏现象。漆膜回黏性测定器（图7-41）一组共三个，每个重 500g，底面积 1cm²，平整光滑，通过在一定温度、湿度条件下（在恒温恒湿箱里进行），对一定面积的涂膜施加一定力的作用，判定涂膜返黏程度，以“级”表示。按照 GB/T 1762 的规定设计制作。

（20）涂层耐溶剂性测定仪　QFR 型耐溶剂性测定仪（图7-42）是根据 GB/T 17748 标准中有关涂层耐溶剂性测定的要求而设计的。主要适用于测定铝塑复合板涂层的耐溶剂性，也可用于测定其他类似底材涂层的耐溶剂性。其工作原理是用一柔韧性擦头裹上四层医用纱布，吸饱溶剂后以一定的力度和频率在涂层表面同一地方来回擦洗至规定的次数，目测擦洗处是否有显露内层现象。

主要技术参数：①擦洗行程100mm；②擦洗频率100次/min；③擦洗力1000g±100g；

图 7-41　漆膜回黏性测定器

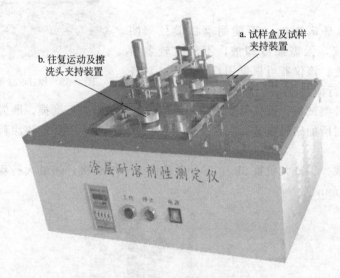

a. 试样盒及试样夹持装置

b. 往复运动及擦洗头夹持装置

图 7-42　涂层耐溶剂性测定仪

④擦洗头面积 2cm²；⑤设定擦洗次数范围 0~9999。

（21）建筑涂料耐洗刷仪　如图 7-43。建筑涂料的表面需要用刷子、海绵或其他方式来测试抗擦洗的能力，耐擦洗试验仪能测定可擦洗性及与涂料抗磨损相关的性能，用两个刷子加速模拟"磨损及刮破"的试验，结果的重复性好。耐擦洗试验仪器产生一个在控制状态下小范围重复的、由磨损或侵蚀引起的对试样的破坏作用，以模仿每天的使用或磨损，结果判定以试板中间长度 100mm 区域涂层破坏情况为依据。建筑涂料耐洗刷仪按 GB/T 9266 设计，采用皂水循环装置，可用来测定内外墙建筑涂料、墙纸或地毯。

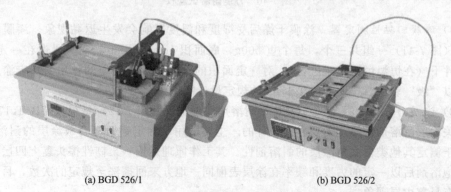

(a) BGD 526/1　　　　　　　　　(b) BGD 526/2

图 7-43　建筑涂料耐洗刷仪

主要技术参数：①刷子行程 300mm，刷子自重（450±2）g；②刷子运行频率为（37±1)次/min；③耐擦洗次数最高可达 99999 次，启动仪器达到预设次数之后自动停止。

（22）耐沾污测试仪 耐沾污测试仪（图 7-44）用于测定建筑外墙涂料的耐沾污性能测试，由时间控制器、水箱、固定支架、冲洗管、冲洗台构成。符合 GB/T 9755《合成树脂乳液外墙涂料》和 GB/T 9757《溶剂型外墙涂料》中"耐沾污性"中测试对仪器要求。配制污液用的灰垢由全国涂料和颜料标准技术委员会统一提供。

（23）QuaNix 磁性测厚仪 QuaNix 磁性测厚仪（图 7-45）用来测量钢、铁等铁磁性（Fe）金属基体上的非磁性涂镀层的厚度，如油漆层、各种防腐涂层、涂料、粉末喷涂、塑料、橡胶、合成材料、磷化层、铬、锌、铅、铝、锡、镉等。它采用红宝石探头，耐磨性极好，大大延长了使用寿命和测量的精度。由于覆层的厚度受温度影响非常大，同一工件在不同温度下测量会有很大的误差，QuaNix 磁性测厚仪使用自动温度补偿机构来保证不同温度下的测量精度，LCD 数字式显示。

主要技术指标：①测量范围 0~3000μm；②测量精度厚度在 0~50μm 时，≤1%；厚度在 50~1000μm 时，≤1.5%；厚度在 1000~2000μm 时，≤2%；厚度在 2000~3000μm 时，≤3%；③显示精读为 1μm；④最小曲率（凸/凹半径）为 3mm/25mm。

图 7-44 耐沾污测试仪

图 7-45 QuaNix 磁性测厚仪

（24）涂膜比电阻/电导率测试仪 涂膜比电阻/电导率测试仪（图 7-46）是专门为油漆/油墨的导电性能评估需要而设计制造的，它采用四环结构的不锈钢管状比电阻/电导率探头，保证电极常数长期一致，并有效避免绝大多数油漆、油墨中有机溶剂的腐蚀。可以选配不同测试探头，扩充主机功能，数字直读显示方式。超大的测量范围几乎涵盖所有油漆、油墨电导率值，符合 ASTMD5682 的测试规范。

主要技术参数：①探头尺寸为 ϕ42mm×250mm；②可测量参数包括比电阻（电导率）、短路电流（SCI）、静电压；③测量范围比电阻（三挡切换）为 1~1999kΩ、0~199.9MΩ、0~19.99GΩ；SCI 为 0~250μA（选配 Gun 输出端子）；静电压为 0~199.9kV（选配高压测试端子）。

图 7-46　涂膜比电阻/电导率测试仪

7.4.3　涂膜微观结构表征仪器简介

涂膜的性能不仅取决于涂料的配方和施工工艺，也与其干燥固化过程形成干膜的物理结构有关，其中包括涂料成分在涂膜中分布的均匀性，基料树脂连同各种成膜助剂的结晶形态、不同固体相的相容程度等等。这就需要借助近代电子仪器，如透射电子显微镜、扫描电子显微镜、原子力显微镜等来进行分析。

7.4.3.1　电子显微镜

电子显微镜按结构和用途可分为透射式电子显微镜、扫描式电子显微镜、反射式电子显微镜和发射式电子显微镜等。透射式电子显微镜常用于观察那些用普通显微镜所不能分辨的细微物质结构；扫描式电子显微镜主要用于观察固体表面的形貌，也能与 X 射线衍射仪或电子能谱仪相结合，构成电子微探针，用于物质成分分析；发射式电子显微镜用于自发射电子表面的研究。与光镜相比，电镜是根据电子光学原理，用电子束代替可见光，用电磁透镜代替光学透镜，并使用荧光屏将肉眼不可见电子束成像，使物质的细微结构在非常高的放大倍数下成像。电子显微镜一般由镜筒、真空装置和电源柜三部分组成。

（1）透射电子显微镜　透射电子显微镜（Transmission Electron Microscopy，TEM）是一种高分辨率、高放大倍数的显微镜，因电子束穿透样品后，再用电子透镜成像放大而得名。它是现代材料科学研究的重要手段，能提供极微细材料的组织结构、晶体结构和化学成分等方面的信息。透射电镜的分辨率为 $0.1 \sim 0.2 nm$，放大倍数为几万～几十万倍。由于电子易散射或被物体吸收，故穿透力低，必须制备更薄的超薄切片（通常为 $50 \sim 100 nm$）。其制备过程与石蜡切片相似，但要求极严格。

透射电镜的成像原理是由照明部分提供的有一定孔径角和强度的电子束平行地投影到处于物镜物平面处的样品上，通过样品和物镜的电子束在物镜后焦点面上形成衍射振幅极大值，即第一幅衍射谱。这些衍射束在物镜的像平面上相互干涉形成第一幅反映试样微区特征的电子图像。通过聚焦（调节物镜激磁电流），使物镜的像平面与中间镜的物平面相一致，中间镜的像平面与投影镜的物平面相一致，投影镜的像平面与荧光屏相一致，这样在荧光屏上就能观察到一幅经物镜、中间镜和投影镜放大后有一定衬度和放大倍数的电子图像。如图 7-47。由于试样各微区的厚度、原子序数、晶体结构或晶体取向不同，通过试样和物镜的电子束强度产生差异，因而在荧光屏上显现出由暗亮差别所反映出的试样微区特征的显微电子图像。

透射电镜的光路与光学显微镜相仿，可以直接获得一个样本的投影。通过改变物镜的透镜系统人们可以直接放大物镜焦点的图像。由此可以获得电子衍射像。使用这个图像可以分析样本的晶体结构。在这种电子显微镜中，图像细节的对比度是由样品的原子对电子束的散射形成的。由于电子需要穿过样本，因此样本必须非常薄。组成样本的原子的原子量、加速电子的电压和所希望获得的分辨率决定样本的厚度。样本的厚度可以从数纳米到数微米不等。原子量越高、电压越低，样本就必须越薄。样品较薄或密度较低的部分，电子束散射较少，这样就有较多的电子通过物镜光栏，参与成像，在图像中显得较亮。反之，样品中较厚或较密的部分，在图像中则显得较暗。如果样品太厚或过密，则像的对比度就会恶化，甚至会因吸收电子束的能量而被损伤或破坏。

透射式电子显微镜镜筒的顶部是电子枪，电子由钨丝热阴极发出、通过第一、第二两个聚光镜使电子束聚焦。电子束通过样品后由物镜成像于中间镜上，再通过中间镜和投影镜逐级放大，成像于荧光屏或照相干版上。中间镜主要通过对励磁电流的调节，放大倍数可从几十倍连续地变化到几十万倍；改变中间镜的焦距，即可在同一样品的微小部位上得到电子显微像和电子衍射图像。

（2）**扫描电子显微镜**　扫描电子显微镜（Scanning Electron Microscope，SEM）是用极细的电子束在样品表面扫描，将产生的二次电子用特制的探测器收集，形成电信号发送到显像管，在荧光屏上显示物体（细胞、组织）表面的立体构像，可摄制成照片。扫描电子显微镜的电子束不穿过样品，仅聚焦在样本的一小块地方，然后一行一行地扫描样本。入射的电子导致样本表面被激发出次级电子，显微镜观察到的是这些点散射出来的电子，放在样品旁的闪烁晶体接收这些次级电子，通过放大后调制显像管的电子束强度，从而改变显像管荧光屏上的亮度。显像管的偏转线圈与样品表面上的电子束保持同步扫描，这样，显像管的荧光屏就显示出样品表面的形貌图像，这与电视机的工作原理相类似。如图 7-48。由于这种显

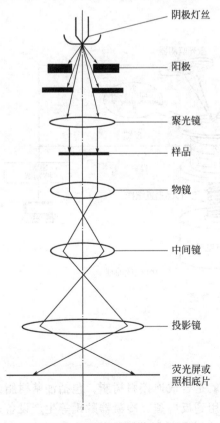

图 7-47　透射电镜成像示意图

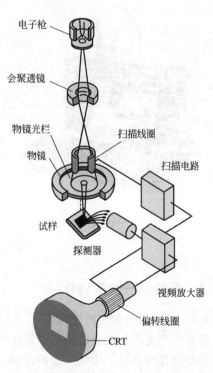

图 7-48　扫描电镜成像示意图

微镜中电子不必透射样本，因此其电子加速的电压不必非常高。它具有制样简单、放大倍数可调范围宽、图像的分辨率高、景深大等特点。

扫描式电子显微镜的电子枪和聚光镜与透射式电子显微镜的大致相同，但是为了使电子束更细，在聚光镜下又增加了物镜和消像散器，在物镜内部还装有两组互相垂直的扫描线圈。物镜下面的样品室内装有可以移动、转动和倾斜的样品台。扫描式电子显微镜的分辨率主要决定于样品表面上电子束的直径。放大倍数是显像管上扫描幅度与样品上扫描幅度之比，可从几十倍连续地变化到几十万倍。扫描电镜不需要很薄的样品；图像有很强的立体感；能利用电子束与物质相互作用而产生的次级电子、吸收电子和 X 射线等信息分析物质成分。

7.4.3.2 原子力显微镜

原子力显微镜（Atomic Force Microscope，AFM）是一种可用来研究包括绝缘体在内的固体材料表面结构的分析仪器（图 7-49）。它通过检测待测样品表面和一个微型力敏感元件之间的极微弱的原子间相互作用力来研究物质的表面结构及性质。将对微弱力极其敏感的微悬臂一端固定，另一端的微小针尖接近样品，这时它将与其相互作用，作用力将使得微悬臂发生形变或运动状态发生变化。

它主要由带针尖的微悬臂、微悬臂运动检测装置、监控其运动的反馈回路、使样品进行扫描的压电陶瓷扫描器件、计算机控制的图像采集、显示及处理系统组成。微悬臂运动可用隧道电流检测等电学方法或光束偏转法、干涉法等光学方法检测，当针尖与样品充分接近、相互之间存在短程相互斥力时，检测该斥力可获得表面原子级分辨图像，一般情况下分辨率也在纳米级水平。AFM 测量对样品无特殊要求，可测量固体表面、吸附体系等。

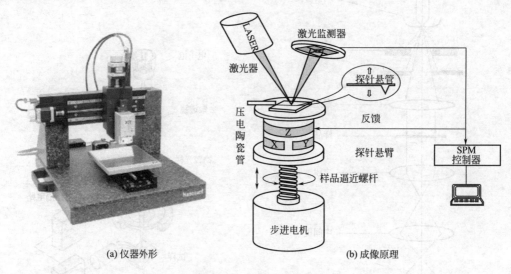

(a) 仪器外形　　　　　　　　　　　　(b) 成像原理

图 7-49　原子力显微镜

7.4.4　涂料生产设备简介

7.4.4.1　涂料的一般生产过程

涂料生产流程一般分两步：一是生产漆料，也就是合成连接料树脂，包括油基树脂或合成树脂的改性等，属于化学反应的范畴；其间主要用到反应釜、冷凝器贮罐等生产设备；二是成品漆的调配，即把连接料树脂与颜填料、各种助剂按配方进行混合、分散、调黏度和颜色、过滤等，属于物理混配过程；用到的主要设备有强力分散机、砂磨机、球磨机、三辊机、调漆罐等。在涂料生产中除选用符合规格的原材料及中间产品外，其配方的设计、工艺流程和设备的选定，以及操作熟练程度都对涂料的质量起到很重要的作用。涂料的生产过程包括原料准备、分散、混合、测试、校正、调整、过筛几个工艺步骤。例如乳胶漆生产操作步骤是：

（1）将水放入高速搅拌机中，在低速下依次加入杀菌剂、成膜剂、增稠剂、颜料分散剂、消泡剂、润湿剂；

（2）搅拌混合均匀后，将颜料、填料通过筛网慢慢地筛入叶轮搅起的漩涡中；

（3）随着颜填料的加入，研磨料渐渐变得稠厚，此时要调节叶轮与配漆容器内壁的距离，使漩涡呈浅盆状；

（4）加完颜填料后，提高叶轮转速至轮缘线速度达到 1640m/min 左右；

（5）为防止温度上升过多，应停车冷却，停车时刮下器壁上黏附的颜填料；并随时测定监测刮片细度，当细度合格，即告分散完毕；

（6）分散完成后，在低速搅拌下逐渐加入聚合物乳液、pH 调节剂、其他助剂，然后用水和/或增稠剂溶液调整黏度，过筛出料。

三种不同分散设备的制漆流程如图 7-50。

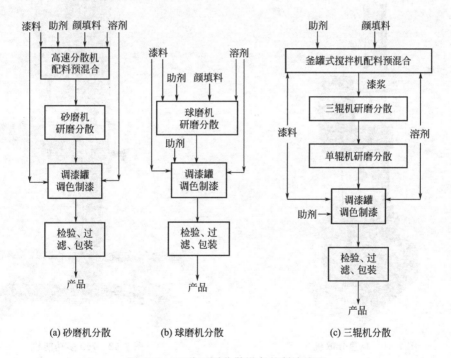

(a) 砂磨机分散　　(b) 球磨机分散　　(c) 三辊机分散

图 7-50　三种不同分散设备的制漆流程

个别的天然树脂漆（如虫胶漆）的生产过程，仅是漆片的溶解过程。大部分合成树脂漆的生产过程中既有化学的聚合或缩合反应，又有物理的混合和分散等过程。如在醇酸磁漆的生产过程中要进行原材料（如邻苯二甲酸酐、甘油等）纯度指标的测定和控制。对中间产物，如对醇解物进行醇溶解度的测定以保证有最高的单甘油酯的含量，对缩聚终点酸值及黏度的控制，为保证磁漆的细度需要控制醇酸树脂和碾磨色浆的细度。对成品还要进行许多技术指标的检验，如涂料的外观、细度、颜色、光泽等装饰性能；涂料的涂刷性、遮盖力、使用量、干燥性和打磨性等施工性能；漆膜的附着力、硬度、柔韧性、冲击强度、耐磨性等物理力学性能；此外，还有涂层的防腐蚀、耐热、耐温变、电气绝缘、三防（湿热、盐雾、霉菌）、天然曝晒与人工老化等性能的测定。

7.4.4.2 涂料生产常用设备简介

（1）GFJ-0.4 高速分散机 GFJ-0.4 高速分散机（图 7-51）适用于各种液体的搅拌、溶解分散。它采用电子调整线路，数字直接显示转速，可根据物料的不同黏度选择转速，是化工原料颗粒分散的高效设备之一。主要技术指标有：搅拌转速 0～8000r/min 任意可调，配套两片叶轮，直径 50mm、60mm，可根据物料量互换，漆罐容器尺寸（内径×高）：140mm×200mm，容积约为 3L，搅拌叶轮垂直升降行程为 230mm，回转角度为 360°。

（2）759 多功能机 759 多功能机（图 7-52）是具有低速搅拌、高速分散砂磨等多种功能的多用途实验设备。其主要技术指标：100～4000r/min 无级调速，整体安装，无需外接，有手动和自动功能两种控制方式，砂磨筒悬挂在机架上，可底部出料，转速和时间大 LED 显示清晰，方便调整和控制。

图 7-51 高速分散机

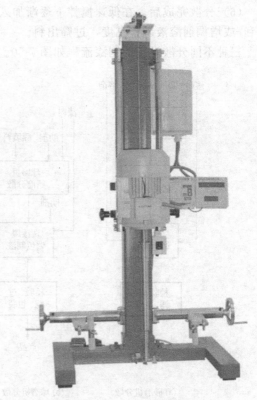

图 7-52 759 多功能机

（3）750 系列砂磨、分散、搅拌多用机 750 系列砂磨、分散、搅拌多用机（图 7-53）集砂磨、分散、搅拌多种功能于一身，采用变频鼠笼电机，无电刷，使用寿命长，噪声更低，很适合在实验室里使用。主要技术参数：0～7500r/min 内无级变频调速，变频器直接安装在机器上，其显示屏直接显示转轴转速，配有多种砂磨叶盘、分散叶片及搅拌叶片以适应实验室不同的需要。

（4）QSFJ-0.7 气功单轴多用机 QSFJ-0.7 气功单轴多用机（图 7-54）全部采用气动组件，配有砂磨叶盘、分散叶片，能在有防爆要求的实验室内进行砂磨、分散、搅拌各种不同试验。主要技术指标有：空压机气源为 7kg，气动马达功率为 0.7kW，调速范围为

图 7-53　750 系列砂磨、分散、搅拌多用机

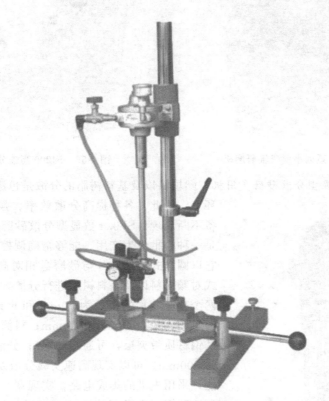

图 7-54　QSFJ-0.7 气功单轴多用机

0～3000r/min，分散叶片直径为 50mm、60mm，砂磨盘直径为 45mm、60mm，升降行程为 200mm。

　　(5) 770 系列小型三辊研磨机　770 系列小型三辊研磨机 (图 7-55) 钢辊表面采用镍合金粉末热喷涂成双金属冷硬合金，硬度高，抗冲击，耐磨损，传动系统采用多行链软启动，传动效率高，运转平稳，无噪声。平列式手轮螺杆调整辊距，简单准确，操作方便。具有粉

353

碎、分散、乳化、均质、调色等多种功能，能使原料高度均匀混合，兼可回收废料。主要技术参数：轧辊直径65~200mm，轧辊长度125~500mm，三个辊筒转速32：89：250，28：66：152或19：55：155。广泛用于油漆、涂料、染料、橡胶、铅芯、皮革、医药、食品、化妆品及绝缘材料等化工行业的科研、试验、配方及微量调试生产。

（6）FJ200高速分散均质机　FJ200高速分散均质机（图7-56）的工作头在电机高速驱动下，产生强大的液体剪切力和剧烈的高频机械效应，促使待分散流体物料在巨大的离心力作用下，承受每分钟高达数万次的剪切、撕裂和混合，从而达到分散、均质的效果。分散均质工作头采用优质不锈钢，耐腐蚀性好，并可视容器大小更换不同直径的分散均质工作头。转速选择范围：300~2300r/min，连续式工作方式。运行状态控制采用电子无级调速或数字显示调速，调速方便。

图7-55　770系列小型三辊研磨机

图7-56　FJ200高速分散均质机

（7）SF0.4数显型分散砂磨多用机　颜填料以及基料树脂的分散是色漆生产过程的主要环节，因此，各种提高分散效率、强化分散效果的设备不断出现。SF0.4数显型分散砂磨多用机（图7-57）是一种小批量生产用、能够精确调控分散进程的设备。它以圆盘式剪切叶片与砂磨盘相对高速运动的组合方式对颜填料以及基料树脂进行分散，其技术参数如下：两个分散叶片的直径为50mm和60mm；两个标准砂磨盘的直径为45mm和60mm；料筒容积为1.5L（不锈钢材质带夹层，可通冷却水）；分散叶片的升降行程为200mm。可以实现高速实验分散及砂磨小试两种功能，采用先进的集成电路，实现宽范围速度无级调速，调速范围（无级调速）0~8000r/min。应用数字PID技术，速度数显，控制精度高。

（8）JSF-450搅拌、砂磨、分散多用机　JSF-450搅拌、砂磨、分散多用机（图7-58）集砂磨、分散、搅拌多种功能于一体，采用电子调速线路，数字直接显示转轴转速，并配有多种砂磨叶盘和分散叶片。能根据显示的转轴速度，直接计算砂磨盘、分散叶片的

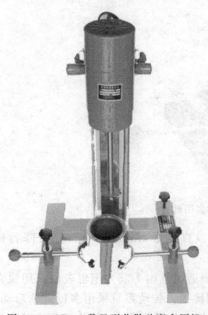

图7-57　SF0.4数显型分散砂磨多用机

线速度与物料黏度之间的关系。主要技术指标：0～8000r/min 无级调速，标准配置的两个分散叶片直径为 50mm 和 60mm，两个砂磨盘直径为 45mm、60mm，料筒为不锈钢材质，带夹层，可通冷却水，容积为 1.5L，升降行程为 200mm。

（9）JRJ300-1 剪切乳化搅拌机　JRJ300-1 剪切乳化搅拌机（图 7-59）的转子在高速电机驱动下产生极高的线速度，精密配合的转子和定子间对物料施加每分钟数万次的剪切、撕裂和混合作用，使物料经受强大的液压剪切和高频机械效应，从而达到剪切乳化的效果。主要技术指标：200～11000r/min 无级调速，定子出料孔面积配置 5mm²、20mm² 和 50mm²，单次乳液最大处理容量为 40L。

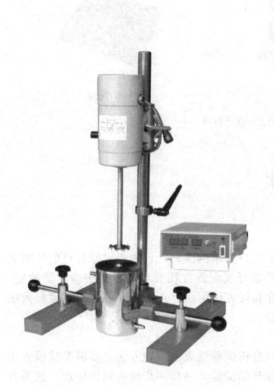

图 7-58　JSF-450 搅拌、砂磨、分散多用机　　　图 7-59　JRJ300-1 剪切乳化搅拌机

（10）Red Devil E 5400/5410 型双罐涂料快速分散试验机　Red Devil E 5400/5410 型双罐涂料快速分散试验机（图 7-60）是美国进口装置，俗称"红魔"，被认为是世界上最好的涂料快速分散试验机。其特点是：三向紊流混合摆动，彻底混合油漆；耐用型夹紧装置可用于水平式夹紧各种金属或塑料材质的品脱、夸脱和加仑罐；多款不同的计时器以适合特殊的混合需要；配一个柜台底座或支架底座容易操作和维护。

760 涂料快速分散试验机（图 7-60）则是国内仿制"红魔"的同类产品，简称"快手"，主要用于物料的分散，效率是砂磨、三辊、球磨等设备的 2～3 倍，并可同时做多种颜料与配方的对比试验，可大大缩短试验时间。该试验设备适用于国家标准 GB/T 9287"颜料易分散程度的比较——振荡法"中作为分散设备，还可用于制成冲淡色的涂料来比较颜色着色力的大小。主要技术参数有：曲轴转速 630r/min，主轴往复行程 16mm，上、下最大振幅 8mm，头臂摆动角度 30°，有夹瓶和夹罐两种型号可供选择。

(a) Red Devil E 5400 "红魔"   (b) 760型 "快手"

图 7-60　涂料快速分散试验机

7.5　几种涂料产品的配方设计

7.5.1　涂料配方设计的方法

涂料是多种物质组成的混合体系。设计满足用户要求的涂料，首先要对原材料的性能充分了解，选什么原料，添加多少量，用什么工艺进行复配等往往要经过多次实验才能确定。常用的涂料配方设计的方法有丹尼尔流点法、涂料配方图解法、正交试验法、溶解度参数法和电子计算机配方法，本节简单介绍后三种方法。

7.5.1.1　正交试验设计法

正交试验是利用正交表来安排多因素试验和分析试验结果的一种方法。多因素试验方法基本思想可分为两大类：一类是从选优中某一点开始试验，一步一步地达到较优点，这类方法亦称序贯试验法，因素轮换法和爬山法等都属这一类；另一类是优先区内一次布置一批试验点，通过这批试验结果的分析，缩小优选范围，这就是正交试验法。正交试验法可用于选择合成试验条件、各种精细化学品复配物的配方，也可用于工农业生产等各种类型的科学试验，是一种很好的试验方案设计方法。

7.5.1.2　溶解度参数法

自从 1949 年赫尔法布兰提出溶解度参数以来，溶解度参数已在高分子科学和工艺学中获得很多实际应用。涂料研究开发中运用溶解度参数理论不仅可预测涂料的某些性能，而且可以设计具有某些特定性能的涂料配方。

溶解度参数 δ 是分子间力的一种量度，是衡量液体材料相容性的一项物理常数，它定义为分子内聚能密度的平方根。了解聚合物与/或溶剂的溶解度参数，就可以预测不相溶的聚合物之间的相容程度。两种高分子材料的溶解度参数越相近，则共混效果越好。如果两者的差值超过了 0.5，则一般难以共混均匀，需要使用增溶剂。在设计配方时，为某种聚合物选择助剂时也必须考虑双方的溶解度参数是否接近，以保证各组分分散均匀。溶解度参数法在涂料配方设计过程中至少有以下两个方面的应用。

（1）涂料的溶剂配方设计　溶剂的性质直接关系到涂料的施工和使用性能，利用溶解度参数相近原则，结合极性相近原则和溶剂化原则来选择溶剂，便可使漆用溶剂的配方设计更加准确可靠。

涂料工业中通常使用混合溶剂，因为混合溶剂更能满足施工和降低成本的要求。当用溶解度参数作为设计混合溶剂配方的依据时，混合溶剂的溶解度参数可近似地用各组分的溶解度参数及其体积分数的乘积之和来表示。如果混合溶剂的溶解度参数和聚合物的溶解度参数相近或相等时，这一聚合物/溶剂体系就能溶解（分散）均匀。

在设计涂料配方的实际工作中，要将溶解度参数相近原则和极性相似原则及溶剂化原则三者综合考虑，并进行反复试验才能找出最合适的溶剂配方。当然，在设计漆用溶剂配方时，除考虑溶解力这一先决条件之外，还必须考虑溶剂蒸发速度和其他理化性能、毒性、来源和价格等因素。

（2）溶解度参数用于涂料树脂设计　当某溶剂（或介质）的溶解度参数和漆用树脂的溶解度参数相近时，该树脂即能溶于这种溶剂（介质）；反之，当二者的溶解度参数相差较大时，该漆用树脂则有不易被溶剂（或介质）腐蚀的性能，这对设计耐溶剂腐蚀的涂料提供了依据。漆用单体及聚合物的溶解度参数可根据构成这些物质的化学基团与原子的 Hoy（或 Small）引力常数计算得到，或根据所设计的单体及其聚合物所组成的原子或原子团摩尔蒸发能及其摩尔体积值计算得到。因此，可通过单体配料比的改变（即调整聚合物组成比例）而获得具有指定溶解度参数的漆用聚合物，以保证它对某些溶剂体系具有耐腐蚀性能。

7.5.1.3　电子计算机用于涂料配方

目前电子计算机在涂料工业中的应用主要有以下几个方面：优化配方（包括合成树脂、溶剂、磁漆等）的设计；计算机配色；试验数据的处理和分析；计算机在涂料测试技术中的应用；涂料生产厂的设计和生产自动化控制；涂装系统的设计与自动化控制等。本节只对计算机在磁漆、溶剂的配方设计和计算方面的应用作简介。

（1）漆用溶剂的配方设计与计算　前面已经说过，假设漆用混合溶剂是由几种溶剂配合而成的，则该混合溶剂的溶解度参数可近似地用各组分的溶解度参数及其体积分数的乘积之和来表示。

从使用的角度来看，漆用混合溶剂的溶解度参数一般还应满足 $\delta_m \geq 9$，同时还应根据所用树脂（漆基）的性质来调整混合溶剂的组成，使其溶解度参数和树脂的溶解度参数相适应。此外，还要考虑溶剂的极性、氢键结合指数、挥发速度和时间以及溶剂的成本和环境保护等。

（2）涂料的配方成本计算　按照初步设计的涂料配方，将反映涂料组成的限制条件（如临界颜料体积浓度、各原料的密度和价格、最高原料成本费等）所构成的数学关系建立联立方程组，把相应的数理关系和数据输入计算机，利用线性回归分析，取偏微分求极值，即可获得最经济和性能最佳的涂料配方。计算机运算顺序一般如下：

① 在给定的配方下，计算出涂料的诸常数及生产成本；

② 在已知部分常数的情况下，求出满足某些条件的配方；

③ 在已知部分常数的情况下，调整颜料种类和用量上的错误；

④ 引入生产过程中的批量、损失、流向等数据，综合调整，优化求解出最佳性价比配方。

7.5.2　提高涂料应用性能的通用措施

在本书 6.3.4 节中已对改善胶黏剂性能，包括胶黏强度、耐热性、耐寒性、耐酸碱性、阻燃性、耐水性和耐老化性的途径有过介绍，那些措施同样能用来提高涂料的相关性能，因而此处无需重述。

7.5.3　水性涂料的配方设计

在 7.1.2"涂料产品的技术特点及其发展概况"中，我们知道涂料的发展以高固体分、水性化、粉末型、辐射快速固化 4 种趋势为主导，就连接料成膜树脂而言，其水溶性和固化后的耐水性是紧密相随的矛盾的两个对立面，解决办法就是在树脂分子中引入极性基团和可交联基团。从配方设计的角度则要选择具有合适分散性的漆基乳液（而非水溶液）。

7.5.3.1　水性木器涂料的成膜助剂

形成乳液或分散体的聚合物通常具有高于室温的玻璃化温度，为了使乳液粒子很好地融合成为均匀的漆膜，必须使用成膜助剂以降低最低成膜温度。成膜助剂是一类低分子有机化合物，存在于漆膜中的成膜助剂最终会逐渐逸出并挥发掉，即成膜助剂是涂料 VOC 的重要来源，因此成膜助剂用得越少越好。选用成膜助剂要优先考虑不属于 VOC 限制范围，但挥发性不能太慢、成膜效率要高。成膜助剂的量取决于配方中乳液或水分散体的用量和玻璃化温度。乳液或水分散体用量大以及聚合物的 T_g 高，成膜助剂的用量也要大，反之用量少。配方设计时，首先考虑成膜助剂占乳液的或水分散体的 3%～5%，或占乳液或分散体固体分的 5%～15%。但是，对 T_g 超过 35℃ 的聚合物乳液，则要提高成膜助剂的用量才能保证低温成膜的可靠性，这时应逐渐提高成膜助剂的用量，直至低温（10℃左右或更低）涂装能形成不开裂、不粉化的均匀漆膜为止，找出成膜助剂的最低用量。成膜助剂的用量达到乳液或分散体的 15% 或者更高是不可取的，应考虑更换其他成膜助剂。除降低最低成膜温度和提高漆膜致密性外，成膜助剂还能改善施工性能，增加漆的流平性，提高漆的贮存稳定，特别是低温防冻性。

成膜助剂有一个与树脂体系的相容性问题，在一个体系中很好的成膜助剂在另一种水性漆中可能造成体系不稳定，或者起泡严重，或者重涂性不良。配方设计时要充分考虑到这一点，并且通过试验选取最佳成膜助剂及其用量。如水性木器涂料的成膜助剂一般为醇醚类型的溶剂，最为常用的是二乙醇醚类、丙二醇醚类以及 N-甲基吡咯烷酮等，并有高、低沸点之分。水性木器涂料在夏季施工时，水分挥发较快，即表干相对过快，有部分水分可能会在未干透之前封闭在涂膜内，导致涂膜发白或是流平不好的弊端。因而，可通过添加少量适当而合适的高沸点溶剂来延缓涂膜的干燥速度，延长涂膜的开放时间，改善其施工性能和涂膜外观。在冬季里，由于气温较低，水性木器涂料的干燥速度较慢，也即水的挥发较慢，但成膜助剂相对比水挥发快一些，或许部分与水一起蒸发，使水性木器涂料不能形成致密的涂层，导致水性木器涂料的涂膜存在发白和开裂的现象。所以添加成膜助剂时，一定要考虑克服水性木器涂料在不同季节的施工性，同时还要考虑其尽可能干燥速度快一些，这也是水性木器涂料配方设计的最关键技术，对 T_g 较高的聚丙烯酸类分散体尤为明显。因此，采用多种成膜助剂协同搭配是最好的选择。

7.5.3.2　水性环氧树脂地坪涂料

在设计水性环氧树脂地坪涂料配方时需考虑 3 个因素：一是环氧树脂与水性环氧固化剂的当量比；二是颜填料的选择；三是助剂的选择。

环氧树脂与水性环氧固化剂的当量比是首要因素。这是因为水性环氧树脂涂料的类型不同而有较大差异：对于用水性环氧固化剂直接乳化低分子量的液体环氧树脂的Ⅰ型水性环氧树脂体系，由于体系中具有表面活性作用的链段较高，适当提高两者的当量比，可明显改善涂膜的耐水性和硬度，一般控制比理论值高 5%～10% 的范围内。对其他类型的水性环氧树脂体系，若适当增加环氧树脂的用量，则有助于提高涂膜的耐水性和耐腐蚀性，这是因为环氧树脂是亲油的，而水性环氧固化剂的亲水性较强，适量减少水性环氧固化剂就可提高该体系的亲油性。在某些情况下若采用环氧固化剂过量，则有助于提高涂膜的固化速度和交联密度，从而有利于提高涂膜的耐溶剂性、耐污染性、附着力、干燥速度等，关于这一点可根据具体应用场合加以调整。

要根据水性环氧树脂涂料的应用要求来选择恰当的颜填料。对耐酸碱介质的场合，可采用氧化铁红和沉淀硫酸钡等颜填料；对于有耐光和耐热要求的场合，可采用氧化锌、云母和氧化铁等颜填料；若要增加涂膜的耐化学药品性和提高其力学性能，则应选择云母和滑石粉类的填料。当然，考虑到水性环氧固化剂呈弱碱性，应避免采用酸性的颜填料，避免两组分混合后出现破乳和分层情况。水性环氧树脂涂料是双组分涂料，颜填料既可加到环氧树脂乳液组分中，也可以加在水性环氧固化剂组分中，但为了使用方便，应使加入颜填料后的两个组分的当量比较为接近。

助剂是水性环氧树脂涂料生产、贮存及施工过程中不可缺少的组分之一，应充分利用各种助剂对涂料以及最终涂膜性能的作用，有针对性地选用各种助剂。水性环氧树脂涂料应选用的助剂有成膜助剂、消泡剂、分散剂、流变调节剂等，具体选择时应考虑与水性环氧树脂体系的相容性，避免出现凝胶和涂膜浮油等缺陷。

水性环氧地坪涂料的配方举例如下。

	原料名称	质量份
组分一	环氧树脂 DDR331	90～95
	共溶剂	1～5
组分二	水性环氧固化剂 GCA01	20～25
	水	40～50
	抑泡剂	0.1
	钛白粉	5～10
	颜填料	145～175
	水性环氧固化剂 GCA01	115～125
	增稠剂	1～2
	消泡剂	0.3～0.5

水性环氧地坪涂料的配制工艺为（主要是组分二，组分一是树脂与共溶剂的简单混合）：

（1）将水性环氧固化剂 GCA01、水和少量抑泡剂加到料桶中，搅拌直至水性环氧固化剂 GCA01 分散均匀；

（2）在中速搅拌下加入钛白粉和各种颜填料，先高速分散 10min，然后进行砂磨，直到细度小于 50μm 为止；

（3）过滤后在中速搅拌下缓慢加入水性环氧固化剂 GCA01，加完后再搅拌 15min；

（4）用增稠剂调节色漆黏度，并在低速下加入消泡剂，搅拌 5min 后进行包装。

7.5.4　粉末涂料的配方设计

重防腐涂料是一种在严酷的腐蚀环境下能长期有效使用的涂料，为了达到重防腐的目的，一方面需要涂层的厚膜化，另一方面对涂料基体树脂与助剂选用、基材的表面处理与涂装施工、维护要求也十分严格，这类涂料以前多采用液体涂料，通常需要多道涂装才能达到要求。近年来，粉末涂料以其安全高效、无污染等特点在重防腐领域特别是管道重防腐方面所占比重越来越大，从最初的石油天然气管道防腐扩大到城市地下污水管网防腐，乃至小口径的自来水管道涂装。除管道外，建筑钢筋、钢缆的防腐涂装也正在兴起；其涂装方式有高压静电喷涂、流化床涂装与真空吸涂等方式。重防腐粉末涂料从原材料生产到粉末制造、喷涂应用的产业链正在形成。重防腐粉末涂料的发展，应用领域的扩大，也给原材料生产与粉末配方的设计提出了许多新的要求，单一的粉末配方无法满足不同应用的需求，因此必须不断开发新的材料与配方技术。

7.5.4.1　重防腐粉末涂料用环氧树脂与固化剂的选择

环氧树脂由于分子结构中大量的苯环、醚键、羟基结构对基材特别是金属基材具有优异的附着力，耐热、耐化学腐蚀，形成的涂层具有优异的机械强度，如硬度、耐冷热冲击与机械冲击等性能。此外，环氧树脂与固化剂的多品种可组合成多样化的粉末涂料配方体系，给满足各种要求复杂的使用场合提供了多种选择，上述优点使环氧树脂成为重防腐涂料的首选树脂。

环氧树脂品种很多，但由于重防腐粉末涂料生产工艺性要求的限制，在品种选择上不如液体涂料广泛，除了上述化学性能要求外，还应考虑粉末涂料制造的工艺性，既要求固化物的机械与耐化学性能，还要求环氧树脂在室温下是稳定的固体，以利于粉末涂料的贮存稳定，不容易结块；随着粉末涂料向低温快速固化方向发展，一方面要求环氧树脂与固化剂应有较高的反应活性，但另一方面则要求在粉末挤出温度条件下树脂与固化剂基本为化学惰性或反应程度很低，否则，如在挤出过程产生凝胶粒子，势必影响粉末涂料的流平与固化。这些要求使得重防腐粉末涂料所能选择的环氧树脂与固化剂比液体涂料要少得多。目前重防腐粉末涂料所采用的环氧树脂主要为中分子量的双酚 A 型环氧树脂 E-12 与/或酚醛环氧树脂，但 E-12 型环氧树脂只在分子结构的两端有环氧基，为了得到好的韧性与较高的软化点，如果树脂的环氧值较低，固化产物交联密度低，会引起固化膜的耐化学性能与耐热不够好，涂层硬度、耐磨性及附着力也不够好。酚醛环氧树脂分子结构中可有多个环氧基，固化产物的交联密度与芳香环密度都比较高，涂膜的硬度与耐热性、耐磨性、耐化学腐蚀性及对基材的附着力都比较好，因此，国外在设计重防腐粉末涂料配方中多选择酚醛环氧树脂。但全部采用酚醛环氧树脂特别是当酚醛环氧树脂环氧值较高时，可能导致固化物脆性大，低温弯曲与冲击性能较差，因此，在酚醛环氧树脂中加入部分双酚 A 型环氧树脂，有助于提高其耐低温性能，混合比例一般为酚醛环氧/双酚 A 环氧在 80/20～20/80。对涂层性能的影响规律是：随酚醛环氧用量增加，涂膜附着力、硬度、耐化学腐蚀能力增加，但柔韧性、耐弯曲冲击性能下降，具体比例还与所选择的促进剂体系、颜填料种类与用量及涂膜所要求的最终性能有关。

除了环氧树脂外，固化剂的选择对粉末涂料的性能与工艺性有很重要的影响。与环氧树脂一样，能用于重防腐粉末涂料的固化剂比液体涂料要少得多，在装饰型粉末涂料中普遍采用的聚酯树脂固化剂，由于酯键的耐化学腐蚀较差及大分子芳香族羧基反应活性较低，不能满足快速固化要求。目前国内外所采用的重防腐粉末涂料固化剂主要是端羟基大分子聚合物型固化剂，如酚类与环氧化合物的加成产物、线型酚醛树脂等。这些大分子固化剂与环氧树脂具有相似结构，与环氧树脂相容性好，大分子结构使固化的粉末涂料有较好的柔韧性，但其弊端是反应活性较低，特别是在反应后期，体系黏度增加后，由于反应活性端基被卷曲包裹，很难参与反应。为了提高其反应活性，适应快速固化的要求，在固化剂结构设计中往往还加入一些小分子的羟基化合物与催化剂来提高反应速度。

7.5.4.2　环氧树脂与固化剂的用量比及固化条件设计

端羟基聚合物环氧固化剂中，分子结构中存在两种不同结构的羟基，一种是酚性羟基，另一种是环氧化物开环形成的醇性羟基,在固化物羟基测定时,所测试的羟基值是这两种羟基的总和。作为固化环氧树脂的活性基团,酚性羟基的活性远大于醇性羟基,前者在弱碱性甚至无催化条件下都可与环氧基顺利反应,而醇性羟基则需在强碱或强酸如路易斯酸催化条件下才能反应。目前粉末涂料所采用的是弱碱性的阴离子聚合型催化剂,在粉末涂料所要求的快速固化条件下醇性羟基很难参与反应,因此计算催化剂用量时只需考虑酚性羟基的反应即可。理论上酚羟基与环氧基的摩尔比为 $1:1$,而实际配方设计中固化剂的用量少于单位酚羟基的摩尔量,酚羟基/环氧基的摩尔比在 $0.6\sim0.9$。酚羟基用量少于环氧基的原因在于实际反应除了酚羟基化合物与环氧基的加成反应外,还存在所加入的阴离子聚合催化剂使环氧基的开环聚合,为了加快固化速度,加入的催化剂量较多,因此部分环氧基已经被阴离子聚合所消耗,并未参与加成反应,也就是说,实际的酚羟基消耗将小于理论值。酚羟基过多剩余,可能将带来不利的一面,如耐溶剂、耐化学性的降低。在重防腐粉末涂料的固化过程中,实际上存在着两种反应的竞争,增加阴离子聚合催化剂用量,固化速度加快,但阴离子聚合比例增大,本身柔性基团少,涂膜很容易发脆。而酚羟基化合物的加成反应速度明显低于阴离子聚合反应速度,因此,要使反应速度加快,必须提高反应温度,片面地降低反应温度,缩短固化时间将不利于涂膜的最终性能。

固化温度的确定除了可通过固化条件试验测定不同固化条件与涂层性能关系来求取最佳配方外,还可通过特定粉末的 DSC 固化曲线确定。由粉末涂料的等速升温固化曲线获得其固化起始温度、最高放热温度、固化终止温度与时间,并确定固化放热熔值大小,由动力学分析求出反应活化能与化学反应动力学常数,根据动力学方程求算出不同温度条件下,完成固化反应所需要的时间。还可推算在一定温度条件下某一时间段的固化反应率。目前,管道重防腐粉末涂料合适的固化条件在温度 $210\sim240℃$,时间 $1.5\sim2min$。

7.5.4.3 颜填料与其他助剂的选择

重防腐粉末涂料对涂膜的外观色泽要求不高,而对颜填料的耐化学性要求较严格,要求具有化学惰性。所用颜填料多为无机物,颜料如炭黑、氧化铁红,填料如硫酸钡、石英粉、硅灰石、高岭土、碳酸钙等。加入填料除了起降低成本的作用外,更多的是考虑降低涂层固化收缩,消除内应力,提高涂层硬度与抗划伤性。但加入填料过多,也可带来涂膜的冲击与低温弯曲性能下降、粉末的密度增大、喷涂上粉率降低。涂膜性能的好坏不仅与填料加入量的多少有关,还与填料的品种结构、颗粒形状、粒度与分布以及制粉过程中挤出分散效果有很大关系。有机高分子量环氧树脂与固化剂对无机填料的浸润性较差,填料表面经过活化处理,可大大改善润湿效果,增加二者的结合力。

重防腐粉末涂料对涂层表面的流平性要求不高,允许有轻微橘皮,能使用的流平剂与普通涂料的流平剂基本相同,一般控制少加,以免影响涂层的附着力。为改善抗弯曲效果,还可加入聚乙烯缩丁醛等助剂,同时也可起到流平作用。为消除填料带来的水汽等挥发物在烘烤过程中产生气泡,使涂层产生针孔,还加入少量安息香作为脱气剂。此外,为调节固化速度,还需加入一定的促进剂。

7.5.4.4 不同防腐层结构对粉末涂料配方要求的差异

目前地埋管道根据埋设点的地质条件及施工环境有三种防腐层结构方式,即单层 FBE、双层 FBE、三层 PE 结构,单层、双层均为环氧树脂,但单层一次涂装厚达 $350\mu m$,综合性能要求高,要求涂层附着力、冷弯、冲击、耐化学等性能好,固化温度较高,速度要求快,涂装作业相对简单,使用也最广。双层 FBE 涂装喷枪的先后位置有差异,里层固化速度可稍慢于外层,里层附着力要求高,防腐性能好,外层机械强度要求高,耐磨、耐冲击、抗划伤。三层 PE 结构只有里层是环氧树脂,外层是聚乙烯带,中间是胶黏剂,用于黏结环氧与聚乙烯，里层环氧层要求附着力高、防腐性能好、固化速度须与中层胶黏剂层匹配，固化速度慢于单层与双层结构。根据其各自要求不同，在粉末配方设计时侧重点也有所不同，单层配方固化速度要快，能适于高温固化，不易氧化黄变，外层无保护层，要求其韧性好，耐冷热冲击与机械冲击，应选择韧性稍好的环氧树脂与固化剂；双层粉末主要是要求外层有较好的抗划伤性、耐磨。一方面可选择硬度较高的酚醛环氧树脂及高硬度填料，如活性硅微粉等，另一方面也可使涂层具有硬弹性、韧性好，抵抗变形能力强。相比之下，三层 PE 结构防腐由于有聚乙烯层保护，对环氧层机械强度的要求比前两者低，主要应注意固化速度的适宜及涂层的附着力，在配方设计时可适当增加交联密度，提高附着力，所需促进剂的量可适当减少。

7.5.5　建筑外墙涂料的配方设计

外墙涂料发展的方向就是开发"三高一低"性能，这里的"三高一低"指的是高耐候性、高耐沾污性、高保色性和低毒性，这些性能是一般建筑尤其是高层建筑对所用涂料的基本要求。

国外的住宅一般在 2～3 年便要复涂一次，因此，对涂料的耐候性要求并不是太高。而我国的传统习惯，则希望建筑物的外墙装饰持久性越长越好，一般的也要能保持在 8～10 年以上，显然，两者之间存在着很大的差异。就建筑业目前发展的趋势来看，外墙涂料的耐候性如果要保持在 8～10 年以上，也就是说该涂料必须是通过相当于标准人工加速老化实验≥1000h 的涂料，才能满足外墙装饰的需求。

对于建筑外墙涂料，一般需要具有高附着力、高保光保色性、高户外耐久性、耐碱性、耐沾污性、高抗粉化性、耐刷洗性、抗墙体开裂性等要求。

典型的外墙白色涂料配方举例见表 7-10。

表 7-10　典型的外墙白色涂料配方举例

原料组成	质量/g	体积分数/%	功　用
羟乙基纤维素	3.0	0.26	增稠剂
乙二醇	25.0	2.65	冻融稳定剂
水	120.0	14.4	溶剂
Tamol 960	7.1	0.67	阴离子分散剂
三聚磷酸钠	1.5	0.07	分散
Triton CF-10	2.5	0.28	非离子表面活性剂
Colloid 643	1.0	0.13	消泡剂
丙二醇	34.0	3.94	冻融稳定剂
R-902 TiO_2	225.0	6.57	白色颜料
AZO-11 ZnO	25.0	0.54	灭藻剂
Minex 4 硅铝酸钾钠	142.5	6.55	惰性颜料
Icecap K 硅酸铝	50.0	2.33	惰性颜料
Attagel 水合硅铝酸钾镁	5.0	0.25	惰性颜料
用高速搅拌釜以 1200～1500r/min 分散 15min,然后慢速加入以下组分			
60.5% Phoplex AC-64	320.5	36.21	乳液
Colloid 643	3.0	0.39	消泡剂
Texanol 醇酯	9.7	1.22	成膜助剂
Skane M-8	1.0	0.12	灭藻剂
28%氨水	2.0	0.27	pH 调节剂
水	65.0	7.8	溶剂
2.5%Natrosol 250 MHR	125.0	15.15	增稠剂
总计	1167.3		

上述配方的基本参数如下：颜料体积浓度（PVC）43.9％，体积固含量 37.0％，VOC 值（不包括水）93g/L，pH 值 9.5，初试黏度 90～95KU，动力学黏度 0.1～0.12Pa·s。

配方设计说明如下。

本涂料是为外墙中涂漆设计的，要求对底漆和面漆的附着力都要好，可以是低光泽的，因而设计其颜料体积浓度（PVC）为 43.9％，无需考虑其对比颜料体积浓度（Λ）。考虑到与底涂和面涂漆的附着力问题，选用 Rohm & Haas 公司生产的、牌号为 Phoplex AC-64 的甲基丙烯酸酯类共聚物乳胶液做主要成膜物，Texanol 做成膜助剂，可以降低最低成膜温度（MFT）。选用三聚磷酸钠、Tamol 960 和 Triton CF-10 做颜料分散剂，HEC 用来增加外相黏度和涂料的黏度控制剂，乙二醇和丙二醇做冻融稳定剂，TiO_2 提高漆膜白度，用量控制在 18％以内限制成本，ZnO 起防藻作用。由于水的表面张力较大，其体系容易起泡，故要加入 Colloid643 做消泡剂，最后用 28％的氨水调节涂料体系的 pH 值至 8～9。

乳胶漆的组分较多，加上是水性体系，稳定性差。其配方设计的顺序如图 7-61。

| PVC 水平确定 | → | 选择乳液品种 | → | 选择助剂 | → | 拟定色浆配方 | → | 调整控制 VOC 含量 | → | 拟定漆料配方并试验 |

图 7-61　乳胶漆配方设计的顺序

7.5.6　防锈漆的配方设计

防锈漆主要对金属工件表面起防护作用，要求漆膜具有结合力强，耐候性好，对水汽、氧、酸碱等介质有强的抗渗透作用。主要种类有酚醛树脂漆、环氧树脂漆、聚氨酯漆、过氯乙烯树脂漆、有机硅树脂涂料等类型。

影响漆膜防锈效果的主要因素有漆膜的水、氧、离子渗透性，吸水性，附着力，耐碱性，漆膜电阻和漆膜厚度等，设计配方时必须综合考虑。

（1）对水和氧的透过性　漆膜对水分子和氧的透过性与漆膜本身的分子结构有关，下列情况渗透性大：分子中存在极性基团，如分子链中含有氨基、羧基、羟基、酯基和缩醛基等，或成膜后交联不完全；含有较多的双键结构；挥发后漆膜中成膜物质呈纤维状无规则不定向排列；高分子成膜物质有较大的侧链基团且缺乏对称性。

（2）吸水性　漆膜吸水是漆膜防锈能力下降的开始，吸水引起漆膜膨胀，失去附着力，导致起泡和锈蚀。一般漆料中含亲水基团多，交联度低，吸水率就高。化学交联的漆膜吸水率低。

（3）漆膜电阻与离子渗透性　一般漆膜电阻应大于 $10^6\Omega$。漆膜电阻与离子渗透性与漆膜的吸水性和针孔等有关，可通过颜料配合来降低这种影响。

（4）耐碱性　如果漆膜易受碱的皂化，则迅速起泡和破坏，可通过漆膜在碱性溶液中测定其电阻值考察其碱性，其优劣次序为：聚酯＞聚氨酯＞环氧-聚酰胺＞环氧＞酚醛-醇酸＞醇酸二亚麻油＞油基清漆。与颜料配合可能有不同的结果，如与红丹配合、使树脂生成金属皂而提高耐碱性。

（5）附着力　漆料的极性越大，附着力越强；黏结料树脂与颜填料间充分湿润以及涂料的流变性好时，漆膜附着力大；金属表面喷砂处理也可提高漆膜对基体的结合力。

（6）漆膜厚度与涂装道数　一般漆膜的涂装厚度与金属表面的粗糙度有关，漆膜厚度应三倍于金属表面的粗糙度。

（7）颜料与体质颜料　在防锈漆中防锈颜料用量多则效果好。但防锈颜料的价格高，所以，要选用一定的体质颜料相配合以降低成本，同时可提高漆膜的附着力、抗起泡性、抗沉降性、耐候性等。一般在防锈漆的配方中，防锈颜料的体积应占颜料和体质颜料总体积的

40％以上，如果防锈性要求较高，在防锈漆所确定的颜料体积浓度下，体质颜料占总颜料体积的30％左右。

（8）颜料体积浓度　颜料体积浓度对于防锈漆的效果有重要的作用。在临界体积浓度以下时，防锈漆性能会随颜料体积浓度的增加随之增加，但当超过临界值时，防锈性急剧下降。所以一般要低于临界颜料体积浓度。一般认为防锈漆的颜料体积浓度应在30％以上，以33％～35％为最适宜，对于含铅的防锈漆，则采用35％～40％的颜料体积浓度。

思考题与练习

1. 涂料的组成成分主要有哪些？

2. 举例说明醇酸树脂的合成方法。

3. 什么是油度？油度对醇酸树脂性能有何影响？

4. 什么是羟值？羟值对醇酸树脂性能有何影响？

5. 有哪些方法可改性制备水性醇酸树脂涂料？

6. 丙烯酸树脂涂料有哪些种类？各有什么特点？热固性丙烯酸树脂涂料有哪些单体和交联剂？

7. 写出合成聚氨酯的基本化学反应式。合成聚氨酯有哪些单体？

8. 什么是环氧树脂涂料？举例说明环氧树脂的合成方法。

9. 环氧树脂涂料有哪些固化方法？

10. 水性涂料有何优点？聚氨酯水性涂料及水性环氧树脂涂料分别是如何制备的？

11. 对涂料的发展趋势谈谈你的看法。

12. 简述涂料的分类。

13. 涂料的组成物质有哪些？

14. 何谓体质颜料？常用的体质颜料有哪些？

15. 举例说明有哪两类防锈颜料？

16. 在溶剂型涂料中，为什么溶剂、助溶剂及稀释剂应搭配使用？

17. 对水性涂料的性能要求有哪些？

18. 简述水性涂料的生产过程。

19. 简要说明涂料生产过程包括哪些基本步骤？

20. 涂料的作用有哪些？

21. 简述涂膜的固化机理。

22. 常用的涂料有哪些？

23. 涂料检测的基本指标有哪些？

24. 一般建筑用涂料有哪些？

第8章 计算机辅助配方设计

8.1 概述

8.1.1 配方试验设计的概念及其实施

在工农业生产、科学研究和管理实践中，为了设计、研制、开发新产品，更新老产品，降低原材料、动力等消耗，提高产品的产量和质量，做到优质、高产、低耗，提高经济效益，都需要做各种试验。试验设计的目的是为了获得试验条件与试验结果之间规律性的认识。一个良好的试验都要经过三个阶段，即方案设计、试验实施和结果分析。在方案设计阶段，要明确试验的目的，即明确试验达到什么目标，考核的指标和要求是什么，选择影响指标的主要因素有哪些以及因素变动的范围（即水平多少）怎样，制定出合理的试验方案（或称试验计划）；试验实施阶段是按设计好的方案进行试验，获得可靠的试验数据；结果分析阶段是采用多种方法对试验测得的数据进行科学的分析，确定所考察的因素哪些是主要的，哪些是次要的，并选取优化的生产条件或因素水平组合，确定最好的生产条件。

经济发达国家的产品有很强的竞争力，与他们十分重视试验设计技术是分不开的。第二次世界大战后，日本经济飞速发展成为经济大国的重要原因之一，被公认为在工业领域里普遍应用试验设计技术。实践表明，试验设计在工农业生产、科学研究和经营管理中得到广泛应用，给企业和社会带来极大的经济效益和社会效益。

8.1.1.1 试验设计的概念

凡是试验，都存在着如何安排试验方案，如何对试验结果进行科学的分析（不是简单的对比），即解决试验设计的方法问题，也是生产、科研工作者经常遇到的现实问题。如何安排试验是一门大学问，如何科学地组织试验，包括许多环节：选题、精心挑选要考察的因素及其变化范围、如何决定因素的水平以及做试验的水平组合、试验中技术细节和组织工作等等。这些环节，有的属于管理科学，有的需要数学和统计学的方法来设计试验方案，如果试验方案设计正确，就能够以较少的试验次数、较短的试验周期、较低的试验费用得到满意的结果；相反，若试验安排得不好，试验次数既多结果又不理想。所以，在试验之前必须好好设计一番。按照预先"设计"好的方案进行，可以最大限度地节约成本，缩短试验周期，同时又能迅速获得明确可靠的结论。再者，通过对试验结果的科学分析，能够迅速得到正确的结论和较好的试验结果，可以帮助人们了解矛盾各方面的地位以及矛盾的具体相互关系，掌握内在规律，得到明确的结论。反之，试验结果分析不当，也会平白增加试验次数，延长试验周期，造成人力、物力和时间的浪费，甚至造成试验全盘失败。因此，如何科学地进行试验设计以及如何对试验结果进行科学分析是非常重要的问题。

试验设计，顾名思义，研究的是有关试验的设计理论与方法。通常所说的试验设计是以概率论、数理统计和线性代数等为理论基础，科学地安排试验方案，正确地分析试验结果，尽快获得优化方案的一种数学方法。必须指出，试验设计是否科学，是否经济合理，能否取得良好的效果，并非轻而易举能够得到的，只有试验参加者具备有关试验设计领域的理论基础和知识以及方法、技巧才能胜任这项工作。此外，搞好试验设计工作还必须具有较深、较广的专业技术理论知识和丰富的生产实践经验。因此，只有把试验设计的理论、专业技术知识和实际经验三者紧密结合起来，才能取得良好的效果。

在科学实验中，我们遇到的实际问题都是比较复杂的，包含有多种因素，各个因素又有不同的状态，它们对实验结果的影响互相交织在一起。为了寻求合适的生产条件，就要对各种因素以及各个因素的不同状态进行试验，这就是多因素的试验问题。试验设计能从影响试验结果的特性值（指标）的多种因素中，判断出哪些因素显著，哪些因素不显著，并能对优化的生产条件所能达到的指标值及其波动范围给出定量的估计，同时，也能确定各个因素的最佳水平组合或生产条件的预测数学模型（即所谓经验公式）。因此，试验设计适合于解决多因素、多指标的试验优化设计问题，特别是当一些指标之间相互矛盾时，运用试验设计技术可以明了因素与指标间的规律性，找出兼顾各指标的适宜的生产条件或优化方案。统计试验设计的方法很多，如单因素试验、多因素试验、随机区组试验、不完全区组试验、拉丁方试验、正交试验设计、信噪比试验设计、产品的三次设计、调优试验设计、最优试验设计、稳健试验设计、均匀试验设计、回归正交试验设计、回归旋转试验设计、混料试验设计等，其中析因试验设计、分割法设计、正交试验设计是最基本和最常用的。每一种方法，有其特定的统计模型，统计学家要论证该方法在该统计模型下的优良性。这些内容形成了"统计试验设计"这个分支，迄今已有八十多年历史。

在进行试验设计时，需要明确以下基本概念。

（1）特性值　通常，人们把各种事物与现象的性质、状态称为特性，把表现质量的数据称为质量特性值，简称特性值。特性值应该具有单调性和可测量性，并能反映试验设计的目的。按特性值的性质可分为三类：计量特性值（可连续变化取值），计数特性值（仅能离散取值）和0、1数据（只能用1和0表示"合格"、"不合格"或"正品"、"次品"）等。

（2）试验指标　在试验设计中，根据试验目的而选择的、用来考察试验效果的特性值称为试验指标。试验指标可分为数量指标（如重量、强度、精度、合格率、寿命、成本等）和非数量指标（如光泽、颜色、味道、手感等）。试验设计中，应尽量使非数量指标数量化，这样才有利于设计参数的计算与分析。试验指标可以是一个，也可以同时是几个，前者称单指标试验，后者称多指标试验。不论是单项指标，还是多项指标，都是以试验目的为主确定的，并且要尽量满足用户或消费者的要求。指标值应从本质上表示出某项性能，不能用几个重复的指标值表示某一性能。

（3）试验因素　对试验结果特性值（试验指标）可能有影响的原因或要素称为试验因素，简称因素。有时也叫因子，它是在进行试验时重点考察的内容。因素有各种分类方法，最简单的分类是把因素分为可控因素和不可控因素。电子产品的电容量、电阻值，机械加工中的切削速度、走刀量、切削深度、化工生产中的温度、压力、催化剂种类及用量等人们可以控制和调节的因素，称为可控因素；试验的环境条件如气温、湿度等，使用条件，如电压、频率、转速，机床的微振动，刀具的微磨损，不同的操作者、不同的原料批号、不同的班次、不同的机器设备等人们暂时不能控制和调节的因素，称为不可控因素。不可控因素又分为标示因素、区组因素、信号因素和误差因素。试验设计中，一般仅对可控因素进行试验考察。

（4）因素的水平　试验设计中，选定的因素所处的状态和条件的变化可能引起试验指标的变化，我们称各因素变化的状态和条件叫做水平或位级。在选取水平时，应注意以下几点。

① 水平宜选取三个以上的位级，因为三水平的因素试验结果分析的效应图分布多数呈二次函数曲线，而二次曲线有利于观察试验结果的趋势，这对试验分析是有利的。

② 水平位级最好取相等的间隔，水平的间隔宽度是由技术水平、技术知识范围所决定的。水平的等间隔一般是取算术等间隔值，在某些场合下也可取对数等间隔值。

③ 所选取的水平应是具体的，指的是水平应该是可以直接控制的，并且水平的变化要能直接影响试验指标发生不同程度的变化。

（5）试验误差　试验过程中，由于环境的影响，试验方法和所用设备、仪器的不完善以及试验人员的认识能力所限等原因，使得试验测得的数值和真实值之间存在一定的差异，在数值上即表现为误差。虽然理论上可将这种误差控制得越来越小，但始终不可能完全消除它，即误差的存在具有必然性和普遍性。误差按其特点与性质可分为：①系统误差；②偶然误差；③疏忽误差三种。

为了将控制误差在可接受的范围内，获得接近试验指标的真值，英国统计学家费歇尔（R. A. Fisher，1890—1962）提出了误差控制的三原则。

① 重复原则　重复是指对某一观测值在相同的条件下多做几次试验，相同水平试验指标平均值的"误差"随着重复次数的增加而减少。

② 随机化原则　所谓随机化，就是对因素水平排列的顺序以及试验实施的顺序按照随机化原则来安排。执行这一原则，可以减少误差，估计试验误差，提高试验的可靠性和再现性。

③ 局部控制原则　局部控制原则是为了消除试验过程中的系统误差对试验结果的影响，将试验对象按照某种分类标准或某种水平加以分组或分层，在同一组内的试验尽量保持接受同样的影响，以尽量减少组内的差异。

费歇尔（Fisher）三原则及其作用和相互关系如图 8-1 所示。

优选法是一种多、快、好、省的科学试验方法，特别是对单因素试验效果尤为显著。应用优选法有一个前提，那就是已经明确哪个因素是主要因素，然后再对该因素进行优选。但是在很多试验中，事先并不知道哪些因素对指标有影响，哪些因素对指标没有影响或影响不

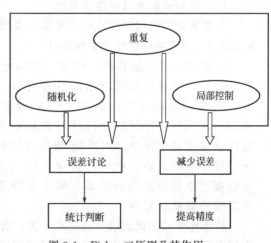

图 8-1　Fisher 三原则及其作用

367

大；需要在一大堆因素中挑选出主要因素与次要因素，这时应用试验设计法（有人亦称之为多因素优选法）更为合适。试验设计法是制定试验方案及分析试验结果的有力工具，它所要解决的问题是多因素条件试验。对于多因素条件试验，试验设计法可以判明哪些因素影响显著，哪些影响不显著，进而找出最好的因素水平组合。这种方法也适合于解决多因素、多指标优选问题；特别是当一些指标之间互相矛盾时，应用试验设计法可以了解因素与指标之间的规律性，兼顾各指标找出最合适的生产条件。一般将试验中欲考察的因素称为因子，每个因子在考察范围内选择若干个试验点等级，这些等级称做水平。如果考察的因素在试验中相互没有影响，则称因子没有交互作用。如果考察的因素在试验中相互有影响，则称因子间有交互作用，试验设计时要根据所要考察的因素多少和因素之间的关系选择不同的设计方法。

8.1.1.2　试验设计的实施

试验设计法是一种安排试验及分析所得数据并得出结论的方法。一般性地叙述是没有意义的，对于实际问题只有经过具体的思考、施行才能获得正确的结论。在进行试验设计之前需要进行以下工作。

(1) 明确试验目的

① 无论是在实验室还是在现场都先要明确希望了解什么；

② 决定试验的大致规模；

③ 决定目标的特征值。

(2) 收集、整理、研究与本试验有关的情报

① 了解过去曾进行过的与此有关的试验，其试验方法及结果如何；

② 用讨论的办法先做出可能的特性曲线图。

(3) 决定所要考察的因子及其水平

① 起初要提出很多因子，在重复试验的过程中将次要的淘汰，把主要的集中起来；

② 选择水平的幅度过宽、过窄都不好，但最初还是宽一些为好；

③ 要探讨所提出的因子间有无交互作用；

④ 当两个因子 A 与 B 的交互作用大时，分别决定 A、B 的水平组合可能会不合适，最好把 A 与 B 的组合作为一个因子，对应于 A 的各水平来决定 B 的水平。

(4) 设计制定试验方案。

(5) 施行试验。

(6) 分析试验数据并得出结论。

从数据分析得出的统计结果要从专业知识的角度去考察、研究，最后得出结论。

8.1.1.3　计算机辅助配方试验设计

计算机是一种能自动、高速、准确地完成各种信息的存储、数字计算和控制处理功能的机器。随着计算机应用的日益普及，计算机辅助配方设计也得到了迅速发展。例如，利用 Foxpro 计算机语言、Excel 数据库软件等对精细化学品的配方进行检索、管理和利用；采用逐步回归分析法寻找精细化学品性能与其配方组分之间的关系，用等高线图法寻找精细化学品中性能-价格（原料成本）比最优的配方，用线性规划法设计复配型化学品配方研究的设计方案，用二次或高次回归、逐步回归、模式识别等方法建立性能与组分变量间的关系，确定和筛选各种影响因素的主次顺序，用计算机处理配方组分和数据计算等。

精细化学品的组成成分高达几十种，各个组分的用量多少以及它们用量变化的相互影响更加突出，因而，对配方试验结果的研究更需要采取多因子、多水平并且考察多种交互作用

的数据处理，最好运用逐步回归与/或模式识别等方法按对目标函数的影响程度对因子进行甄别，明确主要因子，剔除不重要的因子，使试验指标与因素水平间数量关系式（模型式）得到简化，准确而实用。

8.1.2 计算机辅助配方设计的发展

1958 年，美国就实现了用电子计算机模拟配方，开创了计算机在涂料工业中应用的先河。20 世纪 60 年代后期起，计算机的软、硬件技术飞速发展，应用日益广泛，目前已用于涂料的配色、色漆配方设计，黏合剂的配方优化，有机化合物合成方法的探索，涂料施工方法的设计、科研和生产管理，误差分析，情报检索，原材料组分、性能和用途，低温固化有机硅涂料最佳配方的选择等，前面所介绍的利用计算机对实验数据进行处理与分析的辅助配方研究也时有报道。

我国在 20 世纪 70 年代末期也开始将计算机应用于配方设计中，如用计算机进行醇酸树脂漆的组分计算，90 年代开始用计算机计算色漆配方、计算机辅助黏合剂配方设计与优化，以及利用计算机进行实验数据的数学模型化处理，回归分析建立产品性能与原料配方（组成及用量）的相互关系，通过聚类及模式识别排列影响因素的主次等，抓住主要影响因素来设计和调整配方。

21 世纪是高度信息化的时代，以 CD-ROM 为存储介质的大容量的原材料数据库的出现为各种复配型化学品配方优化设计提供了强有力的工具。ISO/9000 认证体系的推广与实施，对精细化学品工业的配方设计提出了许多严峻的问题，这其中的许多问题都与统计方法的应用有关。应用计算机及专用辅助设计软件系统进行配方设计和分析是一门把数理统计的分析方法、各种精细化学品组方理论和配制工艺学技术结合在一起的复合学科，因此，精细化学品的生产应该建立采用计算机优化配方设计的概念，充分利用计算机辅助设计技术，最终实现配方设计的人工智能化与网络化。

8.1.3 计算机在配方设计中的应用

计算机在配方设计中的应用，主要体现在三个方面。

（1）计算机辅助配方试验设计　这方面是利用正交试验设计、均匀设计或者其他系统设计原理，对实验方案（各因子的变化范围和水平等次组合）进行系统科学的设计，再对试验结果进行分析，包括直观分析、方差分析以及数学模型化处理，以提高实验结果的快速性、准确性。

（2）计算机辅助配方计算　主要是指对精细化学品配方中各组分用量进行自动计算，如利用密度值进行原料的体积和重量的相互换算，产品的体积份额构成计算，从而核定各种原料的消耗、各组分配比等工作，以提高配方计算的准确性，达到快速、精确地设计配方的目的。

（3）计算机辅助配方优化　科学发展的历程表明，一门科学，只有当它成功地运用数学的时候，才算达到完善的地步。配方最优化是配方研究追求的目标，利用数理统计的原理，用计算机进行回归分析，以寻找出试验结果（目标函数）与某个或多个因素间的对应关系。最常用的计算机辅助配方优化方法有逐步回归分析、多项式回归分析、模式识别等，它们能就各个因素对目标函数的影响程度大小进行排序和筛选，通过剔除不显著的因素使数学模型更精简实用。然后利用产品性能与原料成本的数学关系寻找最适宜的组成配方，配制出具有最优性价比的产品。

8.2 配方的最优化设计原理

8.2.1 配方最优化设计方法

配方优化设计方法很多，常用的有单因素优选法、多因素优选法、正交试验设计、线性规划和改进的单纯形法等。

8.2.1.1 单因素优选法

单因子优选法比较简单，是最基本的方法，也是各种优化方法的基础，特别是用来鉴定新材料或生产中原材料发生变化时只做少量的试验，通过图表直观比较就可以做出判断，数据易于处理，见效快。在实际应用时，应按因素对目标函数影响的敏感程度，逐次优选。常用的单因素优选法中，有适于求极值问题的黄金分割法（即0.618法）、分数法（裴波那契法）、爬山法、抛物线法以及适于选合格点问题的对分法等。

8.2.1.2 多因素轮流优选法

多因素轮流优选法的实质是每次取一个因素，按0.618法选优依次进行，达到各因素选优。第二轮起，每次单因素优选，实际只作一个试验则可比较。该法的试验次数也较多。

8.2.1.3 多因素综合优选法

在绝大多数的配方研究中，需要同时考虑两个或两个以上的变量因子对性能影响规律，这就是多因素配方试验设计问题。借助于统计数学的数理统计方法，可以克服传统试验设计法中试验点分布不合理、试验次数多、不能反映因子间的交互作用等缺点。属于这类方法的有：等高线图形法、正交试验法、正交回归实验设计、组合试验设计法、中心复合试验设计法、均匀设计法等。现代配方优化设计又提出了专家系统及模型辅助决策系统自组织原理等概念，并且将神经网络技术、Internet/Intranet等技术应用到多种精细化学品配方的设计与优化之中。

（1）正交试验法　正交试验设计是一种安排和分析多因子试验的数学方法，它是通过一套精心设计的、具有正交性、均衡分散和整齐可比特点的数表来安排各个试验点，而且每一个试验点都有很强的代表性。其特点是对各因素选取数目相同的几个水平值，按均匀搭配的原则，同时安排一批试验，然后对试验结果进行统计处理，分析出最优的水平搭配方案。分析的方法有简单的直观分析法和能够进行可靠性判断的方差分析法。配方设计中，正交试验法使用最多，其试验步骤如下。

① 明确试验目的，确定要考察的指标参数。

② 挑选对指标参数有影响的因素，确定各个因素的适宜水平，制定因素水平表。

③ 选择正交表

a. 根据水平数选择正交表类型；

b. 根据因素数（含交互作用）选择正交表大小。

④ 确定试验方案（表头设计）

a. 把各个因素依据是否考虑其交互作用选填上列；

b. 把各个因素的水平按正交使用表对号入座。

⑤ 试验实施　按照试验方案设计表随机选点进行试验。

⑥ 试验结果分析

a. 直观分析；

b. 方差分析。

（2）回归设计　回归设计又有回归正交设计（适宜于一次模型式）和回归旋转设计（适宜于二次以上的模型式）两类，它们能在性能预测和寻找最优配方的过程中排除误差干扰。

在进行回归试验设计时，首先必须根据实践经验和初步设想确定每个因素的变化范围，然后进行适当的线性变换，按相应的数表来安排试验；还必须在中心点做一些重复试验，以便确定回归方程拟合程度好坏的 F 检验。

（3）标准的中心复合设计　此法的基本思想是在二水平正交试验设计的基础上增添一部分与中心点等距离的星点和若干中心点进行试验，如果要采用回归法分析和处理试验数据时，其试验点个数应等于或大于回归方程中系数的个数。

（4）均匀试验设计　相对于正交试验设计法，均匀设计法不考虑"数据的整齐可比性"，只考虑试验点在试验范围内充分"均衡分散"，因此，均匀设计法有以下特点：

① 试验点在试验范围内分布得更均匀；

② 必须严格按照相应的均匀表来安排试验。

应用均匀设计安排试验的步骤如下：

① 选择因素以及因素的变化范围和水平；

② 选择合适的均匀设计表，并按照表的水平组合编制出均匀设计实验方案；

③ 用随机化的方法决定试验的次序，进行试验，记录对应的试验指标（目标函数）；

④ 进行试验数据的统计建模和统计推断；

⑤ 用④建立的模型求取各个因素的最佳水平组合和相应的预测值，如果因素的最佳水平组合不在试验方案中（通常情况都是这样），则必须做适当的追加试验对预测值进行验证。

（5）改进的单纯形法　线性规划的实质是线性最优化问题。当目标函数为诸变量的已知线性式，且在各个因子满足其某些线性约束条件（等式或不等式）时，求解目标函数的极值。它是最优化方法中的基础方法之一。改进的单纯形法可解一般线性规划问题，其优点是运算量较单纯形法小，适用面广，且便于用计算机计算。

8.2.2　配方最优化设计的原理及过程

计算机辅助配方最优化设计原理是应用数理统计理论进行试验方案的设计，从而使配方实验从原来的对实验结果的被动处理转变为通过实验方案的科学设计而进行数据的主动处理，达到可用计算机处理实验数据，根据回归分析建立变量与指标之间的数学关系的效果，采用最优化方法在配方体系中寻找最优解，从优化中得出最佳配方。进行配方的优化设计的一般步骤如下：实验优化设计（变量因子水平设计）→进行配方实验→建立配方的指标与变量之间的数学模型→配方最优化实施→验证实验结果→得到最优配方。

最优配方设计的关键是最优化方法的选择，它直接影响到最优配方的优劣。这些以数理统计和最优化方法为基础的计算机辅助配方设计与优化法具有如下特点：实验次数少，数据处理快，可求得最优的配方，节省经费。同时，该法在一定范围内可预测各变量因子不同水平下的配方特性，得出满足不同要求的配方。因此，计算机辅助配方设计具有重要的技术、经济意义。

8.2.3　最优化问题的分类

所谓最优化问题，就是在满足一定的约束条件下，寻找一组参数值，以使某些最优性度量得到满足，即使系统的某些性能指标达到最大或最小。最优化问题的应用可以说遍布工业、社会、经济、管理等各个领域，其重要性是不言而喻的。

从数学意义上说，最优化方法是一种求极值的方法，即在一组约束为等式或不等式的条件下，使系统的目标函数达到极值，即最大值或最小值。从经济意义上说，是在一定的人力、物力和财力资源条件下，使经济效果达到最大（如产值、利润），或者在完成规定的生产或经济任务下，使投入的人力、物力和财力等资源为最少。

用最优化方法解决实际问题，一般要经过下列步骤：①提出最优化问题，收集有关数据和资料；②建立最优化问题的数学模型，确定变量，列出目标函数和约束条件；③分析模型，选择合适的最优化方法；④求解，一般通过编制程序，用计算机求最优解；⑤最优解的检验和实施。上述 5 个步骤中的工作相互支持和相互制约，在实践中常常是反复交叉进行。

不同类型的最优化问题可以有不同的最优化方法，即使同一类型的问题，也可有多种最优化方法。反之，某些最优化方法可适用于不同类型的模型。最优化问题的求解方法一般可以分成解析法、直接法、数值计算法和其他方法。①解析法：这种方法只适用于目标函数和约束条件有明显的解析表达式的情况。求解过程是：先求出最优的必要条件，得到一组方程或不等式，再求解这组方程或不等式，一般是用求导数的方法或微分法求出必要条件，通过必要条件将问题简化，因此也称间接法。②直接法：当目标函数较为复杂或者不能用变量显函数描述时，无法用解析法求必要条件。此时可采用直接搜索的方法经过若干次迭代搜索到最优点。这种方法常常根据经验或通过试验得到所需结果。对于一维搜索（单变量极值问题），主要用消去法或多项式插值法；对于多维搜索问题（多变量极值问题），主要应用爬山法。③数值计算法：这种方法也是一种直接法。它以梯度法为基础，所以是一种解析与数值计算相结合的方法。④其他方法：如网络最优化方法等。

最优化一般可以分为最优设计、最优计划、最优管理和最优控制等四个方面。①最优设计：世界各国工程技术界，尤其是飞机、造船、机械、建筑等部门都已在设计中广泛应用最优化方法，从各种设计参数的优选到最佳结构形状的选取等，结合有限元方法已使许多设计优化问题得到解决。一个新的发展动向是最优设计和计算机辅助设计相结合。配方配比的优选方面在化工、橡胶、塑料等工业部门也得到了成功应用，并向计算机辅助搜索最佳配方、配比方向发展。②最优计划：现代国民经济或部门经济的计划，直至企业的发展规划和年度生产计划，尤其是农业规划、种植计划、能源规划和其他资源、环境和生态规划的制定，都已开始应用最优化方法。一个重要的发展趋势是帮助领导部门进行各种优化决策。③最优管理：一般在日常生产计划的制定、调度和运行中都可应用最优化方法。随着管理信息系统和决策支持系统的建立和使用，使最优管理得到迅速的发展。④最优控制：主要用于对各种控制系统的优化。例如，导弹系统的最优控制，能保证用最少燃料完成飞行任务，用最短时间达到目标；再如飞机、船舶、电力系统等的最优控制，化工、冶金等工厂的最佳工况的控制。计算机接口装置不断完善和优化方法的进一步发展，还为计算机在线生产控制创造了有利条件。最优控制的对象也将从对机械、电气、化工等硬系统的控制转向对生态、环境以致社会经济系统的控制。

最优化问题根据其目标函数、约束函数的性质以及优化变量的取值等可以分成许多类型，每一种类型的最优化问题根据其性质的不同都有其特定的求解方法。

最优化模型一般包括变量、约束条件和目标函数三要素。

① 变量　指最优化问题中待确定的某些量。变量可用 $x = T(x_1, x_2, \cdots, x_n)$ 表示。

② 约束条件　指在求最优解时对变量的某些限制，包括技术上的约束、资源上的约束和时间上的约束等。列出的约束条件越接近实际系统，则所求得的系统最优解也就越接近实际最优解。约束条件可用 $g_i(x) \leqslant 0$ 表示，$i = 1, 2, \cdots, m$，m 表示约束条件数；或 $x \in R$（R 表示可行集合）。

③ 目标函数　最优化有一定的评价标准。目标函数就是这种标准的数学描述，一般可用 $f(x)$ 来表示，即 $f(x)=f(x_1, x_2, \cdots, x_n)$。目标函数可以是系统功能的函数或费用的函数，它必须在满足规定的约束条件下达到最大或最小。最优化问题根据其中的变量、约束、目标、问题性质、时间因素和函数关系等不同情况，可分成多种类型（见表 8-1）。

表 8-1　最优化问题的分类问题性质

变量个数	变量性质	约束情况	极值个数	目标个数	函数关系	问题性质
单变量	连续 离散	无约束	单峰	单目标	线性	确定性 随机性
多变量	函数	有约束	多峰	多目标	非线性	模糊性

8.2.3.1　单目标最优化问题

配方最优化问题指的是在所考察的配方原料的用量范围内，通过调整各种原料的用量搭配，有效利用和强化它们之间的协同作用，降低其对立或削弱作用，使得产品的性能等指标达到最好。如果实验方案中只设立某一项试验指标，那么它就是单目标最优化问题。对于单目标最优化问题，同样可分为单因素变量的试验设计和多因素的试验设计。

8.2.3.2　多目标最优化问题

如果实验方案中设立了两项或者两种以上的试验指标，那么它就是多目标最优化问题。注意，这里所说的多项试验指标相对于配方原料用量的变化应该是能够定量表述的，波动的响应是各自独立的，有时候可能是此消彼长的。例如液体洗涤剂的去污力指标和成品黏度指标，磨具胶黏剂研究中的削铁量和脱砂量，橡胶配方研究中的抗张强度和断裂伸长率，各种配方产品的应用功能性指标和原料成本金额，等等。一般配方试验中考察的是配方因子的用量或者单价对配方产品各项性能的影响（函数关系），它是通过试验设计和回归分析得到的，属于多目标非线性规划问题。

多目标最优化问题的算法又大致可以分为两类：一类是直接算法；另一类是间接算法。所谓直接算法是指：像单目标规划那样，针对规划本身直接去求解。到目前为止，直接算法的研究还比较少，或者说只研究了几种特殊的算法，例如，单变量多目标规划算法、线性多目标规划算法以及可行集有限时的优序法等等。而间接算法则指：根据实际问题的实际背景和具体容许性，在某种意义下将多目标最优化问题化成单目标最优化问题来求解。如果细分还可以分成转化为一个单目标问题的求解、转化成多个单目标问题求解以及非统一模型来求解。这些算法所求的解依赖于构造单目标问题的方法，从而使得其具有一定的局限性。

对于一般的多目标规划来讲，其解法主要有以下几种：①线性加权和改变权系数的方法（这种方法只是从原则上给出求解多目标规划弱有效解集的一种途径，实际上实施起来是很困难的）；②合适等约束法（这种方法的基本思想是在多目标规划的约束集上再添加若干个等式约束，然后在新的约束集合上求解极小化问题；当求得的各个常数满足一定的条件时，所求得的最优解就是多目标规划的有效解。其实质是：逐步去掉不可能成为有效解的解，最后留下的就是有效解的全体）；③自适应法（这是一种求有效解的逼近算法）。

早期的多目标问题实质上都是将多目标优化问题转化成单目标优化问题，然后采用比较成熟的单目标优化技术来进一步地解决。这类方法主要有加权法、约束法、目标规划法等。因此，对于多目标最优化问题，可以通过对多个试验目标进行合理的组合（如求和、差、积、商、倒数、对数等运算）转化为单目标最优化问题。

8.3 计算机在配方设计中的应用

8.3.1 计算机辅助配方试验设计

8.3.1.1 计算机改变配方信息的获取与交换方式

近几十年里，精细化学品配方信息的建立不再只是依靠手工作坊式的配方拟定、混料、性能测试、功能评价等一系列烦琐、耗时且易出差错的过程，而是通过计算机进行收集、记录、归类分析，在设计配方之前，用计算机对比其异同，对各种组分及其用量开展初步筛选和设定。在公司内部或者技术合作者之间，也可以通过计算机或网络进行配方资料的交换和共享，以避免无效的重复，提高配方开发效率。

8.3.1.2 信息的存储方式

随着计算机的普及，存储配方信息的载体不再是难以管理的试验报告单等纸文档，而是便于查询存储的数据库等电子文档。将数据库与多媒体技术结合，开发出多媒体数据库，为使用户对产品的外观、性能及用途有更为形象的认识和了解，也可将图片、文字、配音解说等信息存储在数据库中，以供检索。近年里，开放式数据库（ODBC）技术支持网络链接，实现了信息资源的共享，从而为原材料供应商、设备制造商与配方设计者及用户之间的信息交流铺平了道路。

对于精细化学品生产过程的数据采集、自动控制数据的记录、性能测试结果，甚至包括生产线数据的动态控制与在线采集，都可以通过计算机及时自动完成。这些信息的准确存储为产品后续的升级换代、生产过程的技术改造留下宝贵资源。

随着涂料、油墨、化妆品、合成树脂、橡胶等精细化工配方机理的深入研究和新材料的不断涌现，充分利用新的计算机软件技术和 Internet 技术，构建适合涂料、油墨、化妆品、合成树脂、橡胶等精细化工工业特点的各种数据库，同时结合人工智能，实现信息的共享，开发基于 Windows 平台、支持网络功能的决策支持系统，将是 21 世纪精细化工配方设计的发展方向。例如，广东省某市于 2004 年将企业家配方实验设计软件（计算机辅助配方设计CAD 软件）的推广纳入政府科技计划项目，该软件包含精细化工领域的主要品种——涂料、油墨、化妆品、橡胶、合成树脂等的配方优化设计系统。

8.3.1.3 试验数据的处理、建模与优化

20 世纪 70 年代，美国新墨西哥大学计算机科学系主任 CleveMoler 为了减轻科技工作者的编程负担，用 FORTRAN 编写了最早的 MATLAB。1984 年由 Little、Moler、Steve Bangert 合作成立了的 MathWorks 公司正式把 MATLAB 推向市场。MATLAB 是矩阵实验室（Matrix Laboratory）的简称，是美国 MathWorks 公司出品的商业数学软件，用于算法开发、数据可视化、数据分析以及数值计算的高级技术计算语言和交互式环境，主要包括MATLAB 和 Simulink 两大部分。它主要面对科学计算、可视化以及交互式程序设计的高科技计算环境，将数值分析、矩阵计算、科学数据可视化以及非线性动态系统的建模和仿真等诸多强大功能集成在一个易于使用的视窗环境中，为科学研究、工程设计以及必须进行有效数值计算的众多科学领域提供了一种全面的解决方案，并在很大程度上摆脱了传统非交互式程序设计语言（如 C、Fortran）的编辑模式。

MATLAB 可以进行矩阵运算、绘制函数和数据、实现算法、创建用户界面、连接其他编程语言的程序等，主要应用于工程计算、控制设计、信号处理与通信、图像处理、信号检测、金融建模设计与分析等领域。它的应用范围包括信号和图像处理、通信、控制系统设

计、测试和测量、财务建模和分析以及计算生物学等众多应用领域。附加的工具箱（单独提供的专用 MATLAB 函数集）扩展了 MATLAB 环境，以解决这些应用领域内特定类型的问题。在精细化学品开发和配方设计过程中，我们可以很方便地利用它进行试验数据的处理、建模与优化，其中经常要用到的工具箱包括 MATLAB 主工具箱、图像处理工具箱、线性矩阵不等式工具箱、模型预测控制工具箱、优化工具箱、统计工具箱等等，实现平面与立体绘图、复杂函数的三维绘图、等高线绘制、数据拟合等试验数据的处理、建模与优化功能。

8.3.2 计算机辅助配方组分计算

用计算机辅助精细化学品配方的组分计算，我们以最常见的色漆配方组分计算为例进行说明。在设计色漆配方时，最重要的参数是颜料体积浓度，即 PVC。其中临界体积颜料浓度（CPVC）则是判别色漆性能是否会发生恶化的关键数据。过去在进行各种原料的配方设计时，一般都需要经过无数次试验，通过逐渐提高颜料体积浓度进行摸索，才能确定每种色漆的适宜 PVC 数据。根据 PVC 和 CPVC 理论，把色漆的遮盖力、固含量、光泽作为技术指标，以颜料和体质颜料的物性数据（遮盖力、吸油量、密度等）为参数，利用计算机计算出最高颜料体积浓度 PVC_{max} 和最低颜料体积浓度 PVC_{min}，然后在此范围内选择色漆的 PVC，计算出一系列可供选择的色漆配方。在针对某个（类）用户开发色漆产品时，就可根据用途和性能要求在其中挑选配方，只需做很少几次实验即可确定该色漆的配方，从而使配方理论对实践起到很好的指导作用，提高了实验的目的性，减少实验次数，使配方设计更科学化和精确化。

8.3.2.1 色漆 PVC_{max} 和 PVC_{min} 的确定

PVC 对调色的准确性有很大影响。通常情况下，高 PVC 漆由于体质颜料多，干膜与湿膜有很大色差，这是由于体质颜料在润湿状态下呈现半透明状态，而干燥时又呈现白色不透明的状态，具有一定的消色能力，从而冲淡颜色的鲜艳性及降低色彩的饱和度。另外，高 PVC 漆容易褪色和粉化，因此调色基础漆的 PVC 不宜过高。

在加入色浆后涂料的 PVC 会略有提高，并且不同的基础漆提高的程度也不同。

在色漆的配方设计中，首先应确定色漆的颜色以及配色所需的颜料种类。当色漆的颜料确定后，就可由配色原理、有关资料和实验小试确定配制目标颜色所需的各种颜料和它们的质量比。如果要改变色漆的遮盖力和光泽度等性能，只能通过改变体质颜料或树脂的质量来实现。如果体质颜料的加入量也不变，即颜料和体质颜料的质量同时保持不变，此时不管树脂的加入量如何变化（即色漆的 PVC 变化），所对应一系列配方的临界颜料体积浓度（CPVC）是一个定值。因为一个配方的临界颜料体积浓度取决于基料湿润颜料和填料的能力，相反，如果各种颜料的质量比不变而改变体质颜料的加入量，则相应的一系列配方的CPVC 也会随之改变。在设计色漆配方时，一般情况下体质颜料的加入量是未知的，因而不能预先确定配方的 PVC。以往更多地采用试探法，即根据给出的一组组分用量来计算其配方的 PVC。这样计算得到的 PVC 往往不是很恰当，需要进行多次无效的配方组分计算。

现在我们可以利用计算机来计算 PVC_{max}（即 PVC 恰好等于 CPVC）和 PVC_{min}（即不加体质颜料时的 PVC），则可在 PVC_{max} 至 PVC_{min} 的范围内选择不同的 PVC，并通过计算机计算一系列配方，然后根据实际要求选择出所需的配方进行实验小试直到预定结果为止，这样就能大大弥补手工计算的缺陷，使设计计算快速化，同时减少盲目实验的次数。

8.3.2.2 色漆配方计算方程的确立

通过理论计算方法来设计色漆的配方，是涂料配方技术向精准化发展的需要。在进行这种设计时，首先应确定下列基本数据。

（1）由色漆的产品标准确定色漆的遮盖力 T_2（根据漆的功能要求选取）、固体含量 Q（依据漆的种类确定），以及树脂密度 D_1 和精制亚麻油的密度 D_2（通过亚麻油的密度和其他数据可以确定各种配方的临界颜料体积浓度）。

（2）一旦确定色漆的颜色和色度后，则该漆的着色颜料种类和质量比也就确定了。假设由色漆的颜色确定所需着色颜料的质量为 W_i、密度为 D_i、吸油量为 A_i，则可通过实验测得混合颜料的遮盖力为 T_1。

（3）有时候，为了突出涂料的某些性能，还需要加入某些体质颜料。这时就要确定所加体质颜料的种类以及质量比例为 K_i（或质量 K_iX）、密度为 E_i 和吸油量为 B_i。

在配方设计中，根据实际情况，计算时可随意调节体质颜料的种类和质量比 K_i。如果颜料的质量比保持不变，颜料遮盖力 T_1 与漆料遮盖力 T_2 之间的关系如下式：

$$\frac{颜料遮盖力\ T_1}{漆料遮盖力\ T_2\times 固体含量\ Q}=\frac{着色颜料总量}{色漆总量}$$

即：

$$\frac{T_1}{T_2Q}=\frac{\sum\limits_{i=1}^{n}W_i}{\sum\limits_{i=1}^{n}W_i+\sum\limits_{i=1}^{n}K_iX+Y} \tag{8-1}$$

式中，Y 为连接料树脂的重量；X 是体质颜料的总重量。

由颜填料体积浓度 PVC 的定义式（见本书第 7.2.4 节）

$$PVC=\frac{着色颜料体积+体质颜料体积}{着色颜料体积+体质颜料体积+树脂体积}\times 100\%$$

将上述确定的基本数据代入其中，即得：

$$PVC=\frac{\sum\limits_{i=1}^{n}\dfrac{W_i}{D_i}+\sum\limits_{i=1}^{n}\dfrac{K_iX}{E_i}}{\sum\limits_{i=1}^{n}\dfrac{W_i}{D_i}+\sum\limits_{i=1}^{n}\dfrac{K_iX}{E_i}+\dfrac{Y}{D_1}} \tag{8-2}$$

因此，一旦确定了色漆的颜料量、体质颜料量和树脂量 Y，就可以计算出该色漆的临界颜填料体积浓度 CPVC：

$$CPVC=\frac{1}{1+吸油量}\times 100\%=\frac{着色颜料体积+体质颜料体积}{颜料总体积+各种颜料吸油的总体积}\times 100\%$$

即：

$$CPVC=\frac{\sum\limits_{i=1}^{n}\dfrac{W_i}{D_i}+\sum\limits_{i=1}^{n}\dfrac{K_iX}{E_i}}{\sum\limits_{i=1}^{n}\dfrac{W_i}{D_i}+\sum\limits_{i=1}^{n}\dfrac{K_iX}{E_i}+\sum\limits_{i=1}^{n}\dfrac{A_iW_i}{100D_2}+\sum\limits_{i=1}^{n}\dfrac{B_iK_iX}{100D_2}} \tag{8-3}$$

由此可以看出，PVC 和 CPVC 都是体质颜料量 K_iX 的函数，因而可以通过改变体质颜料的量 X 使得色漆配方的 PVC 恰好等于其 CPVC 值，即 $PVC_{max}=CPVC$。联立式(8-2) 和式(8-3)，可以求出 X 取不同值时色漆配方的 PVC 和 CPVC 值。

不加体质颜料（填料），即 $X=0$ 时，树脂的加入量最大为 Y_{max}，式(8-1) 可变为：

$$\frac{T_1}{T_2Q}=\frac{\sum\limits_{i=1}^{n}W_i}{\sum\limits_{i=1}^{n}W_i+Y_{max}} \tag{8-4}$$

按树脂的最大加入量 $Y_{\max}$ 计算得到的 PVC 即为该配方的最小 $\mathrm{PVC}_{\min}$：

$$\mathrm{PVC}_{\min} = \frac{\displaystyle\sum_{i=1}^{n} \frac{W_i}{D_i}}{\displaystyle\sum_{i=1}^{n} \frac{W_i}{D_i} + \frac{Y_{\max}}{D_1}} \tag{8-5}$$

联立式(8-4) 和式(8-5)，可以求出 $\mathrm{PVC}_{\min}$：

$$\mathrm{PVC}_{\min} = \frac{T_1 D_1 \displaystyle\sum_{i=1}^{n} \frac{W_i}{D_i}}{T_1 D_i \displaystyle\sum_{i=1}^{n} \frac{W_i}{D_i} + \displaystyle\sum_{i=1}^{n} W_i (T_2 Q - T_1)} \tag{8-6}$$

由式(8-3) 和式(8-6) 计算出 $\mathrm{PVC}_{\max}$ 和 $\mathrm{PVC}_{\min}$ 后，试验探讨的配方的 PVC 就可在其间进行选择，通过式(8-1) 和式(8-2) 可计算出相应的 Y 值和 X 值，由此得到一个或一系列色漆成膜物的配方，再经小试验证确定适宜的配方，然后根据色漆的固体含量，计算所加溶剂的量和其他助剂量。

为了确保色漆的应用性能满足用户的具体指标，色漆的 T_2 取值可比指标的最大值略小一些，而色漆的 Q 值应比指标的最小值大一些。

8.3.2.3 计算机程序设计

上述计算过程可通过以下计算机计算的程序框图实现。程序中体质颜料的种类及其 K_i 可任意给定，PVC 的取值以 $\mathrm{PVC}_{\min}$ 为起点，每次增值步长为 $\mathrm{PVC}_{\max}$ 与 $\mathrm{PVC}_{\min}$ 差值的十分之一，也可以根据对色漆指标要求的精准程度来改变取值方法。计算色漆配方组分的程序框图见图 8-2。

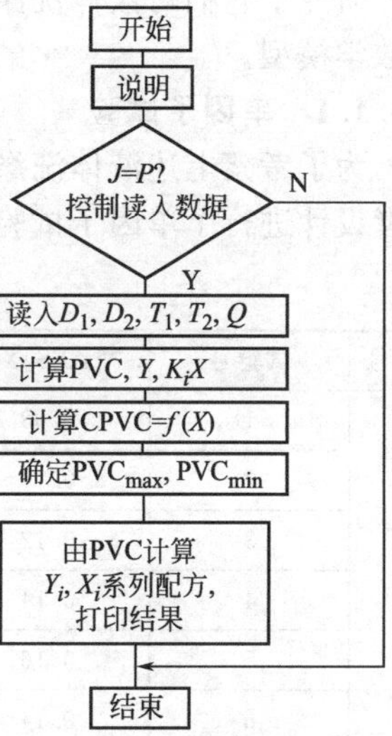

图 8-2　计算色漆配方
组分的程序框图

8.3.3　计算机辅助配方优化

以往进行配方设计主要是依据经验的方式，即凭借配方研究者自己的经验设计配方，逐次选取各种原料的用量水平反复实验直接观察和比较配方产品的目标参数做出选择，这样就导致较多的试验次数，而且不一定能得到最合理、最佳的配方。

最近十多年里，利用计算机为工具以数理统计和最优化方法为基础，对精细化学品配方进行优化设计，它能解决如何安排试验，使试验次数较少且具有一定的代表性和优良性，不仅可以有效地控制试验干扰，提高精度，又可以使试验结果的处理和分析比较简单，建立起指标与变量之间的数学模型，讨论其影响关系，对配方进行合理的寻优，对结果（目标函数）做出预测和控制。

综上，计算机辅助配方设计的基本过程可以用下面的流程框图 8-3 来表示。

图 8-3　计算机辅助配方设计的过程框图

8.4 计算机辅助配方设计的实例

8.4.1 液洗剂黏度的数学拟合与预测

液体洗涤剂产品大多采用阴离子型和非离子型表面活性剂复配而成，活性物含量在 10%～30%以内。液体洗涤剂的黏稠度是其商品外观质量的重要标志，相关的国家标准对之有明确要求，因此，液体洗涤剂的生产商们都比较注重在适宜的活性物含量下，调整混料配方，提高产品黏稠度，以用量最小的原料成本取得尽可能好的商品外观与效益。液体洗涤剂中最常用的阴离子型表面活性剂是脂肪醇聚氧乙烯醚硫酸钠（AES），与之配用的非离子型表面活性剂是烷基醇酰胺（6501），对上述体系，最廉价方便的增稠剂是氯化钠。熊远钦等以 AES、6501 及 NaCl 为主要配方材料，运用单因子试验及单纯形重心回归分析试验的方法，研究了它们对液体洗涤剂体系黏度的影响，并运用数理统计方法建立得到了黏度-用量的数学模型。

8.4.1.1 单因子试验

为了考察上述液体洗涤剂配方中某种原料的用量单独波动对体系黏度影响的显著性，研究者设计进行了单因子试验。见表 8-2。

表 8-2 液体洗涤剂单因子试验方案及结果

组号	试验号	[AES]X_1	[6501]X_2	[NaCl]X_3	$\lg x_i$	$\eta/\text{mPa} \cdot \text{s}$	$\lg \eta$
	1	0.08	0.04	0.025	-1.097	160	2.204
	2	0.10	0.04	0.025	-1.000	260	2.415
I	3	0.12	0.04	0.025	-0.921	295	2.470
	4	0.14	0.04	0.025	-0.854	310	2.491
	5	0.16	0.04	0.025	-0.796	335	2.525
	6	0.14	0.02	0.025	-1.699	20	1.301
	7	0.14	0.03	0.025	-1.523	70	1.845
II	8	0.14	0.04	0.025	-1.398	245	2.389
	9	0.14	0.05	0.025	-1.301	280	2.447
	10	0.14	0.06	0.025	-1.222	590	2.771
	11	0.14	0.04	0.015	-1.824	30	1.477
	12	0.14	0.04	0.020	-1.699	60	1.778
III	13	0.14	0.04	0.025	-1.602	250	2.398
	14	0.14	0.04	0.030	-1.523	350	2.544
	15	0.14	0.04	0.035	-1.456	480	2.681

对上述单因子试验结果进行数学表达式拟合。设黏度（η_i）与因子（X_i）的函数关系为：

$$\eta_i = a_i x_i^{b_i} \tag{8-7}$$

式中　η_i——液体洗涤剂的黏度，mPa·s；（i 为因子下标）；

　　　x_i——因子的用量；

　　a_i，b_i——待定系数。

运用最小二乘法，用计算机求得三个因子的黏度用量数学表达式分别为：

$$\eta_1 = 3.351619 x_1^{0.9968066} \tag{8-8}$$

$$\eta_2 = 6.49764 x_2^{3.042867} \tag{8-9}$$

$$\eta_3 = 7.86488 x_3^{3.510168} \tag{8-10}$$

比较式(8-8)～式(8-10)的指数和系数数值可知，NaCl 的用量变化对体系黏度的影响最为显著，而 AES 的用量变化对体系黏度的影响大大低于其他两种因子，体系黏度值与 AES 的用量接近于线性数量关系。

8.4.1.2 多因子试验——三角形单纯形重心设计

液体洗涤剂的黏度不仅与其中单个配方原料的用量密切相关，而且各个原料的用量变化对体系黏度有明显的交互作用。研究者进一步采用三分量单纯形重心设计的方法进行了多因子试验研究，取三分量单纯形重心设计的回归模型为不完全的三次多项式回归方程：

$$\eta = \sum_{i=1}^{3} b_i x_i + \sum_{i<j} b_{ij} x_i x_j + b_{123} x_1 x_2 x_3$$

即：$\eta = A x_1 + B x_2 + C x_3 + D x_1 x_2 + E x_1 x_3 + F x_2 x_3 + G x_1 x_2 x_3$ $\tag{8-11}$

式中 x_1——AES 的用量；

       x_2——6501 的用量；

       x_3——NaCl 的用量；

A、B、C、D、E、F 和 G 均为待估计系数。

该模型中有 7 个待估计系数，因此试验点应不少于 7 个，采用平面三角形单纯形重心设计方案(见图 8-4)。

考虑到各因子的取值(用量)范围，将图 8-4 变换为图 8-5。图 8-5 中各试验点的具体配方组成及试验结果列于表 8-3 中。

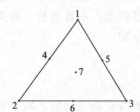

图 8-4　平面单纯形重心设计

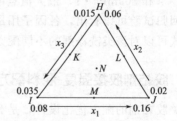

图 8-5　变换后的平面单纯形重心设计

表 8-3　单纯形回归设计试验方案及结果

试验点号	AES,X_1	6501,X_2	NaCl,X_3	η实测值	η模型计算值
H	0.08	0.06	0.015	229	228.99
I	0.08	0.02	0.035	56	55.65
J	0.16	0.02	0.015	29	28.99
K	0.08	0.04	0.025	170	169.99
L	0.12	0.04	0.015	45	44.99
M	0.12	0.02	0.025	31	30.99
N	0.1067	0.0333	0.0217	57	56.75

将表 8-3 中各点的试验数据代入回归方程式(8-11)中，经简化，得到求解待定系数的

联立方程组，用解多元一次方程组的方法解得：

$A = 3309.291$

$B = 6055.642$

$C = 3945.313$

$D = -65536$

$E = -95772.36$

$F = 149896.8$

$G = 2154960.9$

至此，得到该液体洗涤剂体系黏度-组成的数学表达式模型为：

$$\eta = 3309.291x_1 + 6055.642x_2 + 3945.313x_3 - 65536x_1x_2 -$$
$$95772.36x_1x_3 + 149896.8x_2x_3 + 2154960.9x_1x_2x_3 \qquad (8-12)$$

比较表 8-3 中第 5 列和第 6 列的数据，可知该模型表达式与试验数据的拟合程度是很好的。进一步地，按照多元函数取极值及最大值的原理和求解方法，求得该类洗涤剂在限定成本条件 $x_1 + x_2 \leqslant 0.15$ 下，该模型函数的极大值点为：

$$\eta^{极大}_{(0.101849, 0.04331, 0.00459)} = 310.2309$$

在给定因子取值范围（区域）

$$0.08 \leqslant x_1 \leqslant 0.16$$

$$0.02 \leqslant x_2 \leqslant 0.06$$

$$0.015 \leqslant x_3 \leqslant 0.035$$

的边界上有最大值点，为

$$\eta^{max}_{(0.08, 0.06, 0.035)} = 472.1822$$

对上述两个特殊点的配方进行验证试验，实际测得极大值点的黏度值为 308mPa·s、307mPa·s 和 309mPa·s，最大值点的黏度值为 472mPa·s、471mPa·s 和 470mPa·s。

从回归试验可以看出，各因子用量变化间的交互作用很强烈，不容忽视。利用最终的数学模型式可以对该类洗涤剂的不同配方产品的黏度值进行预测。

8.4.2 胶黏剂胶接强度-混料配方的回归设计

有关胶黏剂的配方优化设计，是有关专业技术人员常解常新的老问题。欧阳淑媛等采用回归设计的方法，试验研究了研磨片生产中所用的胶黏剂配方的数学模型，由此预测得到了较优化的配方组成。

依据以往的胶接与磨削试验经验，确认该研磨片底胶的黏结强度与配方中主黏结剂、填料、触变剂的用量密切相关，确立本次回归设计研究的胶黏剂中这三种组分的用量范围如下。

触变剂用量 x_1：　　　　　　　　$0.10 \leqslant x_1 \leqslant 0.20$

填料用量 x_2：　　　　　　　　　$0.20 \leqslant x_2 \leqslant 0.40$

主黏结剂用量 x_3：　　　　　　　$0.30 \leqslant x_3 \leqslant 0.60$

稀释、调和剂水用量 x_4：　　　　$0.00 \leqslant x_4 \leqslant 0.60$（在胶黏剂配方中，$x_4 = 1 - x_1 - x_2 - x_3$）

基于上述所确定的配方原则，本研究所讨论的问题就衍变为一个同时兼受上、下界约束的混料问题，研究者采用对称单纯形回归设计的方法来解决。

所谓对称单纯形回归设计，即假定满足约束条件

$$\left\{\begin{array}{l} 0 \leqslant \alpha_i \leqslant x_i \leqslant \beta_i (i=1,2,\cdots,n;\alpha_i,\beta_i \text{ 是常数}) \\ \sum_{i=1}^{n} x_i = 1 \end{array}\right\} \tag{8-13}$$

的一个设计用 x 表示，它的试验点的几个分量为 x_1，x_2，x_3，$\cdots$，x_n。可以从适当的对称单纯形设计（即各设计点是关于单纯形顶点对称地分布着）来算出 x 中各点的坐标。假定所选择的对称单纯形设计用 Z 表示，此设计中各试验点的 n 个分量 Z_i（$i=1$，2，$\cdots$，n）满足约束条件：

$$\left\{\begin{array}{l} 0 \leqslant Z_i \leqslant B \leqslant 1 (i=1,2,\cdots,n;B \text{ 是常数}) \\ \sum_{i=1}^{n} Z_i = 1 \end{array}\right\} \tag{8-14}$$

把 B 取为所选择的对称单纯形设计的分量最大值 $B = \max\limits_{ki} Z_{ki}$（$k=1$，2，$\cdots$，$N$，试验号；$i=1$，2，$\cdots$，$n$，分量号）。$x$ 与 Z 之间的关系是：x 中所有试验点的各分量，除 x_n（通常取变程 $l_i = \beta_i - \alpha_i$ 最大的变量为 x_n），对于其余的（$n-1$）个分量，χ_i 与 Z_i 之间有下述的线性变换关系：

$$x_i = \alpha_i + (\beta_i - \alpha_i) Z_i / B (i=1,2,\cdots,n-1) \tag{8-15}$$

选择合适的对称单纯形设计 Z，不仅能使前（$n-1$）个 x_i 满足约束条件式(8-13)，也能使 $x_n (x_n = 1 - \sum_{i=1}^{n-1} x_i)$ 满足

$$\alpha_n \leqslant x_n \leqslant \beta_n \tag{8-16}$$

从式(8-15)及式(8-16)可以得出所要选择的对称单纯形设计各试验点的坐标必须满足条件：

$$\left(1 - \sum_{i=1}^{n-1} \alpha_i - \beta_i\right) \leqslant \left(\sum_{i=1}^{n-1} l_i Z_i\right) / B \leqslant \left(1 - \sum_{i=1}^{n} \alpha_i\right) \tag{8-17}$$

这样，当选择试验点数不少于回归方程中待估计参数的个数，而且各试验点的坐标都满足条件式(8-17)的对称单纯形设计 Z 时，通过线性变换式(8-15)就能得到满足兼受上、下界约束条件式(8-13)的混料回归设计方案 x。

对上述介绍的研磨片胶黏剂配方设计问题，采用混料回归设计中的四变量二阶多项式回归模型规范形式

$$y = \sum_{i=1}^{4} b_i x_i + \sum_{i<j} b_{ij} x_i x_j$$
$$y = b_1 x_1 + b_2 x_2 + b_3 x_3 + b_4 x_4 + b_5 x_1 x_2 + b_6 x_1 x_3 + $$
$$b_7 x_1 x_4 + b_8 x_2 x_3 + b_9 x_2 x_4 + b_{10} x_3 x_4 \tag{8-18}$$

来模拟建立该胶黏剂的配方-黏结强度的数学模型。式(8-18)中有个待估计参数，因此设计试验点数应不少于 10。

按给定的四组分可变范围大小由小到大的顺序排列（表 8-4）。

其中 x_4 的变程只是形式上的，当某一试验点的前三个组分满足约束条件，则第四组分的取值随即确定，且必位于（0.0，0.6）之间。

依据式(8-17)可得

$$0 \leqslant (0.1 Z_1 + 0.2 Z_2 + 0.3 Z_3) / B \leqslant 0.4 \tag{8-19}$$

选择表 8-5 的 10 点对称单纯形设计，取分量最大值 $B=1$。经验证这 10 点的 Z_1、Z_2 及

Z_3 都满足式(8-19)。

表 8-4 研磨片胶黏剂四组分的可变范围大小排列顺序

组　　分	最小值(α)	最大值(β)	变程(l)
触变剂用量 x_1	0.10	0.20	0.10
填料用量 x_2	0.20	0.40	0.20
主黏结剂用量 x_3	0.30	0.60	0.20
稀释、调和剂水用量 x_4	0	0.60	0.60

表 8-5 对称单纯形 10 点设计

试验点	Z_1	Z_2	Z_3	Z_4	试验点	Z_1	Z_2	Z_3	Z_4
1	1	0	0	0	6	1/2	0	1/2	0
2	0	1	0	0	7	1/2	0	0	1/2
3	0	0	1	0	8	0	1/2	1/2	0
4	0	0	0	1	9	0	1/2	0	1/2
5	1/2	1/2	0	0	10	0	0	1/2	1/2

根据线性变换式(8-15)，可以得到

$$\left. \begin{array}{l} x_1 = 0.1 + 0.1 Z_1 \\ x_2 = 0.2 + 0.2 Z_2 \\ x_3 = 0.3 + 0.3 Z_3 \\ x_4 = 1 - x_1 - x_2 - x_3 \end{array} \right\} \tag{8-20}$$

由此计算得出满足给定约束条件即式(8-13) 的 10 点配方设计。

表 8-6 试验方案及结果

试验号 n	触变剂用量 x_1	填料用量 x_2	主黏结剂用量 x_3	水用量 x_4	胶接强度 y_n
1	0.2	0.2	0.3	0.3	58.5
2	0.1	0.4	0.3	0.2	63.0
3	0.1	0.2	0.6	0.1	50.4
4	0.1	0.2	0.3	0.4	61.5
5	0.15	0.3	0.3	0.25	53.4
6	0.15	0.2	0.45	0.2	72.6
7	0.15	0.2	0.3	0.35	55.8
8	0.1	0.3	0.45	0.15	66.9
9	0.1	0.3	0.3	0.3	69.5
10	0.1	0.2	0.45	0.25	62.4

将表 8-6 中数据代入回归模型式(8-18) 中可得到求解待估计参数的联立方程组，用解多元一次方程组的方法解得：

$b_1 = 932.1$

$b_2 = 1.6$

$b_3 = -224.9$

$b_4 = 6.1$

$b_5 = -3035$

$b_6 = 726.667$

$b_7 = -1680$

$b_8 = 778.33$

$b_9 = 725$

$b_{10} = 286.667$

由此得到本胶黏剂胶接强度-配方的数学模型为：

$$y = 932.1x_1 + 1.6x_2 - 224.9x_3 + 6.1x_4 - 3035x_1x_2 + 726.667x_1x_3 -$$
$$- 1680x_1x_4 + 778.33x_2x_3 + 725x_2x_4 + 286.667x_3x_4 \tag{8-21}$$

按照多元函数取极值的概念，可以计算求出该配方模型在给定限制条件下取得极大值胶接强度的配方组成为：

$$y_{(0.182,0.188,0.488,0.182)} = 83.788$$

以该极值点的坐标为配方组成进行验证试验，测得三个平行样的黏结强度分别为83.5、83.7、83.4，这与由上述回归模型计算的极值基本吻合。

8.4.3 加酶洗衣粉配方研究的均匀试验设计

洗衣粉是城乡居民的生活必需品，出于产品效价、环保、节水等方面的考虑，限磷和加酶是继浓缩化工艺之后目前洗衣粉制造技术开发中的两大热点问题。

洗涤剂的去污力是其配方组成中各种原料功能配伍的结果，在洗衣粉配方技术中，经典的化学原理只能指导制定配方的基本原则，至于具体原料的用量，目前基本上是根据配方师的经验进行试验调配。近几年陆陆续续有用正交设计法、均匀设计法来指导制定洗衣粉配方研究试验方案的报道。

均匀设计法是20世纪80年代由我国著名数学家方开泰、王元教授共同提出来的。应用该方法，可以将试验设计点均匀地散布在试验范围内，从而能够用较少（比正交试验法更少）的试验点获得更多的信息。其数学原理和相关数表详见方开泰、马长兴编著，科学出版社2001年出版的《正交与均匀试验设计》。均匀设计法注重的是试验点在试验范围内的均匀分散，不具备正交设计法的"整齐可比"的特点。因而，均匀设计试验数据的整理比正交设计的数据整理要繁杂一些，必须要用计算机进行回归分析，有时还需要运用逐步回归的方法来进行变量因素的筛选。

根据以往的配方经验，选取脂肪醇聚氧乙烯醚（AEO-9）、聚丙烯酸钠（PAA）、去污增效剂（LZ-12）、4Å沸石、复合酶、泡花碱和纯碱7种主要原料的用量（%）为考察因素，选择它们各自在洗衣粉中的通常用量范围为试验范围，并将各自的用量范围平分设置成8个水平，然后进行试验的均匀设计。具体的试验范围和水平见表8-7。

其中复合酶由蛋白酶、脂肪酶和纤维素酶组成，CMC、增白剂VBL、香精用量分别固定为1.4、0.12和0.02。元明粉在洗衣粉中的作用是调整粉体流动性，同时降低成本（填充料），本试验对其用量不做考虑，根据设计配方点其他原料的组成，再补充至100%（余量）。

按照均匀试验设计的方法，选用$U_{16}*(16^{12})$均匀设计表及其使用表来安排上述七因子八水平试验，并将$U_{16}*(16^{12})$表中的水平作如下变换（拟水平）1、2→Ⅰ，3、4→Ⅱ，5、6→Ⅲ，7、8→Ⅳ，9、10→Ⅴ，11、12→Ⅵ，13、14→Ⅶ，15、16→Ⅷ。

表 8-7　加酶洗衣粉主要原料用量范围及水平设置

考察因素 （代号）	AEO-9 X_1	PAA X_2	LZ-12 X_3	4Å 沸石 X_4	复合酶 X_5	泡花碱 X_6	纯碱 X_7
水平 Ⅰ	11	1.5	0.5	9	0.35	20	7
Ⅱ	12	2.0	1.0	10	0.40	22	8
Ⅲ	13	2.5	1.5	11	0.45	24	9
Ⅳ	14	3.0	2.0	12	0.50	26	10
Ⅴ	15	3.5	2.5	13	0.55	28	11
Ⅵ	16	4.0	3.0	14	0.60	30	12
Ⅶ	17	4.5	3.5	15	0.65	32	13
Ⅷ	18	5.0	4.0	16	0.70	34	14

表 8-8　加酶洗衣粉均匀设计试验方案及结果

因子列号	X_1 1	X_2 2	X_3 3	X_4 6	X_5 9	X_6 11	X_7 12	试验结果(Y) 去污力比值
1	11	1.5	1	12	0.65	34	14	1.3
2	11	2.0	2	16	0.55	32	14	1.5
3	12	2.5	3	12	0.45	30	13	1.4
4	12	3.0	4	16	0.35	28	13	1.2
5	13	3.5	1	11	0.65	26	12	1.6
6	13	4.0	2	15	0.55	24	12	1.7
7	14	4.5	3	11	0.45	22	11	1.4
8	14	5.0	4	15	0.35	20	11	1.3
9	15	1.5	0.5	10	0.7	34	10	1.4
10	15	2.0	1.5	14	0.6	32	10	1.7
11	16	2.5	2.5	10	0.5	30	9	1.6
12	16	3.0	3.5	14	0.4	28	9	1.5
13	17	3.5	0.5	9	0.7	26	8	1.5
14	17	4.0	1.5	13	0.6	24	8	1.3
15	18	4.5	2.5	9	0.5	22	7	1.6
16	18	5.0	3.5	13	0.4	20	7	1.5

　　由高等数学理论和建模经验得知，对于这种配方产品的性能与其原料用量间的数学关系 $y = f(x_1, x_2, \cdots, x_n)$，可以用一个 k 次多项式逼近进行数据拟合。一般情况下，用二次多项式已足够说明问题。因此对于上述 7 种主要组分组成的洗衣粉，其去污力 Y 与成分 X_i 间的关系可以表示为

$$Y = \beta_0 + \sum_{i=1}^{n}\beta_i x_i + \sum_{i=1}^{n}\sum_{i<j}^{n}\beta_{ij} x_i x_j + \sum_{i=1}^{n}\beta_{ij} x_i^2 + \varepsilon \ (\varepsilon \ 为随机误差) \qquad (8\text{-}22)$$

　　如果有足够的试验数据，采用多元逐步回归分析方法就可以建立起其回归方程

$$Y = \beta_0 + \sum_{i=1}^{n}\beta_i x_i + \sum_{i=1}^{n}\sum_{i<j}^{n}\beta_{ij} x_i x_j + \sum_{i=1}^{n}\beta_{ij} x_i^2$$

　　将上述表 8-8 中的试验数据输入计算机中，按给定的运算程序进行逐步回归分析，筛选

影响因素，最后得到如下的回归模型

$$y=1.312-0.1422x_3+0.6244x_3x_5-0.0076x_3x_7$$

该模型的显著性统计检验与方差分析结果见表8-9。

表8-9 试验结果方差分析表

方差来源	SS	DF	MS	F
总和	0.999988	15		
U	0.451486	3	0.150495	3.293
Q	0.548502	12	0	

给定的置信度为 $F_{0.3}(8,7)=1.51$，相关系数 $R=0.6719$。显然，3.293>1.51，因此该模型具有一定的可信度。

按照上述数学计算，洗衣粉配方中上述七种主要原料里，AEO-9、PAA、4Å沸石和泡花碱的用量多少对洗衣粉去污力比值大小的影响不是主要因素，因此它们的用量可以根据生产成本的控制要求、洗衣粉的视密度、颗粒度、流动性等外观指标进行调整。对于LZ-12、复合酶、纯碱用量的优化，利用约束条件下 n 维方程的极值调优法，求出在其合理的约束条件下，洗衣粉去污力比值取得极大值或最大值的用量为：

$$Y=f(x_3=4,x_5=0.7,x_7=7)=2.27872$$

显然，该组成点位于约束条件区域的边界上。

为了验证该优化点，我们把这七种原料 AEO-9、PAA、LZ-12、4Å沸石、复合酶、泡花碱和纯碱的质量分数，依次选取为16、2、4、14、0.7、25、7，CMC、VBL和香精仍取为1.4、0.12和0.02，元明粉用量补充到100（实为30%）。混配合格后检测其去污力比值，结果为1.92，远高于原试验方案中16个点的结果，与模型预测值2.27872基本接近。因此，可以说该模型式对本体系的洗衣粉去污力性能有一定的预见性。

8.4.4 香精配方的计算机辅助设计

香精是由几十种乃至上百种香原料（天然香料或者合成香料）调和而成的香料混合物。目前世界上可用于香精调配的天然香料约两千多种，合成香料七千余种。将几十种以上的香原料调和成一个好的香精产品，不仅需要拥有坚实的专业知识，进行无数次的调和配方试验，而且必须具备娴熟的调香经验，能鉴赏理解各种香原料的香气韵调并加以艺术地运用。因此，香精调配技术被公认为是一门科学的创造性的艺术。

科学技术的发展与人民生活水平的提高不断促进着香料行业的技术进步，新的香料品种不断增加，各种调香原料的技术信息与日俱增。调香师们长期积累的各种成熟香精产品的配方；化学分析家们剖析确定的各种天然香气的主体成分；以及各种香原料的释香性能等信息资料构成了我们仿配、修改和创新香精配方的科学基础。有些数据资料如市场价格、规格产地和适时修订的安全性数据等需要及时更新和补充。所有这些资料在设计拟定香精配方时都必须兼顾考虑，灵活运用。仅凭调香工作者的大脑对上述资料进行记忆已日趋困难，至少容易发生混淆模糊，翻阅笔写纸载的记录又显得费时麻烦。如果事先把上述大量繁杂的信息资料以计算机语言的形式，系统有序地编辑成软件程序，输入、存储于计算机中，应用计算机就能方便快捷地帮助我们检索出所需的各种资料，辅助我们设计出符合要求的基本配方。据此再进行配方的修改、调试、完善，达到省时省力、节约原料的目的。

国外已有几个专门为调香设计的计算机程序，市售价格为数百美元。或许是由于香气分类体系的不一致，程序中辑录的香原料数据与我们国内的情况不尽相同，目前尚未见到国内有关的香精生产、科研单位实际采用的报道，更没有其汉化版本应市。熊远钦、洪亮根据国内香精行业的发展现状和计算机配置与应用水平，在消化参考上述程序介绍资料的基础上，用较新颖实用的 Foxpro 2.5 for Windows 语言开发编制了一个适合国内使用的辅助调香软件 X Flavor。

X Flavor 软件包括香原料数据库 perfume.dbf，香精资料数据库 essence.dbf，配方帮助数据库 comphelp.dbf 和处理、利用上述数据库资料的计算机管理程序等。下面对该软件做一个简单的介绍。

8.4.4.1 香原料数据库 perfume.dbf

(1) 香原料数据库 perfume.dbf 的结构　见表 8-10。

表 8-10　香原料数据库 perfume.dbf 的结构

字段名	字段类型	长度	字段名	字段类型	长度
香料名称	C	30	规格产地	C	30
香气类型	C	20	参考价格	N	8
应用性能	C	10	备注	M	10
挥发时间	N	5			

(2) 香原料数据库简要说明　香料名称以国内同行业通用的中文名称为准，共收辑近年来国内各香精香料生产企业发布的产品目录品种 1048 个。香气类型则按照中国轻工总会香料研究所叶心农为主的调香工作者创立的分类法，参考瑞士奇华顿（L. Givaudan）香料公司的分类法，将香气划分为花香与非花香两个大类，计二十种香韵、四十种香型。挥发时间则以朴却（Poucher）的香气分类法所列数据为基础，并以 Hayato Hosokawa 和 W. Sturm 等对香料香气持久性的考察数据作补充，以此作为在设计香精配方时，估算其中头香、体香、基香各部分份额的参考。应用性能主要是指该香料的一般用途，如日化、食用，细分为洗涤剂用、香水用、化妆品膏霜用、酒用、烟用、食品用等。参考价格是根据当时的市场行情及时进行调整更新，以便设计香精配方时估算原料成本。规格产地和备注字段的设立，主要是帮助明确香料的品质和生产厂商，以供考虑原料供货的可能性、竞争性，尽可能保障生产的香精产品品质优良、稳定。备注字段内还收录了该香料的安全性数据备查。

8.4.4.2 香精资料数据库 essence.dbf

(1) 香精资料数据库 essence.dbf 的结构　见表 8-11。

表 8-11　香精资料数据库 essence.dbf 的结构

字段名	字段类型	长度	字段名	字段类型	长度
香精名称	C	20	成本价格	N	8
香型	C	10	备注	M	10
应用	C	10			

(2) 香精资料数据库简要说明　本数据库共收辑各种书刊资料中公布的、比较成熟可行（信）的香精配方 380 余方，主要是为研制香精新产品时提供基础参考配方。各字段名的意义与上述香原料数据库有些类同，香型中不再分香韵，成本价格是以所列配方比例按香原料数据库中的参考价格计算而得，具体配方列在备注字段内。

8.4.4.3 配方帮助数据库 comphelp. dbf

严格地说，这一部分不能称之为数据库，只能叫做创拟配方工作区。创拟配方时，先给定该配方的序列编号和名称，按香气类型或参考配方的成分选定某些香原料输入其名称后，计算机即自动将该原料的香型、挥发时间、参考价格等项列示于后，以供设计者斟酌。再给定一个大于零的用量数据，计算机自动计算出该原料的金额列示于后，即完成了该原料的选配。当输入数据小于或等于零时，计算机视为无效选配，或从原配方中取消该原料。如选配过程中需要了解各种香原料的总配方量，揿入"合计"，计算机会自动在配方表的末行显示总配方量和原料成本金额，调香者可根据香精品质和价格档次再做调整。特别要指出的是，各种香原料的价格，计算机计算时选定的是香原料数据库中"参考价格"字段所列的数据，如果根据香精品质和成本，需要调整选用同名香料中不同规格或产地的原料（价格可能不同），应在该香料的"备注"字段中查找，并在配方工作区中输入修改其价格。如需估算配方中头香、体香、基香各部分的份额，可对配方原料按挥发时间作排序处理，分别统计挥发时间小于15、15～60、大于60三个区段的香料用量即可。当完成一个香精配方的创拟设计，并经生产销售证实其可行后，还可以将该配方输储到香精资料数据库 essence. dbf 中存档备查。配方帮助数据库的结构见表8-12。

表 8-12 配方帮助数据库的结构

No   #   ＊＊＊＊香精

香料名称	香型	挥发时间	价格	用量	金额
＊＊＊＊	＊＊＊＊	＊＊＊＊	＊＊＊＊	＊＊＊＊	＊＊＊＊
＊＊＊＊	＊＊＊＊	＊＊＊＊	＊＊＊＊	＊＊＊＊	＊＊＊＊
＊＊＊＊	＊＊＊＊	＊＊＊＊	＊＊＊＊	＊＊＊＊	＊＊＊＊
＊＊＊＊	＊＊＊＊	＊＊＊＊	＊＊＊＊	＊＊＊＊	＊＊＊＊
……	……	……	……	……	……
合计	—	—	—	×××	×××

8.4.4.4 X Flavor 软件的程序结构

该软件附带的计算机程序是由 Foxpro 2.5 for Windows 数据库语言中的一系列命令、参数及注释组成。上述三个数据库均有各自的管理程序文件对前两个数据库数据的处理、调用、查看，可分字段按给定的字符串的要求随意进行，非常实用灵活。

思考题与练习

1. 试验为什么要进行设计？请举例说明。

2. 什么叫试验设计？它包括哪三个阶段？说明三个阶段的重要性。

3. 简述推广试验设计方法的重要意义。

4. 简述试验设计历史发展的三个阶段、英国人费歇尔（Fisher）和日本学者田口玄一对试验设计技术的贡献。

5. 什么叫试验指标？什么叫试验因素？什么叫因素的水平？它们对试验设计有什么意义？

6. 举例说明可控因素、标示因素、区组因素、信号因素、误差因素的概念。

7. 简单说明如下几个术语的概念：目标值，平均值，偏差，平方和，方差，自由度，方差比，纯偏差平方和，贡献率，置信限，极差。

8. 从某批钢板中抽取 16 块，测得其硬度值（HR0）的数据（单位：度）有：48，43，42，45，40，29，47，42，43，45，44，42，43，44，40，40。要求：（1）存在目标值（$T_0 = 47$）时，计算偏差、偏差平方和、自由度、方差、标准差、极差；（2）不存在目标值时，计算偏差、偏差平方和、自由度、方差、标准差、极差。

9. 说明系统误差、偶然误差和粗大误差的概念及它们产生的原因。

10. 说明费歇尔（Fisher）三原则的内容与作用。

11. 某三因素二水平的试验，选用 L_9（2^3）正交表，将因素 A、B、C 分别排在 1、2、4 列上，所得数据为 $y_1 = 600$，$y_2 = 613.2$，$y_3 = 600.6$，$y_4 = 606.7$，$y_5 = 674.0$，$y_6 = 676.0$，$y_7 = 688.0$，$y_8 = 681.3$，$y_9 = 632.4$。试用直观分析法，排出因素 ABC 影响主次的顺序，确定其中的最佳工艺条件。

12. 某厂做四因素（A、B、C、D）二水平的正交试验，要求考察交互作用 A×B 和 A×D，试在同一张正交表上制定出五种表头设计。

13. 试述正交试验设计方差分析的步骤和原理。

14. 现要对 A、B、C、D、E 五个因素进行正交试验设计，因素 A 是四水平，其余各因素均为二水平，此外，还要考虑交互作用 A×B，B×C，B×D。试选择正交表并作出表头设计。

15. 什么叫均匀性原则？举例说明。

16. 试说明正交试验设计与均匀试验设计的区别。

17. 正交表与均匀设计表有何异同点？说明均匀设计表 $U_{11}*(11^{10})$、$U_{15}*(15^8)$、$U_{10}*(10^{10})$、$U_9*(9^6)$ 符号中数字的意义。

18. 简述均匀试验设计的特点。为什么均匀试验设计时必须用使用表来安排试验？写出 $U_6*(6^6)$ 均匀试验设计时的使用表。

19. 举例说明水平数为偶数的均匀设计表与奇数的均匀设计表的区别，试述均匀试验设计的一般步骤。

20. 什么叫回归正交试验设计？说明其特点及实际应用。试述一次回归正交试验设计的一般步骤。

21. 什么叫因素水平编码？说明因素水平编码对回归正交试验设计的重要性及编码方法。

22. 一次回归正交试验设计和二次回归正交试验设计有何异同？

23. 试说明混料试验设计与回归正交设计、回归旋转设计的异同。

24. 什么叫混料问题和混料试验？写出混料问题的约束条件，并解释之。

25. 试述单纯形格子设计的概念与意义以及格子点集中各个符号的含义。

26. 什么叫单纯形重心设计？为什么说它是单纯形格子设计的改进？

27. 简述存在下界约束条件的混料设计的基本原理，写出其约束条件。

28. 什么叫极端顶点设计？写出其约束条件。举出四种混料试验设计（单纯形格子设计、单纯形重心设计、存在下界约束的混料设计及极端顶点设计）的应用实例。

参 考 文 献

[1] 张光华编著. 精细化学品配方技术. 北京：中国石化出版社，1999.
[2] 唐丽华等编著. 精细化学品复配原理与技术. 北京：中国石化出版社，2008.
[3] 徐燕莉编著. 表面活性剂的功能. 北京：化学工业出版社，2000.
[4] 张先亮，陈新兰，唐红定编著. 精细化学品化学. 第 2 版. 武汉：武汉大学出版社，2008.
[5] 赵国玺. 表面活性剂物理化学. 第 2 版. 北京：北京大学出版社，1991.
[6] 马榴强主编. 精细化工工艺学. 北京：化学工业出版社，2008.
[7] 陈金芳编著. 精细化学品配方设计原理. 北京：化学工业出版社，2008.
[8] 周立国等. 精细化学品化学. 北京：化学工业出版社，2007.
[9] 王明慧. 精细化学品化学. 北京：化学工业出版社，2009.
[10] 王慎敏主编. 胶黏剂合成、配方设计与配方实例. 北京：化学工业出版社，2003.
[11] 杨春晖主编. 涂料胶黏剂合成、配方设计与配方实例. 北京：化学工业出版社，2003.
[12] 董银卯. 化妆品配方工艺手册. 北京：化学工业出版社，2005.
[13] 王慎敏主编. 洗涤剂配方设计、制备工艺与配方实例. 北京：化学工业出版社，2003.
[14] 冯光灿主编. 胶黏剂配方设计与生产技术. 北京：中国纺织出版社，2009.
[15] 正交试验设计法编写组. 正交试验设计法. 上海：上海科学技术出版社，1979.
[16] 栾军编著. 现代试验设计优化方法. 上海：上海交通大学出版社，1995.
[17] 朱伟勇，傅连魁编著. 冶金工程试验统计. 北京：冶金工业出版社，1991.
[18] 赵东方著. 数学模型与计算. 北京：科学出版社，2007.
[19] 方开泰，马长兴编著. 正交与均匀试验设计. 北京：科学出版社，2001.
[20] 江体乾. 化工数据处理. 北京：化学工业出版社，1984.
[21] 朱伟勇，傅连魁. 冶金工程试验统计，北京：冶金工业出版社，1991.
[22] 关颖男. 混料回归设计. 数学的实践与认识，1980 (1, 2).
[23] 张金廷. 混料均匀设计. 应用概率统计，1993 (9).